“十二五”职业教育国家规划教材
经全国职业教育教材审定委员会审定

MoldFlow 塑料模具分析及项目实践

主　编　郑道友　李玉庆　刘向阳
副主编　张国新　赵国华　王　岗

ZHEJIANG UNIVERSITY PRESS
浙江大学出版社

图书在版编目（CIP）数据

MoldFlow 塑料模具分析及项目实践 / 郑道友等主编.
—杭州：浙江大学出版社，2014.8（2024.7 重印）
ISBN 978-7-308-13590-0

Ⅰ.①M… Ⅱ.①郑… Ⅲ.①塑料模具—计算机辅助设计—应用软件 Ⅳ.①TQ320.5-39

中国版本图书馆 CIP 数据核字（2014）第 167090 号

内容简介

本书以 Autodesk Moldflow Insight 2012 简体中文版作为蓝本，有机地融合了 AMI 软件应用与模具设计的相关知识，重点介绍了利用 Moldflow(AMI)系统进行产品成型分析及设计方案优化的基本过程和方法。针对在实际设计和生产过程中最为常见的问题，选择了 7 个实际的应用案例，每个案例又各有侧重，分别包括基本分析流程、浇口位置设计、流动平衡设计、熔接痕消除和工艺过程参数调整等几个方面。通过本书的学习，读者应能掌握 MPI 的使用方法，并能够对一般的设计方案进行分析验证。

针对教学的需要，本书由浙大旭日科技配套提供全新的立体教学资源库（立体词典），内容更丰富、形式更多样，并可灵活、自由地组合和修改。同时，还配套提供教学软件和自动组卷系统，使教学效率显著提高。

本书是"十二五"职业教育国家规划教材，适合用作为高等职业院校塑料模具设计与分析等课程的教材，还可作为各类技能培训的教材，也可供工厂模具工程技术人员的培训自学教材。

MoldFlow 塑料模具分析及项目实践

主　编　郑道友　李玉庆　刘向阳
副主编　张国新　赵国华　王　岗

责任编辑　杜希武
封面设计　刘依群
出版发行　浙江大学出版社
（杭州市天目山路 148 号　邮政编码 310007）
（网址：http://www.zjupress.com）
排　　版　杭州好友排版工作室
印　　刷　广东虎彩云印刷有限公司绍兴分公司
开　　本　787mm×1092mm　1/16
印　　张　26
字　　数　649 千
版 印 次　2014 年 8 月第 1 版　2024 年 7 月第 5 次印刷
书　　号　ISBN 978-7-308-13590-0
定　　价　48.00 元

浙江大学出版社市场运营中心联系方式：(0571) 88925591；http://zjdxcbs.tmall.com

《机械工程系列规划教材》

编审委员会

前　言

近年来，模具行业发展迅猛，在制造业中的地位日益突出。针对模具设计和塑料成型的CAE软件可以协助设计人员及早发现模具和成型质量方面存在的问题，从而能够便捷地修改设计方案，有效地降低成本和缩短生产周期。欧特克公司研发的系列软件为注塑成型设计和生产提供了高效的解决方法。目前Autodesk Moldflow Insight已经成为塑料模具分析领域的领导者，在国内外拥有大批的用户。

本书以Autodesk Moldflow Insight 2012的简体中文版作为蓝本，讲解模流分析的要领。本书一共分为10章。第1章主要介绍Moldflow概况，第2章主要介绍Moldflow分析基础，第3章主要介绍AMCD前处理，第4章主要介绍夹子—基本分析流程，第5章主要分析手机面板—浇口位置设计，第6章主要分析鼠标组合型腔—流动平衡设计，第7章主要分析车门把手—熔接线消除计，第8章主要分析扫描器—工艺参数调整，第9章、10章应用AMI对一个初步成型方案的评估，包括了模型前处理软件的应用。

本书具有以下三个特点：**(1)“产、学、用”联合开发。**通过高校（学）、模具生产企业（用）以及Autodesk金牌代理商新科益系统与咨询（上海）有限公司（产）合作开发，确保本教材不仅符合高职教育教学的特点，而且与行业的发展同步，与全球的发展同步。**(2)联系实际，重点突出。**本教材针对实际设计和生产过程中最常见的问题进行讲解，是实际生产中最为需要的部分。本书结合实际的应用案例，讲解如何使用AMI软件进行产品成型分析以及设计方案优化的基本过程和方法，着重介绍AMI分析结果的解读，对读者有很高的工程应用价值。**(3)案例贯穿，体系完整。**本教材所采用的工程案例，均与开发团队推出的其他模具设计相关教材采用统一案例。以一个或几个经典案例将模具设计全过程所涉及的各方面的知识进行统一梳理，使读者对模具设计的流程有一个完整的认识。通过一系列地学习，不仅学会软件的使用方法，更能将其融入模具的整体设计过程中，灵活自如的进行设计、查验和修改等工作。本教材使用的案例均为真实的工程案例，对读者的工程实践有很高的指导意义和参考价值。

此外，我们发现，无论是用于自学还是用于教学，现有教材所配套的教学资源库都远远无法满足用户的需求。主要表现在：(1)一般仅在随书光盘中附以少量的视频演示、练习素材、PPT文档等，内容少且资源结构不完整。(2)难以灵活组合和修改，不能适应个性化的教学需求，灵活性和通用性较差。为此，我们提出了一种全新的教学资源。称为立体词典。所谓“立体”，是指资源结构的多样性和完整性，包括视频、电子教材、印刷教材、PPT、练习、试题库、教学辅助软件、自动组卷系统、教学计划等等。所谓“词典”，是指资源组织方式。即把一个个知识点、软件功能、实例等作为独立的教学单元，就像词典中的单词。并围绕教学单元制作、组织和管理教学资源，可灵活组合出各种个性化的教学套餐，从而适应各种不同的教学需求。实践证明，立体词典可大幅度提升教学效率和效果，是广大教师和学生的得力助手。

本书是“十二五”职业教育国家规划教材，适合用作为高等职业院校的塑料模具设计与分析等课程的教材，还可作为各类技能培训的教材，也可供工厂模具工程技术人员的培训自学教材。

本书由郑道友（浙江工贸职业技术学院）、李玉庆（天津轻工职业技术学院）、刘向阳（北京电子科技职业学院）、张国新（无锡科技职业学院）、赵国华（太原铁路机械学校）、王岗（温岭职业技术学校）等编写，吴中林（杭州浙大旭日科技开发有限公司）负责校稿审阅。由于编者水平有限，书中缺陷与错误在所难免，敬请广大读者及专业人士提出宝贵意见与建议，以便今后不断加以完善。请通过以下方式与我们交流：

- 网站：http://www.51cax.com
- E-mail：service@51cax.com，book@51cax.com
- 致电：0571－28811226，28852522

杭州浙大旭日科技开发有限公司为本书配套提供立体教学资源库、教学软件及相关协助，在此表示衷心的感谢。

最后，感谢浙江大学出版社为本书的出版所提供的机遇和帮助。

目　　录

第 1 章　概　　述 …… 1

1.1　Moldflow 简介 …… 1
1.2　Autodesk Moldflow Products 简介 …… 1
1.2.1　Autodesk Moldflow Adviser …… 1
1.2.2　Autodesk Moldflow Insight …… 2
1.2.3　Autodesk Moldflow Communicator …… 3
1.3　知识准备 …… 3

第 2 章　Moldflow 分析基础 …… 5

2.1　注塑模 CAD/CAE/CAM 技术 …… 5
2.1.1　注塑模 CAD/CAE/CAM 系统组成 …… 5
2.1.2　注塑模 CAD/CAE/CAM 系统过程和方法 …… 5
2.1.3　注塑模 CAD/CAE/CAM 的特点 …… 8
2.2　有限元分析基础 …… 9
2.2.1　有限元法的基本思想 …… 9
2.2.2　有限元法的特点 …… 10
2.3　注塑成型模拟技术 …… 11
2.3.1　中面模型技术 …… 11
2.3.2　表面模型技术 …… 12
2.3.3　三维实体模型技术 …… 14
2.4　聚合物的流变学基础 …… 15
2.4.1　牛顿流体和非牛顿流体 …… 15
2.4.2　聚合物流变学在注塑成型中的应用 …… 16
2.4.3　注塑件的残余应力 …… 16
2.4.4　注塑件的分子取向 …… 17
2.5　注塑常用塑料及其主要性质 …… 19
2.5.1　热塑性塑料 …… 19
2.5.2　热固性塑料 …… 25
2.6　注塑制品易出现的缺陷、原因和解决方法 …… 26
2.6.1　欠注 …… 26
2.6.2　溢料 …… 29

2.6.3 凹陷及缩痕…… 30
2.6.4 气穴…… 31
2.6.5 熔接痕…… 32
2.6.6 翘曲及扭曲…… 33
2.6.7 波流痕…… 35
2.6.8 裂纹…… 36
2.6.9 银丝纹…… 37
2.7 小 结…… 38

第3章 AMCD前处理 …… 39

3.1 概 述…… 39
3.2 AMCD软件操作 …… 39
3.2.1 Translation(转换模块)…… 40
3.2.2 Simplification(简化模块)…… 56
3.3 装饰条修复与简化…… 57
3.3.1 模型导入…… 57
3.3.2 模型修复…… 58
3.3.3 模型简化…… 64
3.3.4 模型导出…… 67
3.4 小 结…… 68

第4章 Moldflow基本分析流程案例——夹子 …… 69

4.1 概 述…… 69
4.2 分析前处理…… 70
4.2.1 工程创建及模型导入…… 70
4.2.2 模型的网格划分…… 72
4.2.3 网格缺陷修改…… 74
4.2.4 分析类型及顺序的设置…… 86
4.2.5 产品注塑原料的选择…… 86
4.2.6 一模多腔的布局…… 88
4.2.7 浇注系统的建立…… 90
4.2.8 冷却系统的建立 …… 100
4.2.9 工艺过程参数的设置 …… 109
4.2.10 前处理完成…… 113
4.3 分析计算 …… 113
4.4 结果分析及相关后处理 …… 117
4.4.1 流动分析结果 …… 117
4.4.2 冷却分析结果 …… 122
4.4.3 翘曲分析结果 …… 123

4.5 小　结 …… 125

第 5 章　浇口位置设计案例——手机面板 …… 126

5.1 概　述 …… 126
5.2 最佳浇口位置分析 …… 127
5.2.1 分析前处理 …… 128
5.2.2 分析计算 …… 137
5.2.3 结果分析 …… 138
5.2.4 下一步任务 …… 140
5.3 产品的初步成型分析 …… 140
5.3.1 分析前处理 …… 140
5.3.2 分析计算 …… 145
5.3.3 结果分析 …… 147
5.3.4 浇口位置变化后的对比 …… 152
5.4 产品设计方案调整后的分析 …… 155
5.4.1 分析前处理 …… 156
5.4.2 分析计算 …… 165
5.4.3 结果分析 …… 167
5.5 小　结 …… 172

第 6 章　流动平衡设计案例——鼠标组合型腔 …… 173

6.1 概　述 …… 173
6.2 上盖的浇口位置分析 …… 175
6.2.1 分析前处理 …… 175
6.2.2 分析计算 …… 178
6.2.3 结果分析 …… 179
6.3 下盖的浇口位置分析 …… 181
6.3.1 分析前处理 …… 181
6.3.2 结果分析 …… 182
6.4 组合型腔的充填分析 …… 183
6.4.1 分析前处理 …… 184
6.4.2 分析计算 …… 197
6.4.3 结果分析 …… 198
6.4.4 组合型腔的充填分析小结 …… 200
6.5 组合型腔的流道平衡分析 …… 200
6.5.1 分析前处理 …… 201
6.5.2 分析计算 …… 205
6.5.3 结果分析 …… 207
6.5.4 流道优化平衡分析小结 …… 211

6.6 组合型腔优化后的流动分析 …… 211
6.6.1 设计方案的调整及分析前处理 …… 211
6.6.2 分析计算 …… 214
6.6.3 结果分析 …… 215
6.7 小 结 …… 217

第7章 熔接线消除案例——车门把手 …… 218

7.1 概 述 …… 218
7.2 原始方案的填充分析 …… 218
7.2.1 分析前处理 …… 219
7.2.2 分析计算 …… 232
7.2.3 结果分析 …… 235
7.2.4 下一步任务 …… 237
7.3 增加加热系统后的分析 …… 237
7.3.1 分析前处理 …… 237
7.3.2 分析计算 …… 244
7.3.3 结果分析 …… 246
7.3.4 分析小结 …… 247
7.4 改变浇口形式后的分析 …… 249
7.4.1 分析前处理 …… 249
7.4.2 分析计算 …… 260
7.4.3 结果分析 …… 260
7.5 小 结 …… 261

第8章 工艺参数调整案例——扫描器 …… 262

8.1 概 述 …… 262
8.2 产品初步成型分析 …… 263
8.2.1 分析前处理 …… 263
8.2.2 分析计算 …… 272
8.2.3 结果分析 …… 274
8.2.4 分析小结 …… 279
8.3 调整注塑工艺参数后的成型分析 …… 279
8.3.1 分析前处理 …… 279
8.3.2 分析计算 …… 282
8.3.3 结果分析 …… 283
8.3.4 分析小结 …… 287
8.4 分析后处理 …… 287
8.4.1 计算结果后处理 …… 288
8.4.2 分析报告的创建 …… 294

8.5 小 结 …… 298

第 9 章 综合案例:ZP1 产品分析(评估) …… 299

9.1 概 述 …… 299
9.2 CAD Doctor 前处理 …… 300
9.2.1 产品缺陷修复 …… 300
9.2.2 产品简化 …… 303
9.2.3 产品导出 …… 304
9.3 网格操作 …… 305
9.3.1 产品导入 …… 305
9.3.2 网格划分 …… 307
9.3.3 网格缺陷修改 …… 310
9.4 分析前处理 …… 314
9.4.1 建立浇注系统 …… 314
9.4.2 型腔布局 …… 321
9.4.3 建立冷却系统 …… 324
9.4.4 设置分析序列 …… 326
9.4.5 选择成型原料 …… 326
9.4.6 工艺参数设置 …… 327
9.5 分析计算 …… 329
9.6 分析结果 …… 331
9.6.1 流动分析结果 …… 331
9.6.2 冷却分析结果 …… 343
9.6.3 翘曲分析结果 …… 347
9.7 小 结 …… 350

第 10 章 综合案例:ZP2 产品分析(评估) …… 351

10.1 概 述 …… 351
10.2 CAD Doctor 前处理 …… 352
10.2.1 产品缺陷修复 …… 352
10.2.2 产品简化 …… 354
10.2.3 产品导出 …… 356
10.3 网格操作 …… 356
10.3.1 产品导入 …… 357
10.3.2 网格划分 …… 358
10.3.3 网格缺陷修改 …… 361
10.4 分析前处理 …… 364
10.4.1 建立浇注系统 …… 365
10.4.2 型腔布局 …… 372

10.4.3 建立冷却系统…… 375
10.4.4 设置分析序列…… 377
10.4.5 选择成型原料…… 377
10.4.6 工艺参数设置…… 379
10.5 分析计算…… 380
10.6 分析结果…… 382
10.6.1 流动分析结果…… 382
10.6.2 冷却分析结果…… 394
10.6.3 翘曲分析结果…… 398
10.7 小 结…… 400

配套教学资源与服务…… 401

第 1 章　概　　述

1.1　Moldflow 简介

Moldflow 公司为一家专业从事塑料计算机辅助工程分析(CAE)的跨国性软件和咨询公司。自从 1978 年美国 Moldflow 公司发行了世界上第一套流动分析软件,几十年来以不断的技术改革和创新一直主导着 CAE 软件市场。Moldflow 以市场占有率 87%及连续五年 17%的增长率成为全球主流分析软件。公司有遍布全球 60 个国家超过 8000 家用户,在世界各地都有 Moldflow 的研发单位及分公司。Moldflow 拥有自己的材料测试检验工厂,为分析软件提供多达 8000 余种材料选择,极大提高了分析准确度。

Moldflow 公司自建立以来,通过自身的不懈努力以及与科研机构、企业客户在研究和产品开发方面的紧密合作,创造出了多个世界第一,进而确立了在模流分析软件中的领导地位。2000 年,Moldflow 公司在美国的 NASDAQ 成功上市;同年,Moldflow 公司合并了另一家世界知名的塑料成型分析软件公司——美国 AC-Tech(Advanced CAE Technology Inc.)公司及其产品 C-Mold。

2009 年,Autodesk 公司自收购 Moldflow 以来正式发布的第一个版本,即 Autodesk Moldflow Insight 2010,简称 AMI。

Moldflow 的产品用于优化制件和模具设计的整个过程,提供了一个整体解决方案。Moldflow 软硬件技术为制件设计、模具设计、注塑生产等整个过程提供了非常有价值的信息和建议。

1.2　Autodesk Moldflow Products 简介

Autodesk Moldflow Products 适用于优化产品和模具设计的整个过程,并且提供了一套整体的解决方案。Autodesk Moldflow Products 包括 Autodesk Moldflow Adviser、Autodesk Moldflow Insight 和 Autodesk Moldflow Communicator 三类。下面就对这三种产品进行介绍。

1.2.1　Autodesk Moldflow Adviser

Autodesk Moldflow Adviser 简称为 AMA,为注塑成型过程提供了一个低成本、高效率的解决方案。Autodesk Moldflow Adviser 具有以下特点:

- 可以从任意的常用 CAD 系统中(如 CATIA、UG、Pro/E)接受实体造型的 STL 格式文件,不需要任何修改。
- 无需划分有限单元网格,可直接进行注塑成型分析。
- 支持 OpenGL 技术,图形处理高效、快捷。
- 操作相对简单易学。

Autodesk Moldflow Adviser 包括 Moldflow Part Adviser(产品设计顾问)和 Moldflow Mold Adviser(模具设计顾问)两个产品。使用该系列产品可以在以下方面大大提高分析效率。

- Part Adviser 适用于制件设计者,塑件顾问使制件设计者在产品初始设计阶段就注意到产品的工艺性,并指出容易发生的问题。同时,制件设计者可以通过了解如何改变壁厚、制件形状、浇口位置和材料选择来提高制件的工艺性。塑件顾问还提供了关于熔接痕位置、困气、流动时间、压力和温度分布的准确信息。
- Mold Adviser 适用于模具设计者,模具顾问为注塑模采购者、设计者和制造者提供了一个准确易用的方法来优化他们的模具设计。它可以设计浇注系统并进行浇注系统平衡,可以计算注塑周期、锁模力和注射体积,可以建立单型腔系统或多型腔系统模具。和塑件顾问一样,它基于网络的分析报告使您可以与同事们快速地交流有关模具尺寸、流道尺寸和形式,以及浇口的设计等信息。

1.2.2 Autodesk Moldflow Insight

Autodesk Moldflow Insight,是 Autodesk 数位化原型制作解决方案的一环,提供可用于数位化原型的射出成型模拟工具。Autodesk Moldflow Insight 软件提供深入的塑胶零件验证与最佳化,以及其他相关联的射出模拟,有助于研究现今的射出成型程序。目前 Autodesk Moldflow Insight 为汽车、消费性电子、医学以及包装业等高端制造商所采用,有助于减少模具制造费用与实体原型,尽量减少模具修模试模方面的延迟,加速新产品尽快上市。Autodesk Moldflow Insight 具有以下特色:

- 塑胶流动模拟

Autodesk Moldflow Insight 可协助模拟射出成型过程中的充模与保压阶段,以利于预测熔胶的流动模式,提高制造品质。工程师可最佳化浇口位置、平衡流动系统、评估加工成型条件,以及预测并修正产品缺陷。模具制造商可模拟非均匀模具温度的影响、判断最佳化的阀门浇口时序控制,以及比较热流道系统与冷流道系统的流动。除了传统热塑性射出成型,也可选其他延伸模组模拟功能,其中包括气体辅助成型、射出成型机射出压缩成型。

- 即时最佳化

Autodesk Moldflow Insight 可引导设计师、模具制造商和工程师,逐步完成模拟设定与结果解读,显示壁厚、浇口位置、材料、几何图形、模具设计与加工成型条件的变更对制造成型性有何影响。几何图形支援范围包括薄壁零件及厚实产品应用,有助于在设计前先在假设情景下进行开发周期评估,可提高产品品质。

- 专业模拟工具

Autodesk Moldflow Insight 有多种塑胶射出成型方式,可帮助设计者解决制造问题,其中包括专业化的成型条件设定程序与分析检测功能。此软件有助于使用者模拟常见的成

型技术问题，更有助于模拟需要专门的独特成型方式技术与分析结果报告，以符合实际的设计要求。

● 庞大的塑料资料库

Autodesk Moldflow Insight 具有全球最大的塑胶材料资料库。有 8000 多种商业级塑料以及最新、最精确的材料资料，让设计团队能够轻松评估不同材料的影响，对模拟结果更有信心，并能更准确预测可能影响塑料制品效能的因素。另外，还有能源指示器与塑胶分类标志，可帮助设计师进一步降低制造能源需要，并选择有助于永续性方案的材料。

● 深入模拟

Autodesk Moldflow Insight 的深入模拟功能可协助工程师深入分析处理最棘手的制造问题。Autodesk Moldflow Insight 让使用者对模拟结果更有信心，对于复杂的几何图形，工程师在建立模具前可先预测并避免潜在的制造问题，进而大量减少成本溢出，避免昂贵的生产延迟，并加速产品上市。

● 自定义的结果与报告

Autodesk Moldflow Insight 可完整控制模拟参数及可广泛自订分析结果，协助工程团队将数位化原型联结至实际加工条件，进而提高精确度，以及判断潜在问题的原因，进而针对这些问题采取修正行动。模拟完成后，即可用自动报告产生工具，以常见的格式让有价值的模拟资料能够与设计团队共用，进而促进协同合作并精简开发过程。

1.2.3 Autodesk Moldflow Communicator

Autodesk Moldflow Communicator 使得分布式的产品开发小组能够浏览、确定并比较 AMI 分析成果。与静态的 3D 浏览器不同的是，Autodesk Moldflow Communicator 使得使用者可以了解分析结果背后的设想，这对作出关键的设计决定异常重要。

Autodesk Moldflow Communicator 使得 AMI 使用者可以更轻松地将从设计最佳化过程中获得的知识传递给产品开发小组的所有成员。更多的小组成员可以用 3D 浏览器成果，以便更好地理解设计上的改进。Autodesk Moldflow Communicator 的一个最重要的优点就是能够识别分析结果后面的设想，这就能够帮助小组成员作出决定，以减少产品开发时间，提高零件品质，并且加快产品到达市场的速度。

1.3 知识准备

应用 Autodesk Moldflow Insight 进行塑料制品的注塑成型分析是一项比较复杂、对使用者素质要求相对较高的技术。它要求软件的使用者首先要具备一定的理论背景知识和实际的工程经验，其中主要包括：

● CAD/CAE/CAM 的基础知识。

● 具有一定的有限元分析理论功底。

● 聚合物流变学基础。

● 具有相当的模具设计和塑料产品生产的实际工程经验。

● 常用 CAD 软件的基本操作和三维造型能力。

- 一定的英语阅读水平。
- 计算机的基本操作技能。

虽然以上的各项基本技能并非绝对要求满足，但是如果在某方面有欠缺，就需要读者通过自身的学习和一定的培训来弥补，从而更好地掌握 AMI 的使用，并且能够深入下去。

为了使读者更好地阅读本书，本书将在第 2 章中介绍一些基础的理论背景和一定的工程方面的经验，希望读者能够掌握一些最为基础并且必不可少的知识。

第 2 章　Moldflow 分析基础

2.1　注塑模 CAD/CAE/CAM 技术

注塑模具是塑料成型加工的重要装备，随着近年来计算机技术的蓬勃发展及其向各个领域的不断渗透，目前国内绝大多数的现代化模具及塑料生产企业都非常重视计算机辅助技术的应用，并基本取代了传统的设计生产方式。利用现代的设计理论方法，同时结合先进的计算机辅助技术来进行注塑模的设计和改进，能够大幅度提高产品质量，缩短开发周期，降低生产成本，从而提升企业的核心竞争能力。

2.1.1　注塑模 CAD/CAE/CAM 系统组成

目前，市场上的 CAD/CAE/CAM 软件、硬件设备种类和品牌繁多，而且现在还没有出现一套专业的、集成化的注塑模 CAD/CAE/CAM 系统。因此，绝大多数企业所使用的 CAD/CAE/CAM 系统，是企业根据自身的技术特点、资金情况，从市场上采购合适的 CAD/CAM 通用机械软件和专业的注塑模 CAE 分析软件配套集合而成的。

一套基本的注塑模 CAD/CAE/CAM 系统一般是由一定数量和种类的硬件系统和相应的软件系统组成的，如图 2-1 所示。

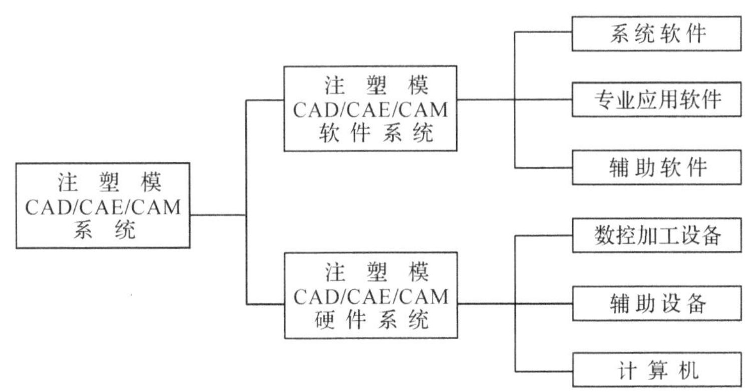

图 2-1　注塑模 CAD/CAE/CAM 系统基本组成

2.1.2　注塑模 CAD/CAE/CAM 系统过程和方法

注塑模 CAD/CAE/CAM 系统是一个有机的整体，整套系统与企业的人才、技术相结合，最终将决定企业的生产效率和产品质量。其中的技术因素主要是企业在模具方面多年积累的知识、经验和技巧。

传统的模具设计与制造大致分为以下几个步骤，如图 2-2 所示。

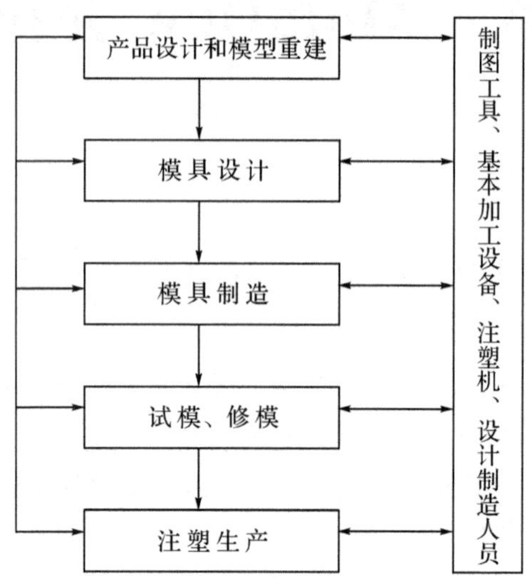

图 2-2　传统模具设计制造过程

1. 产品设计和重建产品模型

模具设计人员根据用户提供的资料(一般包括 3 种类型的资料，第 1 种是产品样件，第 2 种是图纸，第 3 种既有产品样件又有图纸，但需要修改样件模型)，重新构筑新产品模型，设计详细的产品图纸，计算加工材料的收缩率，为模具设计做好准备。

2. 模具设计

根据上面做好的产品设计准备来确定注塑机型号、型腔数量和型腔排列、分型面、抽芯机构等，同时要设计浇注系统、冷却系统、顶出系统、排气系统、导向系统等，最终还要确定模架等标准件，选用模具材料，绘制模具装配图和主要零部件图纸。

3. 模具制造

在模具总装图纸及零部件图纸设计完成之后，经过一系列的加工、制造和装配过程，完成模具的制造。

4. 试模、修模

在模具制造装配完成之后，就要到事先选定的注塑机上进行试模，如果试模顺利，就要对产品形状尺寸进行校验，检查其与设计意图的匹配程度。如果在试模中发现，模具本身存在问题，那么模具产品就要送回模具车间进行修模处理，直到试模成功，打出合格的产品。因此，修模、试模是一个十分繁琐、复杂的过程。在许多情况下，还要涉及设计方案的修改，从而对模具进行较大程度的改变，造成反复的修模、试模。我们应该注意到，反复的修模会造成模具内部品质的变化(如出现内应力)，导致整副模具的性能降低，从而使最终的塑料制品质量不能达标，这时就存在着模具全部报废的可能。

从上面的分析可以看出传统的设计制造方法存在着诸多弊端。随着科技的进步，计算机水平的日益发展，CAD/CAE/CAM 技术在现代模具设计生产中被广泛地应用。使用计算机辅助技术不仅能够提高一次试模成功率，而且可以使模具设计和制造在质量、性能及节约成本上都有很大程度的提升。图 2-3 给出了使用 CAD/CAE/CAM 技术进行模具设计和制造的基本过程。

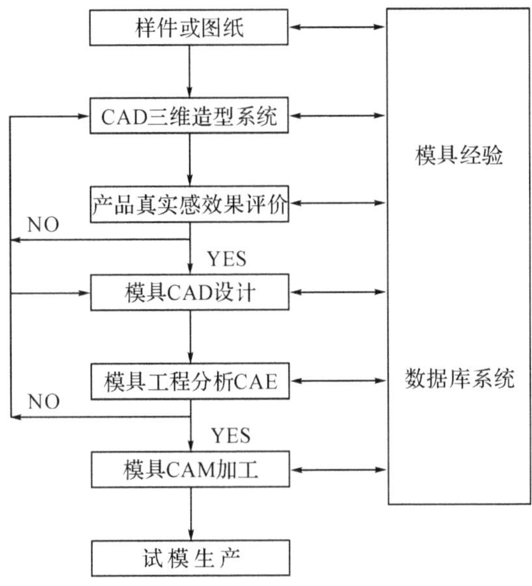

图 2-3　注塑模 CAD/CAE/CAM 过程

下面简单介绍各环节的主要内容。

1. 计算机辅助设计(CAD)

计算机辅助设计系统由硬件和软件组成。其中硬件主要就是指计算机系统，包括主计算机、工作站、终端和输出设备等。软件包括系统程序、专业应用程序和各种辅助程序。

注塑模计算机辅助设计的过程主要包括以下两个环节：

- 在样品或图纸基础上利用 CAD 软件进行三维造型；
- 在真实感效果评价满意的基础上进行模具 CAD 设计。

2. 计算机辅助工程分析(CAE)

CAE 技术是一门以 CAD/CAM 技术水平的提高为发展动力，以高性能计算机和图形显示设备为发展条件，以计算力学中的边界元、有限元、结构优化设计及模态分析等方法理论为基础的一项较新的技术。

注塑成型过程中，塑料在型腔中的流动和成型，与材料的性能、制品的形状尺寸、成型温度、成型速度、成型压力、成型时间、型腔表面情况和模具设计等一系列因素有关。因此，对于新产品的试制或是一些形状复杂、质量和精度要求较高的产品，即使是具有丰富经验的工艺和模具设计人员，也很难保证一次就能成功地设计出合格的模具。所以，在模具基本设计完成之后，可以通过注塑成型分析，发现设计中存在的缺陷，从而保证模具设计的合理性，提高模具的一次试模成功率，降低企业生产成本。

注塑成型 CAE 分析的内容和结果为模具设计和制造提供可靠、优化的参考数据，其中主要包括：

- 浇注系统的平衡，浇口的数量、位置和大小；

- 熔接痕的位置预测；
- 型腔内部的温度变化；
- 注塑过程中的注射压力和熔融料体在填充过程中的压力损失；
- 熔融料体的温度变化；
- 剪切应力、剪切速率。

根据注塑成型的CAE分析结果，就可以判断模具及其浇注系统的设计是否合理，其中的一些基本原则如下：

- 各流道的压差要比较小，压力损失要基本一致；
- 整个浇注系统要基本平衡，即保证熔融料体要同时到达，同时填充型腔；
- 型腔要基本同时填充完毕；
- 填充时间要尽可能短，总体注射压力要小，压力损失也要小；
- 填充结束时熔融料体的温度梯度不大；
- 熔接痕和气穴位置合理，不影响产品质量。

3. 计算机辅助制造(CAM)

计算机辅助制造就是借助计算机完成制造过程中的各项任务，包括生产工艺准备和制造工程本身。

注塑模CAE的主要功能包括：

- 由计算机完成整个模具生产的工艺过程设计；
- 由计算机辅助进行模具车间现场管理；
- 完成从模具产品的几何模型到工艺模型的转换；
- 加工程序的自动编制；
- 利用数控机床进行模具零件的自动加工；
- 利用仿真技术测试数控刀具轨迹，检测过切及加工表面干涉。

2.1.3 注塑模CAD/CAE/CAM的特点

随着CAD/CAE/CAM技术在模具行业的广泛应用，传统的模具设计、制造方法必将被取代，其强大的优势主要表现在以下几个方面。

1. 缩短模具制作周期

CAD系统内容丰富并且功能强大，在CAD数据库中存有大量模具标准件信息，并且专业的CAD系统还可以提供模具设计的专家辅助系统，其中包含的各类经验设计参数和常用设计方法可以减少设计人员因经验不足而不得不反复修模花去的时间，从而大大简化常规设计的过程。电子化的计算机图纸，不仅可以随时修改，而且可以方便地输出，大大缩短设计周期。数控机床加工的高效率是一般机床或钳加工所不能比拟的。

2. 提高模具质量

计算机辅助设计系统内的专家设计系统，包含大量的综合技术信息和理论背景知识，它们为设计人员提供了可靠的科学依据。在计算机辅助设计的过程中，通过合理的人机交互过程，可以同时发挥设计人员和计算机系统的各自优势，从而使模具设计更加快速、合理。利用CAM技术可自动生成高效、合理的模具零件加工刀具轨迹，数控设备准确的加工精度更可以保证被加工零件的尺寸精度高、表面粗糙度好。采用CAE技术通过计算机的合理

模拟，为设计人员提供可靠的参考依据，从而优化模具设计方案。

3. 大幅度降低成本

在当今企业竞争白热化的形式下，降低成本是企业制胜的法宝。利用 CAD/CAM 技术可以大大缩短设计和制造周期，同时节约大量的劳动力成本。采用计算机辅助注塑成型分析可以及早实现模具设计优化，避免模具的反复修模、试模的过程，从而降低成本。

4. 有效利用有限的人力资源，充分发挥设计人员的主观能动性

利用 CAD/CAE/CAM 技术可以将设计人员从繁忙的计算和绘图中解放出来，充分发挥有限人力资源的最大优势，并且通过先进的设备和工具，可以使设计人员最大限度地发挥个人的主观能动性，得到更多的创造性成果。

5. 利于技术资料的储备，提高企业的管理水平

CAD/CAE/CAM 技术的应用可以使企业方便地整理和储备企业技术资料，使企业的产品开发走上良性循环的轨道，同时应用计算机辅助技术可以使模具设计和制造更加科学合理，减少盲目性。

2.2 有限元分析基础

Moldflow 作为成功的注塑产品成型仿真及分析软件，采用的基本思想也是工程领域中最为常用的有限元法。有限元法的应用领域从最初的离散弹性系统发展到后来进入连续介质力学之中，目前广泛应用于工程结构强度、热传导、电磁场、流体力学等领域。经过多年的发展，现代的有限元法几乎可以用来求解所有的连续介质和场问题，包括静力问题和与时间有关的变化问题以及振动问题。

简单来说，有限元方法就是利用假想的线（或面）将连续的介质的内部和边界分割成有限大小的、有限数目的、离散的单元来研究。这样，就把原来一个连续的整体简化成有限个单元的体系，从而得到真实结构的近似模型，最终的数值计算就是在这个离散化的模型上进行的。直观上，物体被划分成“网格”状，在 Moldflow 中将这些单元称为网格(mesh)，如图 2-4 所示。

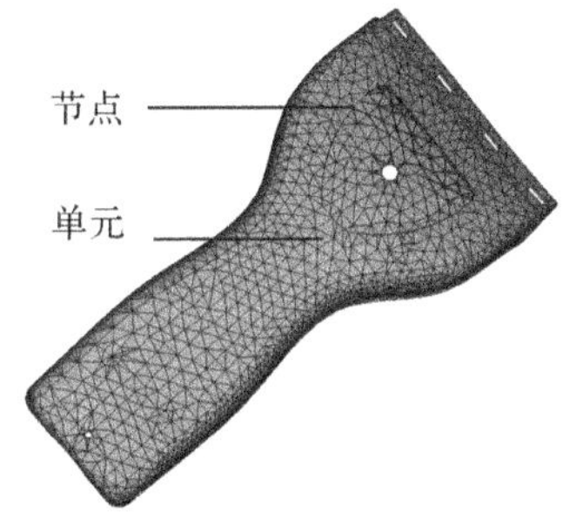

图 2-4　有限元模型

2.2.1　有限元法的基本思想

有限元法的基本思想主要包括以下几个方面：

- 连续系统（包括杆系、连续体、连续介质）被假想地分割成数目有限的单元，单元之间只在数目有限的节点处相互连接，构成一个单元集合体来代替原来的连续系统。在节点上引进等效载荷（或边界条件），代替实际作用于系统上的外载荷（或边界条件）。
- 由分块近似的思想，对每个单元按一定的规则（由力学关系或选择一个简单函数）建立求解未知量与节点相互作用之间的关系（力—位移、热量—温度、电压—电流等）。
- 把所有单元的这种特性关系按一定的条件（变形协调条件、连续条件或变分原理及能量原理)集合起来,引入边界条件,构成一组以节点变量(位移、温度、电压等)为未知量的代数方程组,求解它们就得到有限个节点处的待求变量。

所以,有限元法实质上是把具有无限个自由度的连续系统理想化为只有有限个自由度的单元集合体,使问题转化为适合于数值求解的结构型问题。

下面以最为基础的平面问题三角形单元的位移函数为例加以介绍。

如图 2-5 所示,三角形单元的 3 个顶点 i,j,k 为单元节点,其坐标分别为 (x_i,y_i),(x_j,y_j),(x_k,y_k)。设经过时间 Δt 后,节点沿 x,y 方向的位移为 (u_i,v_i),(u_j,v_j),(u_k,v_k)。单元内任一点 (x,y) 的位移是利用位移函数进行插值的。最简单的位移函数为线性多项式:

$$\left.\begin{aligned} u&=l_1+l_2x+l_3y \\ v&=l_4+l_5x+l_6y \end{aligned}\right\} \tag{2-1}$$

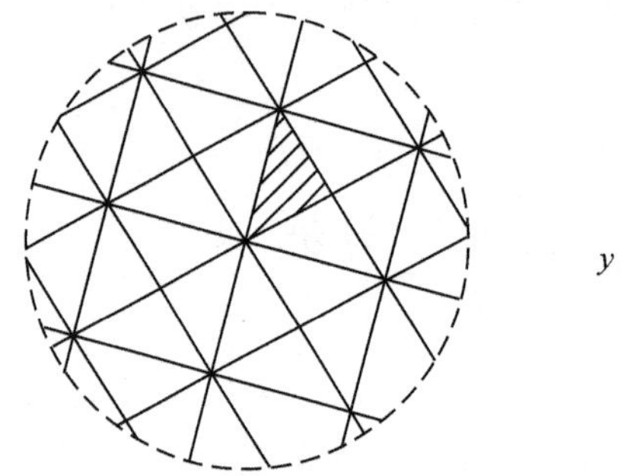

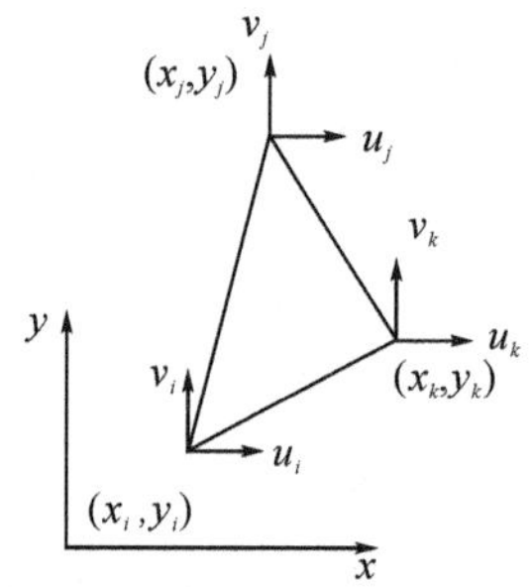

图 2-5　平面模型中的三角形单元

将节点 i,j,k 的坐标 (x_i,y_i),(x_j,y_j),(x_k,y_k) 和位移 (u_i,v_i),(u_j,v_j),(u_k,v_k) 带入式(2-1),即可求得 $l_1,l_2,l_3,\cdots$,从而求得三角形单元内各点的位移。

$$\left.\begin{aligned} l_1&=(a_iu_i+a_ju_j+a_ku_k)/2A \\ l_2&=(b_iu_i+b_ju_j+b_ku_k)/2A \\ l_3&=(c_iu_i+c_ju_j+c_ku_k)/2A \end{aligned}\right\} \tag{2-2}$$

其中,A 为三角形单元的面积。

$$A=(x_iy_j+x_ky_i+x_jy_k-x_jy_i-x_iy_k-x_ky_j)/2$$

$$a_i=x_jy_k-x_ky_j$$

$$b_i=y_j-y_k$$

$$c_i=x_k-y_j$$

其余系数将下标循环代换即可。最后可得三角形单元内各点的位移 u、v:

$$\left.\begin{aligned} u&=[(a_i+b_ix+c_iy)\cdot u_i+(a_j+b_jx+c_jy)\cdot u_j+(a_k+b_kx+c_ky)\cdot u_k]/2A \\ v&=[(a_i+b_ix+c_iy)\cdot v_i+(a_j+b_jx+c_jy)\cdot v_j+(a_k+b_kx+c_ky)\cdot v_k]/2A \end{aligned}\right\} \tag{2-3}$$

利用线性位移函数式(2-2),在相邻单元之间的位移连续条件可自动满足。因为,沿三角形边界的位移可由该边两节点的位移完全确定,故从该边内侧至外侧的位移是连续的。

2.2.2　有限元法的特点

有限元法正是由于它的诸多特点,在当今各个领域都得到了广泛的应用。

1. 原理清楚，概念明确

有限元法的原理清楚，概念明确，使用者和学习者可以在不同的水平上建立起对该方法的理解，并且根据个人的实际情况（包括不同学科、不同背景和不同的理论功底）来安排学习的计划和进度，既可以通过直观的物理意义来学习和使用，也可以从严格的力学概念和数学概念进行推导。

2. 应用范围广泛，适应性强

有限元法可以用来求解工程中许多复杂的问题，特别是采用其他数值计算方法（如有限差分法）求解困难的问题，如复杂结构形状问题，复杂边界条件问题，非均质、非线性材料问题，动力学问题，黏弹性流体流动问题等。目前，有限元法在理论上和应用上还在不断发展，今后将更加完善，使用范围也会更加广泛。

3. 有利于计算机应用

有限元法采用矩阵形式表达，便于编制计算机程序，从而可以充分利用高性能计算机的计算优势。由于有限元法计算过程的规范化，目前在国内外有许多通用程序可以直接套用，非常方便。Moldflow 正是成熟的注塑成型的有限元工程分析软件。

2.3 注塑成型模拟技术

注塑成型模拟技术是一种专业化的有限元分析技术，它可以模拟热塑性塑料注射成型过程中的充填、保压以及冷却阶段，它通过预测塑料熔体在流道、浇口和型腔中的流动过程，计算浇注系统及型腔的压力场、温度场、速度场、剪切应变速率场和剪切应力场的分布，从而可以优化浇口数目、浇口位置和注射成型工艺参数，预测所需的注射压力和锁模力，并发现可能出现的短射、烧焦、不合理的熔接痕位置和气穴等缺陷。

Moldflow 作为塑料分析软件的创造者，自 1976 年发行世界上第一套流动分析软件以来，在技术和发展趋势上一直主导着塑料 CAE 软件市场。经过 20 多年的积累和发展，Moldflow 软件在塑料行业的应用，已经给这个行业带来了巨大的变化，从根本上改变了传统的生产方式，大大提高了产品质量，缩短了生产周期，降低了生产成本。

作为行业技术的主导和领先者，随着塑料行业的不断发展、塑料制品复杂程度和对塑料制品质量要求的不断提高，Moldflow 的注塑成型模拟技术也经历了中面模型、表面模型和三维实体模型 3 个发展阶段。

2.3.1 中面模型技术

中面模型技术是最早出现的注塑成型模拟技术，其采用的工程数值计算方法主要包括基于中面模型的有限元法、有限差分法、控制体积法等。Moldflow 系列软件可以直接读取任何 CAD 表面模型文件并进行分析。在使用者采用线框和表面造型文件时，首先 AMI 可以自动分析出塑料制品的中间面模型并准确计算其厚度，接着在这些中面上生成二维平面三角网格，利用这些二维平面三角网格进行有限元计算，计算出各时间段的温度场、压力场，同时用有限差分的方法计算出厚度方向上温度的变化，用控制体积法追踪流动前沿，并将最终的分析结果在中面模型上显示。其大致的模拟过程如图 2-6 所示。

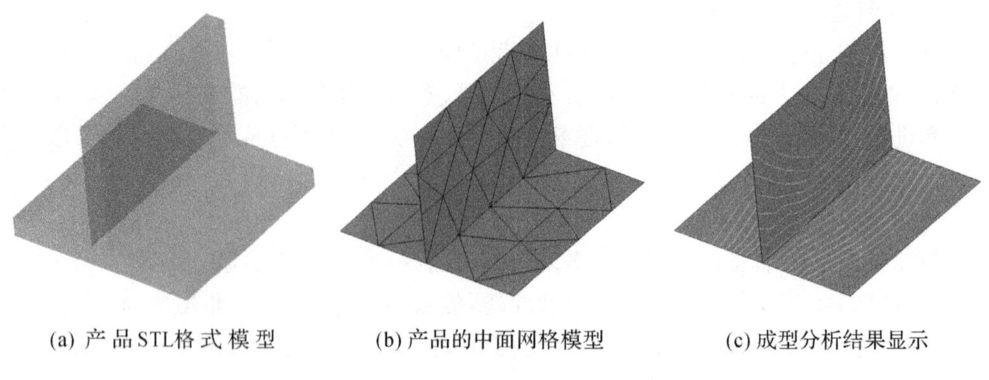

(a) 产品STL格式模型　　(b) 产品的中面网格模型　　(c) 成型分析结果显示

图 2-6　中面模型分析过程

基于中面模型的注塑成型模拟技术能够成功地预测充模过程中的压力场、速度场、温度分布、熔接痕位置等信息，具有以下一些优点：

- 技术原理简明，容易理解；
- 网格划分结果简单，单元数量少；
- 计算量较小，即算即得。

但是在中面模型技术中，由于考虑到产品的厚度远小于其他两个方向即流动方向的尺寸，塑料熔体的黏度较大，将熔体的充模流动视为扩展层流，忽略了熔体在厚度方向的速度分量，并假定熔体中的压力不沿厚度方向变化，由此将三维流动问题简化为流动方向的二维问题和厚度方向的一维分析。由于采用了简化假设，它产生的信息是有限的、不完整的。

因此，中面模型技术在注塑成型分析中的应用虽然简单、方便，但是具有一定的局限性，所以表面模型和三维实体模型技术便应运而生了。

2.3.2　表面模型技术

取代中面模型技术的最直接办法是采用三维有限元方法或三维有限差分方法来代替中面模型技术中的二维有限元（流动方向）与一维有限差分（厚度方向）的耦合算法。然而，三维流动模拟技术难点多、经历实践考验的时间短、计算量巨大、计算时间过长，与中面模型技术的简明、久经考验、计算量小、即算即得形成了鲜明的反差。在三维流动模拟技术举步维艰的时刻，一种既保留中面流全部技术特点又基于实体（表面技术）模型的注塑流动模拟新方法——表面模型技术出现了。表面模型技术最早出现在 Moldflow 系列软件的 Part Advisor 中，目前得到了广泛的应用。

表面模型技术是指模具型腔或制品在厚度方向上分成两部分，与中面模型不同，它不是在中面，而是在型腔或制品的表面产生有限元网格，利用表面上的平面三角网格进行有限元分析。相应地，与基于中面的有限差分在中面两侧（从中性层至两模壁）进行不同，厚度方向上的有限差分仅在表面内侧（从模壁至中性层）进行。在流动过程中，上、下两表面的塑料熔体同时并且协调地流动，其模拟过程如图 2-7 所示。

AMI 的 Fusion 模块采用的就是表面模型技术，它基于 Moldflow 的独家专利 Dual Domain 分析技术，使用户可以直接进行薄壁实体模型分析。从本质上讲，表面模型技术所应用的原理和方法与中面模型相比没有本质上的差别，其主要不同之处是 Fusion 模型采用了

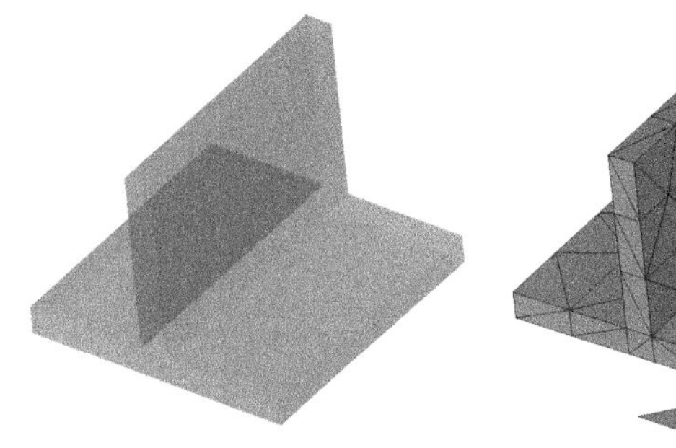

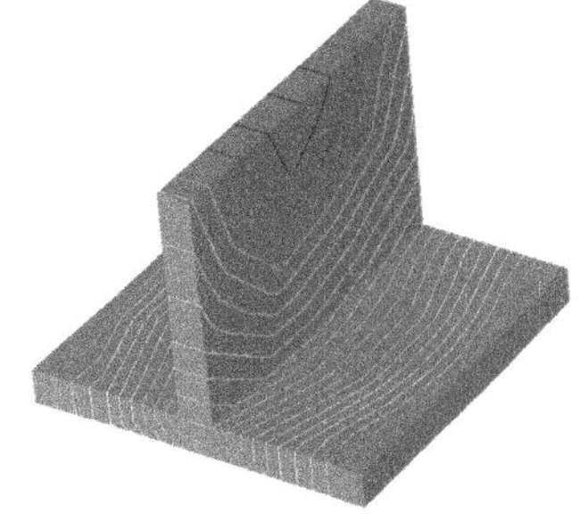

(a) 产品STL格式模型　(b) 产品的表面网格模型　(c) 成型分析结果显示

图 2-7　表面模型分析过程

一系列相关的算法，将沿中面流动的单股熔体演变为沿上、下表面协调流动的双股流。由于上、下表面的网格无法一一对应，而且网格形状、方位与大小也不可能完全对称，如直接进行注塑成型分析，会导致分析过程中上、下两个表面的熔体流动模拟各自独立地进行，彼此之间毫无关联、互不影响，这与塑料制品在注塑过程中的实际情况不相符。因此，为了解决这个问题，必须将所有表面网格的节点进行厚度方向的配对，使有限元分析算法能根据配对信息协调上、下两个表面的熔体流动过程，将上、下对应表面的熔体流动前沿所存在的差别控制在允许的范围内。

在 AMI 软件中，网格状态统计(Mesh Statistics)功能中的 Match Ratio 一项，正是考查表面网格的上、下匹配情况，如图 2-8 所示，也仅仅在 Fusion 模块中有该功能。在 AMI/Fusion 模块的 Flow 分析中大于 85%的匹配率被认为是较好的网格划分结果，而低于 50%的匹配率往往导致 Flow 分析的失败。在 AMI/Fusion 模块的 Warp 分析中，表面网格的匹配率必须大于 85%，如果匹配率太低，应该重新划分网格。

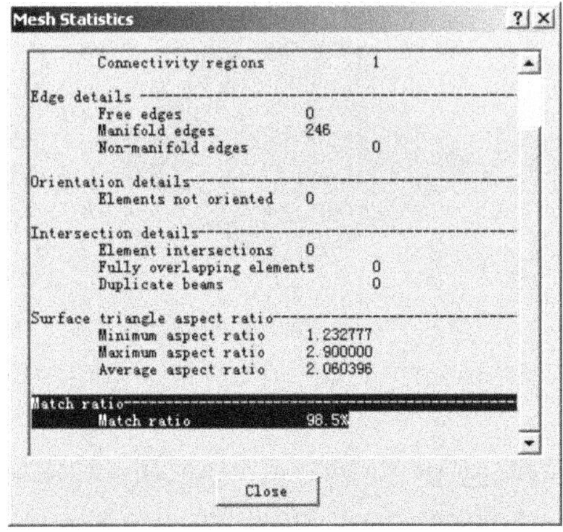

图 2-8　网格状态统计中的 Match Ratio 功能

虽然，从中面模型技术跨入表面模型技术，可以说是一个巨大的进步，并且得到了广大用户的支持和好评，但是，从实质上讲，表面模型技术仍然存在着一些缺点。

● 分析数据不完整

由于表面模型仍然采用和中面模型一样的二维半的简化模型假设，所以它除了用有限差分法求解温度在壁厚方向的差异外，基本上没有考虑其他物理量在厚度方向上的变化。

● 无法准确解决复杂问题

随着塑料注塑成型工艺的进步，塑料制品的结构越来越复杂，壁厚差异越来越大，物理量在壁厚方向上的变化变得不容忽视。

● 真实感缺乏

由于在表面模型中，熔体仅仅沿着制品的上、下表面流动。因此，分析的结果缺乏真实感，与实际情况仍有一定的差距。

从总体上讲，表面模型技术只是一种从二维半数值分析（中面模型）向三维数值分析（实体模型）的一种过渡。要实现严格意义上的注塑成型产品的虚拟制造，必须大力开发实体模型技术。

2.3.3 三维实体模型技术

Moldflow 的 AMI/Flow3D 和 AMI/Cool3D 等模块通过使用经过验证的、基于四面体的有限元体积网格解决方案技术，可以对厚壁产品和厚度变化较大的产品进行真实的三维模拟分析。

实体模型技术在数值分析方法上与中面流技术有较大差别。在实体模型技术中熔体在厚度方向的速度分量不再被忽略，熔体的压力随厚度方向变化。实体流技术直接利用塑料制品的三维实体信息生成三维立体网格，利用这些三维立体网格进行有限元计算，不仅获得实体制品表面的流动数据，还获得实体内部的流动数据，计算数据完整。其模拟过程如图2-9 所示。

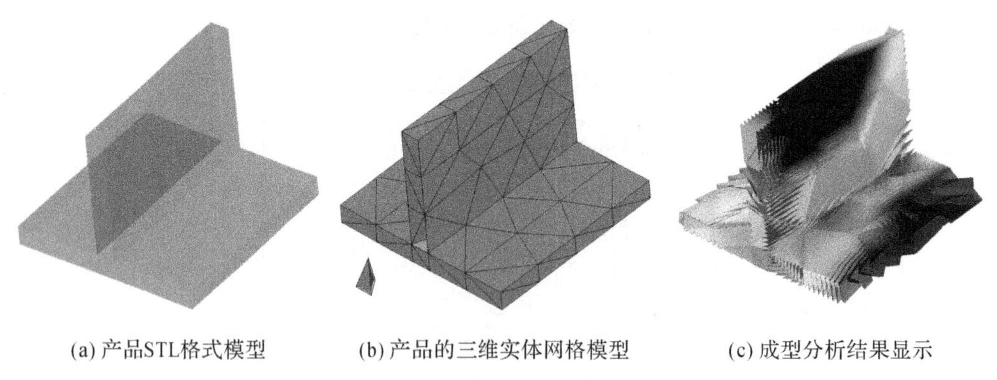

(a) 产品STL格式模型　　(b) 产品的三维实体网格模型　　(c) 成型分析结果显示

图 2-9　三维实体模型分析过程

与中面模型或表面模型相比，由于实体模型考虑了熔体在厚度方向上的速度分量，所以其控制方程要复杂得多，相应的求解过程也复杂得多，计算量大、计算时间过长，这是基于实体模型的注塑流动分析目前所存在的最大问题。

3 种注塑成型分析技术，在技术特点上各有千秋。在实际的工程应用中，要对制品的情况有一个合理的认识，要认清问题的关键所在，从而采用最为合适的分析技术，利用最少的成本，得到相对满意的分析结果。

2.4 聚合物的流变学基础

流变学是研究材料的形变和流动的科学,在注塑成型加工中,通常采用的是高分子聚合物材料。因此,要了解熔融聚合物在注塑过程中的流变行为和传热特征。

聚合物流体的流变行为比较复杂,不仅决定于温度和剪切或拉伸速率,而且与聚合物的分子结构、分子量、分子量分布和添加剂的浓度等相关,它具有非牛顿黏度、弹性回复和分子定向作用等一般简单流体不具有的特点。聚合物流变学的任务就是根据应力、应变和时间等参数探索聚合物流动、形变的发生和发展的规律。

聚合物流变学涉及弹性力学、塑性力学和流体力学,同时应用到的数学工具有积分变换、张量计算、泛函分析、微分几何、数理逻辑和概率论等,严格地学习有关基本方程和数学推导对于初学者会有较大的难度。因此,本书仅定性地介绍一些流变学的基本概念,希望能够对读者使用和理解 Moldflow 软件有一定的帮助。

2.4.1 牛顿流体和非牛顿流体

在基础的流体力学中,绝对剪切黏度 μ 由牛顿方程定义:

$$\tau_{yx}=\frac{F}{A}=-\mu\frac{\mathrm{d}V_x}{\mathrm{d}y}=-\mu\dot{\gamma}_x=-\mu\frac{V}{H} \tag{2-4}$$

式中,$\tau_{yx}=F/A$是引起被牛顿型流体分离的无限大平板运动的剪切应力,如图 2-10 所示。对于牛顿型流体,剪切应力与速度梯度(V/H)成正比,μ 是比例常数。在图 2-10 中,$V/H=\dot{\gamma}_x$。图中的流动向量表示恒剪切率。流体每层承受相等剪切速率,当黏度不变时剪切应力相等,负号表示在每一个设想层下边的剪切应力 τ_{yx} 指向左边,即负的 x 方向,在 y 增加方向的剪切率是正的。为了简化,以后将取消负号,"黏度"一词表示绝对剪切黏度。

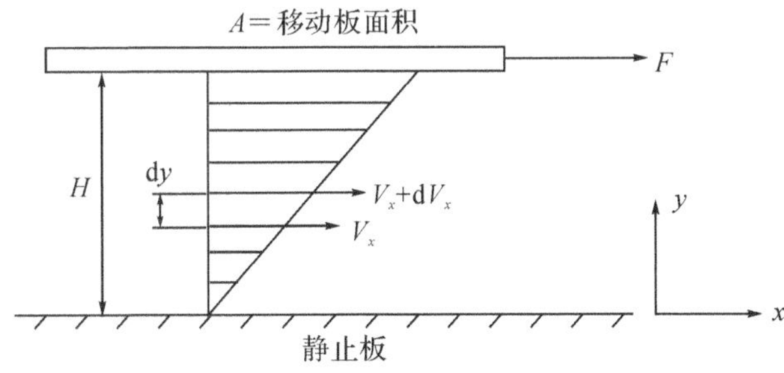

图 2-10 在两维剪切流中牛顿流体的速度分布

牛顿流体的一些例子是水、矿物油、玉米糊、溶剂及聚合物稀溶液。大多数热塑性塑料熔体,除聚碳酸酯和偏二氯乙烯、-氯乙烯共聚物等几种少数与牛顿流体相近外,绝大多数塑料熔体和分散体,在剪切应力达一定值时,剪切应力与剪切速率之间不呈线性关系,即不可能用牛顿型本构方程(2-4)来描述塑料熔体的流动行为。凡流体受力流动时,其剪切应力与剪切速率之间呈现非线性关系,即不服从方程(2-4)规律者,均称之为非牛顿型流体。

聚合物成型时，如注塑和挤出，流动即为非牛顿型，通常为剪切变稀或假塑性，如图2-11所示。随剪切速率的增加，黏度不断减小，对于理想的假塑性流体，当逐步减小速率时，剪切应力增大。

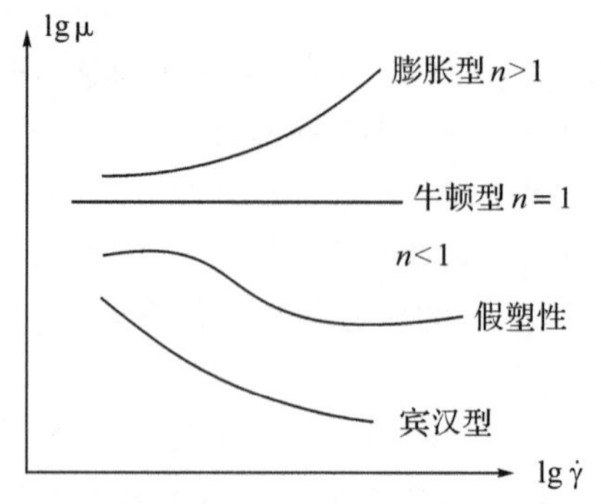

(a) 牛顿型流体和非牛顿型流体在所施剪切应力下稳态流动时速度与剪切速率的双对数图

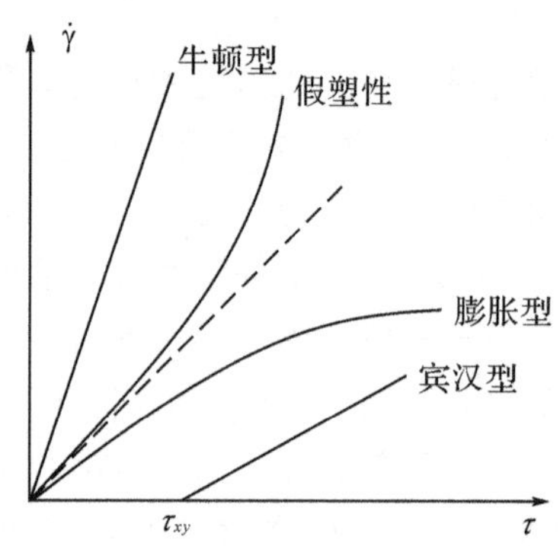

(b) τ-$\dot{\gamma}$ 曲线图(τ_y是用于宾汉流体的屈服应力)

图 2-11　非牛顿型流动曲线图

2.4.2　聚合物流变学在注塑成型中的应用

在注塑成型中，聚合物首先必须从固态转变成液态，聚合物熔融(或者被加热到转变温度之上)后，它在压力作用下从料桶通过浇口流入模腔。通常，浇口的尺寸比模具的尺寸小得多，柱塞前进的时间大约为数秒，这意味着黏性聚合物必须非常迅速地在很高的压力下通过浇口流入模腔，熔体在浇口的剪切速率大约为几千 s^{-1}。

考虑到热塑性聚合物的流动行为普遍为假塑性，可以预期，在浇口呈现的剪切速率范围内，熔体黏度将随注塑压力的增加而降低。因此，由于熔体黏度降低，冲模时间会减少。应该指出，熔体黏度取决于传热特征，并且压力之高足以影响熔体的黏度。因此，深入了解流变性质对于改进模具设计、选择最佳成型条件以及配制恰当的含有加工助剂和抗冲性改进剂的塑料模是具有很实用的意义的。

流变性质，包括熔体黏度和弹性在很多方面都可以深刻地影响注塑成型制品的物流或力学性质。例如，通过增加剪切速率来降低黏度，引起分子取向增加，从而改善力学性质。熔体弹性在决定力学性质方面也起着重要的作用，可以用下面的实际现象来解释。当模型充满时，物料通过浇口的速度急剧下降，冷却开始。一旦流动停止，就开始产生应力松弛。应力松弛现象是指，材料的弹性越大，松弛时间越长。模具中松弛的那部分应力，即所谓的“残余应力”的大小会影响制品的力学性质。

因为材料的弹性随剪切速率和剪切应力的增加而增加，可以说，在注塑时，剪切速率或剪切应力越大，应力松弛所需要的时间也就越长，因为模具的型腔壁迅速冷却，所以实际上充模时所建立的应力中大部分都作为残余应力保留在制品中。弹性较小的材料在相同的成型条件下产生的残余应力应当比弹性较高的材料更低。

2.4.3　注塑件的残余应力

在 AMI 中，注塑件残余应力分析结果如图 2-12 所示。

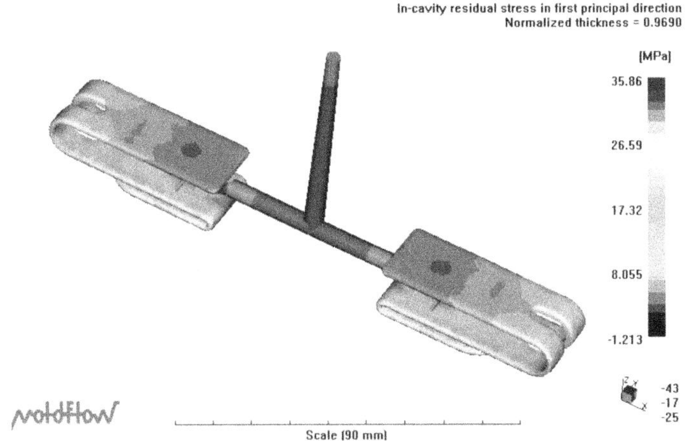

图 2-12　制品第一主方向上的残余应力分布图

注塑件中存在 3 种残余应力：

- 与骤冷应力伴生的残余应力；
- 冻结分子取向；
- 构型体积应变。

有时骤冷应力会通过在制品中产生气泡或凹痕而自行消除，另外也可以通过热处理来消除。构型体积应变只有通过热处理才可以消除，这常常是不现实的，且在许多实际情况下并不重要。冻结取向大部分产生于"保压"阶段，若使保压时间减少至最小会使冻结取向大为减少。减少冻结取向的数值有降低模制产品"银纹"的趋势，从而改善尺寸热稳定性，制造出力学性能更稳定的样品。

如上所述，熔融聚合物的黏度在研究注塑时是一个非常重要的性质，但是在讨论残余应力时却没有直接的意义。这是因为熔融聚合物一旦注满模具，模具中实际上就没有材料的整体流动。不过，由于材料的高弹性，所建立的应力不会立即松弛，而会和非弹性材料一样。

如果在应力仍然起作用时就把材料冷却到软化点，那么分子链固定在伸直状态，在模制产品中将发现存在冻结取向。在迅速经过凝固点或硬化范围冷却的材料式样中通常会发现有残余应力。可以在整个物体发生硬化的阶段中使冷却过程放慢来减少残余应力，这种退火的方法减少了硬化时的温差，从而减少残余应力。通常，在注塑中可使骤冷应力减至最小值的退火几乎没有实际应用。

有学者通过实验研究发现，熔体模具中冷却时将产生应力，继续冷却则发生应力松弛。在冷却周期中应力通过极大值似乎也是一瞬间。这可归因于冷却最初开始时，模具表面比模具中心更冷，从而在表面和中心之间产生温度梯度。温度梯度达到最大值时，模具中建立的应力也最大。进一步冷却，模具中的温度梯度会变小，应力因此而松弛。

2.4.4　注塑件的分子取向

在 AMI 中，注塑产品在冷却顶出后，产品内部聚合物的分子取向分析结果的显示如图 2-13所示。

注塑时，分子在熔融聚合物黏性流动过程中取向，这种取向有部分在模制产品冷却时保留在模制产品中。研究者通过实验发现，注塑产品的分子取向受充模过程时的剪切应力支配，与温度和宏观形变流速率无关。

在熔融聚合物流入模腔的时候，由于熔体和流道壁之间的阻力与壁的冷却作用而造成外层的黏度更高，因此，聚合物的内芯层的速度会高于外层速度。压力引起的流动在模腔入口处最高，而在波阵面处减少到零。因为造成在任一处分子取向的剪切应力是与压力梯度成正比的，因此距模腔壁任一距离处的分子取向也会从靠近流道入口某点的极大值，至波阵面处减少到零，因模腔壁处的速度为零，为了注满模腔，在波阵面上一定有离开中心向模腔壁的径向流动。由于材料处于高温下，并且只受到低度剪切，所以当材料碰到模腔壁并立刻在接触时凝固，在后面的聚合物表面上只有非常小的分子取向。不过，紧邻这层皮层下面的材料由于有皮层同模具的绝热而不会立刻固化。由于后面的聚合物会有更多的机会受到剪切，分子取向因此会随至表面的距离增加而增加。

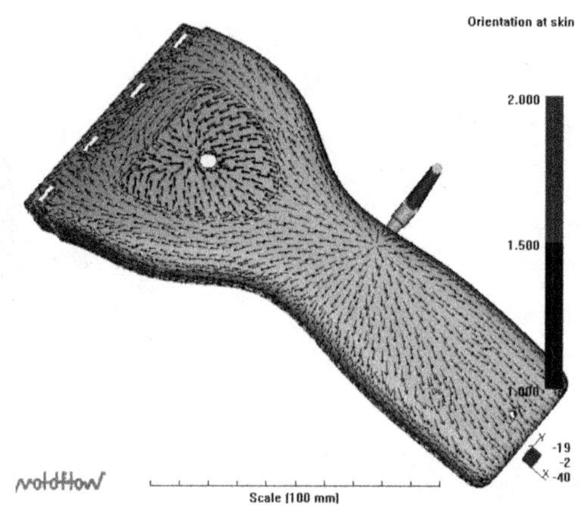

图 2-13　注塑产品表面分子取向结果显示

要建立注塑变量和模制品分子取向之间的关系是不容易的。因为注塑中观察到的分子取向是模制品的初始取向和剪切应力下降至零后而产生的松弛的总效果，可以预料，分子取向随注塑温度增加而减小。以同样的方式，增加熔体温度会增加松弛，从而减小最终的分子取向量。不过在充模时，降低黏度使较大的压力有可能从注塑螺杆或柱塞传递到模腔，从而增加剪切速率或分子取向。

图 2-14 为注塑变量对分子取向影响的概括示意图。分子取向随注塑压力而增加，但在某些情况下，达到最小注塑压力后额外增加注塑压力可能以两种不同的方式影响注塑制品的分子取向，即增加柱塞压力会增加应力，从而又引起更高的分子取向。在某些情况下，额外的压力使模腔更迅速地充满，从而有可能产生更多的松弛。这两种相互抵偿的现象的最终结果取决于所使用的特殊注塑条件。柱塞前进时间对模制产品的分子取向有明显的影响，柱塞持续向前的时间越长，坯料就变得越冷，分子取向保留的也就越多。

分子取向对于注塑产品的力学性质也有很大的影响。在平行于取向的方向上，应力主要作用在聚合物链的主价键上，而在垂直于取向的方向上，这些力在很大程度上作用在聚合物链连接较弱的次价链上。表现为：

- 加热时通过拉伸而取向的刚性聚合物具有各向异性的力学性质；
- 单轴取向的材料在平行于取向的方向上某些力学性质(例如，杨氏模量、抗拉强度、断裂伸长)的数值高于垂直于取向的方向上的数值；
- 单轴取向的注塑制品中，沿流动方向的抗拉强度随取向度的增加而增加，而与流动方向垂直的抗拉强度则随取向度的增加而减小，如图 2-15 所示，其中虚线表示伸长，实线表示抗拉强度；
- 料筒在较低的温度下操作可以增加抗拉强度。

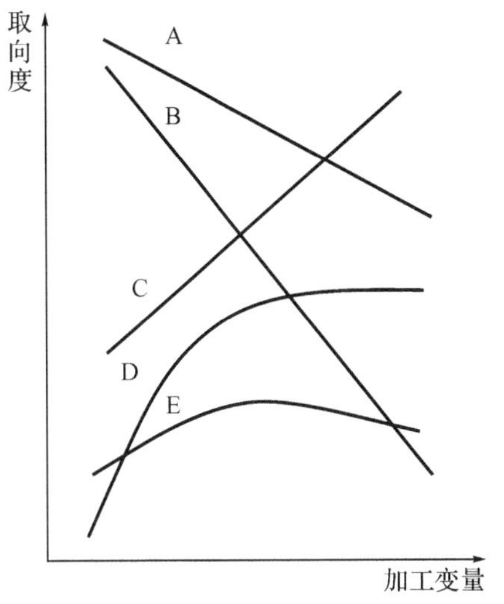

图 2-14　加工变量对取向的影响

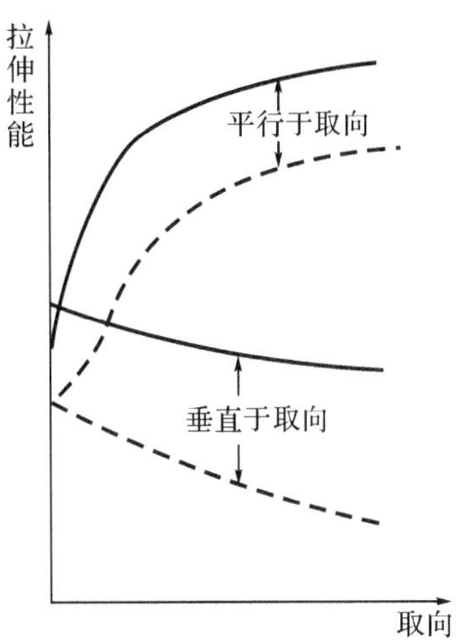

图 2-15　取向对产品拉伸性能的影响

2.5　注塑常用塑料及其主要性质

学习 Moldflow 系列软件进行注塑成型分析，需要了解一些常用的塑料及其性能，其中包括热塑性塑料、热固性塑料、增强塑料和塑料合金等。

2.5.1　热塑性塑料

热塑性塑料受热后会软化，并发生流动，冷却后又凝固变硬，成为固态。热塑性塑料由曲线状高分子组成，在加热时仅仅发生物理变化，其分子链上的基团稳定，分子间不发生化学反应。大多数热塑性塑料能被化学溶剂溶解，它对化学品的耐蚀性较热固性塑料差，其使用温度比热固性塑料低，机械性能和硬度也相对偏低。由于它的生产工艺成熟，来源广泛，目前得到广泛的使用。

下面介绍一些常用的热塑性塑料及其性质。

1. 聚乙烯(PE)

(1) 基本性能

聚乙烯(Polyethylene，PE)在常温下呈白色蜡状，为半透明颗粒，柔而韧，易变形，比水轻，无毒，燃烧时发出似石蜡燃烧时的气味。

聚乙烯合成方法不同，其分子结构与分子量的分布也会有差别，分子中支链多且不规整的多为低密度聚乙烯；分子中支链少而短的为高密度聚乙烯。后者注塑成的制品各项机械性能和使用温度均比前者高。表征聚乙烯树脂的主要指标是密度和熔融指数，熔融指数又是衡量平均分子量的宏观参数，为 0.2～50，而密度则小于 1，这两个指标均与聚乙烯制品的性能和加工成型性密切相关。

聚乙烯密度小，制品轻，分子中没有极性基团，在常温下不溶于任何一种已知的溶剂，对很多化学药品稳定。在常温下绝大多数的酸碱均不与聚乙烯反应，只有温度在 90℃以上时，硫酸和硝酸才能迅速破坏聚乙烯。随着聚乙烯分子量的增高，结晶度增大，其机械强度、硬度和刚性增高，而断裂伸长率、柔性与韧性下降。

聚乙烯的软化点为 122～135℃，结晶度愈高其软化点也愈高。它的着火点是 340℃，自燃温度为 349℃，是一种易燃物品。它的热膨胀系数较大，约在 10^{-4}/K 的数量级。其电阻率很高，是优良的绝缘材料，击穿电压达 20 000 V/mm^2。

聚乙烯耐热氧化性能较好，但耐光氧化性能较差，通常在紫外线照射下易与空气中的氧发生反应而使性能变差。为了提高聚乙烯制品的光氧化性能，在配方中可加入稳定剂。

(2) 分类

聚乙烯按照密度进行分类，大致可以分为以下几种：

- 低密度聚乙烯(LDPE)，密度为 0.910～0.925 g/mm^3；
- 中密度聚乙烯(MDPE)，密度为 0.926～0.940 g/mm^3；
- 高密度聚乙烯(HDPE)，密度在 0.941 g/mm^3 以上；
- 新型聚乙烯，有线型低密度聚乙烯和超高分子量聚乙烯。

(3) 成型特点

- 预塑化温度，低密度聚乙烯为 160～220℃，高密度聚乙烯为 180～240℃；
- 注塑压力在 100MPa 以下，对于薄形制件或流道较长时，最高注射压力可达 120MPa；
- 保压压力可以等于或低于注射压力。
- 注塑料流速不宜过高。
- 模具温度成型低密度聚乙烯时为 35～55℃，成型高密度聚乙烯时为 60～70℃，较高的模具成型温度，制品结晶度高，强度和刚性好，但收缩率高；模具温度偏低，制品结晶度低，透明性好，强度增加，但内应力也增大，制品易变形。
- 注塑模具中的流道长度与制品厚度之比，低密度聚乙烯为 280∶1，高密度聚乙烯为 230∶1。
- 保压时间由制品的厚度和流道的截面积大小来决定，一般在 10～40s。
- 聚乙烯注塑制品，一般不进行退火处理。对特殊要求制件退火处理时，应把制件浸在 80℃的溶液介质中，处理 1～2h，这样既可提高制品的强度又可减少制品的变形。

(4) 主要用途

低密度聚乙烯可用于制造塑料管、塑料板、塑料绳以及承载不高的零件，如齿轮、轴承等；高密度聚乙烯常用于制作塑料薄膜、软管、塑料瓶以及电气工业的绝缘零件和包覆电缆等。

2. 聚丙烯(PP)

(1) 基本特性

聚丙烯无色、无味、无毒。外观似聚乙烯，但比聚乙烯更透明、更轻。密度仅为 0.90～0.91g/cm^3。它不吸水，光泽好，易着色。

屈服强度、抗拉强度、抗压强度和硬度及弹性比聚乙烯好。定向拉伸后聚丙烯可制作铰链，有特别高的抗弯曲疲劳强度。如用聚丙烯(注)注射成型一体铰链，经过 7×10^7 次开闭弯折未产生损坏和断裂现象。

聚丙烯熔点为 164～170℃，耐热性好，能在 100℃以上的温度下进行消毒灭菌。其低温

使用温度达－15℃，但低于－35℃时会脆裂。

聚丙烯的高频绝缘性能好。因不吸水，绝缘性能不受湿度的影响。但在氧、热、光的作用下极易解聚、老化，所以必须加入防老化剂。

(2) 成型特点

- 塑化注塑温度范围在200～250℃，最高可达280℃，对于制品壁厚较厚件，注塑温度可低些，但是温度过于偏低时大分子的取向程度增加，制件容易变形。
- 注塑压力在70～120MPa范围，注塑压力高，熔体的黏度降低，流动性好，成型容易，收缩率也相应低一些。
- 应保证保压时间，以补充熔体固化收缩用料。在此基础上，尽量缩短注塑保压时间，以减小成型后制件的收缩。
- 模具温度在70～90℃。较高的成型温度有利于制品结晶度的提高，减少内应力的形成，制品的强度和外观质量得到改善；模具温度偏低，熔体降温固化快，制品结晶度低，制件密度小，内应力较大，由于收缩率较大，造成制件外观质量较差。
- 注意制件脱模时的收缩，应在定型装置上存放1天定型。对于形状尺寸要求较高的制件，应进行热处理。

(3) 主要用途

聚丙烯可用作各种机械零件，如法兰、接头、泵叶轮，汽车零件和自行车零件，水、蒸汽、酸碱的输送管道，化工容器和其他设备的衬里、表面涂层，制造盖和本体合一的箱壳，各种绝缘零件，也可用于医药工业中。

3. 聚苯乙烯(PS)

(1) 基本特性

聚苯乙烯(Polystyrene，PS)为无色透明的珠状或粒状树脂，无臭无味。它是生产历史最久的塑料材料之一，世界总产量仅次于PE和PVC，占第三位。聚苯乙烯是以苯乙烯为原料，采用本体法或悬浮法聚合而得。

聚苯乙烯密度为1.05g/cm^3，熔化温度为150～180℃，热分解温度为300℃。能燃烧，燃烧时变软、起泡、发出浓黑的烟和特殊的臭味，放出的气体有轻微毒性。

聚苯乙烯具有良好的电气性能，它的介电损耗小，耐电弧性好，是机电和电子工业常用的材料，也是仅略次于三聚氰胺甲醛塑料和聚四氟乙烯等的优良材料。它对化学药品稳定，耐一般的酸、碱、盐，但溶于芳香烃、氯代烃、酮和酯类。它不吸潮，在紫外线作用下易变色。聚苯乙烯的透明度达90%以上，折光率较高，具有良好的光泽，在应力状态下，它还能产生应力—光学效应，根据这种现象，可用光学法测定这种塑料内部的应力分布。它对高能辐射不敏感，是X光室、放射性室等有高能射线场地装饰的好材料。

(2) 成型特点

- 预塑化机筒温度在160～220℃范围内，温度偏高时，制品的透明度好，但制品强度下降；温度偏低时，制品透明度差，内应力大。生产中一般取较高温度，喷嘴温度低于塑化温度，一般在170～190℃。
- 注塑压力在60～120MPa，注塑压力的选择应根据制件的结构形状及模具条件考虑：复杂形状、流道较长的制品成型，应取较高的注塑压力。但也应注意，较高注塑压力的成型制品，收缩率能降低一些，但内应力增加，制品强度降低，容易出现裂纹。

● 注塑速度应是在不出现固化成型熔接痕的情况下越慢越好，这样制品的透明度好，强度得到改善，内应力也相应地小一些。

● 制品的成型降温固化速度较快，所以，注塑后的保压时间也比较短。

● 模具各部位温度要均匀、温差小。可通冷却水降温，各部位温差不应超过3～5℃，这样可避免由于各部位降温速度不一致而产生的应力集中现象。

● 由于保压降温时间较短，制品脱模后内部没有降温到室温，所以，应把制品浸在70～80℃热水中，处理2～3h，缓慢降温至室温，消除制品中的内应力。

(3) 主要用途

聚苯乙烯在工业上可用于制作仪表外壳、灯罩、化学仪器零件、透明模型等。在电气方面用做良好的绝缘材料、接线盒、电池盒等。在日用品方面广泛用于包装材料、容器、玩具等。

4. 聚氯乙烯(PVC)

(1) 基本特性

聚氯乙烯树脂是白色粉末状固体，结晶度约为5%，不溶于水、酒精和汽油，在醚、酮、芳香烃和氯代烷烃中能溶胀或溶解。它没有明显的熔点，130℃下软化可塑，180℃下可流动，140℃开始热分解，放出氯化氢，逐渐变黄变黑。在明火上难燃，燃烧时冒白烟，火焰呈黄绿色，并发出刺鼻的气味，火源移开后即能自熄。聚氯乙烯在常温下不与浓盐酸、硫酸和50%的硝酸反应，能经得起20%浓度的烧碱浸泡而不会迅速破坏。

(2) 成型特点

聚氯乙烯在成型温度下容易分解放出氯化氢，所以必须加入稳定剂和润滑剂，并严格控制温度及熔料的滞留时间。不能用一般的注塑成型机成型聚氯乙烯，因为聚氯乙烯耐热性和导热性不好，用一般的注塑机需要将料筒内的物料温度加热到166～193℃，会引起分解，应采取带预塑化装置的螺杆式注塑机。模具浇注系统应粗短，进料口截面宜大，模具应有冷却装置。

(3) 主要用途

由于聚氯乙烯的化学稳定性高，所以可用于防腐管道、管件、输油管、离心泵、鼓风机等。聚氯乙烯的硬板广泛用于化学工业上制作各种储槽的衬里，建筑物的瓦楞板、门窗结构、墙壁装饰物等建筑用材。由于电气绝缘性能优良而在电气、电子工业中，用于制造插座、插头、开关、电缆。在日常生活中，用于制造凉鞋、雨衣、玩具、人造革等。

5. 丙烯腈-丁二烯-苯乙烯共聚物(ABS)

(1) 基本特性

ABS塑料呈浅象牙色，树脂外形为粒状或珠状，密度为1.05g/cm^3。它的熔化温度为210℃，分解温度在250℃以上，可燃烧，但缓慢，并发出特殊的刺激气味。对水、无机盐、酸、碱较稳定，不溶于大部分醇类和烃类溶剂，但易溶于酮、酯及氯代烃中。吸水率低，在室温水中浸泡一年，吸水率也不超过1%，且性能变化甚微。ABS塑料耐磨性很好，摩擦系数较低，但没有自润滑作用。它具有极好的低温性能，在－40℃下仍表现较好的韧性。ABS的分子结构和微观结构复杂，使它不易结晶而呈无定形状态，因而具有低的熔体黏度、低的收缩率和良好的成型性。ABS的热变形温度随丁二烯的含量增加而降低，一般在65～70℃；热膨胀系数为6×10^{-5}～9×10^{-5}/℃；绝缘性能也很好。它还具有很好的电镀性，经过特殊的前

处理，与金属镀层结合很牢固，常用来制作铭牌、装饰性零件及工艺品。

（2）成型特点

- 不同品级的原料塑化温度略有差异，机筒温度可控制在 160～220℃范围内，喷嘴温度在 170～180℃范围内。
- 注塑压力在 60～120MPa，壁厚、浇口截面较大时，注塑压力可略低一些；而壁薄、流道较长时，注塑压力可提高至 130～150MPa。
- 注塑熔体流速以缓慢一些为好，这对保证制品表观质量，改善制品强度有利。
- 模具温度在 60～70℃。较高的冷却温度，制品外表光泽，内应力小，但收缩率较大。由于流道截面较大，制品固化时间有些延长，为了缩短成型周期，一般制品的模具温度应低一些。
- 制品的收缩率不大，但内应力较高。必要时应进行热处理，在 70℃左右的热风循环中处理 2～3h，缓慢冷却至室温，以消除制品的内应力。

（3）主要用途

典型的制品有齿轮、泵壳、泵叶、轴承、仪器仪表盘、电视机和冰箱壳体、纺织器材、安全帽等。

6. 聚酰胺(PA)

（1）基本特性

聚酰胺(Polyamide，PA)商品名又称尼龙(Nylon)，是最早的工程塑料。初期制品主要是纤维制品，现在聚酰胺品种已达几十种。

聚酰胺树脂是白色或淡黄色结晶颗粒，熔点 180～230℃，其中碳原子数多者熔点低。密度在 1.14g/cm^3 左右。热分解温度均大于 300℃。耐油，耐化学溶剂，对酸有一定抗蚀力。不易燃，能自熄。易吸水，会溶胀。无毒性，易染色，也易被污染。耐磨、高强、韧性好，自润滑，可在－40～100℃下长期使用，但耐光性差。尼龙的吸水性使尼龙制品尺寸变化大。因此，在尼龙成型前要将其置于 85～95℃的热空气中干燥，以防水分在成型时，高温下水解使制品产生热应力变形和鼓泡。成型收缩率为 1.5%，模具设计也应预留尺寸。

（2）成型特点

尼龙制品可按一般热塑性塑料通用方法成型。一般情况下尼龙中还添加填料、稳定剂、防老化剂和抗紫外线剂。尼龙具有较低的熔体黏度，熔点与分解温度相差甚远，因此加工工艺条件容易控制。它的熔体流动性好，故充模性也好。

（3）主要用途

由于尼龙有较好的力学性能，已广泛应用于机械、汽车、化工、电器行业，如轴承、齿轮、滚子、辊轴、滑轮、泵叶轮、风扇叶片、蜗轮、高压密封扣圈、垫片、阀座、输油管、储油容器、绳索、传动带、电池箱、电器线圈等零件。

7. 聚碳酸酯(PC)

（1）基本性能

聚碳酸酯(Polycarbonate，PC)，其密度为 1.2g/cm^3，透明，微黄，熔化温度 220℃，分解温度 310℃，不易燃烧，在火焰上会熔融、起泡、放出臭味，高温下易水解，无自润滑性，与其他塑料相容性差，对酸性及油类介质较稳定，但不耐碱、胺、酮等介质腐蚀，溶于氯代烃，长期浸入沸水中易引起开裂。

聚碳酸酯制品透明度可达90%,刚硬且韧性好,抗冲击强度高,使用温度可达120℃以上,但耐应力、开裂性差。其机械强度与分子量有关,当相对分子质量在25 000以上时.才可达到最高强度。

高温下水分起着降解作用,不仅降低制品强度,而且使制品发生变形,甚至开裂。

聚碳酸酯的熔体黏度比通常热塑性塑料的要高,因此加工温度也应高一些。制品收缩率约为0.6%,对热辐射、空气、臭氧有良好的稳定性。在25℃,湿度15%RH条件下,放置10年,其物理、机械性能基本不变。在高温潮湿的环境下则易老化、变色和变脆。所以,聚碳酸酯制品适宜在气候干燥的环境下使用。聚碳酸酯分子链的极性小,故具有优良的介电性能,在10~130℃范围内,介电常数和损耗正切变化甚微,因而适宜制作电器零件。

(2) 成型特点

聚碳酸酯虽然吸水性小,但高温时对水分比较敏感,所以加工前必须干燥处理,否则会出现银丝、气泡及强度下降现象。聚碳酸酯熔融温度高,熔体黏度大,流动性差,所以,成型时要求有较高的温度和压力。因其熔体黏度对温度比较敏感,一般用提高温度的方法来增加熔融塑料的流动性。

(3) 主要用途

在机械上主要用作各种齿轮、蜗轮、蜗杆、齿条、凸轮、芯轴、轴承、滑轮、铰键、螺母、垫圈、泵叶轮、灯罩、节流阀、润滑油输油管、各种外壳、盖板、容器、冷冻和冷却装置零件等。

在电气方面,用作电机零件、电话交换器零件、信号用继电器、风扇部件、拨号盘、仪表壳、接线板等。还可制作照明灯、高温透镜、视孔镜、防护玻璃等光学零件。

8. 聚甲醛(POM)

(1) 基本性能

聚甲醛(Polyoxymethylene,POM)是一种没有侧链、结晶度高的线性聚合物,浅色,不透明颗粒;易燃烧,熔点为160~175℃,分解温度235℃;易着色;有良好的耐油、耐过氧化物性质,但不耐酸、强碱和日光紫外线的辐射。

聚甲醛塑料具有较高的机械强度、硬度和刚性,抗冲击和抗蠕变性都很好;耐疲劳性在所有热塑性塑料中最佳。长期使用下尺寸稳定。耐磨性近似于尼龙,吸水性小。吸水对力学性能影响不大,可在热水中长期使用。使用温度范围广,一般可在-40~100℃下长期使用。

(2) 成型特点

聚甲醛成型收缩率大,熔体黏度低,黏度随温度变化不大,在熔点附近聚甲醛的熔融或凝固十分迅速。所以,注塑速度要快,注塑压力不宜过高。摩擦系数低、弹性高,浅侧凹槽可采用强制脱出,塑件表面可带有皱纹花样。聚甲醛热稳定性差,加工温度范围窄,所以要严格控制成型温区,以免引起温度过高或在允许温度下长时间受热而引起分解。冷却凝固时排出热量多,因此模具上应设计均匀冷却的冷却回路。

(3) 主要用途

聚甲醛是一种结晶度较高的聚合物,刚性和强度均好,因而在机电、仪表、化工、电子、纺织、农机等工业部门获得了广泛的应用,它可以代替多种有色金属,如铜、铝、锌及其合金来制造一般结构零件和耐磨零件以及承受大负荷的零件,像轴承、凸轮、齿轮、阀门、阀杆、泵叶轮、泵体、管、链、滑轮、继电器等。例如,用POM材料制作的汽车轴承,使用寿命比金属高出一倍;用做继电器,经50万次开关,仍然完好无损;用它抽出的丝的强度可与尼龙丝媲美,开发应用前景很大。

2.5.2 热固性塑料

热固性塑料的形状稳定性、绝缘性能、机械物理性能和老化性能均比普通热塑性塑料好。热固性塑料是经过特定的条件加热,使可流动的链状分子转变成三维立体结构,而不能再熔融的塑料。这类塑料一经成型,只能靠切削等二次加工,不能被一般溶剂溶解,只能被强氧化剂腐蚀或被溶剂泡胀。该结构共同的特点是未交联前,分子链上有两个以上可以参加化学反应的基团;交联后,分子间相互交叉连接起来,成为网状的立体三维结构。因此,使用温度比热塑性塑料高,蠕变性比热塑性塑料小,但适用于注塑成型的热固性塑料目前只有很少几种。

1. 酚醛树脂

(1) 基本性能

酚醛塑料是一种热固性塑料,它是以酚醛树脂为基础而制得的。酚醛树脂通常由酚类化合物和醛类化合物缩聚而成。酚醛树脂本身很脆,呈琥珀玻璃态,必须加入各种纤维或粉末状填料后才能获得具有一定性能要求的酚醛塑料。

酚醛塑料大致可分为4类:层压塑料、压塑料、纤维状压塑料和碎屑状压塑料。

酚醛塑料与一般热塑性塑料相比,刚性好,变形小,耐热,耐磨,能在150～200℃的温度范围内长期使用,在水润滑条件下,有极低的摩擦系数,其电绝缘性能优良。缺点是质脆,冲击强度差。

(2) 主要用途

酚醛树脂的原料来源广泛,制法简便,并具有优良的绝缘、耐热、耐磨及防腐等性能。因此,应用很广泛,例如电器开关、仪表壳、绝缘板和机械零件等。

2. 氨基塑料

(1) 基本性能

氨基塑料(Animoplastics)是一种以具有氨基官能团的有机物(脲、三聚氰胺或苯胺)与醛类化合物为原料,经缩聚反应而制得的一大类塑料:尿素四醛塑料、三聚氰胺甲醛塑料和苯胺甲醛塑料(又称脲醛塑料)、密胺塑料和呱胺塑料。其中前两种占氨基塑料的90%。这类塑料生产投资少、成本低、用途广,是目前的主要通用塑料。

(2) 主要用途

脲醛塑料大量用于压制日用品及电气照明用设备的零件、电话机、收音机、钟表外壳、开关插座及电气绝缘零件。

密胺塑料主要用做餐具、航空茶杯及电器开关、灭弧罩和防爆电器的配件。

3. 环氧树脂(EP)

(1) 基本性能

环氧树脂是一种琥珀色、透明无定形结构的聚合物,其外形呈黏性流体或脆性固体。它易溶于二甲苯、丙酮等有机溶剂;易燃,燃烧时冒浓烟。由于它具有反应活性基团,可以与不同的固化剂反应,因而选择不同的固化剂可以调节固化速度和固化温度。例如,高温固化、常温固化、干燥条件固化和水中固化等。环氧树脂的固化反应是加成反应,固化中不放出小分子产物，所以成型力低，固化收缩率小。环氧树脂在固化前有很好的黏合性，作胶黏剂用时有“万能胶”之称；固化后有很好的化学稳定性，耐水，吸水率低，耐碱，耐酸，还有很好的电绝缘性能和高的耐电压强度。

(2) 主要用途

纯环氧树脂性脆，因此几乎没有用它作塑料制品的，而作为增强塑料却享有盛名，它广泛应用于玻璃纤维增强的环氧塑料制品中，有强度高、抗冲击性好、尺寸稳定、成型工艺简单等优点。因此，在汽车、机械、化工、管道、飞机、雷达、计算机、兵器、船舶等工业中都得到了应用。

最近 20 年内又发展了碳纤维、硼纤维、碳化硅纤维和芳纶等高级纤维增强的环氧树脂制品，在航空和航天飞行器中受到特别的重视。这类制品又称复合材料制品。

环氧树脂浇铸体可作电机、电器零件的包装和封装材料；另一大用途是作胶黏剂和涂料，很难用做注塑成型。

2.6 注塑制品易出现的缺陷、原因和解决方法

通过合理地运用 Moldflow 系列软件，可以预先估计出设计好的注塑制品及其模具中可能存在的缺陷，同时结合工程师的实际经验，就可以在开模之前分析缺陷出现的原因，并最终解决这些问题，从而减少修模、试模的次数，提高一次成功率。

注塑成型中产品出现缺陷有各种各样的原因，从材料、模具、工艺参数到成型设备都对制品的质量有着直接或间接的影响，这是一个综合因素的影响。出现产品缺陷一般有以下一些因素：

- 产品设计中存在问题；
- 模具设计不合理；
- 成型工艺参数选择不当；
- 材料(聚合物)性质本身造成的产品缺陷；
- 注塑成型设备(注塑机)选择不恰当。

因此，当 Moldflow 辅助设计及工程人员预先分析出产品的成型缺陷之后，主要依靠多年积累的经验和操作者对设备与模具的熟悉程度来修改原始方案，从而最终解决问题。

2.6.1 欠注

欠注(Short Shot)也可以称为填充不足或短射，是指聚合物不能完全充满模具型腔的各个角落的现象，如图 2-16 所示。图 2-17 是 AMI 中的欠注缺陷分析结果。

产生欠注现象的原因及相关解决方案如下。

1. 注塑设备选择不合理

在选择注塑机时，注塑机的最大注塑量应该大于产品重量(包括制品、流道、飞边等)，要得到较好的效果，注塑总量应保证在最大注塑量的 85%以下。

2. 聚合物流动性能较差

针对这种情况，应该在原料中增加适量的助剂，改善树脂的流动性能，同时，检查原料中

图 2-16　产品出现欠注现象

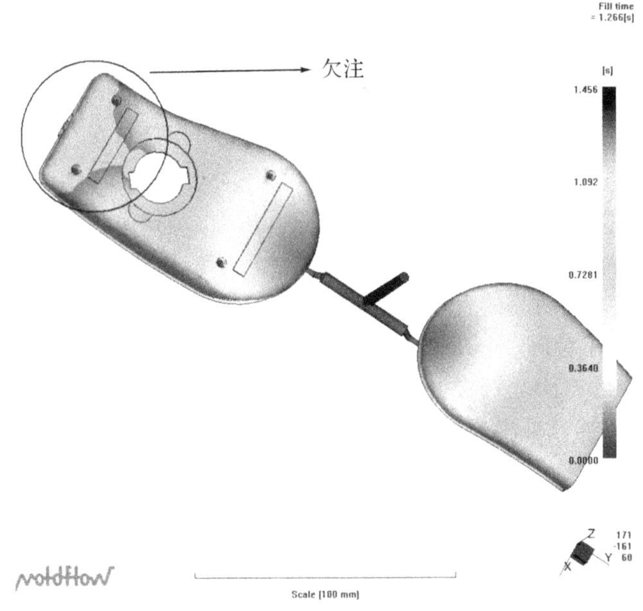

图 2-17　AMI 流动分析结果

的再生料的比例，适当减少用量。或者考虑改进模具的浇注系统，合理设置浇道位置、扩大浇口、流道和浇口尺寸以及采用较大的喷嘴等，从而改善模具浇注系统的滞流缺陷。

3. 浇注系统实际不合理

合理的浇注系统应考虑到浇口、流道的平衡，各个型腔内的空腔体积要与浇口大小成正比，从而能够使聚合物同时充满各型腔，同时浇口位置要选择在厚壁处，也可采用分流道平衡布置的设计方案。对于浇口或流道小、薄、长的情况，熔料在流动过程中压力损失太大，流动受阻，容易产生欠注现象，针对这种情况应该扩大流道截面和浇口面积，必要时可采取多点进料的方法。

4. 料温、模温太低

通常情况下，料温与充模长度接近于正比例关系，较低的料温会使熔体的流动性能下降，使得充模长度缩短。当确认料温较低时，应检查料筒加热器是否完好并设法提高料筒温度。如果为了防止熔料分解，而不得不采取低温注射时，可适当提高料筒前部区段的温度，或者加快注塑的速度，减少聚合物冷却的时间，但是同时应该注意，注射速度过快可能引起熔体破裂而形成银纹缺陷。

较低的模温会导致熔融聚合物过早地冷却，从而无法填充整个型腔。针对这种情况，应该将模具加热到满足工艺要求的温度，并且在注塑初期，应减少冷却介质的流量。如果模具温度始终较低，应该改变冷却系统的设计方案。

5. 注塑喷嘴温度低

在注射过程中，喷嘴与模具直接接触，由于模具温度一般低于喷嘴温度，且温差较大，两者频繁接触后会使喷嘴温度下降，导致熔料在喷嘴处冷凝（又称干尖）。

为防止冷料进入型腔后立即凝固，阻塞后面的热熔料无法充满型腔，可以考虑在流道上开冷料穴，同时在开模时保证喷嘴与模具分开，减少模温对喷嘴温度的影响。

6. 注塑压力、保压不足

注塑压力与充模长度也接近于正比的关系，注塑压力小会造成充模长度短，出现欠注现象。在这种情况下，可通过减慢射料杆前进速度，适当延长注射时间等办法，来提高注射压力。在注射压力无法进一步提高的情况下，也可通过适当提高料温（这时的料温不至于使熔料热分解）以降低熔料黏度，从而提高熔体流动性能来补救。

此外，如果保压时间太短，也会出现欠注现象。因此，选择适当的保压时间（一般控制在30～120s，对于厚壁制品可适当提高）可以防止欠注现象的发生。与此同时，也应该注意到，过长的保压时间还会引起制品的自动脱落的困难。

7. 制品结构设计不合理

当制品在整体尺寸方面比例失调（例如厚度与长度不成比例），或者是制品形状复杂且成型面积较大时，熔体很容易出现在塑件的薄壁处流动受阻，出现填充不足的现象。因此在设计塑件的形体结构时，应注意塑件的厚度与熔体充模时的极限流动长度有关。有关资料显示，熔体的极限流动长度与塑件壁厚的比值如表2-1所示。

表2-1 充模过程中熔体极限流动长度与塑件厚度的比值

树脂类别	极限流动长度/厚度	树脂类别	极限流动长度/厚度
LDPE	280∶1	PA	150∶1
PP	250∶1	POM	145∶1
HDPE	230∶1	PMMA	130∶1
PS	200∶1	PVC	100∶1
ABS	190∶1	PC	90∶1

在注塑中，塑件的厚度一般为1～3mm，大型塑件的为3～6mm，通常塑件厚度超过8mm或者小于0.5mm都是对注塑成型不利的。

此外，在复杂结构塑件成型时，在工艺上也需要采用必要的措施，例如适当调整流道布局，合理确定浇口位置，提高注射速度，提高模温、料温，选用流动性能较好的树脂等。

8. 排气不良

排气不良会造成大量气体残留在模具型腔内，从而受到流料的挤压，产生较大的压力，当压力大于注射压力时，就会阻碍熔体的充模，导致欠注现象的发生。

针对这种现象，应检查冷料穴是否设置或者位置是否合理，对于深型腔模具，应在发生欠注的部位设置排气槽或排气孔；排气槽可以开在模具的分型面上，深度一般为0.02～0.04mm，宽度为5～10mm，而排气孔应设置在型腔的最终充模处。对于易挥发或者是含水

量较大的聚合物,应该在注塑前清除易挥发成分或进行干燥处理。

利用改变模具系统的工艺参数的方法,也可以改善排气不良的现象。例如提高模温、降低射速、减小合模力以及加大模具间隙等措施。

2.6.2 溢料

溢料(Flashing)也称为飞边,当熔体进入模具的分型面,或者进入与滑块相接触的面及模具其他零件的空隙内时,就会发生溢料现象,如图 2-18 所示。

图 2-18 产品出现溢料缺陷

溢料产生的原因和相关的解决方法如下。

1. 锁模力较低

如果锁模力低于或接近注射压力,会造成模具分型面的密闭不良,从而产生溢料飞边的现象。

对于产生飞边的情况,应该首先校验锁模力与模具型腔内的成型力,成型力的计算为分型面的投影面积与注射压力的乘积,如果锁模力小于腔内成型力,则表明锁模力不足或注射压力太高。

对此,应该降低注射压力或减小浇口截面积,也可以缩短保压及增压时间,缩短推料杆行程,减少型腔腔数及选用锁模力更大的注塑设备。

2. 模具问题

产生溢料的基本原因除了锁模力较低之外,多数情况是模具存在问题。当较多的溢料飞边出现时,应检查模具的装配精度和分型面是否紧密贴合(有无粘附物或落入异物),使动模与定模对中,型腔及隙芯部分的滑动件磨损间隙是否超差,各模板是否平行,有无弯曲变形,模板的开距是否按模具厚度调节到正确位置,导合销表面是否损伤,拉杆是否变形不均匀,排气槽孔是否太大、太深,等等。根据检查结果,可以采用机械方法排除误差。

3. 注塑工艺不当

注塑工艺控制不当也会造成溢料飞边的出现,例如注射速度太快,注射时间过长,注射压力在型腔中分布不均，充模速率不均衡，以及加料量过多，润滑剂使用过量都会导致溢料飞边。

除此之外，熔融聚合物的温度太高，黏度小，流动性能加强，都可能使熔体流入模具内的零件间隙产生溢料飞边。

排除溢料飞边应该先从排除模具故障着手，如果因溢料飞边而改变成型条件或原料配方，往往对其他方面产生不良影响，容易引发其他成型故障。

2.6.3 凹陷及缩痕

凹陷及缩痕(Sink Mark)是注塑制品表面产生凹坑、陷窝或者是收缩痕迹的现象，如图 2-19 所示。

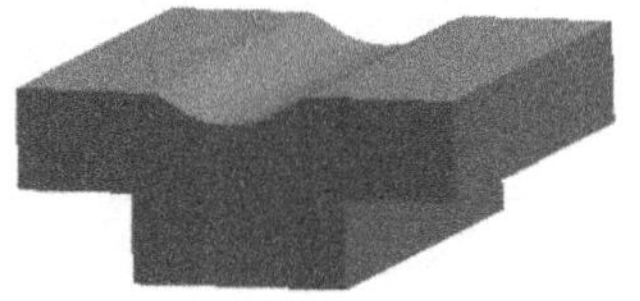

图 2-19 产品表面出现凹陷

凹陷及缩痕是熔体冷却固化时体积收缩而产生的，它容易发生在制品厚壁的部分或加强筋和凸台的背面，以及直浇口的背面等壁厚不同的部分。凹陷及缩痕产生的原因和相关的解决方法如下。

1. 模具缺陷

产生凹陷及缩痕的情况很多是由于模具设计不合理导致的，例如模具的流道及浇口截面太小，充模阻力太大；浇口设置不对称，充模速度不均衡；进料口位置不合理，以及模具排气不良影响进料、补缩和冷却或模具磨损引起释压等。对此，应该适当扩大浇口及浇道截面，浇口位置尽量设置在对称处，进料口应设置在塑件厚壁部位。如果凹陷及缩痕远离浇口，其原因很可能是由于模具结构中某一部位溶料流动不畅，妨碍压力传递，对此，应适当扩大浇注系统的结构尺寸，特别是对于阻碍熔体流动的“瓶颈”处可以增加流道截面或者直接将流道延伸到产生缺陷的部位。

对于厚壁制品，可以采用扇形浇口或是平缝浇口，从而将塑件的凹陷及缩痕等缺陷转移到浇口上。

2. 注塑工艺不当

注射压力过低、注射及保压时间过短、注射速度过慢、料温及模温过高、制品冷却不足、脱模时温度太高、嵌件处温度太低或供料不足，都会引起塑件表面出现凹陷。

对此，应适当提高注射压力及注射速度，增加熔料的压缩密度，延长注射和保压时间，补偿熔体的收缩。同时保压不能太高，否则会引起凸痕。

对于浇口附近的凹陷，可以通过延长保压时间来解决。对于塑件壁厚处的凹陷，应适当延长塑件在模内的冷却时间。对于模具嵌件周围的凹陷及缩痕，应设法提高嵌件温度，减小嵌件与熔体的温差。对于由于供料不足引起的表面凹陷，应增加供料量。

另外，塑件在模内的充分冷却也可以减少凹陷。可以通过调节料筒温度，适当降低冷却水温度，以及在保持模具表面及各部位均匀冷却的前提下，对凹陷部位适当强化冷却的方法来实现。

3. 注塑原料不符合要求

成型原料的收缩率太大或流动性能太差，或者是原料内润滑剂不足及原料潮湿，都会引起凹陷及缩痕缺陷。

对于表面要求比较高的制品，应尽量选用低收缩率的树脂。对于原料流动不畅引起欠注凹陷，可在原料中增加适量的润滑剂改善熔体的流动特性，或加大浇注系统结构尺寸。对于潮湿的原料应进行预干燥处理。

4. 注塑制品结构设计不合理

壁厚相差很大的注塑制品，在厚壁处很容易出现凹陷及缩痕，对此，设计塑件形体尺寸结构时，应尽量保证壁厚的一致性。

2.6.4 气穴

气穴(Air Trap)也称作气泡或气孔，它是在成型制品内部所形成的空隙，如图 2-20 所示，图 2-21 为 AMI 中的气穴分析显示结果。

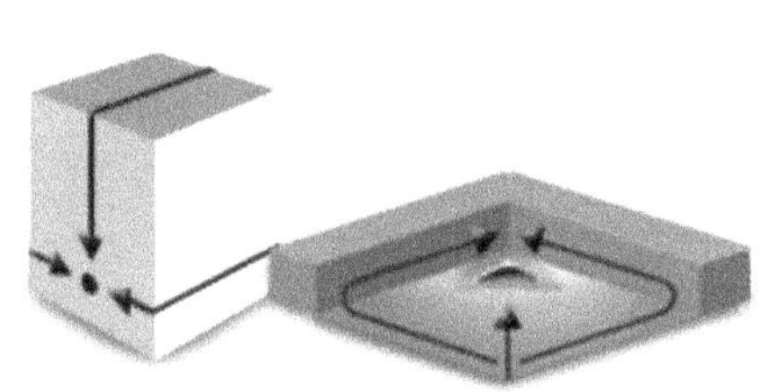

图 2-20　产品出现气穴

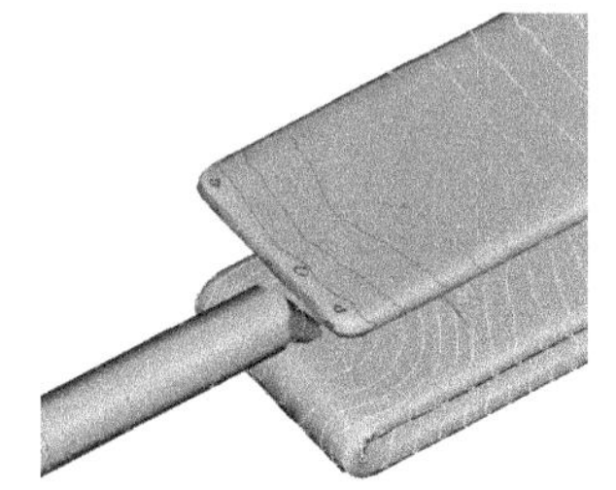

图 2-21　AMI 中的气穴分析显示

根据气穴形成的原因，可以把它分成两类：

- 由于排气不良等原因造成熔体中的水分或挥发成分被封闭在成型材料中所形成的气泡；
- 由于熔体冷却固化时体积收缩而产生在制品厚壁或加强筋、凸台等壁厚不均匀处的气泡。

下面介绍气穴产生的原因和相关的解决方法。

1. 注塑工艺不当

注塑工艺参数对气穴的产生有直接的影响。例如，注射速度快、注射时间和周期短、注射压力低、加料过多或过少、保压不够、冷却不均匀或冷却不足，以及料温和模温控制不当，都会引起塑件内产生气穴。尤其是高速注塑过程中，气体来不及排出模具型腔，会导致熔体内残留较多的气体。对此，应适当降低注射速度，保持型腔内合理的压力，从而在保证排气通畅和不发生欠注的基础上，消除气穴现象。

此外，针对上面其他情况，可以通过调整注射和保压时间、加强冷却效果、控制进料量等方法来避免气穴。

在调整模温和料温的时候，为防止熔体降聚分解，产生大量气泡，应注意温度不要太高；

但是温度太低又会造成充模困难,塑料制品中易形成空隙和气泡。因此,应将熔体温度控制得低一些,而模温控制得高一些,在这样的条件下,既不会产生大量气体,又不会产生缩孔。

2. 模具缺陷

模具方面存在的缺陷会造成气穴现象,例如浇口位置不正确、浇口截面太小、流道狭长、流道内有驻气死角和模具排气不良。

对此,应该主要考虑调整模具结构,将浇口位置放在塑件厚壁处;加大浇口截面,在一模多腔,且成型制品形状不同时,应注意浇口截面与各形状塑件重量成比例,否则,较大的塑件易产生气泡;减少狭长的流道;消除流道中的驻气死角;改善模具排气情况。

3. 注塑原料不符合要求

在气泡产生的情况下,应该充分干燥原料,消除水分,适当降低料温防止熔体热分解,减少原料中的挥发成分。

2.6.5 熔接痕

熔接痕(Weld Line)属于产品表观质量缺陷,它是产品注塑过程中两股以上的熔融树脂流相汇合所产生的细线状缺陷,如图 2-22 和图 2-23 所示。

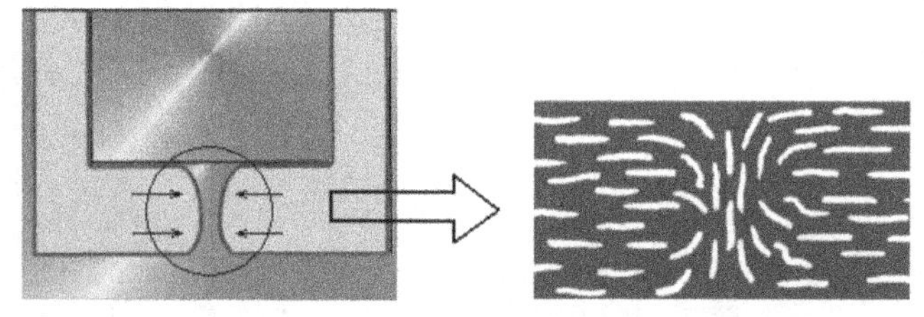

图 2-22　产品出现熔接痕及熔接痕部位的分子取向

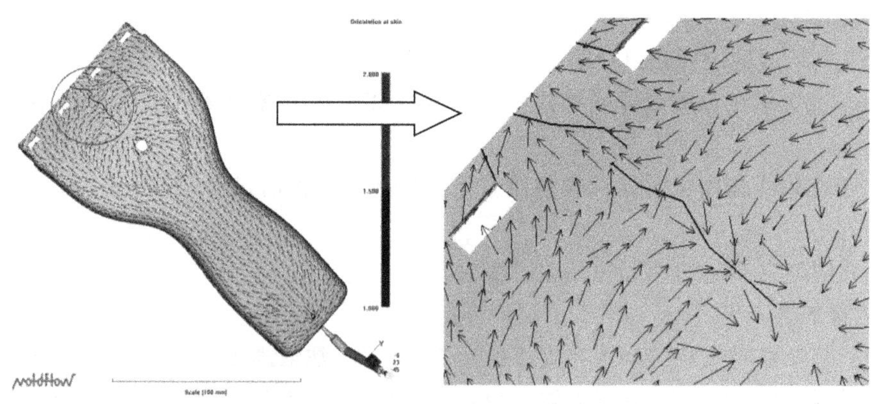

图 2-23　产品熔接痕的分析结果

其产生原因及相关解决方法如下。

1. 熔体流动性不足,料温较低

在低温的情况下,聚合物熔体的流动、汇合性能降低,容易发生熔接痕现象。对此,可以适当提高料筒和注塑喷嘴的温度,同时降低冷却介质的流速、流量,保证一定的模温。

一般情况下，熔接痕部位强度较差，通常可以通过局部加热的方法提高制品发生熔接痕部位的温度，从而保证塑件的整体强度。

对于必须采用低温成型的情况，可以适当提高注塑压力和速度，从而增加熔体流动性能和汇合能力，也可以采用增加润滑剂的方法，提高熔体流动性能。

2. 模具缺陷

由于熔接痕主要产生于熔体的分流汇合，因此，模具的浇注系统对于熔接痕的产生有很大的影响。对此，在模具设计的过程中，应该尽量减少浇口的数量，合理设置浇口位置，加大浇口截面积，设置辅助流道及分流流道。

在模具设计中，应该注意设计冷料穴，防止低温熔体注入，产生熔接痕。

在熔接痕产生的位置，由于冲模压力高往往会产生飞边的情况，可以很好地利用飞边，在飞边处开一很浅的沟槽，将熔接痕转移到飞边上，并在注塑结束后，将飞边去除。

3. 塑料制品结构设计不合理

塑件薄壁、厚薄悬殊或是嵌件过多都有可能产生熔接痕。在熔体冲模过程中，由于薄壁位置充模阻力较大，因此熔体分流总是在薄壁处汇合，并产生熔接痕。而且，熔接痕部位强度降低，会导致塑件在薄壁处出现断裂。对此，在设计过程中，要保证塑件的一定壁厚，并尽量保持塑件壁厚的一致性。

4. 模具排气不良

熔接痕的位置与合模线或嵌件缝隙相距较远，并且排气孔设置不当，这时多股熔体流汇聚赶压的空气无法排出，气体在高压下释放大量热能，导致熔体分解，从而出现黄色或黑色的碳化点。这种情况下，塑件表面熔接痕附近总是会反复出现这类斑点。产生的原因就是模具的排气不良。

对此，应该首先检查排气孔情况，如果排气孔无阻塞物，则应在熔接痕出现位置处，增加排气孔，或者是重新定位浇口或适当降低合模力，以方便排气。

5. 脱模剂使用不当

注塑过程中，一般仅在螺纹等不易脱模的部位才少量使用脱模剂，脱模剂用量不合理，会引起塑件表面产生熔接痕。

2.6.6 翘曲及扭曲

翘曲和扭曲（Warpage）都是脱模后产生的制品变形。沿边缘平行方向的变形称之为翘曲，沿对角线方向上的变形称之为扭曲，如图 2-24 所示。图 2-25 为 AMI 中的产品翘曲分析结果。

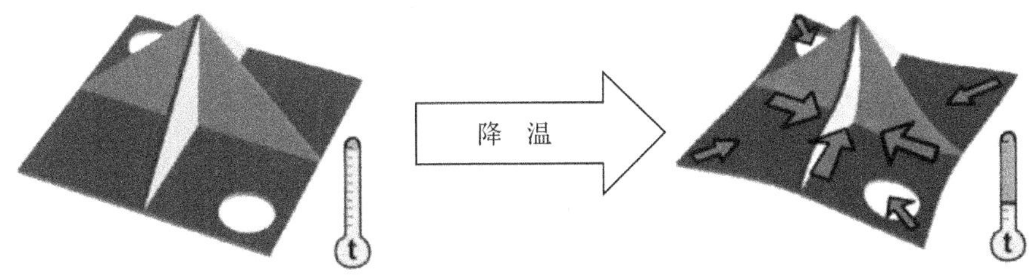

图 2-24 产品产生翘曲

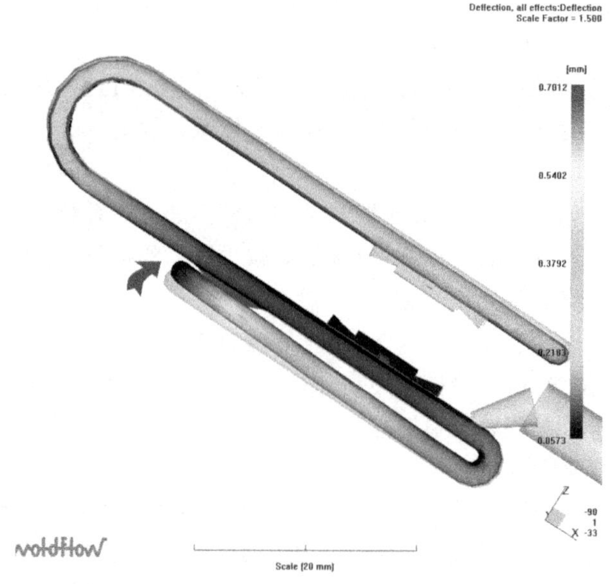

图 2-25　AMI 产品翘曲分析结果

下面介绍翘曲和扭曲产生的原因和解决的方法。

1. 冷却不当

塑料制品由于模具的冷却系统设计不合理或模具温度控制不当而造成的冷却不足，都会导致制品的翘曲变形。壁厚差异较大的塑料制品，由于各部分的冷却收缩不一致，尤其容易翘曲。对此，塑件的设计应尽量保证壁厚的均匀性。另外，对于材料热传导性能较差的材料，一定要在模具内保持足够的冷却定型时间，从而保证塑件中心的完全冷却。

在模温控制方面，可以合理地调整阳模与阴模、型芯和模壁等零件之间的温差，来实现对制品各部位收缩速度的控制，从而抵消分子取向收缩，避免制品的翘曲变形。

2. 分子取向不均衡

塑料制品的翘曲变形在很大程度上是由聚合物分子取向程度不同造成的。在充模过程中，大多数聚合物分子将沿着充模流动方向排列，这样就会造成沿熔体流动方向上的分子取向大于垂直流动方向上的分子取向。在充模完成后，分子试图恢复卷曲的状态，导致塑件有在该方向上缩短的趋势。因此，在两个方向上的收缩不均衡，导致了塑料制品的翘曲变型。

对此，可以采用降低熔体温度和模温的方法来减少流动取向并缓和取向应力的松弛，如果同时结合制品成型后的热处理，效果会更好。否则，制品内残存的内应力在经过一段时间之后释放出来，还会造成翘曲变形。热处理的方法可以是将成型的塑件立即放入 37～43℃的温水中缓慢冷却。

3. 模具浇注系统设计有缺陷

模具浇注系统的设计会影响熔体的流动性、塑件内应力和热收缩变形，因此合理地设计浇口位置和类型可以较大程度地减少塑件变形，在设计中应该注意以下几点：

- 为使型芯两侧均匀受力，浇口位置不能使熔体直接冲击型芯；
- 对于面积较大的矩形扁平塑件，如果材料的分子取向和收缩较大，应采用薄膜式浇

口或多点侧浇口，而尽量不要采用直浇口或分布在一条线上的点浇口；

- 对于圆片形制品，应采用中心直浇口或多点式浇口，不要采用侧浇口；
- 对于壳形制品，要采用直浇口，不要采用侧浇口。

4. 脱模系统不合理

脱模过程中，不合理的、较大的不均衡外力会造成塑件的翘曲变形，对此，要保证制品足够冷却固化之后，再进行脱模。

5. 成型条件设置不当

在注塑过程中，注射压力太低、注射速度太慢、保压时间不够、熔体塑化不均匀都会造成塑件的翘曲变形。

2.6.7 波流痕

波流痕(Flow Mark)是指熔体流的痕迹以浇口为中心呈现出条纹花样，如图 2-26 所示。

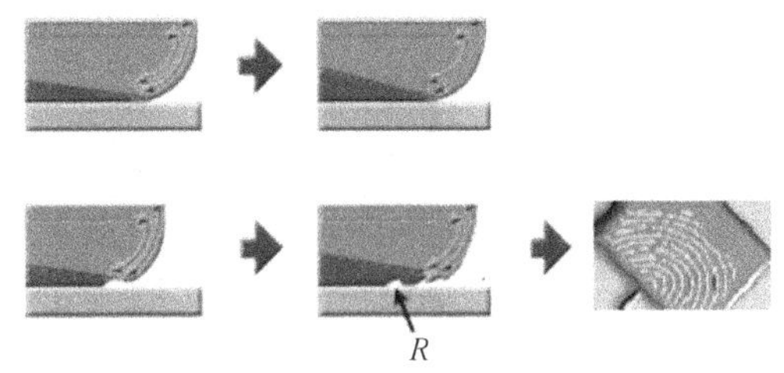

图 2-26 产品表面波流痕的产生

根据其产生的原因和不同的外观特点，可以将波流痕分为 3 类。

1. 以浇口为中心的年轮状波流痕

这种类型的波流痕主要是由于熔体流动不良引起的。由于温度低、黏度高，当流动性能较差的熔料在浇口及流道中以半固化波动状态注入型腔后，熔体沿型腔表面流动并被不断注入的后续熔体挤压形成回流及滞流，从而在塑件表面产生以浇口为中心的年轮状波流痕。

对此，可通过提高模温及喷嘴温度，提高注射速率，增加注射压力及保压和增压时间，或者在浇口处设置加热器增加浇口部位的局部温度等方法来解决波流痕。浇口及流道截面最好采用圆形，这种截面能够获得最佳充模效果。但是，如果在塑件强度相对薄弱的区域设置浇口，应采用边浇口。

此外，还可以在浇口底部及分流道端部设置较大的冷料穴，料温对熔料的流动性能影响越大，越要注意冷料穴尺寸的大小，冷料穴的位置必须设置在熔料沿注料口流动方向的端部。

2. 塑件表面的螺旋状波流痕

这种类型的波流痕主要是熔体在流道中流动不畅所导致的。当熔体从狭小的流道截面流入较大截面的型腔或者是流道狭窄、光洁度很差时，熔体很容易形成湍流，导致塑件表面形成螺旋状波流痕。

对此，可适当降低注射速度或对注射速度采取慢、快、慢分级控制。模具的浇口应设置在厚壁部位或直接在壁侧设置浇口，浇口形式最好采用护耳式、扇形或薄片式。也可适当扩大流道及浇口截面，减少流料的流动阻力。

此外，也可以通过调节模具内冷却水的流量，保持较高的模温，或者是在工艺操作温度范围内适当提高料筒及喷嘴温度，来改善熔体的流动性能。

3. 塑件表面的云雾状波流痕

这种类型的波流痕主要是由挥发性气体导致的。当采用 ABS 或其他共聚型树脂原料时，若加工温度较高，树脂及润滑剂产生的挥发性气体会使塑件表面产生云雾状波流痕。

对此，可以适当降低模具及机筒温度，改善模具的排气条件，降低料温及充模速率，适当扩大浇口截面，或者考虑更换润滑剂。

2.6.8 裂纹

裂纹(Cracking)是指在成型制品表面出现的头发丝状的小裂纹和小裂痕，如图 2-27 所示。

图 2-27　产品出现裂纹

其产生原因及相关解决方法如下。

1. 残余应力太高

当塑件内的残余应力高于树脂的弹性极限时，塑件表面就会产生裂纹及破裂。一般情况下，浇口附近最容易发生由残余应力引起的裂纹，因为浇口处的成型压力相对其他部位要高一些，特别是主流道为直浇口的情况。

此外，当塑件的壁厚不均匀、熔体的冷却速度不一致时，会造成厚薄部位的收缩量不同，从而产生相互拉伸，也会出现残余应力。

由于残余应力是影响塑件裂纹的主要原因，因而可以通过减少残余应力来防止塑件产生裂纹及破裂。减少残余应力的主要方法是改进浇注系统的结构形式和调整好塑件的成型条件。

在浇注系统设计中，可采用压力损失最小，而且可承受较高注射压力的直浇口，可将正向浇口改为多个针形点浇口或侧浇口，并减小浇口直径。设计侧浇口时，可以采用凸片式浇口，将裂纹转移到成型后要去除的部位。此外，在浇口周围合理采用环状加强筋也可减少浇口处的裂纹。

在成型条件方面，减少残余应力的最简便的方法就是降低注射压力，因为注射压力与残余应力呈正比例关系。如果塑件表面产生的裂纹四周发黑，即表明注射压力太高或加料量太少，应适当降低注射压力或增加供料量。对于低料温、低模温、高注射压力的成型条件，应适当提高料筒及模具温度，减小熔体与模具的温差，控制模内型胚的冷却时间和速度，使取向的分子链有较长的恢复时间。

此外，在保证补料充足，不使塑件产生收缩凹陷的前提下，可适当缩短保压时间，因为过长的保压时间也容易产生残余应力引起裂纹。

2. 外力导致残余应力集中

塑件在脱模过程中，由于顶杆及模具脱模斜度设计不合理，都会由于外力作用导致应力集中，使塑件表面产生裂纹。

对于裂纹发生在顶杆周围的现象，应认真检查和校调顶出装置，顶杆应设置在脱模阻力最大的部位，如凸台、加强筋等处。如果模具型腔的脱模斜度不够，塑件表面也会出现擦伤形成的褶皱花纹。因此在选定脱模斜度时，必须考虑成型原料的收缩率以及顶出系统的结构设置，一般情况下，脱模斜度应大于 0.85%，小型塑件的脱模斜度为 0.1%～0.5%，大型塑件的脱模斜度可达 2.5%。

3. 塑件结构设计不合理

制品结构中的尖角及缺口处最容易产生应力集中，从而导致塑件表面产生裂纹。

对此，塑件形体结构中的外角及内角都应尽可能做成圆角。实验表明，最佳的过渡圆弧半径与转角处壁厚的比值为 1∶1.7，即转角处的圆弧半径为壁厚的 0.6 倍。

在设计中，对于必须设计成尖角和锐边的部位仍然要采用 0.5mm 的最小过渡圆角，这样可以延长模具的寿命。

2.6.9 银丝纹

银丝纹(Splay)是在塑件表面或表面附近，沿着熔体流动方向出现的闪闪发光的银白色条纹，它是树脂中的气体移动到成型表面，并被压碎所产生的现象，如图 2-28 所示。

(a) 中心针式浇口处由于干燥不充分发生的银丝纹

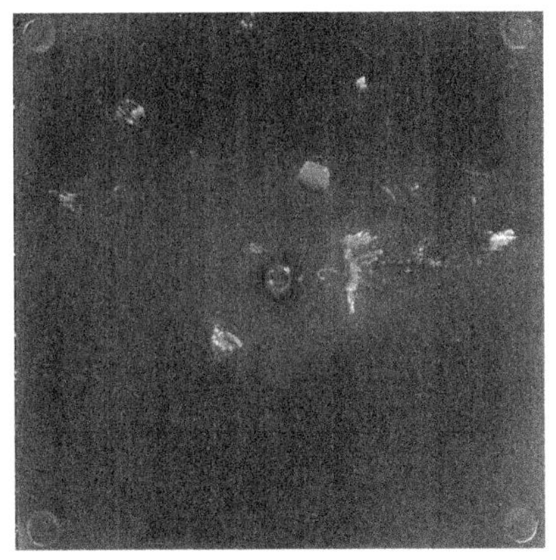

(b) 中心浇口处由于气体混入产生的银丝纹

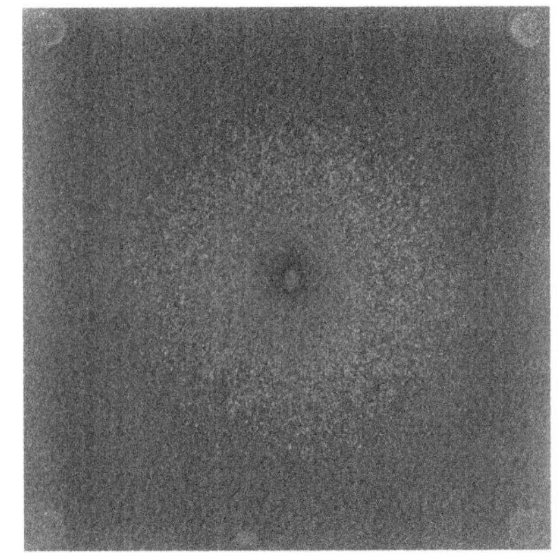

(c) 中心浇口处由于气体分解产生的银丝纹

图 2-28　产品表面产生的银丝纹

熔体中含有的易挥发物质是产生银丝纹的主要原因。排除银丝纹应从以下几个方面着手。

- 对于降解银丝，要尽量选用粒径均匀的树脂，筛除原料中的粉屑，减少再生料的用量，清除料筒中的残存异料；对于水气银丝，要按照要求，充分干燥原料。
- 在成型工艺方面，对于降解银丝纹，应降低料筒及喷嘴温度，缩短熔体在料筒中的滞留时间，防止熔体局部过热，也可降低射料杆转速及前进速度，缩短增压时间；对于水气银丝，应调高背压，加大螺杆压缩比，降低螺杆转速或使用排气型螺杆。

● 在模具设计和操作方面，对于降解银丝纹，应加大浇口、主流道及分流道截面，扩大冷料穴，改善模具的排气条件；对于水气银丝，应增加模具排气孔或采用真空排气装置，尽量排清熔料中存留的气体，并检查模具冷却水道是否渗漏，防止模具表面过冷结霜以及表面潮湿，如果模具的型腔表面有水分，塑件表面就会出现白色的银丝痕迹。

2.7 小　结

本章介绍了 Moldflow 分析所需的基本理论知识和一些实际工程经验，其中主要包括 CAD/CAM/CAE 基础、有限元理论、注塑成型模拟技术、聚合物流变学常识、产品材料分类与性能、注塑成型工艺以及模制产品经典缺陷的基本解决方法，等等。

希望读者在正式开始学习 Moldflow 分析之前，有一个良好的知识准备，同时在学习过程中如果遇到一些有关理论和实际工程方面的问题，也可以参考本章内容。

第 3 章　AMCD 前处理

3.1　概　述

网格划分是任何一种 CAE 分析软件必不可少的前处理工作，网格划分质量对于分析精度及分析结果有关键性的影响。同样道理，在使用 AMI 软件进行分析时，首先要获得高质量的网格，才能保证分析结果的正确性与准确度。

由于各种主流 3D 软件之间的内核不同及精度之间差异，使得它们的模型输出后在 AMI 中进行网格划分时不可出现自由边或网格重叠相交等错误，给分析前处理带来巨大的工作量。另外，塑料产品设计时，出于工艺性要求或者安全规范要求，在产品尖锐处及外表面的棱边通常做倒圆角处理，倒圆角的存在对于实际注塑成型有利，但对 AMI 的网格划分却是不利的，尤其是对于双层面网格，会严重降低网格匹配率及增加网格数量。此外，将零件一些不重要的小特征去掉对于分析结果来说微乎其微，但却极大地提高了网格质量与分析运算效率。因此，在进行网格划分前对模型的修复与简化是必要的，然而对大多数 AMI 工程师来说又是很困难的，因为分析用的模型往往是非参的，即使参数化，也由于设计者思维方式的不同，建模顺序的差异，使得 AMI 工程师处理起来困难重重。

为了帮助 AMI 工程师们快速高效地处理几何模型，欧特克公司推出了 Autodesk Moldflow CAD Doctor 这一强有力的工具软件。由于 AMCD 的功能相当丰富，但在实际使用时也不会用到全部命令，因此在篇幅限制的情况下，将通过一个比较复杂的 CAD 模型作为引导来详细介绍一下常用命令的用法。

用于使用 AMCD 和没有使用 AMCD 的同一个模型网格划分好后的网格统计对比如图 3-1 所示。

3.2　AMCD 软件操作

Autodesk Moldflow CAD Doctor 2012 操作界面的语言有英语和日语两种。由于英文比较普遍，因此本章就以英文版本的 AMCD 作为蓝本来介绍软件的界面和操作。Autodesk Moldflow CAD Doctor 包含了两个模块，即转换模块和简化模块。转换模块用于修复模型，比如出现的自由边、面变形和边自相交等模型问题；简化模块则是根据实际情况，去除产品上的小特征，用于优化在 AMI 中网格划分的质量，尤其在双层面网格中用于提高匹配率。因此，Autodesk Moldflow CAD Doctor 不仅可以用于模型的修复，还可以对模型进

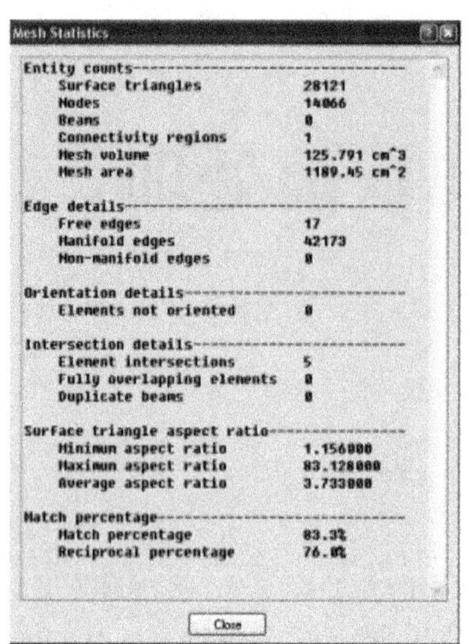

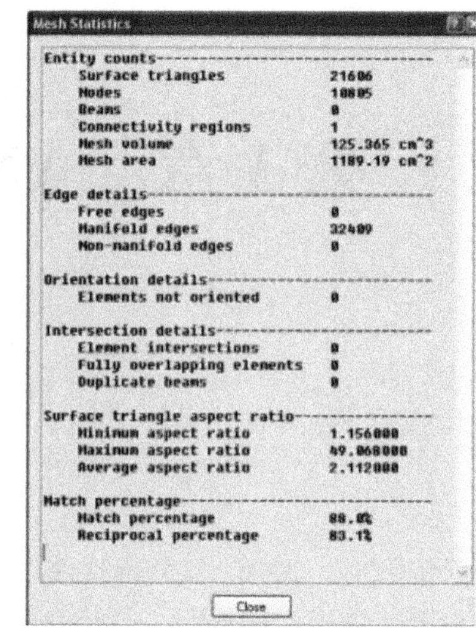

图 3-1

行优化。下面就分别介绍一下转换模块和简化模块。

3.2.1 Translation(转换模块)

Translation(转换模块)用于修复模型上存在的问题。对于其他 3D 软件创建的模型，并且没有参数的情况下，更能体现 Translation 的强大。Translation(转换模块)的界面如图 3-2 所示。

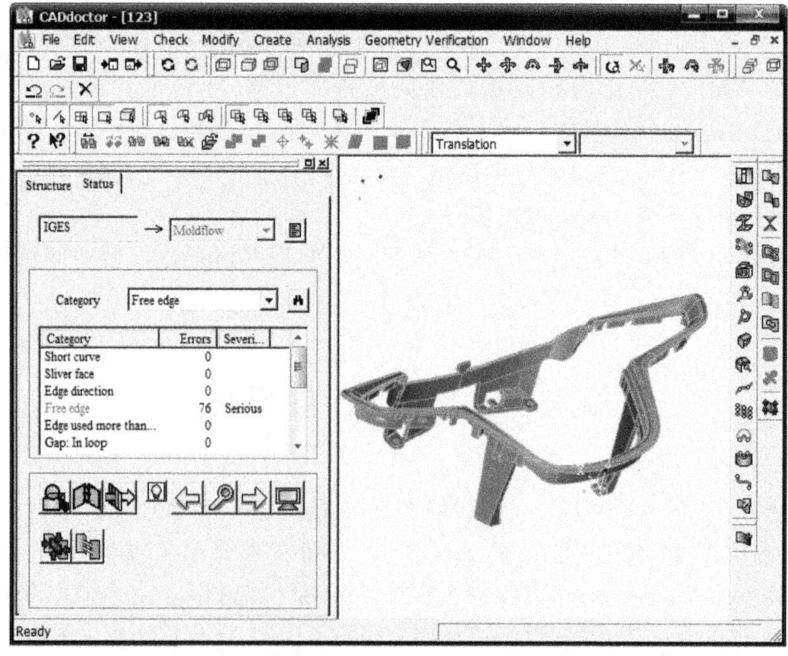

图 3-2

Translation(转换模块)界面包含 5 个功能区:菜单栏、工具栏、状态栏、结构栏和图形操作区。每个功能区实现一定的功能,但有些功能区已经包含了其他功能区的功能,如菜单栏。

1. 菜单栏

菜单栏功能区的功能丰富,基本上包含了本软件的全部功能。从左到右的菜单栏依次是文件(File)、编辑(Edit)、视图(View)检查(Check)、修改(Modify)、建模(Create)、分析(Analysis)、几何验证(Geometry Verification)、窗口(Window)和帮助(Help)。

● 文件(File)

文件(File)菜单栏如图 3-3 所示。

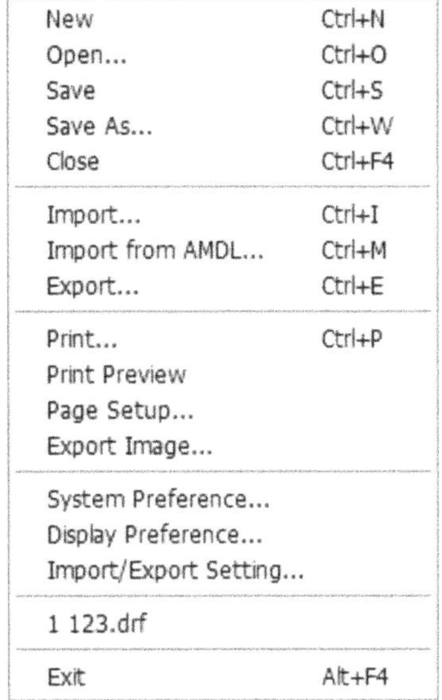

图 3-3

文件菜单栏中包含了与其他 3D 软件一样的功能,如打开、保存和关闭等,这里就不再讲述了。导入(Import)和导出(Export)分别可以把提供的 3D 数据导入 AMCD 和输出 udm 格式的模型数据。导入的格式非常丰富,并且可以使用 Import from AMDL 功能,提高导入模型的质量。Import from AMDL 可以导入的格式如图 3-4 所示。

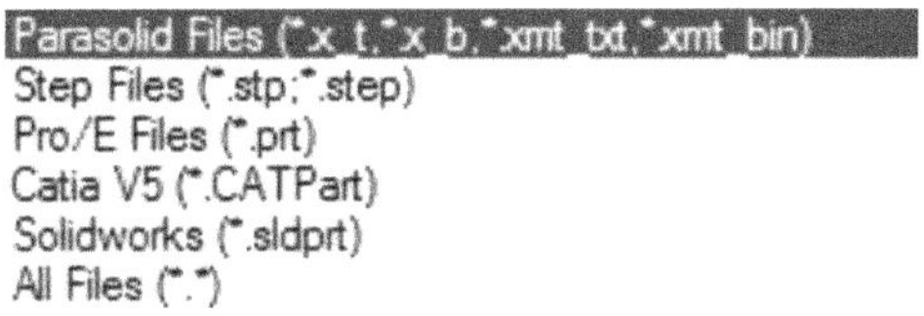

Parasolid Files (*.x_t;*.x_b;*.xmt_txt;*.xmt_bin)
Step Files (*.stp;*.step)
Pro/E Files (*.prt)
Catia V5 (*.CATPart)
Solidworks (*.sldprt)
All Files (*.*)

图 3-4

系统参数设置(System Preferences)用于设置默认显示路径和坐标轴格式等。系统参数设置如图 3-5 所示。

系统参数设置由五个页面组成。Path 用于设置各文件的放置位置;Axis 用于设置坐标轴的颜色等;Miscellaneous 用于设置其他各个方面,一般保持默认值即可;View control key 可以设置控制视图操作的按钮;View operation 可以根据用户平时常用的 3D 软件的操作方式进行设置,非常人性化。可以调用的设置如图 3-6 所示。

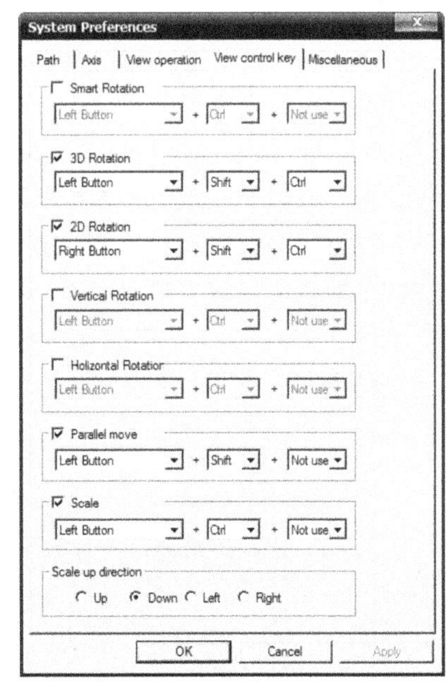

图 3-5

显示参数设置(Display Setting)可以对各种颜色显示进行设置,界面如图 3-7 所示。在显示参数设置页面中,可以设置背景色、显示属性、环境光线和检查单元颜色等。一般情况下保持默认值即可。

导入/导出设置(Import/Export Settings)可以对不同的导出和导入的格式进行详细设置,如图 3-8 所示。

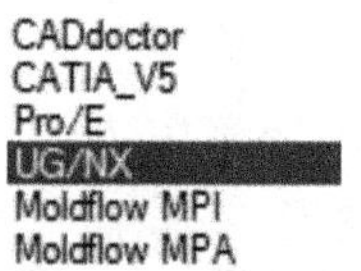

图 3-6

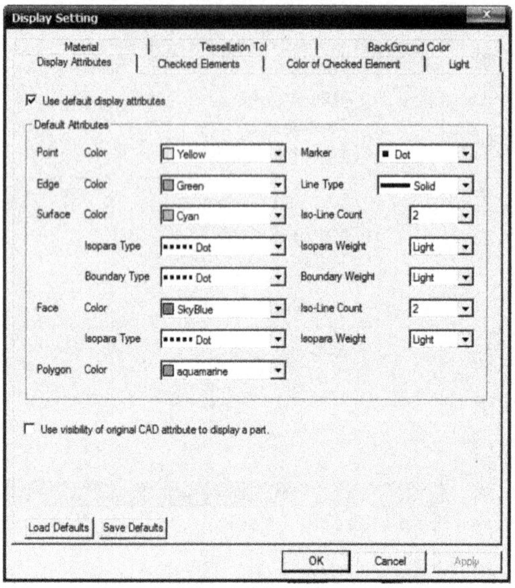

图 3-7

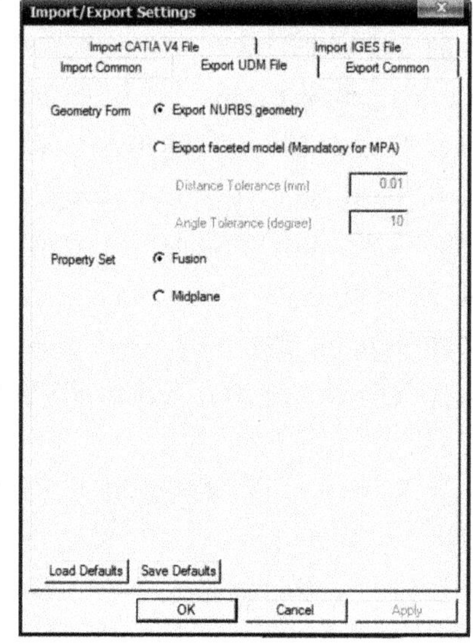

图 3-8

● 编辑(Edit)

编辑(Edit)菜单栏如图 3-9 所示。

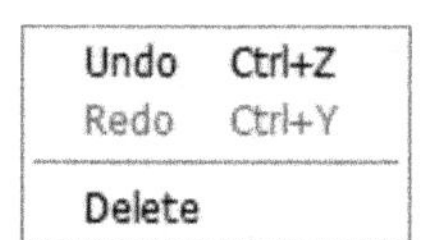

图 3-9

Undo 和 Redo 用于撤销和恢复上一个操作动作。Delete 用于删除选择的对象,其对话框如图 3-10 所示。

使用 Specify target elements 时直接选择需要被删除的元素。Specify target attribute 通过过滤器进行删除操作。单击其下面的四个图标中的任何一个,就会出现过滤器属性。图 3-11 所示为曲线的过滤器。选择的属性有直线类型、曲线颜色以及曲线类型,不同的对象其属性会有所不同。

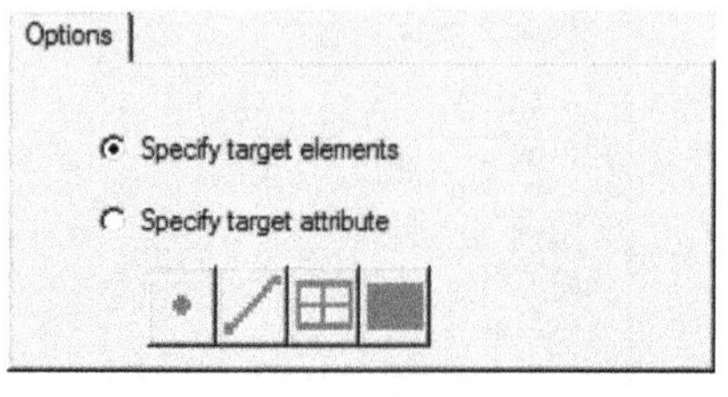

图 3-10

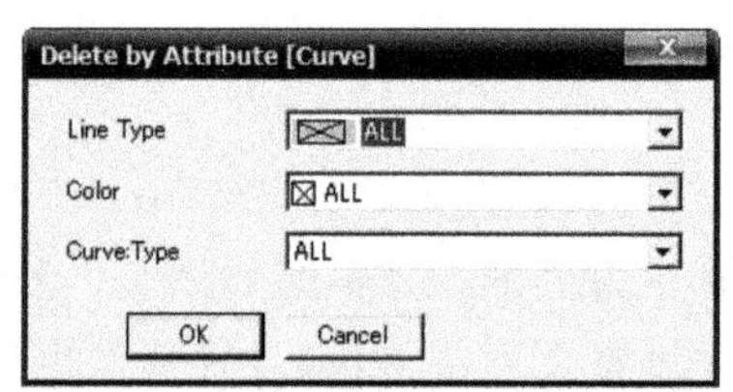

图 3-11

● 视图(View)

视图(View)菜单栏如图 3-12 所示。

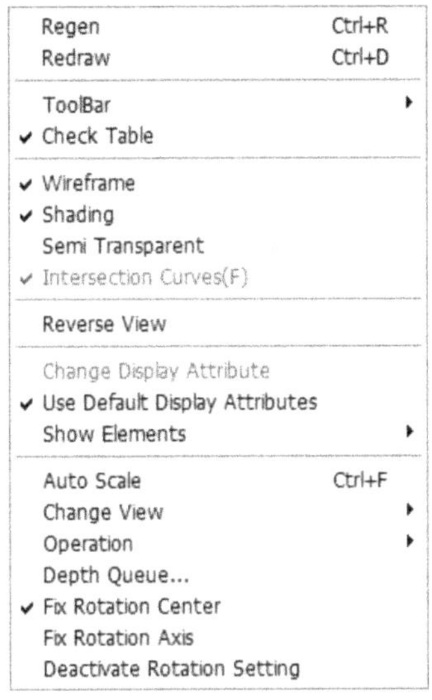

图 3-12

Regen 会重新生成和显示视图，比较常用。Redraw 用于重绘视图。图 3-13 所示为使用 Regen 后视图的前后变化，可以看到视图的轮廓边变得更圆滑。

ToolBar 可以切换工具条是否在 AMCD 界面中显示，如图 3-14 所示。用户根据实际需要，把需要的工具条在 ToolBar 中勾选即可实现。

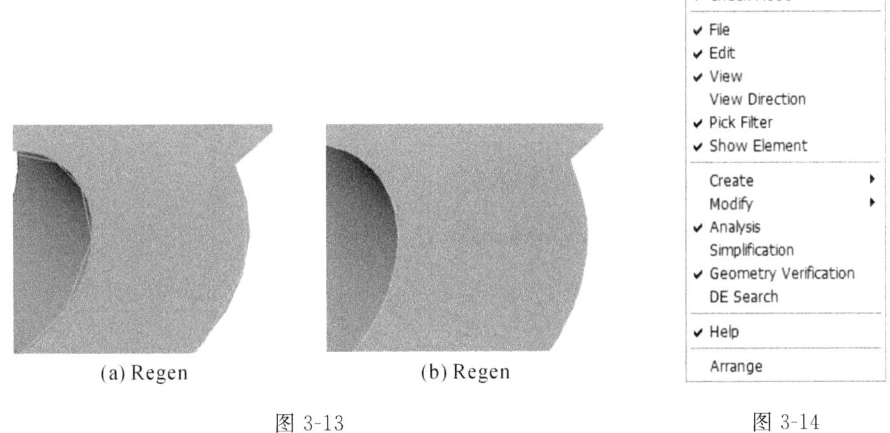

(a) Regen　　(b) Regen

图 3-13　　图 3-14

Wireframe、Shading 和 Semi Transparent 是控制模型的显示模型，分别控制的显示类型为线框、着色和半透明。图 3-15 所示为三种显示方式。Reverse View 切换视图正面和背面模型的显示。

Show Elements(单元显示)子菜单里面包括 4 种模式，其工具条如图 3-16 所示

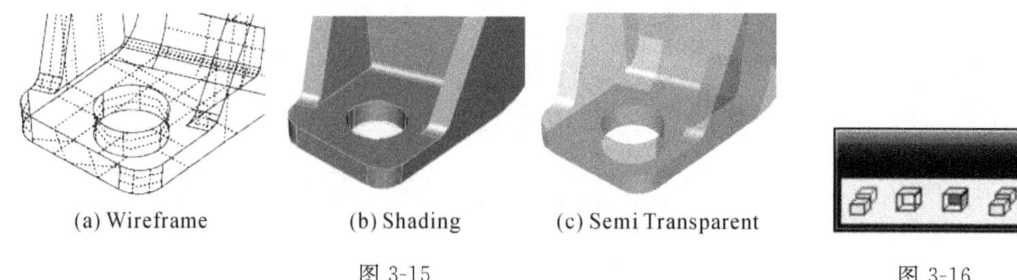

(a) Wireframe　　(b) Shading　　(c) Semi Transparent

图 3-15　　图 3-16

图 3-16 中的按钮从左到右依次为 Show/No-Show(显示/隐藏)、Show Surrounding(显示相邻)、Show Surrounding Additionally(显示附加相邻)和 Show All(显示全部)。Show Surrounding 可以显示和被选中单元相邻的单元,如图 3-17 所示。

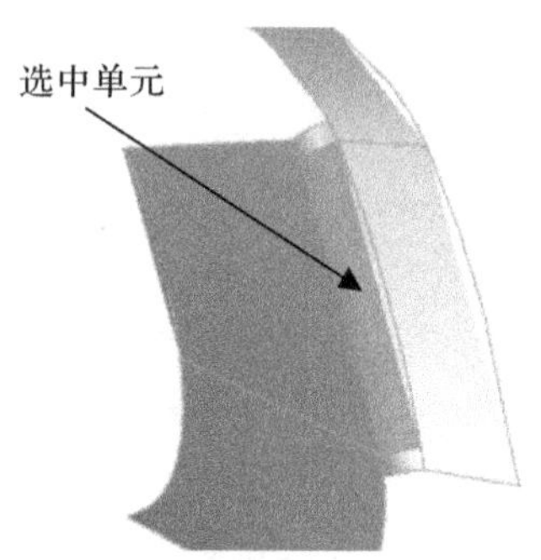

图 3-17

Auto Scale 把模型缩放到图形窗口全部能够看得到的尺寸大小。此功能比较常用,可以快速定位模型视图的位置和大小。

Change View(视图切换)工具条可以从各个特定方向来观察模型,其工具条如图 3-18 所示。根据按钮图标很容易知道按钮对应的操作,比较形象。

Operation(视图操作)的子菜单如图 3-19 所示。Operation 用于实现对视图的放大/缩小、平移和旋转。在实际操作中,可以根据鼠标的设定直接通过鼠标来完成,提高工作效率。

图 3-18

Pan	Alt+P
Zoom	Alt+D
Zoom up(2Pick)	Alt+B
Rotate 3D	Alt+S
Rotate 2D Z	Alt+Z
Rotate 2D Y	Alt+Y
Rotate 2D X	Alt+X

图 3-19

Fix Rotation Center 用于在对视图进行旋转操作时,设定旋转点。Fix Rotation Axis 用于在进行 2D 旋转时,设置旋转轴。

检查(Check)菜单包括 Options 和 Execute 两个命令。Execute 命令用于对模型进行错误检查。Options 则用于对检查的选项进行设置,其界面如图 3-20 所示。

General 描述了文档信息,包括文档名称、原文档格式以及目标文档格式。Tolerance 可以对各个对象进行公差设置,也可以使用原始模型的公差,如图 3-21 所示。Check items 可以在检查模式下,自定义检查的项目以及对应的界限值,界面如图 3-20 所示。

● 修改(Modify)

修改(Modify)菜单是转换模块的核心。当错误检查出来后,就需要通过修改(Modify)菜单下的命令进行修改。修改(Modify)菜单界面如图 3-22 所示。

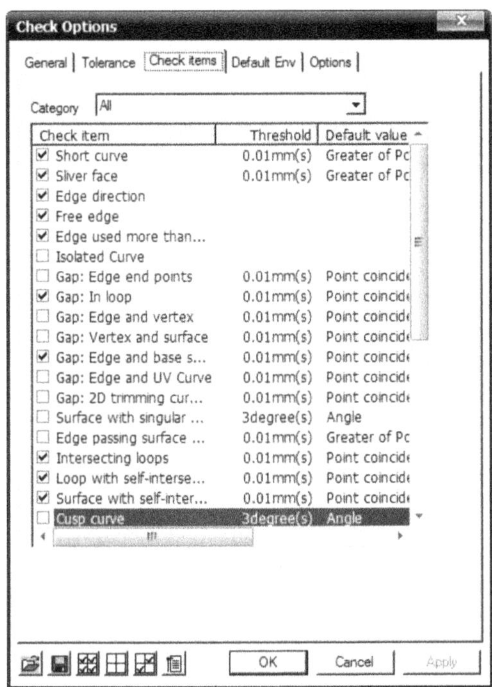

图 3-20

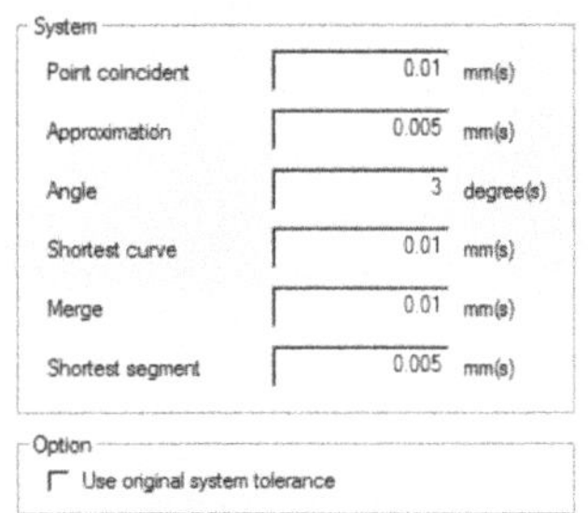

图 3-21

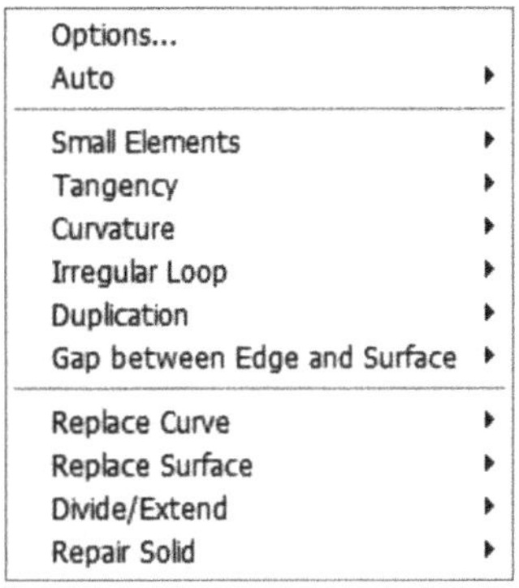

Options...
Auto
Small Elements
Tangency
Curvature
Irregular Loop
Duplication
Gap between Edge and Surface
Replace Curve
Replace Surface
Divide/Extend
Repair Solid

图 3-22

Options 对修改选项进行设置，界面如图 3-23 所示。在修改设置对话框中可以对自动缝合(Auto-Stitch)、自动修复(Auto-Heal)等功能进行设置。一般情况下，保持默认设置就能满足实际操作的需求。

Auto Stitch 通过设置目标公差自动对实际公差小于目标公差的自由边进行缝合，对话框如图 3-24 所示。Auto Heal 自动修复模型数据，并且进行内核转换。如果要导出 udm 格式文件，必须要进行一次 Auto Heal 操作。

修改(Modify)菜单下还有 Small Elements、Tangency、Curvature、Irregular Loop、Duplication、Gap between Edge and Surface、Replace Curve、Replace Surface、Divide/Extend、Repair Solid 子菜单。

Small Elements 用于移除模型中存在的微小元素，如微小曲线、曲面，狭长的曲面等。

Tangency 主要是修复边或曲面的相切连续性。

Curvature 主要是修改边或曲面的曲率连续性。

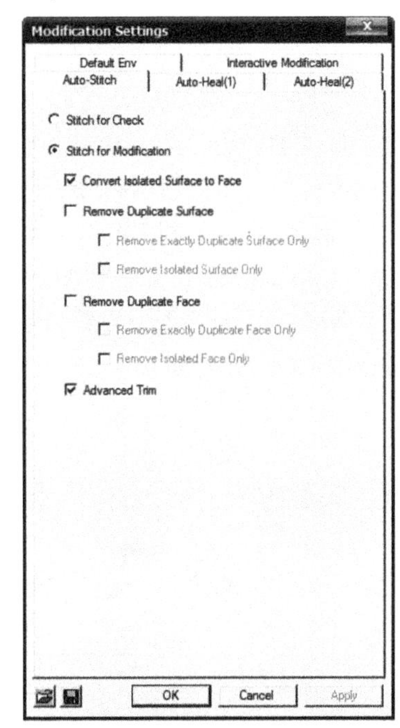

图 3-23

Irregular Loop 用于修复不规则的边，如边的顶点没有重合，如图 3-25 所示，则可以使用 Selective Merge Vertex 来修复。

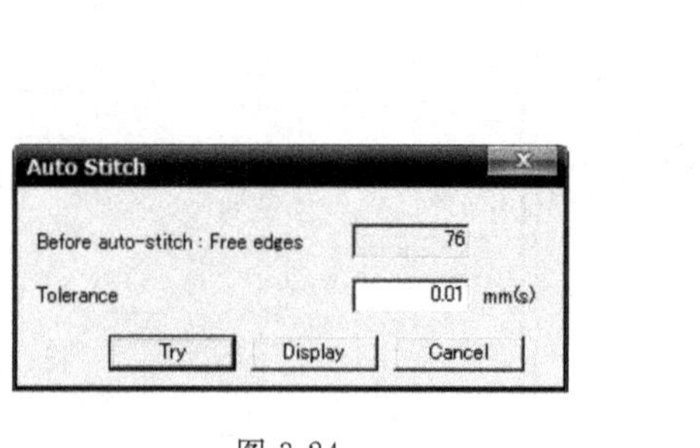

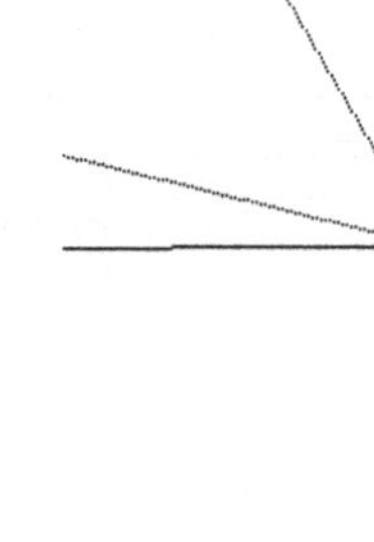

图 3-24　　　　图 3-25

图 3-26 所示为使用 Clean Self-intersection 来修复自相交的过程。

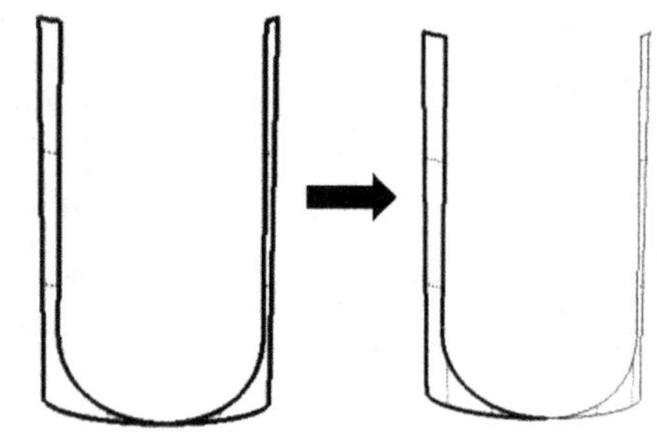

图 3-26

Duplication 删除重复的面、曲面等。

Gap Between Edge and Surface 用于修复边和面之间存在的间隙。图 3-27 所示为使用 Re-intersect 功能重新求取相交边的过程。

Replace Curve 和 Replace Surface 分别用于生成新的边或面来替换原先已经存在的边和面。Replace Surface 在修复一些变形的曲面上比较实用。

Divide/Extend 可以对线和面进行分割和延伸。图 3-28 所示为使用 Break Intersecting Curves 在交点处打断。

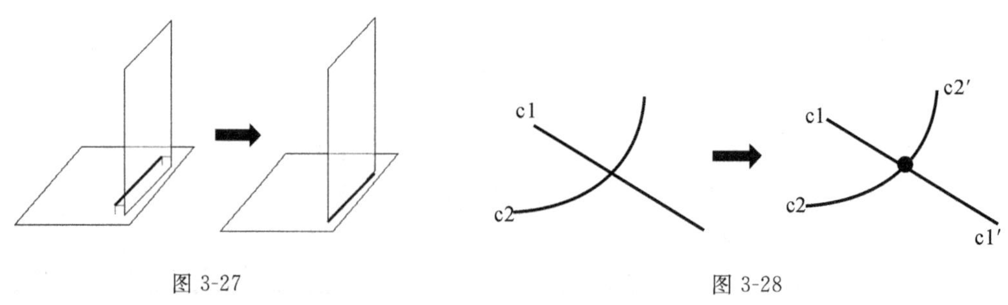

图 3-27　　　　图 3-28

图 3-29 为使用 Divide Face 对面进行拆分的过程。

图 3-30 所示为使用 Add Extending Curves 在两条曲线间创建一条曲线用于连接。

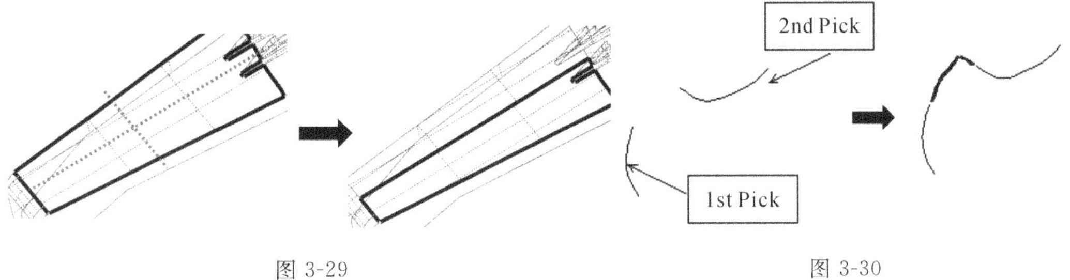

图 3-29　　　　图 3-30

Repair Solid 对实体对象进行修复。图 3-31 所示为使用 Trim Face 对曲面进行裁剪，会改变曲面原有的 UV 参数分布。

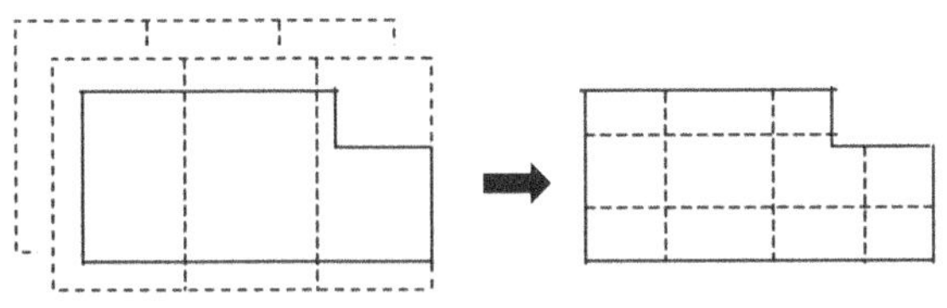

图 3-31

图 3-32 所示为使用 Re-trim Face 对曲面进行裁剪，不会对曲面原有的 UV 参数进行修改。

图 3-33 所示为使用 Make Holes 创建孔特征。

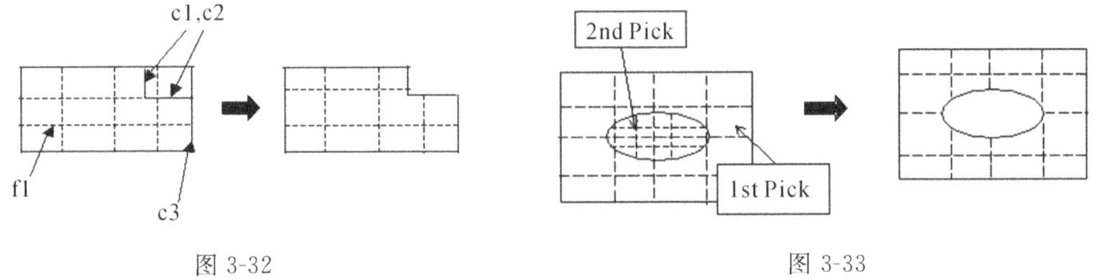

图 3-32　　　　图 3-33

Flip Face 用于修改曲面或面的方向。正常情况下，面或曲面的方向要一致，外表面显示为蓝色，内表面显示为红色。选中要反向的面或曲面后，与选中对象相关联的面或曲面可根据提示，由用户选择是否也进行反向。提示如图 3-34 所示。

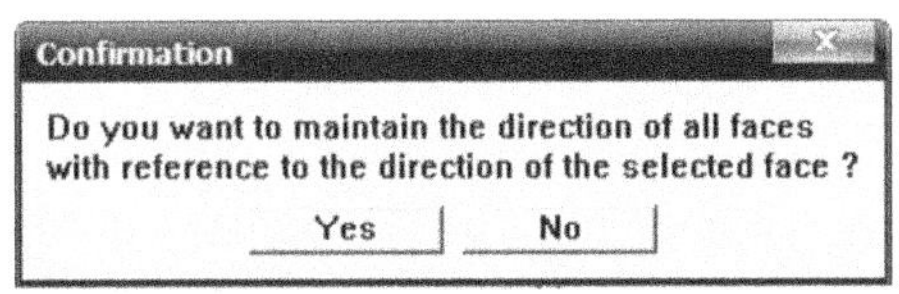

图 3-34

● 建模(Create)

建模(Create)菜单提供了三个子菜单，可分别用于创建点、线和面/曲面。建模菜单如图 3-35 所示。

Point 子菜单如图 3-36 所示。

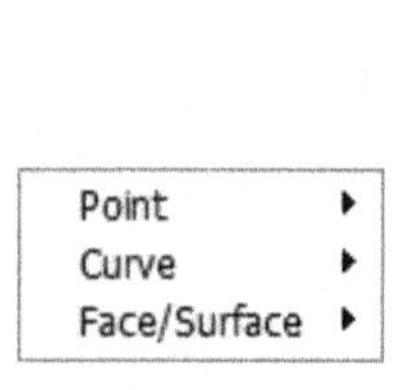

图 3-35

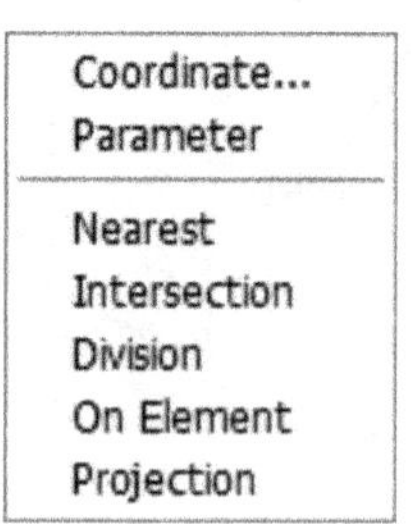

图 3-36

Coordinate 以点坐标的方式创建点，这个比较容易。Parameter 则是在曲线或曲面上通过指定参数来创建点。参数的大小在 0 到 1 之间。参数的对话框如图 3-37 所示。

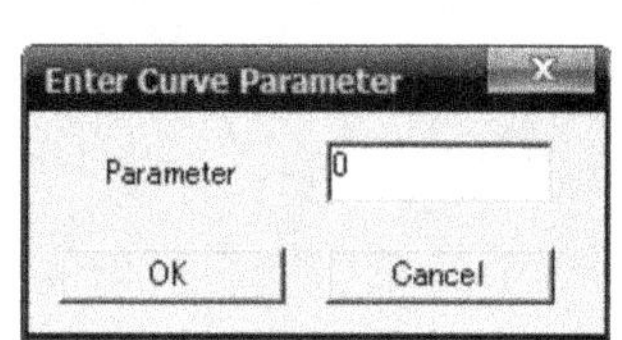

(a) 曲线参数

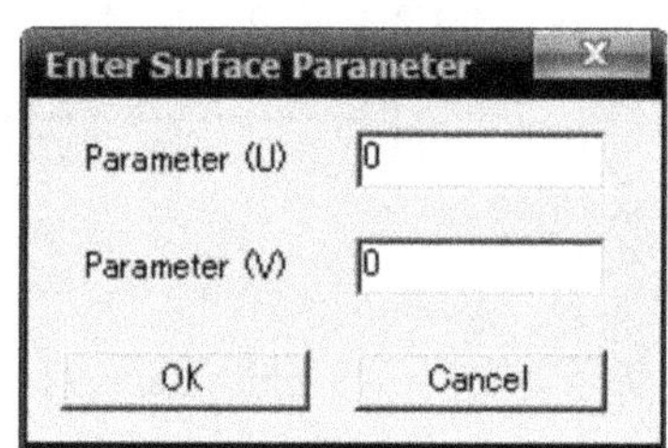

(b) 曲面参数

图 3-37

Nearest 通过指定点来创建曲线或曲面上的最近点，如图 3-38 所示。On Element 直接在曲线或曲面上创建光标位置处的点。

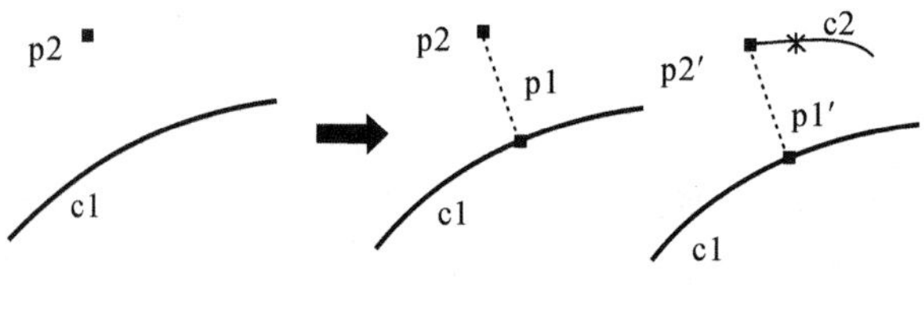

图 3-38

Division 在曲线或曲面上创建多个等分的点，如图 3-39 所示。

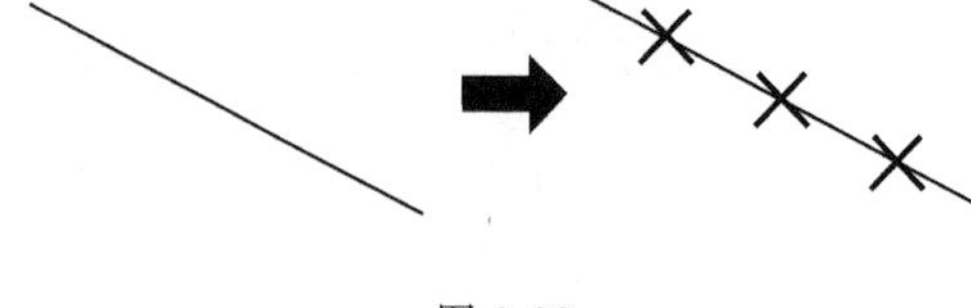

图 3-39

Intersection 创建曲线和曲面相交处的交点，如图 3-40 所示。

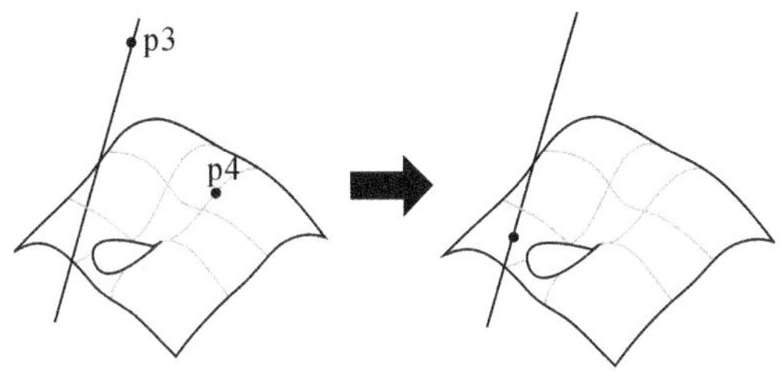

图 3-40

Projection 通过把指定的点投影到曲面上创建新的点，如图 3-41 所示。

Curve 子菜单可以创建直线、圆弧等规则曲线，也可以创建不规则曲线，其菜单如图 3-42所示。

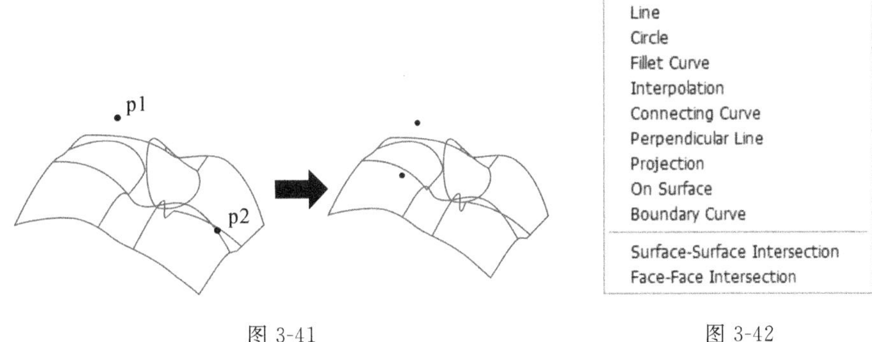

图 3-41　　图 3-42

Line 通过指定两个点创建直线。Circle 通过指定 3 个点创建圆弧。Fillet Curve 在两条曲线之间创建倒圆角曲线。Interpolation 通过指定的对个点拟合成一条 B 样条线，如图 3-43 所示。

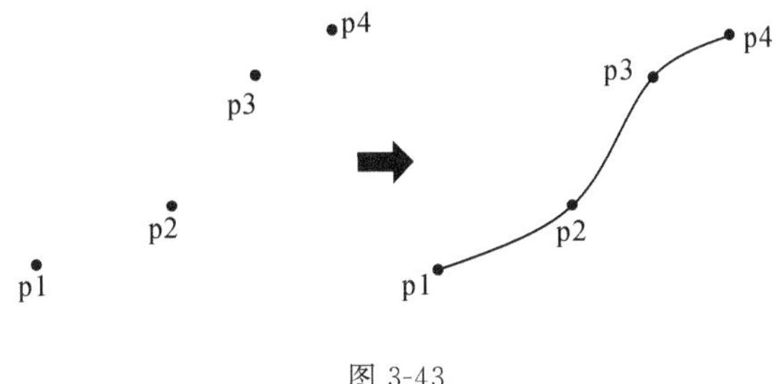

图 3-43

Perpendicular Line 创建过一个点垂直于一条曲线的直线。On Surface 在曲面上创建通过指定点的曲线。Projection 在曲面上创建投影曲线，如图 3-44 所示。

Surface-Surface Intersection 通过选中的两张曲面求相交曲线。Face-Face Intersection 通过选中的两张面求相交曲线。Boundary Curve 抽取已经存在的曲面的边界作为曲线，如图 3-45 所示。

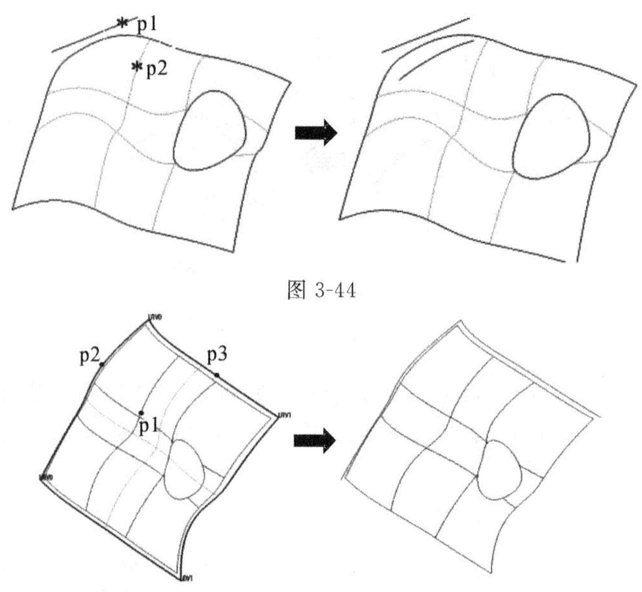

图 3-44

图 3-45

Face/Surface 子菜单如图 3-46 所示。通过 Face/Surface 子菜单下的命令可以创建规则和不规则的曲面。

Fill Hole 通过指定曲线来创建曲面，有三种创建方式。图 3-47 所示为 Auto Detect 创建方式。

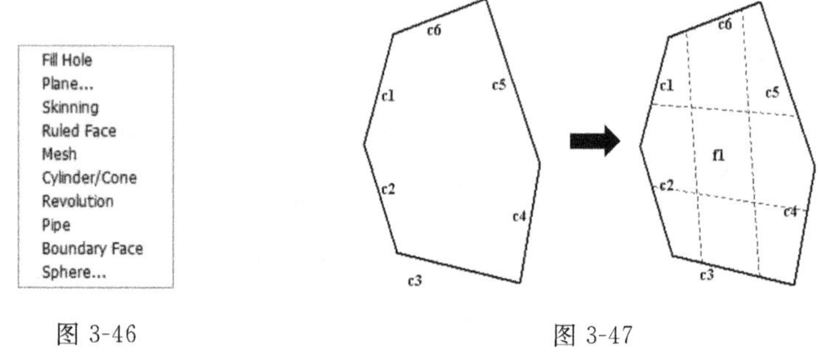

图 3-46　　　　图 3-47

图 3-48 所示为 Specify three or four boundaries 创建方式。

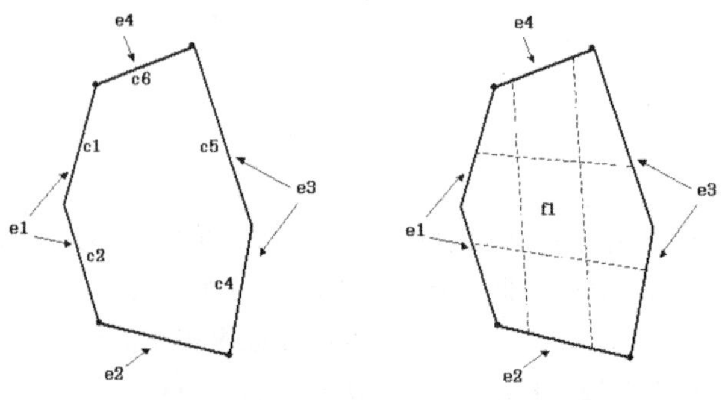

图 3-48

Plane 使用两种方式创建平面，一种是通过 3 点，另外一种是通过轴和宽度。Skinning 通过指定的层曲线创建面，如图 3-49 所示。

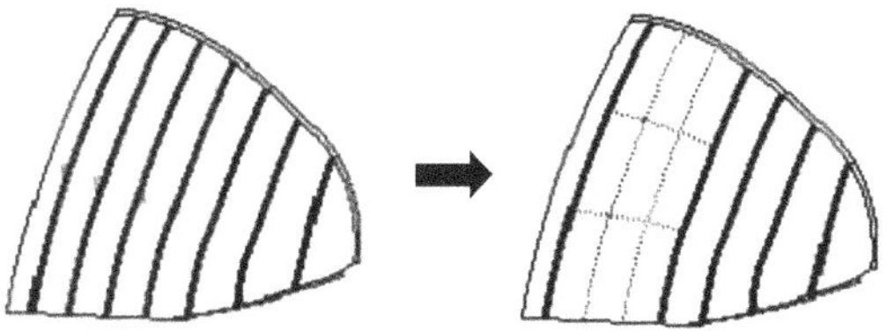

图 3-49

Ruled Face 通过两条曲线创建面，如图 3-50 所示；而 Mesh 则是通过多条曲线来创建面，如图 3-51 所示。

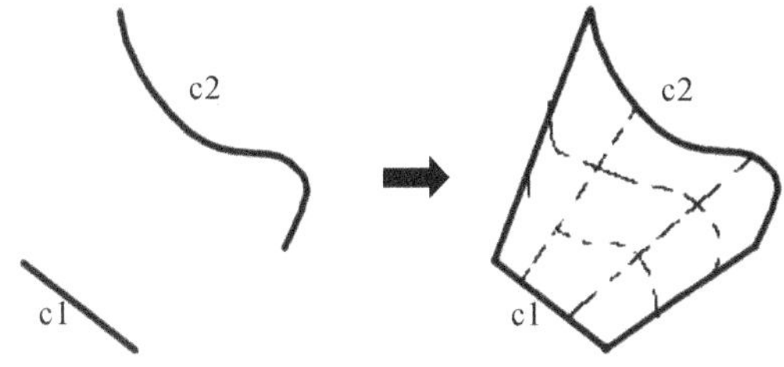

图 3-50

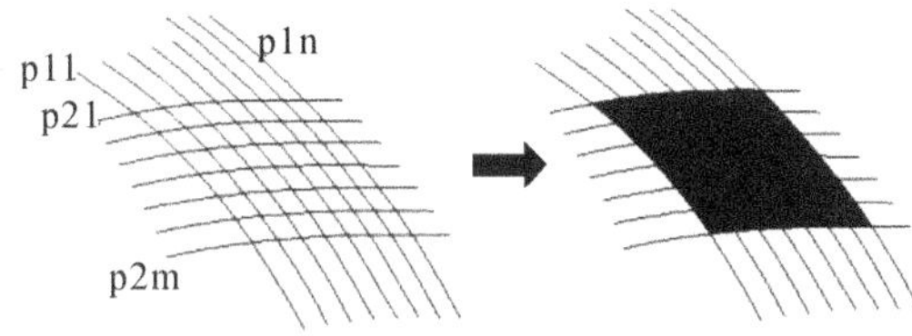

图 3-51

Cylinder/Cone 创建圆柱体或圆锥体，如图 3-52 所示。Revolution 把选择的曲线旋转生成曲面。Sphere 则是创建球形曲面。Pipe 用于创建管道曲面，如图 3-53 所示。

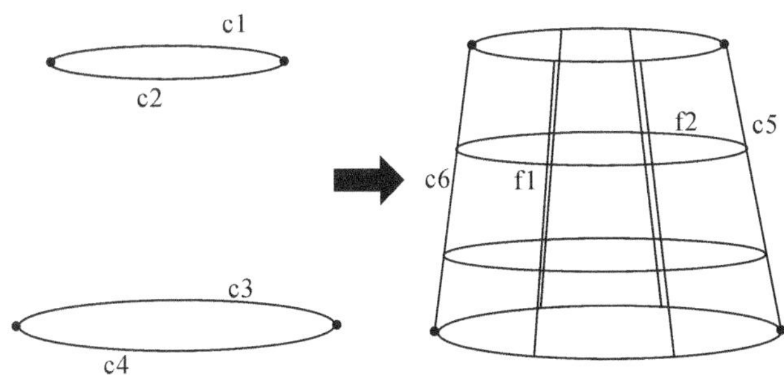

图 3-52

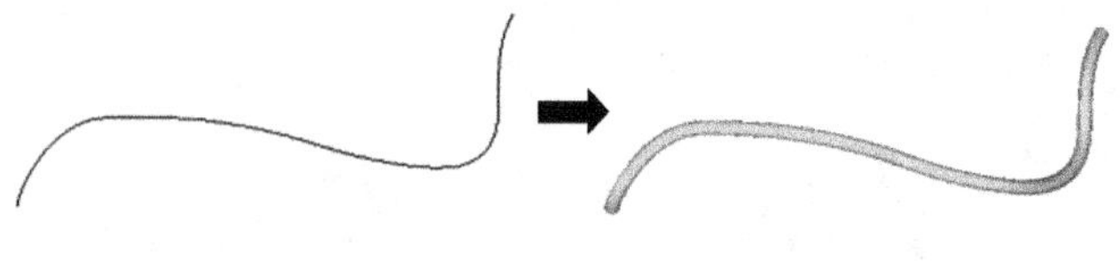

图 3-53

● 分析(Analysis)

分析(Analysis)菜单提供了丰富的检测工具,通过它可以准确地了解检测对象的曲率半径、长度、曲线或曲面夹角、距离等。

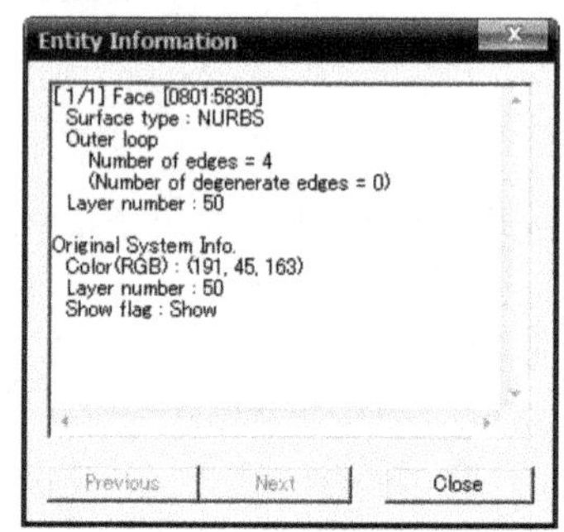

图 3-54

Info 显示指定单元的信息,如图 3-54 所示。在信息中显示出曲面的类型、边个数等信息。注意,选定的对象不同,出现的信息也不尽相同。

Distance 获取两个对象之间的间距,结果如图 3-55 所示。从结果中可以知道最大和最小距离。

Check Element Info 显示选定对象所存在的错误,结果如图 3-56 所示。本例子中显示的只有自由边,如果存在其他问题,也会一并显示出来。

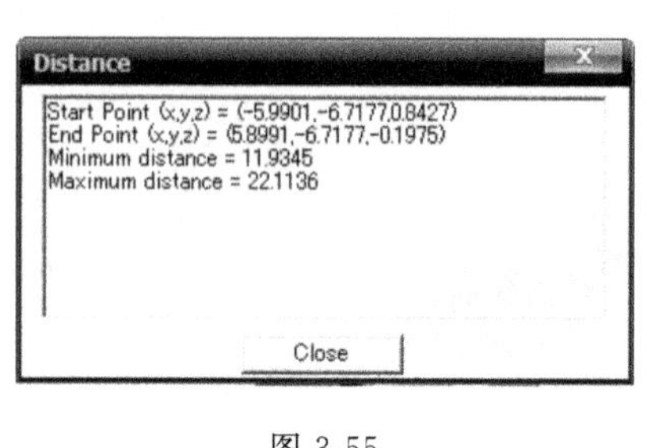

图 3-55

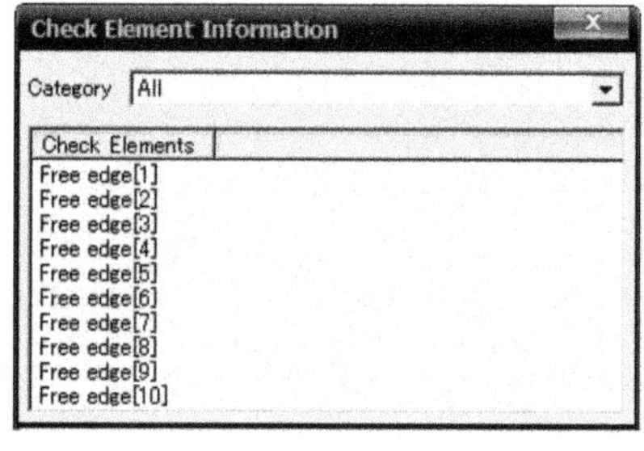

图 3-56

Curves Angle 和 Faces Angle 可以检测曲线和曲线之间以及面和面之间的夹角,如图 3-57 所示。

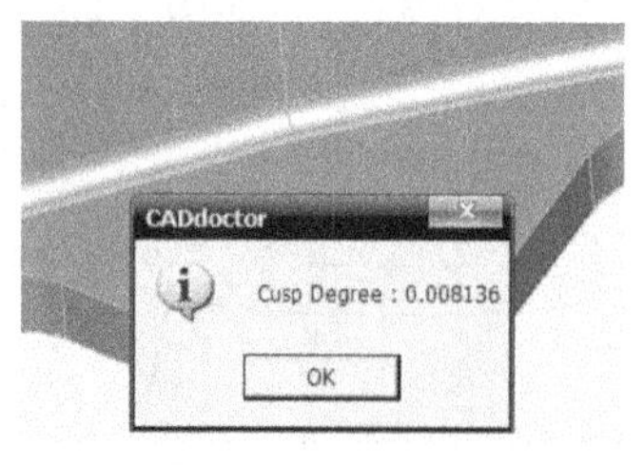

(a) Curves Angle

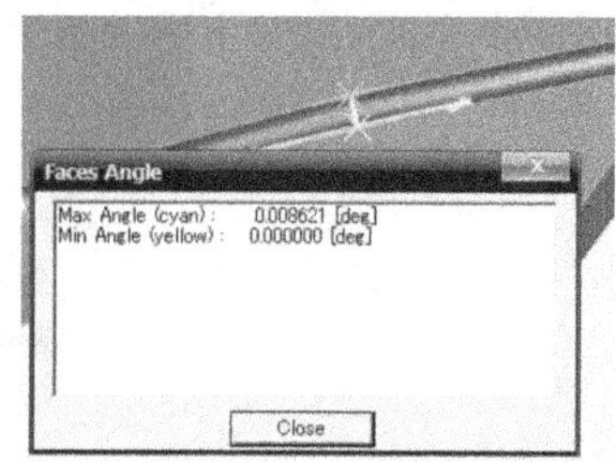

(b) Faces Angle

图 3-57

Fillet Radius 功能比较实用,可以得到所选圆形曲面的半径,如图 3-58 所示。

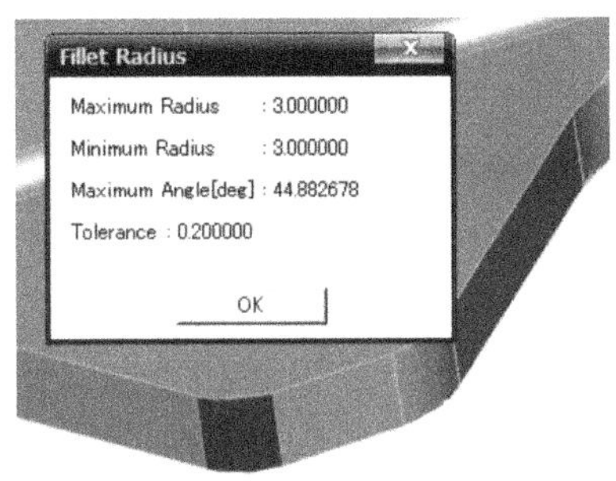

图 3-58

Control Points 显示出曲线或曲面的控制点，如图 3-59 所示。

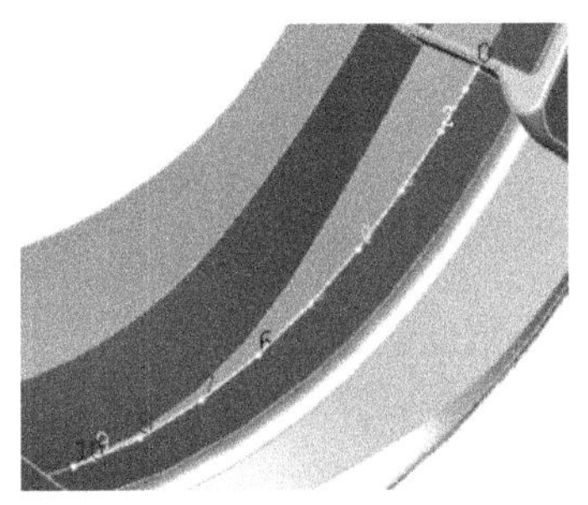

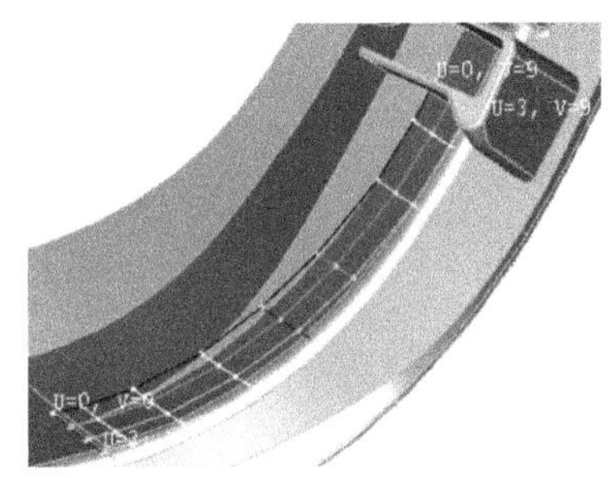

图 3-59

2. 结构栏

结构栏会显示出导入模型或在 AMCD 中创建模型的结构，如图 3-60 所示。

3. 状态栏

状态栏的界面如图 3-61 所示。

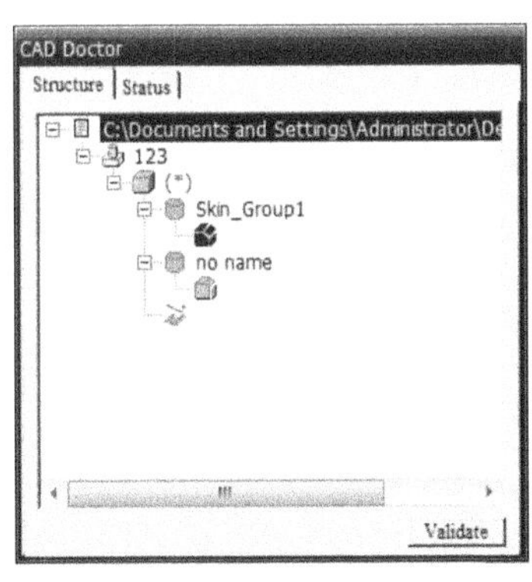

图 3-60

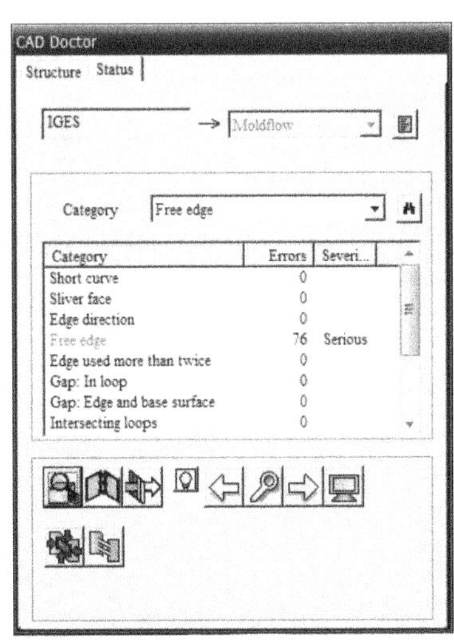

图 3-61

界面最上面一行显示出模型数据的来源为 IGES，最后导出为 Moldflow 格式文件。通过单击[图标]按钮，弹出如图 3-62 所示的检查设置对话框。

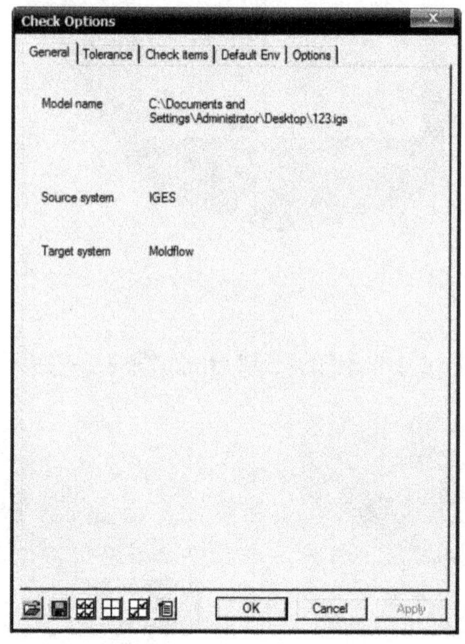

图 3-62

接下来一行为种类，可以在下拉菜单[下拉菜单]中选择错误的种类。在本例中只有自由边错误。单击后面的[图标]按钮，可以具体显示错误种类的具体数量，如图 3-63 所示。

位于下拉列表下方的是错误信息的列表，如图 3-64 所示。在错误列表中，显示了错误的名称、错误的数量和错误的严重程度。错误的等级分为 3 种，即 Critical（危险）、Serious（严重）和 Minor（轻微）。

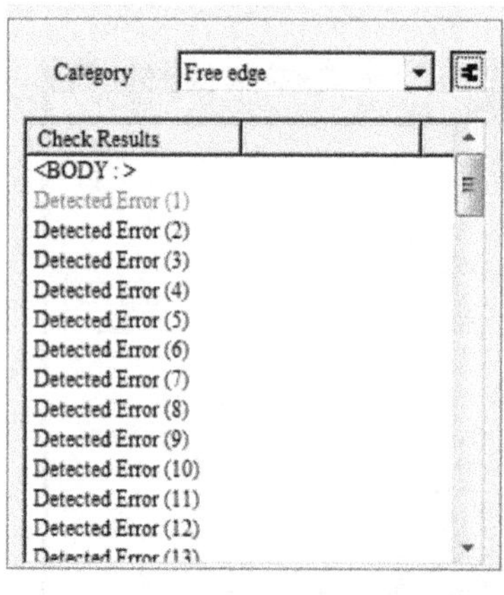

图 3-63

Category	Errors	Severi...
Short curve	0	
Sliver face	0	
Edge direction	0	
Free edge	76	Serious
Edge used more than tw...	0	
Gap: In loop	0	
Gap: Edge and base surf...	0	
Intersecting loops	0	
Loop with self-intersect...	0	
Surface with self-interse...	0	
Surface with small patc...	0	
Curve with short segme...	0	
Edge interference	0	

图 3-64

错误列表下面的工具如图 3-65 所示。

实线矩形框中的命令从左到右依次是 Check、Stitch、Heal。Check 可以对模型进行检查，检查出来的结果就出现在上方的错误列表中。Stitch 和 Heal 则是前面提到的自动缝合

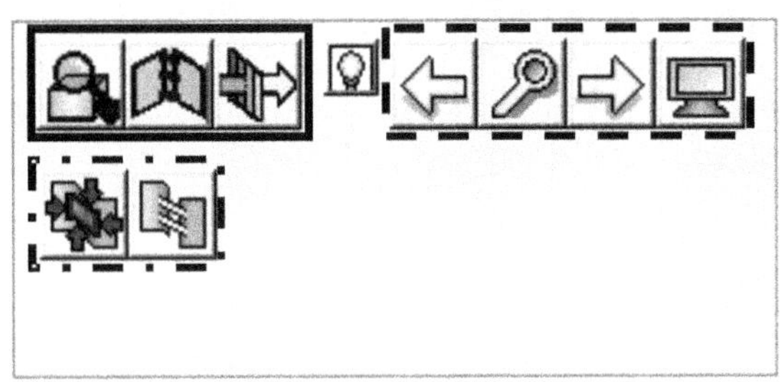

图 3-65

和自动修复功能。

虚线矩形框中的命令从左到右依次是 Previous、Zoom Current、Next 和 Toggle Display Mode。Previous 和 Next 可以向前和向后来观察错误信息。Zoom Current 可以自动把当前错误在图形操作区中缩放到合适大小。Toggle Display 则只显示错误单元和其相邻的单元,其余全部被隐藏,如图 3-66 所示。

图 3-66

点划线矩形框中的命令不是固定不变的,它根据用户选定的错误种类会自动出现对应的手工修复方式。因此,这是比较智能化的,免去了用户去考虑用何种工具进行修复。但要注意的是,有些它可以轻松地修复,但有些它能修改,只是效果非常不理想,有些甚至不能修改,所以还是需要用户做一些思考。

4. 图形操作区

图形操作区显示了导入或创建的模型,如图 3-67 所示。

在图形操作区通过视图工具对模型进行旋转、移动等操作,并且在图形操作区的任一位置右击,即可弹出如图 3-68 所示的菜单。在此菜单中,可以对常用的命令进行操作,提高工作效率。

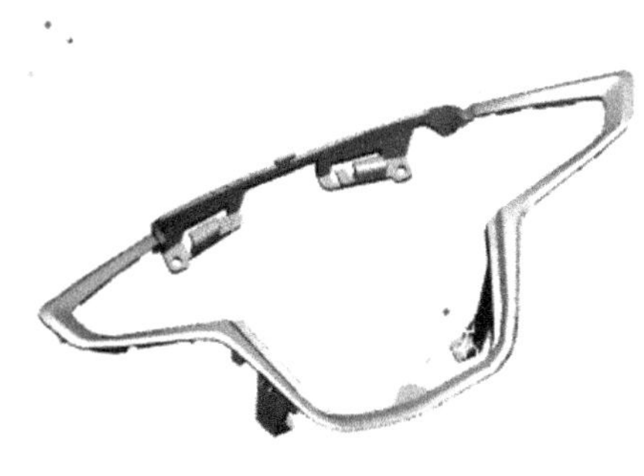

图 3-67

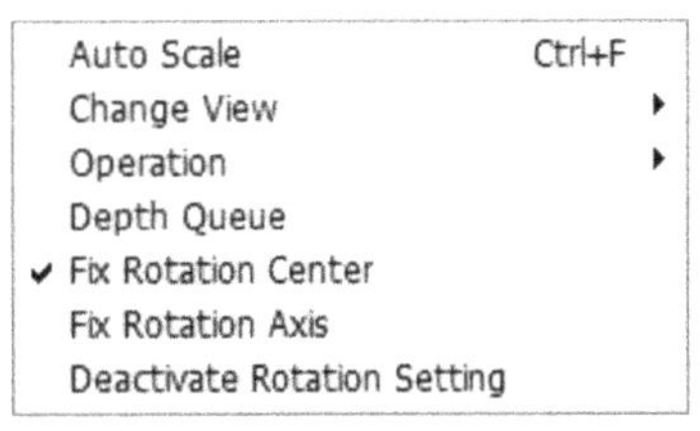

图 3-68

3.2.2 Simplification(简化模块)

Simplification(简化模块)的界面以及命令与 Translation(转换模块)基本上差不多，只不过 Simplification(简化模块)增加了 Simplification 菜单，以及状态栏的内容不一样。Simplification 菜单如图 3-69 所示。

在实际操作时，比较常用的还是状态栏以及里面包含的工具，因此关于菜单栏的介绍在此就省略。默认进入的界面为 Translation(转换模块)，如果需要进入 Simplification(简化模块)界面，则在如图 3-70 所示的工具条中进行切换。

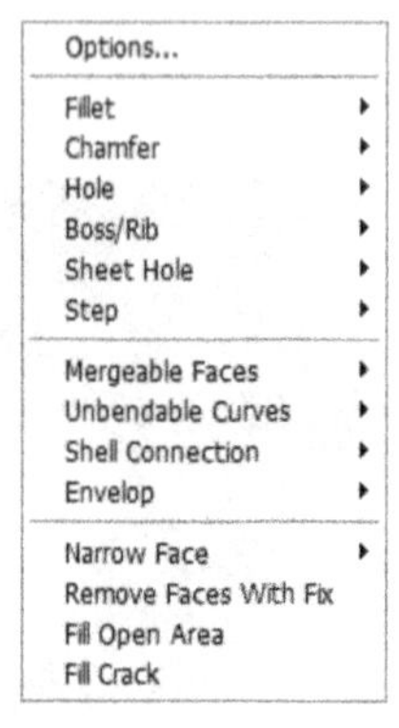

图 3-69

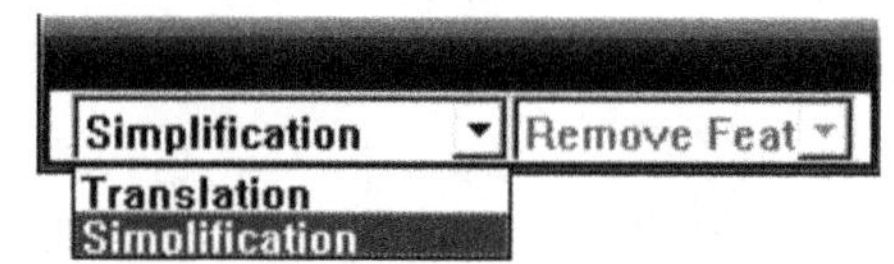

图 3-70

状态栏界面如图 3-71 所示。状态栏里面不仅有 Simplification(简化模块)特有的，也有 Translation(转换模块)具有的错误列表。

为了移除一些小特征，就必须先定义好小特征的尺寸大小。比如说 Fillet 默认的大小为 0～10mm，这个显然不能满足实际需要。在需要移除的特征名称上右击，弹出如图 3-72 所示的快捷菜单。

Modify Threshold 可以修改特征的大小界限，如图 3-73 所示。比如现在在圆角特征中输入了 0～1mm，就代表着圆角大小小于 1mm 的圆角特征全部被检测选中。

Change Current 可以查看被检测出来的圆角的具体大小。Export Check Log 可以导出检查日志。Clear check result 清除当前选中特征的检查结果。Clear check result(All)清除全部特征的检查结果。Auto Zoom 则是自动缩放视图，便于定位。

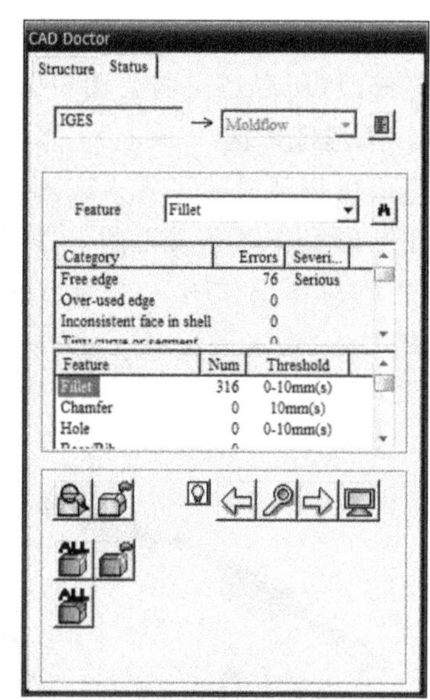

图 3-71

设定完参数后，就可以通过按钮进行检查。要注意的是，在本例中以圆角为例，则只检测出圆角特征，并小于设定值的特征。在实际情况中，往往在模型中会存在类似于圆角，其面上的曲率半径也小于设定值，但这些面却不会被检测出来，因此需要使用图标来强制把类似圆角的曲面定义为圆角。在操作过程中会出现如图 3-74 所示的确认对话框。

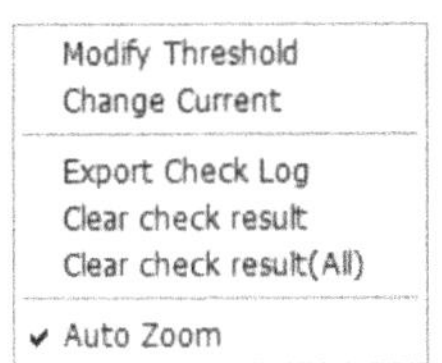

图 3-72

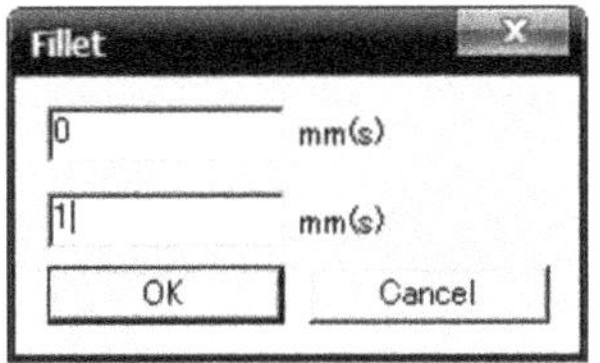

图 3-73

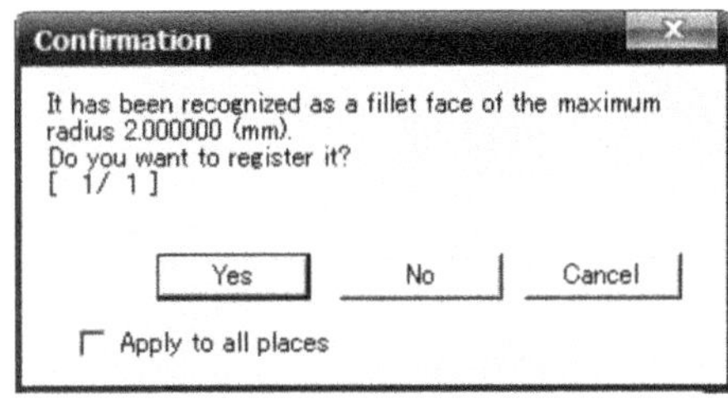

图 3-74

在图 4-71 中的最后部分都是提供专门用于移除相关特征的一些命令，不同的特征会出现不同的相关命令。由于篇幅限制，这里就不具体讲述了。用户可以在 3.3 节的实战中掌握这些功能的使用方法。

3.3 装饰条修复与简化

本案例将通过对装饰条模型的修复和简化操作，巩固 Autodesk Moldflow CAD Doctor 在操作上的流程、常用命令的用法以及注意点等。

3.3.1 模型导入

与其他软件类似，第一步要做的就是把模型导入到 AMCD 中。打开 AMCD 界面后，选择 File→Import 命令，在弹出的如图 3-75 所示的 Import 对话框中选择需要导入的模型"装

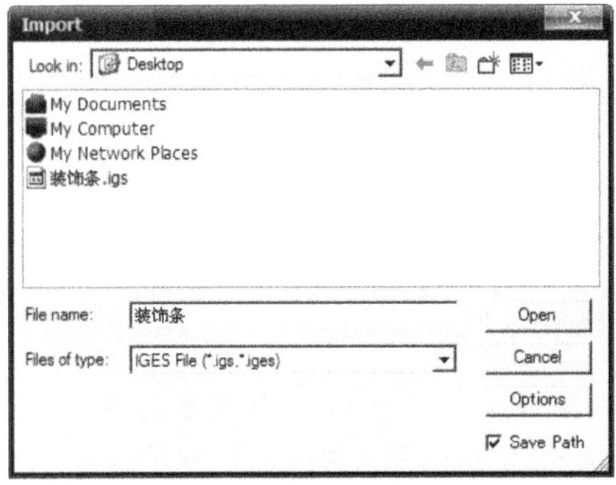

图 3-75

饰条.igs”。

单击 Open 按钮，导入如图 3-76 所示的模型。刚导入的模型以 Wireframe 方式进行显示。

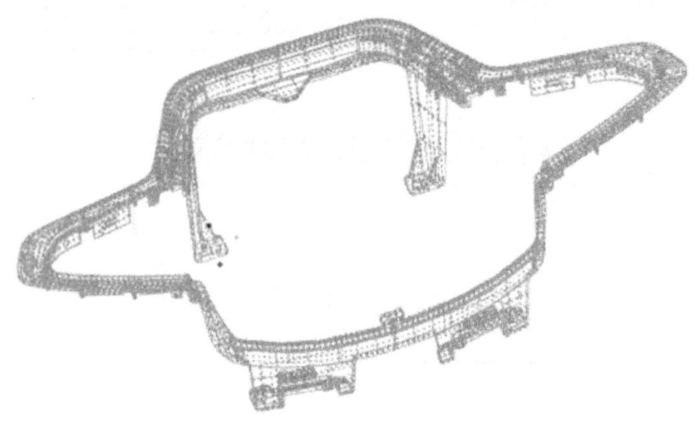

图 3-76

3.3.2 模型修复

由于以线框模式显示模型，看起来比较吃力，不直观。为了看起来方便，选择 View→Shading 命令，把视图显示模式切换到着色模式，如图 3-77 所示。

单击状态栏下方的 Check 图标，AMCD 自动对模型的错误进行检查统计，结果如图 3-78所示。从统计结果可以看出，此模型的问题还是很多的，自由边非常多，数量达到了 6904；自相交的边有 46 条等。

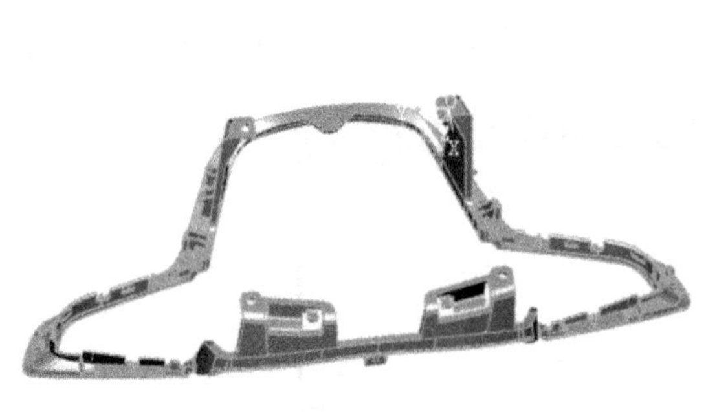

图 3-77

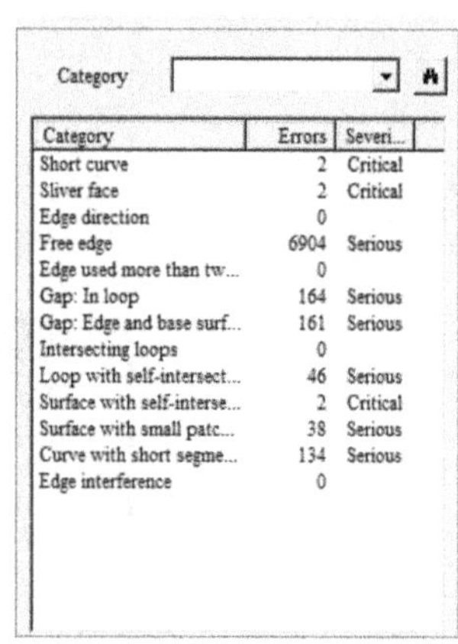

Category

Category	Errors	Severi...
Short curve	2	Critical
Sliver face	2	Critical
Edge direction	0	
Free edge	6904	Serious
Edge used more than tw...	0	
Gap: In loop	164	Serious
Gap: Edge and base surf...	161	Serious
Intersecting loops	0	
Loop with self-intersect...	46	Serious
Surface with self-interse...	2	Critical
Surface with small patc...	38	Serious
Curve with short segme...	134	Serious
Edge interference	0	

图 3-78

进行修改时，应该先采用自动修复的方式进行修复，这样可以大大减少手工修复操作量。单击状态栏下方的 Stitch 图标，弹出如图 3-79 所示的自动缝合对话框。

对话框中显示出未修复前的自由边数量以及默认的修复公差。根据实际经验，公差采用 0.254mm，既可以修复大量的自由边，也可以防止产品变形。输入公差 0.254 后，单击

Try 按钮，弹出如图 3-80 所示的对话框。

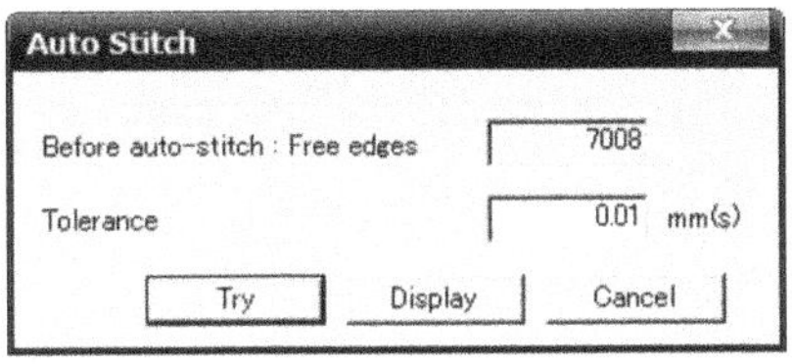

图 3-79

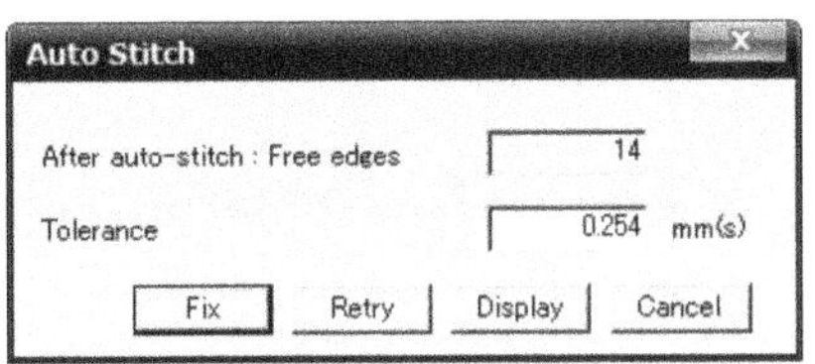

图 3-80

经过自由边自动修复后，自由边的数量变为了 14 条，数量明显减少，这样为后面的手工修复带来极大的便利。单击 Fix 按钮，完成自由边的自动修复。

细心的用户会发现，模型的外表面原先绝大部分为蓝色的，但修复后模型的外表面的颜色变成了红色，因此需要对面的取向进行修复。选择 Modify→Repair Solid→Flip Face 命令，出现如图 3-81 所示的工具条。

从左到右，工具条上的图标依次为 Done、Cancel One Pick 和 Pick Abort。Done 表示确认或完成当前操作；Cancel One Pick 表示取消上次的操作；Pick Abort 表示退出本次操作。

按住鼠标左键不放拖动，框选住整个模型，单击 Done 按钮，产生如图 3-82 所示的确认对话框。单击 Yes 按钮，完成面方向的反向操作，如图 3-83 所示。

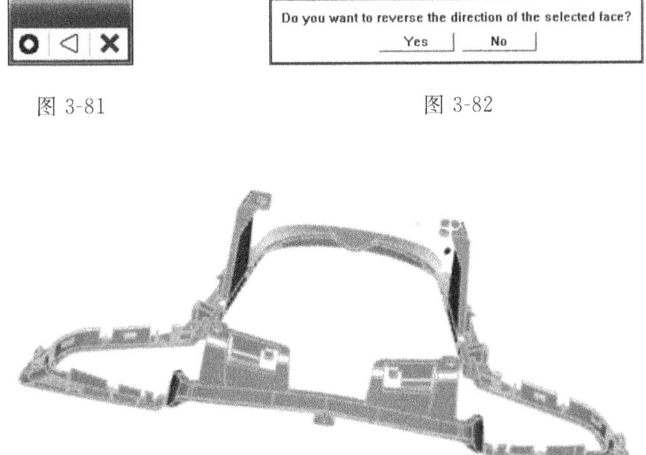

图 3-81

图 3-82

图 3-83

单击状态栏下方的 Heal 图标，弹出如图 3-84 所示的提示。如果最后需要导出 udm 格式的文件，那么必须要进行一次 Heal。

单击 OK 按钮后，系统会对能够修复的错误进行自动修复，修复完成后的结果如图 3-85 所示。可以看到，经过自动修复后，错误的个数又进一步减少了，为手工修改又提供了方便。注意，Heal 操作必须要进行一次操作，但可以允许进行多次自动修复操作。

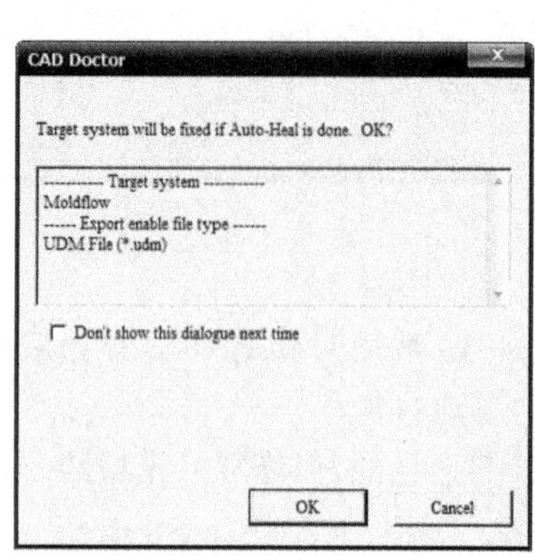

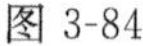

图 3-84

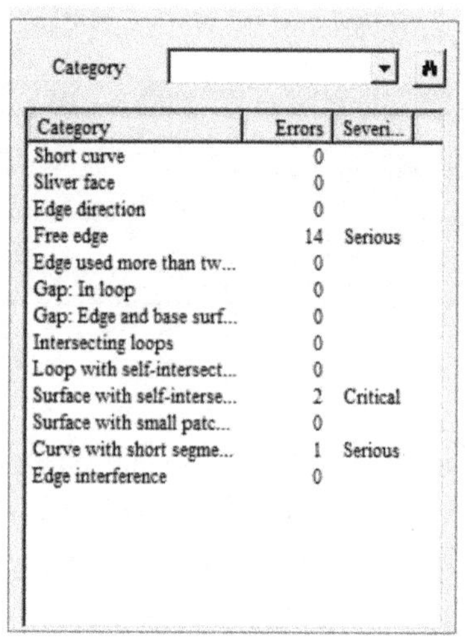

图 3-85

从图 3-85 所示的统计结果中看到，现在剩下 3 大类的错误。错误又分为 3 个级别，Free edge 和 Curve with short segments 位于同一个级别，为严重级；而 Surface with self-intersection 属于危险级。因此，就根据错误级别的严重性来依次修改。首先，修改 Surface with self-intersection 的错误。从 Category(种类)中选择 Surface with self-intersection，然后单击 Change to contents list 图标，切换到如图 3-86 所示的详细的检查结果列表中。

单击状态栏下方的 Zoom Current 图标，把第一个错误的地方在图形编辑区域定位出来，如图 3-87 所示。

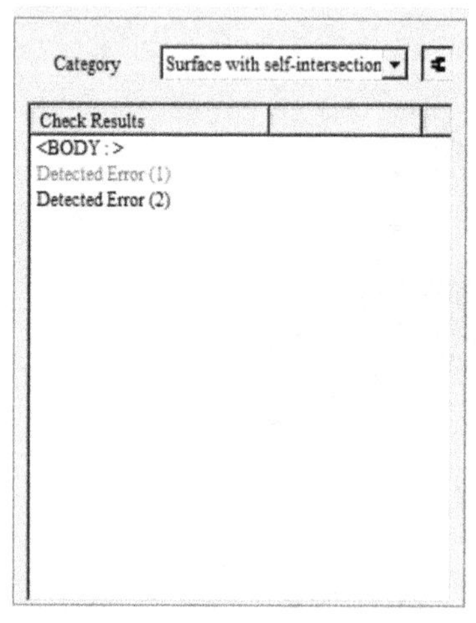

图 3-86

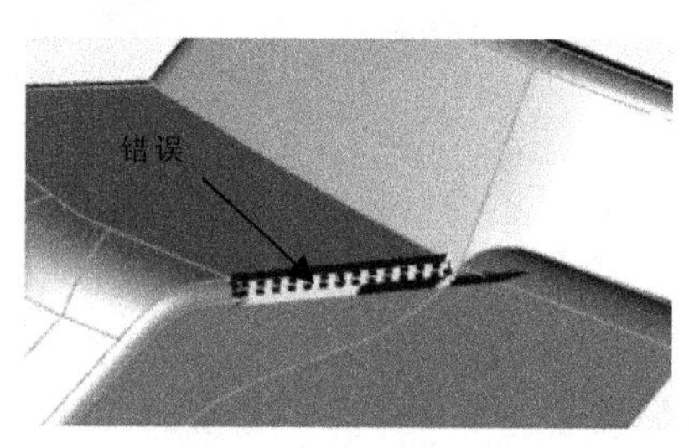

图 3-87

通过观察，发现此面的边界曲线还是正常的。与此同时，在状态栏的下方也对应提供了部分修改工具，如图 3-88 所示。系统自动提供的命令不一定就能够解决错误，或者是解决的效果不好，需要用户自己考虑和选择。

图 3-88

比如针对第一个错误，选用 Recalculate Surface 图标就不能完成修复任务。在这里，单击 Boundaries→Surface 图标，弹出如图 3-89 所示的确认信息。从信息提示中，给出了最大间隙为 0.000988mm，间隙非常小，可以直接替换。单击 OK 按钮，完成如图 3-90 所示的修复。错误个数也会自动更新，数量从 2 变为 1。

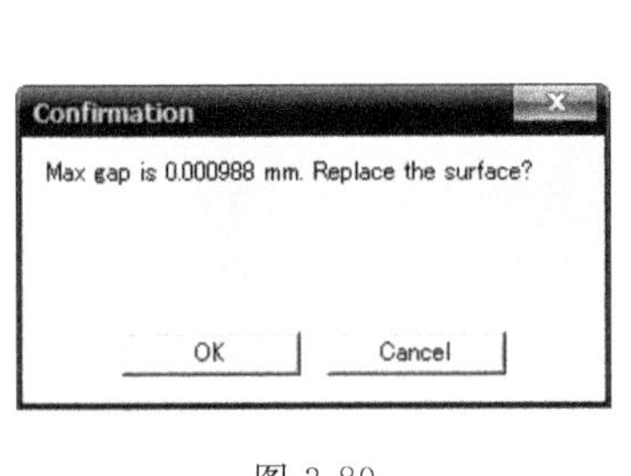

图 3-89

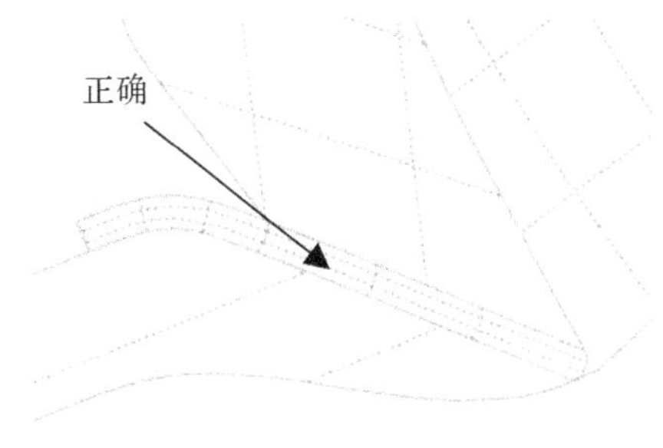

图 3-90

继续修复第二个 Surface with self-intersection 错误。由于此模型具有对称性，因此第二个错误和第一个错误在相同位置。可以使用相同的方法进行修复，修复完成的统计信息如图 3-91 所示。

现在只剩两大类错误。一般来讲，由于自由边这个错误问题比较普遍，也可能是其他错误引起的，因此可以放到最后再去修改。打个比方，如果两张面相交了，就是两条边没有共边，于是就产生了自由边。

接着修复 Curve with short segments 错误。使用相同的方法进入检查详细结果列表，如图 3-92 所示。可以看到曲线中最短的曲线段为 0.001971mm。

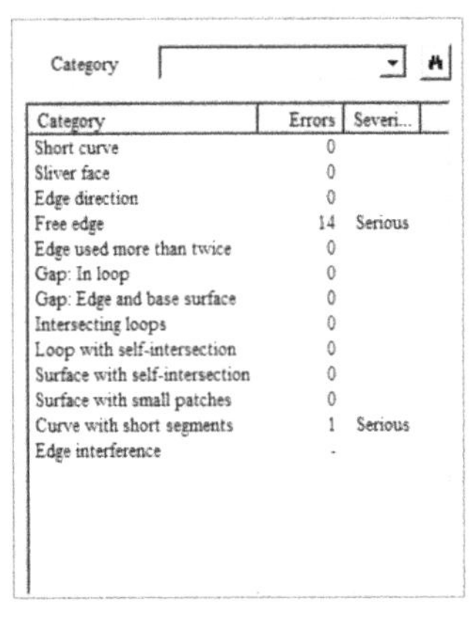

图 3-91

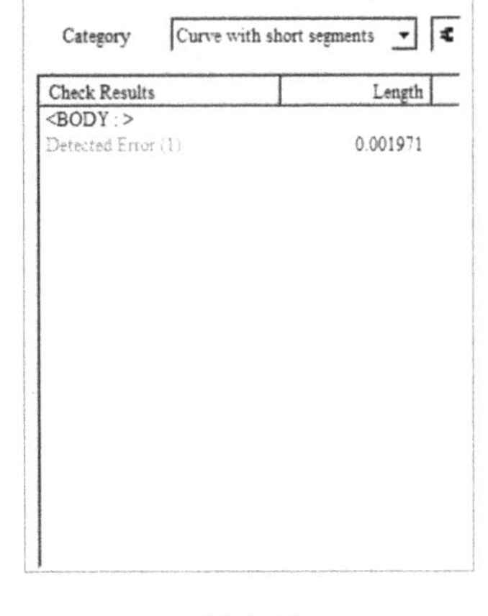

图 3-92

单击 Zoom Current 按钮，定位到如图 3-93 所示的错误位置。与此同时，对应出现了如图 3-94 所示的修复工具。

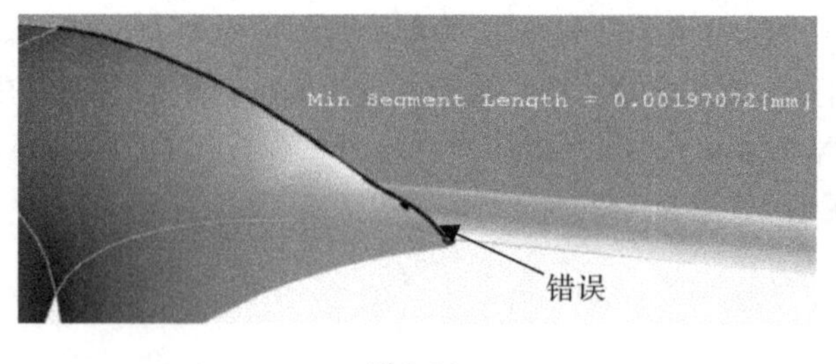

图 3-93

图 3-94

左边图标为 Remove Short Segment，通过移除微小曲线段来实现修改；右边图标为 Approximate Curve，通过拟合一条近似边来替代原先的边。如果微小曲线段数比较多，优先考虑使用 Approximate Curve，反之则使用 Remove Short Segment。本例中，此边的微小曲线段数比较少，推荐使用 Remove Short Segment。单击 Remove Short Segment 图标，弹出如图 3-95 所示的信息提示框，单击 OK 按钮，完成如图 3-96 所示的修复。

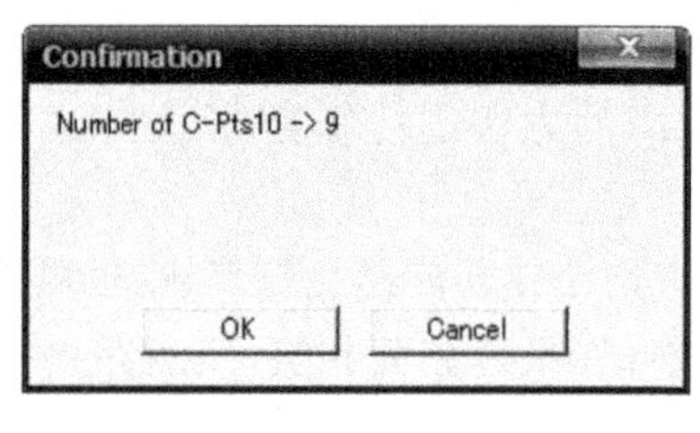

图 3-95

图 3-96

最后对 Free edge 进行修复。从 Category(种类)中选择 Free edge，然后单击 Change to contents list 图标，进入如图 3-97 所示的详细检查结果列表。

单击 Zoom Current 按钮，得到第一个错误定位视图。但光这样可能不能直接看到错误的位置，要结合 Toggle Display Mode 一起使用。单击 Toggle Display Mode 图标，得到如图 3-98 所示的定位视图。

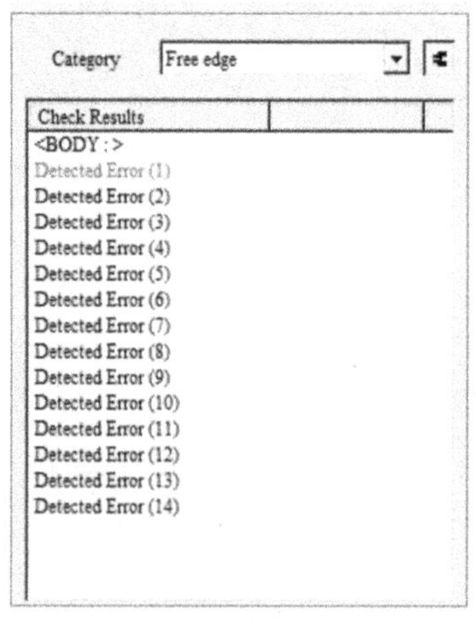

图 3-97

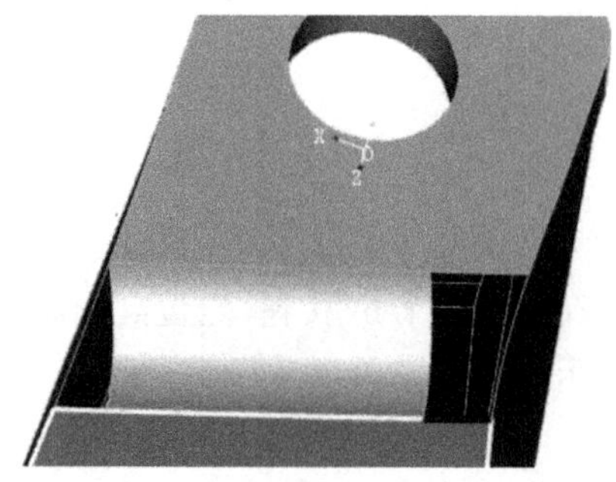

图 3-98

从图 3-98 中了解到此位置的面缺失，如果直接采用缝合的方法就不合适了。AMCD 针对自由边也提供了一组修复命令，如图 3-99 所示。

图 3-99

左边图标为 Fill Hole(Auto Detect)，通过生成新的面来修复自由边；右边图标为 Stitch，通过缝合两条自由边来修复自由边缺陷。

此错误采用 Fill Hole(Auto Detect)方式进行修复。选择 Edit→Delete 命令，弹出如图 3-100 所示的操作选项。确保选中 Specify target elements 单选按钮，选中圆角面，单击 Done 按钮，完成如图 3-101 所示的操作。

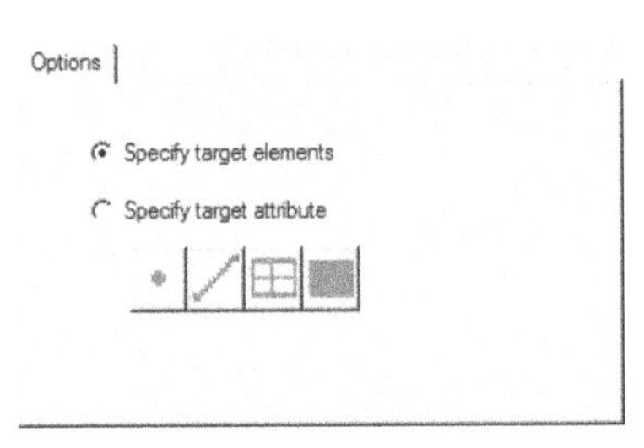

图 3-100

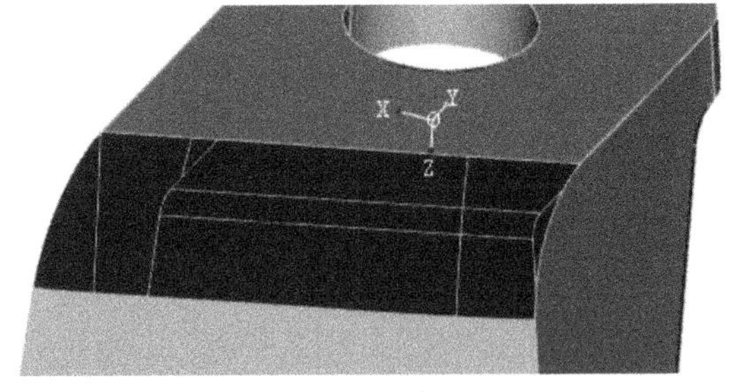

图 3-101

单击 Fill Hole(Auto Detect)图标，弹出如图 3-102 所示的信息确认框。如果自动选择曲线为创建孔的边，那么单击 Yes 按钮即可。

通过观察，发现自动选中的曲线环不是最终的孔边界，因此需要单击 No 按钮。这样，系统会自动寻找其他的封闭环作为孔的边界，如图 3-103 所示。

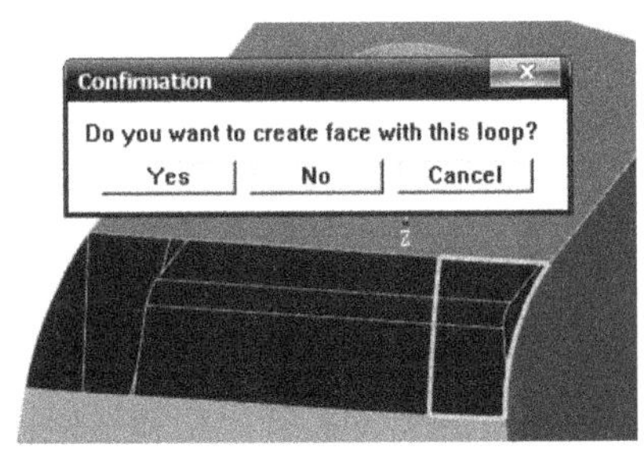

图 3-102

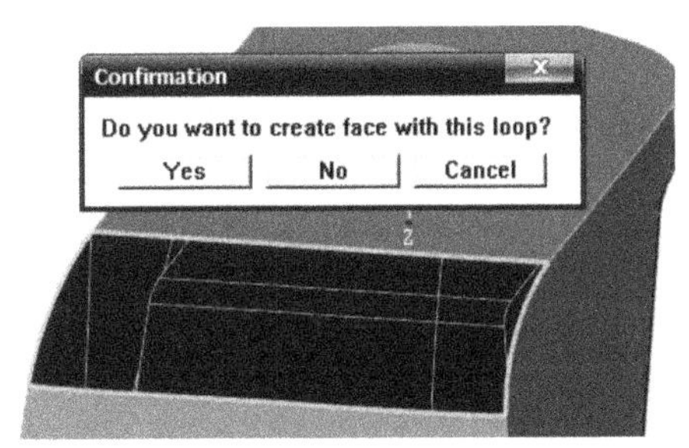

图 3-103

用户可以一直通过单击 No 按钮，切换各个曲线封闭环。图 4-103 中的封闭环就是正确的，单击 Yes 按钮，完成如图 3-104 所示的修复。

虽然自由边的问题解决了，但又出现了新的问题，如图 3-105 所示的错误统计信息。

选中 Surface with small patches，单击 Zoom Current 按钮，视图被定位到错误的位置，如图 3-106 所示。模型中存在一条宽度为 0.0045mm 的曲面片。

图 3-104

针对 Surface with small patches 错误，AMCD 提供了如图 3-107 所示的修复工具。左

边图标为 Remove Narrow Patch，直接把曲面中的曲面片移除；中间图标为 Approximate Surface，在公差内重新拟合曲面去替换原曲面；右边图标为 Recalculate Surface，基于平面或圆柱面重新定义曲面。

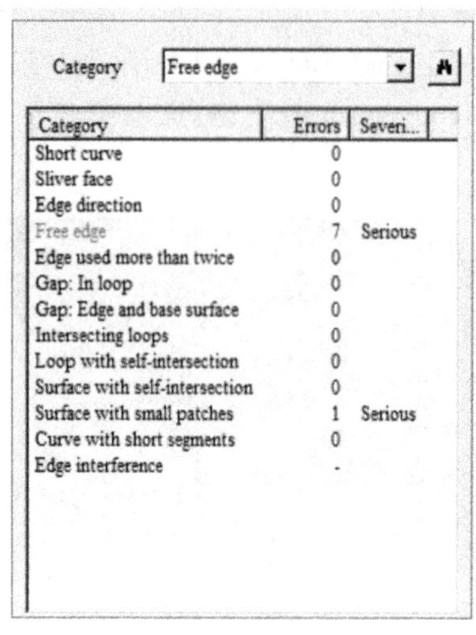

Category	Errors	Severi...
Short curve	0	
Sliver face	0	
Edge direction	0	
Free edge	7	Serious
Edge used more than twice	0	
Gap: In loop	0	
Gap: Edge and base surface	0	
Intersecting loops	0	
Loop with self-intersection	0	
Surface with self-intersection	0	
Surface with small patches	1	Serious
Curve with short segments	0	
Edge interference	-	

图 3-105

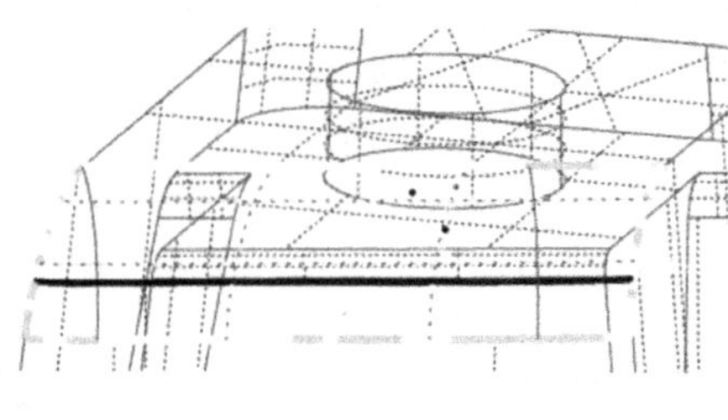

图 3-106

图 3-107

此错误采用 Remove Narrow Patch 方式进行修复。单击 Remove Narrow Patch 图标，弹出如图 3-108 所示的确认信息框，单击 Yes 按钮，完成修复，如图 3-109 所示。

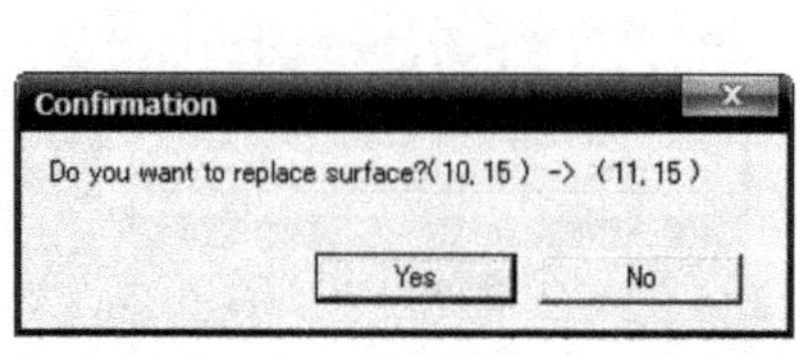

图 3-108

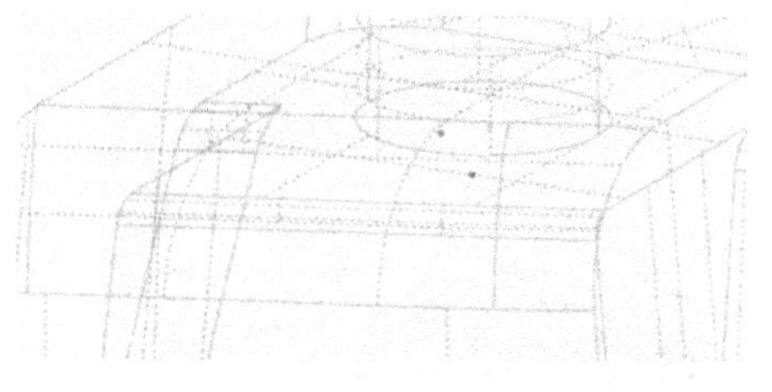

图 3-109

在产品的对称位置也有这样一个错误，因此可以使用相同的方法进行修复。最终修复完成后的错误列表如图 3-110 所示，应该确保错误个数为 0。

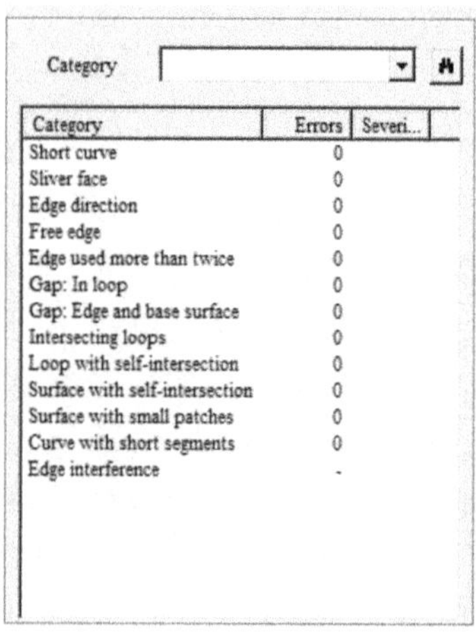

Category	Errors	Severi...
Short curve	0	
Sliver face	0	
Edge direction	0	
Free edge	0	
Edge used more than twice	0	
Gap: In loop	0	
Gap: Edge and base surface	0	
Intersecting loops	0	
Loop with self-intersection	0	
Surface with self-intersection	0	
Surface with small patches	0	
Curve with short segments	0	
Edge interference	-	

图 3-110

3.3.3 模型简化

模型中存在的一些小特征，对于流动等分析影响不会很大，但会明显降低网格的质量。如果网格的质量不高，就会导致分析得到的结果不准确。因此，还需要适当去除一些不影响成型分析的特征，提高网格质量。

首先需要通过模块切换工具切换界面，从而进入 Simplification（简化模块）界面。从如图 3-111 所示工具条的下拉列表中选择 Simplification 即可。

Simplification
Remove Feature

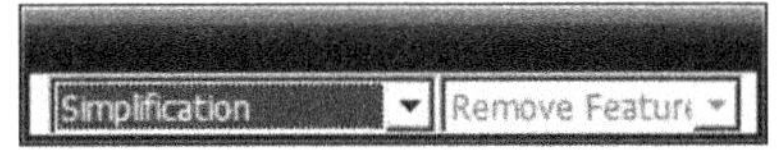

图 3-111

首先去除 Fillet 特征。在 Feature 列表中的 Fillet 上右击，弹出如图 3-112 所示的快捷菜单。

单击 Modify Threshold 按钮，弹出如图 3-113 所示的对话框。本产品的基本壁厚为 3mm，因此可以在最大圆角输入框中输入 1.5mm。

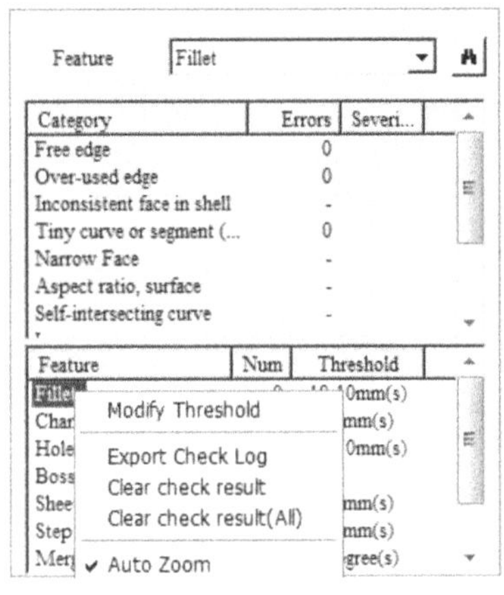

Feature
Fillet
Category
Errors
Severi...
Free edge 0
Over-used edge 0
Inconsistent face in shell -
Tiny curve or segment (... 0
Narrow Face -
Aspect ratio, surface -
Self-intersecting curve -
Feature
Num
Threshold
Modify Threshold
Export Check Log
Clear check result
Clear check result(All)
Auto Zoom

图 3-112

Fillet
0 mm(s)
1.5 mm(s)
OK
Cancel

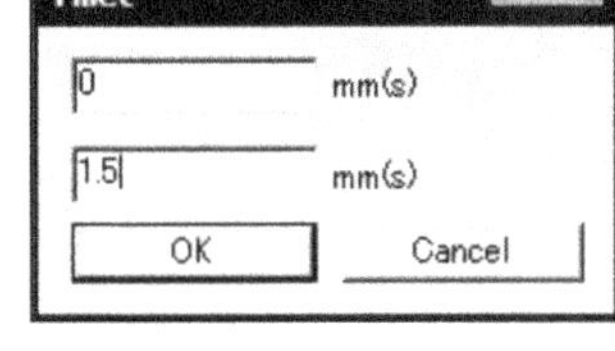

图 3-113

单击状态栏下方的 Check All Fillet 图标，系统自动检测出半径小于 1.5mm 的圆角，如图 3-114 所示。

在 Feature 下拉列表中选中 Fillet，单击 Change to contents list 图标，显示出如图 3-115所示的信息。在此列表中，可以看到检测得到的圆角的具体大小。

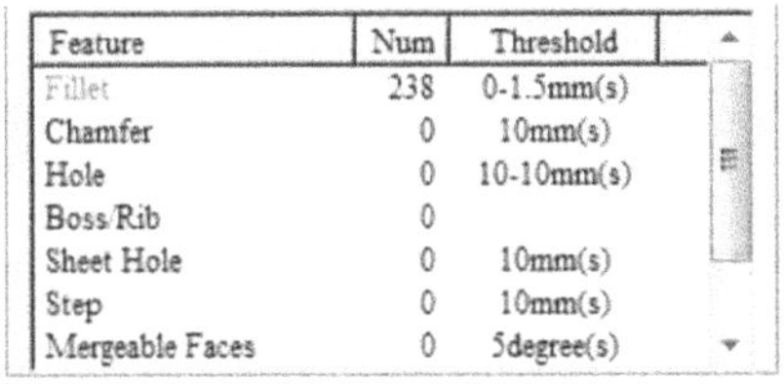

Feature | Num | Threshold
Fillet | 238 | 0-1.5mm(s)
Chamfer | 0 | 10mm(s)
Hole | 0 | 10-10mm(s)
Boss/Rib | 0
Sheet Hole | 0 | 10mm(s)
Step | 0 | 10mm(s)
Mergeable Faces | 0 | 5degree(s)

图 3-114

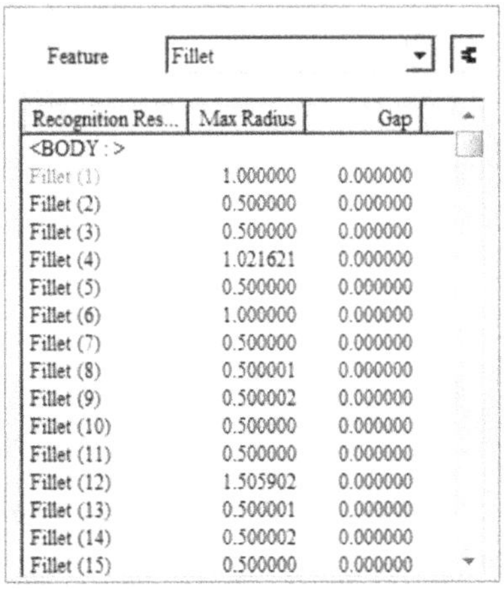

Feature
Fillet
Recognition Res... | Max Radius | Gap
<BODY : >
Fillet (1) 1.000000 0.000000
Fillet (2) 0.500000 0.000000
Fillet (3) 0.500000 0.000000
Fillet (4) 1.021621 0.000000
Fillet (5) 0.500000 0.000000
Fillet (6) 1.000000 0.000000
Fillet (7) 0.500000 0.000000
Fillet (8) 0.500001 0.000000
Fillet (9) 0.500002 0.000000
Fillet (10) 0.500000 0.000000
Fillet (11) 0.500000 0.000000
Fillet (12) 1.505902 0.000000
Fillet (13) 0.500001 0.000000
Fillet (14) 0.500002 0.000000
Fillet (15) 0.500000 0.000000

图 3-115

针对圆角特征的去除，AMCD 自动提供如图 3-116 所示的简化工具。第一行左边图标为 Remove All(Fillets)，通过此功能可以删除全部检测到的圆角；第一行右边图标为 Remove (Fillet)，可以按检测顺序依次删除圆角；第二行图标为 Create All Intersection Curves，用于创建圆角处的交线。

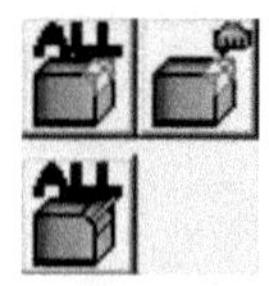

图 3-116

在移除圆角前，用户最好先大致观察一下圆角的位置等，防止移除圆角后出现模型变形。单击 Remove (Fillet)图标，AMCD 自动移除全部选定圆角，移除后的模型如图 3-117 所示。

接下来移除倒斜角。在 Feature 列表中的 chamfer 上右击，弹出如图 3-118 所示的快捷菜单。在 Modify Threshold 中输入最大倒斜角尺寸为 1.5mm。

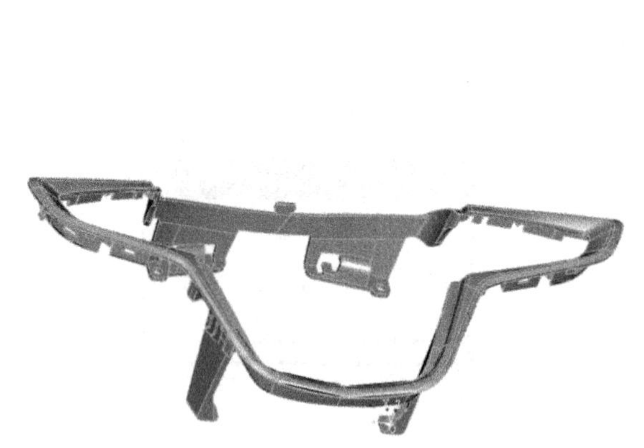

图 3-117

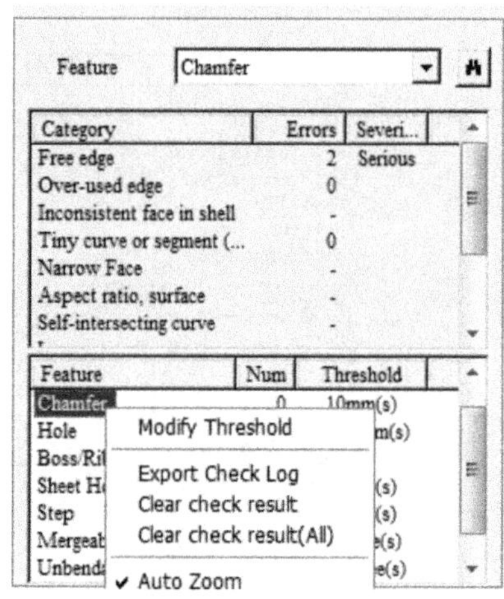

图 3-118

单击 Check All Chamfer 图标，得到如图 3-119 所示的检测结果。斜角大小小于 1.5mm 的特征有 28 个。单击 Remove All(Chamfer)图标，移除全部选定的斜角特征，如图 3-120 所示。

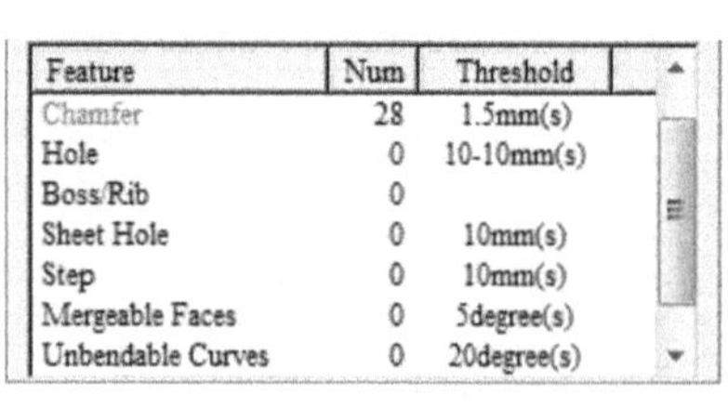

Feature	Num	Threshold
Chamfer	28	1.5mm(s)
Hole	0	10-10mm(s)
Boss/Rib	0	
Sheet Hole	0	10mm(s)
Step	0	10mm(s)
Mergeable Faces	0	5degree(s)
Unbendable Curves	0	20degree(s)

图 3-119

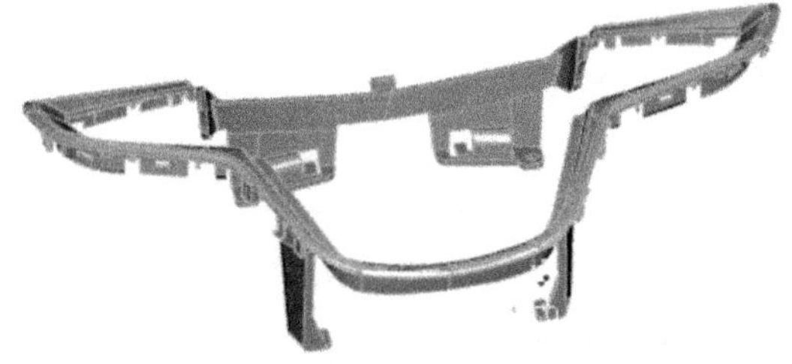

图 3-120

其他小特征去除的步骤和方法与前面的操作一致，用户可以进行参考，把余下的孔、柱子和台阶等小特征一并去除。

简化完成以后，一定要重新对模型进行检查。如果模型在简化完后出现错误，那么就需要重新按照模型修复的步骤再进行修复，直到错误消失。当对圆角和斜角特征简化后，就已

经出现了错误，如图 3-121 所示，所以此模型肯定要在导出之前进行模型修复。

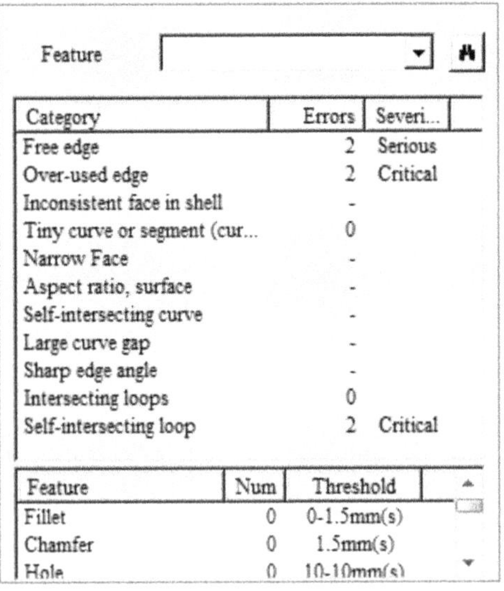

图 3-121

3.3.4 模型导出

模型被简化并且重新检查没有错误后，就可以进行数据的导出。选择 File→Export 命令，弹出如图 3-122 所示的导出对话框。在对话框中输入保存的名称以及保存位置即可，最后单击 Save 按钮即可。

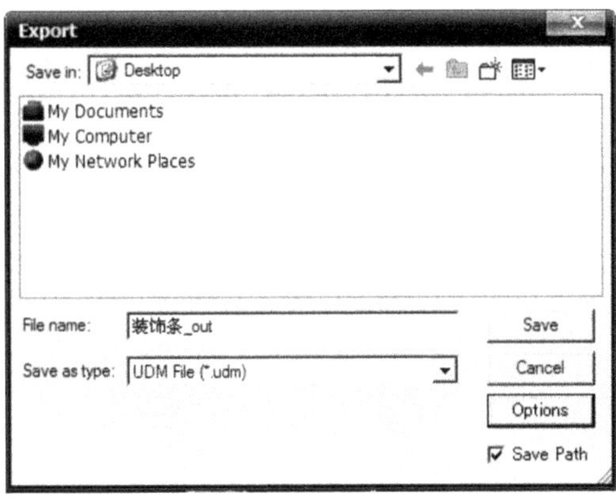

图 3-122

单击 Options 按钮后，弹出如图 3-123 所示的选项设置对话框。注意 Property Set（属性设置），如果后续是用双层面网格类型的，就按照默认设置即可；如果是中性面网格类型的，就选择 Midplane 单选按钮。

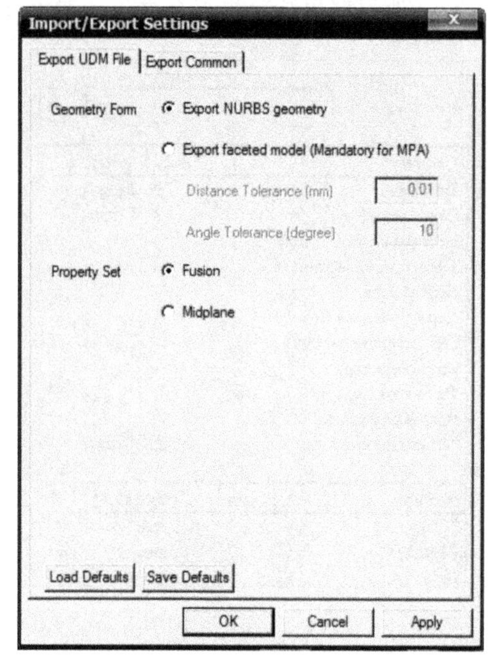

图 3-123

3.4 小　　结

本章详细地介绍了在AMCD系统中对模型的修复，对模型进行优化的方法，其中包括：即转换模块和简化模块。转换模块用于修复模型，比如出现的自由边、面变形和边自相交等模型问题；简化模块则是根据实际情况，去除产品上的小特征，用于优化在AMI中网格划分的质量，尤其在双层面网格中用于提高匹配率。

读者通过本章的学习，应该掌握：

- 基本的操作流程和方法；
- 模型转换模块运用；
- 模型简化模块运用；
- 装饰条修复与简化实例。

第 4 章　Moldflow 基本分析流程案例——夹子

4.1　概　述

本章所要分析的实例是一个 ABS 材料的夹子，其形状及尺寸大小如图 4-1 所示。

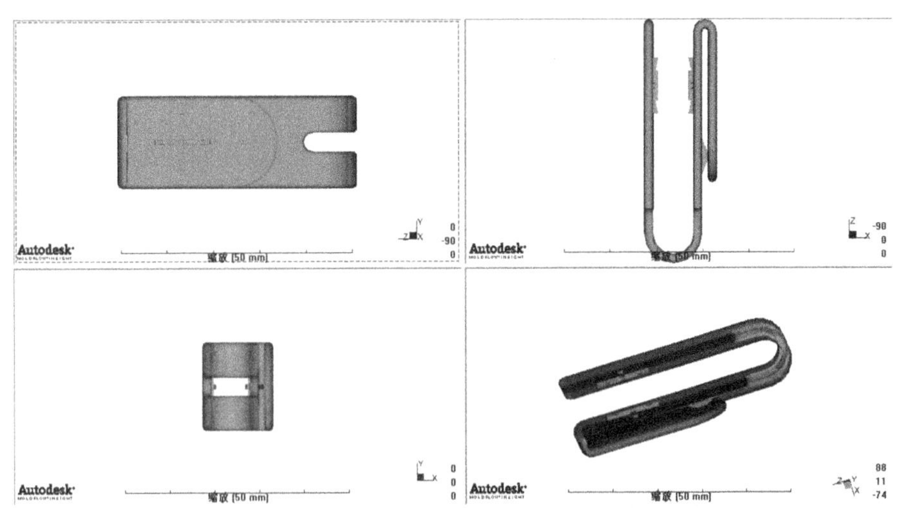

图 4-1　夹子形状及尺寸

大家知道，塑料夹子是通过产品成型后自身所具有的弹性，起到夹紧事物的作用，因此对于该类型产品，功能结构处的尺寸非常重要。具体到我们将要分析的这个产品，应该保证夹子成型之后相对设计原形的变形量要控制在±0.1mm 以内，如图 4-2 所示。

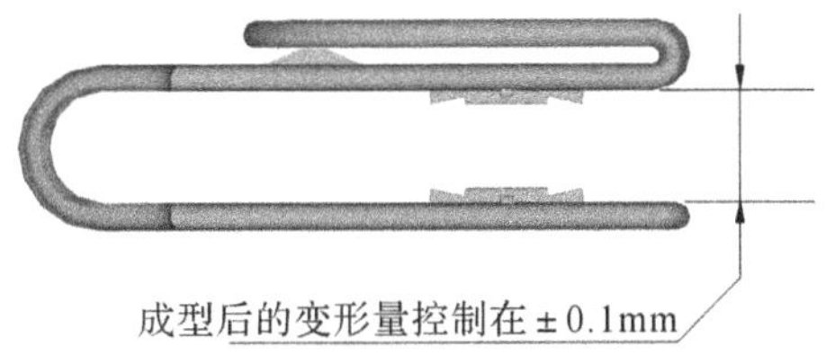

图 4-2　夹子功能结构处的尺寸要求

因此，本章将对该产品在 AMI 中进行冷却翘曲分析，并根据分析结果，检验产品成型是否符合设计要求、是否存在缺陷。如果发现问题，还将结合分析结果，给出合理的设计调整意见。

4.2 分析前处理

在 AMI 分析的前处理过程中，主要包括以下一些工作和内容，它们与 AMI 中的任务窗口中的内容相对应，如图 4-3 所示(图中打钩部分表示已经完成的任务)。

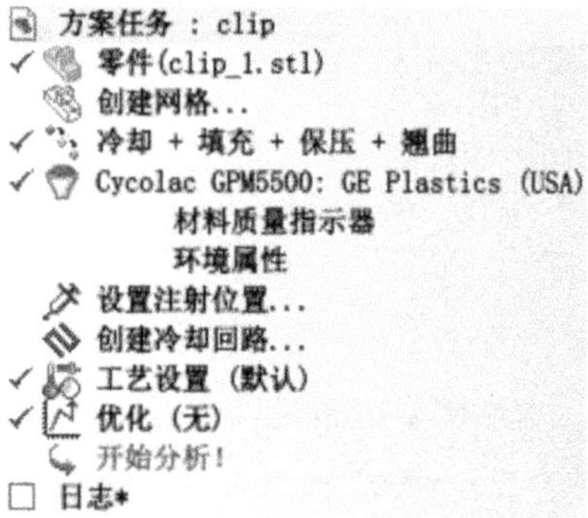

方案任务 : clip
✓ 零件(clip_1.stl)
创建网格...
✓ 冷却 + 填充 + 保压 + 翘曲
✓ Cycolac GPM5500: GE Plastics (USA)
材料质量指示器
环境属性
设置注射位置...
创建冷却回路...
✓ 工艺设置 (默认)
✓ 优化 (无)
开始分析!
□ 日志*

图 4-3　Study Tasks 窗口

- 项目创建及其模型的导入；
- 被分析对象的网格划分及修改；
- 设置分析类型及分析顺序；
- 选择注塑产品的材料；
- 创建浇注系统并对其进行网格划分，同时设计进浇位置；
- 对于存在冷却系统的情况，创建冷却流道并划分网格；
- 设置注塑过程工艺参数。

前处理的最终目标是创建如图 4-4 所示的包括浇注、冷却系统在内，并且模型网格划分、修改完成的一模两腔整体模型。

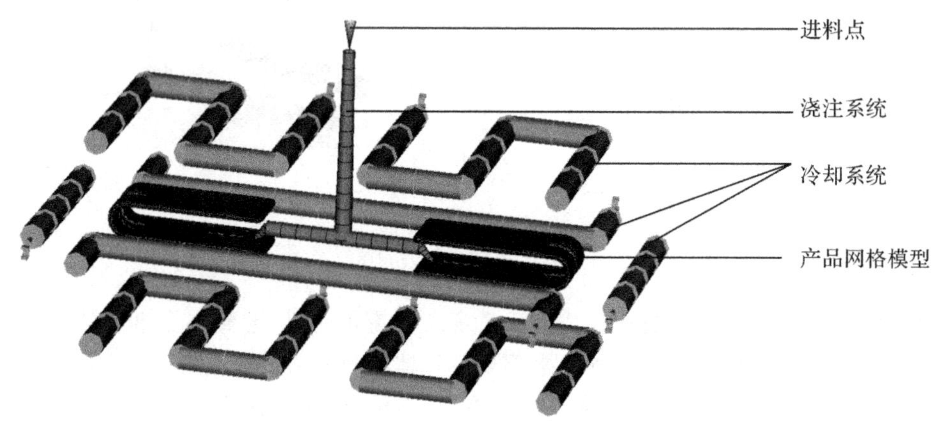

图 4-4　完整的分析模型

4.2.1　工程创建及模型导入

在 AMI 的分析中，首先需要创建一个工程，用于包含整个分析过程(其中可以包括多个分析对象和报告)。

【操作步骤】

(1) 创建一个新的工程可以通过选择文件→新建工程命令来完成，如图 4-5 所示，此

时，系统会弹出项目创建路径对话框，我们需要在工程名称文本框中填入项目名称 clip，默认的创建路径是 AMI 的项目管理路径，当然读者也可以自己选择创建路径，如图 4-56 所示。

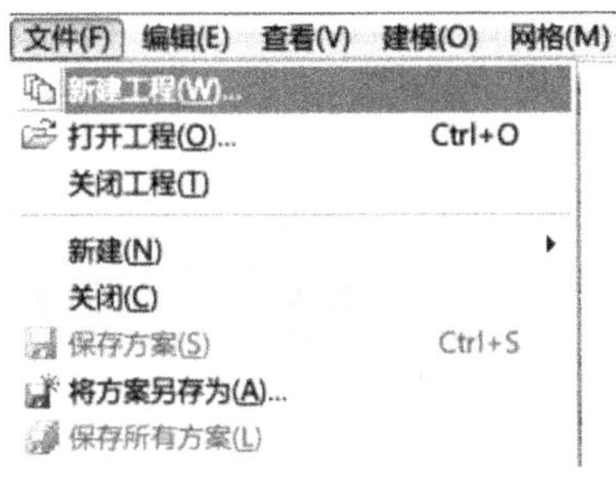

图 4-5　选择文件→新建工程命令

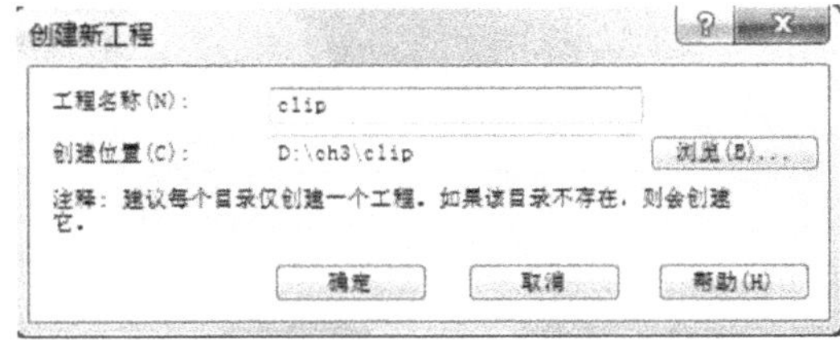

图 4-6　创建新项目

（2）任务管理视窗中将显示新建项目名称工程'clip'，接着将导入被分析产品——夹子的 STL 模型，右击工程'clip'，在弹出的快捷菜单中选择导入命令，如图 4-7 和图 4-8 所示。

系统自动弹出导入对话框，这里将预先选择网格划分类型（双层面）和产品设计尺寸单位（毫米），如图 4-9 所示。

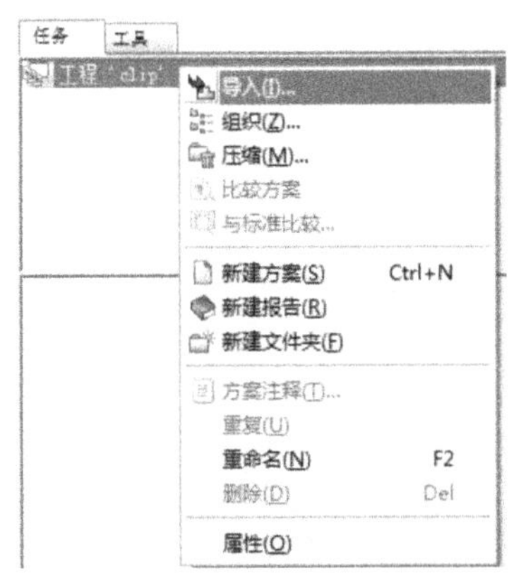

图 4-7　导入夹子的模型

图 4-8　选择夹子的 stl 文件

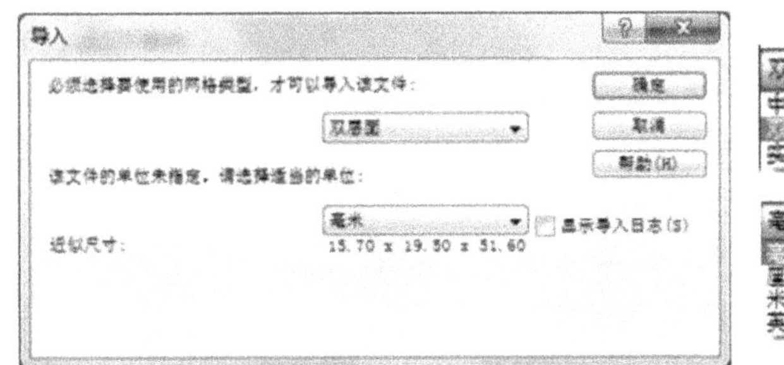

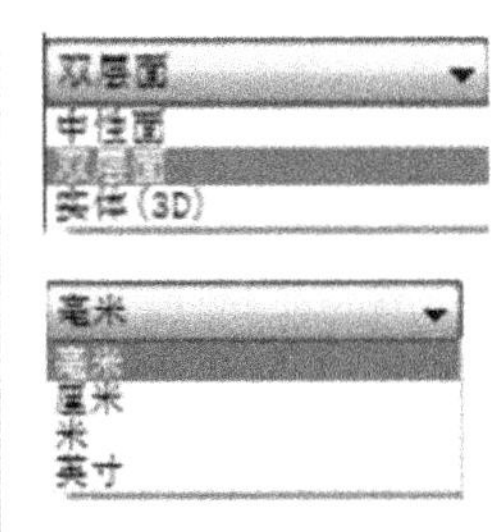

图 4-9　导入对话框

(3) 夹子模型被导入,如图 4-10 所示,分析任务窗口中列出了默认的分析任务和初始设置,如图 4-11 所示。

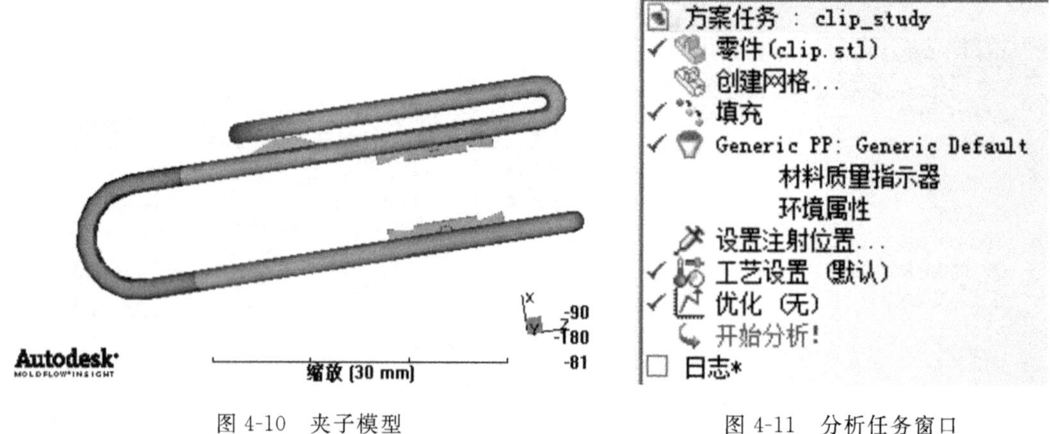

图 4-10　夹子模型　　　　图 4-11　分析任务窗口

注意:

在分析前处理中,各项准备工作是可以并行的,也就是说不必按照固定的次序进行,这里为了使读者方便学习,将按照任务栏中从上到下的顺序依次进行各项准备工作。

4.2.2　模型的网格划分

被分析模型的网格划分和修改是 AMI 分析前处理中最为重要,同时也是最为复杂、繁琐的环节,需要读者耐心仔细地进行处理,这与其他内容的有限元分析是一致的。并且,网格划分的是否合理,将直接影响到产品的最终分析结果。

【操作步骤】

(1) 在任务窗口中双击创建网格图标 创建网格...,或者选择网格→生成网格 生成网格(M)... 命令,此时系统会弹出网格划分对话框,如图 4-12 所示。

(2)在全局网格边长文本框中填入你所希望的网格大小。

注意:

一般情况下,AMI 系统会给出一个推荐的网格大小,但是在某些情况下可能并不适合。网格的边长一般是产品最小壁厚的 1.5~2 倍,这样能够基本保证分析的精度。当然,网格越小分析精度会越高,然而模型修改的复杂程度和系统的计算量都将大大提高。

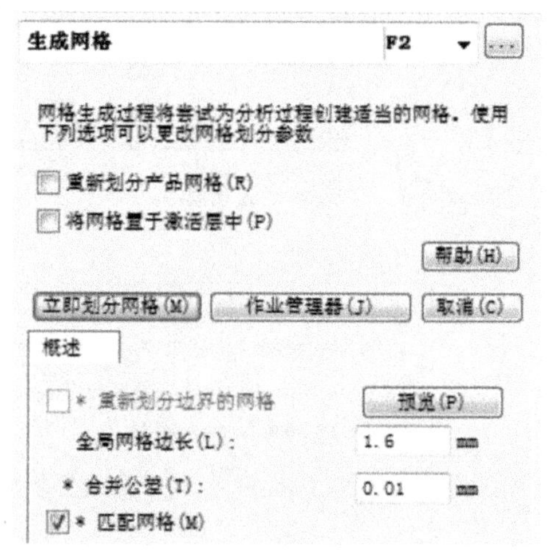

图 4-12　网格划分对话框

而且读者应该了解,AMI 在进行网格划分时,一般仅在产品平直区域保证网格大小与预设值一致,对于曲面或圆弧区域,以及一些小的结构细节处,AMI 将会根据实际情况自动调小网格边长。

夹子的最小壁厚尺寸为 1mm 左右，这里给出的全局网格边长为 1.6mm，并且由于导入模型为 STL 格式文件，因此合并公差可以忽略。

(3) 单击预览按钮，可以查看网格划分的大致情况作为参考，如图 4-13 所示。

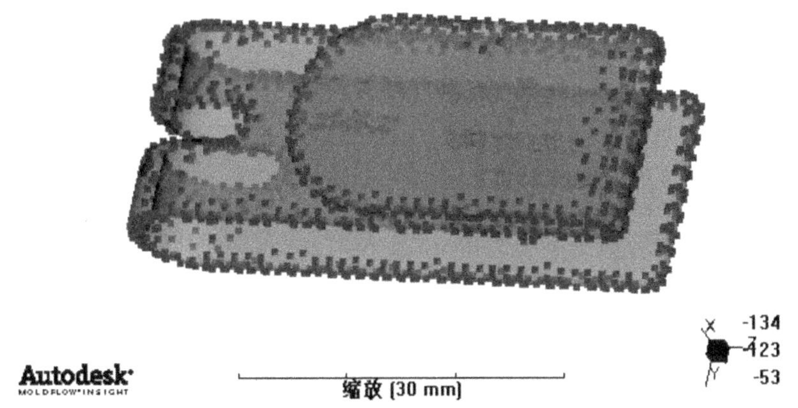

图 4-13　网格划分预览

(4) 单击图 4-12 中的立即划分网格按钮，系统将根据你的设置，自动完成网格划分和匹配，其过程可以在界面左下角的消息窗口中看到，网格划分结果如图 4-14 所示。

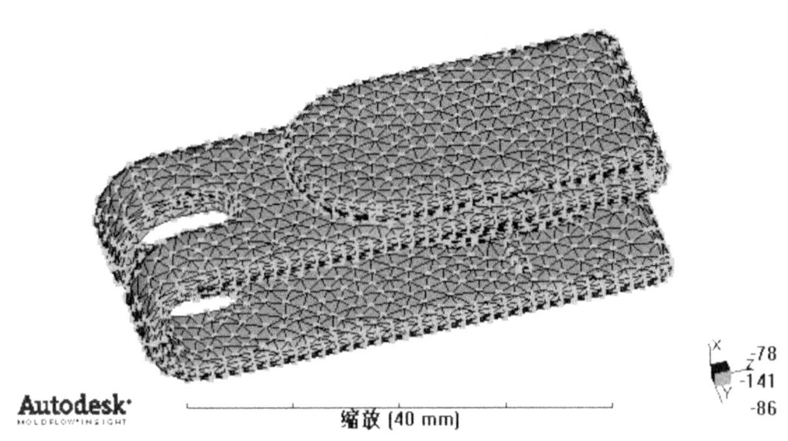

图 4-14　网格自动划分结果

此时，任务窗口中有关网格的图标 创建网格... 变为 ✓ 双层面网格 (6548 个单元)，显示表明：网格自动划分完成，网格类型为双层面，网格单元个数为 6548。在层管理窗口中出现了两个新的层：New Triangles 和 New Nodes，如图 4-15 所示，这两个层分别放置三角形单元和节点。

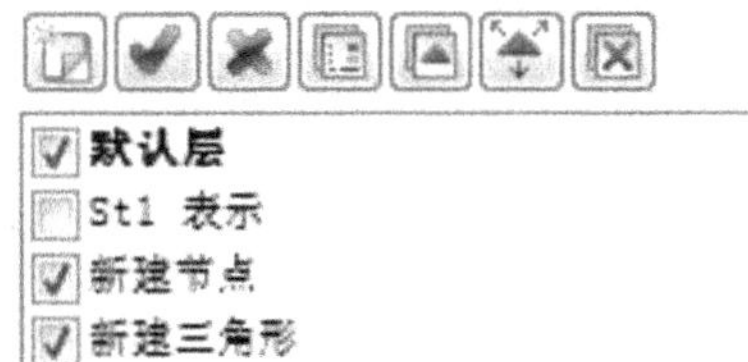

图 4-15　层管理窗口

4.2.3 网格缺陷修改

在 AMI 中,系统自动生成的网格可能存在着或多或少的缺陷,网格的缺陷不仅可能对计算结果的正确性和准确性产生影响,而且在一些网格缺陷比较严重的情况下,会导致计算根本无法进行。所以,这就需要对网格缺陷进行修改。

对于读者来讲,首先应该学习网格的基本修改方法并掌握 AMI 中提供的大量网格修改工具,其次,在学习过程中应该进行大量的模型网格修改实际操作,在实际的操作中,自己总结规律、摸索方法。

1. 网格状态统计

在网格修改之前,首先需要对网格状态进行统计,再根据统计的结果对现有网格缺陷进行修改。

选择网格→网格统计命令,网格统计的结果就会以窗口的形式弹出,如图 4-16 所示。

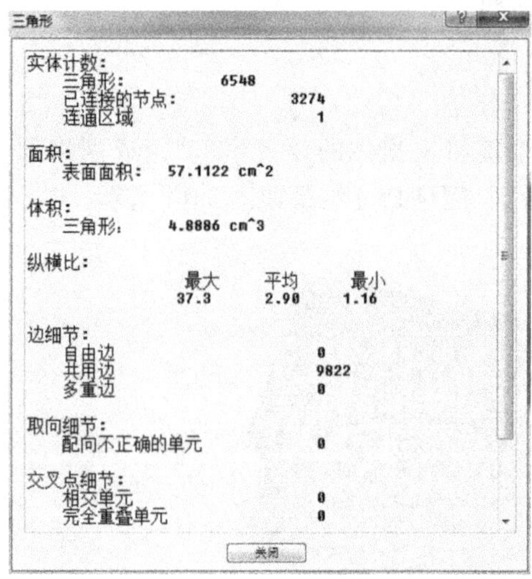

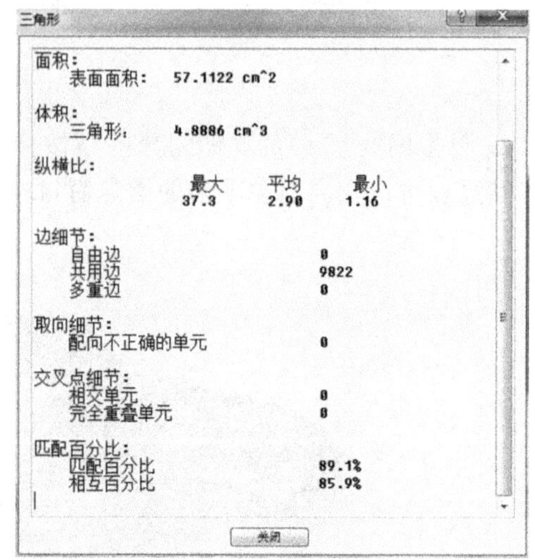

图 4-16 网格状态统计窗口

注意:

网格统计窗口中各项信息的具体内容要求。对于双层面模型,网格信息必须满足以下一些原则:

- 连通区域的个数应该为 1;
- 自由边和多重边个数应该为 0;
- 配向不正确的单元应该为 0;
- 相交单元个数应该为 0;
- 完全重叠单元个数应该为 0;
- 纵横比数值视具体情况而定,一般最大值应控制在 10~20 之间;
- 匹配百分比应大于 85%;
- 零面积单元个数应该为 0。

通过网格状态统计，我们发现网格在纵横比等方面存在问题，这将在以下章节中逐一修改、解决。

2. 零面积单元修改

在网格统计窗口的匹配百分比一栏中显示夹子模型的网格匹配率达到 89.1%，能够满足将进行的 Warp(翘曲)分析的要求。

注意:

对于 AMI/ 双层面填充分析，网格的匹配率应该达到 85%以上，低于 50%的匹配率会导致 Flow 分析自动中断。对于 AMI/双层么翘曲分析，网格匹配率必须超过 85%。如果网格的匹配率太低，读者需要选择合适网格边长重新划分网格。

零面积单元是指网格中面积很小的单元，其产生的原因可能是自动划分网格过程中出现了很大的纵横比。其修改的方法基本上有两种：

- 利用网格工具中的整体合并功能；
- 利用和纵横比有关的诊断、修改工具。

注意:

一般先采用整体合并功能对零面积单元进行自动的修改，如果自动修改不能一次完成全部的删除工作，再利用纵横比工具将剩余的零面积单元逐一删除、修改。

【操作步骤】

(1) 选择网格→网格工具→整体合并命令，会弹出网格工具对话框如图 4-17 所示。

整体合并功能将在全部网格中自动搜索、合并所有距离小于容差范围的节点对，从而达到删除零面积单元的目的，默认的合并公差为 0.1mm，选择仅沿着某个单元边合并节点复选框，将保证在合并过程网格类型始终保持为双层面，即不会删除连接上下相对应网格的侧面三角形单元。

(2) 单击图 4-17 中的应用按钮，完成整体合并，在整体合并对话框的消息栏中显示“已合并的节点数：73”，如图 4-18 所示。

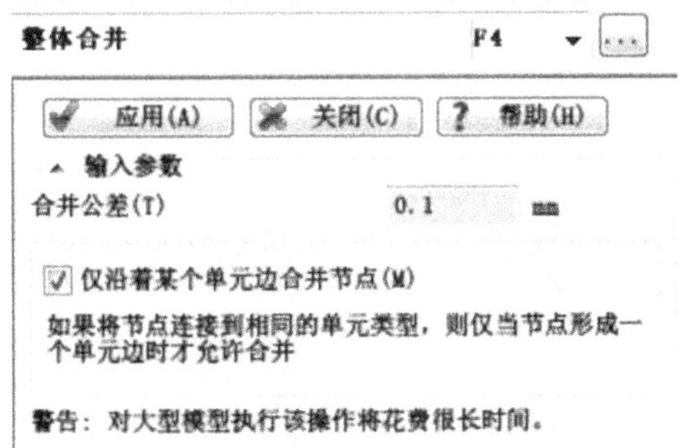

图 4-17　整体合并窗口

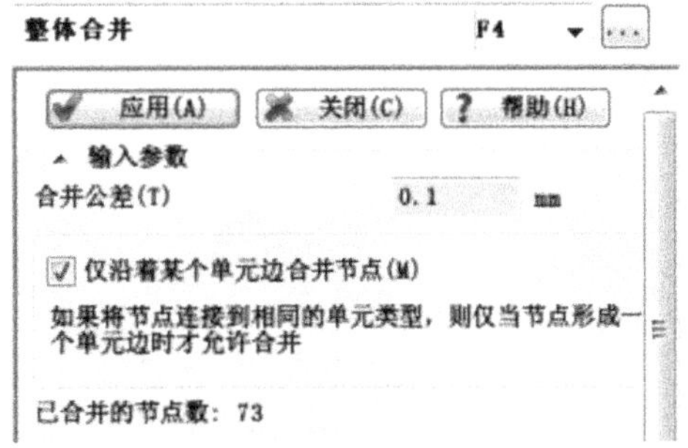

图 4-18　整体合并结果

(3) 再次选择网格→网格统计命令，将看到新的网格统计的结果，如图 4-19 所示。

比较修改前后的网格状态统计，不难发现一些改进的地方：

- 最大纵横比由 37.3 降到 20.9；
- 匹配百分比增加为 89.5%。

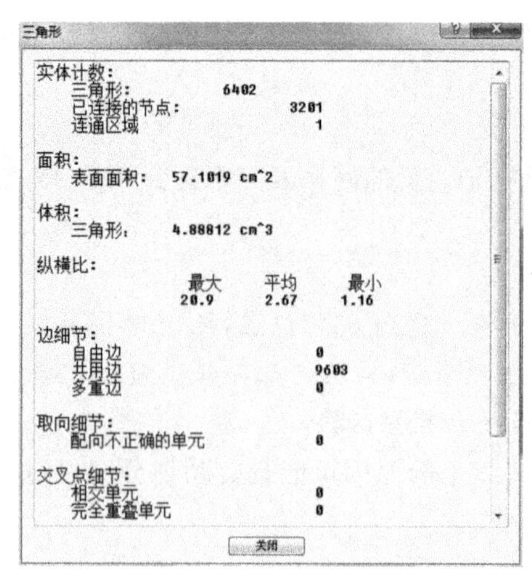

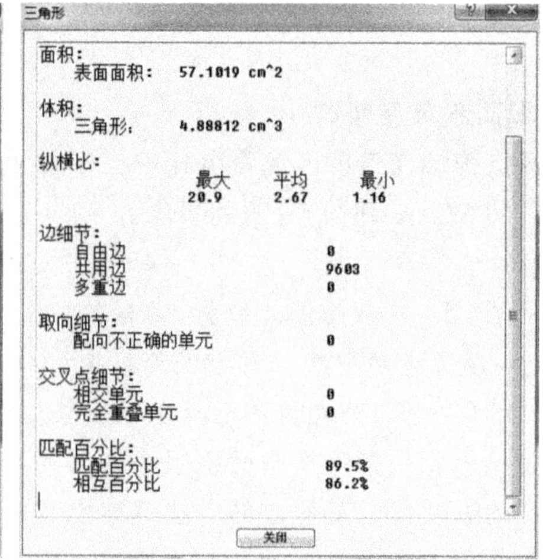

图 4-19 完成整体合并后的网格统计

注意：

虽然采用整体合并功能对零面积单元进行自动的修改会产生一些其他的网格缺陷，但是这些新产生的缺陷修改起来相对方便，因此总体上会提高网格修改的效率。

3. 自由边修改

自由边是指双层面模型中某个三角形单元的一条边没有与其他三角形共用，这在双层面和 3D 类型网格中是不允许的，如图 4-20 所示。

首先，可以利用自由边工具搜索出自由边所在的三角形单元。选择网格→网格诊断→自由边诊断，会弹出如图 4-21 所示的对话框。

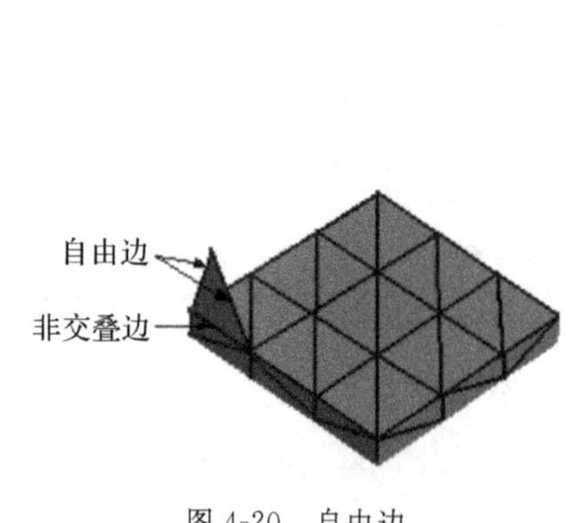

图 4-20 自由边

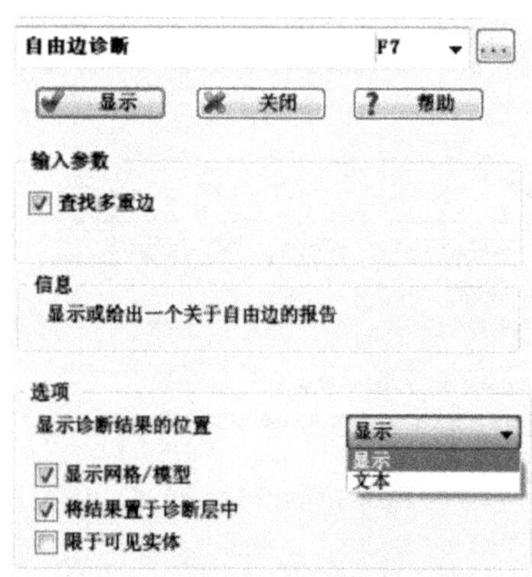

图 4-21 自由边诊断工具

选择显示模式，并选择将结果置于诊断层中复选框，单击显示按钮，没看到明显变化。选择文本模式，单击显示按钮，结果如图 4-22 所示，结果中应该还包括多重边。自由边的诊断结果会单独放在一个新的层(诊断结果)中，如图 4-23 所示。

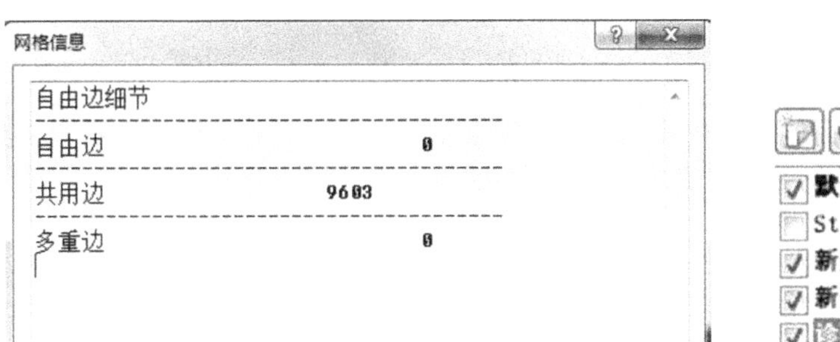

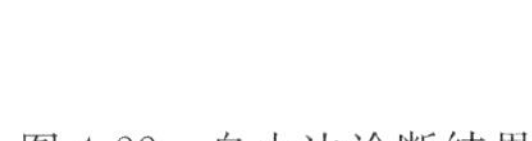

图 4-22　自由边诊断结果

图 4-23　层管理窗口

若存在自由边，可以通过合并节点(Merge Nodes)的方式来删除自由边，选择网格→网格工具→节点工具→合并节点命令，再选择需要合并的节点，单击应用按钮。

也可以通过删除单元的方法解决，选择网格→网格工具→节点工具→删除节点命令，选中悬空单元，单击应用按钮。

注意：

对于自由边的诊断是实时显示的，当完成悬空单元删除后，红色的自由边和蓝色的非交叠边都会自动消失。

对于网格划分过程中随机产生的缺陷，一旦发现缺陷应该立即修改，否则一些随机缺陷是很难再次找到的。

在确认自由边和多重边缺陷完全修改完成后，可以将诊断层中的网格重新归属到网格层中，这样便于网格的管理。

【操作步骤】

(1) 仅选择显示诊断结果层，选择该层所有网格，如图 4-24 所示。

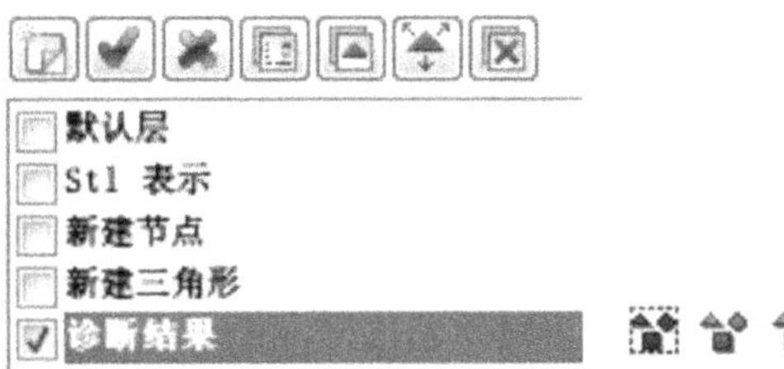

图 4-24　选择诊断层

(2) 选择新建三角形层，单击激活层按钮，如图 4-25 所示。

(3) 删除空的诊断结果层，单击删除层按钮，如图 4-26 所示。

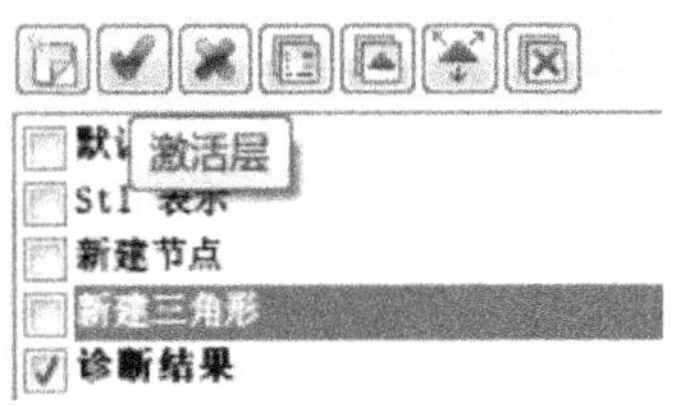

图 4-25　选择网格层

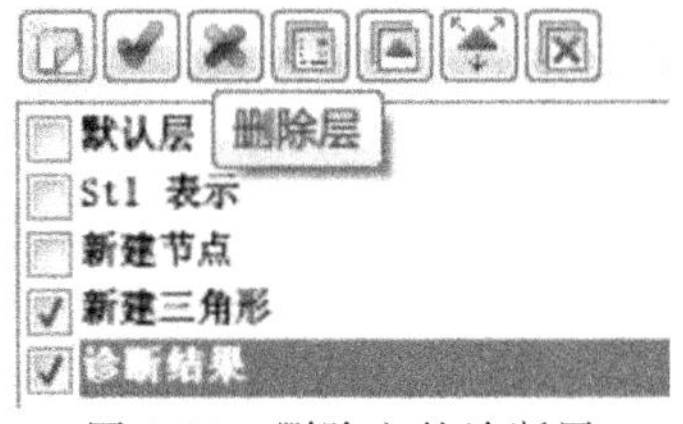

图 4-26　删除空的诊断层

4. 重叠、交叉单元修改

重叠网格是指在同一平面的网格单元部分或者完全重叠的情况，如图 4-27 所示。在分析的前处理过程中，重叠网格必须全部修改，否则会影响到分析的正常进行。

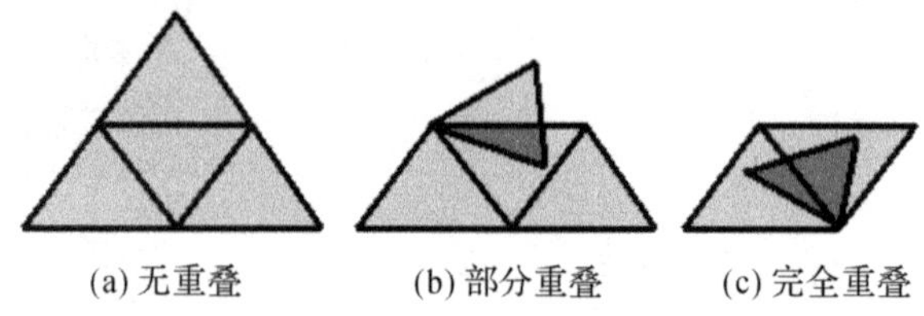

图 4-27　重叠网格

交叉网格是指不同平面上的网格单元相互从内部交叉的情况，即相交部分并非三角形单元的某边，如图 4-28 所示。在分析的前处理过程中，交叉网格也必须全部除去。

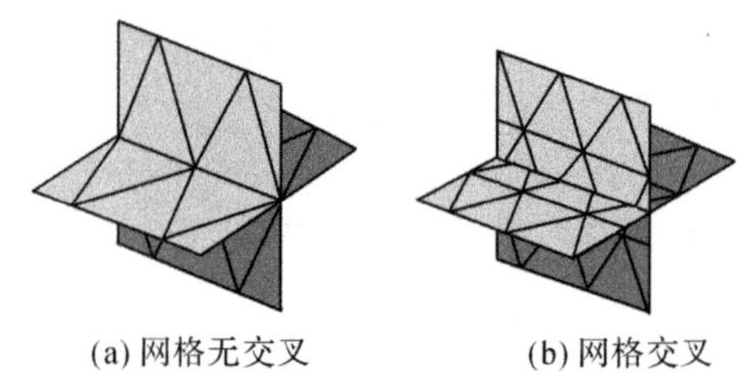

图 4-28　交叉网格

首先，可以利用重叠网格诊断工具搜索出重叠、交叉网格所在的三角形单元。选择网格→网格诊断→重叠单元诊断命令，会弹出如图 4-29 所示的对话框。勾选情况也如图所示，单击显示按钮，重叠、交叉网格将被放置在一个新的诊断结果层中。在层管理窗口中，仅勾选新建节点和诊断结果两个层，可以清楚地看到缺陷发生的位置。

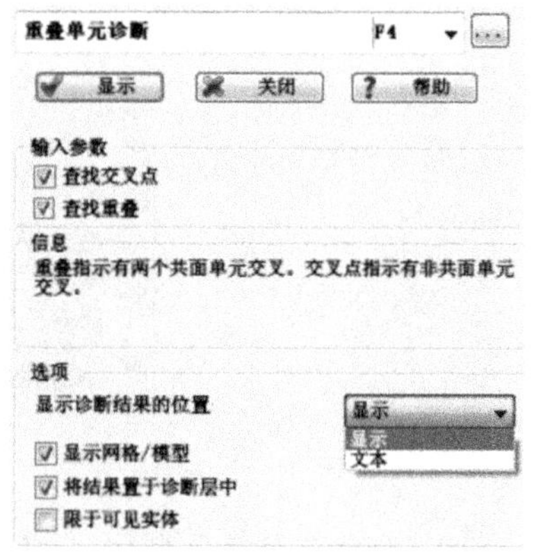

图 4-29　重叠网格诊断工具

注意：

重叠和交叉网格的诊断都是利用重叠单元诊断工具进行的，使用时可以通过勾选不同的选项来实现，重叠通过勾选查找重叠复选框实现，交叉通过勾选查找交叉点复选框实现。

利用诊断工具中的文本方式，可以清楚地看到重叠单元的编号，并且得知网格中无交叉单元的缺陷，本次网格划分不存在重叠及交叉，如图 4-30 所示。

在层管理窗口中勾选新建三角形复选框可以看到重叠网格周围单元的情况，同时将其与产品 STL 格式模型相比较，重叠单元缺陷发生的原因可能是由于夹子模型有较小的倒角。修改方法相对简单，只要将节点合并即可。选择网格→网格工具→节点工具→合并节点命令，再选择需要合并的节点，单击应用按钮。

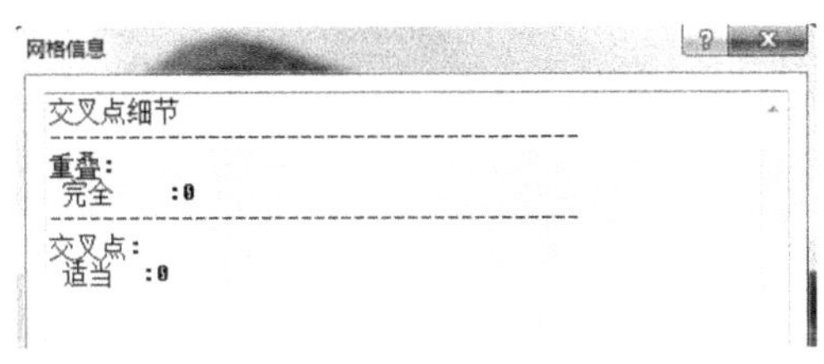

图 4-30　重叠交叉诊断结果

注意：

在产品模型中，由于小的倒角或者是一些其他小的结构上的细节，都有可能造成网格缺陷，常见的缺陷有网格重叠、网格交叉、大纵横比单元等。其产生的原因，经过思考不难发现：由于三角形网格的连续性和共用边的要求，当产品形状趋势发生较大变化，且以圆角或自由曲面过渡时，将给网格划分带来困难，从而出现网格缺陷。解决的方法通常是简化模型，即在不影响产品成型分析的前提下，尽量将小的圆角和自由曲面过渡简化为直角过渡。这也是分析前处理过程中有关模型准备的重要技巧之一。

在完成了重叠单元的修改工作之后，再来看看网格的状态统计。

在确认重叠、交叉缺陷完全修改完成后，同样可以将诊断结果层中网格重新归属到新建三角形层中，这样便于网格的管理。

5. 大纵横比单元修改

纵横比是指三角形单元的最长边与该边上的三角形的高的比值 $AR=a/b$，如图 4-31 所示。

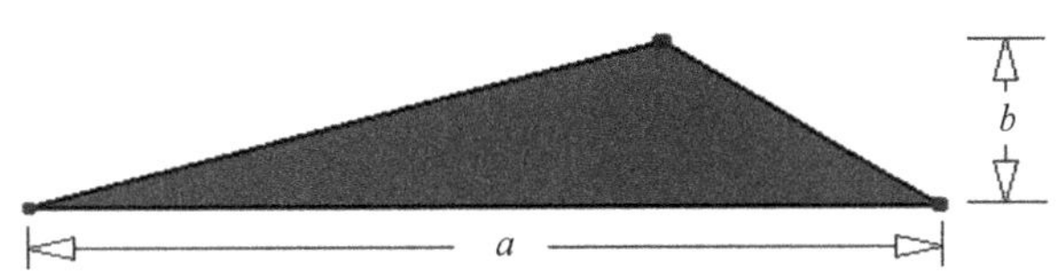

图 4-31　三角形单元纵横比

根据三角形网格纵横比的定义，可以得到纵横比的取值范围为 1.16～∞。其中 1.16 是等边三角形的情况，而无穷大则退化成直线形式。

一般情况下，要求三角形单元的纵横比要小于 6，这样才能保证分析结果的精确性。但是有些情况下并不能满足所有的网格单元的纵横比都达到这个要求，因此要在保证网格平均纵横比小于 6 的前提下，尽量降低网格的最大纵横比。

对于大纵横比网格修改，也是在网格诊断工具的帮助下进行的。选择网格→网格诊断→纵横比诊断，会弹出如图 4-32 所示的对话框。

图 4-32　三角形单元纵横比诊断工具

选择情况如图 4-32 所示，在最小值文本框中填入 15，它表示所显示的网格的最小纵横比，而最大值文本框一般不填，这样单击显示按钮后，会将纵横比大于 15 的网格全部显示出来。

当选择文本类型的显示方式时，单击显示按钮，出现如图 4-33 所示对话框，共有 16 个单元的纵横比大于 15。

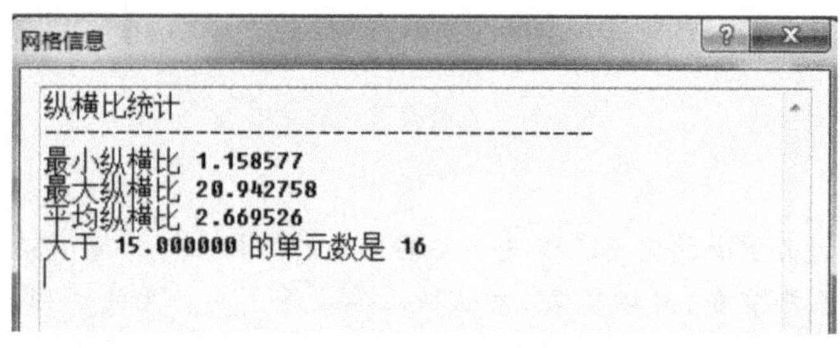

图 4-33　纵横比文本显示

注意：

首选定义选项组中的两项表示三角形网格纵横比的两种不同定义，其中“标准”为标准定义，其计算方式为前面所介绍的 $AR=a/b$；“标准化的”为规范化定义，其计算方法为 $AR=4\sqrt{3}\cdot s/(l_1^2+l_2^2+l_3^2)$，其中 s 表示三角形面积，l_i 表示三角形各条边长。两种定义仅仅是两种不同的三角形网格纵横比的计算方式，并且取值范围也有所不同，“标准”为 1.16～∞，而“标准化的”为 0～1。

采用显示方式显示诊断结果时，系统将用不同的颜色的引出线指出纵横比大小超出指定标准的三角形网格单元，如图 4-34 所示。

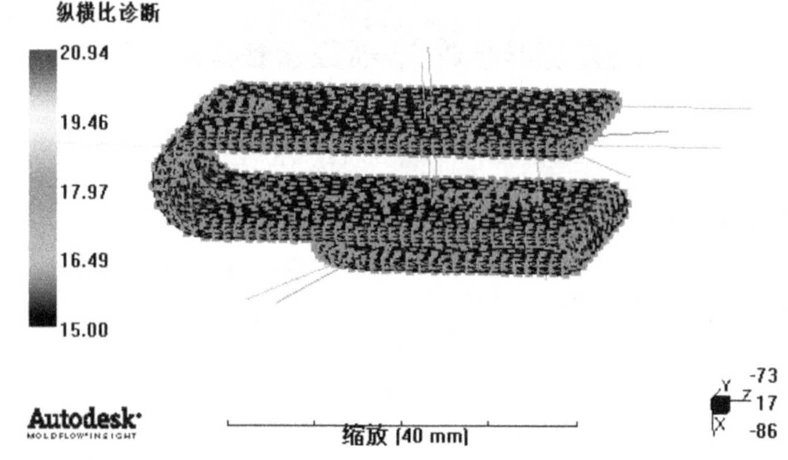

图 4-34　三角形单元纵横比诊断结果

通过单击引出线，可以选中相应的存在纵横比缺陷的三角形单元。

注意：

引出线的方向是与三角形单元所在平面垂直的，这样通过引出线的方向可以方便地找到相应的单元和恰当的观察视角。

三角形单元纵横比缺陷的修改一般遵循“从大到小，区域优先”的原则，即从具有最大纵横比的三角形单元开始修改，并且争取一次性将同一区域与其相邻的缺陷网格也一并修改，这样既可以保证网格的修改质量，也不至于有所遗漏。

单击代表最大纵横比网格的红色引出线，找到相应的区域和缺陷网格，如图 4-35 所示。

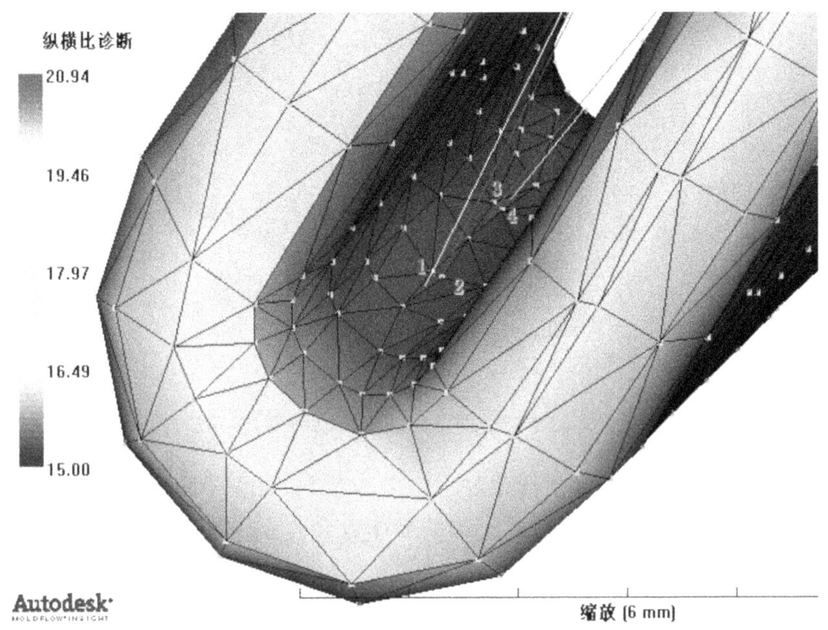

图 4-35　网格的缺陷情况

注意：

在找到相应的网格缺陷区域后，不要急于修改，首先要分析网格缺陷情况，并将其与对称区域的理想网格进行对比，找出最佳的网格修改方案。

此区域的网格除了红色引出线所指出的网格缺陷外，还存在其他缺陷，而且网格划分非常凌乱，对此我们给出一个修改方案。当然，修改方案不是唯一的，读者可以根据自己的想法，提出更好的解决方法。

【操作步骤】

(1) 将 2 号节点向 1 号节点合并，从而删除红色引出线所指单元。选择网格→网格工具→节点工具→合并节点命令，如图 4-36所示，分别选择节点 N1659、N1908，单击应用按钮。

(2) 将 4 号节点向 3 号节点合并，从而删除红色引出线所指单元。在如图 4-36 所示对话框中，分别选择 3 号和 4 号节点，即节点 N936、N931，单击应用按钮。

修改完成后的结果如图 4-37 所示。

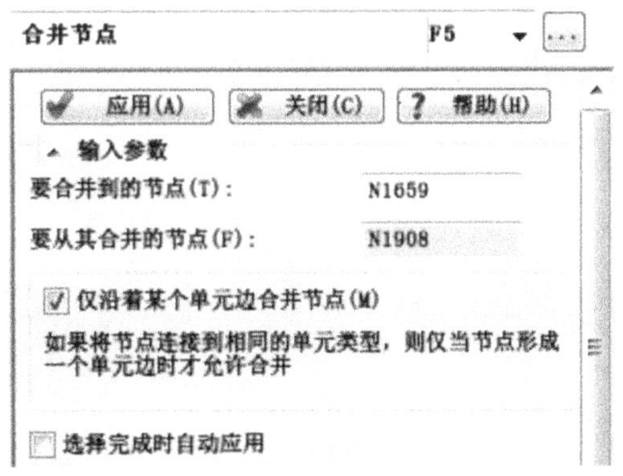

图 4-36　合并节点对话框

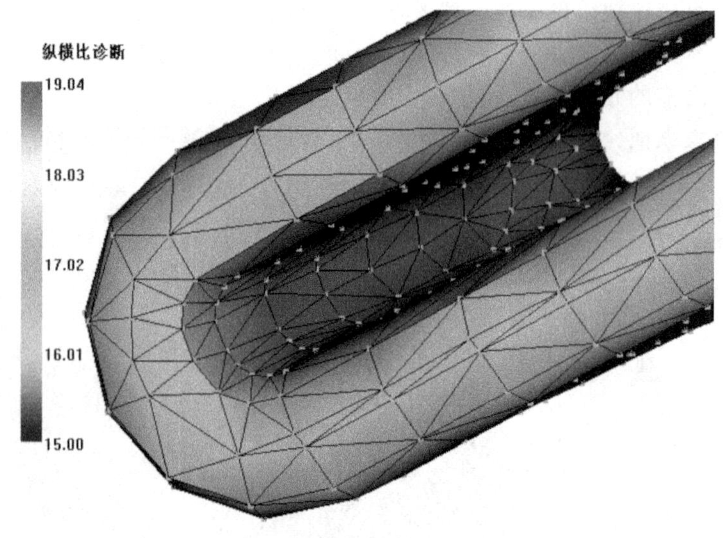

图 4-37 网格的缺陷修改结果

网格纵横比缺陷的修改是网格修改过程中工作量最大的一部分，而且纵横比修改的灵活性很大，同一网格模型，相同的缺陷，不同的操作者会有不一样的修改结果。因此，这里对纵横比缺陷的修改就不再一一赘述。

注意：

在修改纵横比存在问题的网格单元的过程中，经常会发现一些其他类型缺陷的网格单元，也就是说不同缺陷类型的网格单元是交织在一起的。其中有些缺陷网格并不是“致命”的，即这些网格的存在不会导致分析的完全失败，但是会影响到结果的精确程度。因此，网格的修改需要读者结合自己的工作内容，进行大量的练习和实践，逐步地积累经验。

下面简单介绍一下修改过程中发现的其他类型缺陷，从而方便读者的查找和学习。

6. 其他类型缺陷

缺陷的位置如图 4-38 所示，将该区域放大，网格单元情况如图 4-39 所示。

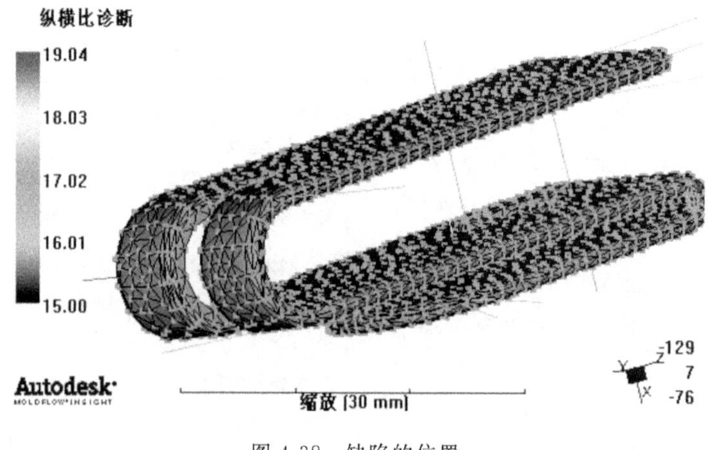

图 4-38 缺陷的位置

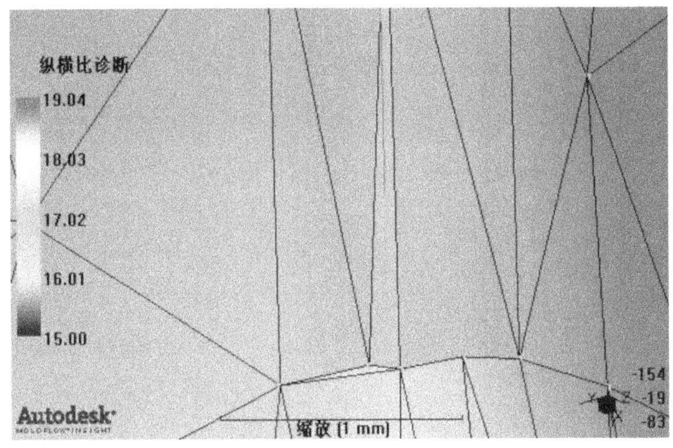

图 4-39　缺陷的具体情况

【操作步骤】

(1) 将红色引出线所在三角形单元和相邻的三个单元删除，选中后按 delete 键，结果如图 4-40 所示。

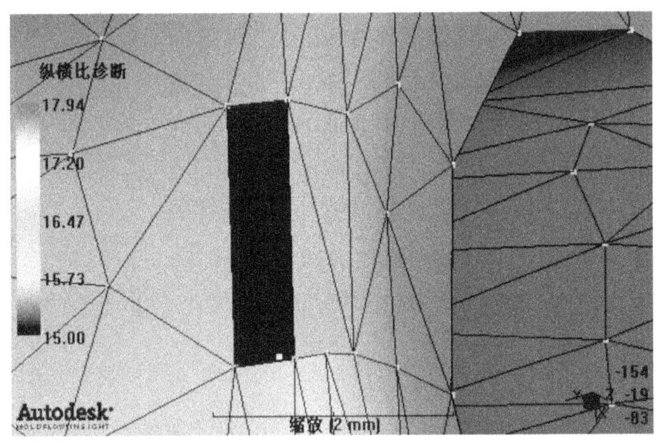

图 4-40　删除三角形单元

(2) 选择图 4-40 中多出的节点，单击 delete 键删除。选择建模→创建节点→在坐标之间命令，选择底部两个节点，如图 4-41 所示，单击应用，创建节点结果如图 4-43 所示。

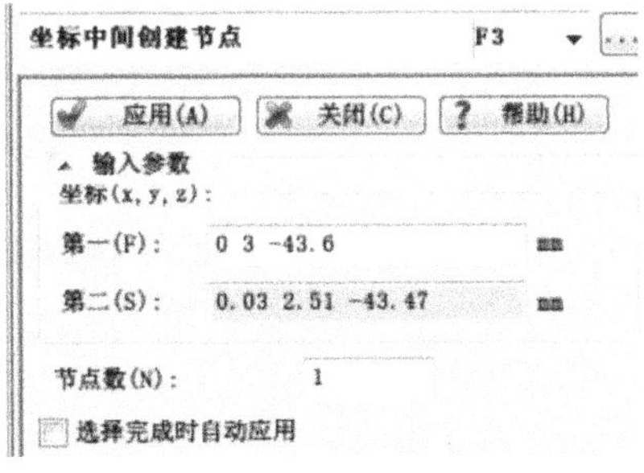

图 4-41　在坐标之间对话框

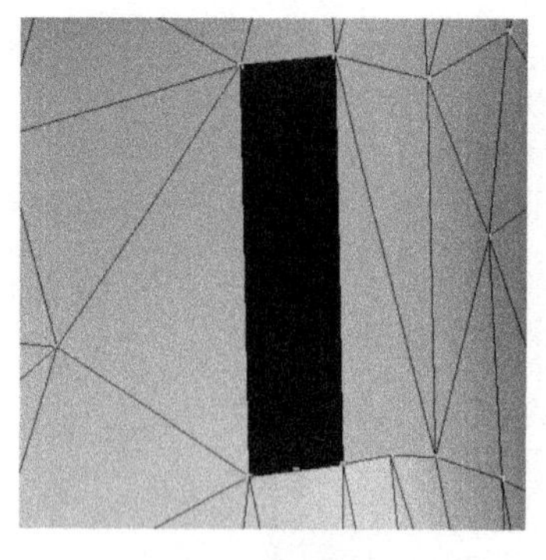

图 4-42　创建节点

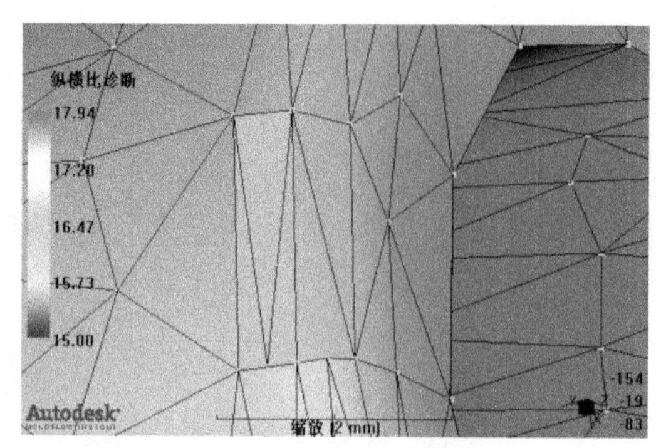

图 4-43　创建三角形网格

(3) 选择网格→创建三角形网格命令，每次选择三个节点，创建三角形网格结果如图 4-43 所示。可见网格纵横比也有降低。

7. 未定向单元修改

在 AMI 的双层面模型中，每个网格单元都存在一个规定的方向，即每个单元都有一个顶面（Top）和一个底面（Bottom），其中 Top 面的方向与网格模型中每个三角形单元的顶点序列呈右手规则，如图 4-44 所示。AMI 要求在进行分析计算之前，模型中的每一个单元的顶面都需要朝向外表面。

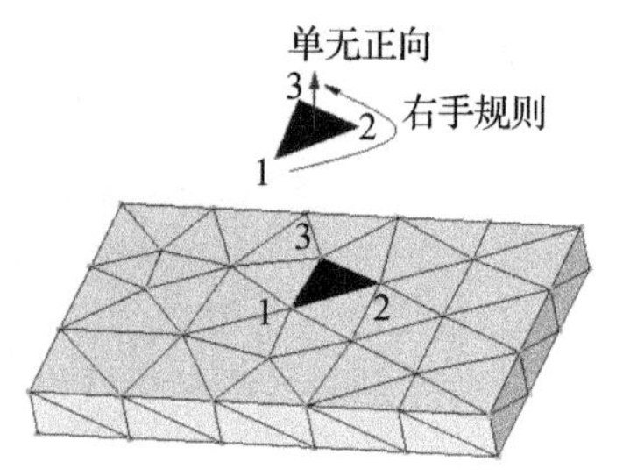

图 4-44　网格单元定向规则

对于未定向单元网格，也是通过网格诊断工具先找到它们所在的位置。选择网格→网格诊断→配向诊断命令，会弹出如图 4-45 所示的对话框。单击显示按钮，将会显示网格模型的单元定向情况，如图 4-46 所示。

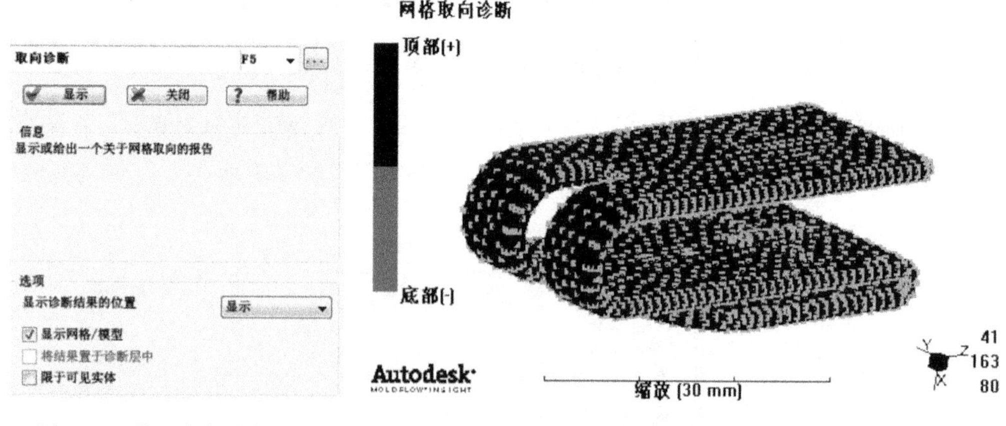

图 4-45　单元定向诊断工具

图 4-46　网格单元的定向情况

其中，蓝色单元表示顶面，红色单元表示底面，修改的目标就是消除红色单元。

【操作步骤】

(1) 选择网格→网格工具→单元取向命令，选择未定向单元(即红色单元)，单击应用按钮即可，如图 4-47 所示。

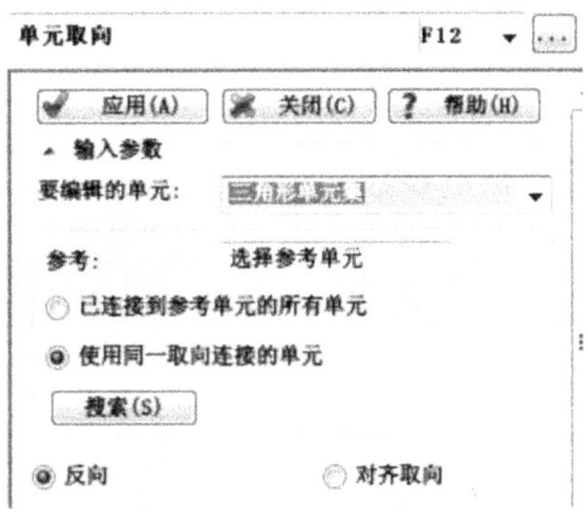

图 4-47　单元定向工具

注意:

在网格的修改过程中，删除和创建三角形单元是常用的方法，在了解了网格的定向规则之后，在创建网格时应尽量根据右手规则，顺序选择三角形的三个节点，从而可以避免网格单元定向错误的问题。

网格模型经过一系列的修改，已经基本达到分析的要求，状态统计如图 4-48 所示。

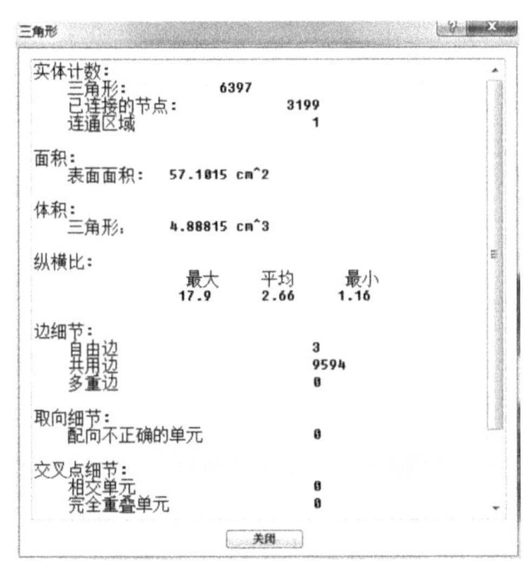

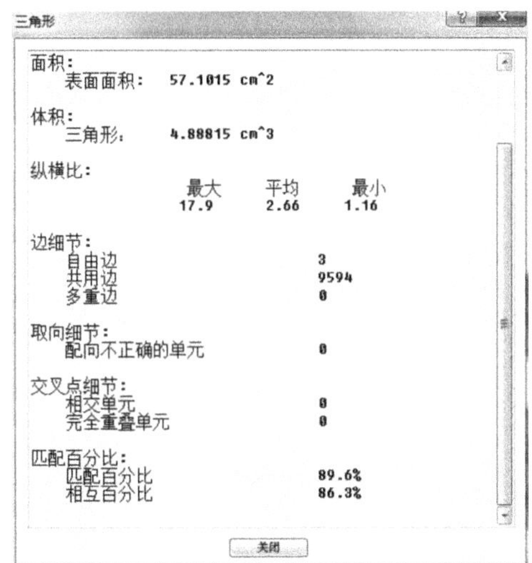

图 4-48　网格单元的最终状态统计

在确认模型网格缺陷修改完成之后，可以利用层管理窗口中的一些工具，将不同层中的单元类型归类，同时删除在网格诊断过程中出现的一些新的诊断结果层。一般情况下，可以将单元归到以下几层:

- 新建节点——节点层;
- 新建三角形——三角形单元层;

- Stl 表示——Stl 原模型层；
- 默认层(一般为空层,但不删除)。

注意:

在删除层之前一定要确保层中已经没有单元和有关的信息,防止出现误删除的现象。

4.2.4 分析类型及顺序的设置

在完成产品模型的网格划分和网格缺陷修改之后,依照分析任务窗口中的顺序,将设置分析类型及分析内容的次序。

在 AMI 中,创建一个新的工程后,默认的分析类型是填充分析,选择分析→设置分析序列→冷却+填充+保压+翘曲。这时,分析任务窗口中的显示发生变化,如图 4-49 所示。

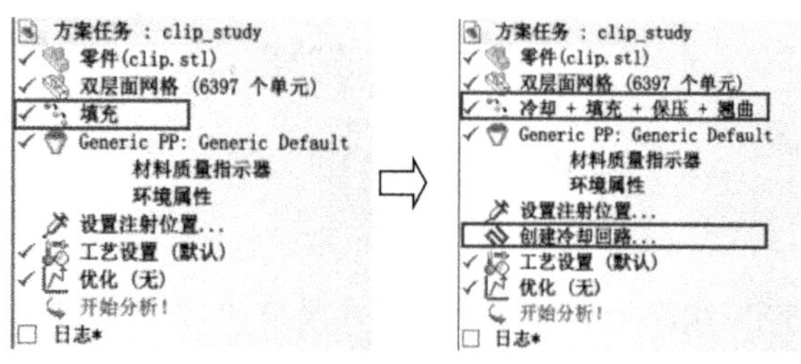

图 4-49　分析类型设置结果

可以从中看出,在分析任务窗口中除了分析类型发生改变之外,还多出一项有关冷却系统的任务提示。

4.2.5 产品注塑原料的选择

在完成了分析类型的设置之后,再来选择并设置产品的注塑原料。本案例所采用的材料为 SABIC 公司的 ABS 材料,其牌号为 Cycolac GPM5500。

【操作步骤】

(1) 在分析任务窗口中,右击材料一栏,并选择选择材料命令,如图 4-50 所示,会弹出对话框,如图 4-51 所示。

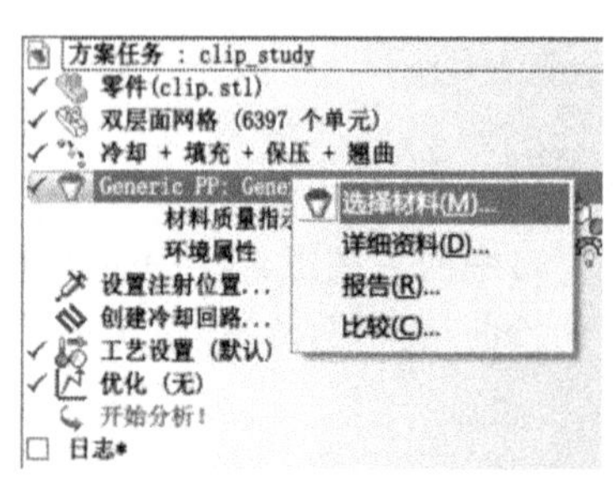

图 4-50　选择材料

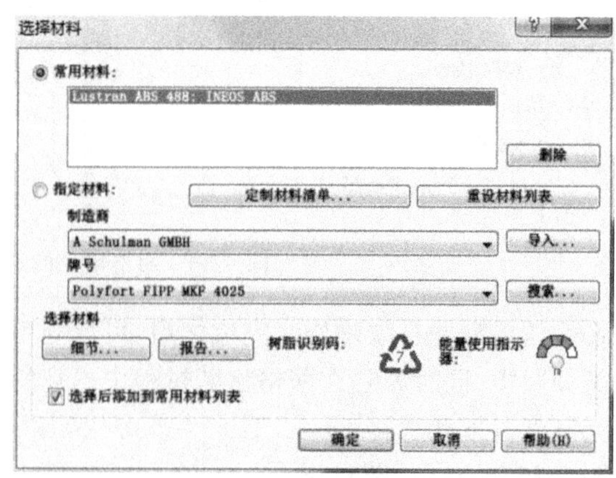

图 4-51　材料选择对话框

(2) 在弹出的对话框中，单击搜索查询，弹出如图 4-52 所示的搜索条件对话框，在搜索条件中的牌号栏的子字符串中填入 GPM5500，单击搜索按钮。

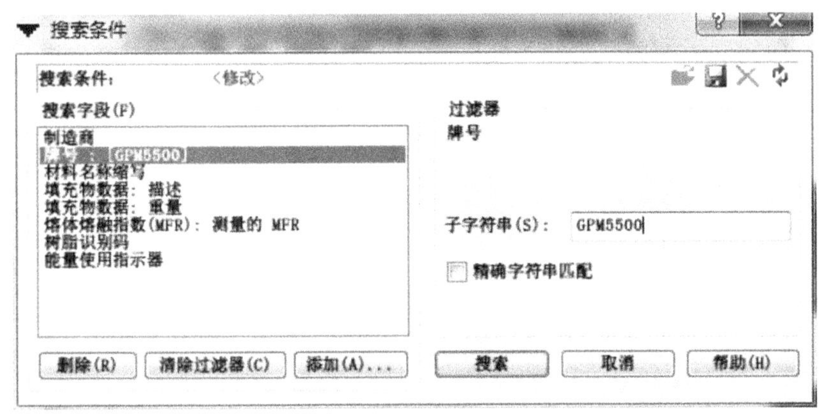

图 4-52 搜索条件对话框

注意：

在搜索时不必输入所有的搜索条件，用户可以根据自己所掌握的材料属性，选择适当的搜索条件。

(3) 搜索结果如图 4-53 所示，选中所需要的材料 SABIC Innovative Plastics US 公司的 Cycolac GPM5500。单击细节按钮，可以查看材料属性，如图 4-54 所示，单击确定，单击图 4-53 中的选择按钮，返回图 4-501 所示的对话框，单击确定按钮。

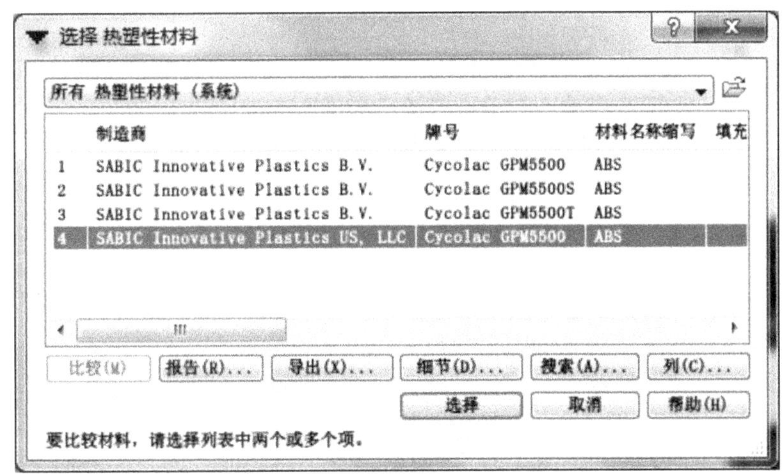

图 4-53 选择材料

(4) 分析任务窗口 Study Tasks 中的材料一栏正确显示出所选材料 Cycolac GPM5500：SABIC Innovative Plastics US，如图 4-55 所示。

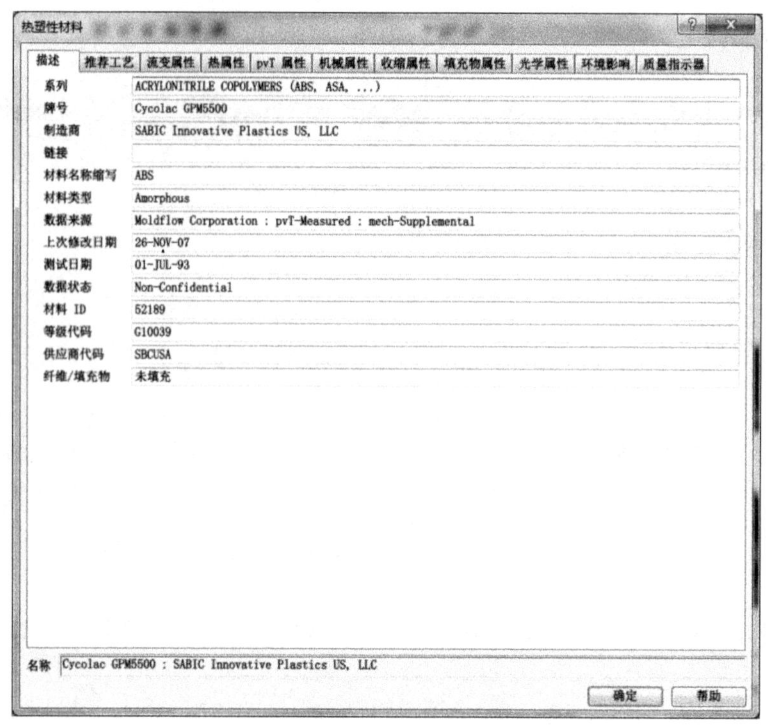

图 4-54　材料细节

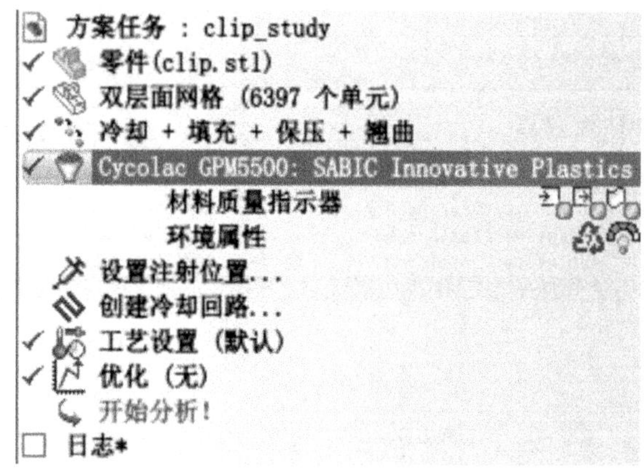

图 4-55　材料

4.2.6　一模多腔的布局

针对一模多腔的注塑产品，在完成单个产品的网格划分和修改之后，可以对多个型腔按照设计意图在 AMI 系统中进行布局。

在 AMI 系统中，默认的产品拔模方向是沿 Z 轴正向，因此在多型腔布局之前，应该把修改好的模型移动或旋转到正确的位置。

【操作步骤】

(1) 选择建模→移动/复制→旋转命令，会弹出如图 4-56 所示的对话框。

(2) 选择所有节点和三角形单元，旋转轴定为 Y 轴，角度定为 90°，参考点采用默认的(0 0 0)点，选择移动按钮，完成上述工作后，单击应用按钮，即可完成网格模型的旋转。

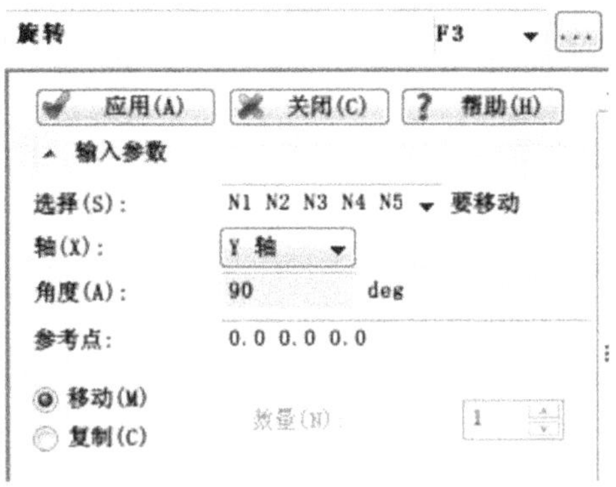

图 4-56　移动/复制对话框

在 AMI 中，多个型腔的布局方法一般有两种：

● 采用菜单中的建模→型腔重复向导工具，对布局比较规则的产品进行复制；

● 直接利用系统的模型复制功能，根据产品设计图纸上的尺寸，自由灵活地进行多型腔的分布建模。

这里采用型腔重复向导工具来进行夹子的两腔复制。

【操作步骤】

(1) 选择建模→型腔重复向导命令，会弹出如图 4-57 所示的对话框。

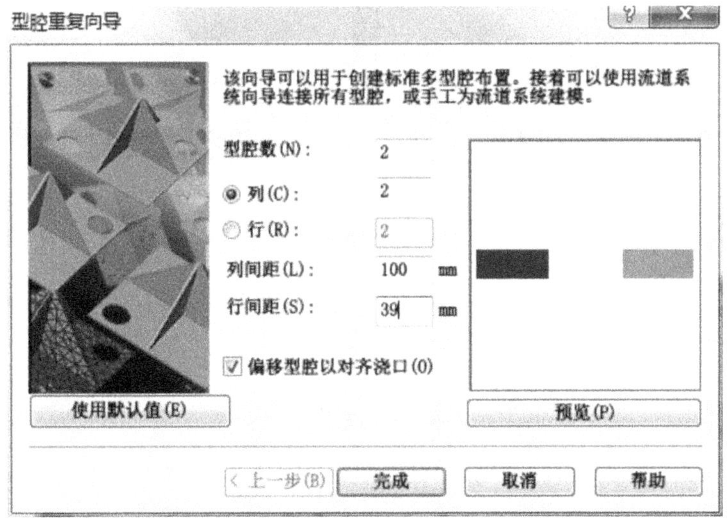

图 4-57　型腔复制向导对话框

(2) 填入型腔数:2,列:2,由于只有 2 个型腔则型腔行数默认为不添,列间距:100mm,行间距可以不添,39mm 仅仅是默认值,对结果没有影响。

(3) 单击预览按钮,查看多型腔布局,如果认为参数设置合理,则单击"完成"按钮。

多型腔复制结果如图 4-58 所示,我们将两腔模型分布称为腔 1 和腔 2。

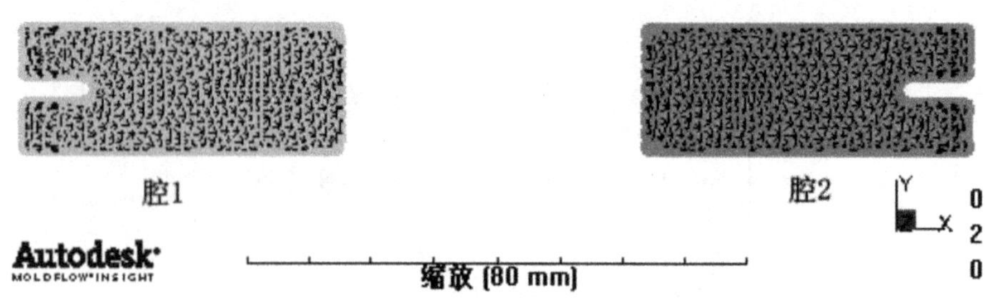

图 4-58 多型腔复制结果

4.2.7 浇注系统的建立

浇注系统的作用是将塑料熔体顺利地充满到型腔深处,以获得外形轮廓清晰,内在质量优良的塑料制品。本案例的浇注系统如图 4-59 所示。

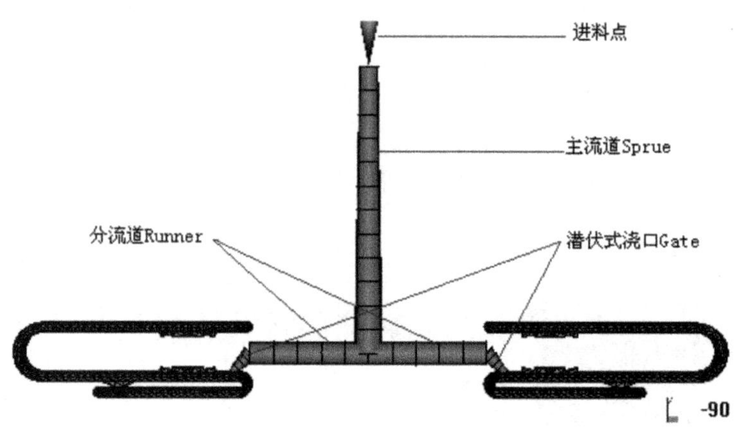

图 4-59 浇注系统

从图 4-59 中可以发现,浇注系统与产品的网格模型不同,全部是由线型杆单元组成的,其创建一般也有两种方式:

- 采用菜单中的建模→流道系统向导工具,对形状尺寸比较简单的浇注系统进行创建;
- 直接利用系统的直线、曲线创建功能,首先勾画出浇注系统的中心线,再对中心线进行杆单元的网格划分。

这里先创建中心线,如图 4-60 所示,再划分杆单元,来创建浇注系统。

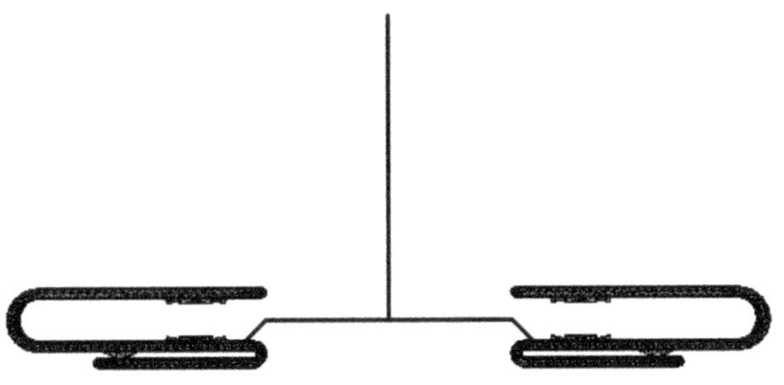

图 4-60　浇注系统中心线模型

1. 潜伏式浇口

浇口在产品上的位置是设计好的，但是在划分好的网格模型上，只能选择与事先设计最为相近的节点，作为浇口位置。在本例中，选择浇口与腔 1 和腔 2 接触处的节点分别为(2.6，－0.4，－4.23)和(61.8，0.4，－4.23)。

【操作步骤】

(1) 创建腔 1 浇口中心线的另一端点，以节点(2.6，－0.4，－4.23)为基点偏置复制，间距为(4 0 4)，选择建模→创建节点→按偏移命令，如图 4-61 所示，创建结果如图 4-62 所示。

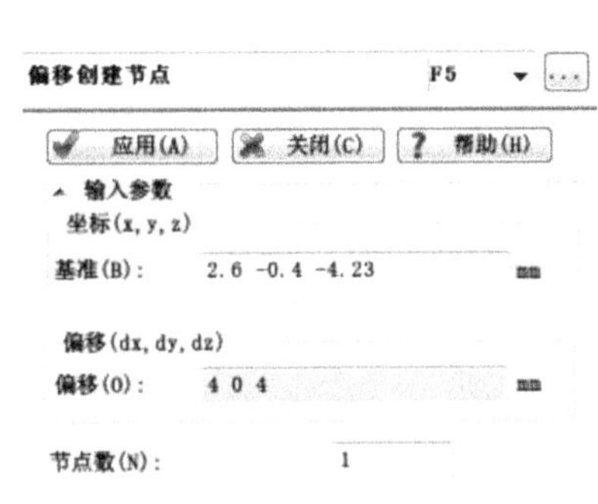

图 4-61　创建腔 1 中心线端点

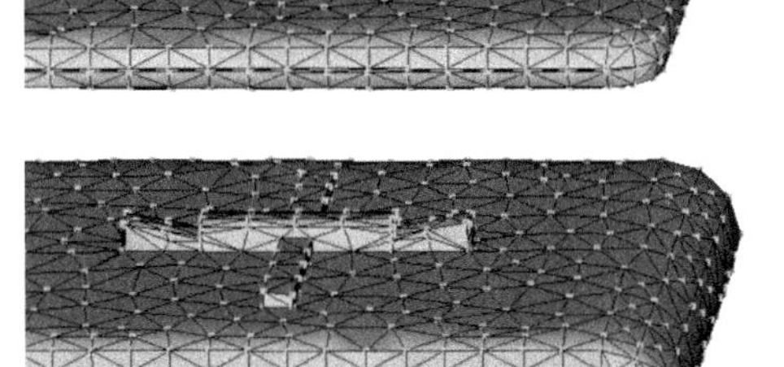

图 4-62　腔 I 浇口中心线端点

(2) 在两端点间创建直线，选择建模→创建曲线→直线命令，如图 4-63 所示，分别选择第 1 端点(2.6，－0.4，－4.23)和第 2 端点的相对坐标(4，0，4)，取消自动在曲线末端创建节点复选框，单击改变按钮[...]，设置浇口形状属性，弹出的对话框如图 4-64 所示。

注意：

取消自动在曲线末端创建节点复选框非常重要，这能够保证在节点(2.6，－0.4，－4.23)处仅有一个节点，从而使产品的网格模型与浇注系统的杆单元模型连接成为一个整体，其中节点(2.6，－0.4，－4.23)将成为连接两者的纽带，因为在 AMI 中，单元之间的连接是通过公用的节点来保证的，读者在练习中可以自己进行尝试和体会。

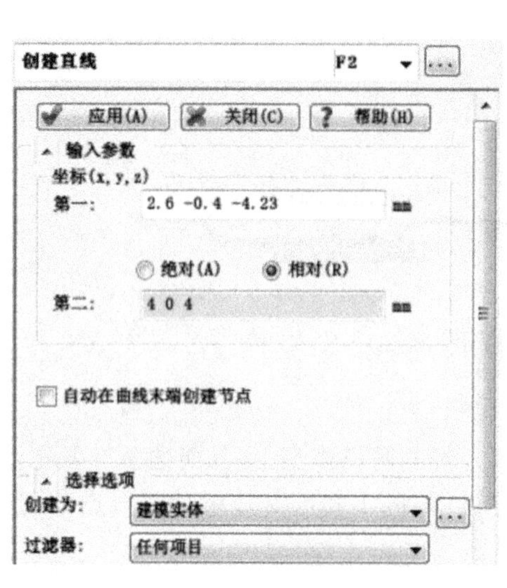

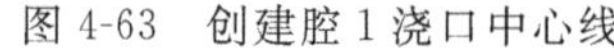

图 4-63　创建腔 1 浇口中心线

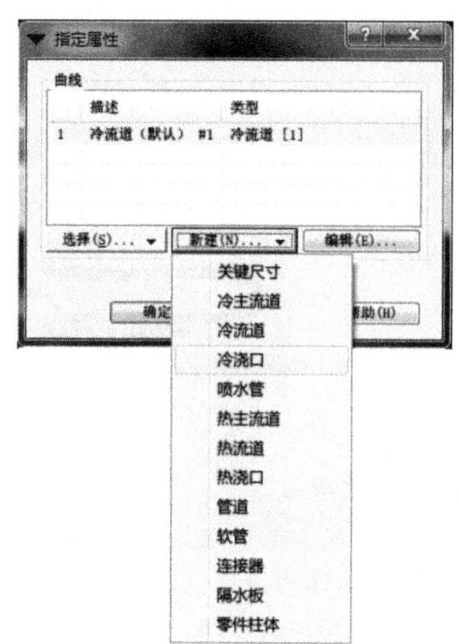

图 4-64　设置中心线属性

创建新的直线属性，选择图 4-64 中的新建→冷浇口命令，弹出如图 4-65 所示的对话框，其中参数设置如下：

- 浇口截面形状——圆形；
- 形状尺寸——锥形(由编辑尺寸)；
- 出现次数——1；
- 名称——冷浇口(默认)＃1。

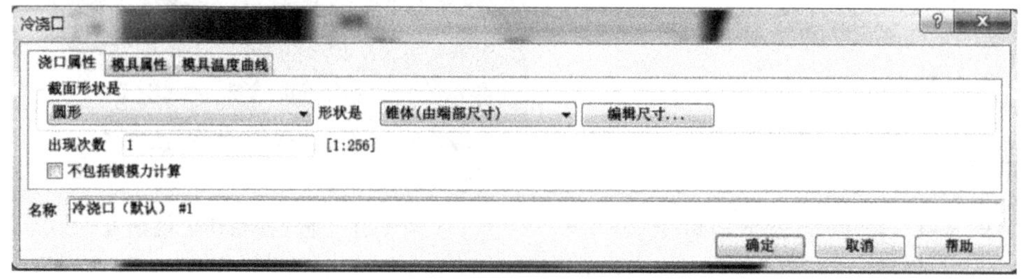

图 4-65　设置冷浇口属性

注意：

参数“出现次数”仅在填充分析中可以设置为＞1，它表示在一模多腔情况下，具有该属性的浇注单元流程所出现的次数，从而可以节省建模和分析计算的时间。

再次单击图 4-65 中的编辑尺寸按钮，会弹出如图 4-66 所示的对话框，参数设置如下，单击“确定”按钮。

- 浇口中心线始端直径——1.5mm；
- 浇口中心线末端直径——3.5mm。

单击图 4-65 中的模具属性标签，会弹出如图 4-67 所示的对话框，选择其他模具材料，

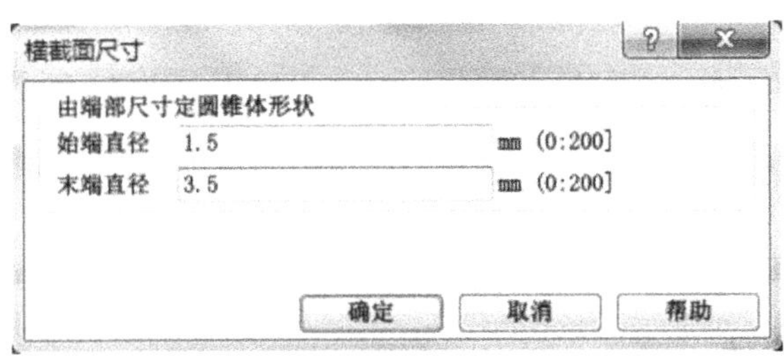

图 4-66　设置冷浇口两端尺寸

单击选择按钮，弹出如图 4-68 所示的选择局部模具材料对话框，选择工具钢 P－20，单击确定按钮可以选择模具材料，单击编辑按钮可以设置材料属性，设置完毕单击确定按钮。

图 4-67　设置冷浇口处模具材料

图 4-68　选择材料对话框

返回图 4-65 所示对话框，单击确定按钮，返回图 4-63 所示对话框，单击应用按钮，则生成腔 I 的潜伏式浇口中心线，如图 4-69 所示。

(3) 按照同样的方法创建腔 II 的潜伏式浇口的中心线，注意此时偏移量为(－4，0，4)，创建结果如图 4-70 所示。

2. 分流道

如图 4-59 所示，分流道位于主流道两侧，两个浇口之间，其建立方法如下。

【操作步骤】

(1) 在主流道末端、两型腔中间创建节

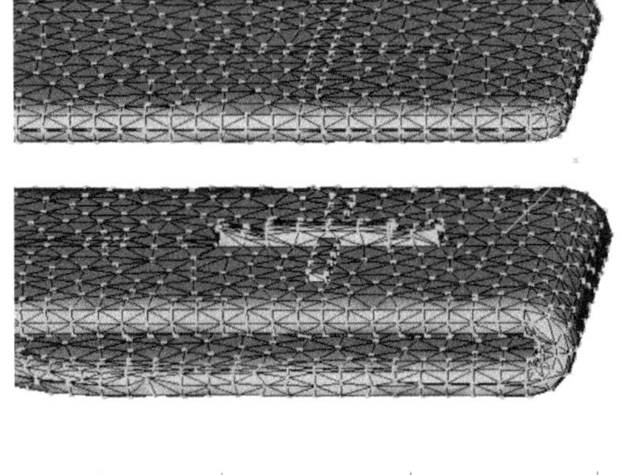

图 4-69　腔 1 潜伏式浇口的中心线

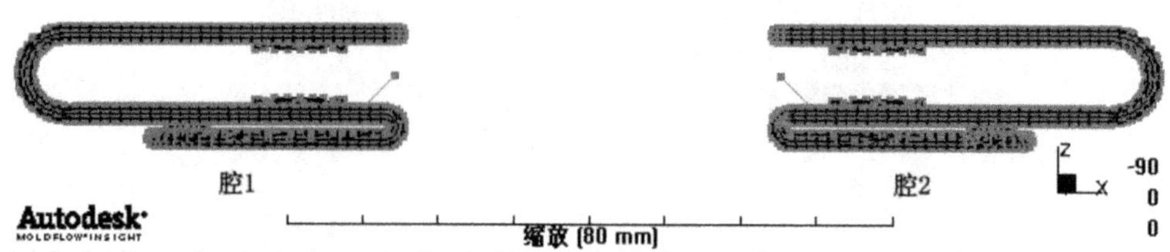

图 4-70　潜伏式浇口的中心线

点，选择建模→创建节点→在坐标之间命令，如图 4-71 所示，选择两个浇口的末端点，单击应用按钮，生成节点如图 4-72 所示。

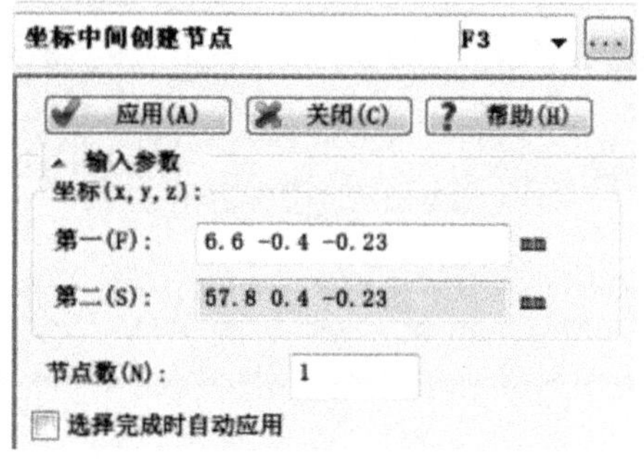

图 4-71　创建分流道的中间节点

图 4-72　生成中间节点

（2）在图 4-72 中的节点 1、3 和 2、3 之间创建分流道的中心线，其方法与潜伏式浇口基本一致，取消勾选“选择完成时自动应用”复选框，在设置直线属性时选择“冷流道(默认)＃1”，并编辑分流道属性，单击编辑按钮，如图 4-73 和图 4-74 所示。

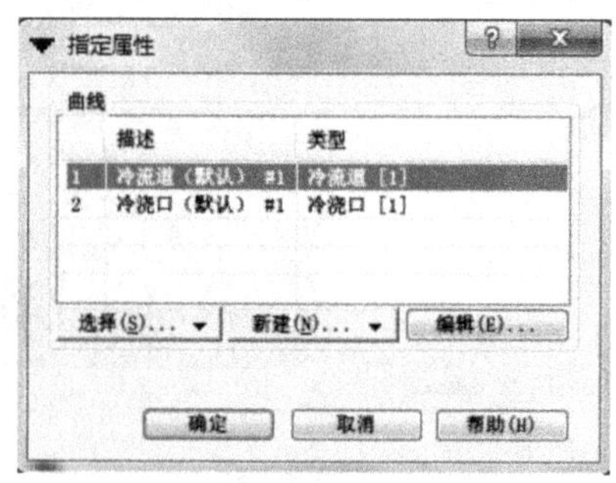

图 4-73　选择“冷流道(默认)＃1”

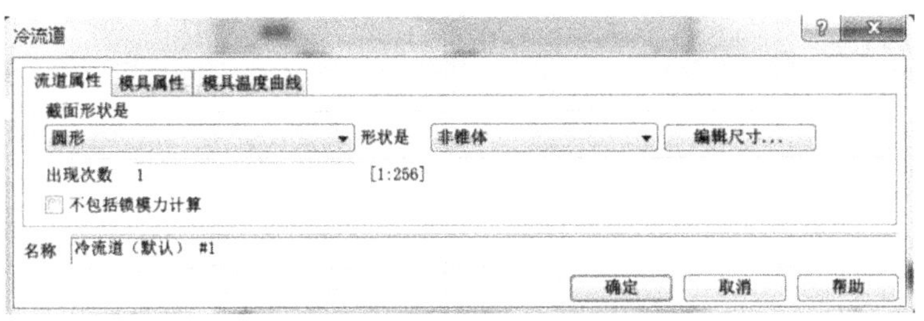

图 4-74　设置分流道属性

单击编辑尺寸，弹出横截面尺寸对话框如图 4-75 所示，分流道直径为 5mm。单击编辑流道平衡约束，选择默认值不受约束，如图 4-76 所示，对于流道平衡参数的设置将在下面有关的章节里介绍。

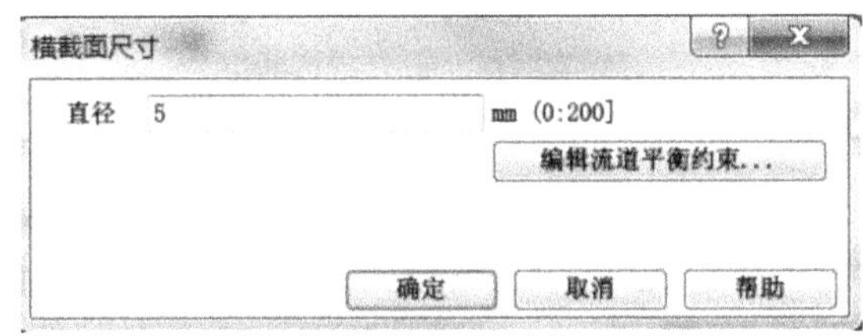

图 4-75　设置分流道截面直径

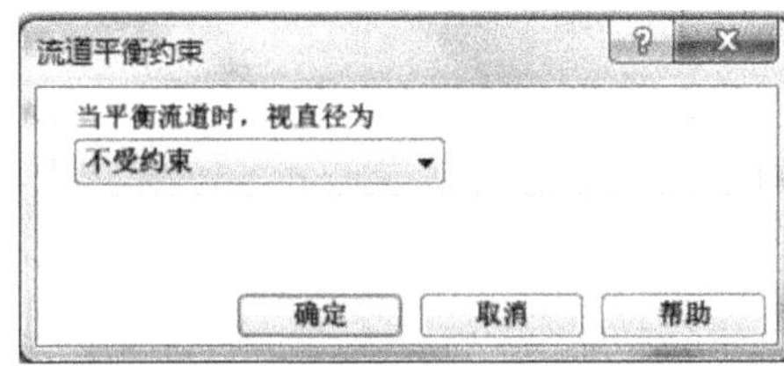

图 4-76　设置分流道平衡约束

单击“确定”按钮返回创建中心线的对话框，单击应用按钮，生成的中心线如图 4-77 所示。

图 4-77　生成分流道中心线

3. 主流道

主流道的形状为锥形，小口直径为 4mm，大口直径为 6mm，长度为 60mm，其创建方法如下。

【操作步骤】

(1) 创建主流道小口处的端点，选择建模→创建节点→按偏移命令，基准为点 3，偏移为 (0, 0, 60)，如图 4-78 所示。

(2) 创建主流道中心线，选择建模→创建曲线→直线命令，方法与潜伏式浇口基本一致，在设置直线属性时新建冷主流道，如图 4-79 所示。

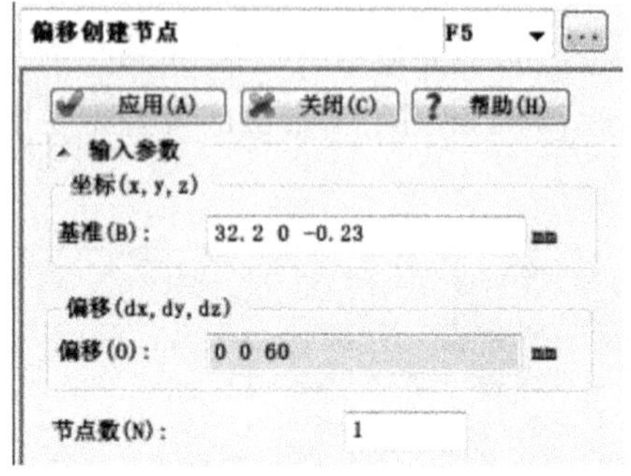

图 4-78　创建主流道中心线端点

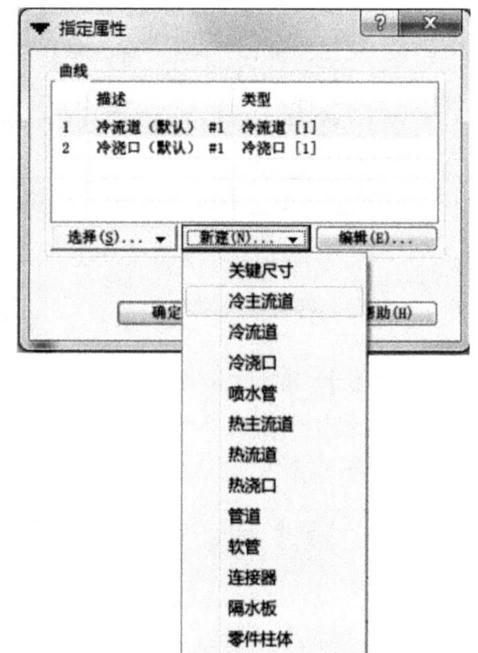

图 4-79　创建主流道属性

在设置主流道属性时，仅有大小端口尺寸与浇口不同，形状：锥体（由端部尺寸），单击编辑尺寸按钮，如图 4-80 所示。

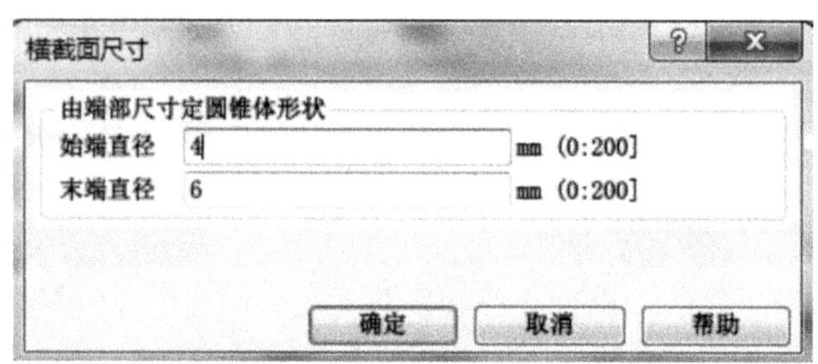

图 4-80　设置主流道端口直径

生成的主流道如图 4-81 所示。

4. 浇注系统的网格划分

利用层管理工具，将浇口、分流道、主流道分别归属到相应的层中，将节点 1、2、3、4 归属到新建节点层中，然后分别对浇注系统各部分进行单元划分。

注意：

与产品网格模型中的三角形单元不同，浇注系统和冷却系统的网格采用的是杆单元，每个单元具有两个节点。

在进行网格划分过程中，AMI 系统是对所有显示层中的几何体进行网格划分，并且网格单元的大小是一致的，因此这里对浇口、流道分别进行划分。

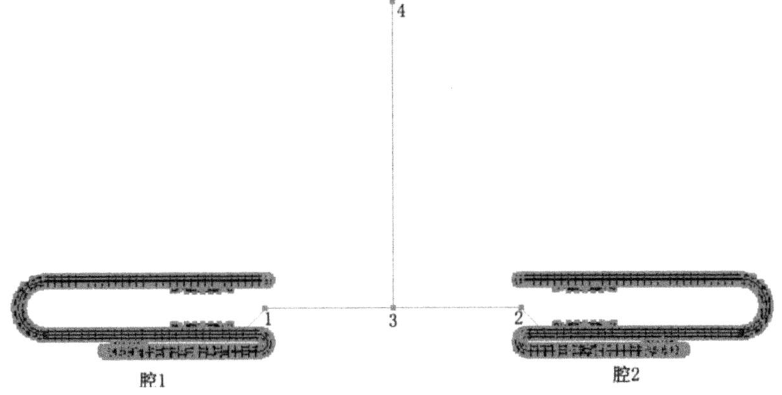

图 4-81　生成的主流道

【操作步骤】

(1) 单击新建层按钮，将新建的层命名为 Gate，选择之前创建的两个冷浇口中心线，选择 Gate 层，单击指定层按钮，则将浇口至于 Gate 层中。

(2) 对浇口进行杆单元的划分，在层管理窗口中仅显示 Gate 层，如图 4-82 所示，选择网格→生成网格命令，设置杆单元大小为 1.6mm，如图 4-83 所示，单击立即划分网格按钮，生成如图 4-84 所示的杆单元。

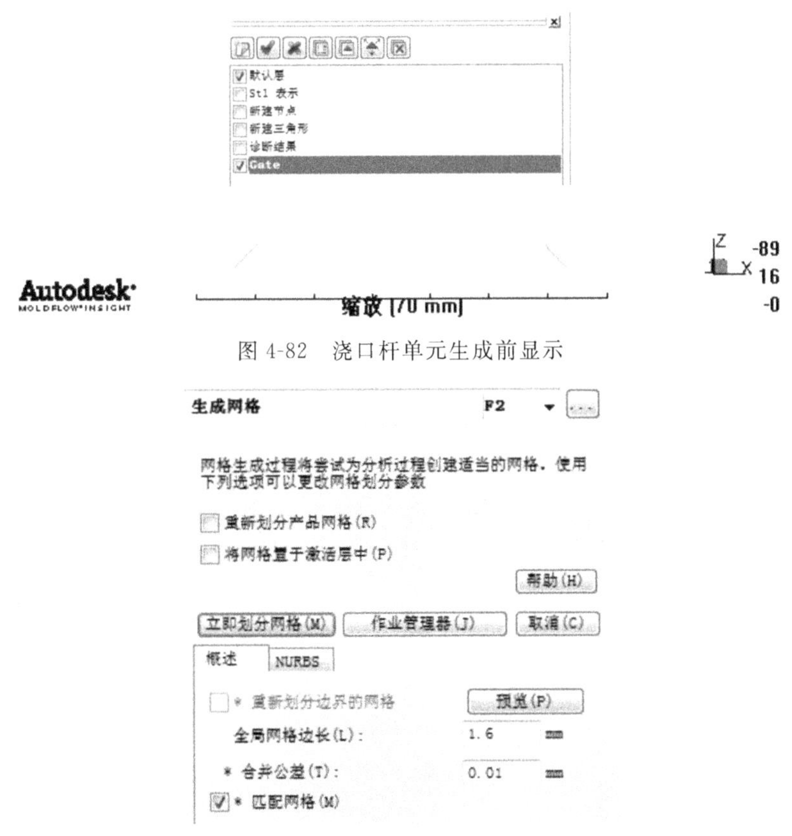

图 4-82　浇口杆单元生成前显示

图 4-83　浇口杆单元大小设置

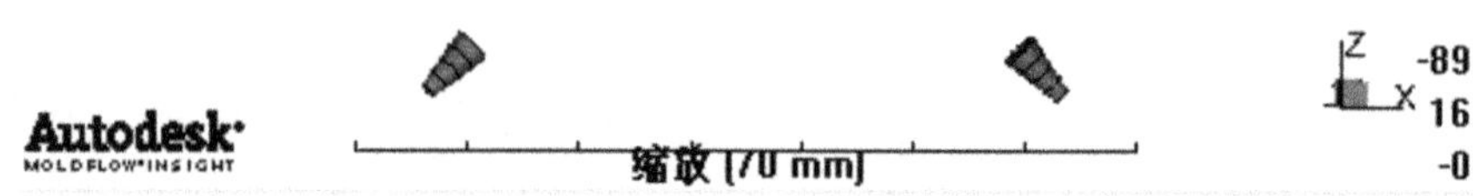

图 4-84　生成的浇口杆单元

(3) 单击新建层按钮，将新建的层命名为 Runner，选择之前创建的两个分流道中心线，选择 Runner 层，单击指定层按钮，则将浇口至于 Runner 层中。

(4) 单击新建层按钮，将新建的层命名为 Sprue，选择之前创建的一个主流道中心线，选择 Sprue 层，单击指定层按钮，则将浇口至于 Sprue 层中。

(5) 对主流道和分流道进行杆单元划分，在层管理窗口中仅显示 Runner 和 Sprue 两层，如图 4-85 所示，选择网格→生成网格命令，设置杆单元大小为 5mm，如图 4-86 所示，单击立即划分网格按钮，生成如图 4-87 所示的杆单元。

图 4-85　杆单元生成前的显示

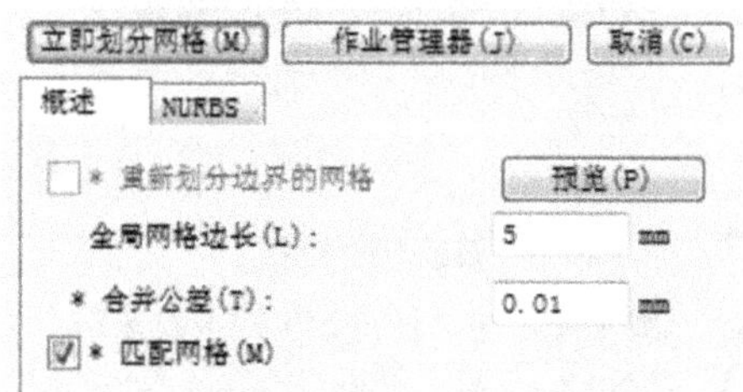

图 4-86　杆单元大小设置

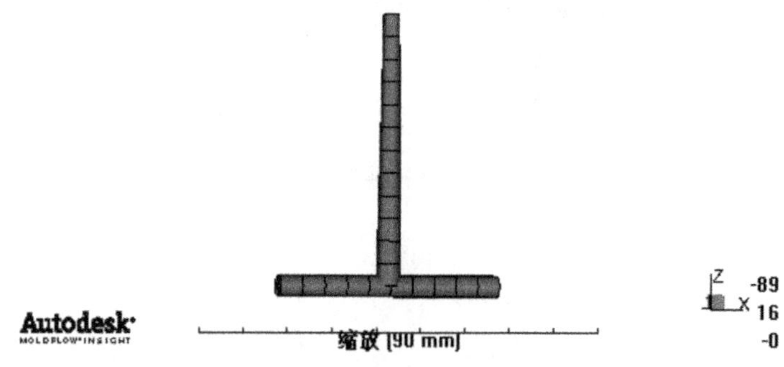

图 4-87　生成的主流道、分流道杆单元

(6) 浇注系统与产品网格连通性检查，显示所有产品三角形单元和浇注系统杆单元，选择网格→网格诊断→连通性诊断命令，弹出如图 4-88 所示的对话框。

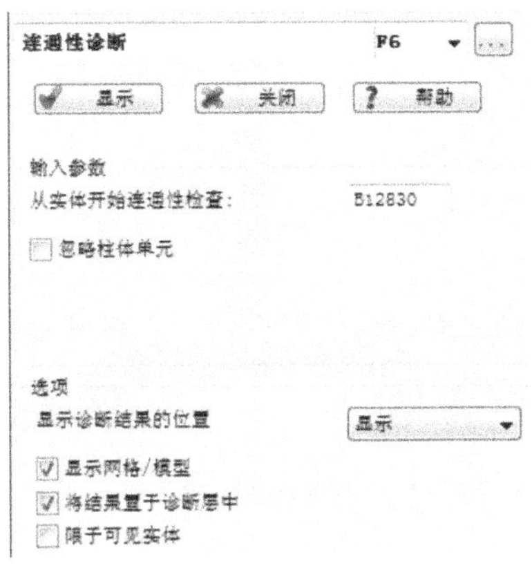

图 4-88 网格连通性诊断工具

勾选将结果置于诊断层中复选框，选择任一单元作为起始单元，单击显示按钮，得到网格连通性诊断结果，如图 4-89 所示，所有网格均显示为蓝色，表示相互连通。

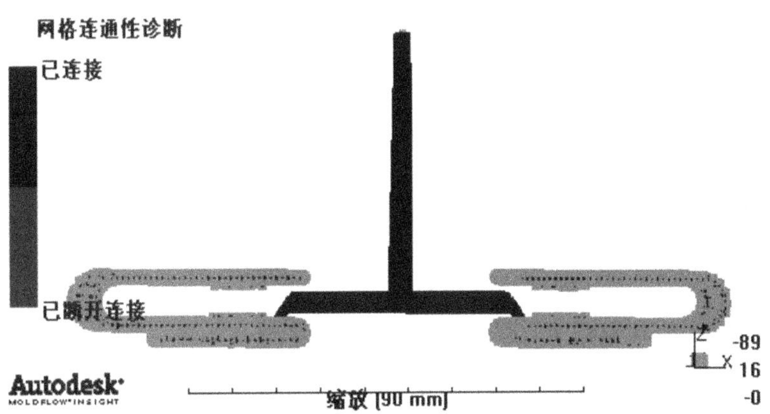

图 4-89 所有单元的连通性检查

注意：

在浇注系统网格划分结束后，一定要进行浇注系统与产品网格模型的连通性诊断，防止出现不连通的情况，从而导致分析计算的失败。

5. 设置进料点位置

在完成了浇注系统各部分的建模和网格杆单元划分之后，要设置进料点的位置。

【操作步骤】

(1) 在分析任务窗口中，双击设置注射位置按钮 设置注射位置... 。

(2) 单击进料口节点，如图 4-90 所示，选择完成后选择保存命令保存。

(3) 分析任务窗口中显示进料口设置成功，如图 4-91 所示。

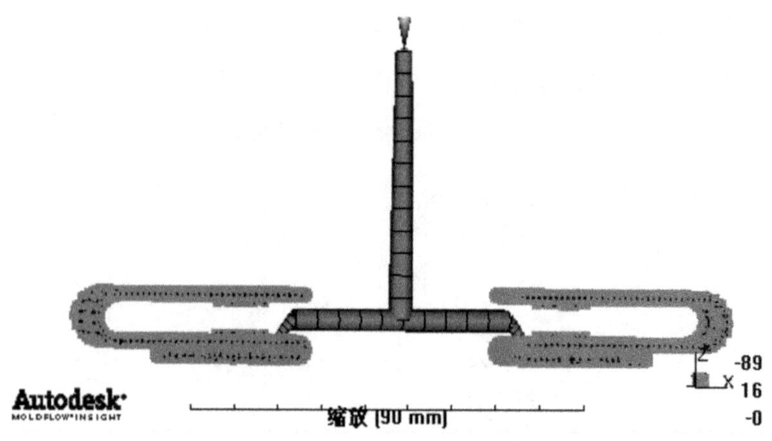

图 4-90　设置进料口位置

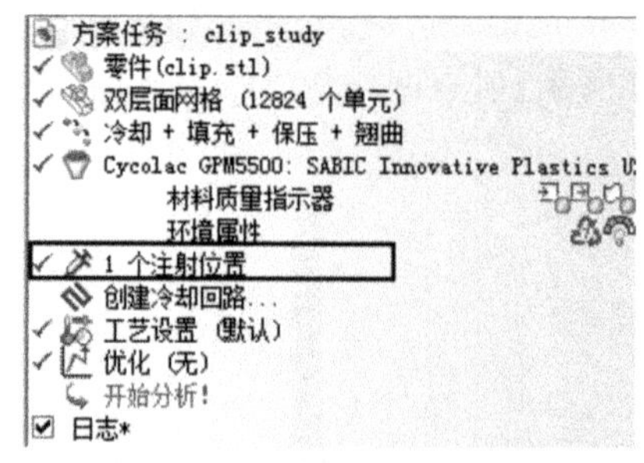

图 4-91　分析任务栏显示

4.2.8　冷却系统的建立

模温的波动和分布不均匀，或者是模温的不适合都会严重影响塑料产品的品质。因此，设计合理的冷却系统显得尤为重要。在本案例中，冷却系统的设计方案如图 4-92 所示。

如图 4-92(a)所示，冷却系统由Ⅰ、Ⅱ、Ⅲ 3 层，共 8 条冷却水道组成。各层水道的分布及尺寸如图 4-92(b)、(c)所示，水道直径为 8mm。水道的创建方法总体上和浇注系统相同，单元的划分也采用杆单元，下面介绍冷却水道的具体创建方法。

1. 中间层 II 的创建

中间层Ⅱ由 4 条冷却水道 3、4、5、6 组成，如图 4-92(c)所示。在创建过程中仍然采用"先点后线再单元"的方法。

【操作步骤】

(1) 创建冷却系统中各流道的线段端点，端点的间距尺寸如图 4-92(c)所示，创建顺序如图 4-93 所示，创建点①，选择建模→创建节点→按偏移命令，在产品模型的腔 1 上选择一个基准点(－42.75，－9.74，0.01)(如图 4-94 所示)，偏移向量为(0 －20 0)，单击应用按钮，如图 4-95 所示。

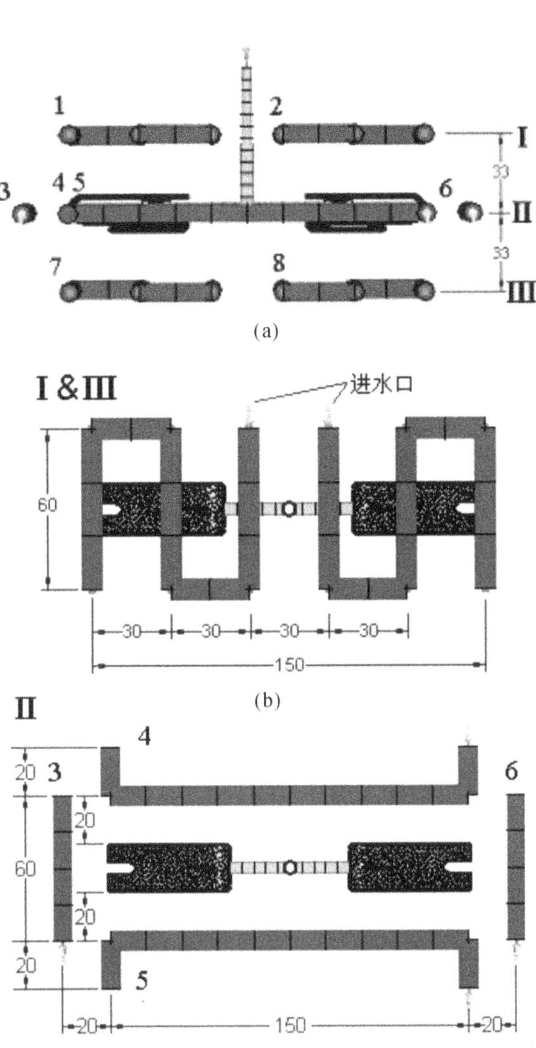

图 4-92　冷却系统

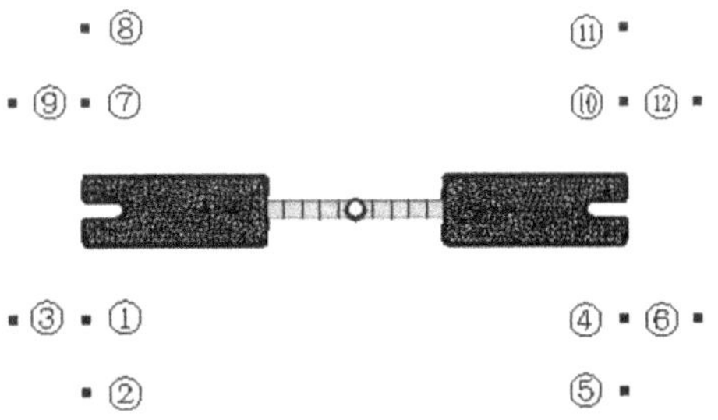

图 4-93　冷却流道线段端点

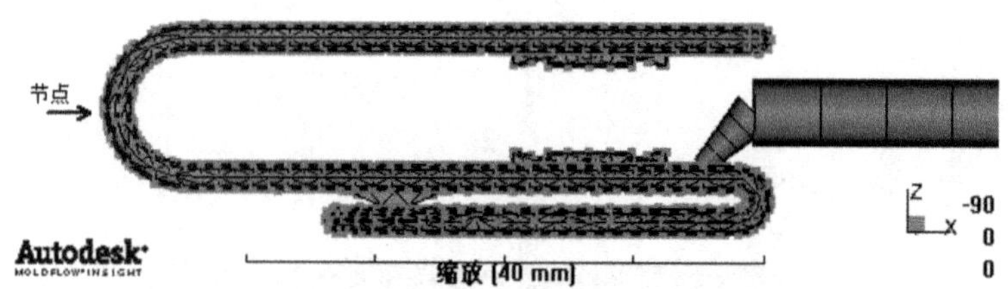

图 4-94　基准点

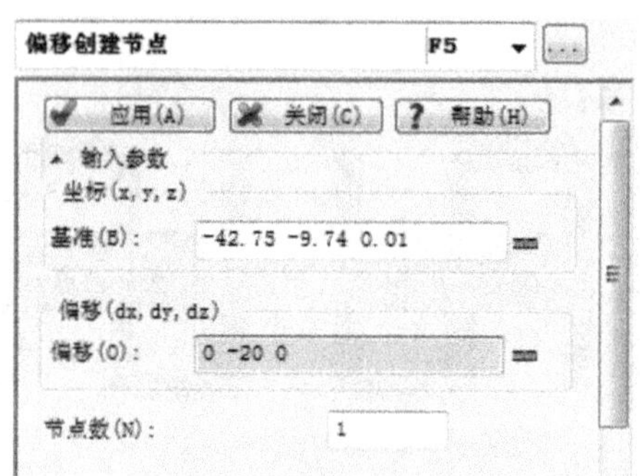

图 4-95　创建节点①

(2) 按照给出的尺寸,分别创建节点②～⑥。点②是以①为基准点,偏移(0,−20, 0)。点③是以点①为基准点,偏移(−20, 0, 0)。点④是以①为基准点,偏移(150, 0, 0)。点⑤是以④为基准点,偏移(0,−20, 0)。点⑥是以点④为基准点,偏移(20, 0, 0)。创建后的结果如图 4-96 所示。

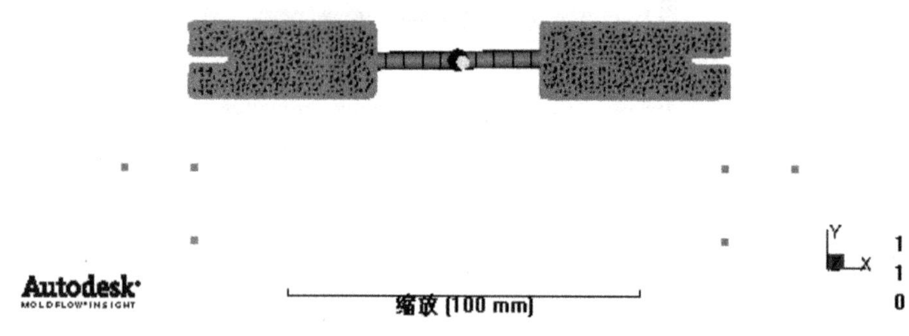

图 4-96　点 1 至点 6

(3) 将节点①～⑥按照对称镜像复制,从而得到全部层Ⅱ的端点。选择建模→移动/复制→镜像命令,出现如图 4-97 所示对话框,选择之前创建的节点①～⑥,镜像平面为 XZ 平面,在选择参考点时,取消勾选层设置中的诊断结果层(即露出分流道杆单元的端点),选择任意一个分流道中心线上的端点作为参考点,选择复制命令,单击应用,得到的镜像结果如图 4-98 所示。

(4) 在节点间创建水道中心线,以①～②之间的直线段为例,选择建模→创建曲线→直线命令,如图 4-99 所示。分别选择第 1 端点节点①和第 2 端点节点②,取消自动在曲线末

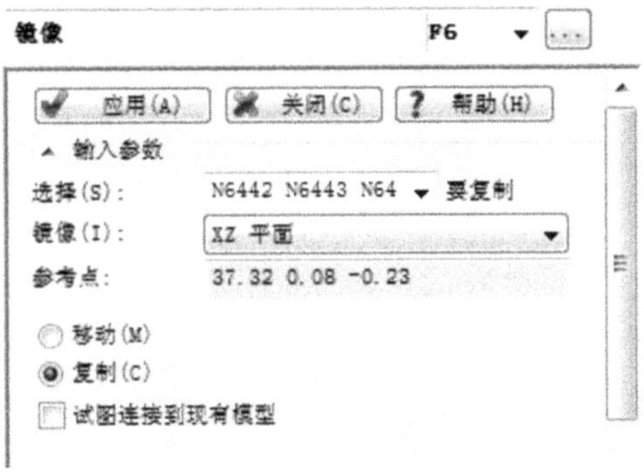

图 4-97　镜像对话框

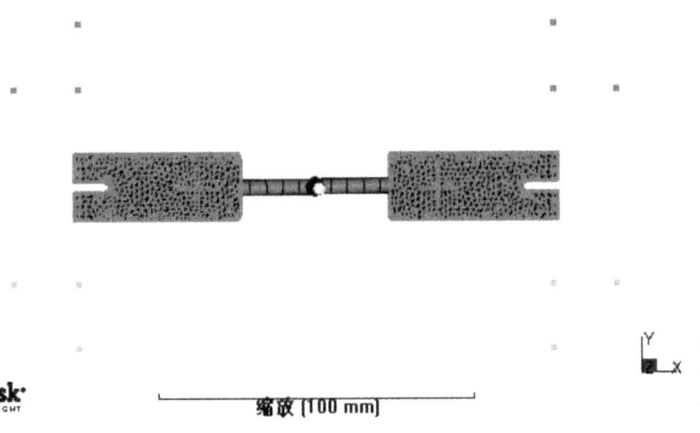

图 4-98　冷却回路节点镜像结果

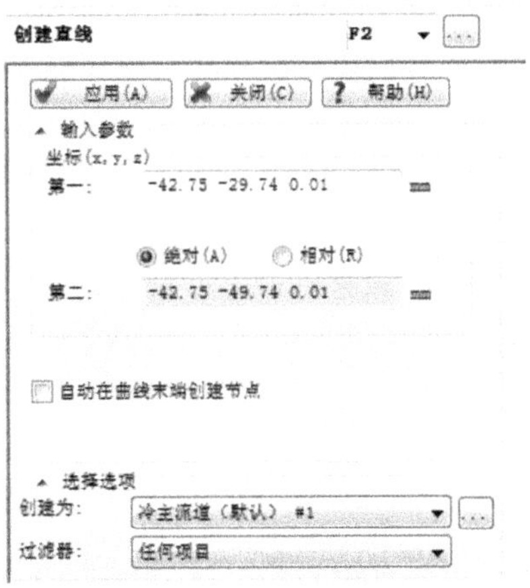

图 4-99　创建冷却水道中心线

端创建节点复选框。

单击在选择选项的创建为后的改变按钮[...]，弹出如图 4-100 所示的对话框。

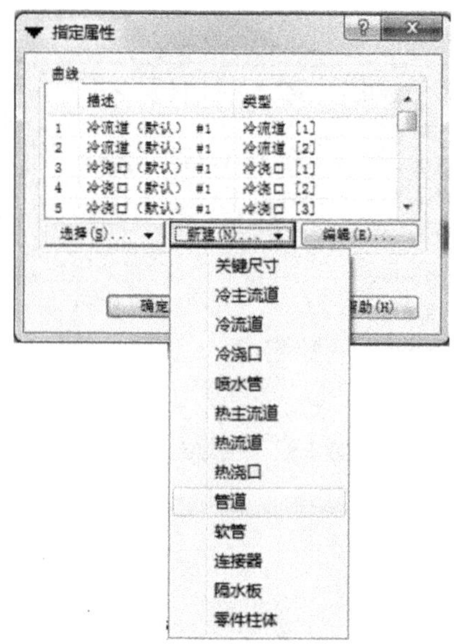

图 4-100　新建管道类型

选择新建→管道命令，在弹出的对话框图 4-101 中设置冷却水道各项属性及参数，设置完成后返回图 4-100 对话框选择管道(默认)＃1，再返回图 4-99 对话框单击应用按钮。

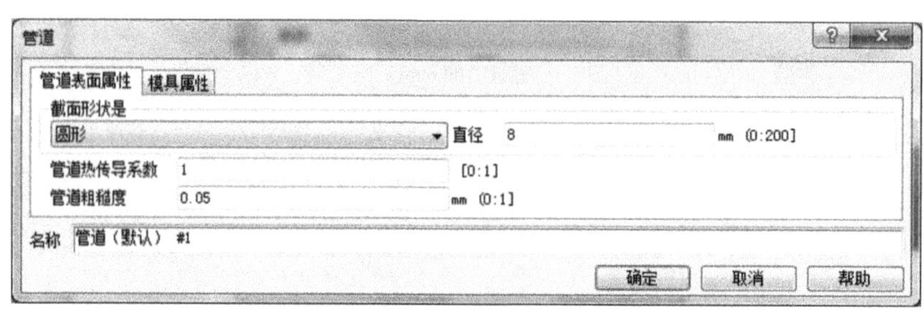

图 4-101　小设置线段属性

注意：

在图 4-101 中冷却水道的各项参数意义如下：

- 截面形状：圆形；直径：8mm；
- 管道热传导系数，默认值为 1；
- 管道粗糙度，默认值为 0.05；
- 模具属性，可以进行管道材料的设置，选择为工具钢 P-20。

(5) 其他各条水道中心线的创建方法相同，中间层Ⅱ的创建结果如图 4-102 所示。

2. 上下两层Ⅰ & Ⅲ的创建

上下两层分别包含两条水道，其创建方法如下。

【操作步骤】

(1) 创建冷却系统中层Ⅰ的中心线端点，首先将层Ⅱ中的节点①、④、⑦和⑩(如图 4-93 所示)按照图 4-92 (a)给出的尺寸，复制到层Ⅰ的位置，选择建模→移动/复制→平移命令，

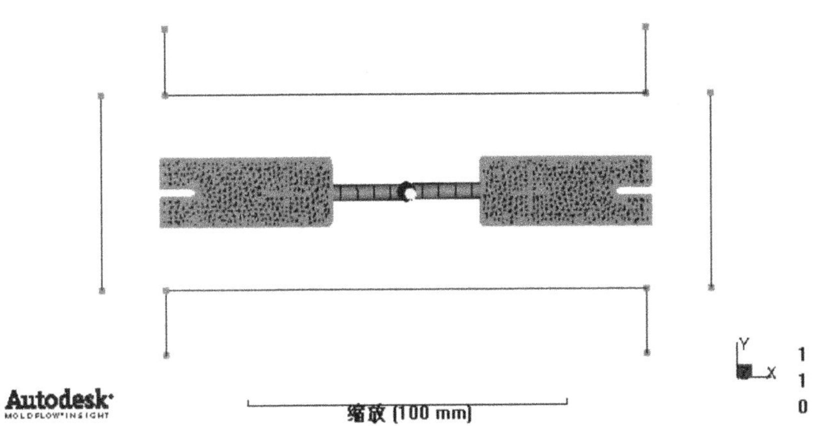

图 4-102　中间层Ⅱ的冷却水道中心线

出现如所示对话框，过滤器选择节点，在选择文本框中，按住 ctrl 键，选中层Ⅱ中的 4 个节点①、④、⑦和⑩，在矢量文本框中输入(0, 0, 33)，选择复制命令，单击应用。出现复制后的 4 个节点图 4-104 如所示。

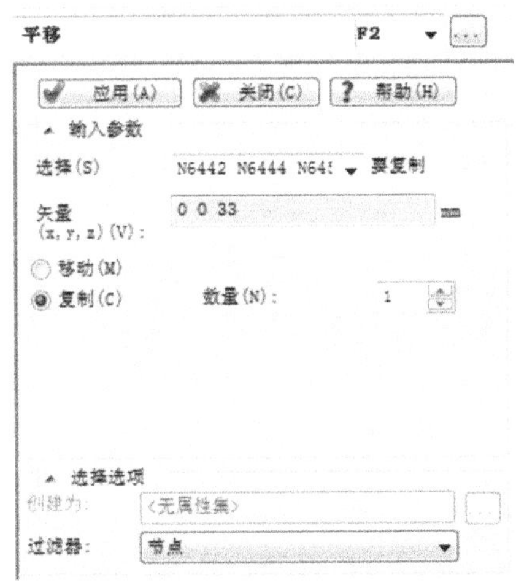

图 4-103　平移对话框

在节点(1)、(2)和(3)、(4)间分别等间距创建 4 个节点，选择建模→创建节点→在坐标之间命令，如图 4-105 所示，选择第一个节点为节点(1)，第二个节点为节点(2)，节点数为 4，单击应用。对节点(3)、(4)采用同样的创建方法，最后形成结果如图 4-106 所示。

(2) 创建层Ⅰ的中心线，方法同层Ⅱ，水道的属性选择管道(默认)♯1，结果如图 4-107 所示。

(3) 将层Ⅰ的中心线复制到层Ⅲ的位置，移动向量为(0, 0, －66)：选择建模→移动/复制→平移命令，出现如图 4-108 所示对话框，过滤器选择任何项目，在选择文本框中，按住 ctrl 键，选择层Ⅰ的中心线，在矢量文本框中输入(0, 0, －66)，选择复制命令，单击应用。出现复制后的冷却回路中心线如图 4-109 所示。

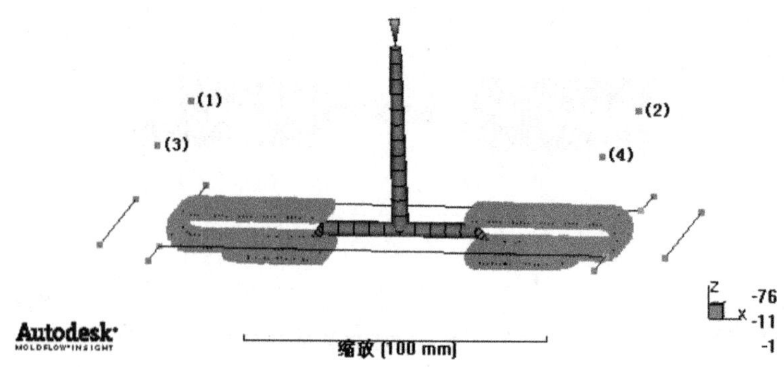

图 4-104　复制层Ⅱ中的节点①、④、⑦和⑩到层Ⅰ

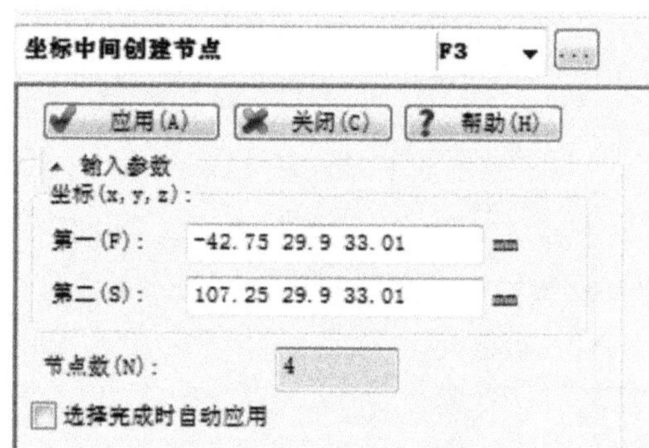

图 4-105　创建节点对话框

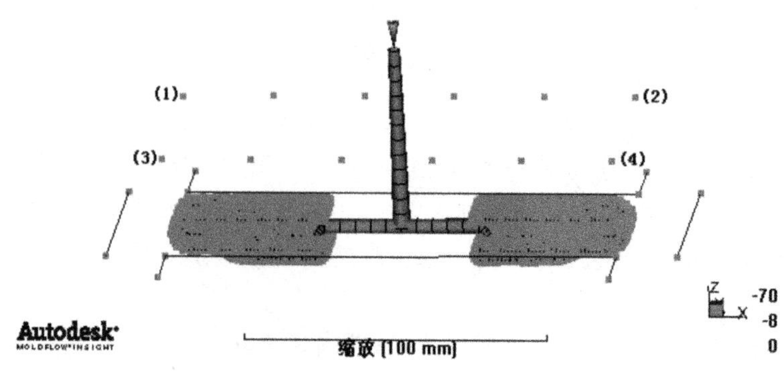

图 4-106　创建层Ⅰ中心线的端点节点

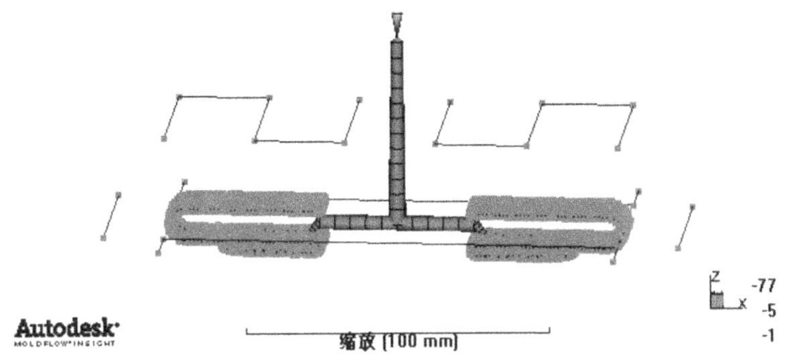

图 4-107　层Ⅰ中心线的创建结果

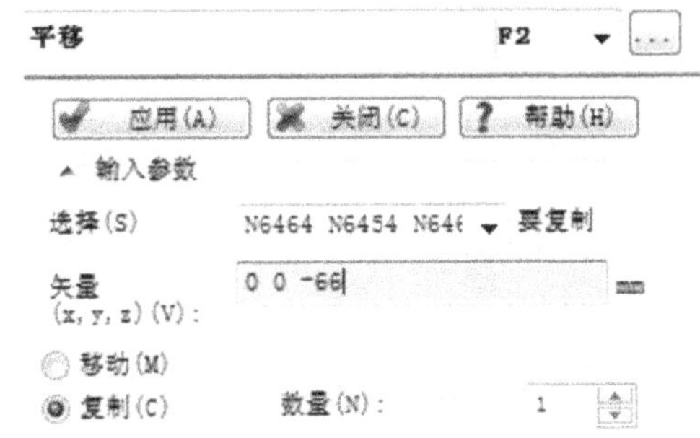

图 4-108　平移对话框

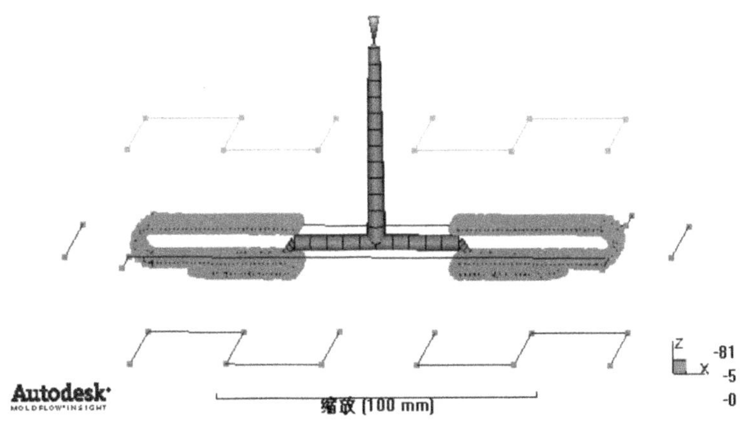

图 4-109　复制层Ⅰ的中心线到层Ⅲ

3. 冷却系统的网格划分

利用杆单元对冷却系统进行网格划分,其操作步骤如下。

【操作步骤】

(1) 在 AMI 窗口中仅显示Ⅰ、Ⅱ、Ⅲ 3 层冷却系统中心线,如图 4-110 所示。

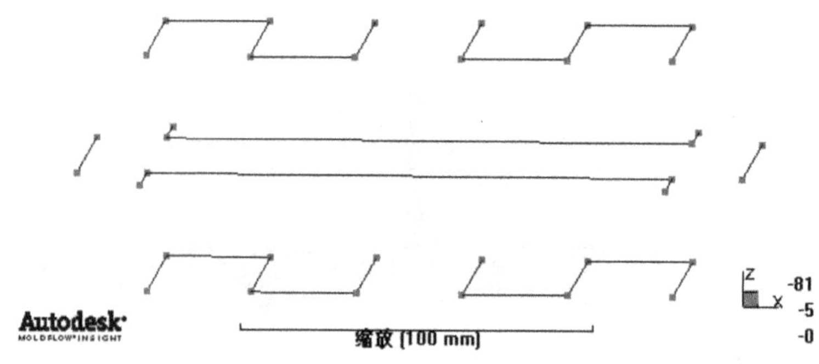

图 4-110　Ⅰ、Ⅱ、Ⅲ 3 层冷却系统中心线

(2) 选择网格→生成网格命令，设置杆单元大小为 10mm，即全局网格边长 10mm，如图 4-111 所示，单击立即划分网格按钮，生成如图 4-112 所示的杆单元网格。

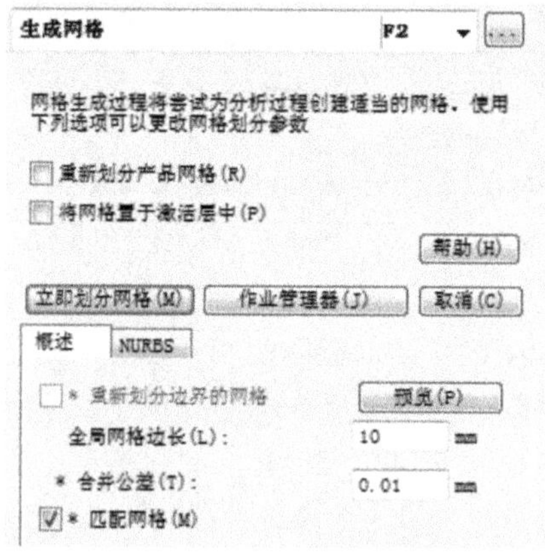

图 4-111　生成网格对话框

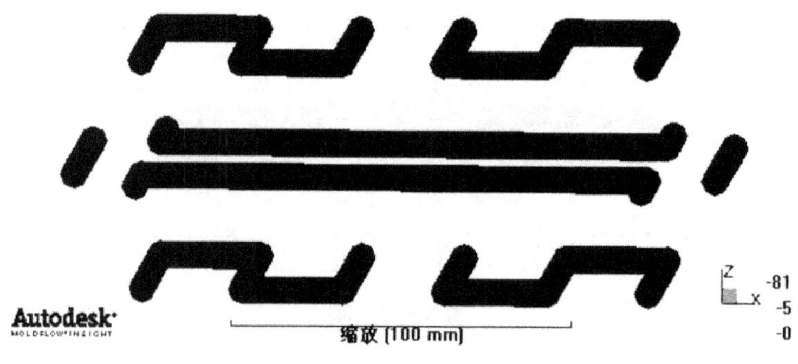

图 4-112　Ⅰ、Ⅱ、Ⅲ 3 层冷却系统杆单元

4. 冷却系统进水口设置

在完成了冷却系统各部分的建模和网格杆单元划分之后，要设置进水口的位置。

【操作步骤】

(1) 选择分析→设置冷却液入口命令，弹出的对话框如图 4-113 所示。

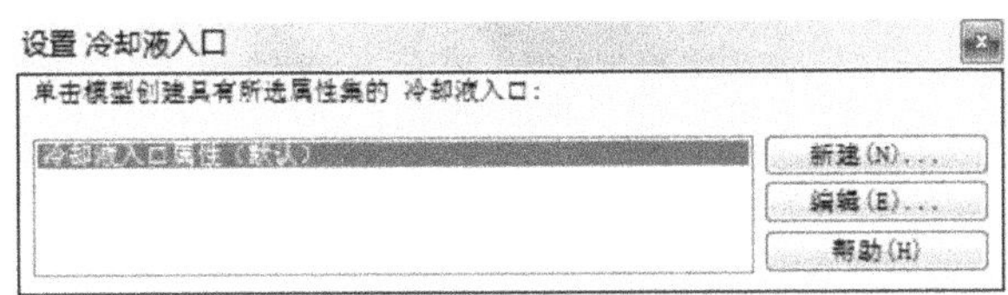

图 4-113　设置冷却液入口

(2) 单击编辑按钮，弹出如图 4-114 所示对话框，设置的有关参数如下：

- 冷却介质：水(纯)♯1；
- 冷却介质控制：指定雷诺数；
- 冷却介质雷诺数：10000(表示湍流)；
- 冷却介质在入口温度：25℃。

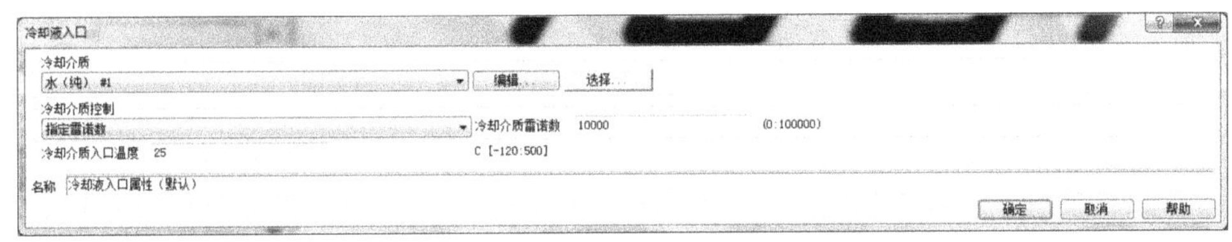

图 4-114　设置冷却介质参数

(3) 单击确定按钮，返回图 4-113 所示对话框，此时光标变为"大十字叉"，按照图 4-92 所示，为 8 条冷却水道分别设定进水口位置，如图 4-115 所示，完成后选择保存命令保存。

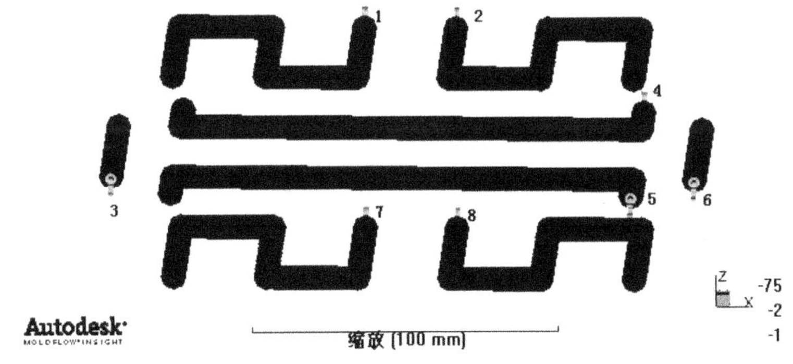

图 4-115　设置冷却介质入口

(4) 分析任务窗口中显示冷却系统设置完成，共有 8 条冷却回路，如图 4-116 所示。

4.2.9　工艺过程参数的设置

工艺过程参数包括了整个注塑周期内有关模具、注塑机等所有相关设备及其冷却、保压、开合模等工艺的参数。因此，过程参数的设定实际上是将现实的制造工艺和生产设备抽象化的过程。过程参数的设定将直接影响到产品注塑成型的分析结果。下面简单介绍一下

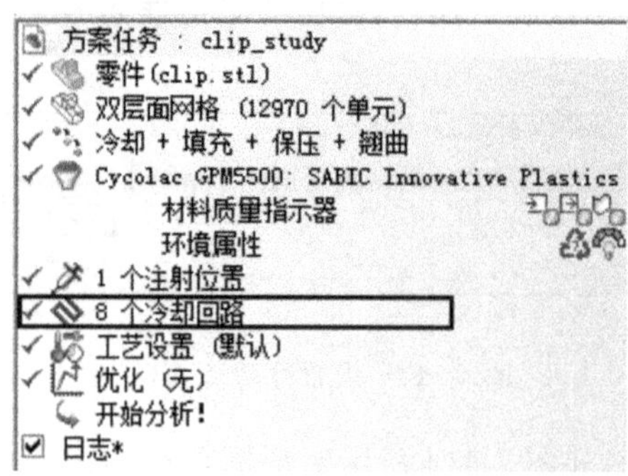

图 4-116　任务窗口显示

过程参数的设置过程。

【操作步骤】

(1) 选择分析→工艺设置向导,或者是直接双击任务栏窗口中的工艺设置(默认)一栏,会弹出如图 4-117 所示的对话框,显示过程参数设置的第 1 页冷却分析设置。

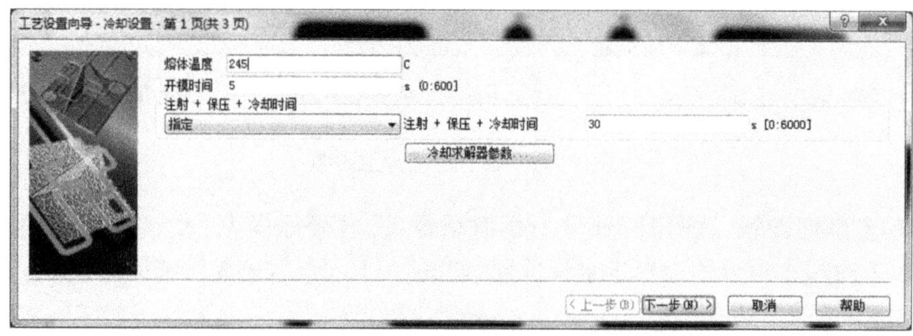

图 4-117　冷却分析设置

第 1 页上的相关参数主要包括:

- 熔体温度:对于本案例是指进料口处的熔体温度,默认值为 245℃,对于没有浇注系统的情况,则是指熔体进入模具型腔时的温度。
- 开模时间:是指一个产品注塑、保压、冷却结束到下一个产品注塑开始间的时间间隔,默认值为 5s。
- 注射、保压、冷却时间:开模+注射+保压+冷却时间=整体周期,即注射、保压、冷却和开模时间组成一个完整的注塑周期。如图 4-117 所示,选择下拉列表框中的指定,默认值为 30s;如果选择自动计算,则需要编辑开模时产品需要达到的标准,单击编辑项目顶出条件按钮 编辑目标顶出条件... ,其中包括两项内容,如图 4-118 所示。
- 单击冷却求解器参数按钮 冷却求解器参数... ,弹出如图 4-119 所示对话框,这里是一些冷却分析迭代计算时的参数设置,包括模具温度收敛公差、最大模温迭代次数等,一般采用默认值即可,这里不再介绍。

(2) 单击"下一步"按钮,进入第 2 页流动(填充+保压)分析设置,如图 4-120 所示。

相关参数主要包括(有关流动分析各工艺过程参数的含义详见 5.3.1 节):

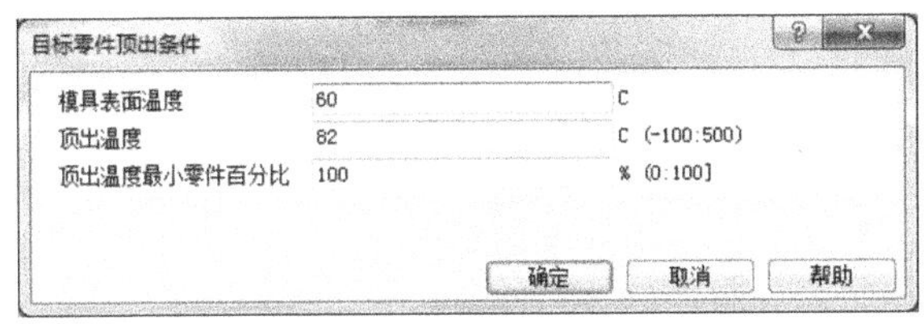

图 4-118　产品顶出要求

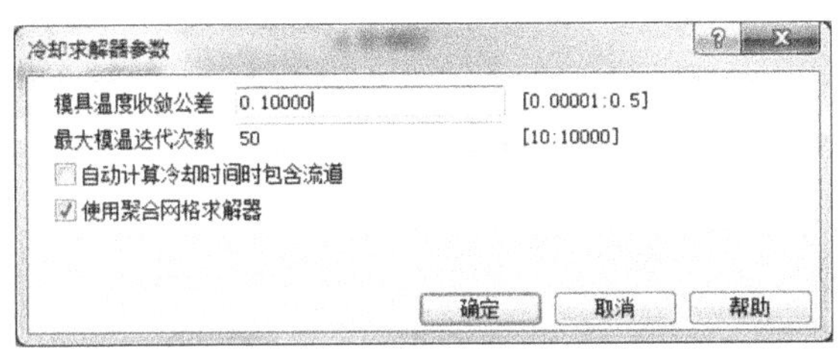

图 4-119　冷却求解器参数对话框

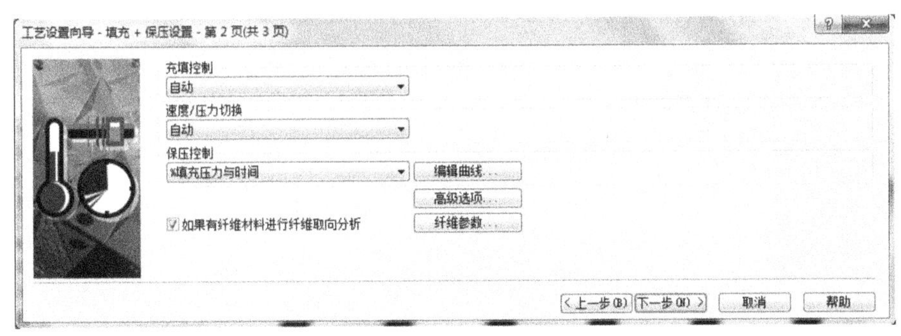

图 4-120　流动分析设置

● 填充控制:这里选择默认值自动控制。

● 速度/压力切换:注塑机由速度控制向压力控制的转换点,这里选择默认值自动控制。

● 保压控制:默认值采用保压压力与 V/P 转换点的填充压力相关联的曲线控制方法,%填充压力与时间控制曲线的设置如图 4-121(a)所示,转换成坐标曲线形式为图 4-121(b)。

在图 4-121 中,Filling pressure 表示分析计算时,Fill 过程中 V/P 转换点的填充压力,保压压力为 80%Filling pressure,时间轴的 0 点表示保压过程的开始点,也是填充过程的结束点。

注意:

保压压力的参数设置会在 Flow 流动分析结果中得到印证(参见 5.4.1 节)。

● 高级选项:这里包含一些注塑材料、注塑过程控制方法、注塑机型号、模具材料、解算模块参数的信息,一般选用默认值就可以了。

● 纤维参数:如果是纤维材料则会在分析过程中进行纤维定向分析的计算,相关的参

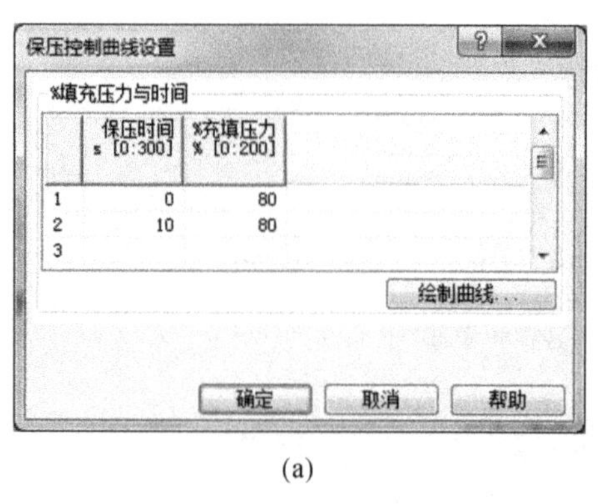

(a)

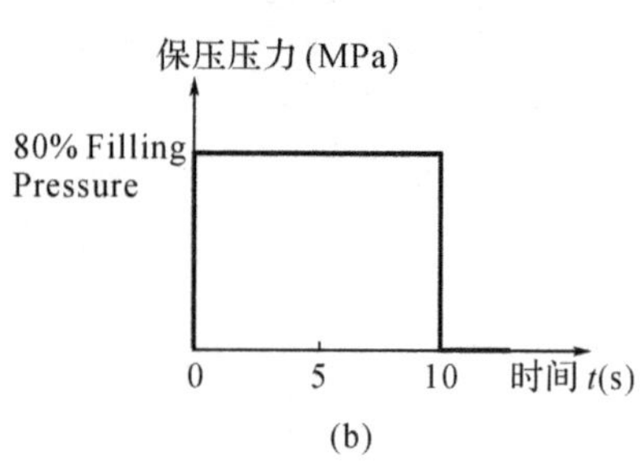

(b)

图 4-121 保压压力曲线的设定

数选用默认值，由于篇幅的原因这里不再介绍与解算器核心算法相关的内容，有兴趣的读者可以参考 AMI 的在线帮助。

(3) 单击“下一步”按钮，进入第 3 页翘曲分析设置，如图 4-122 所示，这里默认的翘曲分析类型为小变形分析。

图 4-122 翘曲分析设置

相关参数主要包括：

● 考虑模具热膨胀：在注塑过程中，随着模温的升高，模具本身会产生热膨胀的现象，从而导致型腔的扩大，选择该选项会考虑模具的热膨胀，从而对分析结果产生影响。

● 分离翘曲原因：独立的翘曲因素分析，选择该选项将会在变形分析结果中分别列出冷却、收缩率和分子定向等因素对产品变形量的贡献。

● 考虑角效应：使用迭代解算器，该选项针对大型网格模型（单元数超过 50 000），可以提高计算效率，减少分析时间。

(4) 单击“完成”按钮，结束过程参数的设置。

注意：

在本节所介绍的过程参数中，大多数选择的是默认值，读者可以根据生产的实际情况来设置和选择一些参数。特别是在修模和试模的过程中，使用者应该根据实际情况来反复调整过程工艺参数，得到满意的注塑结果。

一些涉及解算器原理的内容，这里仅进行了粗略的介绍，如果读者感兴趣，可以结合

AMI 的帮助文档和相关的数学算法、聚合物等参考文献，进行深入的学习。

4.2.10 前处理完成

通过上面介绍的这些内容，完成了本案例的分析前处理工作，分析任务窗口显示如图 4-123 所示，表示前处理的各项工作均已完成。

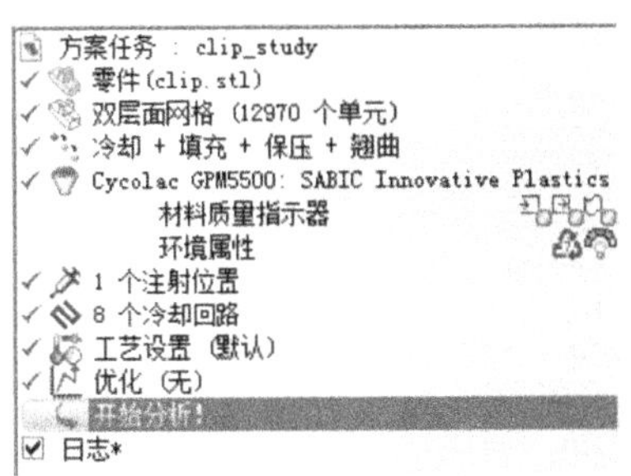

图 4-123 分析任务窗口

4.3 分析计算

在完成了产品模型的前处理之后，即可进行分析计算，整个解算器的计算过程基本由 AMI 系统自动完成。

双击任务栏窗口中的开始分析！ **开始分析！**，解算器开始计算，任务栏窗口显示如图 4-124 所示。

选择分析→作业管理器命令可以看到任务队列，如图 4-125 所示。从中可以看出 AMI 的分析计算过程是一个反复迭代的过程。

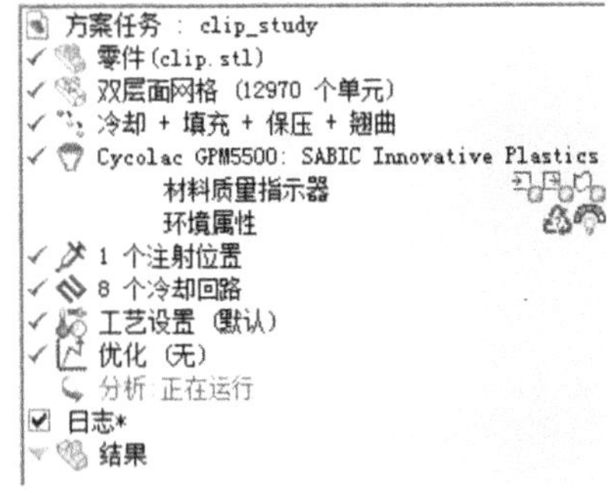

图 4-124 分析计算进行中

通过分析计算的分析日志，可以监控分析的整个过程，输出的信息包括：

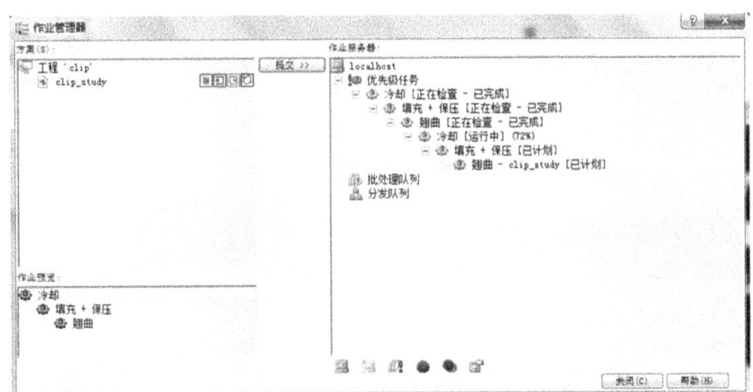

图 4-125 分析任务队列

● 产品模型的网格读入和单元检查,如图 4-126 所示。

```
已执行: Thu Sep 05 23:04:21 2013
   网格类型                          = 双层面
   节点数                            =        6581
   柱体单元数                        =         176
   三角形单元数                      =       12794
   四面体单元数                      =           0

正在读取节点数据...
正在读取柱体单元数据...
正在读取三角形单元数据...

分析已检测到自从初始网格生成以后存在网格
更改 ... 正在重新计算网格匹配和厚度信息
正在处理双层面网格...
正在使用最大球体算法计算匹配
...已完成处理双层面网格
   计算几何体影响的方法              = 理想

   冷却分析类型                      = 手工

   零件单元总数                      =       12824
   流道单元总数                      =          30
   模具单元总数                      =         494
   回路单元总数                      =         146
```

图 4-126 读入产品网格模型

● 各解算器的迭代计算参数设置,如图 4-127 所示。

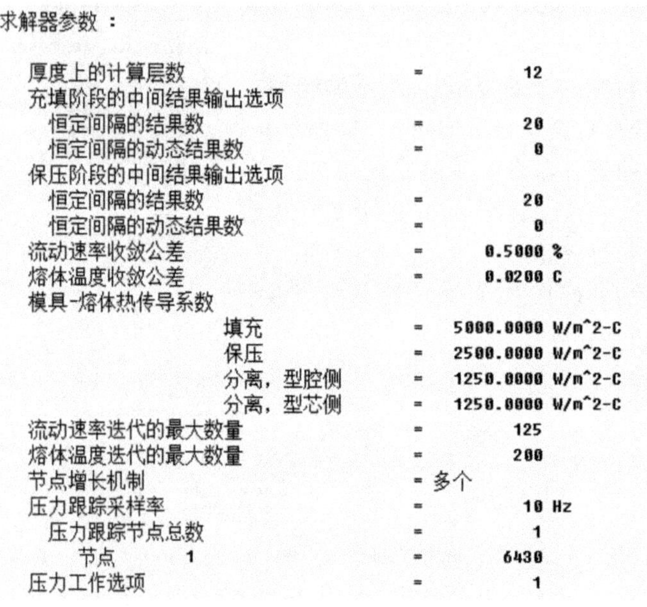

```
求解器参数 :

   厚度上的计算层数                        =          12
   充填阶段的中间结果输出选项
     恒定间隔的结果数                      =          20
     恒定间隔的动态结果数                  =           0
   保压阶段的中间结果输出选项
     恒定间隔的结果数                      =          20
     恒定间隔的动态结果数                  =           0
   流动速率收敛公差                        =     0.5000 %
   熔体温度收敛公差                        =     0.0200 C
   模具-熔体热传导系数
                        填充               =   5000.0000 W/m^2-C
                        保压               =   2500.0000 W/m^2-C
                        分离, 型腔侧       =   1250.0000 W/m^2-C
                        分离, 型芯侧       =   1250.0000 W/m^2-C
   流动速率迭代的最大数量                  =         125
   熔体温度迭代的最大数量                  =         200
   节点增长机制                            = 多个
   压力跟踪采样率                          =          10 Hz
     压力跟踪节点总数                      =           1
       节点         1                      =        6430
   压力工作选项                            =           1
```

图 4-127 填充分析解算器参数设置

● 注塑材料属性,如图 4-128 所示。

● 过程参数的设定信息,如图 4-129 所示。

```
材料数据 :

  树脂    : Cycolac GPM5500 : SABIC Innovative Plastics US, LLC
  ---------
  pvT 模型:     两域修正 Tait
                 系数: b5 =     373.8500 K
                                b6 =  3.1500E-07 K/Pa
                                液体阶段              固体阶段
                                -------------------------------
                                b1m =       0.0010  b1s =       0.0010 m^3/kg
                                b2m =   6.3300E-07  b2s =   3.3800E-07 m^3/kg-K
                                b3m =   1.8305E+08  b3s =   2.4588E+08 Pa
                                b4m =       0.0049  b4s =       0.0043 1/K
                                                    b7  =       0.0000 m^3/kg
                                                    b8  =       0.0000 1/K
                                                    b9  =       0.0000 1/Pa

  比热(Cp)                                =   2244.0000 J/kg-C

  热传导率                                =      0.2720 W/m-C
```

图 4-128　注塑材料属性

```
工艺设置 :

  注塑机参数:
  ------------------
  最大注塑机锁模力                          = 7.0002E+03 tonne
  最大注射压力                              = 1.8000E+02 MPa
  最大注塑机注射率                          = 5.0000E+03 cm^3/s
  注塑机液压响应时间                        = 1.0000E-02 s

  工艺参数:
  ------------------
  充填时间                                  =       0.8321 s
  自动计算已确定注射时间。
  射出体积确定                              = 自动
  周期时间                                    =      35.0000 s

  速度/压力切换方式                         = 自动
  保压时间                                  =      10.0000 s
  螺杆速度曲线(相对):
    % 射出体积             % 螺杆速度
   -----------------------------------
           0.0000             100.0000
         100.0000             100.0000
  保压压力曲线(相对):
           保压时间   % 充填压力
   ---------------------------------
          0.0000 s             80.0000
         10.0000 s             80.0000
         19.1679 s              0.0000
  环境温度                              =      25.0000 C
  熔体温度                              =     245.0000 C
  理想型腔侧模温                        =      60.0000 C
  理想型芯侧模温                        =      60.0000 C

  注释:正在使用来自冷却分析的模壁温度数据
```

图 4-129　过程参数设置信息

注意：

可以看到，在分析计算过程中，将冷却分析后的模温结果代入流动分析进行迭代计算。

● 各类型分析的进度和部分结果如图 4-130 所示，在填充分析的进度显示中可以清楚地看到有关时间、填充程度、压力、缩模力、熔体流速和 V/P 转换情况。

充填阶段：　　状态：V = 速度控制
　　　　　　　　　　P = 压力控制
　　　　　　　　　　V/P= 速度/压力切换

时间 (s)	体积 (%)	压力 (MPa)	锁模力 (tonne)	流动速率 (cm^3/s)	状态
0.05	4.95	3.96	0.00	13.88	V
0.08	8.78	5.34	0.00	13.45	V
0.13	13.24	6.66	0.01	14.19	V
0.17	17.71	8.85	0.07	11.77	V
0.21	22.29	10.54	0.10	14.33	V
0.25	27.07	11.16	0.13	14.38	V
0.29	31.48	11.65	0.16	14.37	V
0.33	36.04	12.21	0.21	14.38	V
0.37	40.57	12.79	0.27	14.37	V
0.42	45.09	13.40	0.35	14.38	V
0.46	49.76	14.06	0.45	14.39	V
0.50	54.24	14.75	0.57	14.39	V
0.54	58.80	15.45	0.71	14.40	V
0.58	63.17	17.68	1.55	14.22	V
0.62	67.68	19.30	2.04	14.37	V
0.67	72.16	20.88	2.55	14.38	V
0.71	76.69	22.54	3.12	14.41	V
0.75	81.20	24.12	3.68	14.43	V
0.79	85.47	25.66	4.27	14.45	V
0.83	89.98	27.31	4.93	14.46	V
0.87	94.36	28.90	5.61	14.46	V
0.92	98.79	30.58	6.37	14.46	V
0.92	98.98	30.62	6.40	14.36	V/P
0.93	99.86	24.50	5.52	6.76	P
0.93	99.94	24.50	5.43	7.28	P
0.93	100.00	24.50	5.42	7.28	已充填

填充阶段的计算时间 = 307.17 s

图 4-130　填充分析进程

在分析日志中经常会出现有关网格模型的警告 Warning 和错误 Error 信息，用户可以根据这些信息，对产品模型进行相应的修改和完善，从而获得更为可靠的分析计算结果。

分析计算过程一般所需要的时间是比较长的，分析结束后，任务栏窗口显示如图 4-131 所示。从中可以看到分析结束后，各项分析结果显示了出来。

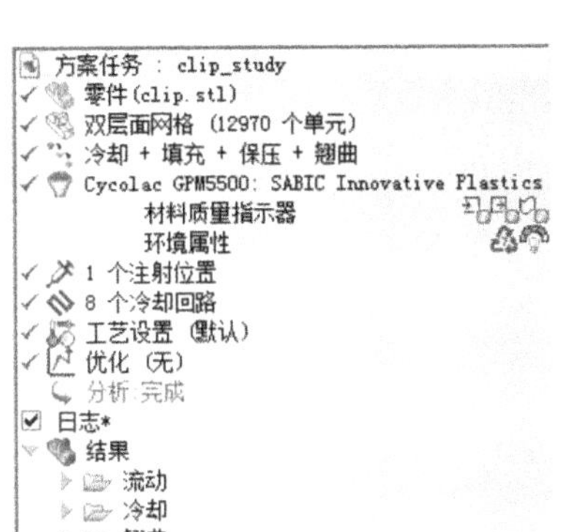

图 4-131 分析结果

4.4 结果分析及相关后处理

分析计算结束后,AMI 会生成大量的文字、图形和动画结果,并且分类显示在任务栏窗口中。由于分析结果内容非常丰富,不可能一一介绍,这里仅仅分析一些相关的计算结果。

4.4.1 流动分析结果

1. 充填时间

充填时间为动态结果,它可以显示从进料开始到充模完成整个注塑过程中,任一时刻流动前锋的位置。如图 4-132 所示,为熔体充满型腔时的结果显示,选择结果→检查结果命令,可以单击产品上的任意位置,从而显示熔体到达该位置的时间。

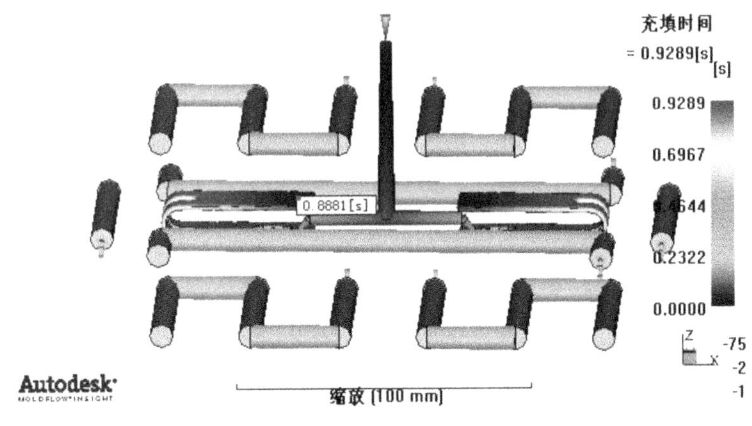

图 4-132 充填时间

较为均衡的填充过程在充填结果结果中主要体现在两个方面:

- 熔体基本上在同一时刻到达型腔各端部;
- 以等值线形式(在结果→图形属性中可以设置,在方法中选择等值线,如图 4-133 所示）显示的结果中，等值线间距比较均匀，因为同一结果中稀疏的等值线表示流速缓和，密集的等值线表示流速湍急，如图 4-134 所示。

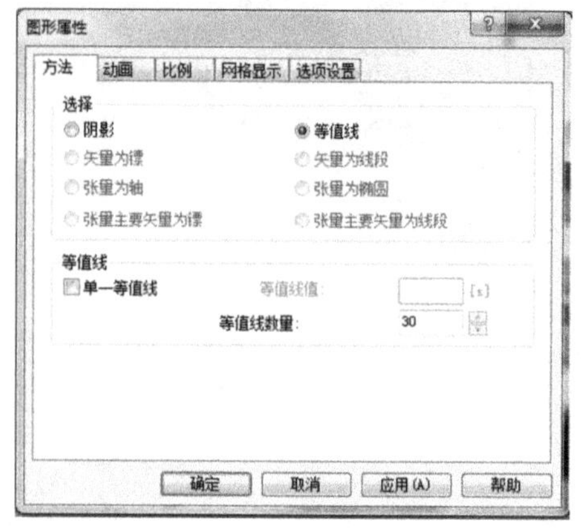

图 4-133　图形属性对话框

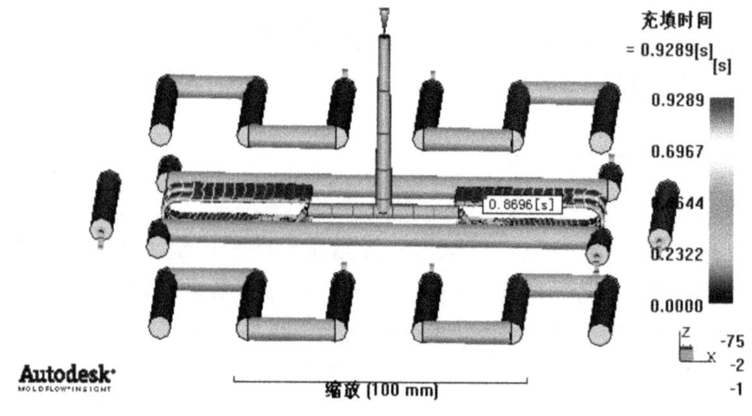

图 4-134　充填时间的等值线显示

注意：

利用充填时间结果可以发现以下一些注塑过程中出现的问题：

● 欠注和迟滞——在充填时间结果中，欠注部分以灰色显示，非常明显，还有一种情况，当等值线密集在一个很小的区域内时往往会发生迟滞现象，从而导致欠注；

● 过保压：如果熔体在某一个方向的流路上首先充满型腔，就有可能发生过保压的情况，过保压可能会导致产品不均匀的密度分布，从而使产品超出设计重量，浪费材料，更为严重的是导致翘曲发生，如图 4-135 所示；

● 熔接痕和气穴——将熔接痕和气穴的分析结果叠加到充填时间的结果上，可以清楚地再现缺陷的产生过程。

2. 填充末端压力

填充末端压力显示了填充结束时的腔内及流道内的压力分布，如图 4-136 所示，此时进料口处的最大压力为 24.50MPa。

注意：

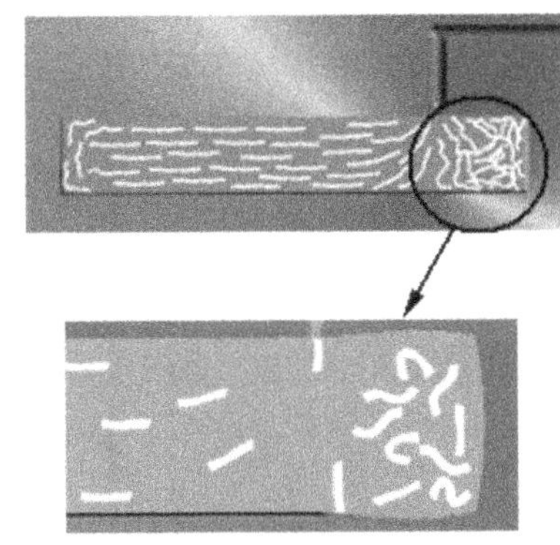

图 4-135　过保压的情况

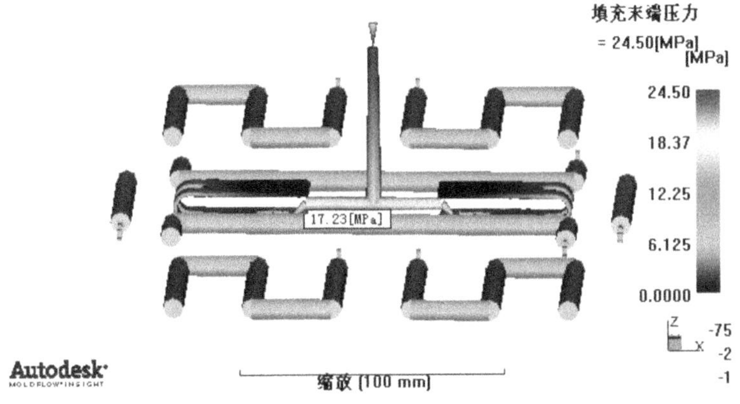

图 4-136　填充末端压力显示

由于压力会影响到产品的体积收缩，因此要求压力分布要尽可能的均匀，从显示结果上看就是颜色变化均匀，或者是等值线分布均匀。

还要注意一点就是与压力结果的区分，压力结果显示的是产品上各点在整个注塑过程内(填充、冷却、保压)的压力动态变化。

3. 注射位置处压力：XY 图

注射位置处压力：XY 图为产品进料口位置的压力在注射、保压、冷却整个过程中的变化图，如图 4-137 所示。

将图 4-137 与图 4-121 比较可以明显看出保压曲线的设置在分析计算过程中得到了很好的执行和体现。

4. 填充末端总体末端

填充末端总体温度是沿产品壁厚方向上以熔体流速为权值的温度，它表示产品上某一位置的能量传递值。如图 4-138 所示，腔内熔体的最高平均温度为 248.1℃。

注意：

通过填充末端总体温度的显示结果，可以发现产品在注塑过程中温度较高的区域，如果最高平均温度接近或超过聚合物材料的降解温度，或者是出现局部过热的情况，都需要重新设计浇注、冷却系统，或者是改变工艺参数。

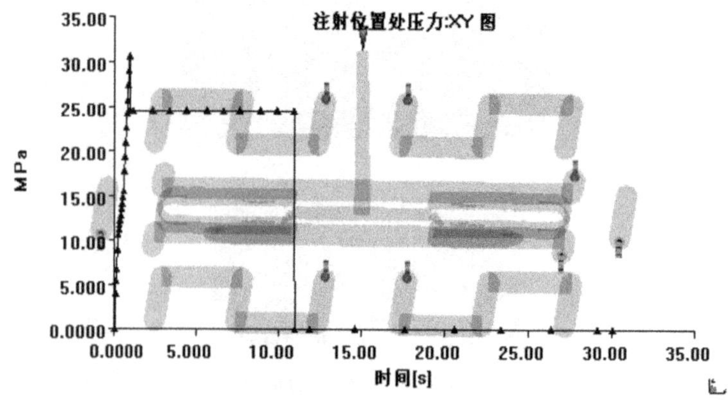

图 4-137　注射位置处压力:XY 图

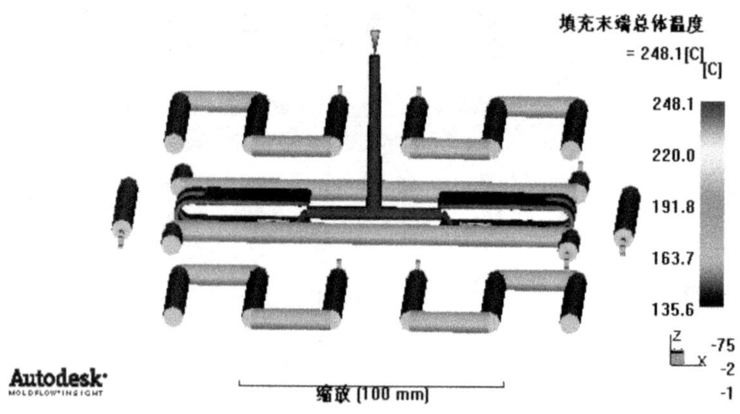

图 4-138　填充末端总体温度

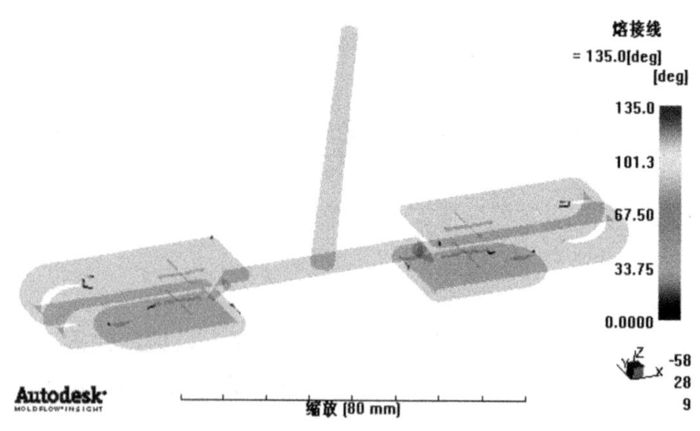

图 4-139　熔接线显示

5. 熔接线

熔接线容易使产品强度降低,特别是在产品可能受力的部位产生的熔接线会造成产品结构上的缺陷。同时熔接线还会造成产品表面质量不过关。如图 4-139 所示为产品上的熔接痕的位置，将熔接痕结果叠加在充填时间的结果上还可以分析熔接痕产生的机理，从而可以更合理地修改设计，如图 4-140 所示。

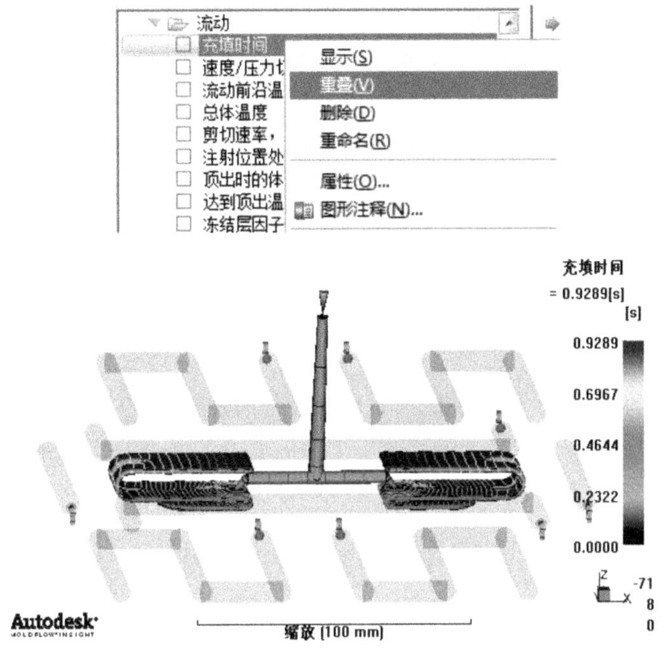

图 4-140　熔接线与充填时间叠加显示

熔接痕的消除和相应的模具修改方法在第 2 章中已经进行了介绍。

6. 气穴

气穴的显示结果如图 4-141 所示，它也可以和充填时间的动态结果叠加。

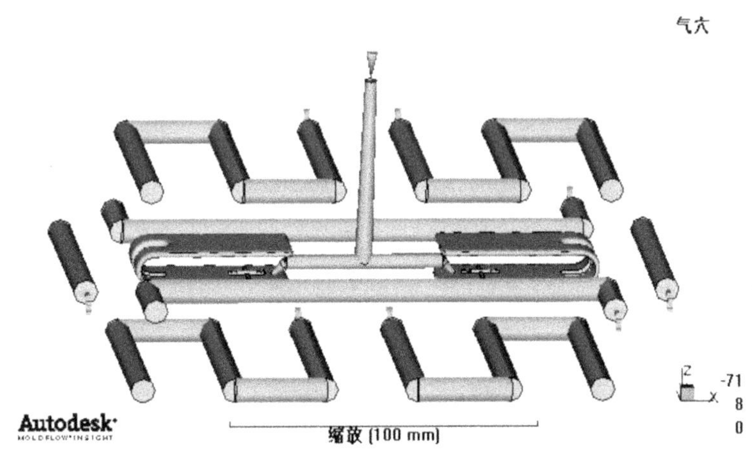

图 4-141　气穴显示

4.4.2 冷却分析结果

1. 最高温度,零件

“最高温度,零件”显示了冷却周期结束时计算出的产品上的最高温度,如图 4-142 所示,最高温度值为 62.34℃。

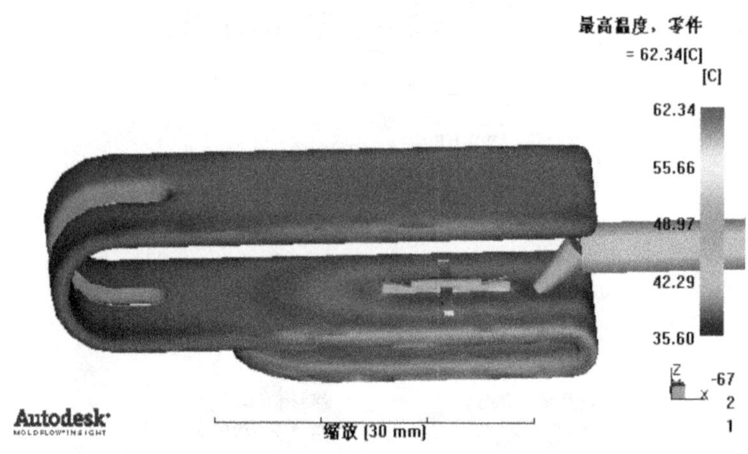

图 4-142　零件最高温度显示

产品经过冷却的最高温度应该低于设定的产品顶出温度。在过程参数设置中,顶出温度设定为 82℃,分析结果显示满足要求。

2. 回路冷却液温度

回路冷却液温度显示了冷却周期结束时计算出的冷却系统中冷却液的温度,如图 4-143 所示。

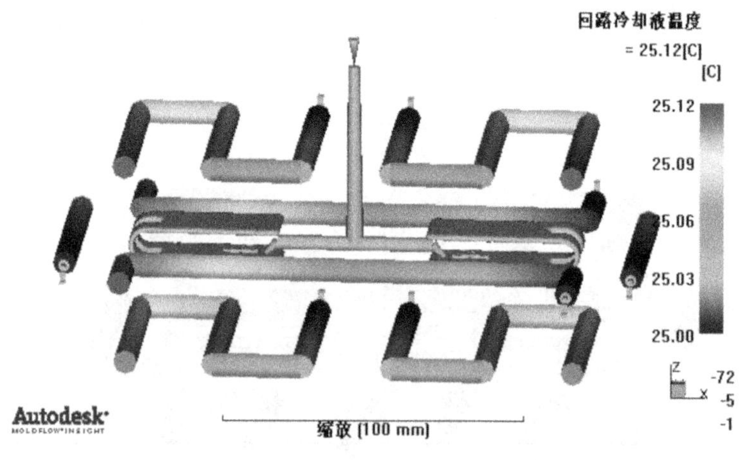

图 4-143　冷却液温度

回路中的冷却介质的升温应该小于 2～3℃,本案例中冷却水升温仅有 0.12℃,显然满足要求。

4.4.3 翘曲分析结果

翘曲分析结果在任务栏窗口中的显示如图4-144所示。

从图中可以清楚地看到，翘曲分析的结果分为4类：总体变形、冷却不均导致的变形、收缩不均导致的变形和分子取向因素导致的变形。每一类变形又分为总变形量和 X、Y、Z 3个方向上的分量，这里着重分析 Z 轴方向上的产品变形。

图 4-144 翘曲分析结果在任务栏中的显示

1. Z 轴总变形量

产品在 Z 轴方向的总变形量如图4-145所示，最大变形值为0.6662mm。

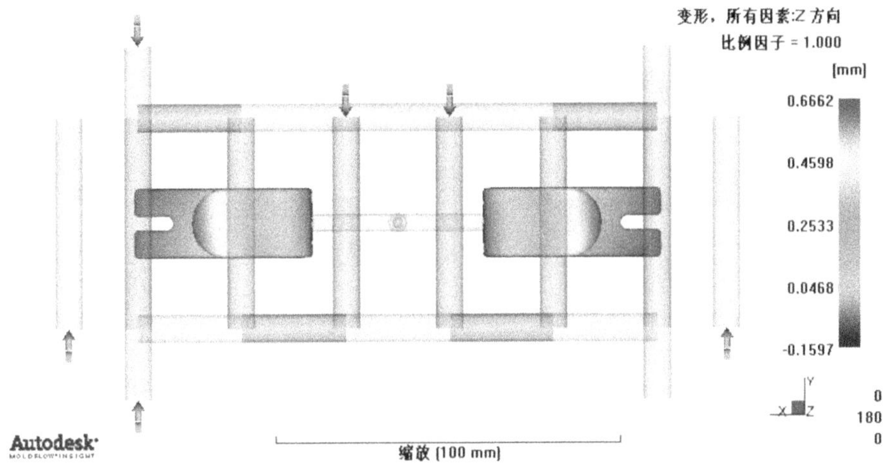

图 4-145 Z 轴方向的总变形量的显示

在图中可以测出两点之间的相对变形量，选择结果→检查结果，选择显示结果中的两点，得到相对变形量为0.09mm，如图4-146所示。

2. Z 轴冷却因素影响下的变形量

用同样的方法可以得到 Z 轴冷却因素影响下的两点间的相对变形量，如图4-147所示。

3. Z 轴收缩因素影响下的变形量

Z 轴收缩因素影响下的两点间的相对变形量为0.01mm，如图4-148所示。

4. Z 轴分子取向因素影响下的变形量

Z 轴分子取向因素影响下的两点间的相对变形量为0mm，如图4-149所示。

5. 翘曲综合分析

通过上述产品翘曲变形量的定量分析，可以得出以下结论：

- Z 轴方向总体的相对变形量为0.09mm，基本满足设计要求；
- 冷却因素对 Z 向的翘曲变形影响最大，而收缩和分子取向的影响相对较小。

注意：

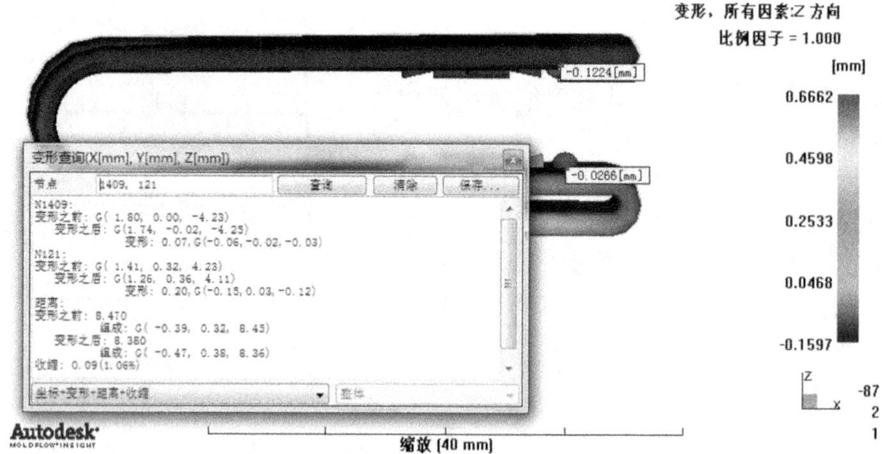

图 4-146 两点 Z 向的相对总变形量

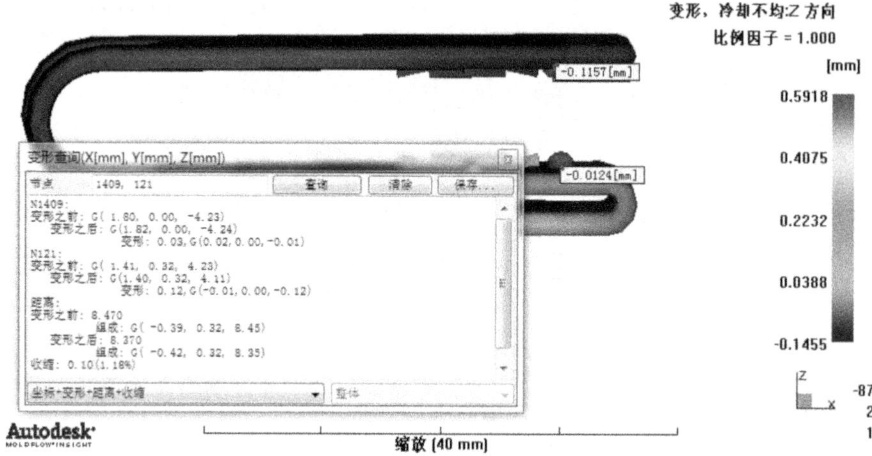

图 4-147 两点在冷却因素影响下的 Z 向相对变形量

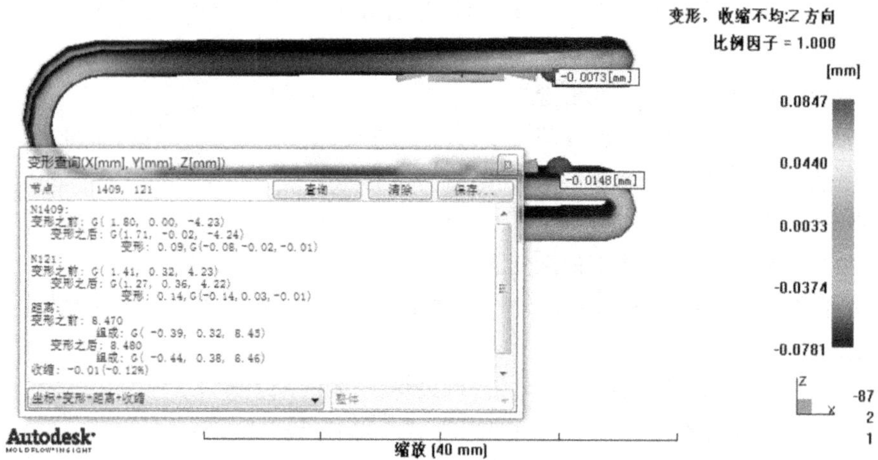

图 4-148 两点在收缩因素影响下的 Z 向相对变形量

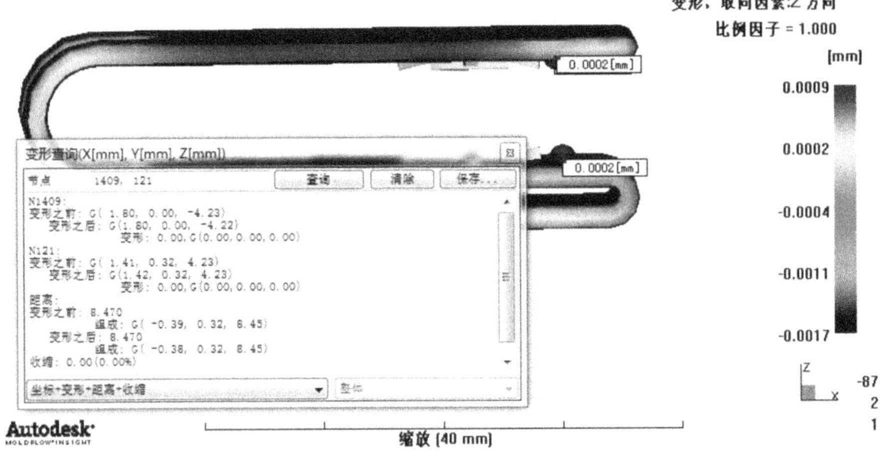

图 4-149　两点在分子取向因素影响下的 Z 向相对变形量

产品模型网格划分的是否合理，对结果会有较大的影响，因此为了得到与实际情况相接近的结果，读者应该在掌握了基本的分析流程和方法的基础上，重点做好网格划分和修改的工作，可以说网格模型是 AMI 分析成功与否的基石。

4.5　小　结

本章详细地介绍了在 AMI 系统中对产品完整的成型过程进行模拟的方法，其中包括：基本网格模型的创建，浇注系统和冷却系统的创建，工艺过程参数的设置，计算结果的分析和相应的后处理。

读者通过本章的学习，应该掌握：

- 基本的分析流程和方法；
- 基本分析模型的创建；
- 基本工艺参数的设置；
- 分析计算结果的基本组织结构。

第5章　浇口位置设计案例——手机面板

5.1　概　述

浇口位置的设定直接关系到熔体在模具型腔内的流动，从而影响聚合物分子的取向和产品成型后的翘曲，因此选择合理的浇口位置在模制产品的设计中是十分重要的。在设计产品浇口位置时，应该遵循以下原则。

● 浇口相对居中，保证在型腔内均衡的流动长度

各方向上平衡的流动长度可以保证均衡的保压和较小的产品收缩差异，从而有效提高产品质量。

● 浇口位置对称，避免翘曲现象

对于形状对称的产品，浇口位置的对称能够避免产品的翘曲。

● 浇口尽量设置在产品厚壁的位置

浇口设置在产品的厚壁处，可以保证熔体在型腔内流动的通畅和正常的保压，从而避免缩痕、缩孔等缺陷的产生。

● 对于细长形的产品，浇口设置在产品的端部

对于细长形的产品，浇口设置在产品的端部可以保证熔体均匀地流动，从而获得良好的分子取向，避免产品的翘曲。

● 避免将浇口设置在产品的承重部位

浇口的位置一般会由于熔体流速、压力比较大而产生较大的内应力，因此要避免将浇口设置在产品的承重部位。

● 将浇口设置在非外观面

为保证产品的外观质量，应将浇口设置在产品的非外观面。

● 浇口的位置要利于排气

不良的排气，不仅会造成困气、欠注、烧痕等缺陷，而且会导致较高的注塑和保压压力。

● 设置浇口位置要考虑熔接痕的情况

浇口的设置要尽量避免熔接痕出现在重要的外观面，同时要尽量使熔接痕在注塑压力较高的区域生成，从而保证熔接痕部位的产品强度。

手机面板的品质要求很高，因此浇口位置的选取非常重要，根据上面的原则，总体上要保证以下的一些基本要求：

● 熔体的流动平衡性；

● 较高的表面质量，即熔接痕较少；
● 较好的产品强度；
● 产品成型后的翘曲变形较小，即注塑过程中温度分布均匀。

考虑到上述问题，在模具设计阶段就可以借助 AMI 强大的分析能力，合理地设计模具系统和浇口位置，避免一些潜在的问题，提高试模的一次成功率，从而缩短产品的设计和上市周期，大大降低生产成本，提高企业的竞争力。

本章所要介绍、分析的手机面板如图 5-1 所示。

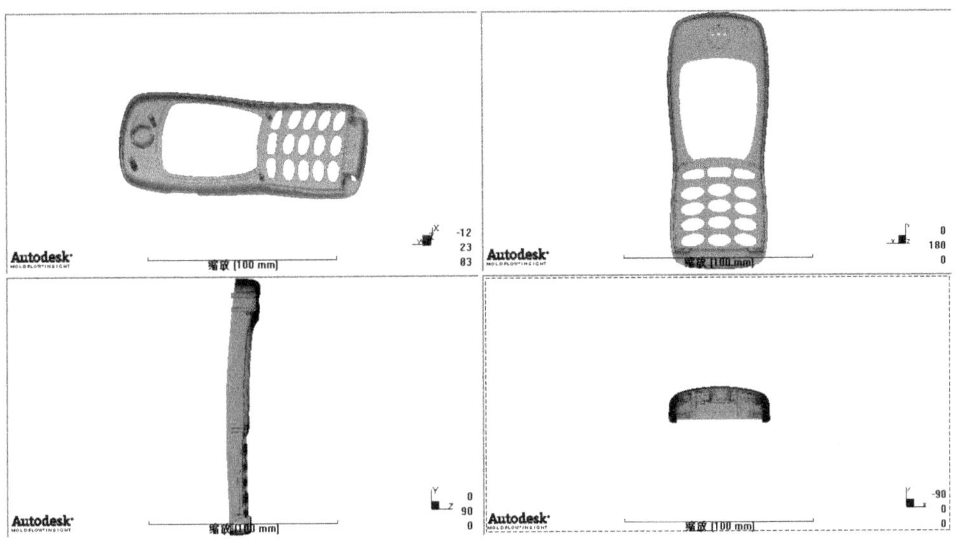

图 5-1 手机面板模型

本章的内容侧重于介绍如何利用 AMI 的分析工具，同时与实际经验相结合，找到最佳的浇口位置。并且对成型过程进行模拟，通过对计算结果的分析，预先发现设计中和成型后可能存在的问题，给出合理的修改意见，设计出最佳的方案。

5.2 最佳浇口位置分析

AMI 系统中最佳浇口位置分析模块，可以用来为你的设计分析过程找到一个初步的最佳的浇口位置。浇口位置的分析结果可以为进一步完整的流动分析提供一个参考的浇口位置，也许该浇口位置并不是你的最终设计结果，但是它对你的设计会有很好的参考价值。

浇口位置的分析主要基于以下一些因素：

● 流动的平衡性；
● 型腔内的流动阻力；
● 产品的形状和壁厚；
● 注塑成型中浇口位置的可行性等。

在浇口位置分析计算开始前，需要完成的前处理包括：

- 模型导入和网格划分；
- 注塑材料的选择；
- 过程工艺参数的设置(可以使用默认设置)。

对于单浇口的情况，基本的浇口位置可以不用预先设置，分析结果会给出一个最佳的浇口位置；对于多浇口的情况，如果预先给出了若干浇口位置，则分析计算会在考虑流动阻力和流动平衡的基础上，再给出一个额外的浇口位置，从而保证流动的平衡性。

因此，对于本章介绍的手机面板，首先要对其进行浇口位置分析，初步找到设置浇口的最佳区域。

5.2.1 分析前处理

在浇口位置分析前所要完成的前处理工作主要包括以下内容：

- 项目创建和模型导入；
- 网格模型的建立；
- 分析类型的设定；
- 材料选择和工艺过程参数的设定。

在前面的章节中已经详细介绍了分析前处理的步骤和方法，这里仅仅给出一个相对简单的流程。

1. 项目创建和模型导入

在指定的位置创建分析项目，并导入手机面板的 STL 格式模型。

【操作步骤】

(1) 创建一个新的项目，选择文件→新建工程命令，此时，系统会弹出项目创建路径对话框，我们需要在工程名称文本框中输入项目名称 mobile_phone，单击确定按钮，默认的创建路径是 AMI 的项目管理路径，当然读者也可以自己选择创建路径，如图 5-2 所示。

图 5-2 创建新项目

(2) 导入手机面板的 STL 文件 phone. stl，选择文件→导入命令，在弹出的对话框中选择 phone. stl 文件，单击“打开”按钮，如图 5-3 所示。

(3) 在自动弹出的导入对话框中，选择网格类型双层面和尺寸单位毫米，单击确定按钮，如图 5-4 所示，手机面板的模型被导入。

(4) 将分析任务 study 的名称由默认的 phone_study 改为 phone_best_gate_location，模型导入完成，结果如图 5-5 和图 5-6 所示。

图 5-3　选择模型的 STL 文件

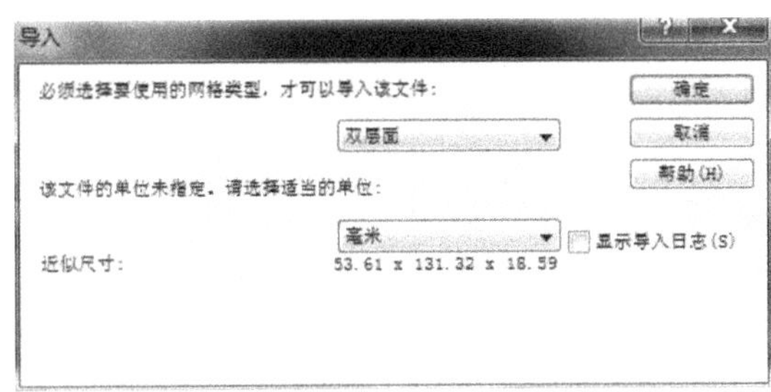

图 5-4　导入参数选择

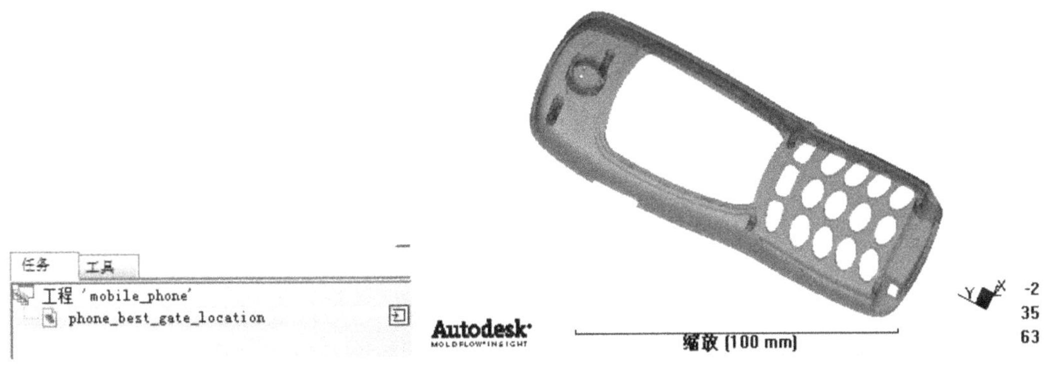

图 5-5　模型导入

图 5-6　手机面板模型

2. 网格模型的建立

网格模型的建立包括网格的自动划分和手工修改。

【操作步骤】

（1）网格的初步划分，在任务窗口中双击创建网格图标 创建网格...，或者选择网格→生成网格命令，会弹出网格生成对话框，如图 5-7 所示，在全局网格边长文本框中输入 2mm，其他参数设置采用默认值，单击立即划分网格按钮。

（2）AMI 系统自动生成的网格如图 5-8 所示，选择网格→网格统计命令查看网格信息，如图 5-9 所示。

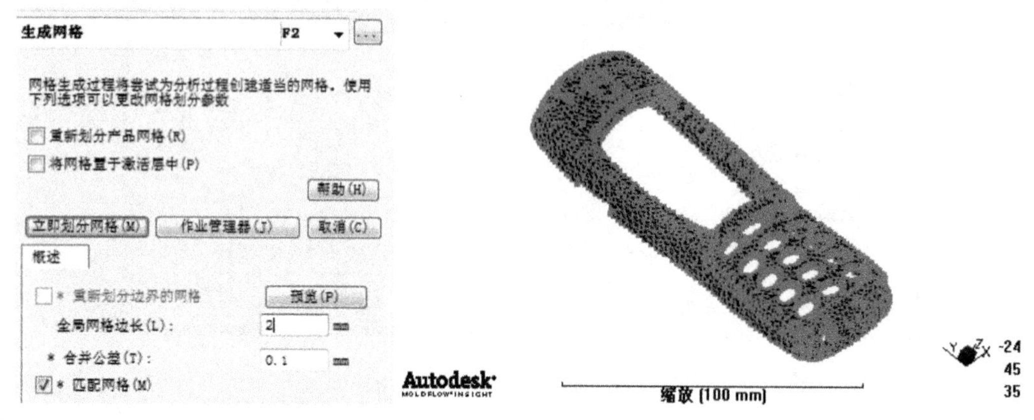

图 5-7　网格生成对话框　　　　图 5-8　网格自动划分结果

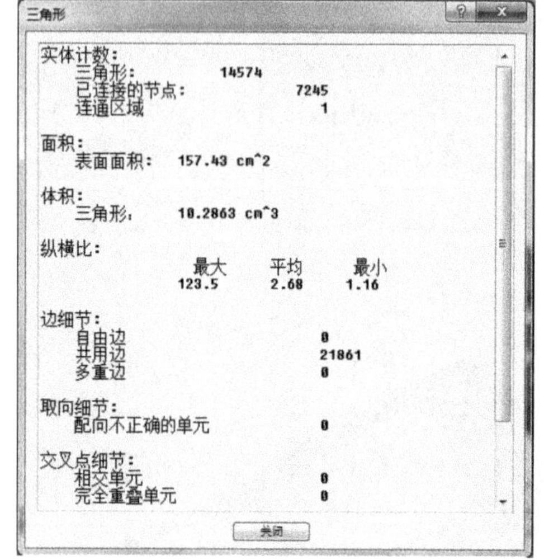

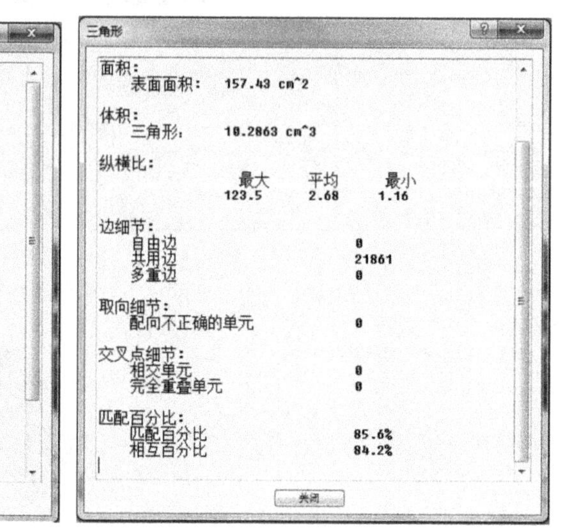

图 5-9　自动划分的网格状态信息

（3）网格缺陷的修改，从图 5-9 中可以发现自动生成的网格存在较多的缺陷，因此需要对网格缺陷进行修改，网格修改原则如下：

- 连通区域的个数应该为 1；
- 自由边和多重边的个数应该为 0；
- 配向不正确的单元的个数应该为 0；
- 相交单元的个数应该为 0；

- 完全重叠单元的个数应该为 0；
- 纵横比数值视具体情况而定，一般最大值应在 10～20 之间；
- 匹配百分比应大于 85%。

网格修改的工作量很大，由于篇幅的原因，不可能一一详述，读者可以根据前面章节和《MoldFlow 模具分析技术基础》一书里介绍的内容和方法，自己进行网格的修改练习，我们给出一个参考的修改结果（参见配书光盘：\mobile_phone\phone_best_gate_location.sdy），该结果中的网格状态信息如图 5-10 所示。

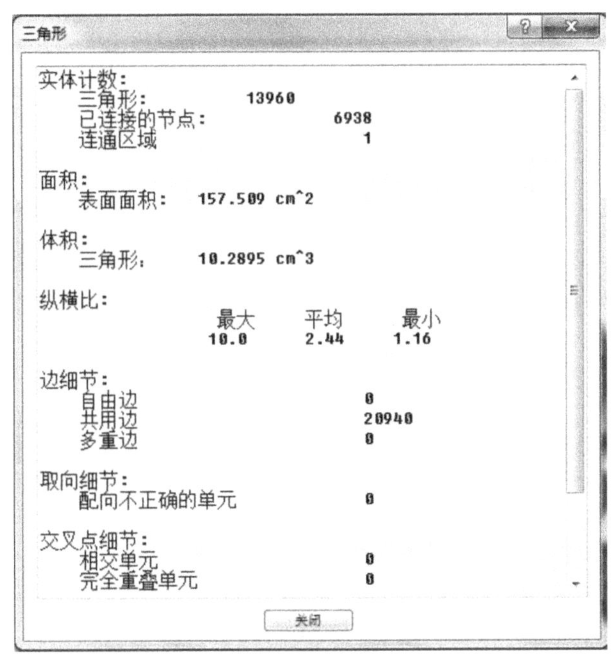

图 5-10　修改后的网格状态信息

注意：

网格的修改结果不是唯一的，因此只要按照修改的原则和目标，经过耐心细致的修改，一定可以得到比较理想的网格模型。

3. 分析类型的设定

在完成产品网格模型的建立之后，依照分析任务窗口中的顺序，我们将设置分析类型及分析内容的次序。

选择分析→设置分析序列→浇口位置命令，设置结果如图 5-11 所示。

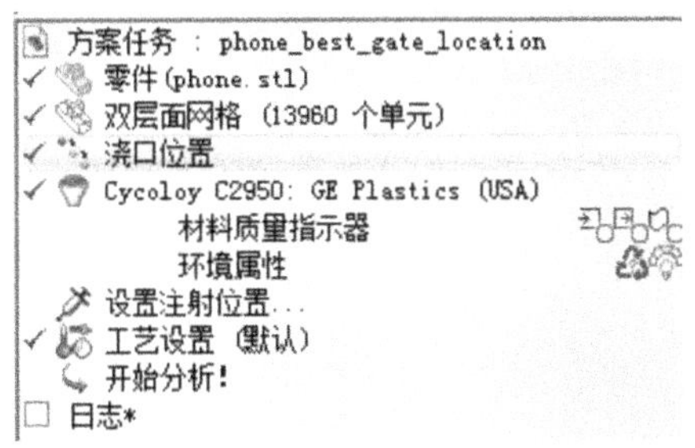

图 5-11　分析类型设置结果

4. 材料选择

在完成了分析类型的设置之后，再来选择产品的注塑原料。手机面板所采用的材料为 ABS+PC 材料，其牌号为 Cycoloy C2950。

【操作步骤】

(1) 选择注塑材料。选择分析→选择材料命令,如图 5-12 所示,单击搜索按钮,弹出搜索条件对话框如图 5-13 所示,在牌号栏的子字符串文本框中输入 Cycoloy C2950,单击搜索按钮。弹出搜索结果对话框如图 5-14 所示,选择 3 号材料。

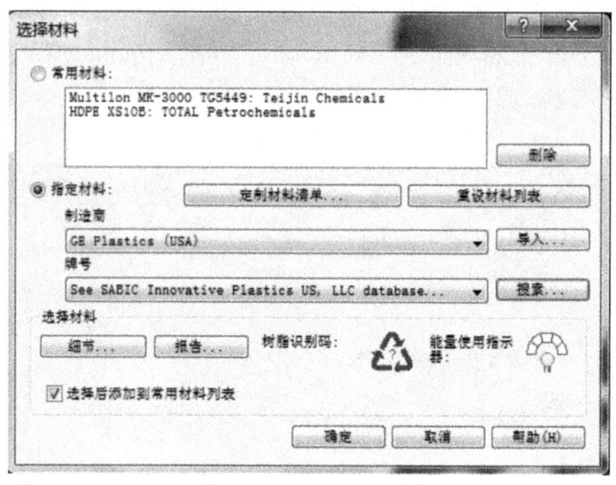

图 5-12　选择材料

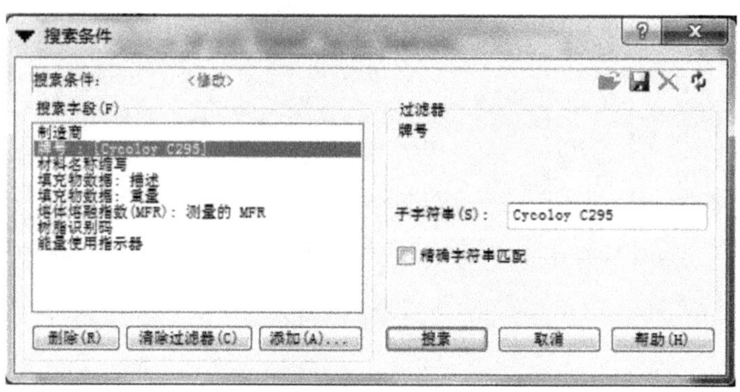

图 5-13　搜索条件对话框

图 5-14　搜索结果

(2) 在分析任务栏窗口中，材料栏一项正确显示出所选材料为 Cycoloy C2950：SABIC Innovative Plastics US，LLC，如图 5-15 所示。

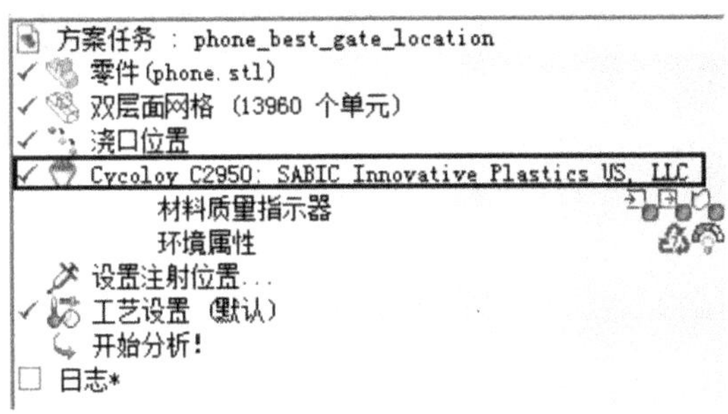

图 5-15　材料选择完成

5. 工艺过程参数的设定

工艺过程参数选用默认设置，这里主要介绍浇口位置分析中各项过程参数的意义。

在方案任务窗口中，双击工艺设置按钮 ✓ 工艺设置 (默认)，系统弹出工艺过程参数对话框，如图 5-16 所示。

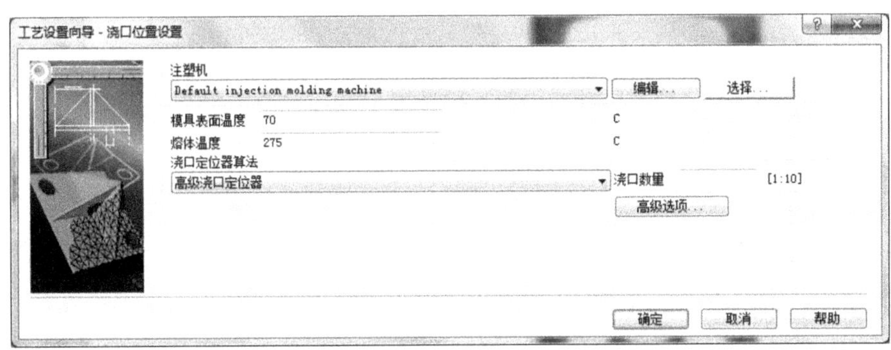

图 5-16　默认的工艺过程参数

【操作步骤】

(1)注塑机

默认设置为——Default injection molding machine，单击编辑按钮可以查看和修改目前选定的注塑机参数，弹出的对话框如图 5-17 所示。

① 描述，如图 5-17 所示。

② 注射单元，参数如图 5-18 所示。

- 最大注塑机注射行程：默认。
- 最大注塑机注射速率：5000cm^3/s。
- 注塑机螺杆直径：默认。
- 充填控制：该参数是控制注塑过程中螺杆速度的参数选项，可选的控制方法有 3 种：
  - ➢ 利用行程和螺杆速度关系控制；
  - ➢ 利用螺杆速度和时间关系控制；

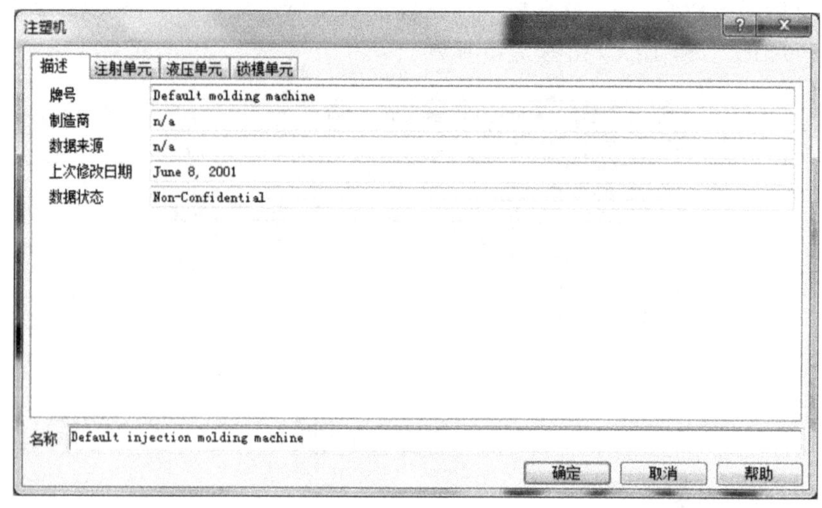

图 5-17　注塑机概述

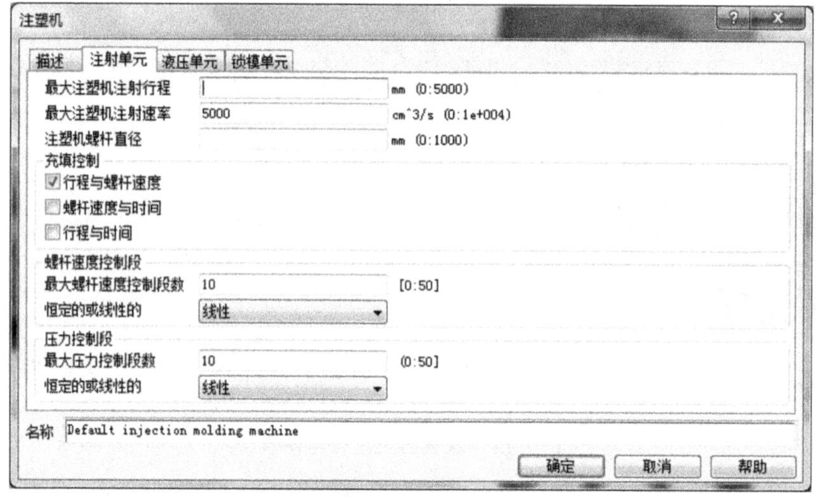

图 5-18　注塑模块参数

➢ 利用行程和时间关系控制。

- 螺杆速度控制段:该参数是用来确定注塑过程中螺杆速度分段描述的分段数的。
  ➢ 最大螺杆速度控制段数:10;
  ➢ 恒定的或线性的:线性。
- 压力控制段:该参数是用来控制注塑过程中注塑压力分段描述的分段数的。
  ➢ 最大压力控制段数:10;
  ➢ 恒定的或线性的:线性。

③ 液压单元,参数如图 5-19 所示。

- 注塑机压力限制。
  ➢ 注塑机最大注射压力:180MPa;

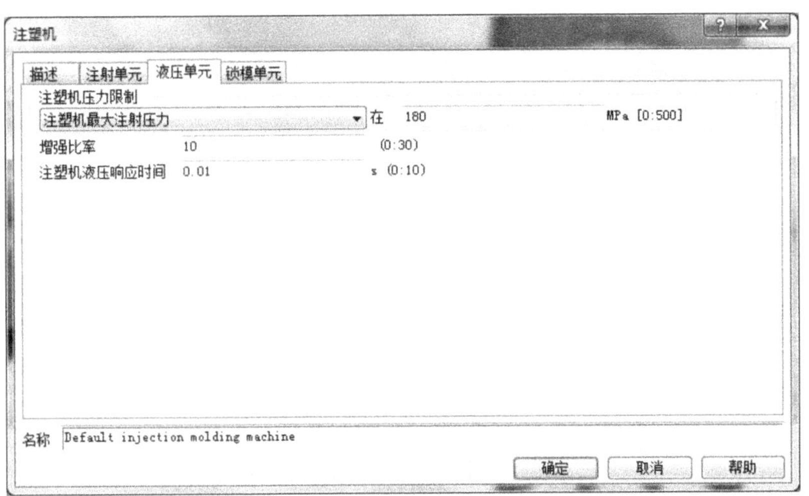

图 5-19　压力控制模块参数

● 增强比率：10。

注意：

注塑机最大注射压力和最大油缸压力两个参数的比值就是增强比率。

如图 5-20 所示，增强比率是螺杆前端熔体压力与油缸内油压的比值，即 P_m/P_h，由螺杆两端的力平衡原理，可以得到增强比率也等于 A_h/A_m，注塑设备的增压比可以在注塑机的操作手册中找到，典型的增压比值为 10，一般增强比率的范围在 7～15 之间。

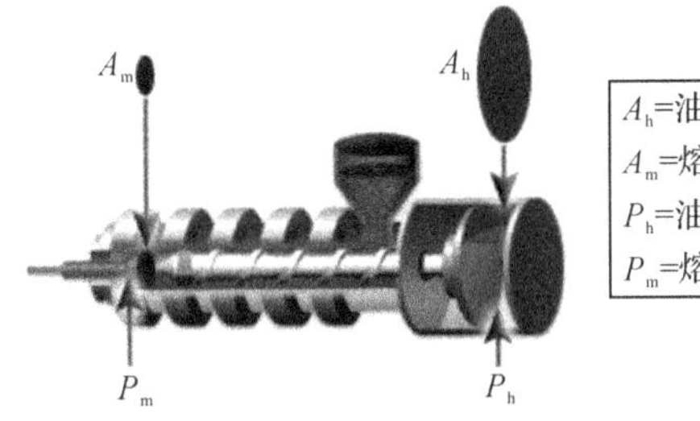

图 5-20　增压比示意图

● 注塑机液压响应时间：0.01s。

该参数保证保压压力从一个压力等级向下一个压力等级的平滑转换，相邻压力级间的压力差在设定的时间内被线性插值。

④ 锁模单元，锁模力模块参数如图 5-21 所示。

● 最大注塑机锁模力：7000.22tonne。

● 不要超出最大锁模力：选中该选项，则在最佳浇口位置的分析过程中锁模力不会超出设定的最大锁模力：默认值为取消该选项。

查看完注塑机的默认设置，单击“确定”按钮，返回到图 5-16 所示的默认的工艺过程参数对话框，单击 Injection molding machine（注塑机）右侧的选择按钮，可以选择不同品牌和型号的注塑机，如图 5-22 所示。

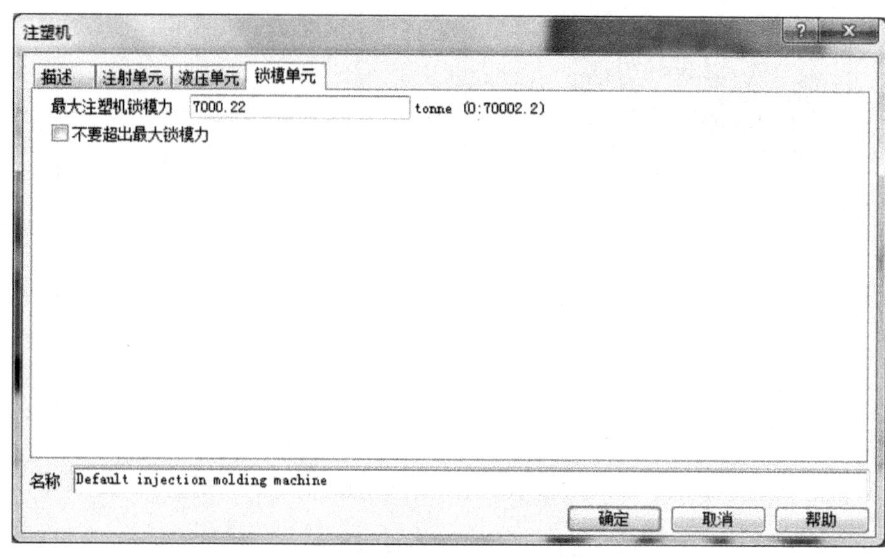

图 5-21　锁模力模块参数

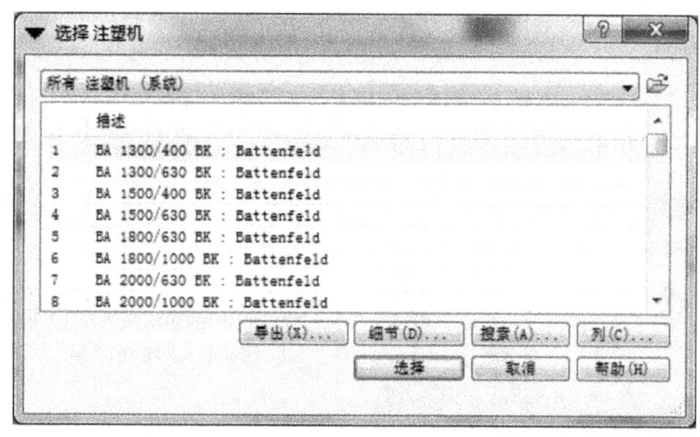

图 5-22　选择注塑机对话框

注意：

如果根据实际情况选择某种牌号的注塑设备，还需要在上面介绍的注塑机 3 大模块参数中设置一些未设置的参数。

(2)模具表面温度——默认值为 70℃。

(3)熔体温度——默认值为 275℃。

(4)高级选项，单击它后如图 5-23 所示。

- 最大设计注射压力
  - 自动：选择该选项，最佳浇口位置分析算法会根据注塑机压力限制模块中的注塑机最大注射压力(180MPa)的 80％来设置；
  - 指定：选择该选项，需要用户给出最大设计注塑压力。
- 最大设计锁模力
  - 自动计算：选择该选项，最佳浇口位置分析算法会根据注塑机锁模力模块中的最

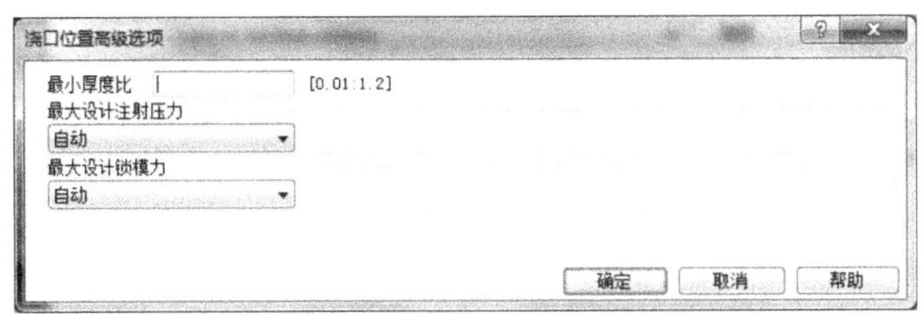

图 5-23 最佳浇口位置分析的高级选项设置

大注塑机锁模力(7000.22tonne)的 80%来设置;

➢ 指定:选择该选项,需要用户给出最大设计锁模力。

(5) 工艺过程参数设置完成。

5.2.2 分析计算

在完成了分析前处理之后,即可进行分析计算,整个解算器的计算过程基本由 AMI 系统自动完成。

为了方便读者进行学习,我们在配书光盘中给出了已经完成前处理工作的产品分析文件,读者通过新建项目直接导入"光盘:\mobile_phone\phone_best_gate_location.sdy"文件即可,导入后的分析任务栏如图 5-24 所示。

双击任务栏窗口中的开始分析!一项 **开始分析!** ,解算器开始计算,任务栏窗口显示如图 5-25 所示。

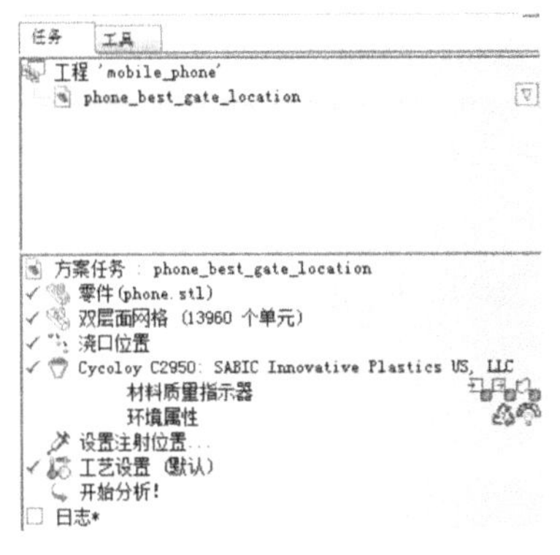

图 5-24 导入光盘中的 sdy 文件

图 5-25 分析计算开始

选择分析→作业管理器命令,可以看到任务队列及计算进程,如图 5-26 所示。

通过分析计算的输出信息,可以查看到计算中的相关信息,如图 5-27 所示。

从输出信息中可以看到:

- 最大设计锁模力=5600.18tonne=7000.22tonne×80%
- 最大设计注射压力=140.00MPa≈180MPa×80%

这些数据与分析前处理中工艺过程参数的设定是相符的。

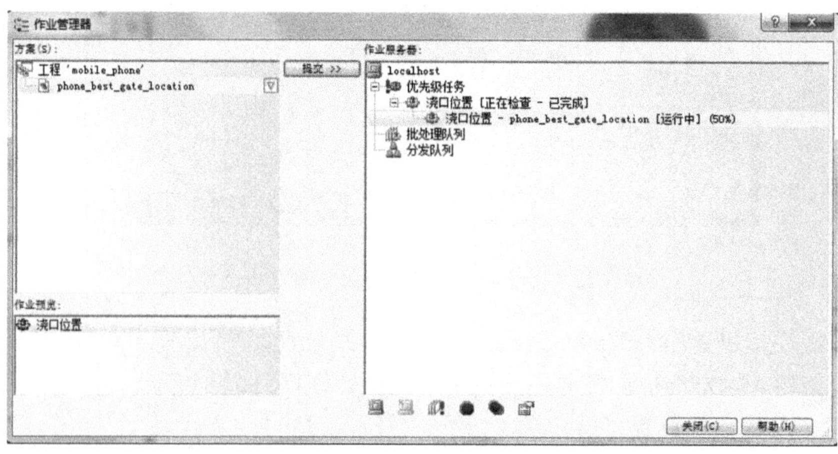

图 5-26 分析任务队列

```
最大设计锁模力          =     5600.18 tonne
最大设计注射压力        =      140.00 MPa
```

图 5-27 输出信息

5.2.3 结果分析

计算结束后，AMI 生成最佳浇口位置的结果，分析任务窗口如图 5-28 所示。

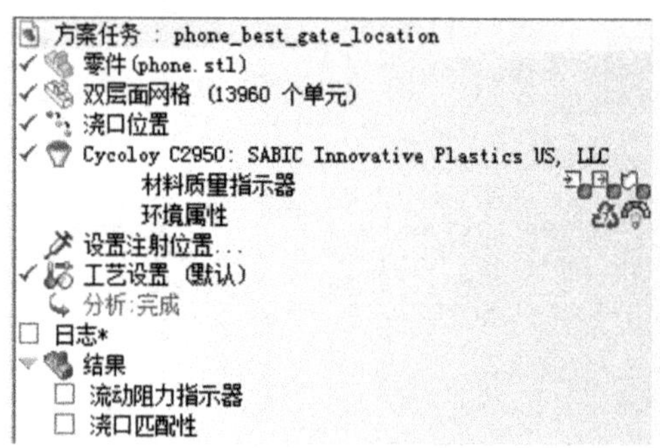

图 5-28 分析结果列表

1. 结果概要(日志)

日志以文字的形式给出最佳浇口位置的分析结果，如图 5-29 所示。

从日志中可以看到：

- 建议的浇口位置有：靠近节点＝5611

推荐的浇口位置在节点 N5611 附近。

- 执行时间：使用的 CPU 时间　44.38s

分析计算时间：CPU 运算时间 44.38s。

建议的浇口位置有：
靠近节点 = 5611

执行时间
分析开始时间 Fri Sep 06 17:52:13 2013
分析完成时间 Fri Sep 06 17:52:59 2013
使用的 CPU 时间 44.38 s

图 5-29 日志结果

在产品的网格节点模型中可以找到最佳浇口位置区域中心的节点，如图 5-30 所示，节点 N5611 在面板侧面。

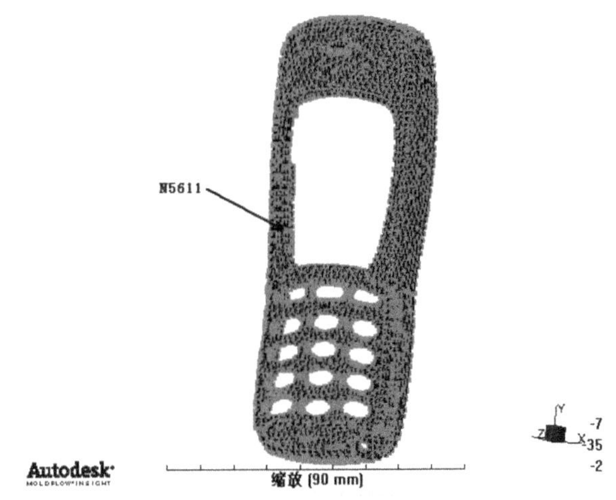

图 5-30 最佳浇口区域的中心节点

2. 浇口匹配性

浇口匹配性以图像的形式给出最佳浇口位置所在的区域，如图 5-31 所示。

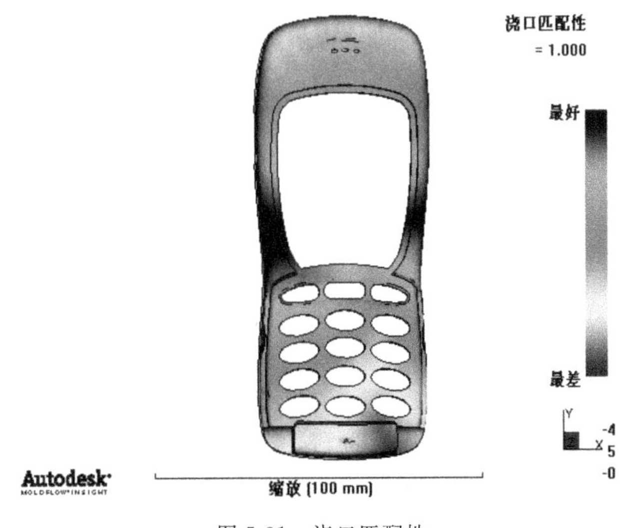

图 5-31 浇口匹配性

结果显示中，蓝色的区域是最佳的浇口位置区域，浇口设在该区域可以保证注塑过程的熔体流动的平衡性。

5.2.4 下一步任务

完成了最佳浇口位置的分析，下一步的任务就是根据现有的分析结果对手机面板进行注塑流动、保压以及相应的翘曲计算。根据得到的计算结果，可以进一步分析生成产品的质量以及模具设计的合理性，从而确定是否需要改动设计，向最佳方案逼近。

5.3 产品的初步成型分析

手机面板的初步成型仿真，其目的在于通过流动、翘曲分析的计算，发现产品成型后在外观质量、内在强度、整体变形等方面的缺陷，根据分析结果可以给出相应的产品设计调整方案。

5.3.1 分析前处理

产品的初步成型分析是在最佳浇口位置分析的基础上进行的，因此前处理的工作内容相对简化了一些，主要包括以下内容：

- 从最佳浇口位置分析中复制基本分析模型；
- 分析类型及顺序的设定；
- 浇口位置的设定；
- 工艺过程参数的设定。

1. 基本分析模型的复制

利用 AMI 系统，可以在前一步的分析基础上进行下一步的分析计算，这样可以利用已经建立和修改好的网格模型及相关的一些参数设置，从而大大节省产品建模和分析前处理的步骤和时间。

【操作步骤】

(1) 基本分析模型的复制。在项目管理窗口中右击已经完成的最佳浇口位置分析 phone_best_gate_location，在弹出的快捷菜单中选择重复命令，如图5-32所示。

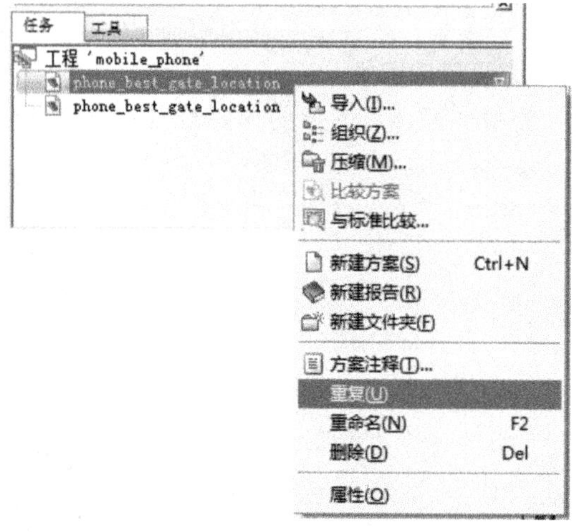

图 5-32　复制基本模型

复制完成的项目管理窗口显示如图5-33所示。

(2) 分析任务重命名。将新复制的分析模型重命名为 phone_gate1-side，重命名之后的项目管理窗口和分析任务窗口如图 5-34 所示。

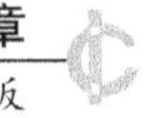

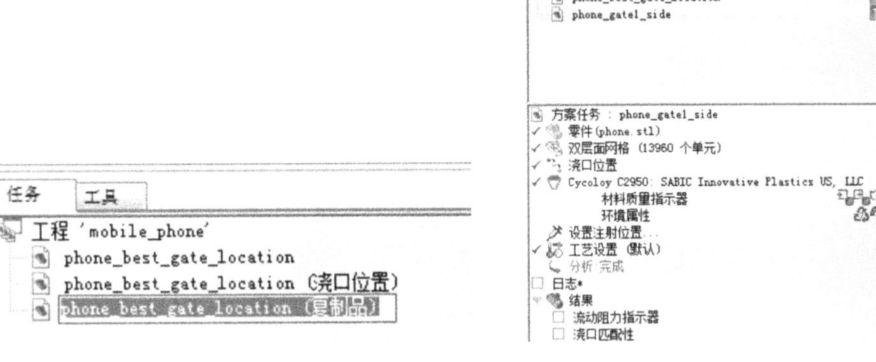

图 5-33　基本分析模型复制完成　　　图 5-34　基本分析模型设置

从分析任务窗口中可以看到，最佳浇口位置分析的所有模型和相关参数设置被复制，初步成型分析（填充＋保压＋翘曲）在此基础之上进行相应的调整即可。

2. 分析类型及顺序的设定

产品的初步成型分析包括填充＋保压＋翘曲，目前的分析类型是最佳浇口位置分析。

选择分析→设置分析序列→填充＋保压＋翘曲命令后，分析任务窗口中的显示发生变化，如图 5-35 所示。

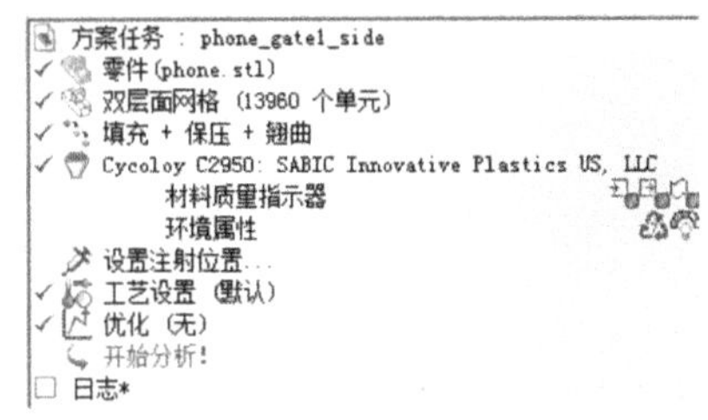

图 5-35　分析任务窗口

3. 浇口位置的设定

由于在基本分析模型的复制过程中，注塑材料的有关参数已经复制，所以可以跳过材料的选择，直接进行浇口位置的设定。

作为产品的初步成型分析，其目的是根据最佳浇口位置的分析结果设定浇口位置，分析产品注塑过程中可能出现的问题和质量缺陷。作为初步的分析，这里就不再建立浇注系统，而是在产品的网格模型上直接设定浇口位置。

【操作步骤】

(1) 找到最佳浇口位置的区域中心节点 N5611，在单元选择工具栏中输入 N5611，按 Enter 键，则节点 N5611 被选择显示，如图 5-36 所示。

(2) 设置浇口位置，在分析任务窗口中，双击设置注射位置，单击节点 N5611，如图 5-37 所示，选择完成后在工具栏中单击保存按钮保存。

(3) 分析任务窗口中显示浇口设置成功，如图 5-38 所示。

4. 工艺过程参数的设置

该手机面板的工艺过程参数不完全选用默认设置，其中一些参数根据生产的实际情况有略微的调整，参数设置过程如下。

【操作步骤】

(1) 选择分析→工艺设置向导命令，或者直接双击任务栏窗口中的工艺设置（默认）一栏，系统会弹出如图 5-39 所示的对话框，即过程参数设置的第 1 页——流动分析设置（填充＋保压设置）。

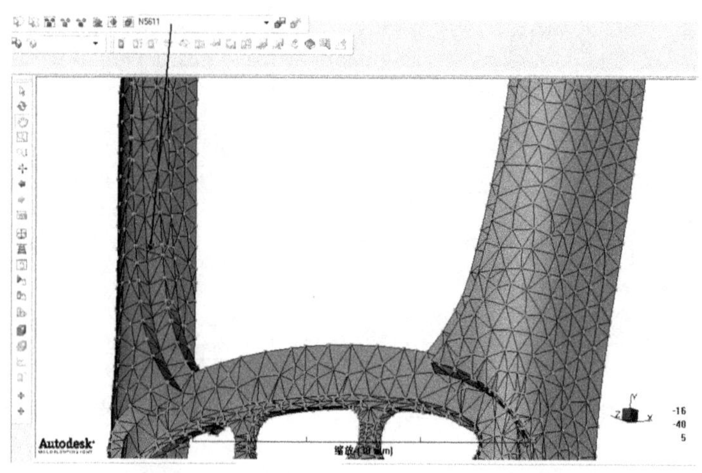

图 5-36　显示最佳浇口位置的中心节点

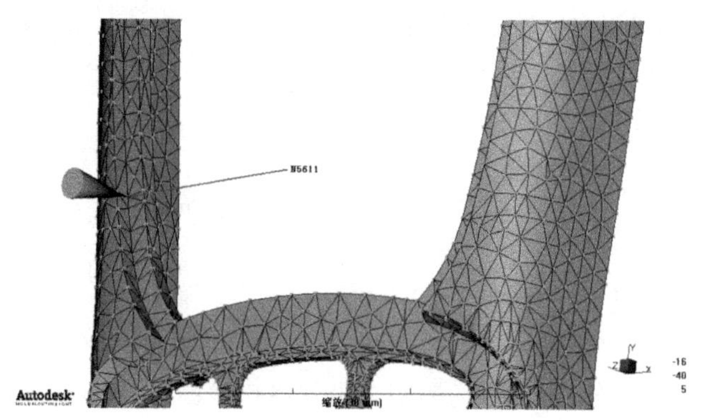

图 5-37　浇口位置设定

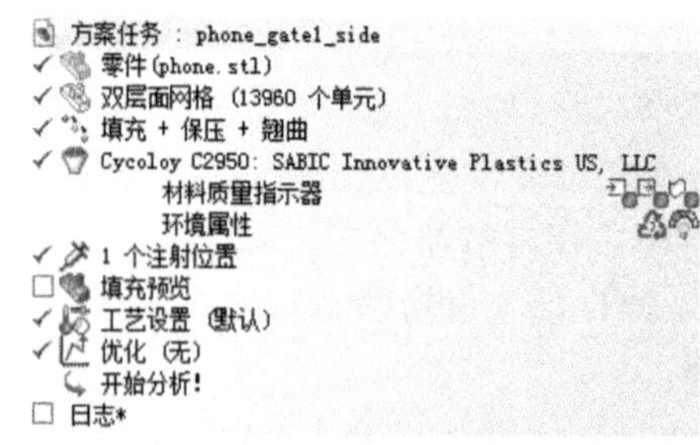

图 5-38　分析任务栏显示

- 模具表面温度，采用默认值 70℃。
- 熔体温度，采用默认值 275℃，该温度是指熔体进入模具型腔时的温度。
- 充填控制，采用注射时间的控制方法，注射时间的值为 0.6s。

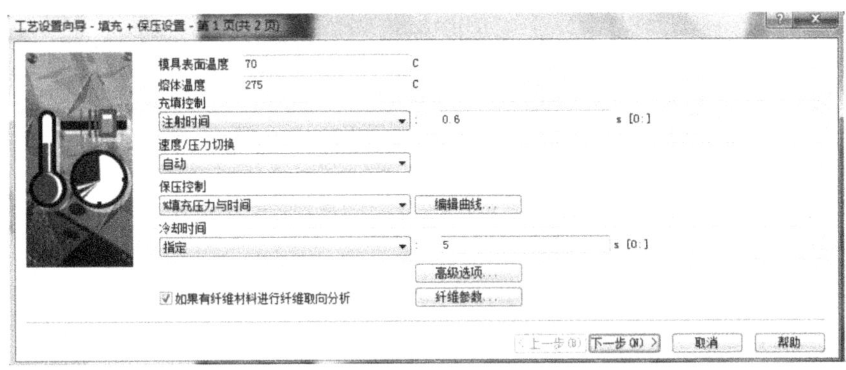

图 5-39　流动分析参数设置

下面介绍如图 5-40 所示的 6 种不同控制方法。

自动——由系统自动控制；

注射时间——由注射时间控制，需给出规定的注射时间；

流动速率——由熔体流动速率控制，需给出规定的注射速率；

螺杆速度曲线——由螺杆速度曲线控制，需给出规定的螺杆速度曲线，有 10 种不同形式的螺杆速度曲线可供用户根据注塑机的实际情况选用。

● 速度/压力切换——注塑机螺杆由速度控制向压力控制的转换点，在型腔即将被充满的时候，注塑机发生 V/P 转换，剩余的填料在 V/P 转换点的充填压力或者是保压压力作用下充入型腔，通常螺杆推进速度在 V/P 转换后会大大下降，本案例采用自动控制方法。

下面介绍如图 5-41 所示的 9 种不同控制方法。

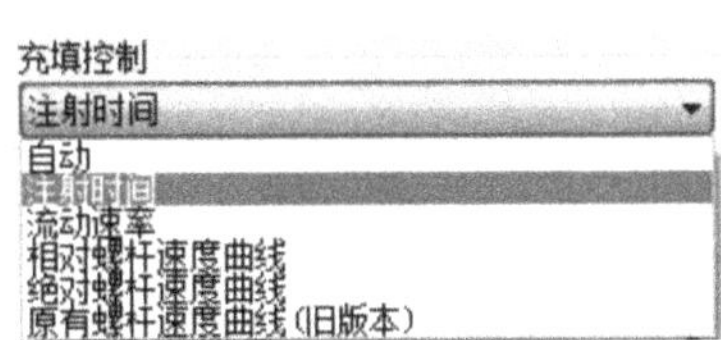

图 5-40　充填控制方法

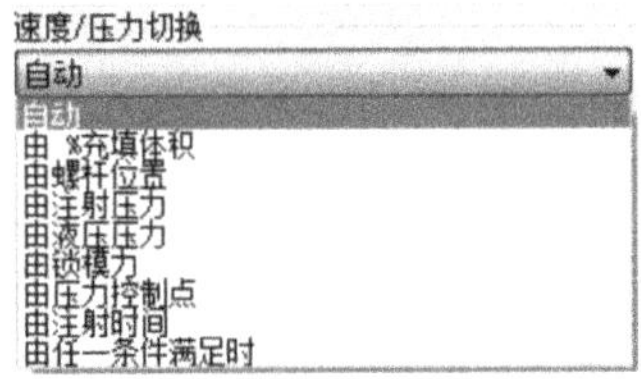

图 5-41　V/P 转换控制方法

- 自动——由系统自动确定 V/P 转换点；
- 由%充填体积——由完成充填的百分比控制，需给出指定的充填百分比，默认值是 99%；
- 由注射压力——由达到的注塑压力控制，需给出指定的注塑压力；
- 由液压压力——由达到的油缸压力控制，需给出指定的油缸压力；
- 由锁模力——由达到的锁模力控制，需给出指定的锁模力；
- 由压力控制点——由压力控制点控制，即网格模型上的某节点到达给定的压力值时发生 V/P 转换，需给出指定的节点和压力值；
- 由注射时间——由注射时间控制，需给出指定的注射时间；
- 由任一条件满足时——在一系列选择的条件中，由时间上首先满足的条件控制 V/

P转换(仅仅针对中性面模型),单击编辑切换设置按钮,出现如图5-42所示,在选定的3个条件中,只要有一个满足即发生V/P转换。

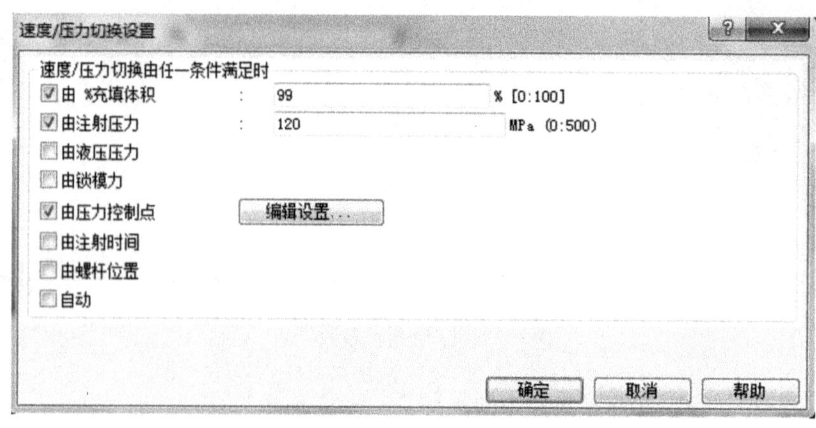

图5-42　速度/压力切换设置

注意:

V/P转换对注塑过程有很大的影响,转换过早会造成:

- 由于螺杆不到位产生的欠注现象;
- 由于螺杆速度减慢造成注塑周期拖长。

转换过晚会造成:

- 由于过高的注塑压力导致飞边;
- 由于熔体过度挤压造成的产品表面烧痕;
- 由于压力过大造成注塑设备的损坏。

多重条件选项(由任一条件满足时)仅对中层面模型有效,对于双层面模型,AMI系统按照列表上的顺序选用所设定的条件。

● 保压控制——保压及冷却过程中的压力控制,本案例采用保压压力与V/P转换点的充填压力相关联的曲线控制方法,%填充压力与时间的设置如图5-43所示,转换成坐标曲线形式如图5-44所示。

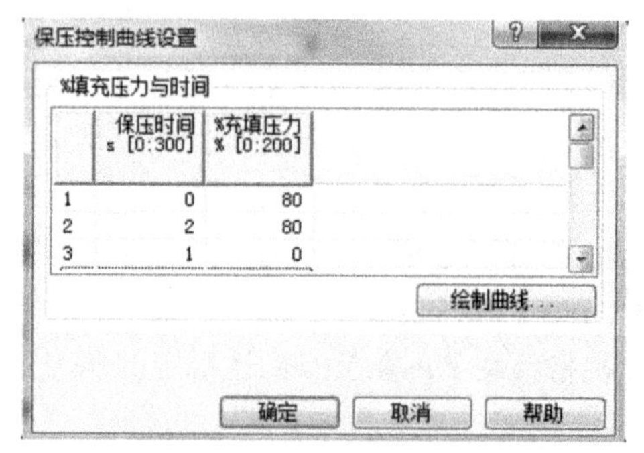

图5-43　保压曲线的文字形式

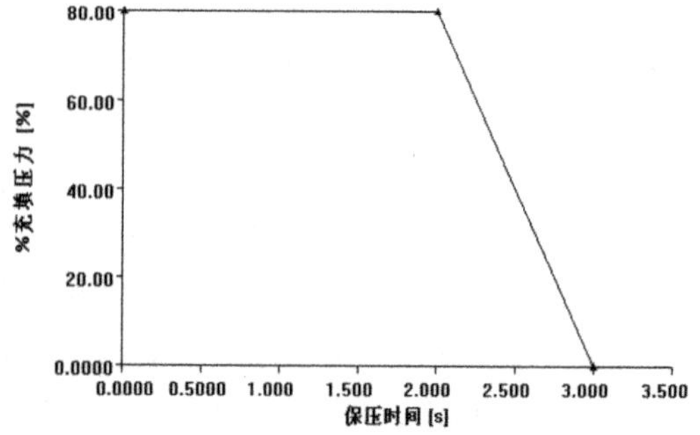

图5-44　保压压力曲线

Pack/holding control 还有其他 3 种类型的保压曲线，如图 5-45 所示。

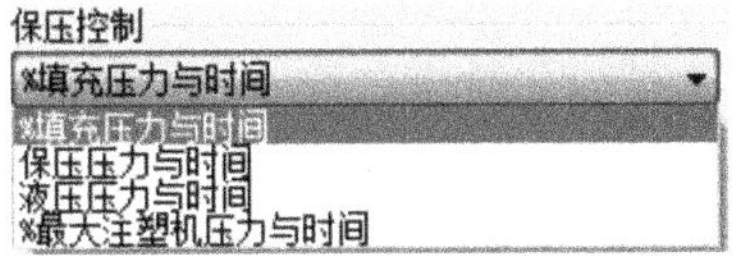

图 5-45　保压曲线类型

保压压力与时间——顾名思义，该类型保压曲线要直接给定保压压力值；

液压压力与时间——该类型通过给定注塑机油缸压力来控制保压曲线，油缸压力与保压压力间存在增压比的换算关系；

%最大注塑机压力与时间——该类型是将保压压力与注塑机最大压力相关联的曲线控制方法。

- 冷却时间，本案例设定冷却时间为 5s。
- 高级选项，这里包含一些注塑材料、注塑过程控制方法、注塑机型号、模具材料、解算模块参数的信息，本案例选用默认值。
- 纤维参数——如果是纤维材料，则会在分析过程中进行纤维定向分析的计算，相关的参数选用默认值。由于篇幅的原因这里不再介绍与解算器核心算法相关的内容，有兴趣的读者可以参考 AMI 的在线帮助。

(2) 单击“下一步”按钮，进入第 2 页翘曲分析设置，如图 5-46 所示。

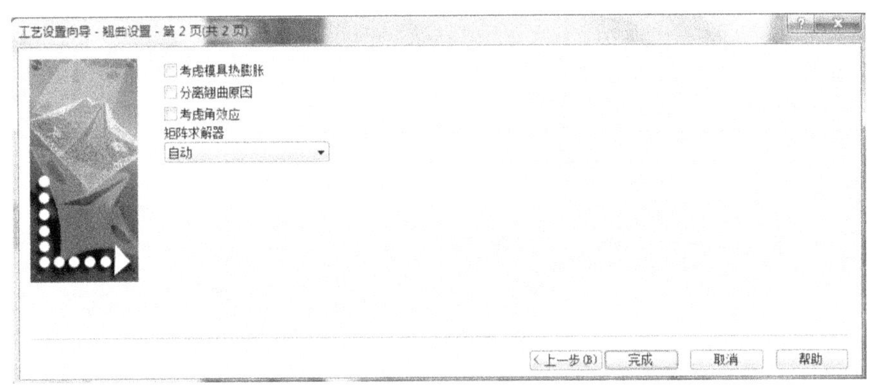

图 5-46　翘曲分析设置

相关的参数含义详见 4.2.9 节，由于是初步成型分析，我们仅仅对产品的整体翘曲变形量感兴趣，因此不必选择分离翘曲原因复选框，同时还可以节省分析计算时间。

(3) 单击“完成”按钮，结束过程参数的设置，分析任务窗口显示如图 5-47 所示。

方案任务：phone_gate1_side
零件(phone.stl)
双层面网格 (13960 个单元)
填充 + 保压 + 翘曲
Cycoloy C2950: SABIC Innovative Plastics US, LLC
材料质量指示器
环境属性
1 个注射位置
填充预览
工艺设置 (用户)
优化 (无)
开始分析!
日志*

图 5-47　工艺过程参数设置完成

5.3.2　分析计算

在完成了分析前处理之后，即可进行分析计算，双击任务栏窗口中的开始分析！一项，解算器开始计算，选择分析→作业管理器命令可以看到任务队列，如图 5-48 所示。

图 5-48　任务队列

通过分析计算的输出信息，可以掌握在整个注塑成型仿真过程中的一些重要信息。

● 解算器参数设置

如图 5-49 所示，可以看到计算过程是从节点 N5611 开始的，这正是我们设置的浇口位置。

求解器参数 :

厚度上的计算层数	=	12
充填阶段的中间结果输出选项		
恒定间隔的结果数	=	20
恒定间隔的动态结果数	=	0
保压阶段的中间结果输出选项		
恒定间隔的结果数	=	20
恒定间隔的动态结果数	=	0
流动速率收敛公差	=	0.5000 %
熔体温度收敛公差	=	0.2000 C
模具-熔体热传导系数		
填充	=	5000.0000 W/m^2-C
保压	=	2500.0000 W/m^2-C
分离，型腔侧	=	1250.0000 W/m^2-C
分离，型芯侧	=	1250.0000 W/m^2-C
流动速率迭代的最大数量	=	125
熔体温度迭代的最大数量	=	100
节点增长机制	=	多个
压力跟踪采样率	=	10 Hz
压力跟踪节点总数	=	1
节点　1	=	5611
压力工作选项	=	1

图 5-49　求解器参数

● 充填分析过程信息

如图 5-50 所示，V/P 转换发生在型腔 98.14%被充满的时候，此时的充填压力在 60.69MPa左右，由此根据保压曲线的设定，保压压力为 48.55MPa(80%填充压力)。

0.70s 的时间型腔充填完成。

● 保压分析过程信息

如图 5-51 所示，保压阶段从时间 0.70s 开始，经过 2s 的恒定保压，保压压力线性降低，在 3.69s 时压力降为 0，保压结束。

冷却阶段从 3.69s 开始，到 8.69s 结束，历时 5s，与工艺过程参数的设置完全吻合。

充填阶段：　　状态：V - 速度控制
　　　　　　　　　　P - 压力控制
　　　　　　　　　　V/P= 速度/压力切换

时间 (s)	体积 (%)	压力 (MPa)	锁模力 (tonne)	流动速率 (cm^3/s)	状态
0.03	4.06	6.09	0.03	16.04	V
0.06	8.29	8.96	0.08	15.97	V
0.09	12.49	13.11	0.21	15.84	V
0.12	16.62	17.14	0.38	16.13	V
0.15	20.92	21.01	0.60	16.33	V
0.18	25.16	24.32	0.82	16.52	V
0.21	29.51	27.38	1.08	16.62	V
0.24	33.81	30.00	1.32	16.73	V
0.27	38.19	32.45	1.59	16.80	V
0.30	42.53	34.55	1.85	16.88	V
0.33	46.85	36.45	2.12	16.94	V
0.36	51.28	38.19	2.39	16.99	V
0.39	55.62	39.87	2.68	17.01	V
0.42	60.16	41.53	3.00	17.04	V
0.45	64.58	43.33	3.38	17.05	V
0.48	68.67	45.05	3.78	17.07	V
0.51	73.11	47.00	4.25	17.09	V
0.54	77.56	49.10	4.81	17.12	V
0.57	81.79	51.15	5.38	17.14	V
0.60	86.22	53.46	6.08	17.17	V
0.63	90.42	55.81	6.81	17.17	V
0.66	94.70	58.26	7.62	17.17	V
0.69	98.14	60.69	8.53	17.05	V/P
0.69	98.80	54.68	8.08	11.91	P
0.70	99.35	48.55	7.33	8.81	P
0.70	99.85	48.55	7.26	9.58	P
0.70	100.00	48.55	7.39	9.46	已充填

图 5-50　充填分析进程信息

保压阶段：

时间 (s)	保压 (%)	压力 (MPa)	锁模力 (tonne)	状态
0.70	0.21	48.55	7.41	P
0.73	0.53	48.55	12.72	P
1.11	5.33	48.55	15.14	P
1.61	11.58	48.55	9.59	P
1.86	14.71	48.55	5.78	P
2.36	20.96	48.55	2.08	P
2.61	24.08	48.55	1.62	P
2.89	27.56	38.62	1.09	P
3.34	33.24	16.54	0.46	P
3.69	37.50	0.00	0.14	P
3.69				压力已释放
4.19	43.75	0.00	0.03	P
4.94	53.13	0.00	0.01	P
5.69	62.50	0.00	0.00	P
6.44	71.88	0.00	0.00	P
7.19	81.25	0.00	0.00	P
8.19	93.75	0.00	0.00	P
8.69	100.00	0.00	0.00	P

图 5-51　保压分析过程信息

5.3.3　结果分析

分析计算结束，AMI 生成了流动和翘曲的分析结果，分析任务窗口如图 5-52 所示。

下面分析一些与产品质量密切相关的计算结果。

1. 结果概要

日志中的内容实际上在计算过程的输出信息中都可以找到，AMI 只是将其中的结论性的内容抽出，单独生成了一个文字形式的概要。

从日志中可以看到：

● 推荐的螺杆速度曲线

在产品的充填阶段，熔体前锋流速的不一致会造成产品的翘曲，而且熔体前峰区域流速

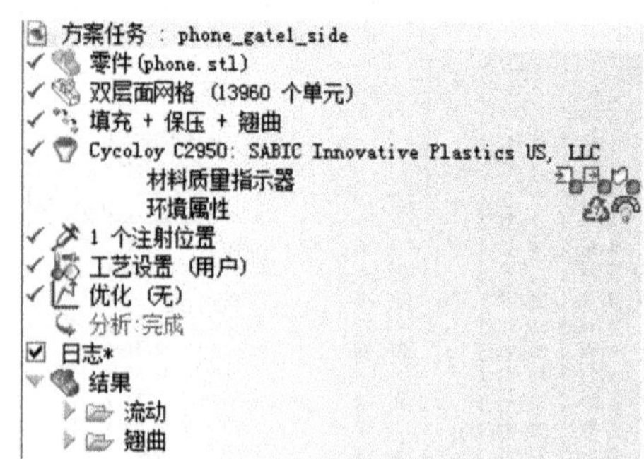

图 5-52 分析结果列表

差异越大，产品成型中的表面应力和分子趋向问题就越严重。

如图 5-53 所示，AMI 给出了推荐的螺杆速度曲线的文字结果，该结果能够保证熔体前峰流速的一致性。因此利用给出的优化螺杆推进曲线，可以减少产品不均匀的表面应力问题和翘曲现象。

推荐的螺杆速度曲线(相对):

%射出体积	%流动速率
0.0000	23.5913
10.0000	32.2386
20.0000	38.2000
30.0000	60.0254
40.0000	79.7281
50.0000	100.0000
60.0000	97.9916
70.0000	85.7584
80.0000	74.4752
90.0000	66.5431
100.0000	32.7559

图 5-53 推荐的螺杆速度曲线(文字)

在流动的图形结果中，有相应的螺杆速度曲线图，如图 5-54 所示。

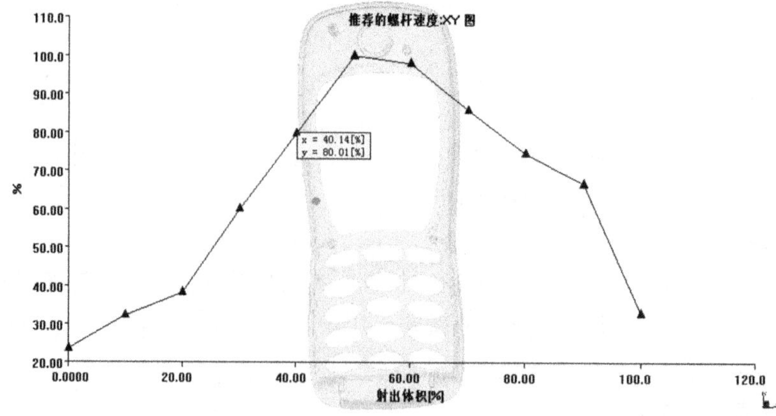

图 5-54 推荐的螺杆速度曲线

选择结果→检查结果命令，单击曲线上的任意位置，从而显示某一行程位置上的螺杆推进速度。

● 成型后的产品重量

如图 5-55 所示，产品重量是企业非常关心的问题，它直接关系到生产成本，而且通过产品重量的变化还可以确定保压阶段的参数设置是否合理。

```
充填阶段结束的结果摘要 ：

   充填结束时间                         =      0.7021 s
   总重量(零件 + 流道)                  =     10.5588 g
保压阶段结束的结果摘要 ：

   保压结束时间                            =      8.6852 s
   总重量(零件 + 流道)                     =     10.9947 g
```

图 5-55　不同阶段产品重量

● 分析计算时间

如图 5-56 所示，日志中给出了整个分析计算所用的时间。

```
执行时间
   分析开始时间          Sat Sep 21 14:53:01 2013
   分析完成时间          Sat Sep 21 14:56:21 2013
   使用的 CPU 时间            196.43 s
```

图 5-56　分析计算时间

2. 流动分析结果

(1) 充填时间

如图 5-57 所示，手机面板在 0.7017s 的时间内完成熔体的充填。通过动态显示，可以清晰地看到熔体在型腔内的流动。

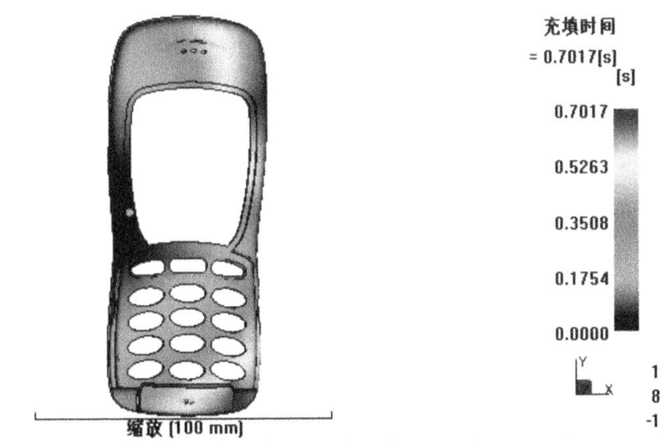

图 5-57　充填时间

从充填时间的结果上看，手机面板的左侧首先充满，右侧随后被充满。

(2) 速度/压力切换时的压力

如图 5-58 所示,V/P 转换点浇口位置压力为 60.69MPa。前面已经介绍过,V/P 转换点压力是指注塑过程由速度控制向压力控制转换时模具型腔内熔体的压力,转换点的控制对注塑过程有很大的影响(详见 4.3.1 节)。

本案例的 V/P 转换点的设置采用系统自动计算的方式(见 4.3.1 节),AMI 系统通过计算得到在充填比例为 98.14%时(0.69s 左右)发生 V/P 转换,浇口位置的压力在通过转换点后由 60.69MPa 降低为保压压力 48.55MPa(详见 4.3.2 节),在压力控制下熔体继续充满整个型腔。

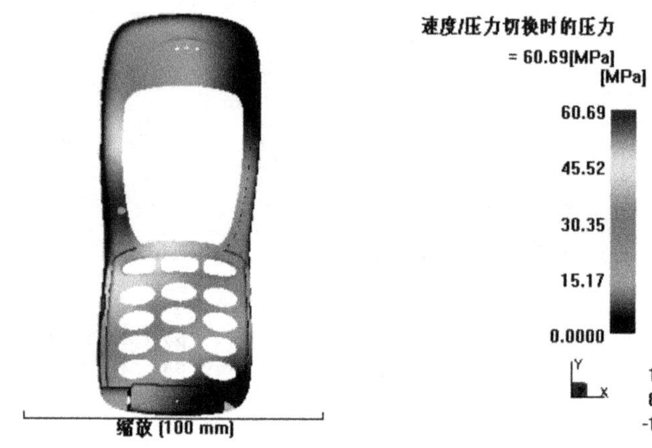

图 5-58　V/P 转换点压力

注意:

单从 V/P 转换点压力的图形结果中很难看出 V/P 转换的具体过程,因此要结合计算过程的输出信息来分析。

(3) 注射位置处压力:XY 图

浇口位置压力曲线表达了浇口处压力在注射、保压、冷却整个过程中的变化。

从图 5-59 中可以看出以下信息:

- 在 V/P 转换点前后的压力变化,压力从 60.69MPa 直接降低到 80%即 48.55MPa;
- 与图 5-44 的保压曲线设定相比较,在分析计算中保压曲线的设定得到很好的执行。

(4) 熔接线

如图 5-60 所示,在手机面板上线条所代表的熔接线较为明显,而且大多数位于按键与按键之间的较为薄弱的区域。

根据手机面板的功能性分析,熔接线所在区域是经常受力的部位。因此,熔接线出现在这些位置是非常危险的,容易发生断裂。这是在下一阶段的设计过程中必须修改的。

(5) 气穴

如图 5-61 所示的气穴位置,多数分布在产品的边缘,这些位置在模具设计中会有大量顶杆存在,因此气体很容易排出,不会影响到产品的外观质量。

3. 翘曲分析结果

如图 5-62 所示,以窗口→拆分形式查看翘曲分析结果,从中可以清晰地看到 X、Y、Z 3 个方向上的产品变形。

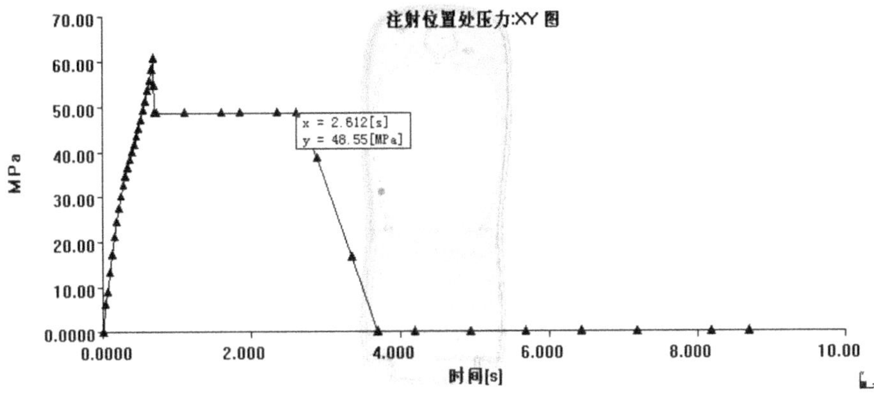

图 5-59　浇口位置压力曲线

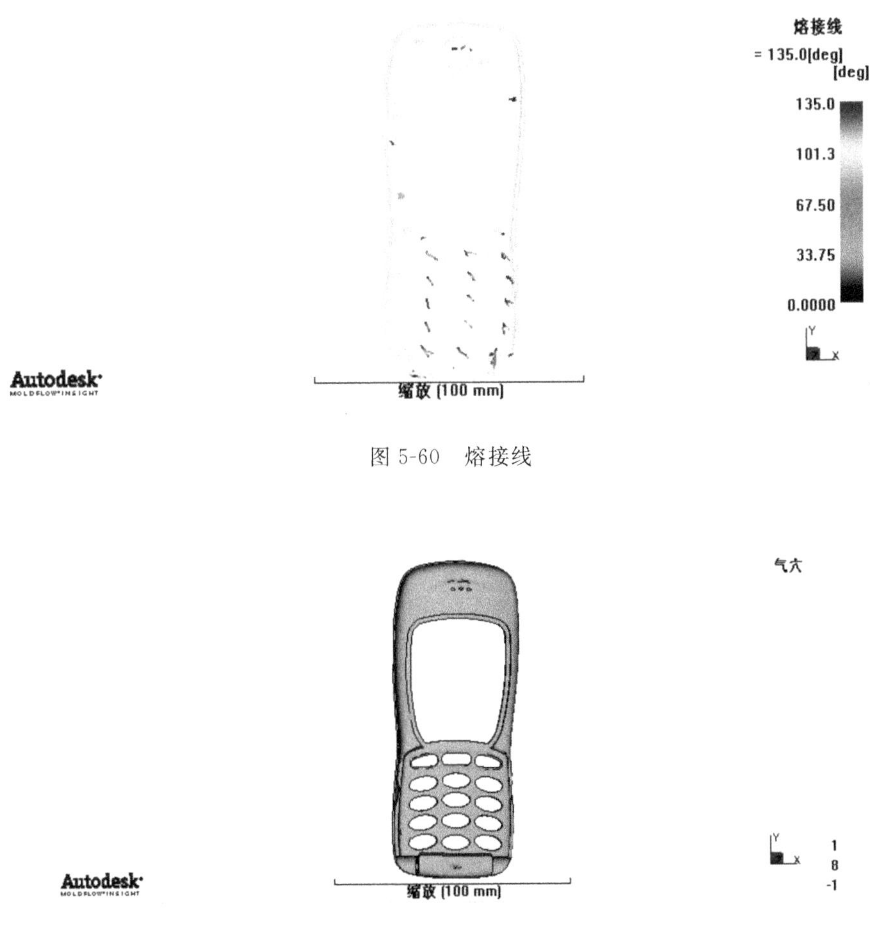

图 5-60　熔接线

图 5-61　气穴位置

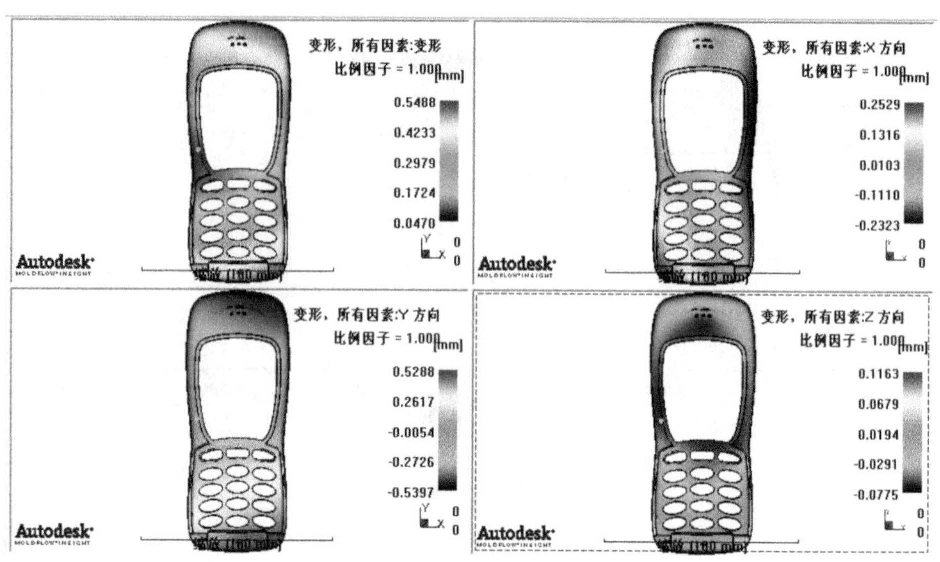

图 5-62　翘曲分析结果

- 总体最大变形量:0.5488mm;
- *X* 方向最大变形量:0.2529mm;
- *Y* 方向最大变形量:0.5288mm;
- *Z* 方向最大变形量:0.1163mm。

翘曲分析结果为我们进一步优化产品及模具设计提供了很好的参考依据。

5.3.4　浇口位置变化后的对比

若浇口的位置设置在手机面板的中部,按照同样的操作步骤进行设计,对比与原浇口位置的结果。

【操作步骤】

(1) 基本分析模型的复制。在项目管理窗口中右击已经完成的初步成型分析 phone_gate1-side,选择重复命令,重命名为 phone_gate2-mid,如图 5-63 所示。从分析任务窗口中可以看到,初步成型分析(phone_gate1-side)的所有模型和相关参数设置被复制。

(2) 删除浇口位置的设置。由于从初步成型分析(phone_gate1-side)中继承了浇口位置的设置,因此在浇注系统创建前要删除原来的浇口位置。

(3) 设置中间浇口位置,如图 5-64 所示。

(4) 单击开始分析,将浇口位置在中间的模型结果与浇口位置在旁边的分析结果进行对比。

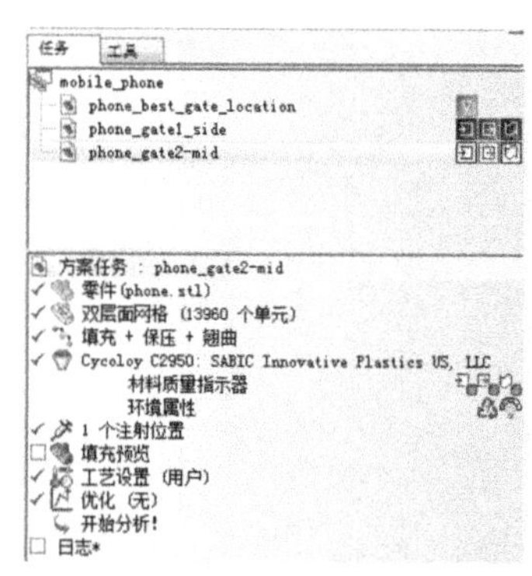

图 5-63　任务窗口

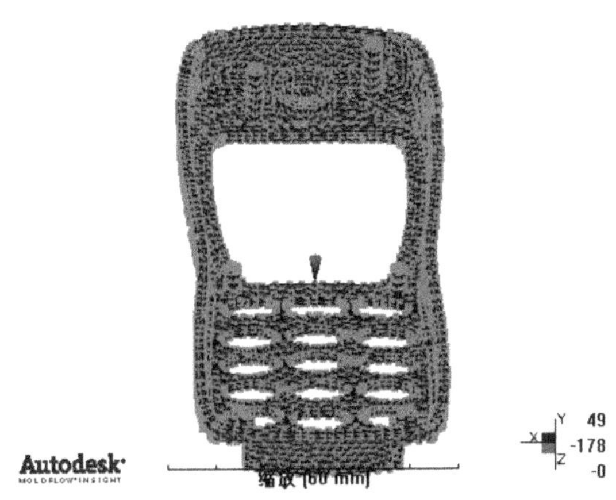

图 5-64 中间浇口位置

1. 流动分析结果

(1) 充填时间

如图 5-65 所示为不同浇口位置的充填时间结果，左图为中间浇口位置，右图为最佳浇口位置(侧面浇口位置)，可以看到侧面浇口位置的充填时间较短。

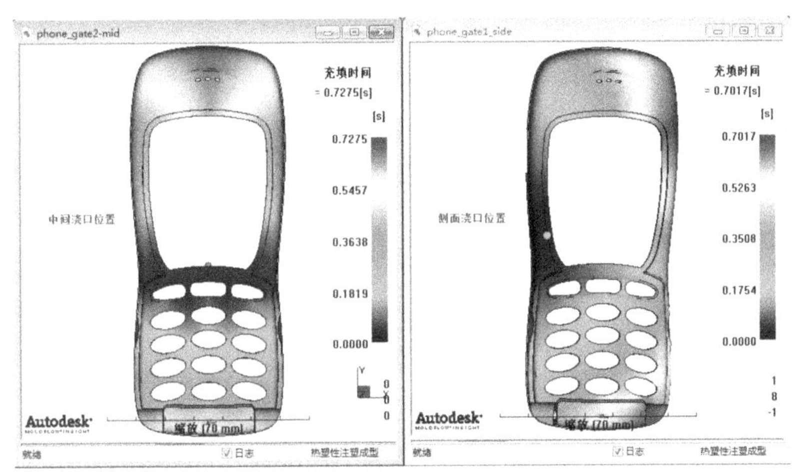

图 5-65 充填时间对比

(2) 速度/压力切换时的压力

如所示为不同浇口位置的速度/压力切换时的压力结果，左图为中间浇口位置，右图为侧面浇口位置，可以看到侧面浇口位置的切换压力较小。

(3)注射位置处压力：XY 图

如图 5-67 所示，左图为中间浇口位置，右图为侧面浇口位置，可以看到侧面浇口位置的注射位置压力较小。

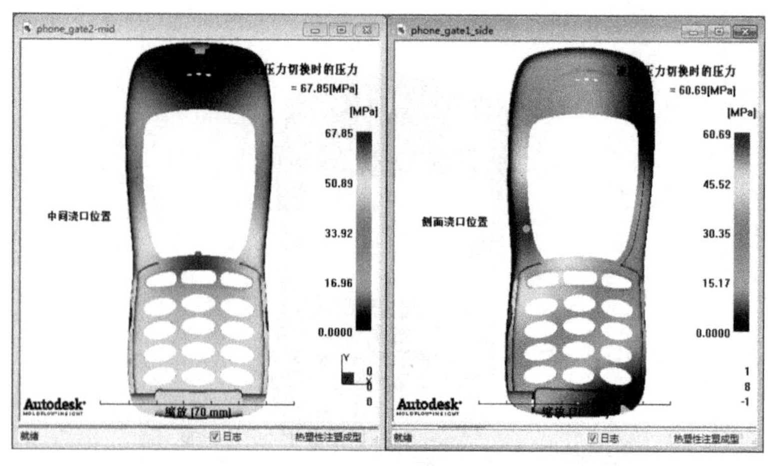

图 5-66　速度/压力切换时的压力

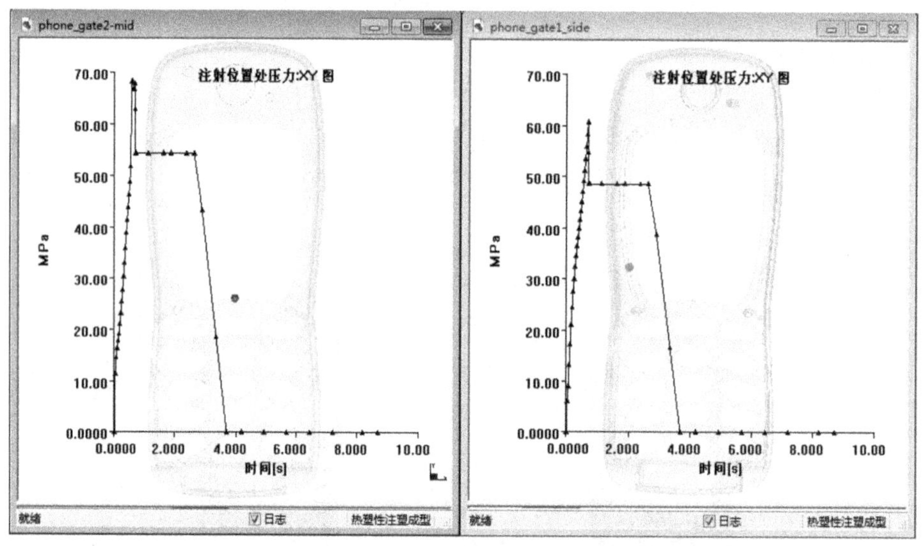

图 5-67　注射位置处压力:XY 图

(4)熔接线

如图 5-68 所示,左图为中间浇口位置,右图为侧面浇口位置,可以看到侧面熔接线较少。

2. 翘曲分析结果

总体变形效果的对比如图 5-69 所示,左图为中间浇口位置,右图为侧面浇口位置。

通过对上述流动和翘曲计算结果的分析,可以看出产品成型后可能存在的主要问题是熔接痕较为明显,而且位于手机面板结构上比较薄弱的位置,从而导致产品在使用过程中容易发生断裂的情况。

针对模型不同浇口位置的结果对比,我们发现通过最佳浇口位置分析选取的 side 位置总体的分析结果要比 mid 的要好,所以在下一步的产品设计方案中,选取 side 位置为浇口位置,希望能够改变熔接痕的分布情况。

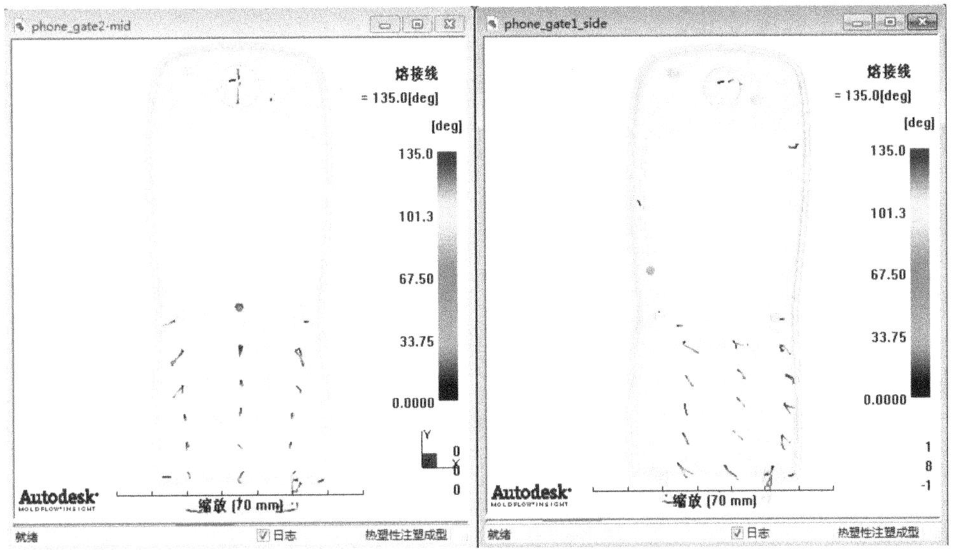

图 5-68　熔接线

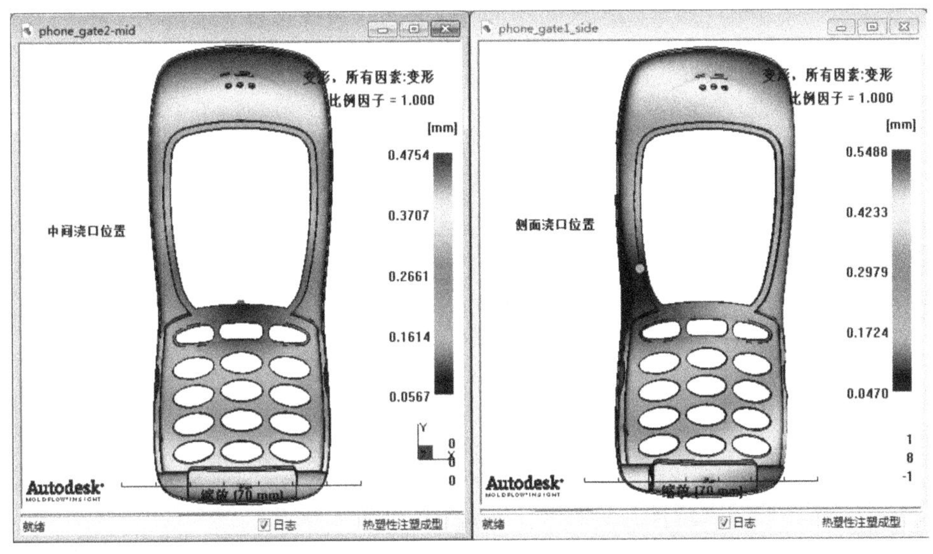

图 5-69　总体变形

5.4　产品设计方案调整后的分析

根据产品的初步成型分析中不同浇口位置结果的对比，我们选择了最佳浇口位置，希望对熔接痕缺陷有所改善。本节仍然采用流动、翘曲(填充＋保压＋翘曲)分析，检验产品成型后在外观质量、内在强度、整体变形等方面的缺陷，从而验证设计调整后的效果。

同时本节还要介绍不规则形状的潜伏式浇口的创建方法。

5.4.1 分析前处理

设计方案调整后的进一步成型分析是在产品初步成型分析的基础上进行的，因此分析前处理主要包括以下内容：

- 从产品的初步成型分析(phone_gate1-side)中复制基本分析模型；
- 浇注系统的创建；
- 工艺过程参数的设定。

1. 基本分析模型的复制

以初步成型分析(phone_gate1-side)为原型，进行基本分析模型的复制。

【操作步骤】

(1) 基本分析模型的复制。在项目管理窗口中右击已经完成的初步成型分析 phone_gate1-side，选择重复命令，如图 5-70 所示。

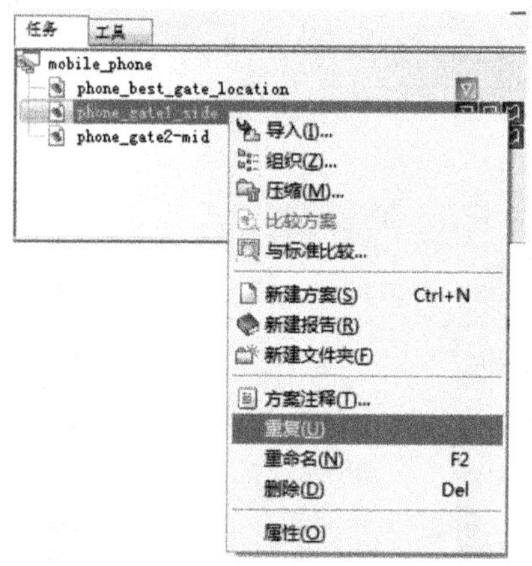

图 5-70　复制基本模型

复制完成的项目管理窗口显示如图 5-71 所示。

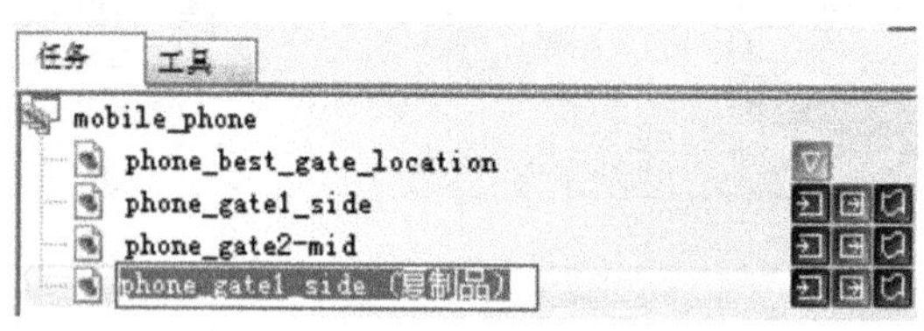

图 5-71　基本分析模型复制完成

(2) 分析任务重命名。将新复制的分析模型重命名为 phone_gate3-side，重命名之后的项目管理窗口和分析任务窗口如图 5-72 所示。

从分析任务窗口中可以看到，初步成型分析(phone_gate1-side)的所有模型和相关参数设置被复制。

(3) 删除浇口位置的设置。由于从初步成型分析(phone_gate1-side)中继承了浇口位置的设置，因此在浇注系统创建前要删除原来的浇口位置，如图 5-73 所示。

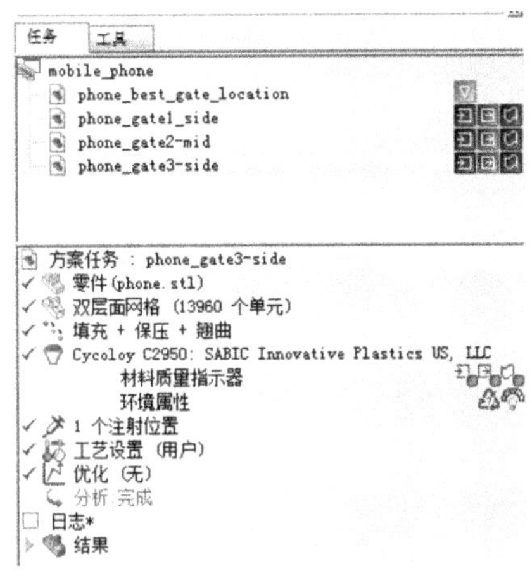

图 5-72　基本分析模型设置

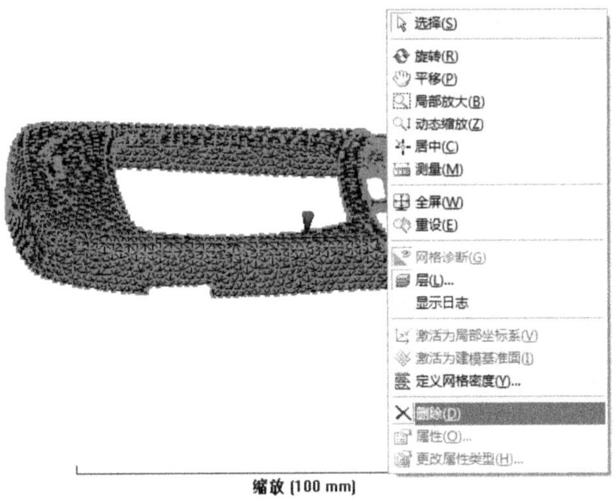

图 5-73　删除浇口位置的设置

删除完成后的分析任务窗口显示如图 5-74 所示。

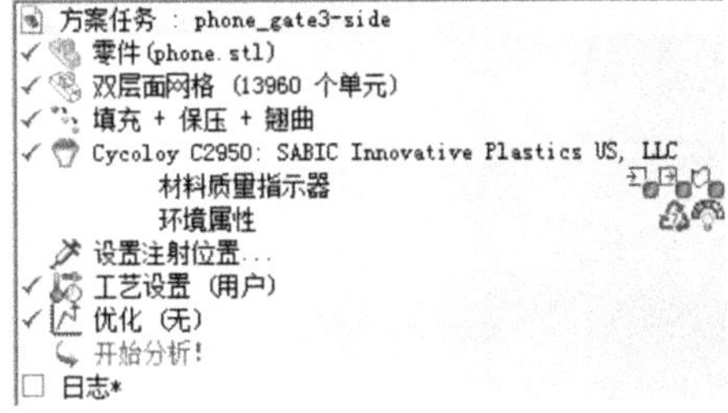

图 5-74　分析任务窗口

2. 浇注系统的创建

为了使成型仿真与实际生成情况相逼近，下面介绍浇注系统的创建。产品设计方案调整后的浇注系统如图 5-75 所示。

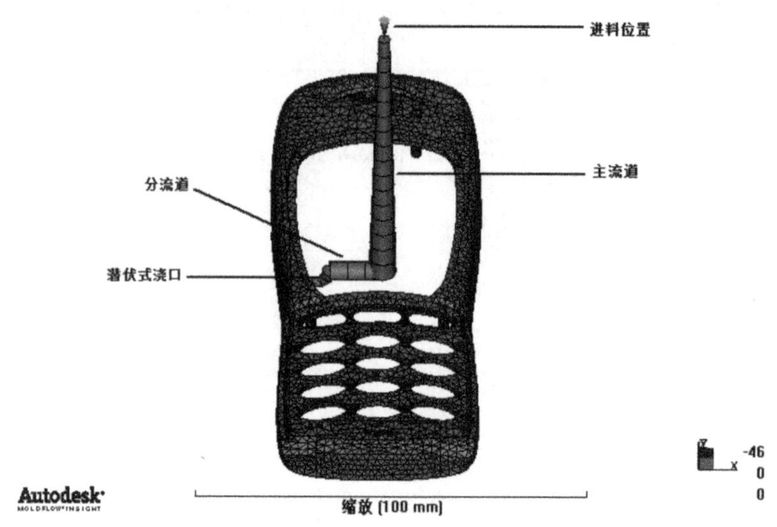

图 5-75　产品浇注系统

创建的过程与项目四中介绍的基本一致，主要包括：创建各部分的中心线、杆单元划分等，具体操作如下。

【操作步骤】

(1) 创建弯形潜伏式浇口中心线

单击视角工具栏中的后视图按钮，将网格模型的背面朝上，在单元选择工具栏中输入 N98，按 Enter 键，则浇口节点 N98 被选择显示，如图 5-76 所示。

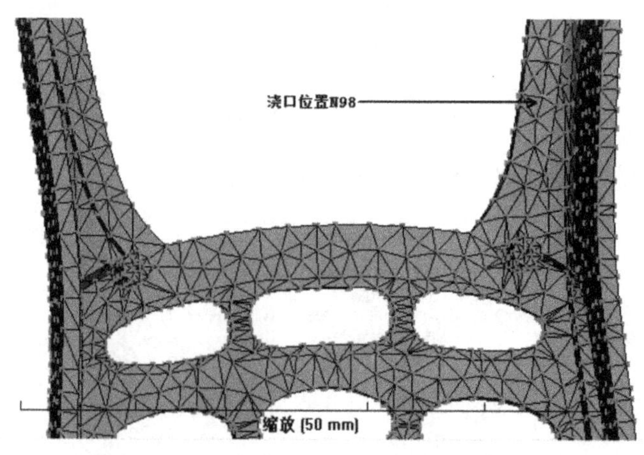

图 5-76　浇口所在节点

创建圆弧曲线中心①，另一端点③和线上一点②，如图 5-77 所示。

选择建模→创建节点→按偏移命令，基点选择 N98，偏置向量为(4 0 0)，单击应用按钮创建点①，如图 5-78 所示。

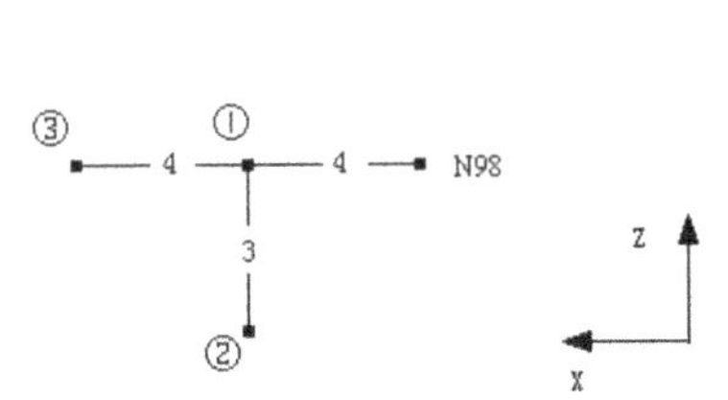

图 5-77　圆弧形浇口端点

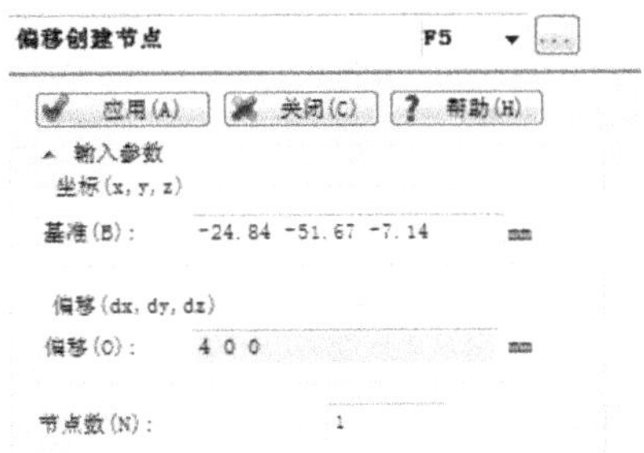

图 5-78　创建点①

随后创建点②(相对点①的偏移量为(0 0－3))和③(相对点①的偏移量为(4 0 0))，点创建结束后过节点 N98 和点②、③创建中心圆弧线，选择建模→创建曲线→点创建圆弧，如图 5-79 所示，分别选择 N98 和点②、③，取消自动在曲线末端创建节点复选框(原因详见 4.2.7中第 1 条)，单击改变[...]按钮，设置浇口属性。

在弹出的对话框中创建新的曲线属性，选择图 5-80 中的新建→冷浇口命令。

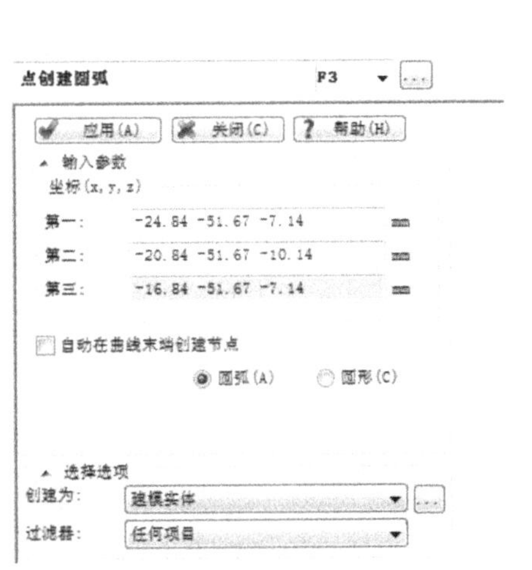

图 5-79　创建浇口中心线

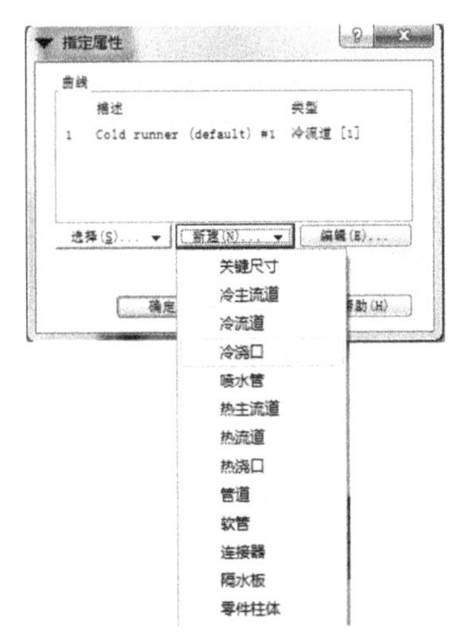

图 5-80　设置中心线属性

再次弹出如图 5-81 所示对话框，设置冷浇口属性。

其中参数设置如下(参数含义详见 4.2.7 中第 1 条)：

- 浇口截面形状——圆形；
- 形状尺寸——锥体(由端部尺寸)；
- 出现次数——1；
- 名称——冷浇口(默认)＃1。

再次单击图 5-81 中的编辑尺寸按钮，系统会弹出如图 5-82 所示对话框，参数设置如下：

- 始端直径——0.8mm；

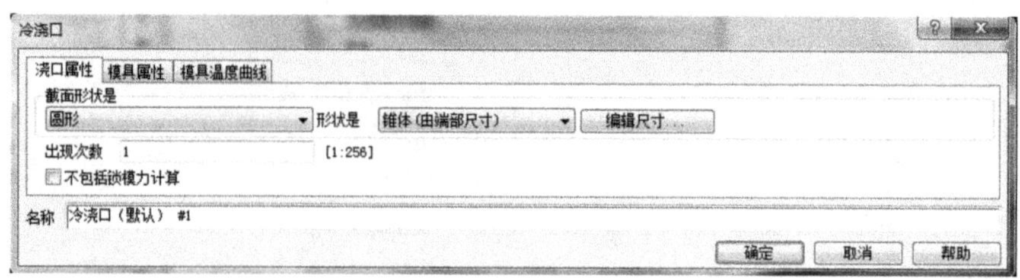

图 5-81　设置冷浇口属性

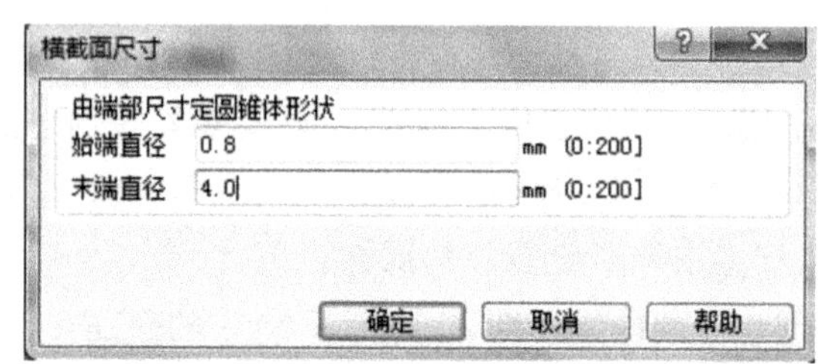

图 5-82　设置冷浇口两端尺寸

● 末端直径——4.0mm。

单击“确定”按钮。

注意：

在选择浇口中心线起点和终点时，要与尺寸编辑中起点和终点的设置相对应。

单击图 5-81 中的模具属性标签，选择模具材料为 Tool steel P-20，单击选择按钮可以选择模具材料，如图 5-83 所示，单击编辑按钮可以设置材料属性，设置完毕单击“确定”按钮。

图 5-83　设置冷浇口处模具材料

返回图 5-81 所示对话框，单击确定按钮，返回图 5-80 所示对话框，单击应用按钮，则生成弯形潜伏式浇口中心线，如图 5-84 所示，新建层 gate 将中心线置于其中。

(2) 创建分流道中心线

如图 5-85 所示，创建分流道中心线端点④。选择建模→创建节点→按偏移命令，基点选择③，偏置向量为(13.5 0 0)，单击应用按钮创建点④，如图 5-86 所示。

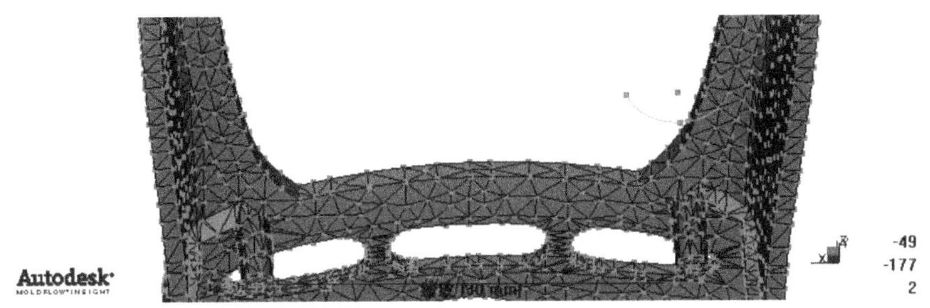

图 5-84　潜伏式浇口中心线

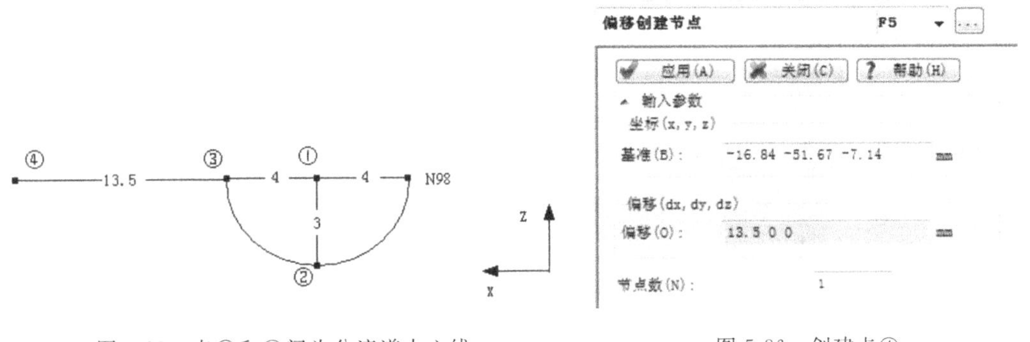

图 5-85　点③和④间为分流道中心线　　　图 5-86　创建点④

接着创建分流道中心线。选择建模→创建曲线→直线命令，如图 5-87 所示，分别选择第 1 端点③和第 2 端点④，取消自动在曲线末端创建节点复选框，单击改变[...]按钮，设置浇口形状属性，弹出的对话框如图 5-88 所示。

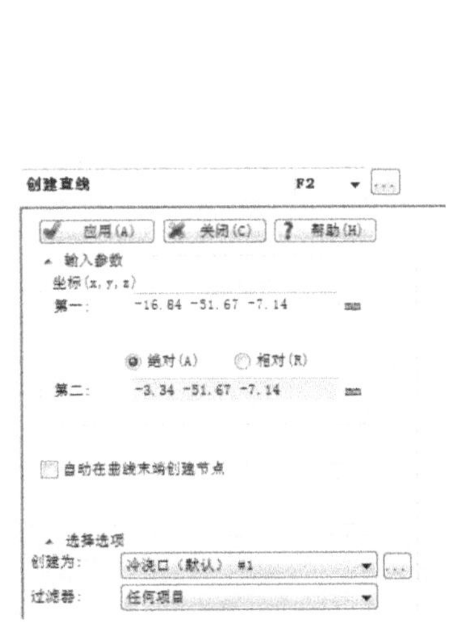

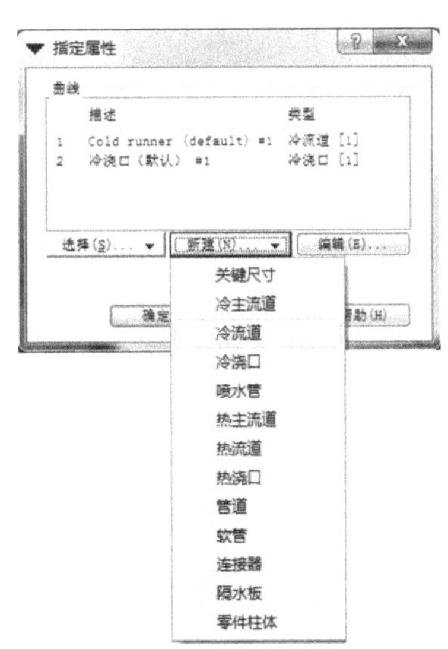

图 5-87　创建分流道中心线　　　图 5-88　设置直线属性

选择新建→冷流道命令，参数设置与弯形潜伏式浇口基本一致，仅仅是形状采用直径 5mm 的圆柱形，如图 5-89 所示。

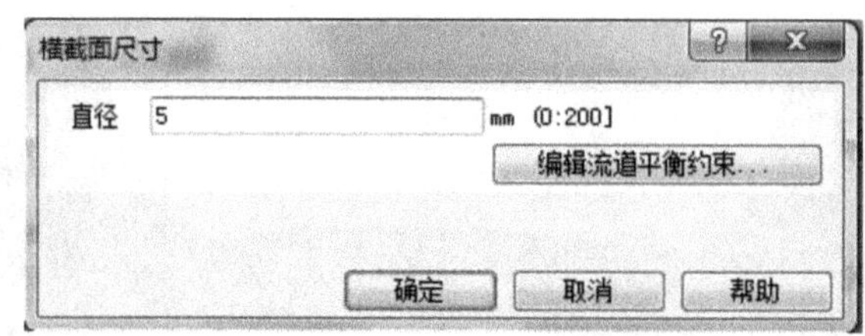

图 5-89　分流道截面尺寸设置

设置完成后，返回图 5-88 所示对话框，单击应用按钮生成中心线，如图 5-90 所示，新建层 runner 将中心线置于其中。

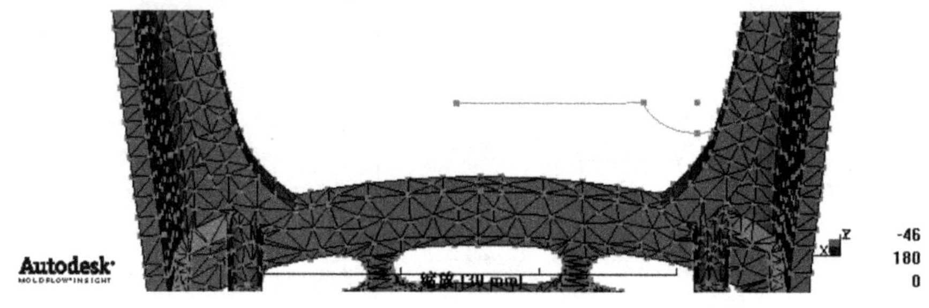

图 5-90　生成分流道中心线

(3) 创建主流道中心线

主流道的长度为 80mm，形状为锥形，小口直径为 3mm，锥角为 1.5°，中心线属性为冷主流道，参数如图 5-91 和图 5-92 所示，读者可以尝试着自己创建。

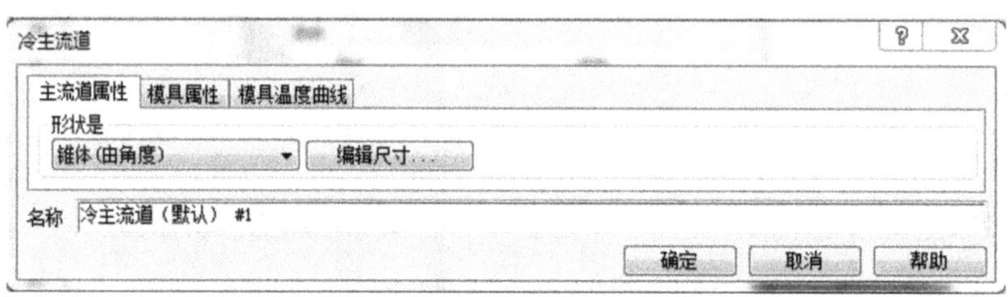

图 5-91　主流道形状

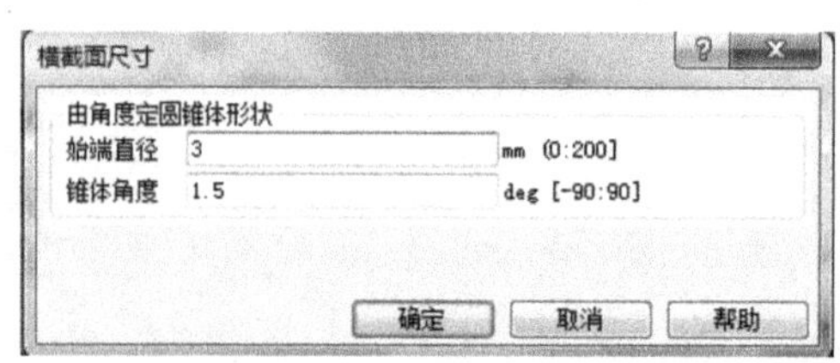

图 5-92　形状参数

创建结果如图 5-93 所示，新建层 sprue 将中心线置于其中。

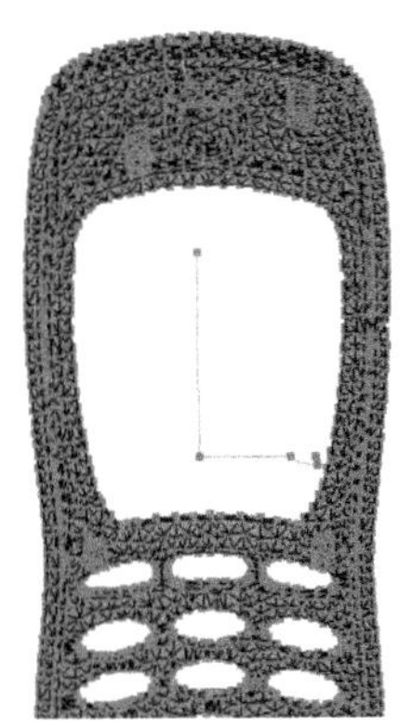

图 5-93　主流道中心线

注意：

针对 AMI 系统建模功能相对薄弱的特点，在创建复杂形状浇注系统或者是冷却系统的时候，可以在 CAD 系统中先画出系统中心线，然后将相应的 IGES 文件导入到 AMI 系统中，这样可以大大提高建模效率。

(4) 杆单元的划分

在层管理窗口中仅仅显示 gate 层，对圆弧形浇口进行网格划分，如图 5-94 所示，选择网格→生成网格命令，设置杆单元大小为 2mm，如图 5-95 所示，单击立即划分网格按钮，生成如图 5-96 所示的杆单元。

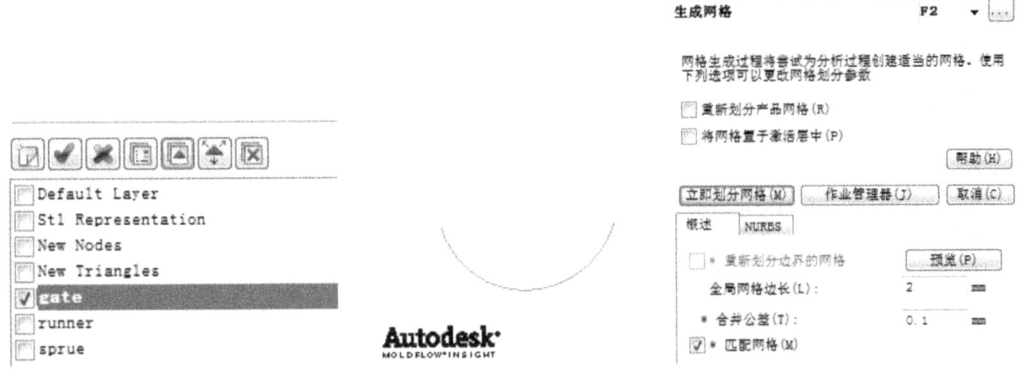

图 5-94　浇口杆单元生成前的显示　　　图 5-95　浇口杆单元大小设置

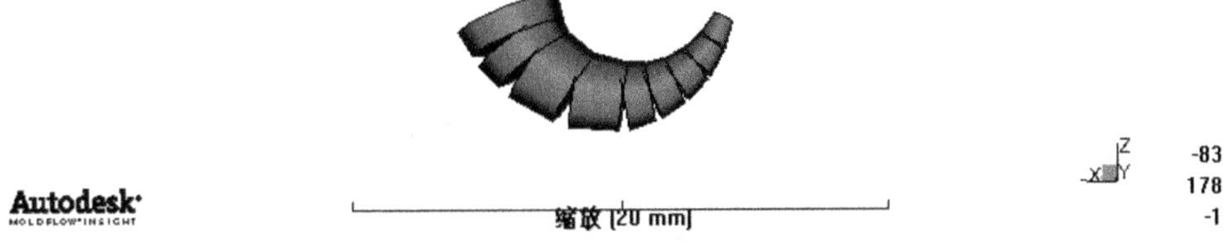

图 5-96　生成的浇口杆单元

用同样的方法对分流道和主流道进行杆单元划分，杆单元大小为 5mm，最终划分结果如图 5-97 所示。

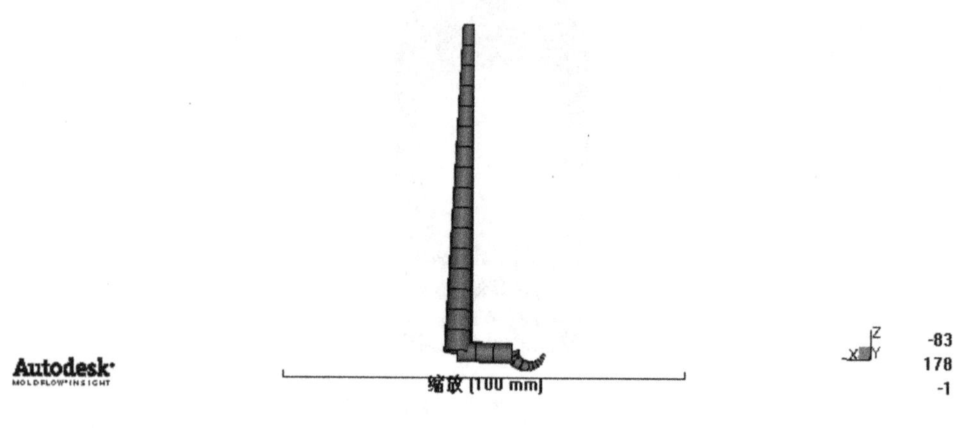

图 5-97 浇注系统

(5) 浇注系统与产品网格模型的连通性检查

显示所有的产品三角形单元和浇注系统杆单元，选择网格→网格诊断→连通性诊断命令，系统弹出如图 5-98 所示的对话框。

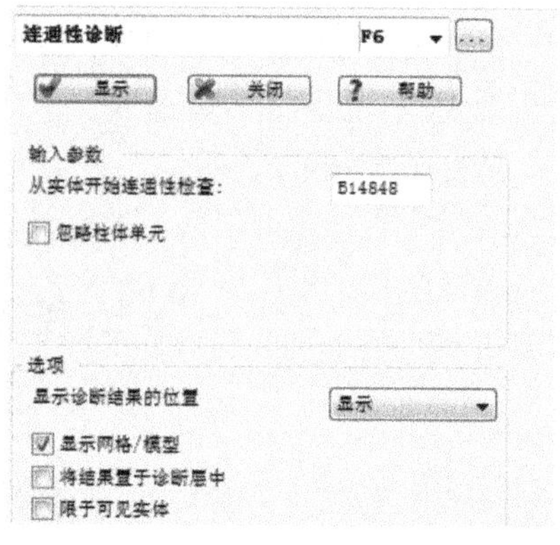

图 5-98 网格连通性诊断工具

选择任一单元作为起始单元，单击显示按钮，得到网格连通性诊断结果，如图 5-99 所示，所有网格均显示为蓝色，表示相互连通。

(6) 设置进料点位置

在完成了浇注系统各部分的建模和网格杆单元划分之后，要设置进料点的位置。在分析任务窗口中，双击设置注射位置，单击进料口节点，如图 5-100 所示，选择完成后在工具栏中单击保存按钮保存。

分析任务窗口中显示进料口设置成功，如图 5-101 所示，浇注系统创建完成。

3. 工艺过程参数的设置

工艺过程参数的设置完全继承 phone_gate1-side 分析的参数设置，这里不做修改。

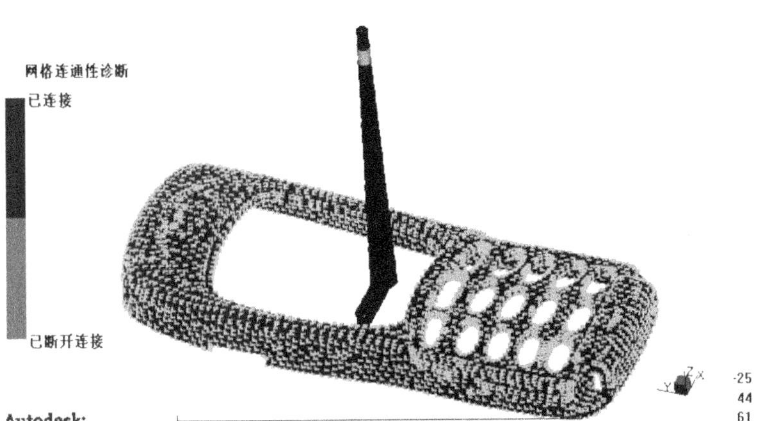

网格连通性诊断
已连接
已断开连接
Autodesk
缩放 (100 mm)
-25
44
61

图 5-99　所有单元的连通性检查

Autodesk
缩放 (100 mm)
-22
48
62

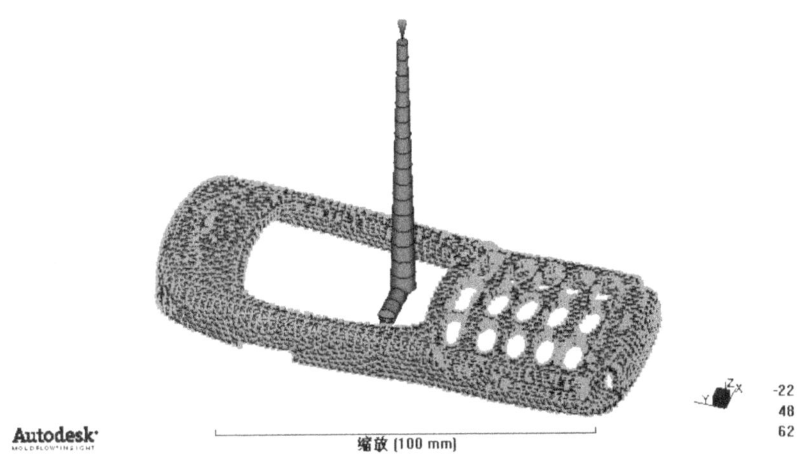

图 5-100　设置进料口位置

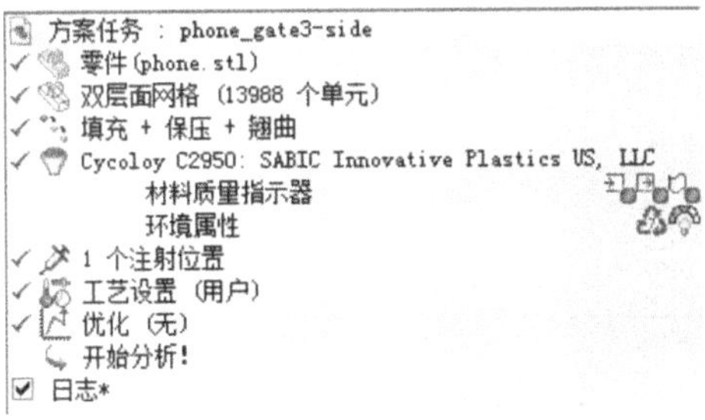

方案任务 : phone_gate3-side
零件(phone.stl)
双层面网格 (13988 个单元)
填充 + 保压 + 翘曲
Cycoloy C2950: SABIC Innovative Plastics US, LLC
材料质量指示器
环境属性
1 个注射位置
工艺设置 (用户)
优化 (无)
开始分析!
日志*

图 5-101　分析任务栏显示

5.4.2　分析计算

在完成了分析前处理之后，即可进行分析计算，双击任务栏窗口中的开始分析！一项，

解算器开始计算,选择分析→作业管理器命令,可以看到任务队列,如图 5-102 所示。

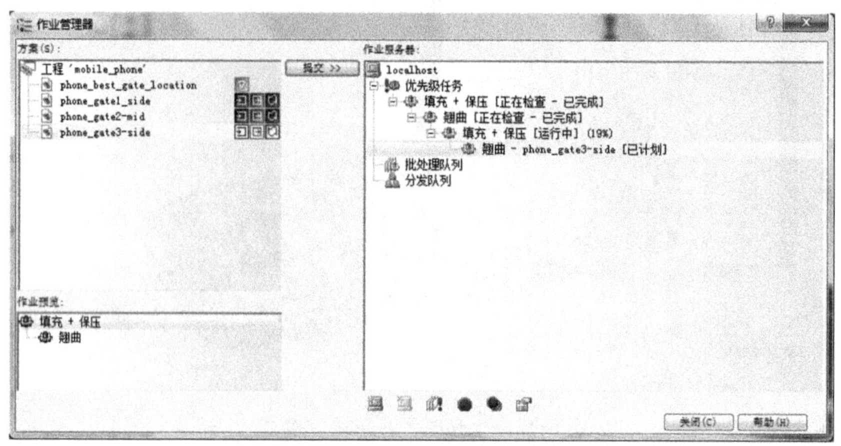

图 5-102　任务队列

通过分析计算的输出信息,可以看到设计方案调整修改之后注塑成型过程中发生的一些变化。

● 解算器参数设置

如图 5-103 所示,可以看到与 phone_gate1-side 分析的参数设置(图 5-49)相比,仅有第 1 节点不同。

求解器参数 :

厚度上的计算层数	=	12
充填阶段的中间结果输出选项		
恒定间隔的结果数	=	20
恒定间隔的动态结果数	=	0
保压阶段的中间结果输出选项		
恒定间隔的结果数	=	20
恒定间隔的动态结果数	=	0
流动速率收敛公差	=	0.5000 %
熔体温度收敛公差	=	0.2000 C
模具-熔体热传导系数		
填充	=	5000.0000 W/m^2-C
保压	=	2500.0000 W/m^2-C
分离，型腔侧	=	1250.0000 W/m^2-C
分离，型芯侧	=	1250.0000 W/m^2-C
流动速率迭代的最大数量	=	125
熔体温度迭代的最大数量	=	100
节点增长机制	=	多个
压力跟踪采样率	=	10 Hz
压力跟踪节点总数	=	1
节点　1	=	7406
压力工作选项	=	1

图 5-103　求解器参数

● 充填分析过程信息

如所示,V/P 转换发生在型腔 97.73%被充满的时候,此时的填充压力在 88.29MPa 左右,由此根据保压曲线的设定,保压压力为 70.63MPa(80%填充压力)。

0.71s 的时间型腔充填完成。

充填阶段：　　　状态：V　= 速度控制
　　　　　　　　　　　P　= 压力控制
　　　　　　　　　　　V/P= 速度/压力切换

时间 (s)	体积 (%)	压力 (MPa)	锁模力 (tonne)	流动速率 (cm^3/s)	状态
0.03	2.28	13.10	0.00	16.45	V
0.06	6.14	18.17	0.00	18.69	V
0.09	10.80	20.87	0.00	20.04	V
0.12	14.99	23.93	0.01	19.12	V
0.15	18.80	42.59	0.20	19.21	V
0.18	22.37	45.79	0.28	19.92	V
0.21	26.68	49.80	0.45	19.71	V
0.24	31.02	54.06	0.70	19.91	V
0.27	35.43	57.49	0.96	20.10	V
0.30	39.83	60.39	1.23	20.20	V
0.33	44.25	62.84	1.50	20.30	V
0.36	48.76	65.13	1.79	20.35	V
0.39	53.32	67.22	2.08	20.39	V
0.42	57.65	69.07	2.37	20.43	V
0.45	62.27	70.90	2.69	20.46	V
0.48	66.57	72.50	2.99	20.49	V
0.51	71.11	74.38	3.41	20.51	V
0.54	75.51	76.21	3.86	20.53	V
0.57	79.97	78.31	4.41	20.55	V
0.60	84.19	80.39	4.99	20.58	V
0.63	88.66	82.80	5.72	20.58	V
0.66	93.01	85.37	6.56	20.58	V
0.69	97.25	88.03	7.48	20.58	V
0.69	97.73	88.29	7.63	20.50	V/P
0.70	99.03	70.63	6.90	11.35	P
0.71	99.88	70.63	6.61	11.91	P
0.71	100.00	70.63	6.63	11.85	已充填

图 5-104　充填分析过程信息

注意：

与 phone_gate1-side 分析的充填过程信息（图 5-50）相比较可以发现，V/P 转换点略有变化，而整个过程的压力变化比较大，这是由于浇注系统的建立使整个分析的过程与实际情况更为接近。

- 保压分析过程信息

如图 5-105 所示，保压阶段从时间 0.71s 开始，经过 2s 的恒定保压，保压压力线性降低，在 3.69s 时压力降为 0，保压结束。

冷却阶段从 3.69s 开始，到 8.69s 结束，历时 5s，与工艺过程参数的设置完全吻合。

设计方案的调整对于保压过程影响很小。

5.4.3　结果分析

分析计算结束，AMI 再次生成了流动和翘曲的分析结果，通过对计算结果的分析以及与 phone_gate1-side 分析结果的比较，可以检验设计方案的调整对于成型过程和产品质量的影响效果。

1. 结果概要（日志）

- 推荐的螺杆速度曲线

如图 5-106 所示，AMI 给出了推荐的螺杆速度曲线的文字结果，该结果能够保证熔体前峰流速的一致性，可以减少产品不均匀的表面应力问题和翘曲现象。

保压阶段：

时间 (s)	保压 (%)	压力 (MPa)	锁模力 (tonne)	状态
0.71	0.25	70.63	6.66	P
0.73	0.41	70.63	11.47	P
1.12	5.37	70.63	22.02	P
1.62	11.62	70.63	17.27	P
1.87	14.74	70.63	13.80	P
2.37	20.99	70.63	5.97	P
2.62	24.12	70.63	3.62	P
2.90	27.56	56.18	2.42	P
3.35	33.24	24.06	1.22	P
3.60	36.37	6.40	0.76	P
3.69	37.50	0.00	0.59	P
3.69				压力已释放
4.19	43.75	0.00	0.18	P
4.94	53.13	0.00	0.05	P
5.69	62.50	0.00	0.03	P
6.44	71.88	0.00	0.02	P
7.19	81.25	0.00	0.01	P
8.19	93.75	0.00	0.01	P
8.69	100.00	0.00	0.01	P

图 5-105　保压分析过程信息

推荐的螺杆速度曲线(相对)：

%射出体积	%流动速率
0.0000	10.0000
10.0000	21.3137
15.3818	21.3137
30.0000	32.6565
40.0000	56.7879
50.0000	80.4807
60.0000	100.0000
70.0000	88.8905
80.0000	76.3219
90.0000	63.1887
100.0000	36.7963

图 5-106　推荐的螺杆速度曲线(文字)

在流动的图形结果中，有相应的螺杆速度曲线图，如图 5-107 所示。

注意：

与 phone_gate1-side 分析的螺杆速度曲线(图 5-54)相比较可以发现，在增加了浇注系统之后，螺杆的速度曲线会发生较大的变化，因此如果希望从 AMI 的结果中获得有关螺杆控制方面的信息，就需要创建比较完整的浇注系统，从而获得可靠的分析结果。

- 成型后的产品重量

如图 5-108 和图 5-109 所示，日志给出了详细的产品重量信息。与 phone_gate1-side 分析结果不同，由于分析模型中加入了浇注系统，因此产品重量也分为产品本身(零件)和浇注系统(流道)两部分，而且从所示的结果中，还可以清楚地看到产品重量在保压过程中由于熔体固化、回流等因素发生的减轻现象。

- 分析计算时间

如图 5-110 所示，与 phone_gate1-side 分析比较，计算所用时间变化不大。

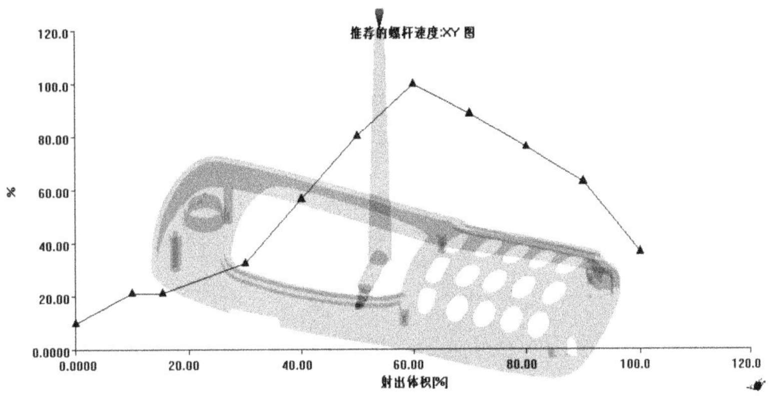

图 5-107　推荐的螺杆速度曲线

充填阶段结束的结果摘要 ：

充填结束时间	=	0.7133 s
总重量(零件 + 流道)	=	12.5871 g

...

零件的充填阶段结束的结果摘要 ：

零件总重量(不包括流道)	=	10.4717 g

...

流道系统的充填阶段结束的结果摘要 ：

主流道/流道/浇口总重量	=	2.1154 g

图 5-108　充填阶段产品重量

保压阶段结束的结果摘要 ：

保压结束时间	=	8.6935 s
总重量(零件 + 流道)	=	13.2016 g

...

零件的保压阶段结束的结果摘要 ：

零件总重量(不包括流道)	=	11.0726 g

...

流道系统的保压阶段结束的结果摘要 ：

主流道/流道/浇口总重量	=	2.1290 g

图 5-109　保压阶段产品重量

执行时间

分析开始时间	Sat Sep 21 23:22:37 2013
分析完成时间	Sat Sep 21 23:26:33 2013
使用的 CPU 时间	228.24 s

图 5-110　分析计算时间

2. 流动分析结果

(1) 充填时间

如图 5-111 所示,手机面板在 0.7130s 的时间内完成熔体的充填。由于浇注系统的建立,充填时间有所增长,浇口位置的调整使熔体在型腔内的流动也发生了变化。

图 5-111　充填时间

(2)熔接线

如图 5-112 所示,浇口位置调整之后,与图 5-68 相比,熔接线的分布位置有了很大的改善,基本上偏离了结构上最薄弱的环节,而且熔接线从数量上也有所减少。由此可见,设计方案的调整是十分有效的。

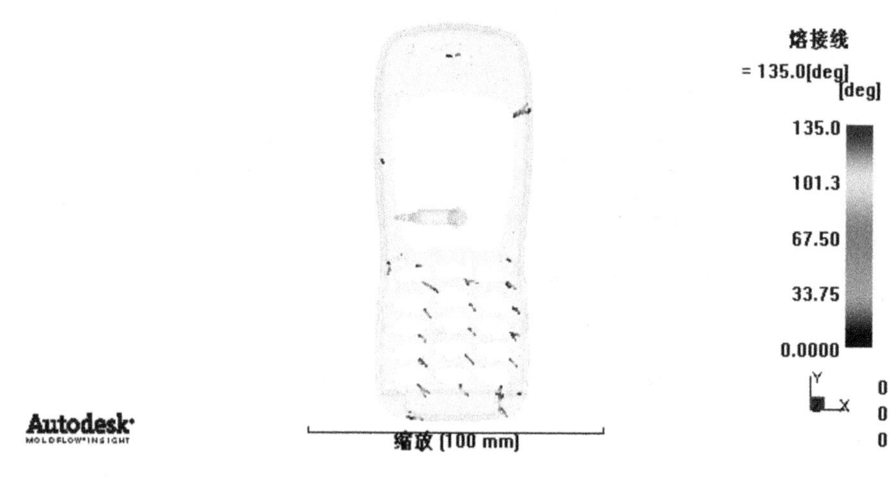

图 5-112　熔接线

(3) 速度/压力切换时的压力

如图 5-113 所示,V/P 转换点浇口位置压力为 88.29MPa。前面已经介绍过,由于浇注系统的创建,使注塑压力有所提高,相应的 V/P 转换点压力也由 60.69MPa 提高到 88.29MPa。

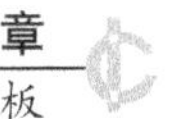

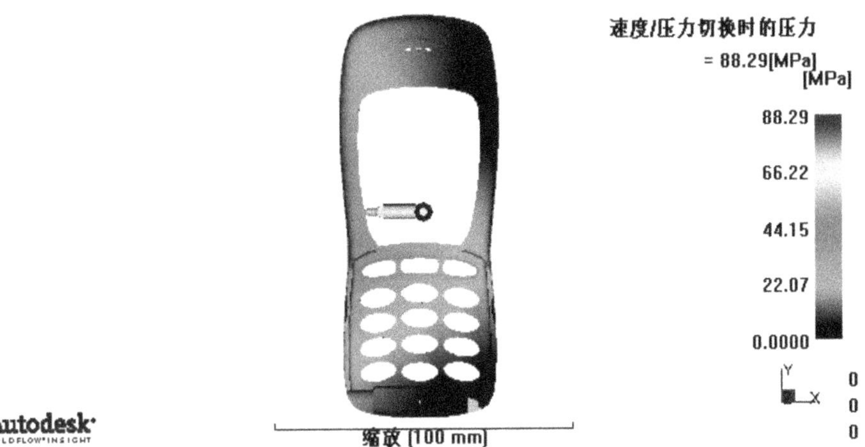

图 5-113　V/P 转换点压力

(4) 注射位置处压力:XY 图

浇口位置压力曲线表达了浇口处压力在注射、保压、冷却整个过程中的变化。

从图 5-114 中可以看出以下信息：

- 在 V/P 转换点前后的压力变化，压力从 88.29MPa 直接降低到 80%即 70.63MPa。
- 与图 5-44 的保压曲线设定相比较，在分析计算中保压曲线的设定也得到了很好的执行。

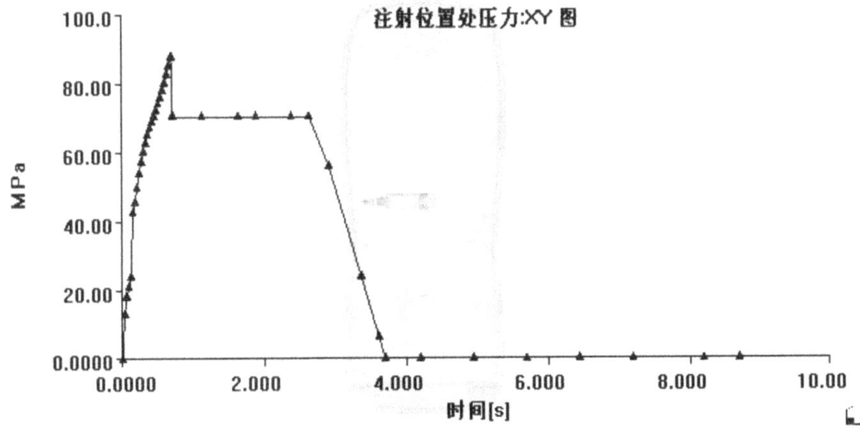

图 5-114　浇口位置压力曲线

3. 翘曲分析结果

翘曲分析结果如图 5-115 所示。

与设计方案调整前的翘曲分析结果(图 5-62)相比较，产品 X、Y、Z 3 个方向上的变形量变化不大，仅有略微的减小。

- 总体最大变形量：0.4813mm；
- X 方向最大变形量：0.2176mm；

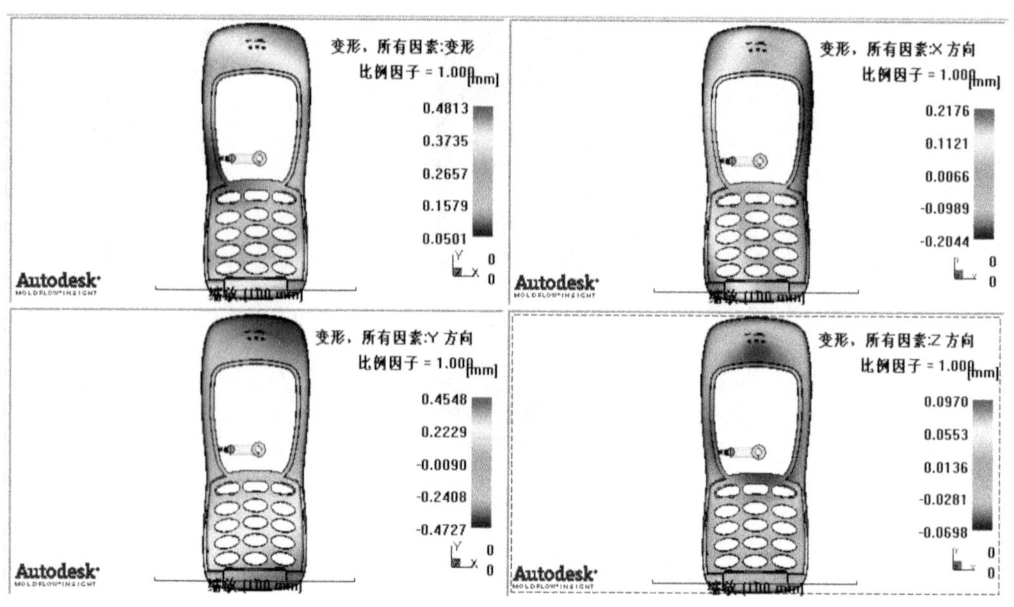

图 5-115　翘曲分析结果

- *Y* 方向最大变形量：0.4548mm；
- *Z* 方向最大变形量：0.0970mm。

5.5 小　结

本章内容针对手机面板这一实例，进行了最佳浇口位置的分析，利用最佳浇口位置的分析结果，给出了初步设计方案及相应的成型模拟过程，通过对计算结果的分析，对中间位置的浇口位置设计进行对比，经过对初步设计方案的调整，在最佳浇口位置附近设置浇注系统。

希望读者通过本章的学习，能够掌握以下内容：

- 将 AMI 合理地应用到产品的设计过程中，大大提高效率；
- 利用 AMI 进行最佳浇口位置的分析；
- 流动分析的工艺过程参数的具体含义和设置方法；
- 复杂形状浇口及浇注系统的创建。

第 6 章　流动平衡设计案例——鼠标组合型腔

6.1　概　述

在一模多腔或者组合型腔的注塑模成型生产过程中，熔体在浇注系统中流动的平衡性是十分重要的。如果塑料熔体能够同时到达并充满模具的各个型腔，则称该浇注系统是平衡的。平衡的浇注系统不仅可以保证良好的产品质量，而且可以保证不同型腔内产品的质量一致性。

对于一模多腔的模具，浇注系统的平衡与否，与型腔和流道的布局方式直接相关，如图 6-1 所示。图 6-1(a)所示的直线形型腔排列中，熔体在浇注系统中的流程相对较短，但是流动不平衡；图 6-1(b)所示的型腔排列能够保证熔体流动的平衡性，但是显然这种流道布局使得熔体在浇注系统中的流程较长；如果既要保证流动的平衡性，又要尽量缩短熔体的流程，则可以改变型腔的布局，采用图 6-1(c)和图 6-1(d)所示的布局方式。

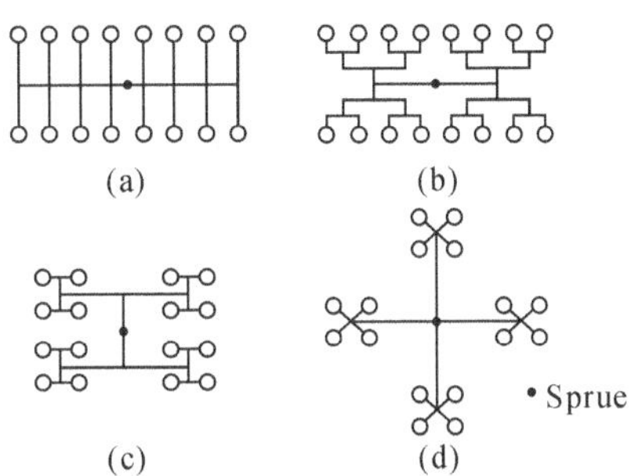

图 6-1　一模多腔的布局方式

对于组合型腔的模具，由于各型腔几何形状和容积不同，浇注系统的平衡与否除了要考虑型腔和流道的布局方式，还要考虑流道截面尺寸的设计。合理的流道尺寸能够保证熔体在模具型腔内流动的平衡性。

AMI 系统提供了有效的流道平衡分析模块。将流道平衡分析模块与充填等基本模块结合使用，可以优化浇注系统参数，并使优化后的系统达到以下一些基本要求：

- 保证各型腔的充填在时间上保持一致；
- 保证均衡的保压；
- 保持一个合理的型腔压力；

● 优化流道的容积，节省充模材料。

注意：

流道平衡分析仅仅针对中性面和双层面两类网格模型，平衡分析所调整的是分流道的尺寸。

在流道平衡分析中，系统通过在给定的约束条件下调整流道的尺寸，保证熔体在模具型腔内流动的平衡性。

本章给出的实例是鼠标上下盖体的组合型腔模具，如图 6-2 和图 6-3 所示。

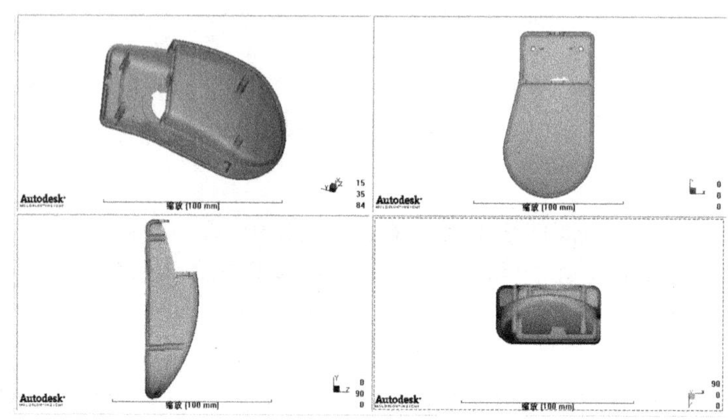

图 6-2　鼠标上下盖体组合

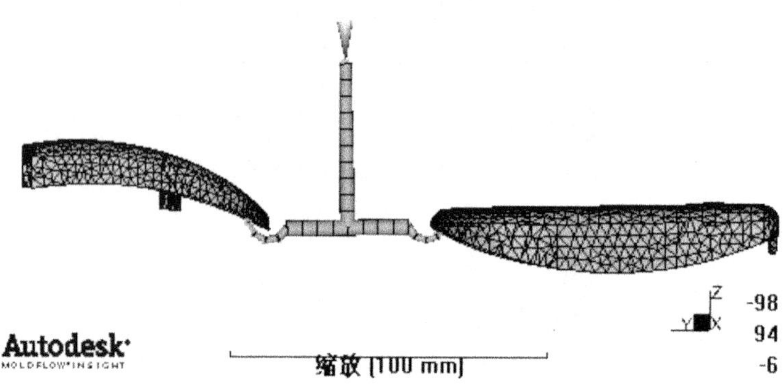

图 6-3　组合型腔布局

利用 AMI 进行分析的目的是分别确定通向上下盖体分流道的截面尺寸，从而保证熔体能够基本上在同一时刻充满型腔，实现熔体的平衡流动。

本章主要包括以下一些内容：

● 利用浇口位置分析找出上、下盖体的最佳浇口位置；

● 初步创建完整的浇注系统进行充填分析，以获得流道平衡分析所需的一些约束条件；

● 设定约束条件，在初步模型充填分析的基础上进行流道平衡分析，从而得到优化的流道设计；

● 根据流动优化分析的结果，调整和修改设计方案，并对最后的方案进行分析验证。

6.2 上盖的浇口位置分析

由于给出的鼠标模型为非对称产品，因此在进行组合型腔布局设计之前，需要利用浇口位置分析找出上下盖体的最佳浇口位置，初步保证熔体在单独腔体内合理的流动和充填过程。

6.2.1 分析前处理

在浇口位置分析前所要完成的前处理工作主要包括以下内容：

- 项目创建和模型导入；
- 网格模型的建立；
- 分析类型的设定；
- 材料选择和工艺过程参数的设定。

1. 项目创建和模型导入

为了读者学习的方便，在教程附带的光盘中给出了已经完成网格模型创建的 sdy 文件，读者可以直接导入建立好的模型进行分析计算。当然，读者也可以在导入模型后，自己独立进行网格的划分和修改，从而熟练掌握网格模型创建的方法。

在指定的位置创建分析项目，并导入鼠标上盖的基本分析模型。

【操作步骤】

(1) 创建一个新的项目。选择文件→新建工程命令，此时，系统会弹出项目创建路径对话框，在工程名称一栏中填入项目名称 mouse，单击确定按钮，默认的创建路径是 AMI 的项目管理路径，当然读者也可以自己选择创建路径，如图 6-4 所示。

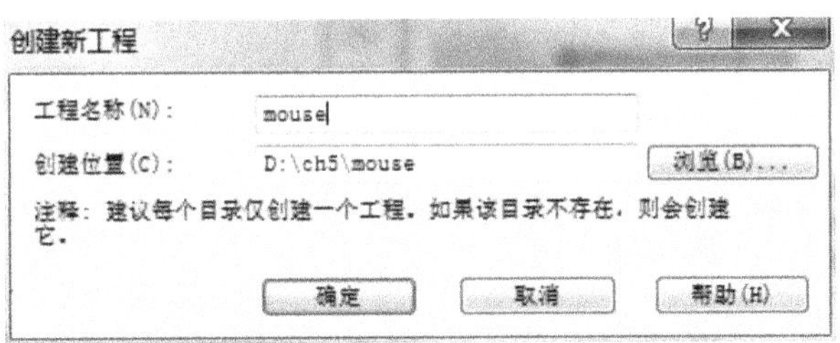

图 6-4　创建新项目

(2)从“光盘:\mouse\”中导入创建好的鼠标上盖分析模型的 sdy 文件 mouse_top_best_gate_location. sdy。选择文件→导入命令，在弹出的对话框中选择 mouse_top_best_gate_location. sdy 文件，单击“打开”按钮，如图 6-5 所示。

(3) 项目管理窗口和分析任务窗口如图 6-6 示，鼠标上盖的基本分析模型被导入，如图 6-7 所示。

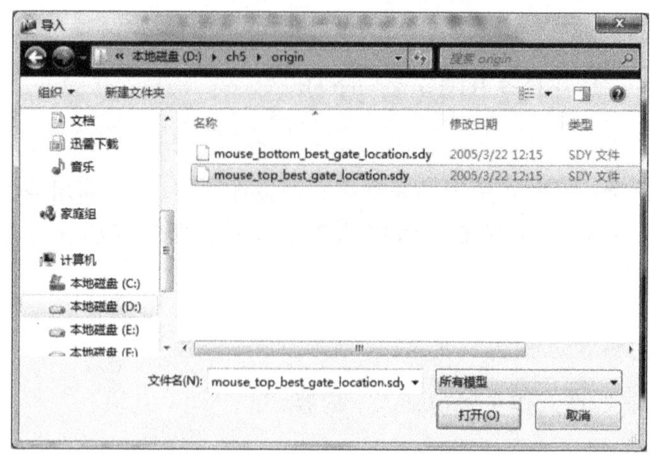

图 6-5　选择分析模型

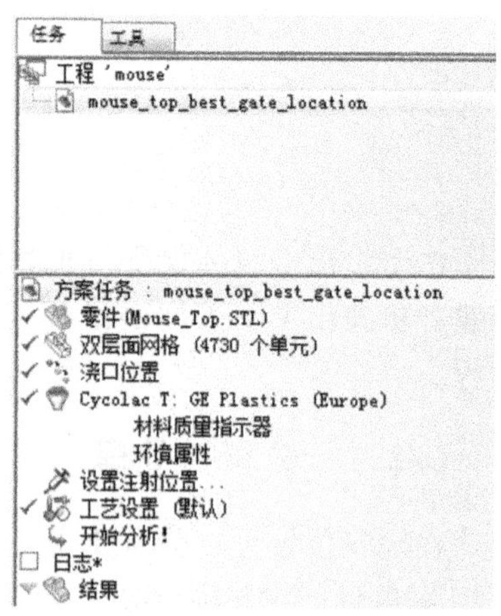

图 6-6　基本分析模型导入

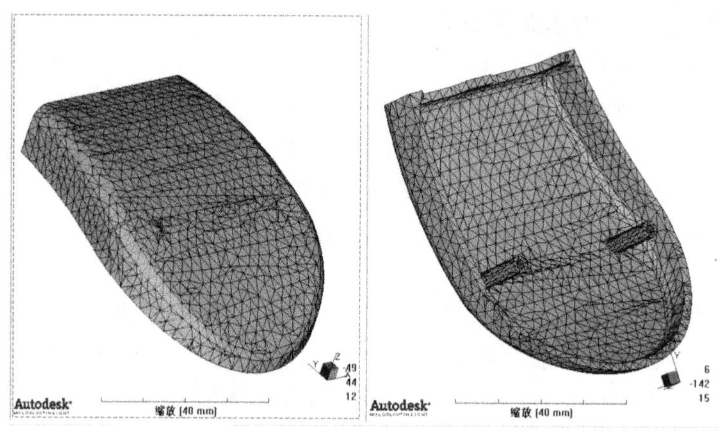

图 6-7　鼠标上盖模型

2. 网格模型信息查看

查看网格模型信息。选择网格→网格统计命令，网格信息如图 6-8 所示。

注意：

读者可以重新对 STL 模型进行网格划分和缺陷修改，这里给出的网格模型可以作为读者创建网格模型练习的参考。

3. 分析类型的设定

在导入的基本分析模型中，分析类型已经设置为最佳浇口位置分析。

4. 材料选择

鼠标采用的材料为 GE Plastics (Europe)公司的 ABS 材料，其牌号为 Cycolac T。

在分析任务窗口中右键单击 Cycolac T：GE Plastics(Europe)，选择详细资料，可以查看材料属性，如图 6-9 所示。

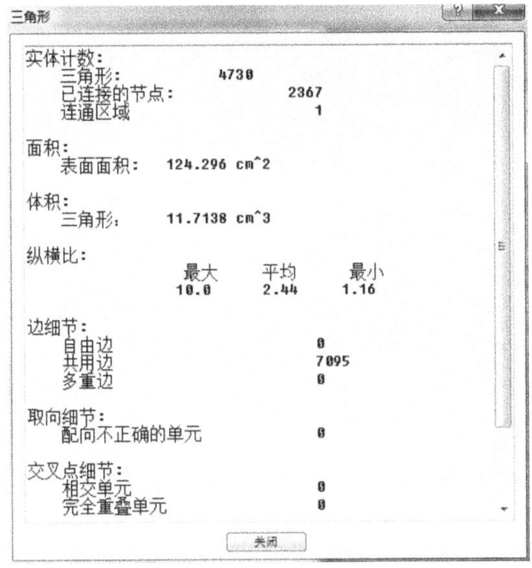

图 6-8 网格信息

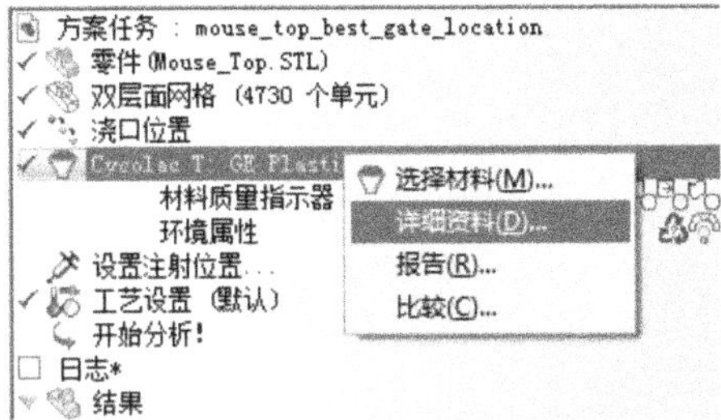

图 6-9 查看材料属性

单击热塑性材料详细信息中的 PVT 属性选项卡，如图 6-10 所示，单击绘制 PVT 数据按钮，PVT 属性如图 6-11 所示。

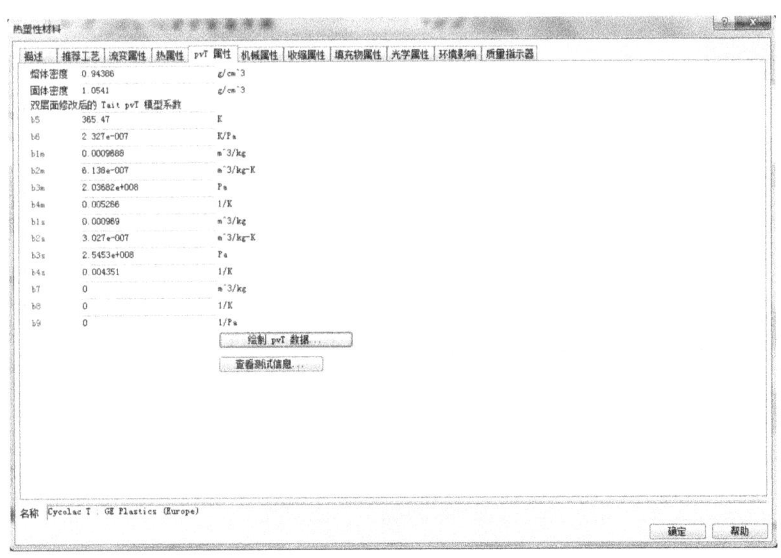

图 6-10 PVT 属性

5. 工艺过程参数的设定

工艺过程参数选用默认设置，如图 6-12 所示，各项参数的含义和设置这里就不再介绍（详见 5.2.1 中 5 条）。

- 注塑机——默认设置为 Default injection molding machine。
- 模具表面温度——默认值为 60℃。
- 熔体温度——默认值为 240℃。

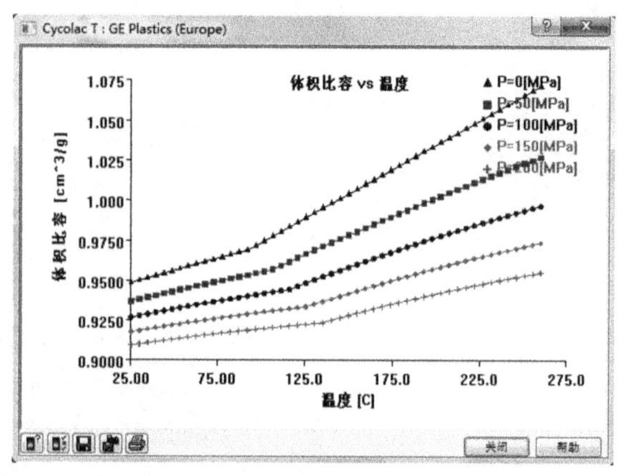

图 6-11 材料 PVT 属性

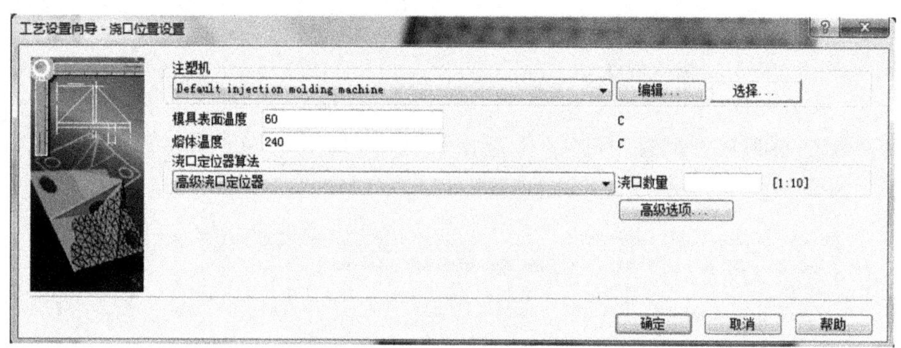

图 6-12 默认的工艺过程参数

6.2.2 分析计算

在完成了分析前处理之后，即可进行分析计算，整个解算器的计算过程基本由 AMI 系统自动完成。

双击任务栏窗口中的“开始分析！”一项 开始分析！，解算器开始计算，任务栏窗口显示如图 6-13 所示。

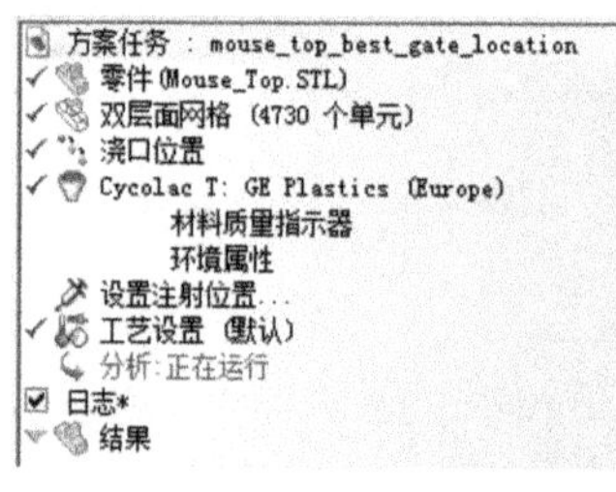

图 6-13 分析计算开始

选择分析→作业管理器命令可以看到任务队列及计算进程，如图 6-14 所示。

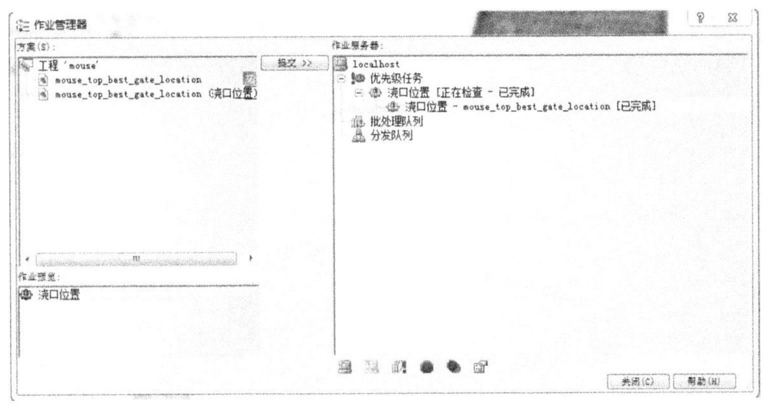

图 6-14　分析任务队列

6.2.3　结果分析

计算结束后,AMI 生成最佳浇口位置的分析结果,分析任务窗口如图 6-15 所示。

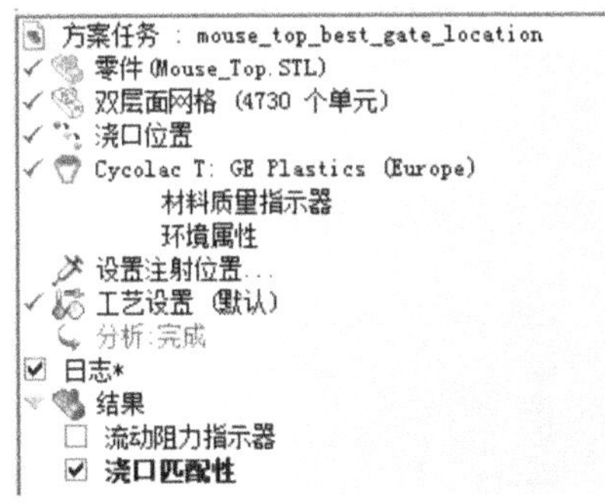

图 6-15　分析结果列表

1. 分析日志

分析日志以文字的形式给出最佳浇口位置的分析结果,如图 6-16 所示。

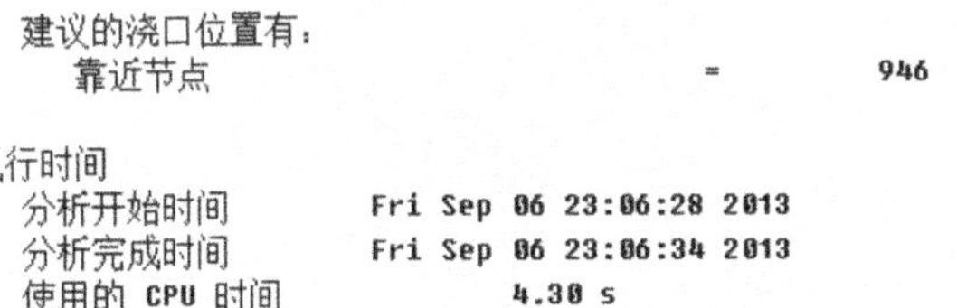

图 6-16　分析结果

从分析结果中可以看到:

- 建议的浇口位置有:靠近节点=946

推荐的浇口位置在节点 N946 附近。

- 使用的 CPU 时间:4.30s

分析计算时间:CPU 运算时间 4.30s。

在鼠标上盖的网格模型中可以找到最佳浇口位置区域中心所在的节点，在选择工具栏的文本框中输入 N946，如 N946 所示，节点 N946 在鼠标上盖的正面，如图 6-17 所示。

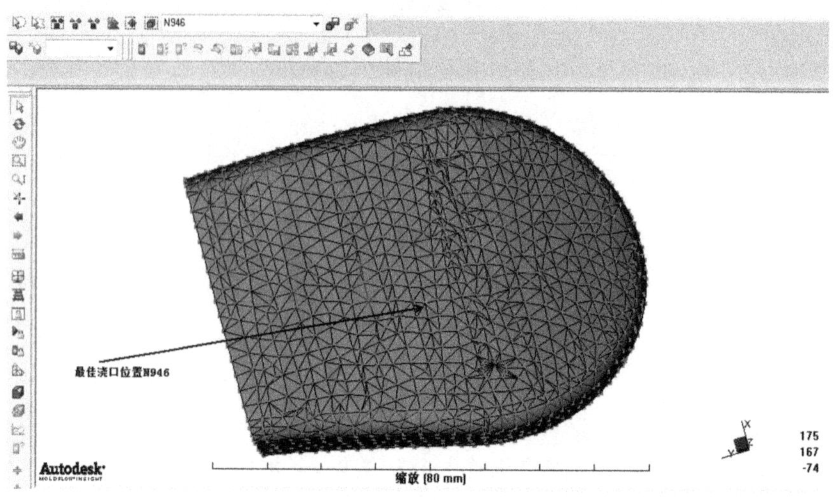

图 6-17　最佳浇口区域的中心节点

2. 最佳浇口位置

浇口匹配性的图形显示结果如图 6-18 所示。

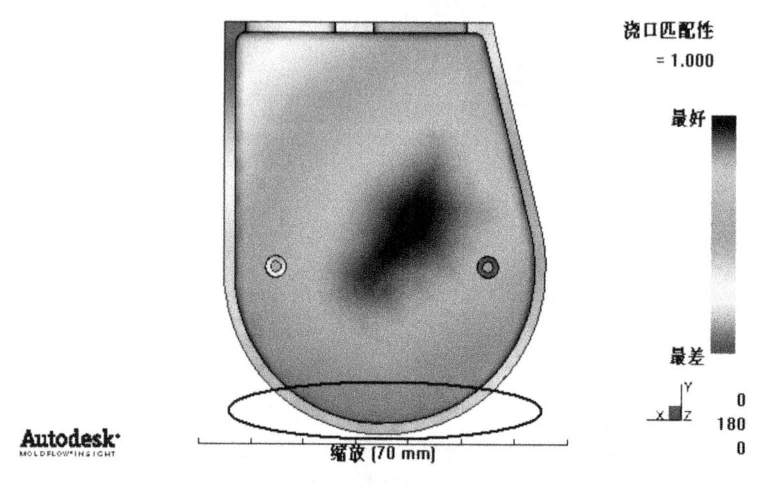

图 6-18　浇口匹配性

结果显示中蓝色的区域是最佳的浇口位置区域，红色的区域是最不合理的浇口位置区域，绿色的区域则介于两者之间。

考虑到模具设计的合理性以及熔体在型腔内流动的平衡性，将浇口位置设定在图 6-18 中的圈选区域。

6.3 下盖的浇口位置分析

在确定了鼠标上盖的浇口位置之后，接下来要分析鼠标下盖合理的浇口位置。

6.3.1 分析前处理

下盖浇口位置分析前处理的操作步骤和参数设置与上盖的浇口位置分析基本一致，教程光盘中也附带了创建好的基本分析模型。

1. 模型导入

在项目管理窗口中导入鼠标下盖的基本分析模型。

【操作步骤】

(1) 在项目管理窗口中，右击工程'mouse'→导入，从"光盘:\mouse\"中导入创建好的鼠标下盖分析模型的 sdy 文件 mouse_bottom_best_gate_location. sdy，在弹出的对话框中选择 mouse_bottom_best_gate_location. sdy 文件，单击"打开"按钮，如图 6-19 所示。

图 6-19　选择分析模型

(2) 鼠标上盖的基本分析模型被导入，如图 6-20 所示。

2. 其他参数设定

鼠标下盖分析模型的其他参数设置与上盖的前处理方法一致，这里不再赘述。

- 分析类型为浇口位置；
- 材料 Cycolac T：GE Plastics(Europe)；
- 工艺过程参数选用默认值。
  - 注塑机——Default injection molding machine；
  - 模具表面温度——默认值为 60℃；
  - 熔体温度——默认值为 240℃。

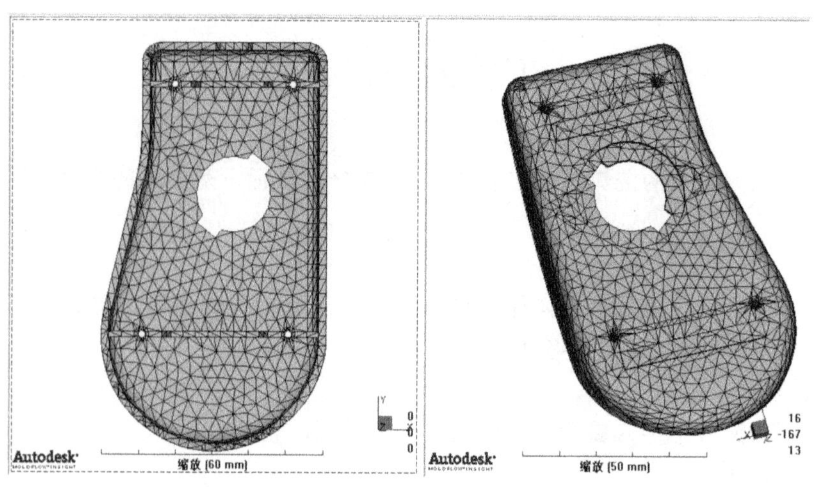

图 6-20　鼠标下盖模型

6.3.2　结果分析

前处理结束后，直接进行分析计算，AMI 生成最佳浇口位置的分析结果。

1. 分析日志

分析日志以文字的形式给出最佳浇口位置的分析结果，如图 6-21 所示。

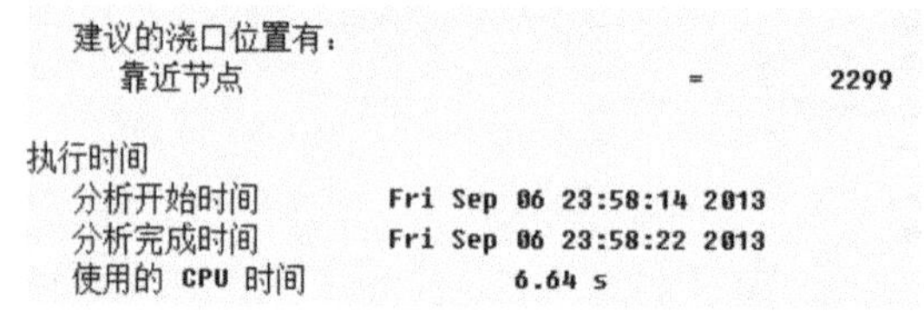

建议的浇口位置有：
靠近节点　=　2299

执行时间
分析开始时间　Fri Sep 06 23:58:14 2013
分析完成时间　Fri Sep 06 23:58:22 2013
使用的 CPU 时间　6.64 s

图 6-21　分析日志结果

从分析日志中可以看到：

- 建议的浇口位置有：靠近节点＝2299

推荐的浇口位置在节点 N2299 附近。

- 使用的 CPU 时间：6.64s

分析计算时间：CPU 运算时间 6.64s。

在鼠标下盖的网格模型中可以找到最佳浇口位置区域中心所在的节点 N2299，如图 6-22所示。

2. 最佳浇口位置

浇口匹配性的图形显示结果如图 6-23 所示。

与上盖分析结果类似，结果显示中蓝色的区域是最佳的浇口位置区域，红色的区域是最不合理的浇口位置区域，绿色的区域则介于两者之间。

同样考虑到模具设计的合理性以及熔体在型腔内流动的平衡性，将浇口位置设定在图 6-23中的圈选区域。

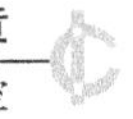

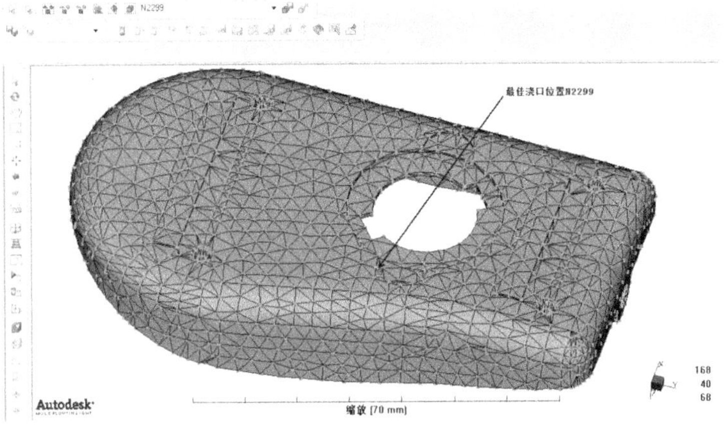

图 6-22　最佳浇口区域的中心节点

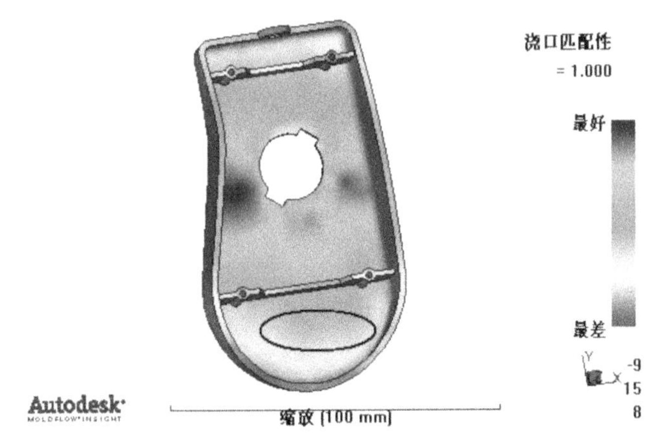

图 6-23　浇口匹配性

6.4　组合型腔的充填分析

鼠标组合型腔浇注系统的平衡设计，需要在初步设计的基础上进行。也就是说，需要设计者根据经验首先给出一个初步的设计方案，在对初步设计进行分析的基础上，寻找设计中存在的问题(流道不平衡达到什么程度)，从而进行设计方案的调整和修改。而且，经过对初步设计方案的分析，可以为进一步的流道平衡分析提供必要的分析参数及约束条件(平衡压力等)。

鼠标组合型腔模具的初步设计方案如图 6-24 所示，通向上、下盖体的分流道直径均为 5mm，分流道及浇口总长度 50mm。

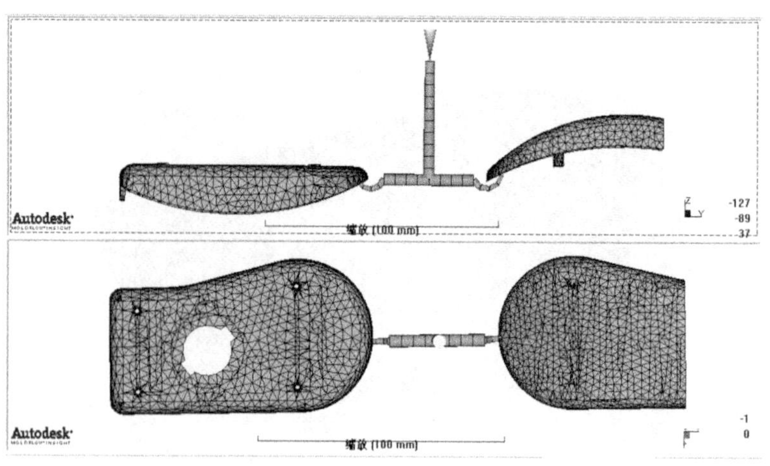

图 6-24　初步设计方案

6.4.1　分析前处理

组合型腔的充填分析是在上、下盖体的最佳浇口位置分析的基础上进行的，主要包括以下内容：

- 从最佳浇口位置分析中导入基本网格模型；
- 组合型腔的布局；
- 分析类型的设定；
- 浇注系统的建立；
- 工艺过程参数的设定。

1. 基本网格模型的复制导入

在鼠标上、下盖体最佳浇口位置分析的基础上，复制网格模型。

【操作步骤】

(1) 基本分析模型。在完成浇口位置的开始分析后，项目管理窗口会自动生成 mouse_top_best_gate_location(浇口位置)和 mouse_bottom_best_gate_location(浇口位置)文件，项目管理窗口显示如图 6-25 所示。

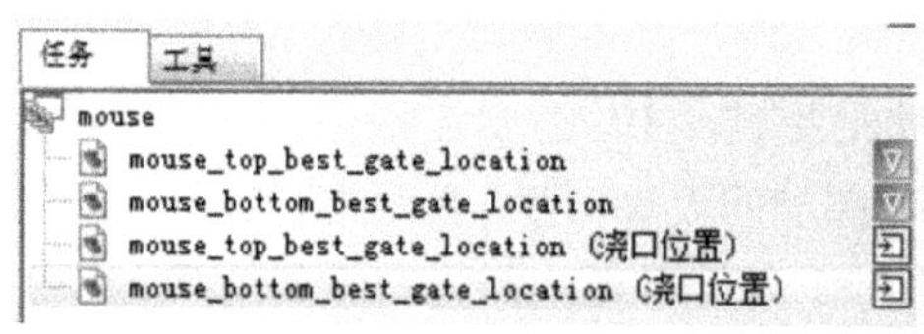

图 6-25　基本分析模型完成

(2) 分析任务重命名。右键 mouse_bottom_best_gate_location 选择重复，将新生成的任务重命名为 mouse_top_bottom_original_ unbalanced，重命名之后的项目管理窗口、分析任务窗口及层管理窗口如图 6-26 所示。

(3) 导入鼠标上盖的网格模型。在完成鼠标下盖的最佳浇口位置分析之后，需要在分

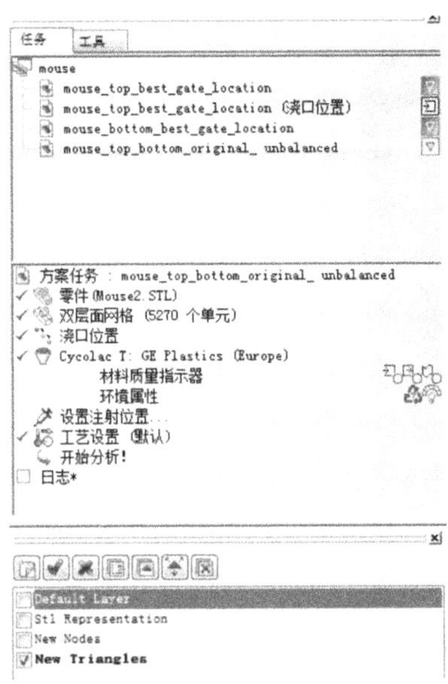

图 6-26　基本分析模型设置

析项目 mouse_top_bottom_original_unbalanced 中再次导入鼠标上盖的网格模型，选中刚刚创建的 mouse_top_bottom_original_unbalanced 分析，再选择文件→添加命令，系统弹出如图 6-27 所示的添加模型对话框。

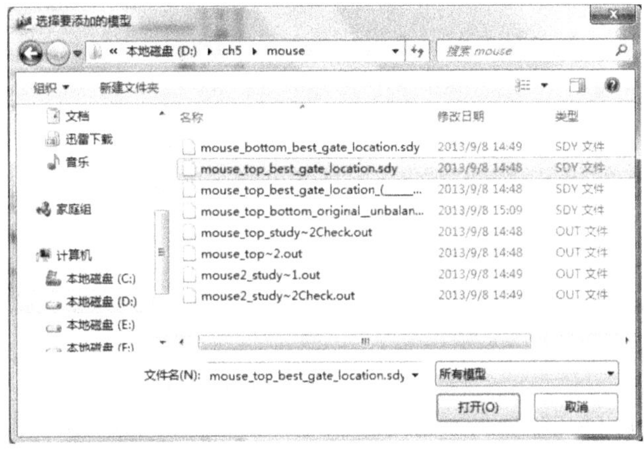

图 6-27　添加模型

在对话框中选择当前的分析项目文件夹，然后选中 6.2 节中刚刚完成的鼠标上盖最佳浇口位置分析 mouse_top_best_gate_location，单击“打开”按钮，则鼠标上盖的网格模型被导入，模型显示窗口变化如图 6-28 所示。删除 mouse_top_best_gate_location(浇口位置)。

此时层管理窗口如图 6-29 左图所示，为了有效地区分鼠标上、下盖体模型，重命名后的层管理窗口如图 6-29 右图所示。

2. 组合型腔的布局

鼠标上、下盖体的网格模型全部复制导入后，要通过 AMI 系统中的建模功能，将上、下

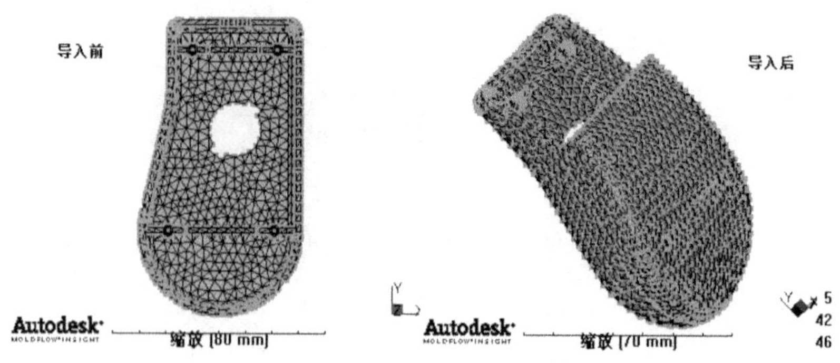

图 6-28　上盖网格模型插入

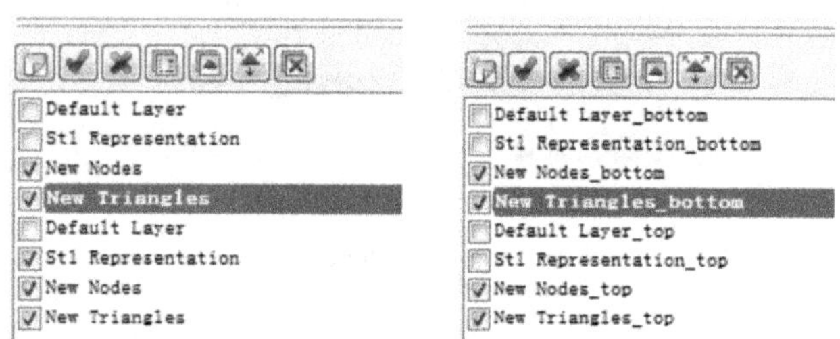

图 6-29　层管理窗口

盖体的网格模型进行合理地布置。

上、下盖体的基本位置关系如图 6-24 所示，两型腔间距为 50mm 左右。

【操作步骤】

(1) 鼠标下盖沿 Y 轴负向移动 50mm，在层管理窗口中，仅选择 New Nodes_bottom 和 New Triangles_bottom 两层，选择全部三角形单元和节点，再选择建模→移动/复制→平移命令，在弹出的对话框内填入移动向量(0，−50，0)，选择移动命令，如图 6-30 所示，单击应用按钮。

(2) 将鼠标下盖网格模型绕 Z 轴旋转 180°，选择鼠标下盖全部网格和节点，再选择建模建模→移动/复制→旋转命令，在弹出的对话框中选择节点 N2156 为基准点(31.58，−49.08，5.63)，单击应用按钮，如图 6-31 所示。

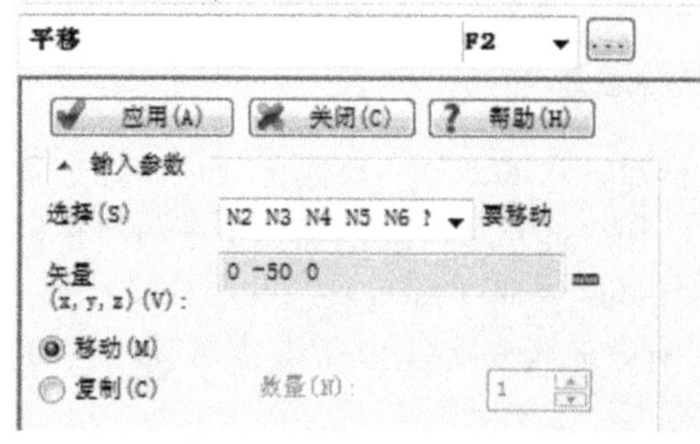

图 6-30　移动鼠标下盖

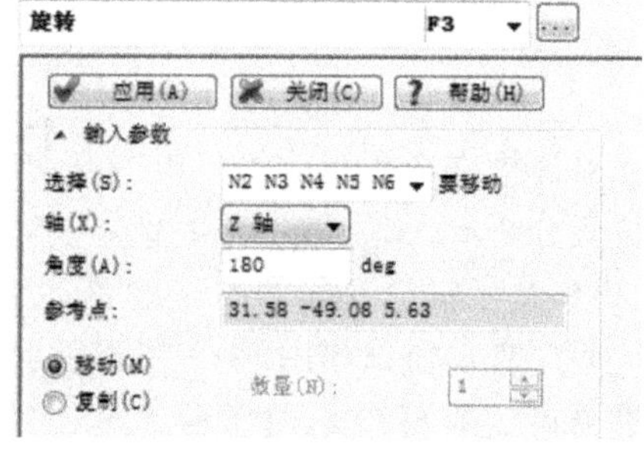

图 6-31　绕 Z 轴旋转鼠标网格模型

(3) 再将鼠标下盖网格模型绕 Y 轴旋转 180°,基准点仍为节点 N2156,单击应用按钮,如图 6-32 所示,完成组合型腔的布局,如图 6-33 所示。

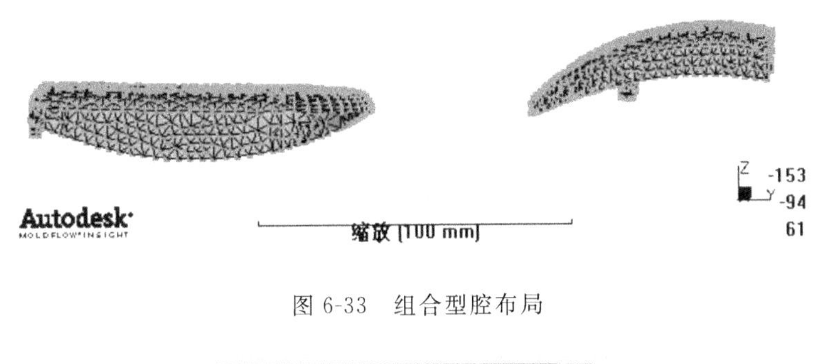

图 6-33 组合型腔布局

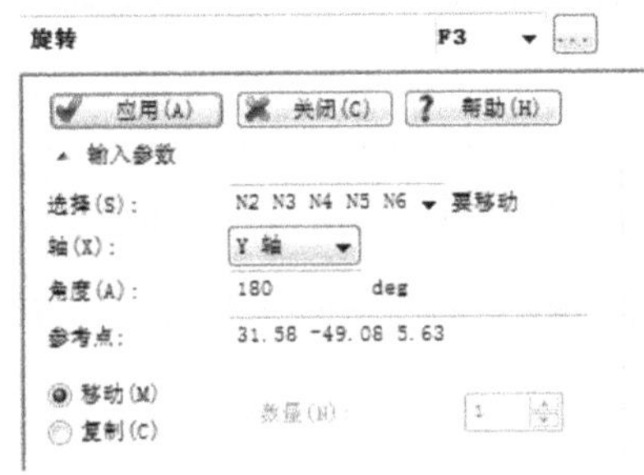

图 6-32 绕 Y 轴旋转网格模型

3. 分析类型的设定

将产品的注塑成型分析类型设置为充填,充填分析的目的是初步模拟熔体在组合型腔内的流动过程,为进一步的流道平衡分析收集参数。

4. 浇注系统的建立

鼠标组合型腔模具的浇注系统由主流道、分流道及潜伏式浇口组成,如图 6-34 所示。

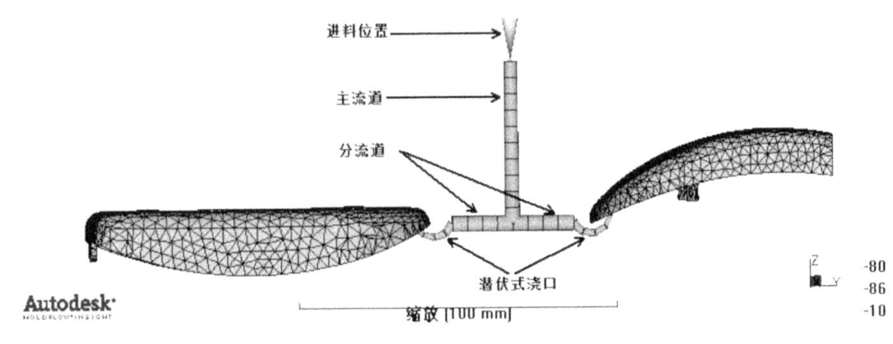

图 6-34 浇注系统

【操作步骤】

(1) 创建鼠标下盖的潜伏式浇口中心线

根据 6.3 节的分析结果,选择下盖上的浇口位置为节点 N2498,首先创建浇口中心线上的另外两点,选择建模→创建节点→按偏移命令,基准点为 N2498,点①(位于分形面)偏置向量为(0,12,−3.15),如图6-35所示。点②相对节点N2498的距离为(0,4.5,−7)。最后创建结果如图6-36所示。

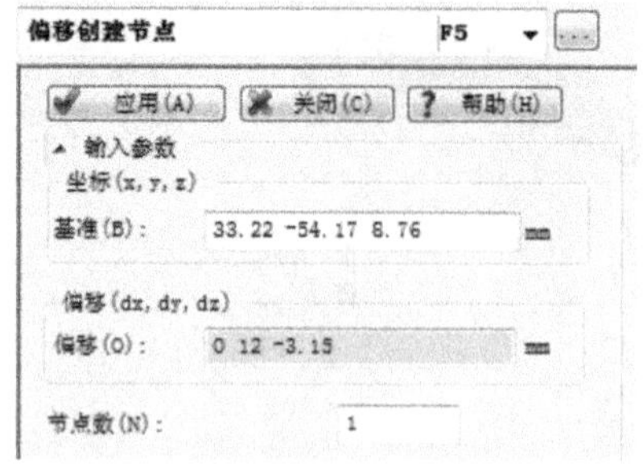

图6-35　按偏移创建节点对话框

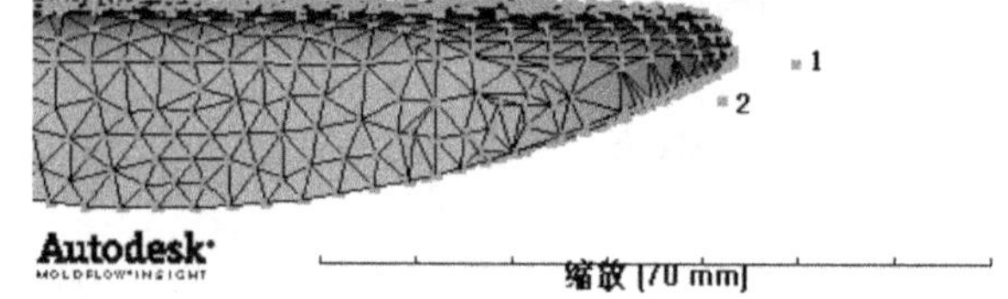

图6-36　下盖浇口中心线节点

利用节点N2498、点①和点②创建中心线,选择建模→创建曲线→点创建圆弧命令,如图6-37所示,分别选择N2498和点①、②,取消勾选自动在曲线末端创建节点复选框(原因详见3.2.7中1条),单击选择选项的创建为后的改变按钮...,设置浇口属性。

在弹出的对话框中创建新的曲线属性,选择图6-38中的新建→冷浇口命令。

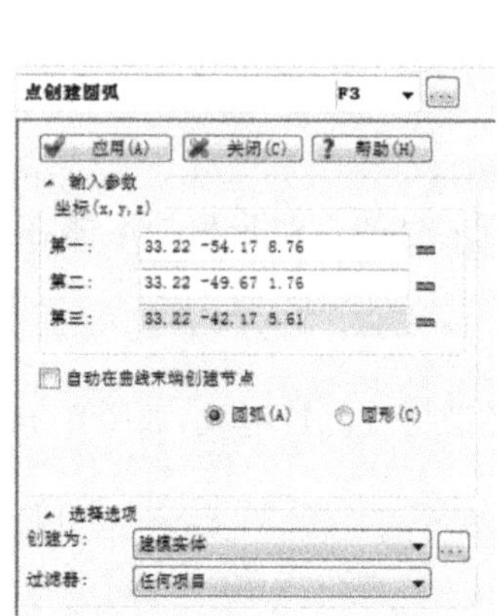

图6-37　创建浇口中心线

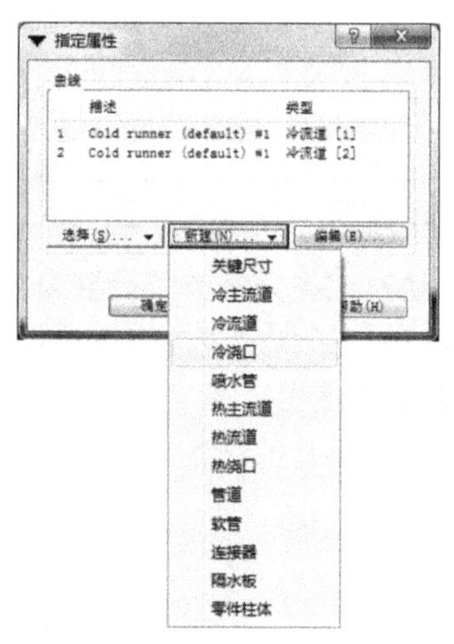

图6-38　设置中心线属性

再次弹出如图6-39所示对话框,设置冷浇口属性。

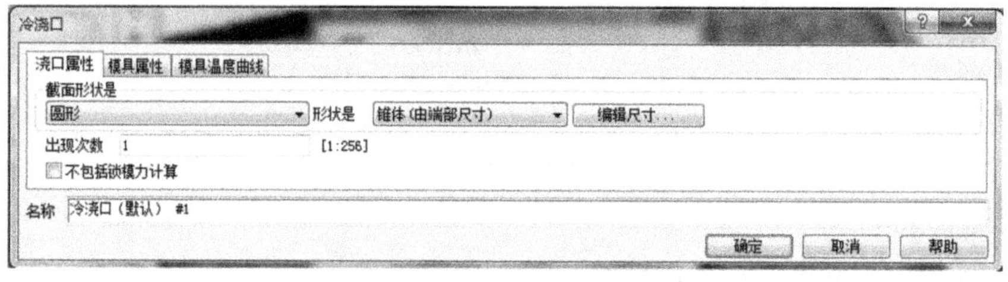

图6-39　设置冷浇口属性

其中参数设置如下(参数含义详见 4.2.7 中 1 条):

- 截面形状是——圆形;
- 形状尺寸——锥体(由端部尺寸);
- 出现次数——1;
- 名称——冷浇口(默认)♯1。

再次单击图 6-39 中的编辑尺寸按钮,会弹出如图 6-40 所示对话框,参数设置如下:

- 浇口中心线起点处直径 Start diameter——1.1mm;
- 浇口中心线终点处直径 End diameter——3mm。

单击"确定"按钮。

注意:

起点为 N2498,终点为点①。

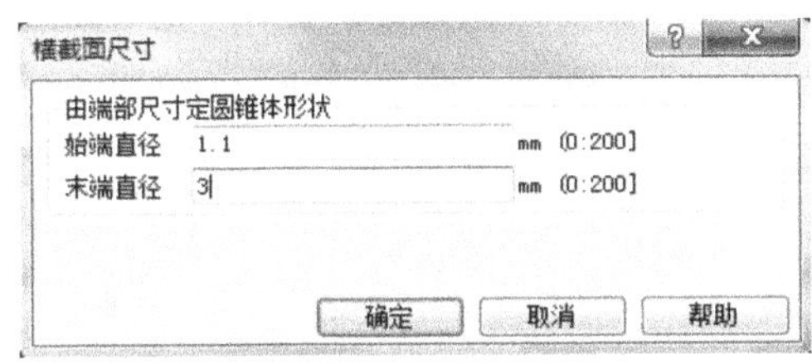

图 6-40　设置冷浇口两端尺寸

单击图 6-39 中的模具属性标签,选择其他模具材料,单击选择按钮,选择材料为 Tool Steel P-20,单击选择按钮可以选择模具材料,单击编辑按钮可以设置材料属性,设置完毕单击"确定"按钮,如图 6-41 所示。

图 6-41　设置冷浇口处模具材料

返回图 6-38 所示对话框,单击确定按钮,返回图 6-37 所示对话框,单击应用按钮,则生成弯形潜伏式浇口中心线,如图 6-42 所示,将中心线置于新建层 gate 中,即新建层 gate,再将浇口中心线指定到该层。

(2) 创建鼠标上盖的潜伏式浇口中心线

根据 5.2 节的分析结果,选择上盖上的浇口位置为节点 N5036,中心线的创建方法与下盖相同,中心线上另外两点③和④相对于节点 N5036 的距离分别为(0.95,－11,－5.95)、(0.15,－5.87,－9.1),浇口中心线参数设置与下盖完全一致,创建结果如图 6-43 所示。

(3) 创建分流道中心线

首先创建点①和点③的中点⑤,选择建模→创建节点→在坐标之间命令,如图 6-44 所示,创建结果如图 6-45 所示。

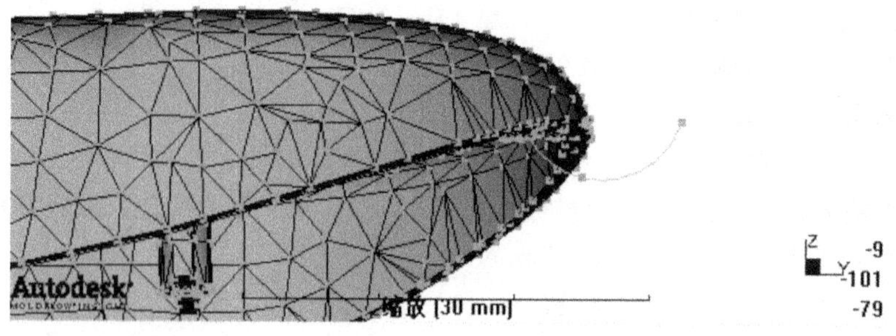

图 6-42　潜伏式浇口中心线

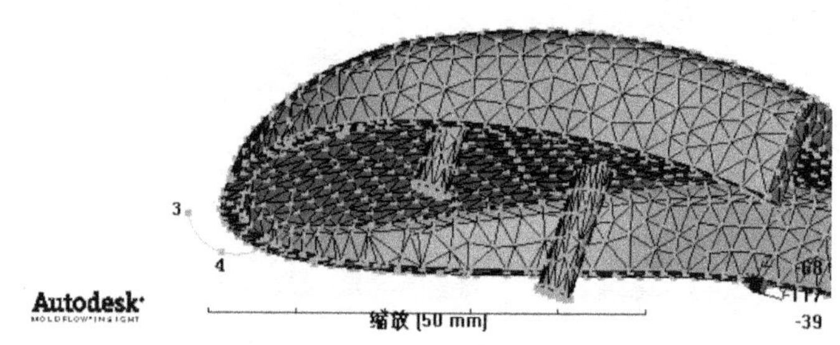

图 6-43　显示最佳浇口位置的中心节点

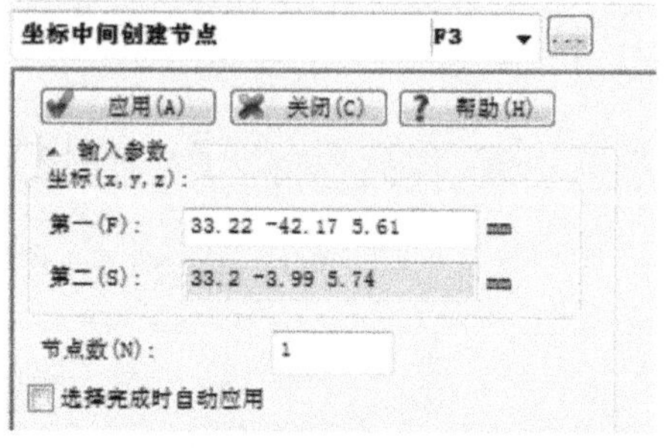

图 6-44　创建点⑤

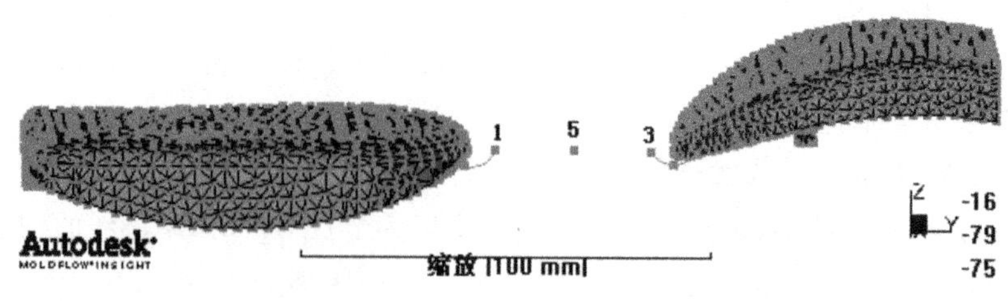

图 6-45　节点 5

接着创建通向鼠标下盖的分流道中心线，选择建模→创建曲线→直线命令，如图 6-46 所示，分别选择第 1 端点端点①和第 2 端点端点⑤，取消勾选自动在曲线末端创建节点复选

框，单击选择选项的创建为后的改变按钮，设置浇口形状属性，选择新建冷流道，弹出的对话框如图 6-47 所示。

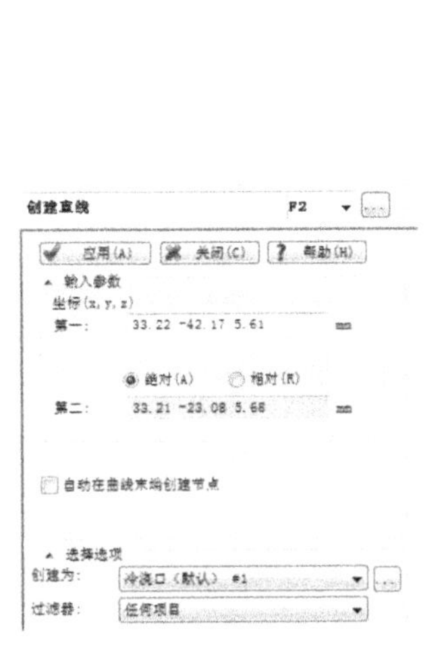

图 6-46　创建分流道中心线

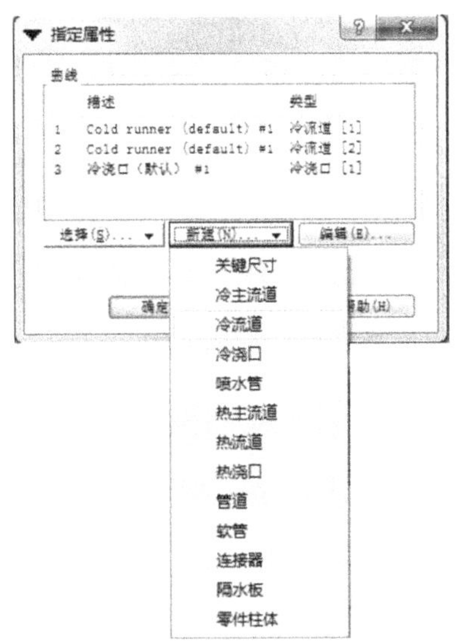

图 6-47　设置直线属性

截面形状是圆形，非锥体，如图 6-48 所示，单击编辑尺寸按钮，采用直径 5mm 的圆柱形，如图 6-49 所示。

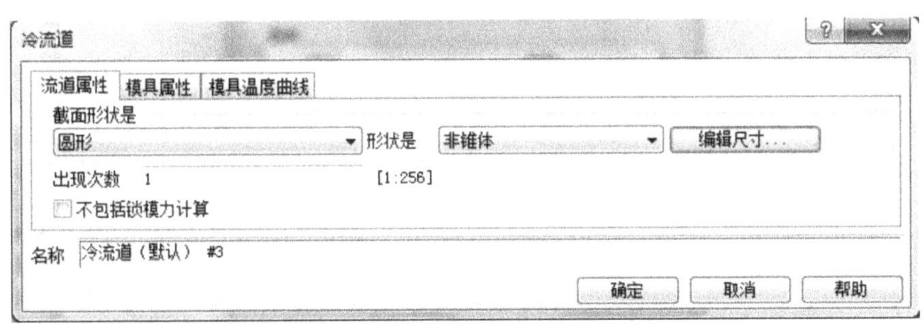

图 6-48　分流道截面尺寸设置

单击编辑流道平衡约束按钮，选择约束方法为不受约束，如图 6-50 所示。

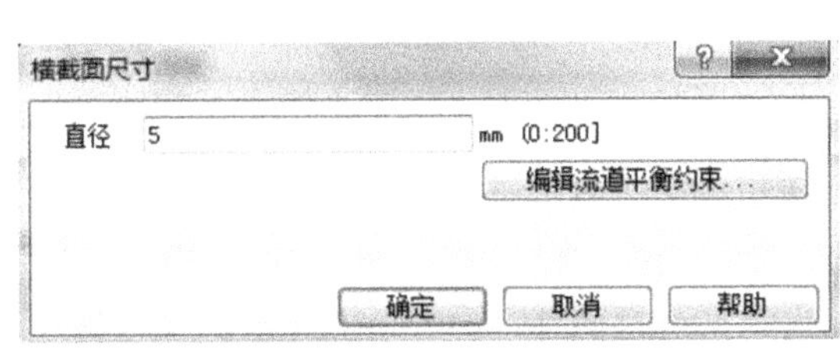

图 6-49　横截面尺寸

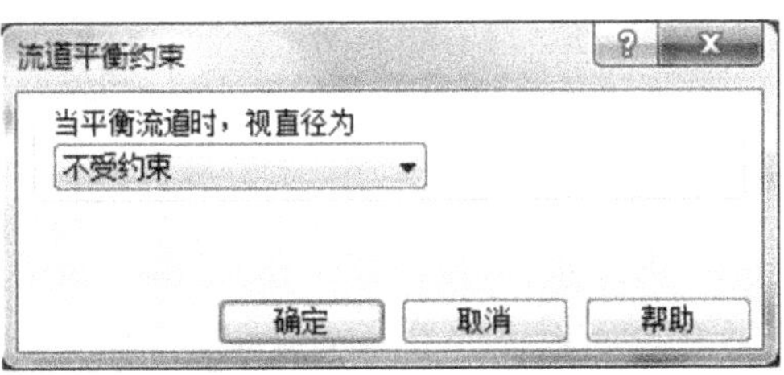

图 6-50　流道平衡分析中直径的约束条件

注意：

流道平衡分析计算的过程中，AMI 会根据约束条件来调整流道的直径尺寸：

- 固定——流道平衡分析过程中不能调整流道尺寸；
- 不受约束——流道平衡分析中系统自动确定流道尺寸，用户没有约束；
- 受约束——需要用户给出流道直径允许变化的范围。

设置完成后，返回图 6-47 所示对话框，单击应用按钮生成中心线，用同样的方法创建通向鼠标上盖的分流道中心线，创建结果如图 6-51 所示，将分流道中心线置于新建层 runner 中。

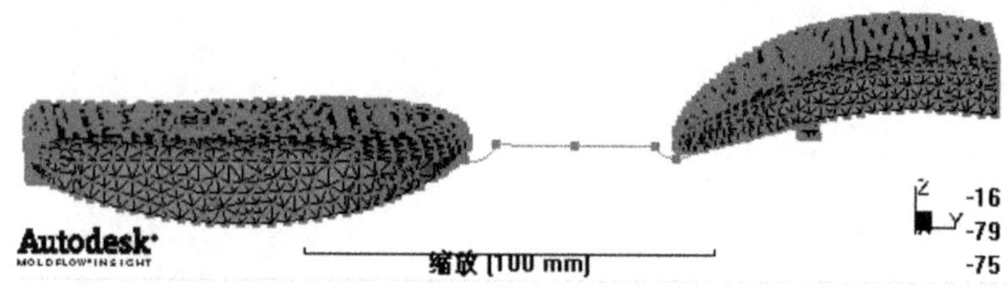

图 6-51　生成分流道中心线

(4) 创建主流道中心线

主流道的长度为 50mm，形状为锥形，小口直径为 4mm，大口直径为 5mm，中心线属性为冷主流道，参数如图 6-52 和图 6-53 所示，读者可以尝试着自己创建。

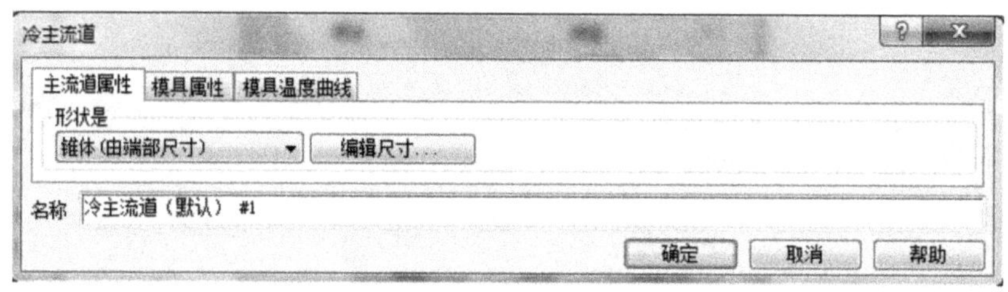

图 6-52　主流道形状

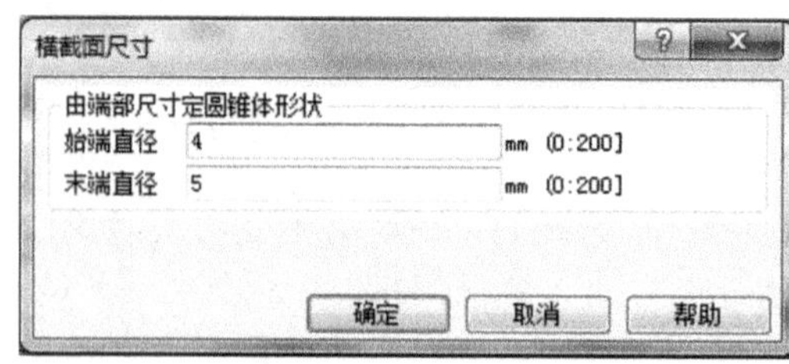

图 6-53　形状参数

创建结果如图 6-54 所示，将中心线置于新建层 sprue 中。

(5) 杆单元的划分

在层管理窗口中仅仅显示 gate 层，对潜伏式浇口进行网格划分，如图 6-55 所示，选择网格→生成网格命令，设置杆单元大小为 4mm，如图 6-56 所示，单击立即划分网格按钮，生成如图 6-57 所示杆单元。

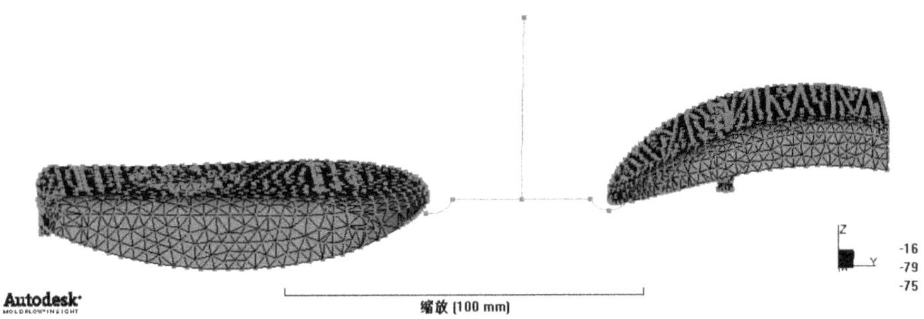

图 6-54　主流道中心线

图 6-55　浇口杆单元生成前的显示

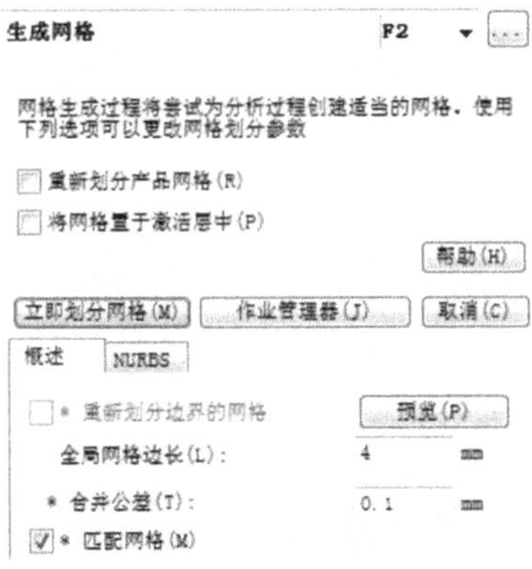

图 6-56　浇口杆单元大小设置

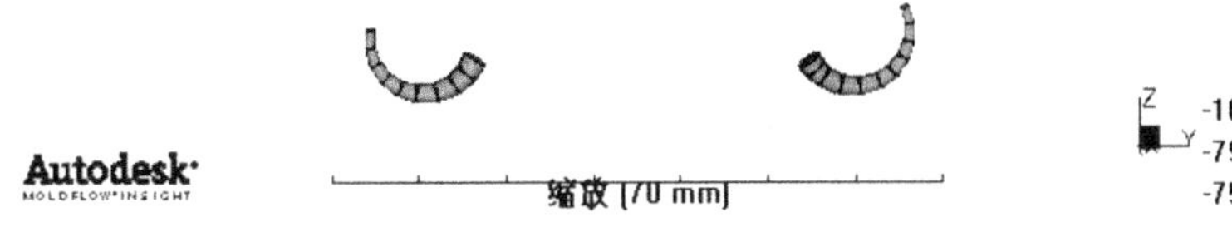

图 6-57　生成的浇口杆单元

用同样的方法对分流道和主流道进行杆单元划分，杆单元大小为 5mm，最终划分结果如图 6-58 所示。

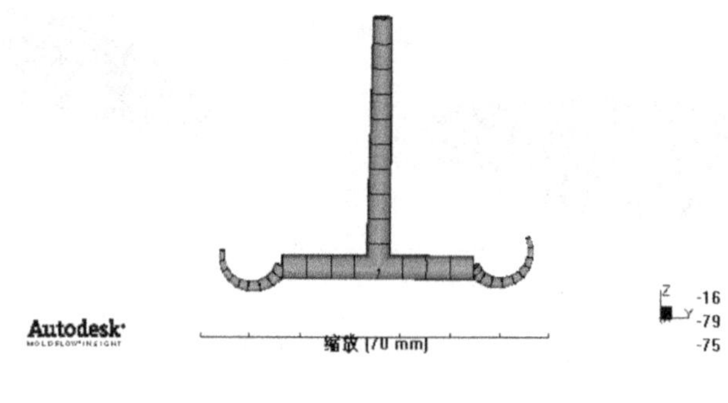

图 6-58 浇注系统

(6) 浇注系统与产品网格模型的连通性检查

层管理窗口中显示鼠标所有的三角形单元和浇注系统杆单元，选择网格→网格诊断→连通性诊断命令，系统弹出如图 6-59 所示的对话框。

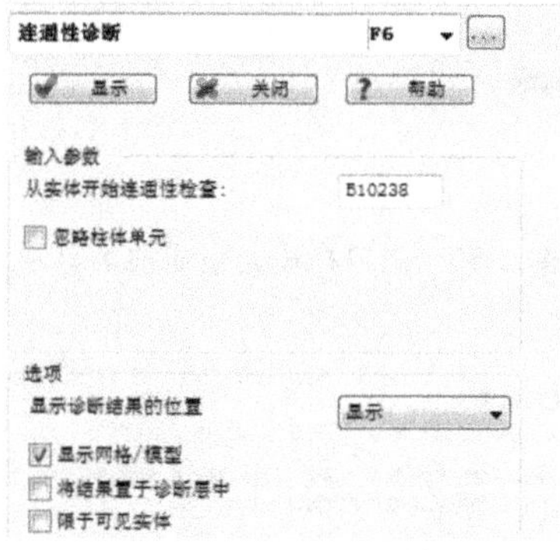

图 6-59 网格连通性诊断工具

选择任一单元作为起始单元，单击显示按钮，得到网格连通性诊断结果，如图 6-60 所示，所有网格均显示为蓝色，表示相互连通。

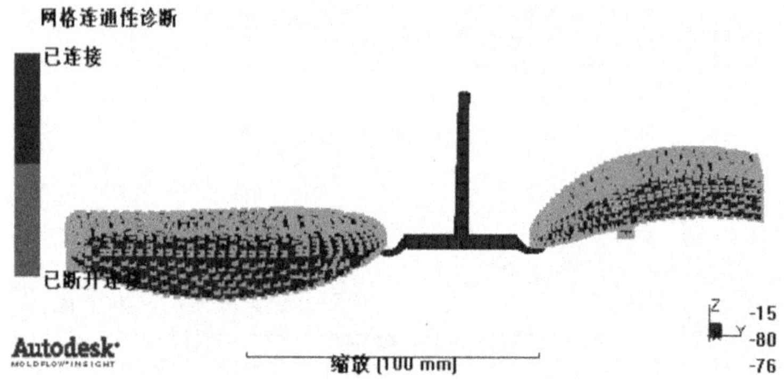

图 6-60 所有单元的连通性检查

注意：

浇注系统创建完成之后，必须进行网格模型的连通性检查，如果发现浇注系统与产品网格模型不连通的现象，其产生的原因一般是由于浇口位置与产品网格模型连接处存在多余节点。以鼠标下盖模型为例：浇口节点 N2498 应该起到连接网格模型与浇口第一个杆单元的作用，即节点 N2498 既是三角形单元的节点，同时也是浇口第一个杆单元的端点，如果出现杆单元与三角形网格模型不连通的现象，一般是在节点 N2498 处存在另外一个节点，该多余节点取代 N2498 成为杆单元的端点。

产生上述现象多数情况是使用者在创建浇口中心线时，没有取消自动在曲线末端创建节点复选框复选框，从而出现了重复节点。

修改方法比较简单，删除第一个杆单元和重复的节点，利用节点 N2498 和下一个杆单元的端点创建一个新的杆单元即可（注意：杆单元单元尺寸要一致）。

(7) 设置进料点位置

在完成了浇注系统各部分的建模和网格杆单元划分之后，要设置进料点的位置。在分析任务窗口中，双击设置注射位置，单击进料口节点，如所示，选择完成后单击工具栏中的保存按钮保存。

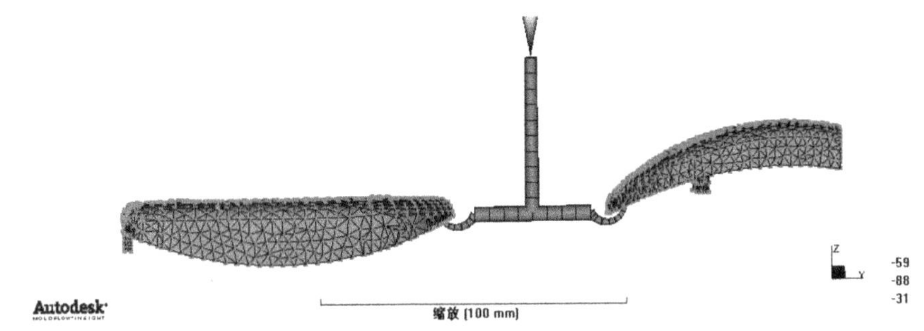

图 6-61　设置进料口位置

分析任务窗口中显示进料口设置成功，如图 6-62 所示，浇注系统创建完成。

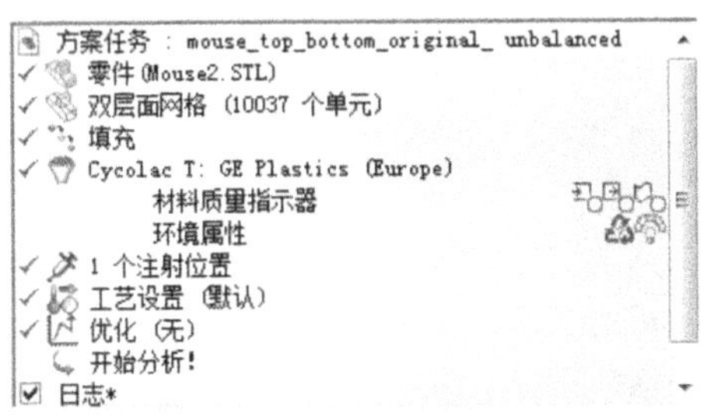

图 6-62　分析任务栏显示

5. 工艺过程参数的设置

由于鼠标组合型腔充填分析的目的是查看流道不平衡性的程度，以及获得流道平衡分析所需要的平衡压力约束，所以参数设置如下。

【操作步骤】

(1) 选择分析→工艺设置向导命令，或者是直接双击任务栏窗口中的工艺设置一栏，系统会弹出如图 6-63 所示对话框。

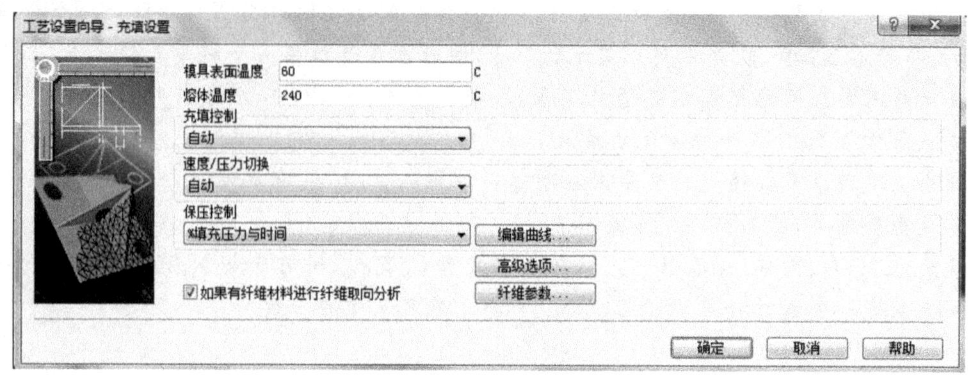

图 6-63　充填分析参数设置

- 模具表面温度，采用默认值 60℃；
- 熔体温度，采用默认值 240℃，该温度是指熔体进入模具型腔时的温度；
- 充填控制，采用自动，由系统自动控制，当然设计者也可以根据实际情况给出其他控制方法和参数；
- 速度/压力切换——注塑机螺杆由速度控制向压力控制的转换点，即 V/P 转换点，为了获得进一步流道平衡分析的平衡压力约束参数，这里选用由%充填体积，指定充填百分比为 100%；
- 保压控制——保压及冷却过程中的压力控制，本案例采用默认设置；
- 高级选项，这里包含一些注塑材料、注塑过程控制方法、注塑机型号、模具材料、解算模块参数的信息，本案例选用默认值；
- 如果有纤维材料进行纤维取向分析——如果是纤维材料，则会在分析过程中进行纤维定向分析的计算，相关的参数选用默认值，限于篇幅这里不再介绍与解算器核心算法相关的内容，有兴趣的读者可以参考 AMI 的在线帮助。

(2) 单击确定按钮，结束过程参数的设置，设置如图 6-64 所示。

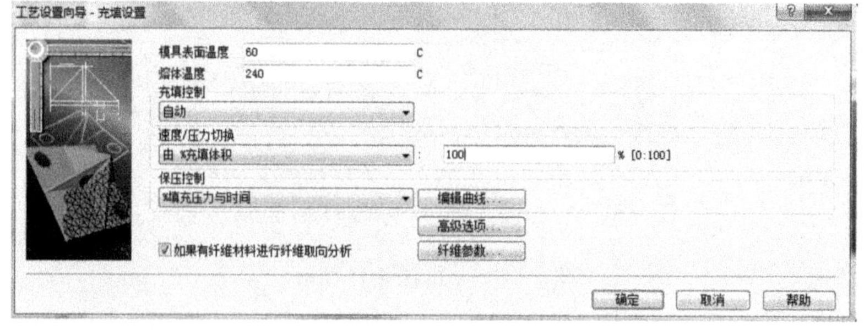

图 6-64　工艺过程参数设置完成

6.4.2 分析计算

完成了鼠标上、下盖体组合型腔的分析前处理之后，即进行分析计算，双击任务栏窗口中开始分析！一项，解算器开始计算。

在分析计算过程产生的输出信息中，我们比较关心组合型腔的充填时间和压力情况。

充填分析过程信息如图 6-65 所示，压力的突变表明流道不平衡。

如图 6-65 和图 6-66 所示，V/P 转换点与参数设置相符，发生在 100%充填率时，两个型腔在 1.29s 左右充满型腔。

充填阶段：　　状态：V = 速度控制
P = 压力控制
V/P= 速度/压力切换

时间 (s)	体积 (%)	压力 (MPa)	锁模力 (tonne)	流动速率 (cm^3/s)	状态
0.06	3.40	16.02	0.01	23.54	V
0.12	6.25	41.38	0.61	22.03	V
0.17	10.92	42.75	0.68	26.45	V
0.23	15.64	43.72	0.80	26.36	V
0.29	20.54	44.55	0.95	26.42	V
0.35	25.41	45.44	1.15	26.39	V
0.41	29.94	46.43	1.39	26.41	V
0.46	34.73	47.48	1.68	26.42	V
0.52	39.51	48.55	2.02	26.43	V
0.58	44.36	49.71	2.44	26.43	V
0.64	48.93	50.92	2.93	26.43	V
0.70	53.64	52.39	3.62	26.42	V
0.75	58.31	53.95	4.42	26.43	V
0.81	63.03	55.72	5.39	26.46	V
0.87	67.58	57.51	6.50	26.48	V
0.93	72.06	59.44	7.79	26.50	V
0.99	76.83	61.54	9.27	26.53	V
1.04	81.45	63.55	10.77	26.57	V
1.10	86.02	65.34	12.16	26.61	V
1.16	89.61	83.02	28.67	26.63	V
1.22	93.79	88.55	39.14	26.64	V
1.27	98.41	84.75	39.86	26.64	V
1.29	100.00	84.52	41.05	26.58	已充填

图 6-65　充填分析进程信息

充填阶段结果摘要 ：

最大注射压力　　(在　1.2164 s) =　88.5455 MPa

充填阶段结束的结果摘要 ：

充填结束时间 = 1.2935 s
总重量(零件 + 流道) = 30.4197 g
最大锁模力 - 在充填期间 = 41.0493 tonne

图 6-66　充填分析的部分结果

充填过程的最大压力为 88.5455MPa，鼠标上、下盖体包括浇注系统在内的重量是 30.4197g。

6.4.3 结果分析

在分析结果中，我们主要关注熔体在组合型腔内的充填情况(是否平衡)、充填过程中的压力变化情况以及充填完成后的产品表面质量。

1. 充填时间

从充填时间中最容易直观地看出熔体流动是否平衡，如图 6-67 所示，鼠标上盖在 1.142s 完成充填，而鼠标下盖在 1.293s 完成了充填，不平衡的流动会造成两个型腔内的压力分布不均衡，对产品质量产生较大的影响。

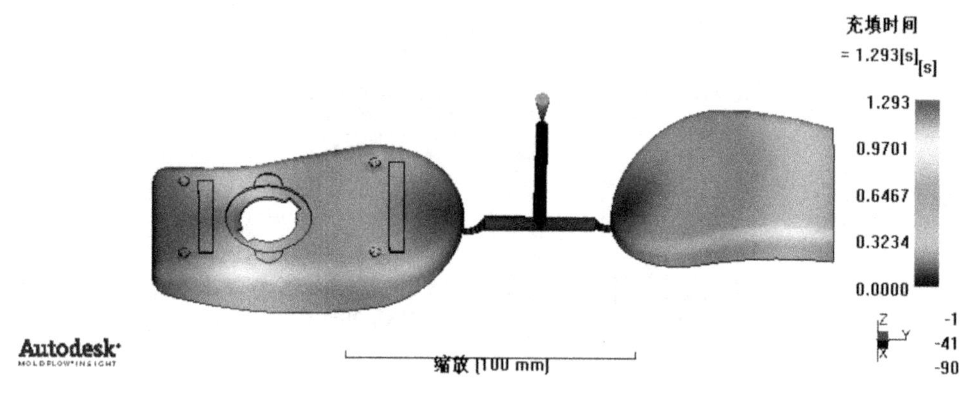

图 6-67 充填时间

2. 速度/压力切换时的压力

V/P 转换点型腔内的压力分布如图 6-68 所示。

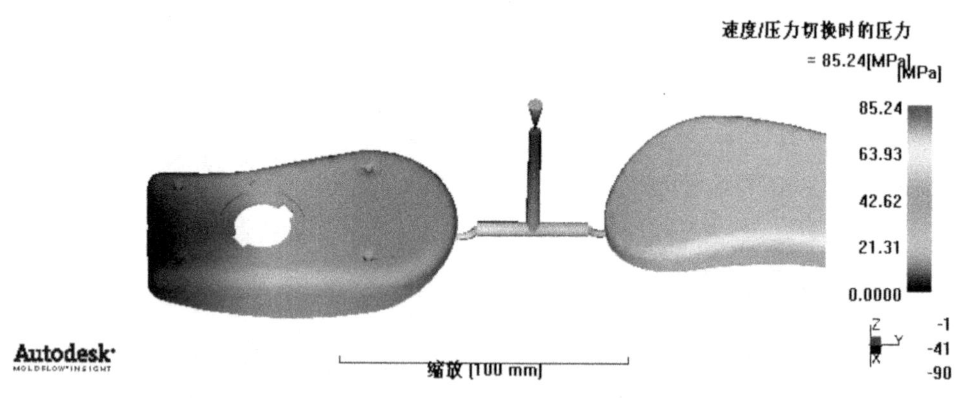

图 6-68 V/P 转换点压力

V/P 转换点浇口位置压力为 85.24MPa，由于为了获得流道平衡分析所需的压力约束条件，在工艺过程参数的设置中，我们将 V/P 转换点设置在型腔 100%被充满的时刻，由于流动的不平衡性，这里的压力值比实际情况要高出一些。

另外，从图 6-68 中可以清楚地看到，鼠标上盖由于过早地被充满，因此在充填结束时，腔内压力很高(末端也达到 85.24MPa)，这样很容易造成过保压的情况，从而使产品质量出

现缺陷。

3. 注射位置处压力 XY 图

浇口位置的压力变化曲线如图 6-69 所示，浇口位置压力曲线表达了浇口处压力在整个熔体充填过程中的变化。

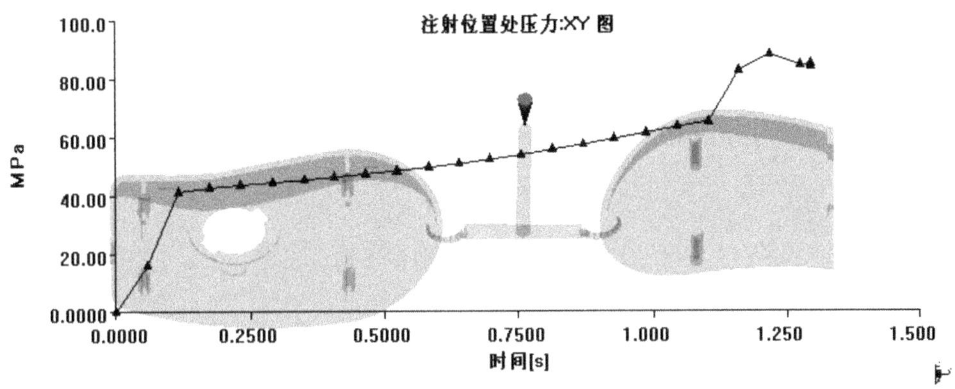

图 6-69　浇口位置压力曲线

从图 6-69 中可以看出，浇口位置的压力在熔体充满鼠标上盖（1.142s）时仅有 67.29MPa，然而此后开始急剧增加，在鼠标上盖充填结束时到达 85.24MPa，这也直接地反映出流动的不平衡造成注塑压力的升高。

4. 熔接线

为了清楚地观察熔接线现象，我们给出了熔接线与充填时间的叠加结果，如图 6-70 所示。

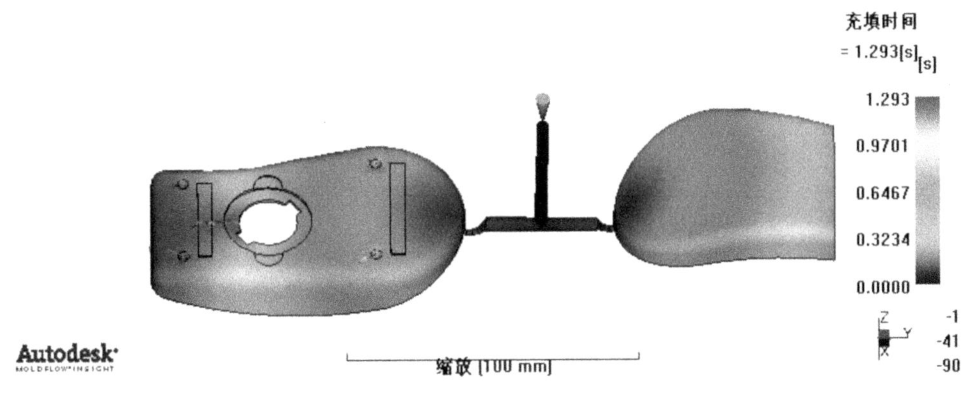

图 6-70　熔接线

鼠标上盖外观面上没有熔接线出现，在鼠标下盖外表面也仅存在少量不明显的熔接线，这些表明鼠标上、下盖体的浇口位置的选取是非常适当的。

5. 气穴

产品中出现气穴的位置如图 6-71 所示，气穴主要出现在鼠标外壳的内部表面上，对产品外观质量基本没有影响。

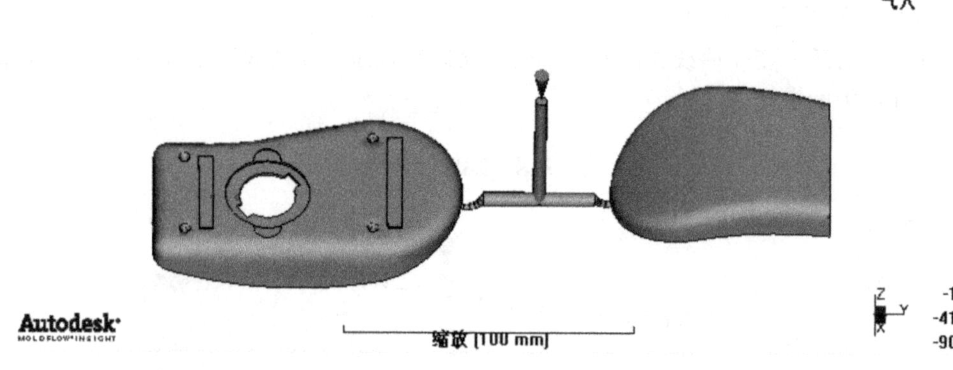

图 6-71　气穴位置

6.4.4　组合型腔的充填分析小结

经过对鼠标组合型腔初步设计的充填分析小结，可以得到以下一些结论：

- 熔体在型腔内流动不平衡，希望通过优化将不平衡率控制在 5%以内；
- 由于流动的不平衡性，造成两个型腔内的压力差异也很大，希望通过优化将压力的不平衡率也控制在 5%；
- 产品的外观面质量较好，浇口位置的设计是合理的。

6.5　组合型腔的流道平衡分析

根据产品初步设计的充填分析结果，我们将对产品的浇注进行流道平衡分析，目的是希望改善熔体在型腔内流动的不平衡性，降低两个型腔内的压力差，防止过保压等由于流动不平衡造成的情况出现。

AMI 的流道平衡分析，仅仅针对中性面和双层面两类网格模型，而且要求被分析产品的每个型腔都是单浇口注塑。流道平衡分析希望通过优化流道尺寸，达到以下一些目的：

- 充填过程中每一条流路上都具有相同的压力差，从而保证在同一时刻充满各个型腔；
- 减少流道内由于摩擦产生的热量，从而保证在相对较低的料温下降低产品的内应力水平；
- 根据用户给出的压力约束条件，尽量减小浇注系统所消耗的材料。

注意：

流道平衡分析通过约束条件的限定和不断逼近的迭代计算，来调整浇注系统中分流道的截面直径，从而达到平衡熔体流动的目的。但是，流道平衡分析仅仅改变分流道 Runner 的尺寸，而对主流道 Sprue 和浇口 Gate 不作调整。因此，主流道和浇口的尺寸必须由用户根据实际情况和经验给出。

6.5.1 分析前处理

AMI 系统在进行流道平衡分析计算之前，要完成的前处理主要包括以下内容：

- 网格模型的建立；
- 浇注系统的创建；
- 材料的选择；
- 进料位置的设定；
- 工艺过程参数(包括平衡约束条件)的设定；
- 流道尺寸约束的设定。

鼠标组合型腔的流道平衡分析是在初步设计的充填分析基础上进行的，因此分析前处理要相对简化许多，主要包括以下内容：

- 从充填分析(mouse_top_bottom_original_unbalanced)中复制基本分析模型；
- 设定分析类型；
- 设定平衡约束条件；
- 设定流道的尺寸约束条件。

1. 基本分析模型的复制

以初步设计的充填分析(mouse_top_bottom_original_unbalanced)为原型，进行基本分析模型的复制。

【操作步骤】

(1) 基本分析模型的复制。在项目管理窗口中右击已经完成的初步成型分析 mouse_top_bottom_original_unbalanced，在弹出的快捷菜单中选择重复命令，如图 6-72 所示。

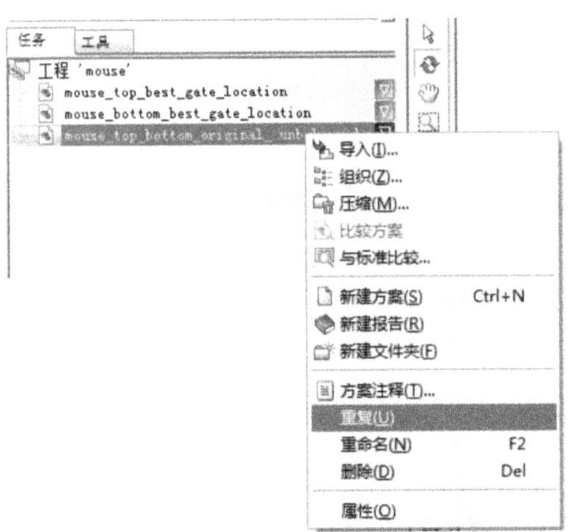

图 6-72　复制基本模型

复制完成的项目管理窗口显示如图 6-73 所示。

(2)分析任务重命名。将新复制的分析模型重命名为 mouse_top_bottom_runner_ balance_5%，重命名之后的项目管理窗口和分析任务窗口如图 6-74 所示，这里 5%指的是迭代计算的收敛精度，在后面会介绍。

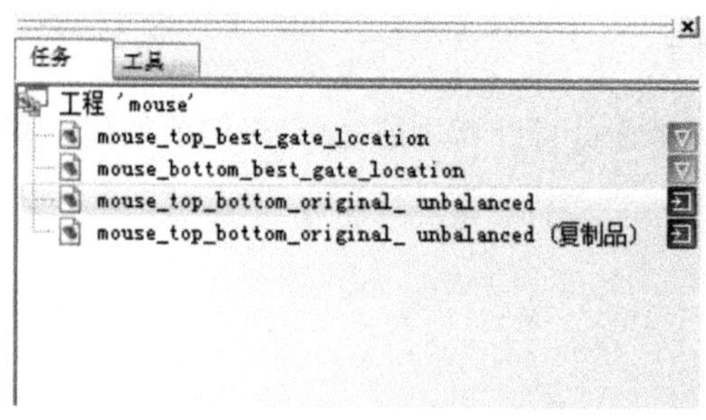

图 6-73 基本分析模型复制完成

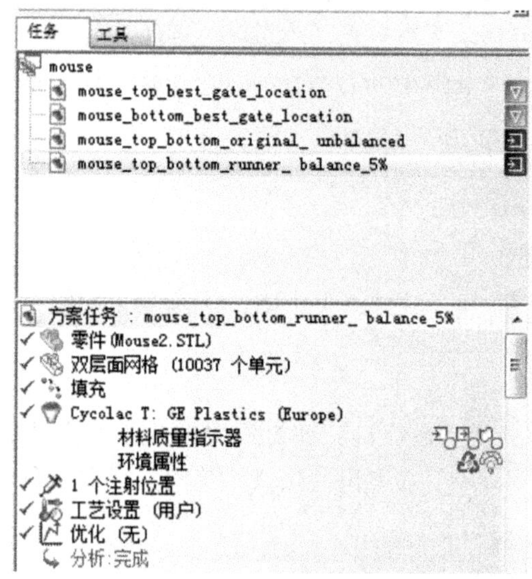

图 6-74 基本分析模型设置

从分析任务窗口中可以看到,初步充填分析(mouse_top_bottom_original_unbalanced)的所有模型和相关参数设置被复制。

2. 分析类型的设定

将分析类型设置为流道平衡分析,完成后分析任务窗口如图 6-75 所示。

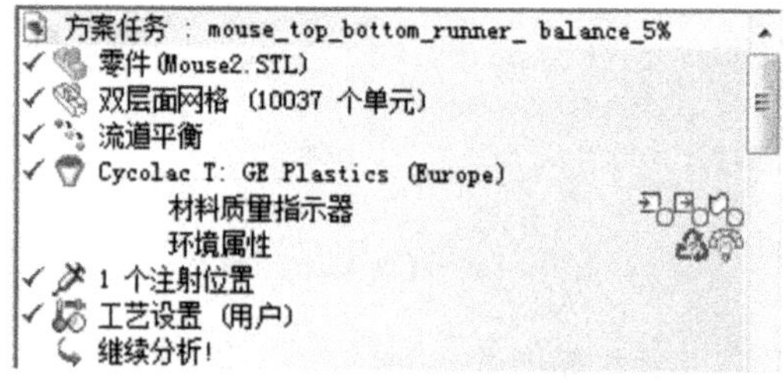

图 6-75 分析类型设置

3. 平衡约束条件的设置

在流道平衡分析中，最为重要的环节就是平衡约束条件的设置。由于流道平衡分析属于数值计算中的迭代分析计算，因此平衡约束条件的设置直接决定了分析计算能否最终收敛并得出合理的计算结果，而且约束条件还要影响计算的精度和速度。

平衡约束条件设置如下。

【操作步骤】

(1) 选择分析→工艺设置向导命令，或者直接双击任务栏窗口中的工艺设置一栏，系统会弹出流动分析参数设置对话框，其参数设置保持默认值不变，如图 6-76 所示。

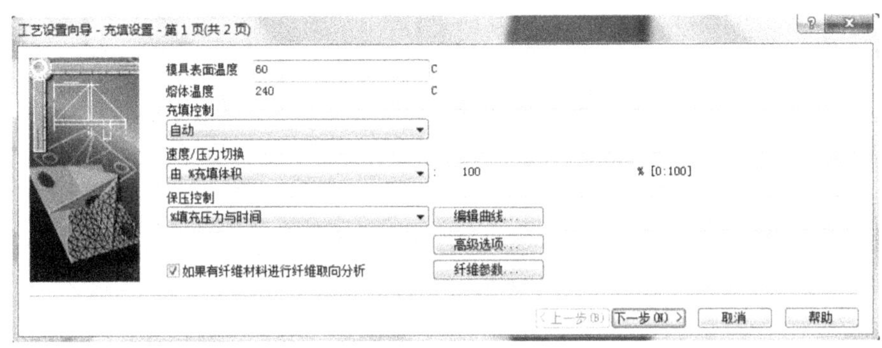

图 6-76 流动分析参数

(2) 单击“下一步”按钮，进入流道平衡分析参数设置对话框，如图 6-77 所示。

- 目标压力，该参数是流道平衡分析进行迭代计算的压力目标值，迭代分析的目标是获得合理的流道截面直径，从而保证在充填结束时进料点的压力值接近目标压力，这里将目标压力设定为 85MPa。

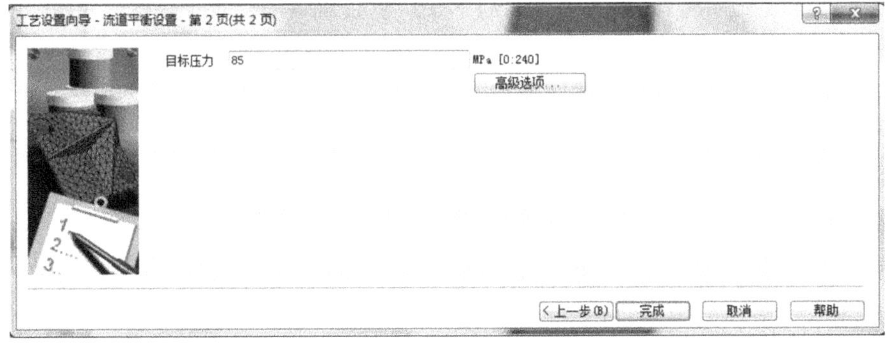

图 6-77 流道平衡分析参数设置

注意：

初步设计的充填分析过程中，我们将 V/P 转换点设置在“由 100% 充填体积”，其目的就是为获得该参数(详见 6.4.1 中 5 条)，在充填分析结果中，由于流动的不平衡造成 V/P 转换点浇口位置压力值偏大，因此在设置目标压力时将其定为 85MPa。

流道平衡分析的目的是在满足约束条件下，获得最小的流道截面直径。因此，容易想到过高的目标压力会造成优化后的流道直径过小。

(3) 单击高级选项按钮,弹出迭代计算参数设置以及收敛目标,如图 6-78 所示。

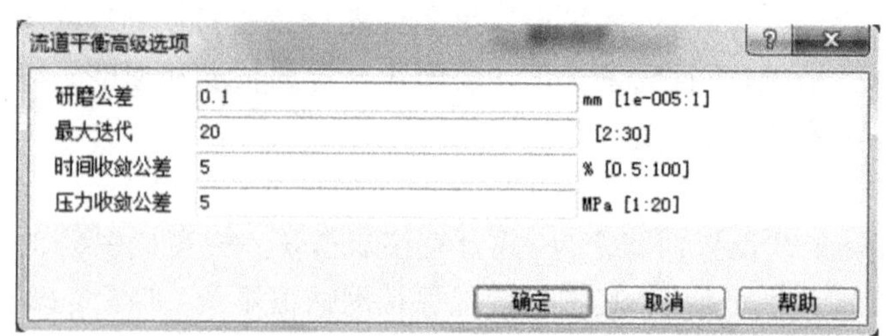

图 6-78 迭代计算参数

● 研磨公差——迭代计算中流道截面直径的改变步长,即每步迭代计算改变的流道直径值,从而逼近最佳结果,该参数设定为 0.1mm。

注意:

该参数值的设定会影响整个计算过程的精度和时间,因此用户可以根据实际情况设定该参数,当然过于精确的参数值是没有实际意义的。

● 最大迭代——最大的迭代计算次数,设定为 20 步,由于迭代计算是一个逐步收敛的过程,因此需要设定该参数。

注意:

迭代计算能否收敛关系到很多因素,适当调高该参数可能会对计算过程的收敛有所帮助,但是如果其他参数设定不合理,计算过程本身出现发散的情况,即使调整该参数也没有意义。

● 时间收敛公差——时间收敛精度,设定为 5%,该参数是迭代计算在各型腔充填时间不平衡性方面的收敛标准,即当充填时间的不平衡度达到 5%以内时计算达到收敛目标。

注意:

提高迭代计算的收敛精度能够增加计算的精确性,但同时也会增加计算的时间,并可能导致迭代计算的失败。

当迭代计算出现问题时,适当放松收敛精度可能会对计算过程有帮助。

● 压力收敛公差——压力收敛精度,设定为 5MPa,该参数是迭代计算所得的充填结束时进料位置压力的收敛标准,即充填压力与目标压力达到 5MPa 偏差范围时认为计算达到收敛。

(4) 单击“确定”按钮,完成平衡约束条件的设定。

4. 流道尺寸约束条件的设定

前面(6.4.1 中 4 条)已经介绍过,流道尺寸的约束形式有 3 种:

● 固定——流道平衡分析过程中不能调整流道尺寸;

● 不受约束——流道平衡分析中系统自动确定流道尺寸,用户没有约束;

● 受约束——需要用户给出流道直径允许变化的范围。

上述 3 种约束形式可以组合使用,例如浇注系统中某条流道的尺寸根据实际情况不适宜再进行调整,就可以将约束设定为固定;而对于浇注系统中的某条流道,用户希望在某个范围

内进行调整，就可以将约束设定为受约束，并给出上下范围；对于初步的流道分析，建议用户使用不受约束的约束方式，从而获得一个初步的流道尺寸作为进一步流动平衡分析的基础，同时也可以避免在第一次的流动平衡分析中给出不合理的流道约束而造成分析的失败。

在本案例中，对于流道尺寸的约束全部采用不受约束的方法，为了确保设定的正确性，在分析计算之前，用户应该再检查确认一遍：选中所有的分流道杆单元，右击并在弹出的快捷菜单中选择属性命令，选择冷流道，系统会弹出如图 6-79 所示的流道属性对话框。

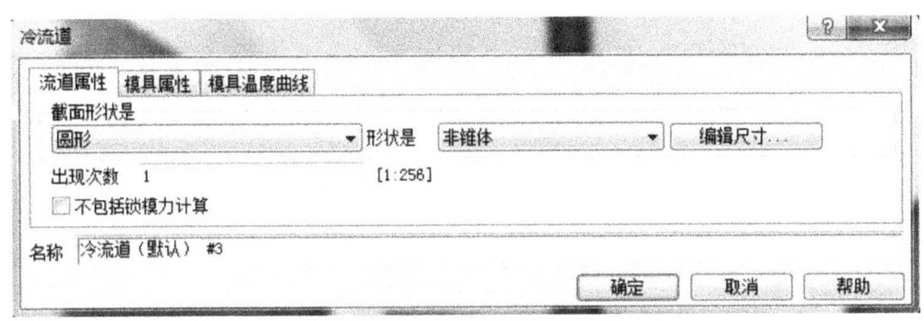

图 6-79　流道属性

在对话框中单击编辑尺寸→编辑流道平衡约束，查看约束条件，如图 6-80 所示。

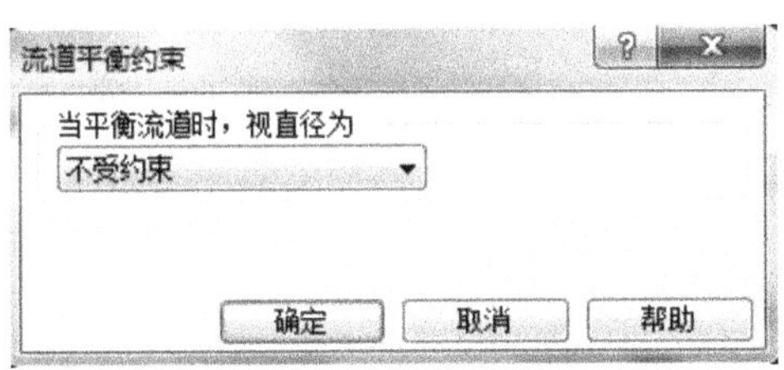

图 6-80　流道约束条件

6.5.2　分析计算

在完成了分析前处理之后，即可进行分析计算，双击任务栏窗口中的继续分析！一项 继续分析! ，解算器开始计算。由于基本分析模型从已经完成的充填分析中复制而来，而且流道平衡分析中的流动分析过程参数设置没有变化，所以系统直接继承了前面的充填分析结果，可看到分析任务窗口如图 6-81 所示。

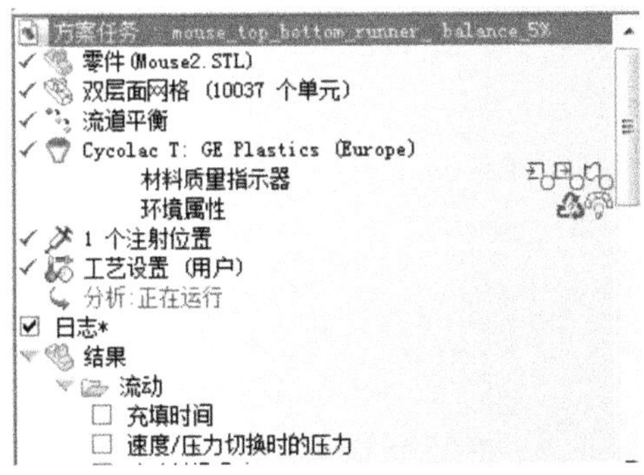

图 6-81　任务分析窗口

分析计算直接进入到流道平衡分析的迭代过程，选择 Analyze(分析)→Job Manager(任务管理器)命令可以看到任务队列，如图 6-82 所示。

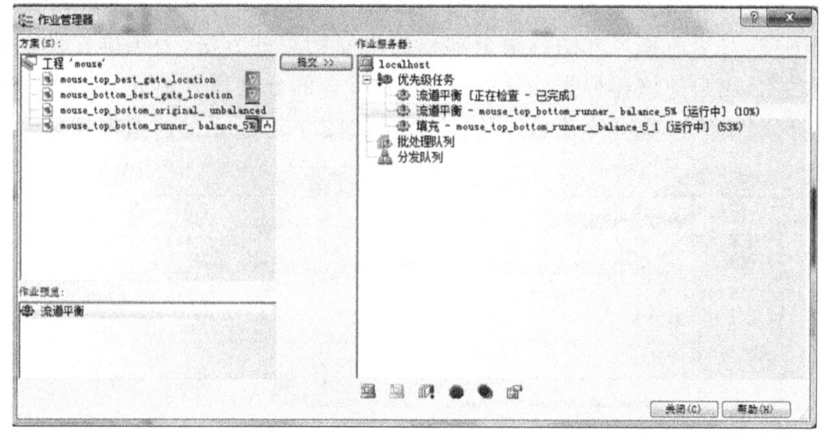

图 6-82　任务队列

从任务队列中可以看到，每一步的迭代计算实际上就是一次充填分析。

通过分析计算过程中日志显示的输出信息，可以查看到计算中的相关信息。

分析开始时间	Fri Sep 13 21:07:27 2013
平衡目标压力	85.0000 MPa
研磨公差	0.1000 mm
最大迭代限制	20
时间收敛公差	5.0000 %
压力收敛公差	5.0000 MPa
截面收敛公差	0.7000

图 6-83　流道平衡分析的基本设置

● 流道平衡分析的基本设置

如图 6-83 所示，可以看到流道平衡分析的一些基本信息，包括平衡分析的目标压力、迭代计算的步长、最大的迭代次数以及迭代收敛范围等。

● 迭代计算过程

如图 6-84 所示，迭代计算过程在日志中有清楚的显示，从中可以看到每次迭代计算的

迭代	时间不平衡 (%)	压力不平衡 (MPa)	截面不平衡
0	11.6899	9.1910	0.7477
1	8.2603	6.6590	0.5458
2	7.4788	10.0750	0.4921
3	7.2102	11.4040	0.4288
4	6.7255	13.1670	0.3988
5	6.4021	15.9100	0.5642
6	5.8608	18.1000	0.5218
7	5.2331	20.4400	0.5194
8	4.5457	22.1100	0.4999
9	3.8838	21.0400	0.4919
10	3.2485	9.5980	0.4910
11	2.6796	11.9520	0.8181
12	0.2023	12.3410	0.7934
13	0.0078	11.8190	0.7692
14	1.0420	11.3310	0.7431
15	1.6697	10.6690	0.6744
16	1.6952	10.1600	0.6610
17	2.5820	9.7810	0.6291
18	1.3297	9.2730	0.6063
19	1.2335	8.7560	0.5318
20	1.4458	8.2180	0.5399

理想的平衡完成：允许研磨公差和压力控制

图 6-84　迭代计算过程

结果，以及最终迭代计算所得到的逼近结果。

注意：

在有的情况下，经过规定次数的迭代计算，仍然没有得到收敛的结果，这就需要用户调整迭代计算的次数。当然，如果发现在计算过程中出现严重的发散现象，那么就应该调整其他的平衡分析约束条件，以获得合理的计算结果。

● 计算时间

如图 6-85 所示，流道平衡分析所消耗的计算时间是相对较多的。

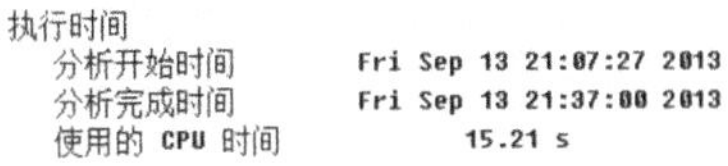

执行时间
分析开始时间　Fri Sep 13 21:07:27 2013
分析完成时间　Fri Sep 13 21:37:00 2013
使用的 CPU 时间　15.21 s

图 6-85　计算所用时间

6.5.3　结果分析

分析计算完成之后，项目管理窗口如图 6-86 所示。

与其他类型的分析不同，流道平衡分析完成后，系统自动给出了达到收敛要求的最后一次迭代计算的结果，即满足平衡约束条件、经过流道尺寸调整的充填结果，因此在项目管理窗口中，多出了一个分析子项 mouse_top_bottom_runner_balance _5%（流道平衡）。

1. 流道平衡分析结果

双击项目管理窗口中的分析子项 mouse_top_bottom_runner_balance_5%，可以查看流道平衡分析结果，如图 6-87 所示。

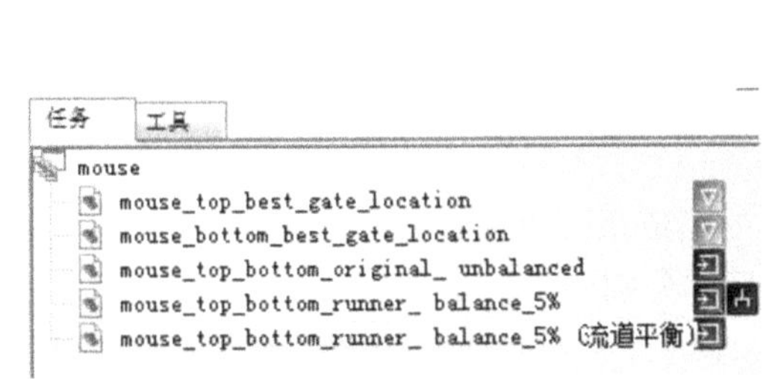

图 6-86　项目管理窗口

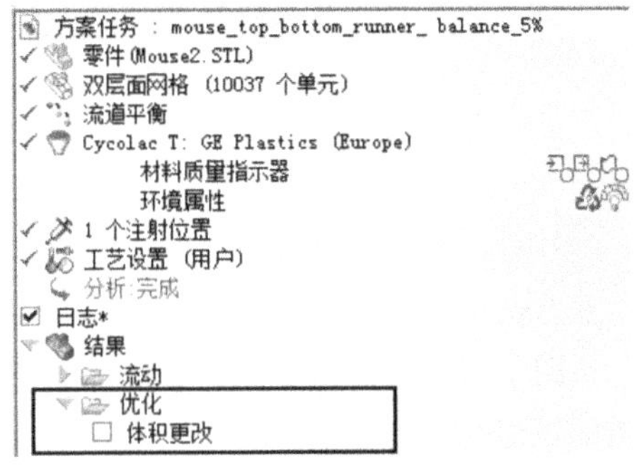

图 6-87　流道平衡分析结果

在分析结果中，包括两部分的内容，分别是鼠标组合型腔初步设计的充填分析结果和流道尺寸的优化结果，前面介绍过充填分析结果是直接继承而来，这里不再介绍。

流道尺寸的优化结果如图 6-88 所示。

从图 6-88 中可以看到，在平衡分析结果中，通向鼠标下盖的分流道的体积减小的较少，而通向鼠标上盖的分流道体积变化较大，达到了－84.00%，这样的结果是在平衡约束条件下计算得到的。

2. 优化后的充填分析结果

在完成了流道的平衡优化后，系统给出了最终的迭代计算结果，即优化后的鼠标组合型

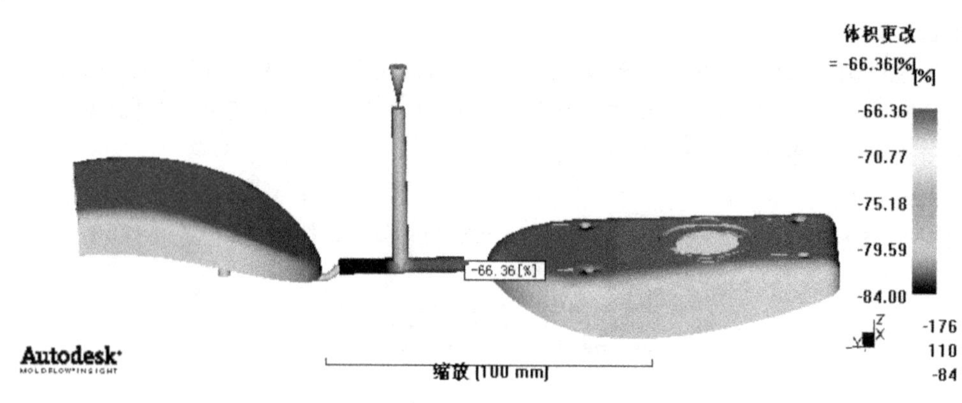

图 6-88 流道尺寸优化结果

腔充填分析结果。

(1) 优化后的流道截面尺寸

双击 mouse_top_bottom_runner_balance _5%(流道平衡),分别选中通向鼠标上、下盖体的分流道杆单元,右击选择属性命令,系统会弹出如图 6-89 所示的流道属性对话框。

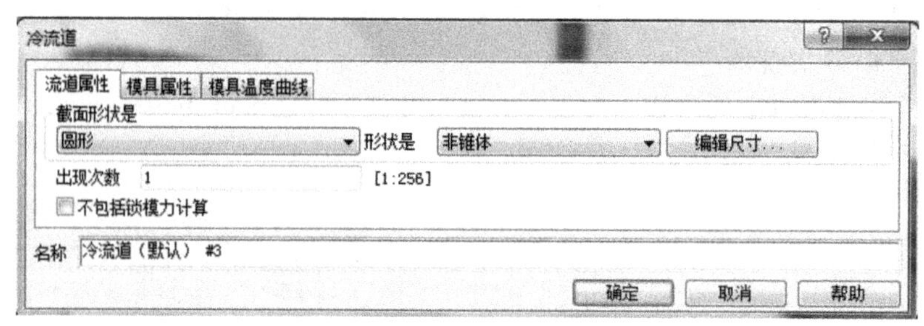

图 6-89 流道属性

在对话框中单击编辑尺寸按钮查看优化后的流道截面直径,如图 6-90 所示。

从图 6-90 中可以看到,优化后的流道直径尺寸分别为ϕ4.3mm 和ϕ2.4mm。

(2) 充填时间

如图 6-91 所示,经过流道平衡的优化,整个充填过程由 1.293s(见 5.4.3 中 1 条)增加到 1.496s,而且鼠标上盖和下盖同时在 1.496s 左右完成充填,流动已基本达到了平衡,与图 6-65比较,流道优化的结果在充填时间上是比较理想的。

(3) 速度/压力切换时压力

V/P 转换点型腔内的压力分布如图 6-92 所示。

与图 6-68 相比较,鼠标上、下盖体型腔内的压力分布也是非常均匀的。

(4) 注射位置处压力:XY 图

浇口位置的压力变化曲线如图 6-93 所示,浇口位置压力曲线表达了浇口处压力在整个熔体充填过程中的变化。

与图 6-69(优化前的浇口位置压力曲线)相比较,可以发现,浇口位置的压力在熔体充

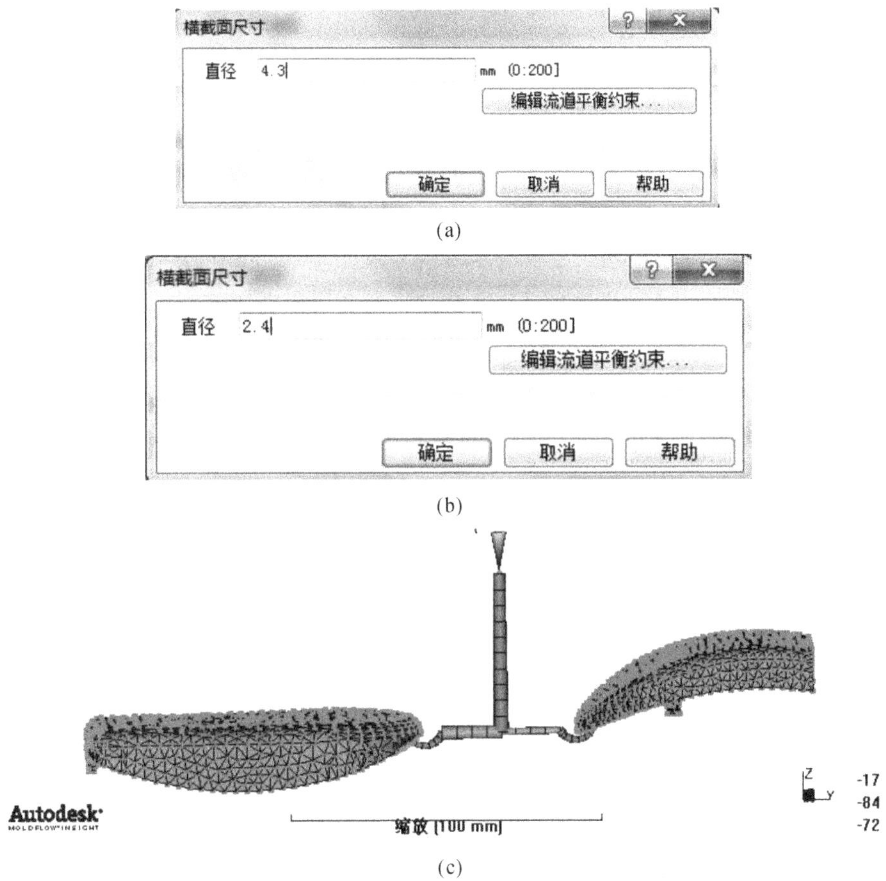

(a)

(b)

(c)

图 6-90　分流道直径

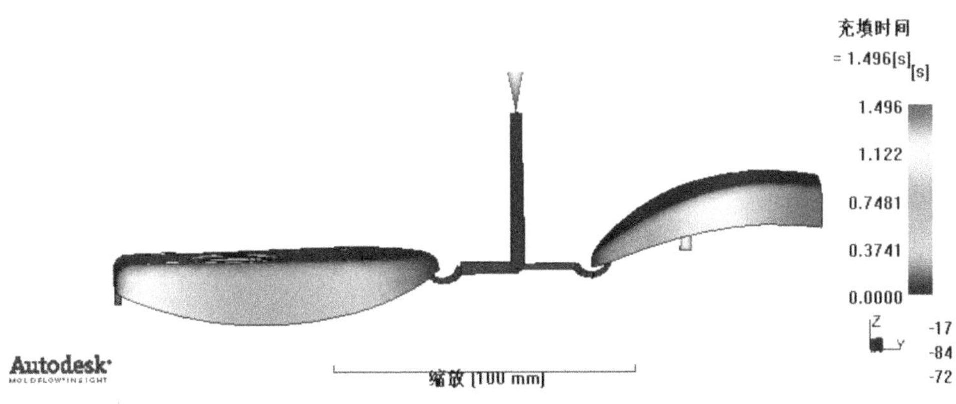

图 6-91　充填时间

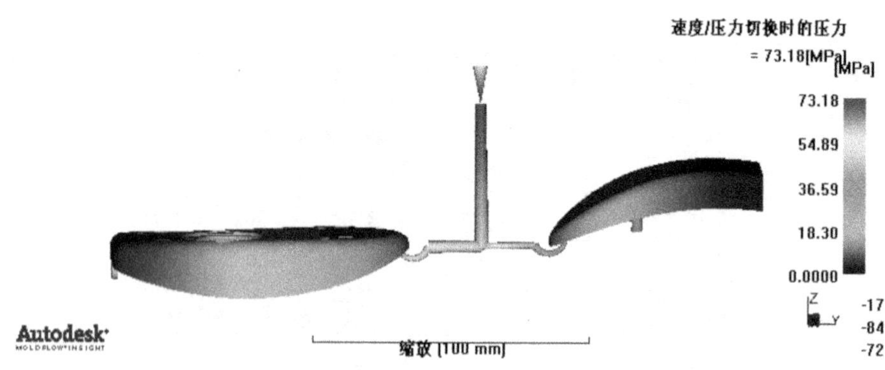

图 6-92　V/P 转换点压力

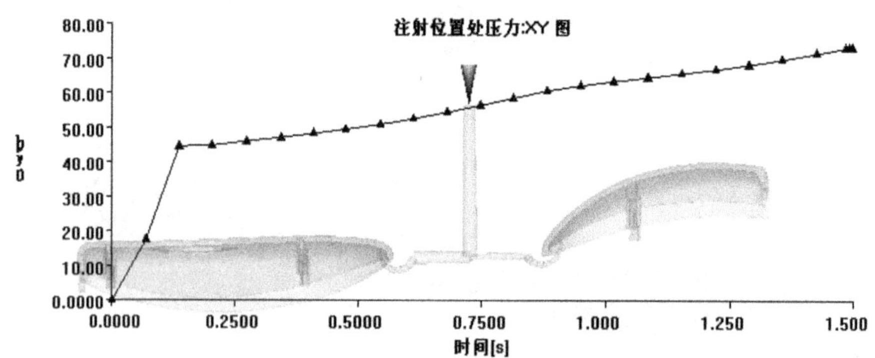

图 6-93　浇口位置压力曲线

模的后期变化非常均匀，这是由于流动平衡优化的结果。

(5) 熔接线

熔接线和充填时间重叠后，如图 6-94 所示，熔接线的情况依然比较理想。

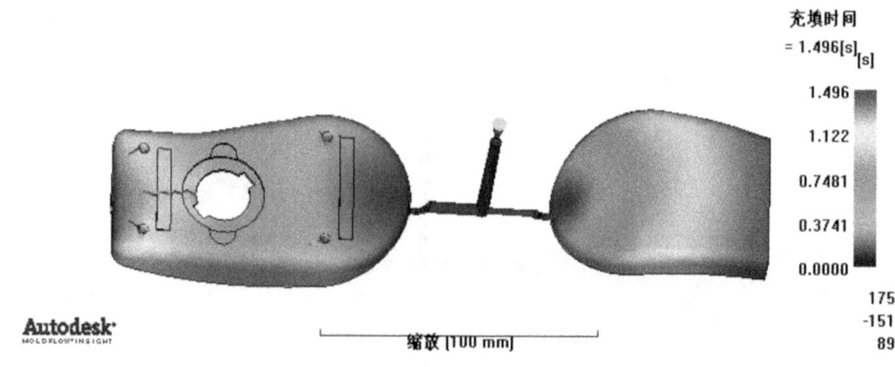

图 6-94　熔接线

6.5.4 流道优化平衡分析小结

经过对鼠标上、下盖体组合型腔的流道优化平衡分析，可以得到以下一些结论：

- 经过流道尺寸的优化，熔体在两个型腔内的流动基本达到了平衡；
- 两个型腔在充模过程中的压力分布比较均衡；
- 整个注塑过程中进料点压力变化比较均匀。

从结果上看，流道的平衡优化是比较理想的。但是从实际的设计角度看，通向鼠标上盖的分流道直径（φ2.4mm）相对偏小，分析其原因可能是鼠标上盖型腔处的浇口直径偏大，而且流道的平衡优化又仅仅针对分流道进行。因此，用户在进行实际产品设计中，应该将实际经验和 AMI 的应用相结合，不断改进设计方案，获得质量可靠的产品。

6.6 组合型腔优化后的流动分析

利用流道平衡优化方法，用户可以根据实际情况和优化结果来调整最初的设计方案，从而获得相对合理的设计方案。

考虑到鼠标上盖的型腔容积比较小，为了保证熔体的平衡流动，我们不仅调整了流道的尺寸，而且对鼠标上盖型腔的浇口直径也作了相应的调整。经过多次的优化计算和尺寸修改，最终得到了比较合理的设计方案。

为了验证调整后方案的可行性，需要对组合型腔调整后的设计方案进行流动保压分析。

6.6.1 设计方案的调整及分析前处理

鼠标组合型腔设计方案的优化和相应的流动分析前处理主要包括以下内容：

- 从充填分析 mouse_top_bottom_runner_balance _5%（流道平衡）中复制基本分析模型；
- 设定分析类型；
- 调整浇注系统的尺寸；
- 修改工艺过程参数。

1. 基本分析模型的复制

以流道平衡分析产生的充填分析 mouse_top_bottom_runner_balance_5%（流道平衡）为原型，进行基本分析模型的复制。

【操作步骤】

（1）基本分析模型的复制。在项目管理窗口中右击分析子项 mouse_top_bottom_runner_balance_5%（流道平衡），选择重复命令，如图 6-95 所示。

（2）分析任务重命名。将新复制的分析模型重命名为 mouse_top_bottom_final_balance，重命名之后的项目管理窗口和分析任务窗口如图 6-96 所示。

2. 分析类型的设定

将分析类型设置为流道平衡分析，完成后分析任务窗口如图 6-97 所示。

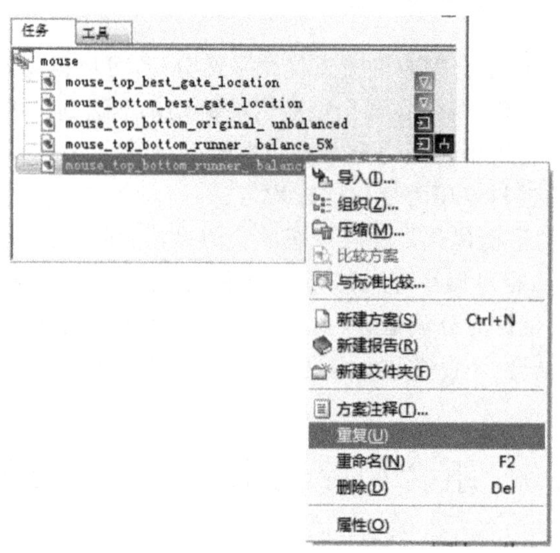

图 6-95 复制基本模型

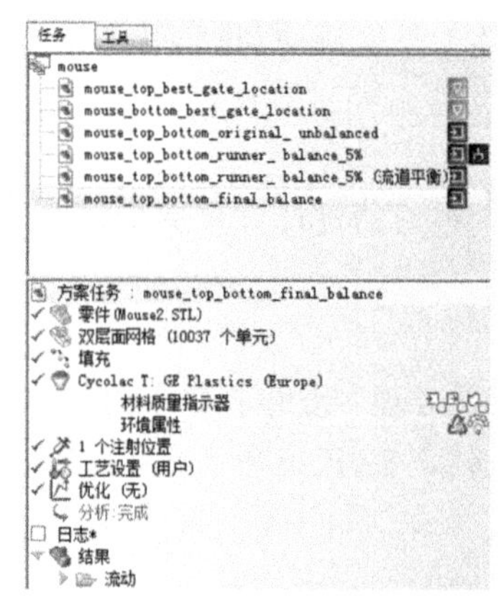

图 6-96 基本分析模型设置

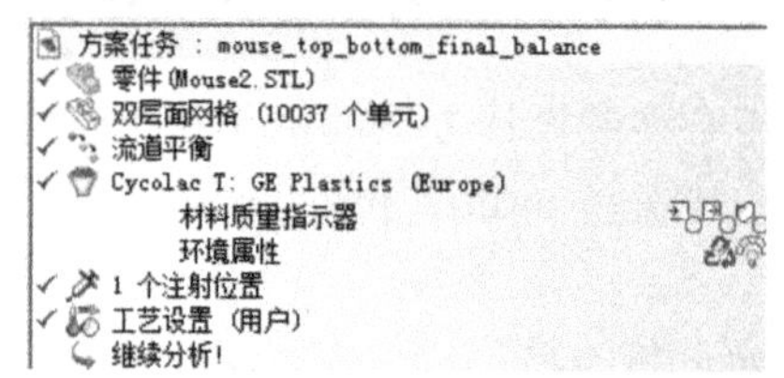

图 6-97 分析类型设置

3. 浇注系统尺寸的调整

流道平衡优化的分析结果为重新调整流道尺寸提供了可靠的参考，结合实际情况，我们调整了鼠标上盖型腔浇口的截面直径尺寸，以及通向鼠标上、下盖体的分流道直径。

浇注系统尺寸的调整方案如图 6-98 所示。

【操作步骤】

(1) 保持鼠标上盖型腔的浇口形状，将其端口直径由(1.1mm，3.0mm)调整为(1mm，2.2mm)，创建方法详见 6.4.1 中 4 条，在 gate 层，删除原先创建的冷浇口网格，删除多余的节点，选择建模→创建曲线→点创建圆弧命令，选择三个节点创建冷浇口中心线。选择冷浇口中心线，右键选择属性，弹出冷浇口对话框，单击编辑尺寸按钮，弹出横截面尺寸对话框如图 6-99 所示。双击生成网格，单击立即划分网格，全局网格边长 4mm，显示更新后的冷浇口状况。

主流道4-5mm
分流道
鼠标下盖
6mm
2.9mm
鼠标上盖
浇口1.1-3mm
浇口1-2.2mm
Autodesk
缩放 (100 mm)
-178
-94
89

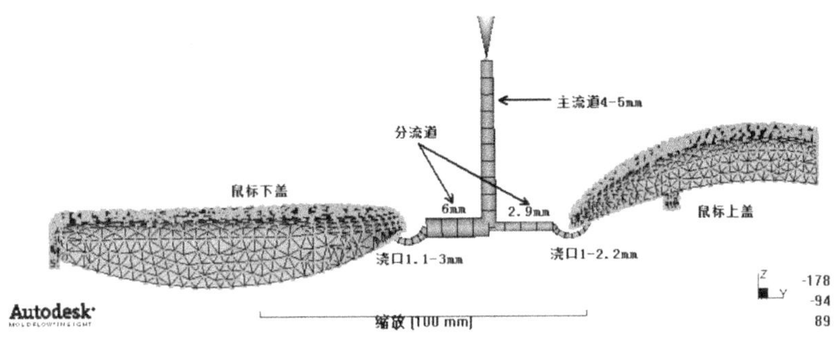

图 6-98　调整后的浇注系统方案

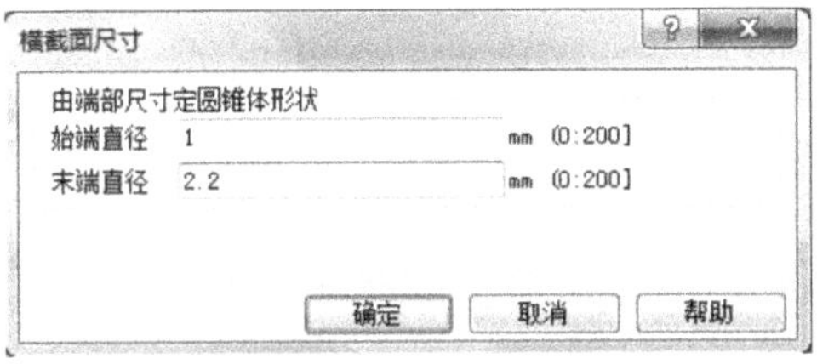

横截面尺寸
由端部尺寸定圆锥体形状
始端直径 1 mm (0:200]
末端直径 2.2 mm (0:200]
确定
取消
帮助

图 6-99　鼠标上盖尺寸

注意：

不可直接对原先创建的冷浇口网格进行横截面尺寸修改，因为此时修改的针对每个网格设置横截面尺寸，而不是对于整个冷浇口进行尺寸设置。

在冷浇口中心线创建时，注意删除多余的节点，否则会造成网格划分失败。

不能只对与鼠标上盖相连的冷浇口进行网格创建，需要对于鼠标下盖相连的冷浇口同样创建冷浇口中心线并进行横截面属性的设置，否则也会造成网格划分失败。

(2)在网格模型显示窗口(如图 6-100 所示)选中通向鼠标上盖分流道的 4 个杆单元，右击在弹出的快捷菜单中选择属性命令，在弹出的对话框(图 6-101)中单击编辑尺寸按钮，调整流道直径为 2.9mm，如图 6-102 所示。

图 6-100　选中分流道杆单元

(3) 同样将通向鼠标下盖分流道的杆单元直径设定为 6mm。

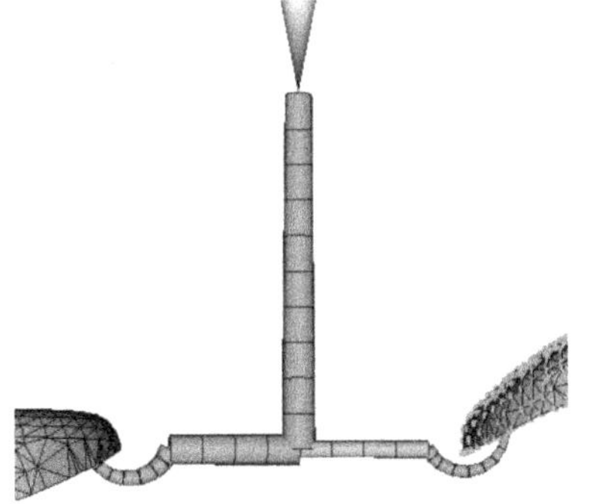

4. 工艺过程参数的调整

与流道平衡优化分析不同，在对调整后的设计方案进行最终的流动分析时，工艺过程参数设置如图 6-103所示。

与之前的过程参数相比较，速度/压力切换设定为自动控制。

注意：

在前面的分析环节，为了得到优化分析的结果将 V/P 转换点设定在 100%充填体积，而在最终的设计方案验证时，为了与实际情况相逼近，V/P 转换点设定为自动控制。

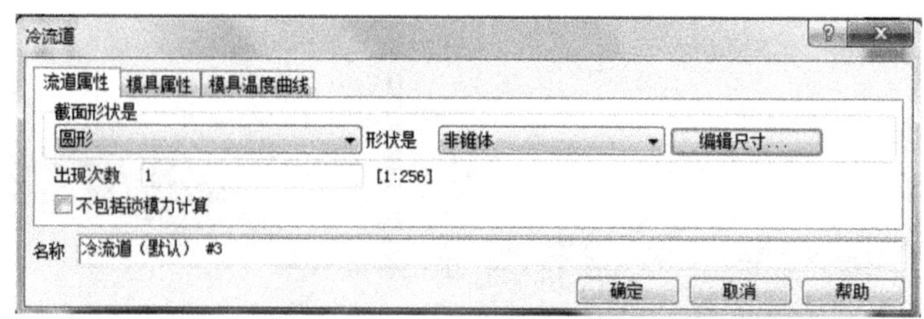

图 6-101　流道杆单元属性

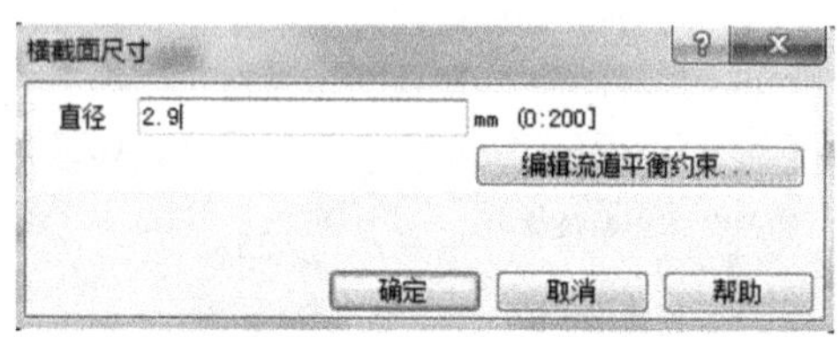

图 6-102　编辑杆单元直径

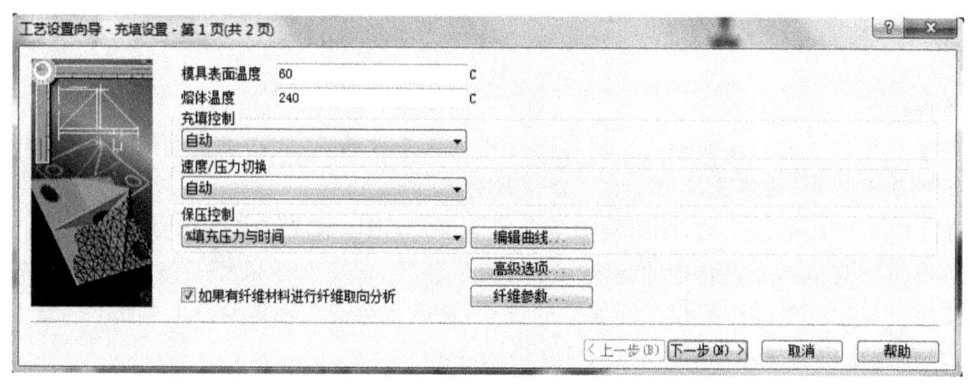

图 6-103　流动分析过程参数

6.6.2　分析计算

完成了鼠标上、下盖体组合型腔设计方案的调整和分析前处理之后，双击任务栏窗口中的开始分析！一项，解算器开始计算。

为了方便读者的学习，读者可以从配书光盘中直接导入准备好的分析模型，路径为“光盘\:mouse\mouse_top_bottom_final_balance.sdy”。

在分析计算过程产生的日志输出信息中，我们比较关心组合型腔在充填过程中的压力情况，因为压力变化可以从侧面反映流道的平衡性。

充填分析过程信息如图 6-104 所示。

从图 6-104 中可以发现，在充填过程中，压力的变化比较平稳，从侧面说明流道相对平衡。V/P 转换发生在型腔 97.57%被充满的时候，此时的充填压力在 75.07MPa 左右。在 1.41s 左右完成组合型腔的充填。

充填阶段：　　　　状态：V　= 速度控制
P　= 压力控制
V/P= 速度/压力切换

时间 (s)	体积 (%)	压力 (MPa)	锁模力 (tonne)	流动速率 (cm^3/s)	状态
0.07	3.69	16.04	0.01	21.98	V
0.13	6.22	43.09	0.57	21.74	V
0.19	10.98	44.44	0.68	24.03	V
0.25	15.75	46.04	0.86	23.98	V
0.32	20.43	47.46	1.08	24.08	V
0.38	25.03	48.92	1.36	24.03	V
0.44	29.84	50.46	1.74	24.08	V
0.51	34.56	52.38	2.33	23.98	V
0.57	39.08	54.83	3.15	23.95	V
0.63	43.74	58.01	4.33	23.93	V
0.69	48.31	61.22	5.67	24.01	V
0.76	52.86	64.06	6.99	24.10	V
0.82	57.51	66.09	8.07	24.26	V
0.88	62.23	67.58	8.98	24.29	V
0.94	66.70	68.92	10.07	24.31	V
1.01	71.27	70.46	11.70	24.29	V
1.07	74.63	87.34	31.20	24.20	V
1.13	79.26	75.19	32.77	24.70	V
1.20	84.19	70.61	31.52	24.42	V
1.26	88.86	71.14	30.70	24.41	V
1.32	93.70	73.19	30.28	24.41	V
1.38	97.57	75.07	30.22	24.37	V/P
1.39	98.30	75.07	30.18	24.21	P
1.41	99.95	75.07	31.63	21.93	P
1.41	100.00	75.07	31.79	21.93	已充填

图 6-104　充填分析过程信息

6.6.3　结果分析

在分析结果中，我们主要关注熔体在组合型腔内的充填情况（是否平衡）、充填过程中的压力变化情况以及充填完成后的产品表面质量。

1. 充填时间

从充填时间中最容易直观地看出熔体流动是否平衡，如图 6-105 所示，鼠标上、下盖型腔在 1.410s 同时完成了充填。

2. 速度/压力切换时压力

V/P 转换点型腔内的压力分布如图 6-106 所示。

V/P 转换点浇口位置压力为 75.07MPa，另外，从图 6-106 中可以清楚地看到，由于流动平衡，两个型腔的压力也比较均匀。

3. 注射位置处压力：XY 图

浇口位置的压力变化曲线如图 6-107 所示，在熔体的整个充模过程中，进料口的压力变化是比较均匀的，这也直接反映出熔体在组合型腔内的流动是平衡的。

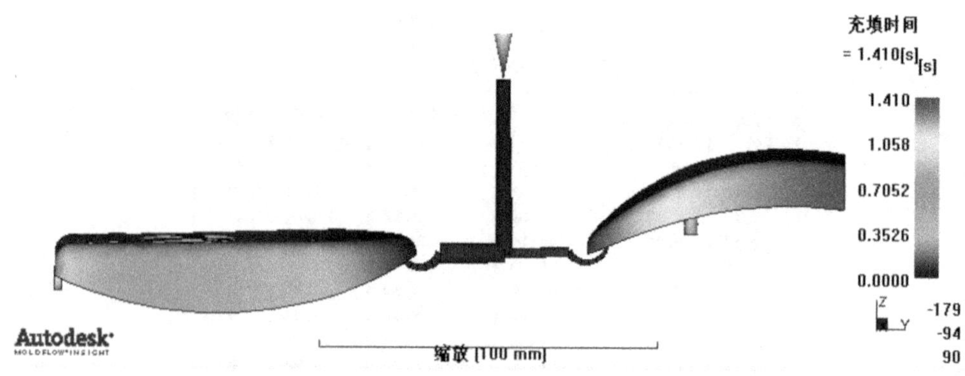

图 6-105　充填时间

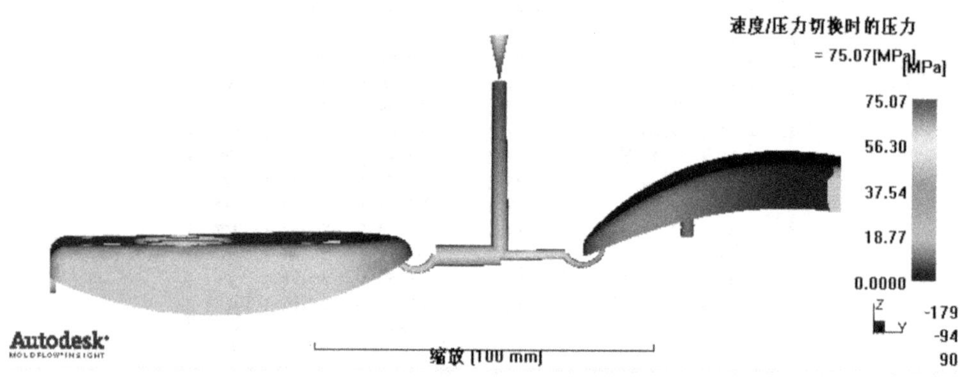

图 6-106　V/P 转换点压力

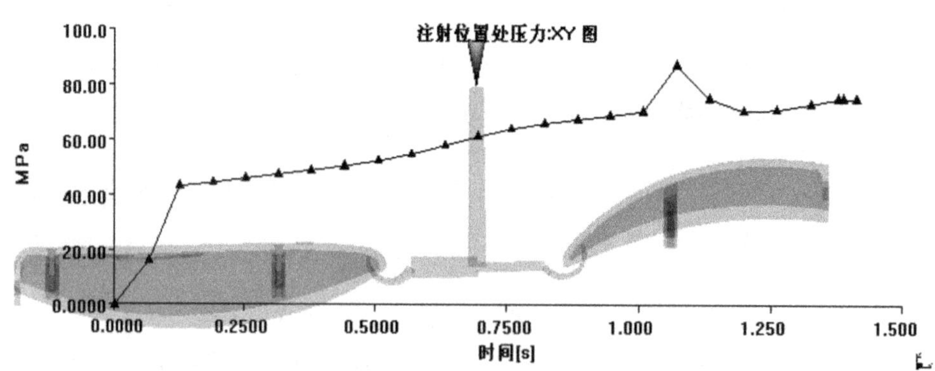

图 6-107　充模过程中的压力变化

6.7 小　结

本章结合鼠标上、下盖体组合型腔的实例，介绍了利用 AMI 中流道平衡分析等工具，进行产品浇注系统流动平衡优化的方法。

希望读者通过本章的学习，掌握以下内容：

- 流道平衡分析的基本流程；
- 平衡约束条件的取得方法；
- 平衡分析迭代计算参数的设置；
- 平衡优化结果的分析；
- 整体浇注系统尺寸确定的方法。

第 7 章　熔接线消除案例——车门把手

7.1　概　述

本章介绍的实例是汽车车门上的开门把手，如图 7-1 所示。

该产品模具的初步设计没有经过 Moldflow 的分析验证，在生产试模过程中发现，车门把手表面出现了比较严重的熔接线缺陷，而且通过调整工艺参数的方法不易去除，因此考虑修改和调整模具的设计方案。

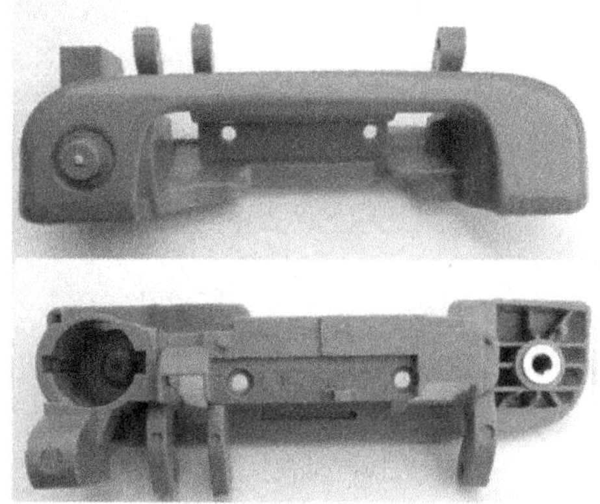

图 7-1　车门把手

本章的内容侧重于介绍利用 AMI 的模拟仿真，对设计方案进行调整和修改，希望在原有模具设计的基础上找到一种合理的修改方案，从而能够消除产品的表面缺陷。

本章主要包括以下一些内容：

- 对原始设计方案进行分析；
- 增加加热系统后的分析；
- 改变浇口形式后的分析。

7.2　原始方案的填充分析

在项目二 Moldflow 分析基础中，已经介绍了熔接线产生的一些原因，其中主要包括：

- 熔体流动性不足，料温较低；
- 模具设计本身存在缺陷，包括浇口位置、类型和尺寸不合理等；
- 塑料产品结构设计不合理；
- 模具排气不良。

因此，在对设计方案进行修改和调整之前，首先要对原始设计方案进行分析，希望找到出现熔接线缺陷的主要原因。

产品的原始设计方案如图 7-2 所示。

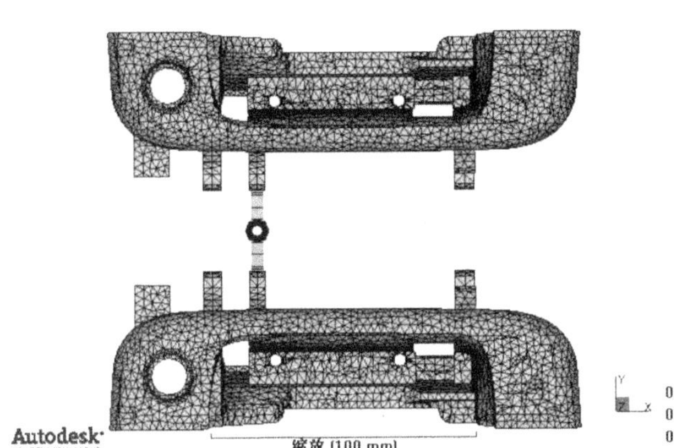

图 7-2　原始设计方案

7.2.1　分析前处理

在对原始设计方案进行成型分析之前，所要完成的前处理工作主要包括以下内容：

- 产品模型的简化；
- 项目的创建和模型的导入；
- 网格模型的建立；
- 型腔布局及浇注系统的创建；
- 材料选择和工艺过程参数的设定。

1. 产品模型的简化

在进行 Moldflow 分析之前，我们往往需要对被分析的产品模型在 CAD 系统中进行必要的简化和合理的修改。这是由于，分析能否顺利进行，以及分析结果是否可靠，都与产品的网格模型有着直接的联系，而网格模型又是在产品的 3D 模型上直接生成的。因此，产品 3D 模型是否合理直接决定了最终分析结果的可靠性。过于复杂的 3D 模型，不仅在网格生成时容易出现错误，而且相应网格模型的修改也非常复杂和繁琐。

合理的用于 AMI 分析的产品 3D 模型应该经过以下一些简化和修改：

- 尽量减少过小的倒角；
- 去除对分析结果影响不大的细小、细微结构；
- 在不影响分析结果的前提下，尽量保证面与面之间的棱线过渡，而避免小圆角过渡。

由于产品网格模型是由大量具有公用边的三角形单元组成的，因此细小、细微结构，以及小的倒角和过渡圆角的存在，必然导致三角形单元的激增和网格质量的下降，如图 7-3 所示。

从图 7-3 中可以清楚地看到，由三角形网格直接“首尾相连”，因此 1mm 的圆角过渡对网格模型有很大的影响。而在实际的生成和设计过程中，大量的、更小的过渡圆角会出现在更为复杂的产品模型中，因此合理的简化模型会对网格模型的创建带来极大的方便，同时有利于 AMI 分析计算准确性的提高。

本案例中的车门把手，不仅结构上非常复杂、具有许多小的细节，而且具有很多的圆角过渡，如图 7-4 所示。

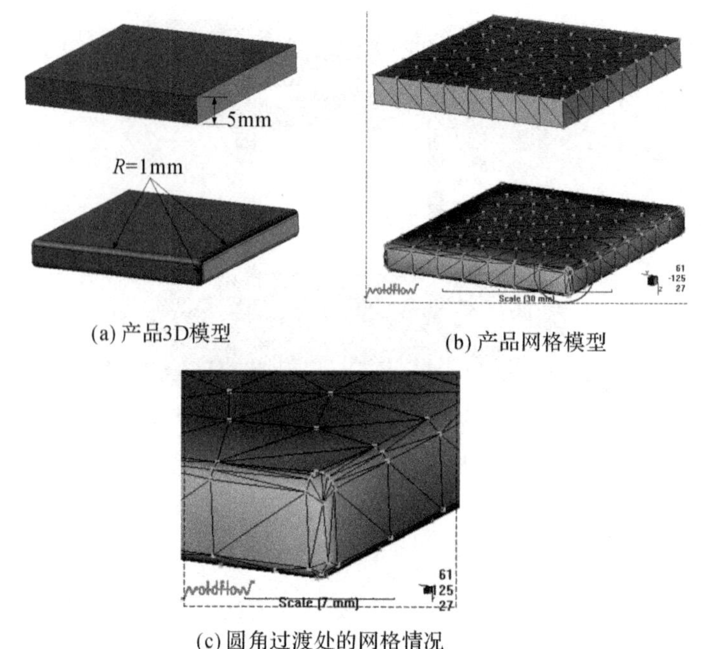

图 7-3　小的圆角过渡对网格模型的影响

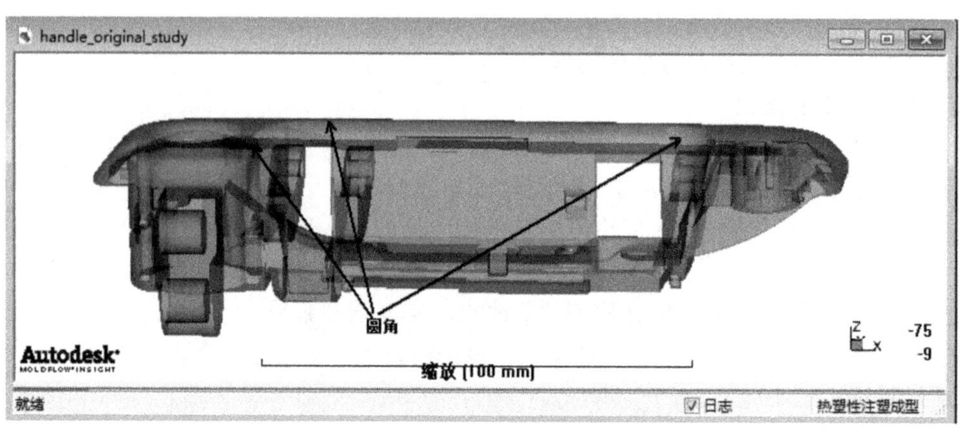

图 7-4　产品原始 3D 模型

根据上面讲述的模型简化原则，对车门把手在 CAD 系统中进行简化，简化结果如图 7-5 所示。

为了比较两种模型在生成网格时的差异，这里将两个模型所生成的网格进行比较。将产品原始模型和简化后的模型的 STL 文件分别导入 AMI 系统，进行网格划分，自动划分后网格初步模型的诊断结果。

模型经过简化，网格数量大大减少，网格的质量也有所提高，例如，三角形单元的纵横比大大降低，网格匹配率有所提高。

为了方便读者进行练习，简化前后产品模型的 STL 文件都附带在配书资源库。

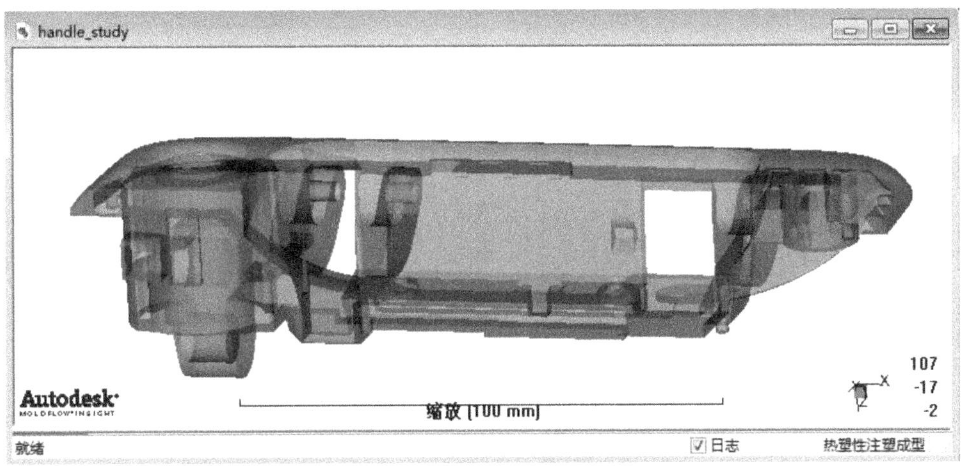

图 7-5　简化之后的模型

2. 项目创建和模型导入

在指定的位置创建分析项目 door_handle，并导入简化后的车门把手的 STL 格式模型 handle. stl。

【操作步骤】

(1) 创建一个新的项目。选择文件→新建工程命令，此时，系统会弹出项目创建路径对话框，在工程名称文本框中填入项目名称 door_handle，单击确定按钮，默认的创建路径是 AMI 的项目管理路径，当然读者也可以自己选择创建路径，如图 7-6 所示。

图 7-6　创建新项目

(2) 导入简化后把手模型的 STL 文件 handle. stl。选择文件→导入命令，在弹出的对话框中选择 handle. stl 文件，单击“打开”按钮。

(3) 在自动弹出的导入对话框中选择网格类型“双层面”和尺寸单位“毫米”，单击确定按钮，如图 7-7 所示，车门把手的模型被导入。

(4) 将分析任务的名称由默认的 handle_Study 改为 handle_mesh，模型导入完成，结果如图 7-8 和图 7-9 所示。

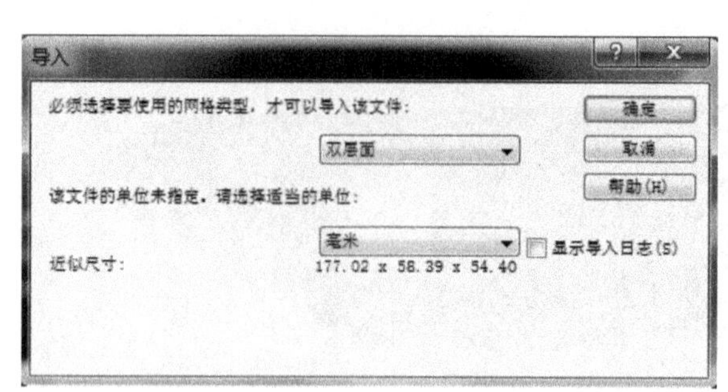

图 7-7　导入参数选择

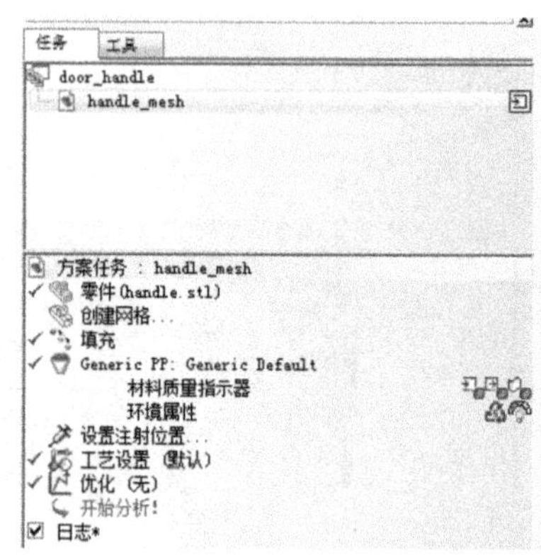

图 7-8　模型导入

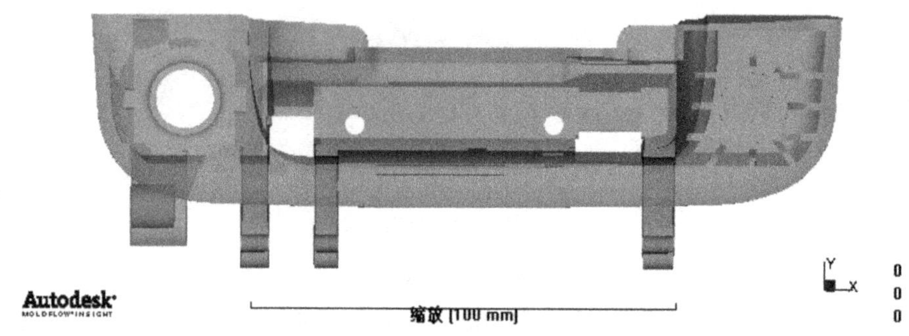

图 7-9　车门把手模型

3. 网格模型的建立

在前面的章节中已经介绍过，网格模型的建立和修改是一项非常复杂、耗时的工作，而且针对同一个模型，不同的使用者会得到不同的网格处理结果，因此这里就不再赘述网格的划分和修改过程，读者可以根据前面介绍的方法创建网格模型，体会网格修改的技巧。

在附带的光盘中，已给出了一个完成修改的车门把手网格模型(光盘:\door_handle\handle_mesh.sdy)，读者可以作为一个参考，网格划分后结果如图 7-10 所示。

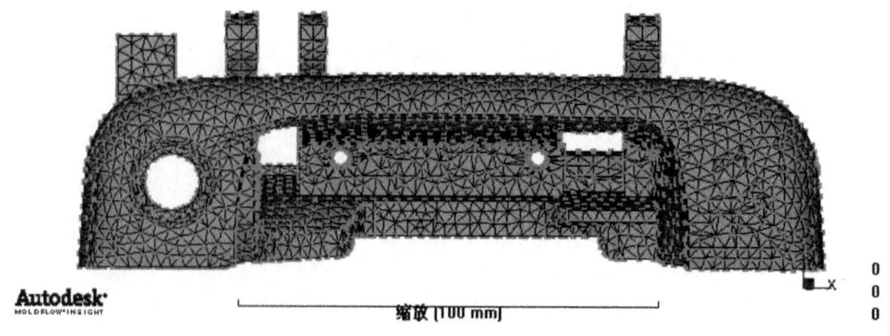

图 7-10　网格划分结果

4. 型腔的布局

读者在进行学习时，可以从附带的光盘中直接导入建立好的网格模型(光盘:\ door_handle\handle_mesh. sdy)，在项目管理窗口中，复制 handle_mesh，并重命名为 handle_edge_gate，如图 7-11 所示，并在此基础上进行下面的操作和分析。

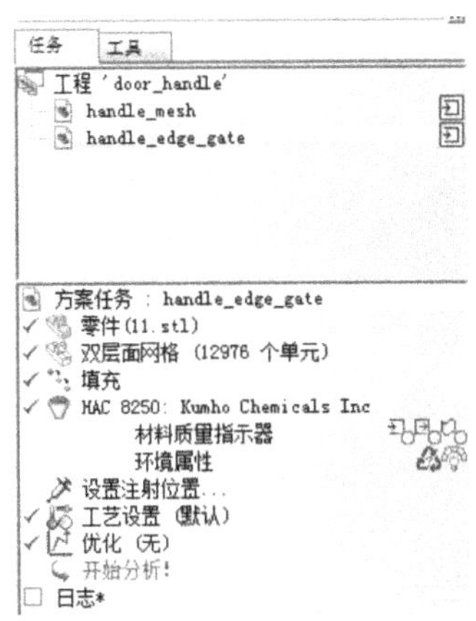

图 7-11 基本分析模型复制完成

车门把手的模具型腔为一模两腔的对称设计，在生产时一次成型一对车门把手，如图 7-12 所示。准备好的网格模型为图 7-12 中左侧的车门把手。

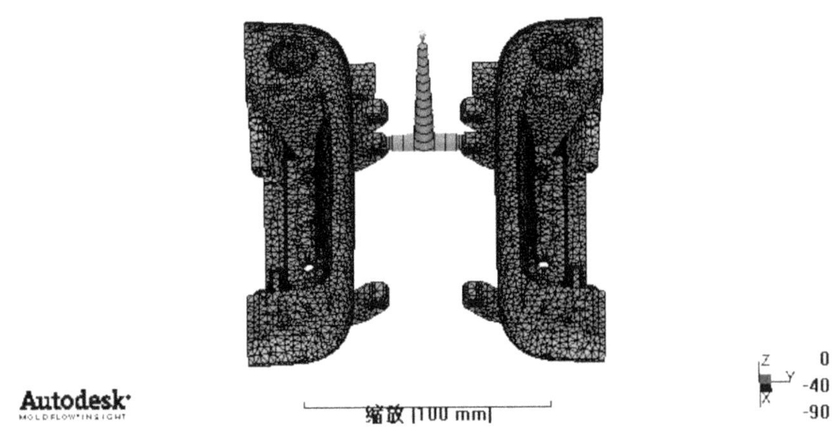

图 7-12 车门把手的对称型腔

型腔布局要通过镜像复制，由左侧网格模型复制创建右侧网格模型，其操作过程如下。

【操作步骤】

(1) 创建镜像中点，也就是主流道与分流道的交叉点。选择建模→创建节点→按偏移命令，基点选择 N2748，偏置向量为(0 15 0)，单击应用按钮创建镜像中点，如图 7-13 和图 7-14所示。

(2) 镜像复制。选择建模→移动/复制→镜像命令，系统弹出的对话框如图 7-15 所示。在对话框中，参数选择如下：

- 选择——选择复制对象，选择网格模型中的全部三角形单元和节点；

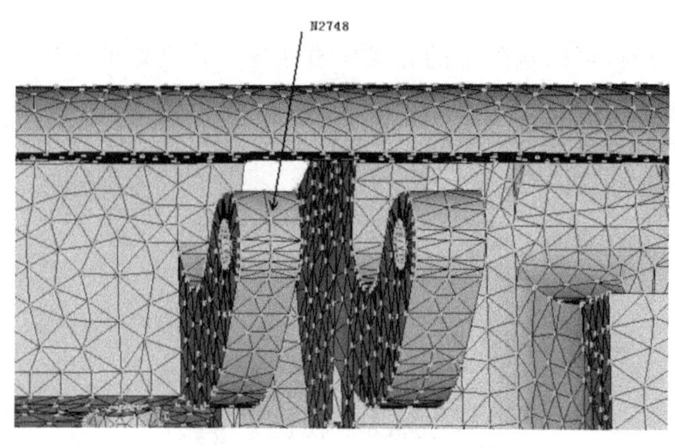

图 7-13　选择基点 N2748

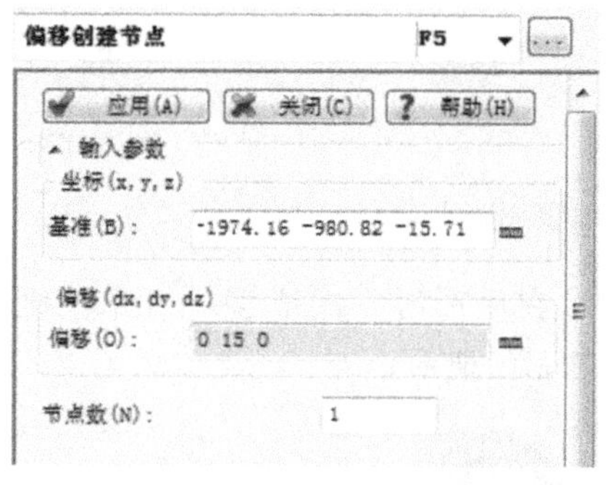

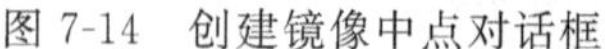

图 7-14　创建镜像中点对话框

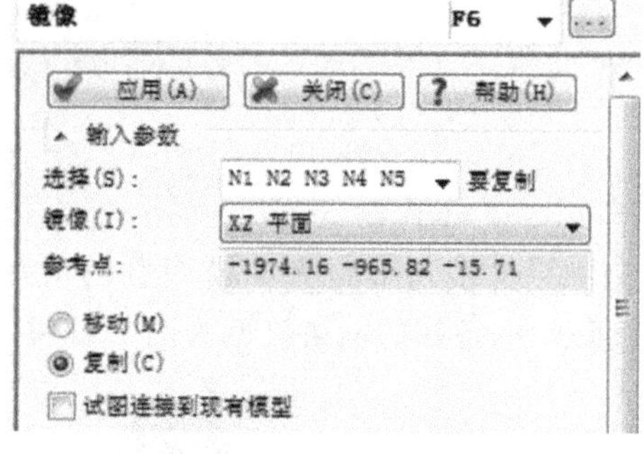

图 7-15　镜像复制对话框

- 镜像——选择 XZ 平面；
- 参考点——即镜像面通过的位置，选择刚刚创建的镜像中点；
- 复制——选择该单选按钮；
- 试图连接到所有模型——这里不必选中，选中此项将有助于建模过程中网格单元间的连通性。

单击应用按钮，完成型腔的镜像复制，型腔布局结果如图 7-16 所示。

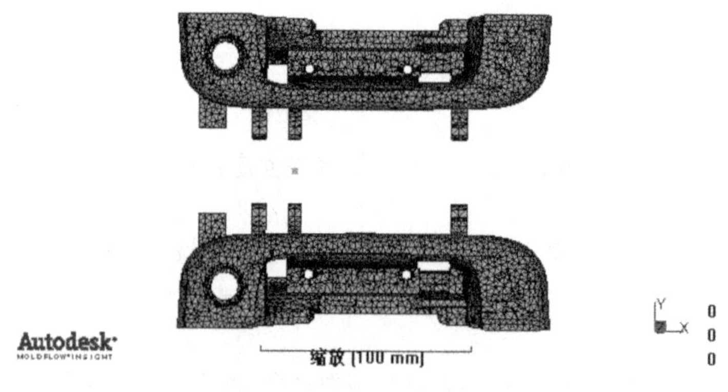

图 7-16　型腔布局完成

5. 浇注系统的创建

浇注系统的详细情况如图 7-17 所示。其中,主流道为锥形,上、下端口分别为 4mm 和 9mm,截面为圆形,长度为 60 mm;分流道截面为方形,边长 5mm,每条分流道长度均为 13mm;侧浇口的截面为矩形,矩形长边为 5mm,短边为 3mm,浇口长度为 2mm,如图 7-18 所示。

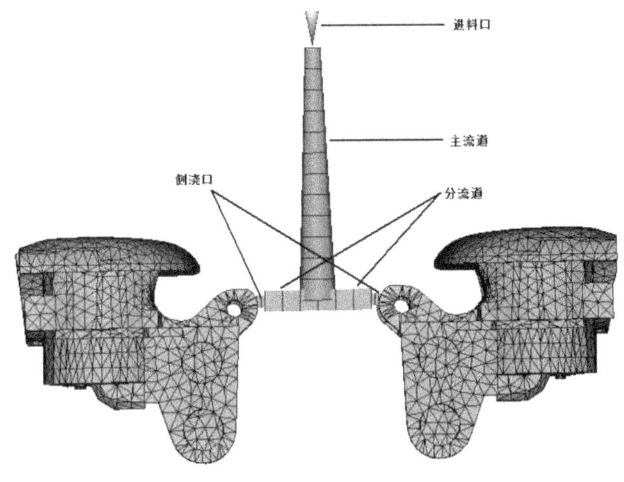

图 7-17 浇注系统

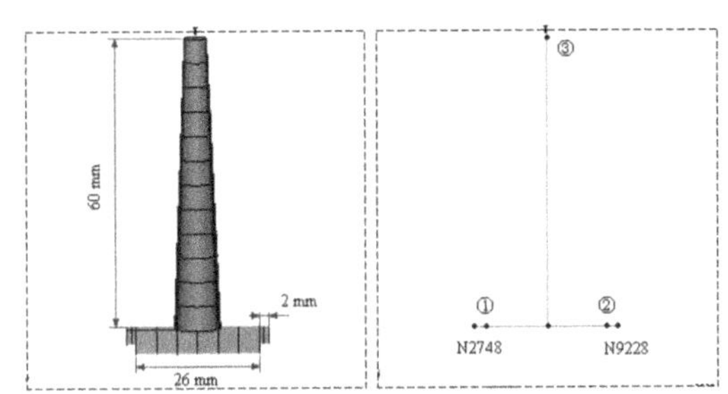

图 7-18 浇注系统尺寸

浇注系统的创建过程如下。

【操作步骤】

(1) 创建流道和侧浇口中心线的端点①、②、③。选择建模→创建节点→按偏移命令,基点选择刚刚创建的镜像中心点,端点①、②、③相对镜像中心点的偏置向量分别为(0 −13 0)、(0 13 0)和(0 0 60)。

(2) 创建侧浇口的中心线。首先创建左侧浇口中心线,其端点为 N2748 和节点①,选择建模→创建曲线→直线命令,系统弹出的对话框如图 7-19 所示。

中心线的端点分别选择节点 N2748 和节点①,取消自动在曲线末端创建节点复选框,单击改变[...]按钮,设置浇口形状属性,弹出的对话框如图 7-20 所示。

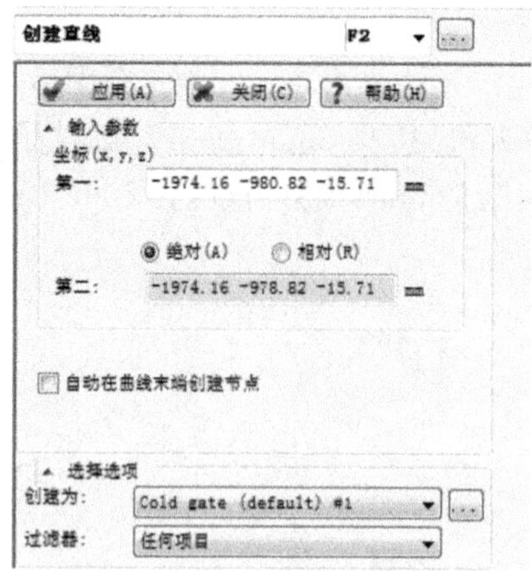

图 7-19　创建侧浇口中心线

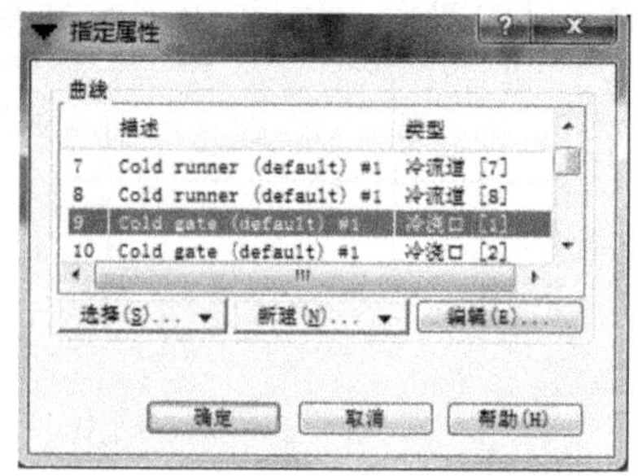

图 7-20　设置浇口属性

在列表中选择冷浇口，如果没有该属性可通过单击新建按钮新建，单击编辑按钮可以设置浇口形状属性，弹出的对话框如图 7-21 所示。

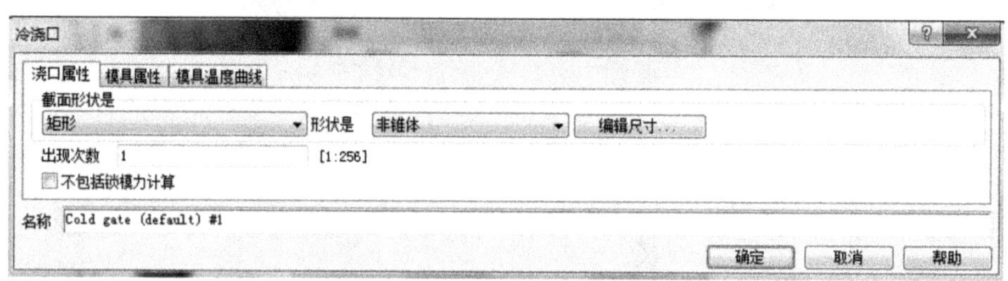

图 7-21　侧浇口属性

在对话框中，相关参数选择如下：

- 截面形状是——截面形状选择为矩形；
- 形状是——非锥形；
- 出现次数——出现数量为 1。

单击编辑尺寸按钮，弹出的对话框如图 7-22 所示。

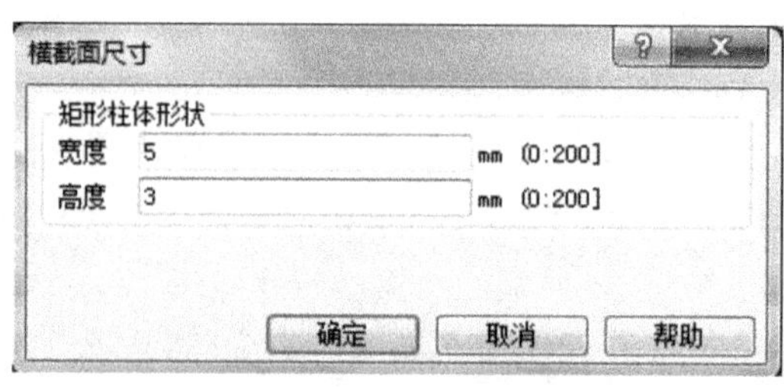

图 7-22　编辑浇口截面尺寸

矩形截面宽度为 5mm，高度为 3mm，单击“确定”按钮返回图 7-21 所示对话框，单击对话框中的模具属性标签，会弹出如图 7-23 所示对话框，选择模具材料为 20 号钢。

参数设置完成，单击“确定”按钮返回图 7-19 所示对话框，单击应用按钮，完成侧浇口中

图 7-23 选择模具材料

心线的创建，用同样的方法创建另一侧浇口的中心线，其端点为 N9228 和节点②。

(3) 创建分流道的中心线。首先创建一侧的分流道中心线，其端点为节点①和镜像中心点，选择建模→创建曲线→直线命令，系统弹出的对话框如图 7-24 所示。

中心线的端点分别选择节点①和镜像中心点，取消自动在曲线末端创建节点复选框，单击改变按钮设置分流道形状属性，弹出的对话框如图 7-25 所示。

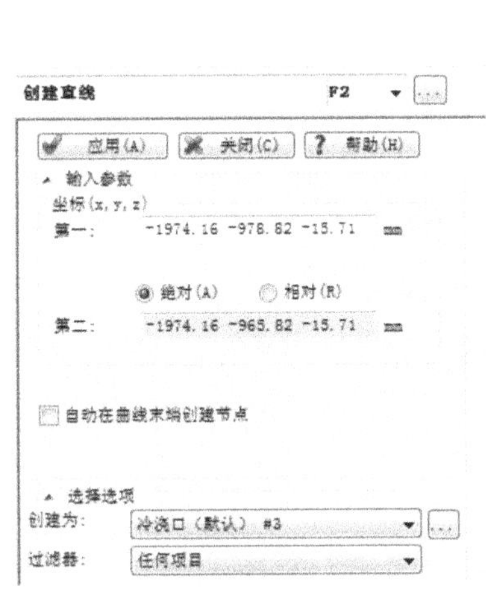

图 7-24 创建分流道中心线

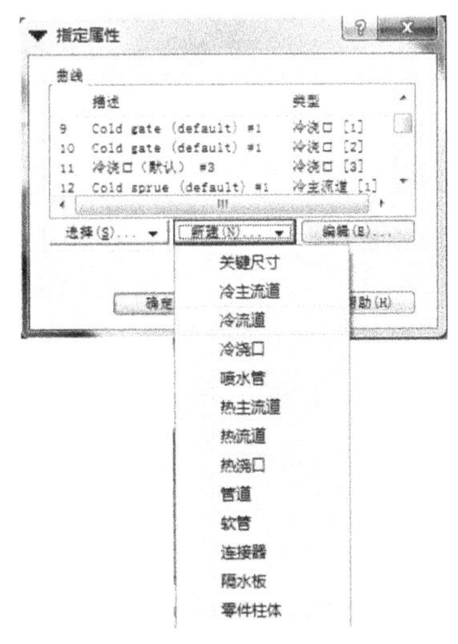

图 7-25 设置分流道属性

在列表中选择冷流道，如果没有该属性可通过单击新建按钮新建，单击编辑按钮可以设置分流道形状属性，弹出的对话框如图 7-26 所示。

在对话框中，相关参数选择如下：

- 截面形状是——截面形状选择为矩形；
- 形状是——非锥形；
- 出现次数——出现数量为 1。

单击编辑尺寸按钮，弹出的对话框如图 7-27 所示。

矩形截面宽度为 5mm，高度也为 5mm，单击“确定”按钮返回图 7-26 所示对话框，选择模具材料为 20 号钢，参数设置完成，单击“确定”按钮返回图 7-24 所示对话框，单击“应用”按钮，完成一侧的分流道中心线的创建，用同样的方法创建另一侧分流道的中心线，其端点为节点②和镜像中心点。

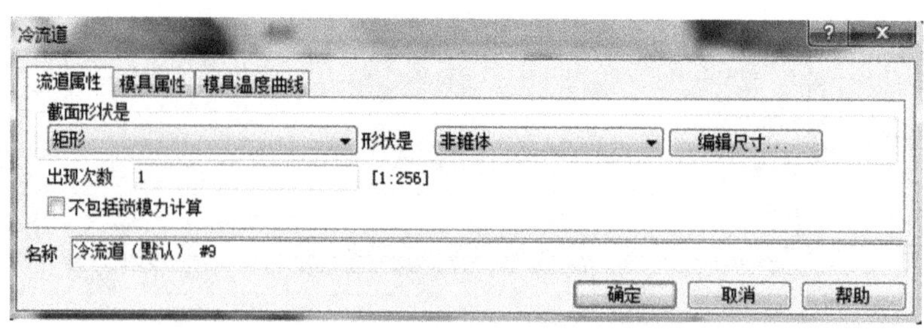

图 7-26　分流道属性

(4) 创建主流道的中心线,其端点为节点③和镜像中心点。选择建模→创建曲线→直线命令,弹出的对话框如图 7-28 所示。

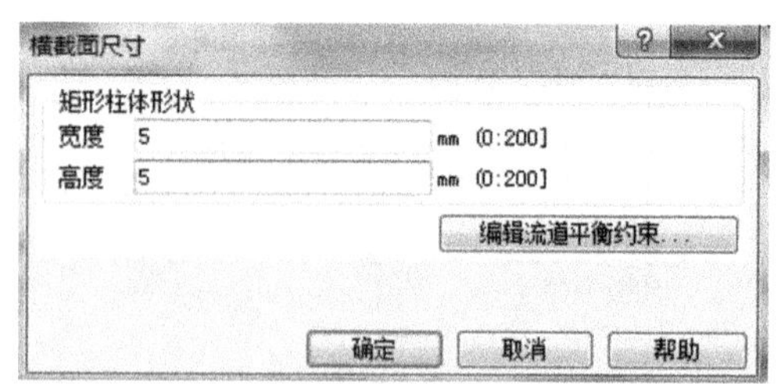

图 7-27　编辑分流道截面尺寸

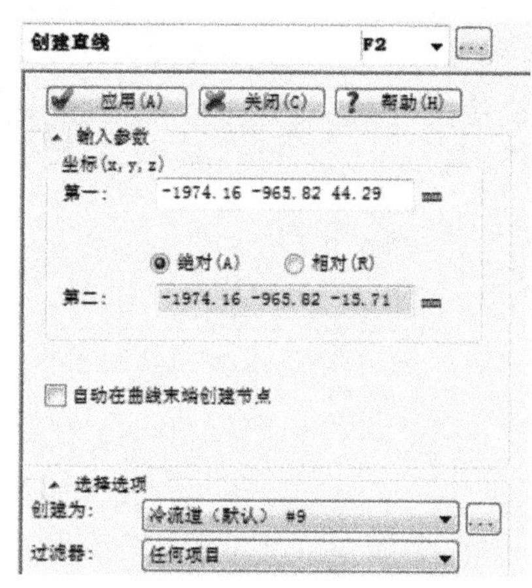

图 7-28　创建主流道中心线

中心线的端点分别选择节点③和镜像中心点,取消自动在曲线末端创建节点复选框,单击改变 ... 按钮设置主流道形状属性,弹出的对话框如图 7-29 所示。

在列表中选择冷主流道,如果没有该属性可通过单击新建按钮新建,单击编辑按钮可以设置主流道形状属性,弹出的对话框如图 7-30 所示。

在对话框中,相关参数选择如下:

- 形状是——形状尺寸,锥形(由端部尺寸)。
- 单击编辑尺寸按钮,弹出的对话框如图 7-31 所示。

始端直径为 4mm,末端直径为 9mm,单击“确定”按钮返回图 7-30 所示对话框,选择模具材料为 20 号钢,参数设置完成,单击“确定”按钮返回图 7-28 所示对话框,单击应用按钮,完成一侧的主流道中心线

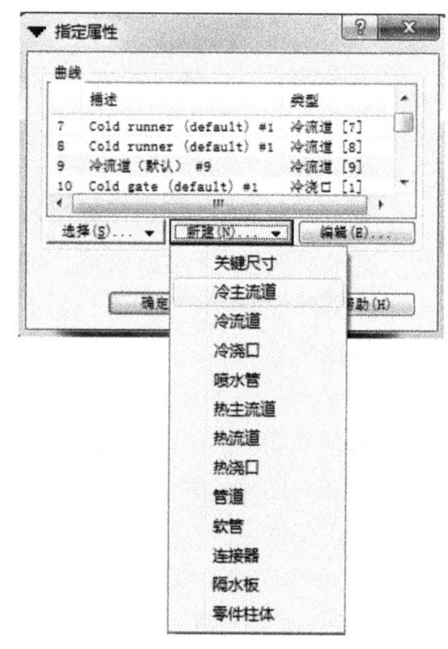

图 7-29　设置主流道属性

图 7-30　主流道属性

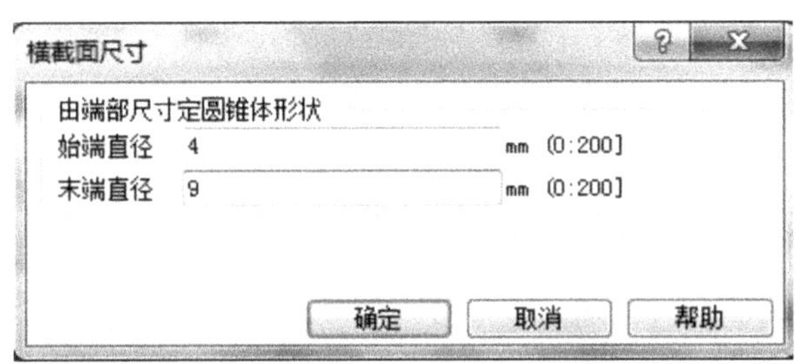

图 7-31　编辑主流道截面尺寸

的建。

(5) 浇注系统的杆单元划分。首先利用层管理工具,将侧浇口、分流道和主流道的中心线分别归入 Gates、Runners、Sprue3 层,然后,仅显示 Gates 层对侧浇口进行杆单元的划分,如图 7-32 所示。

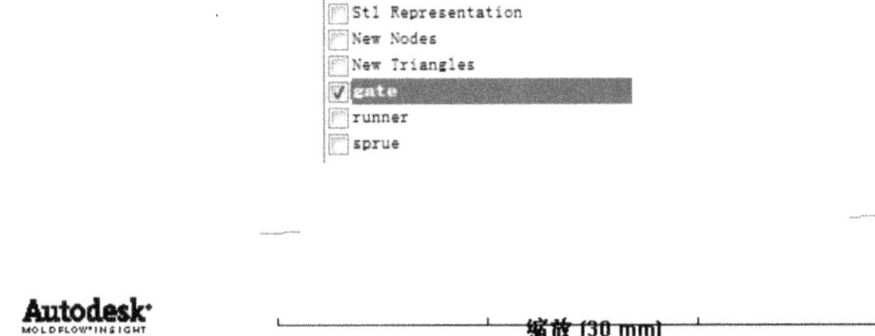

图 7-32　仅显示 Gates 层

选择网格→生成网格命令,设置杆单元大小为 1mm,如图 7-33 所示,单击立即划分网格按钮,生成如图 7-34 所示杆单元。

用同样的方法,仅显示分流道和主流道,设置杆单元大小为 5mm,生成杆单元,结果如图 7-35 所示。

(6) 网格单元的连通性检验。在完成了浇注系统的创建和杆单元划分之后,要对浇注系统杆单元与产品的三角形单元的连通性进行检查,从而保证分析过程的顺利进行,显示所有产品的三角形单元以及浇注系统的杆单元,选择网格→网格诊断→连通性诊断命令,弹出

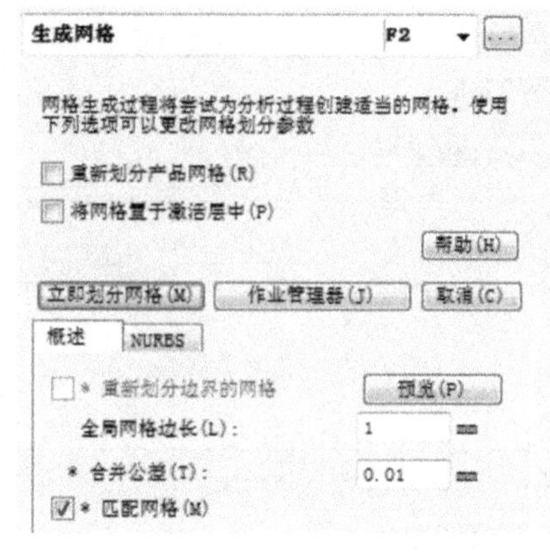

图 7-33　生成网格对话框

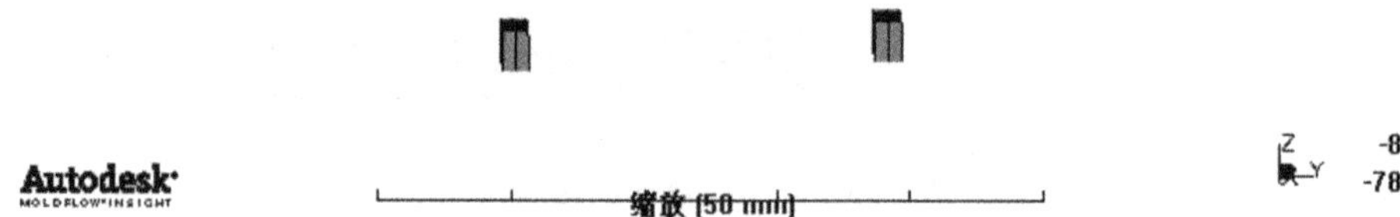

图 7-34　侧浇口杆单元

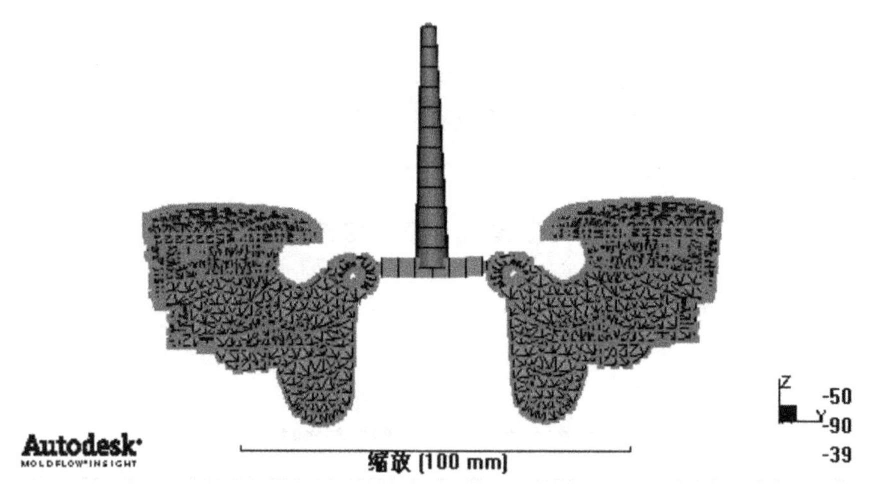

图 7-35　浇注系统创建结果

如图 7-36 所示对话框。

选择任一单元作为起始单元，单击显示按钮，得到网格连通性诊断结果，如图 7-37 所示，所有网格均显示为蓝色，表示相互连通。

(7) 设置注射位置。在分析任务窗口中，双击设置注射位置，单击注射节点，选择完成后在工具栏中单击保存按钮保存。

浇注系统创建完成，分析任务窗口如图 7-38 所示。

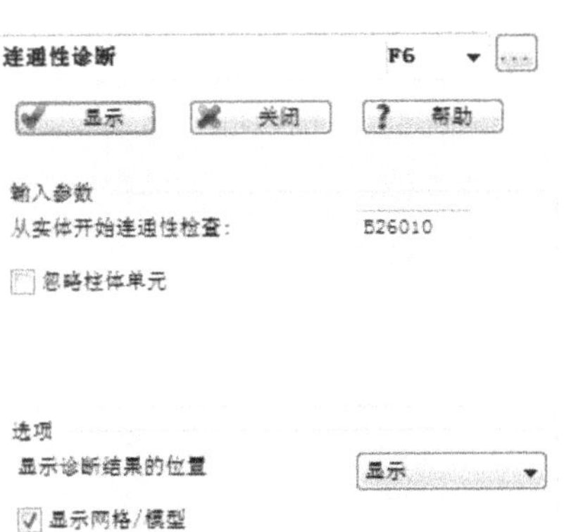

图 7-36　网格连通性诊断工具

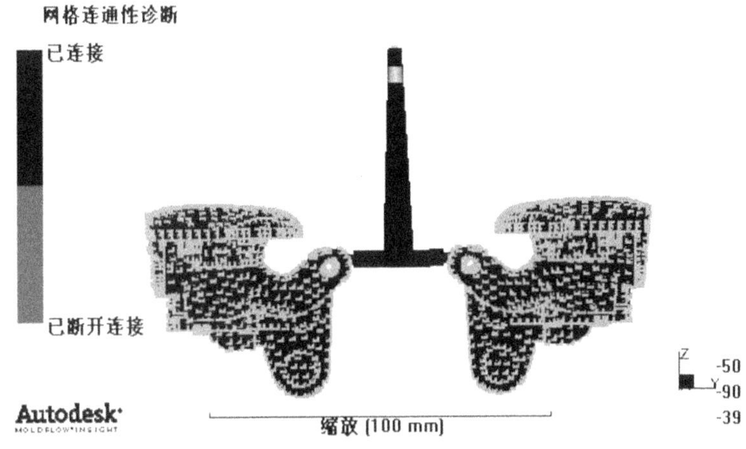

图 7-37　单元的连通性检查结果

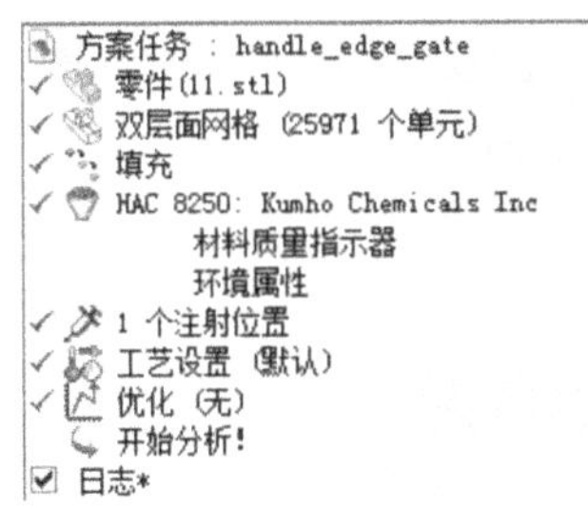

图 7-38　分析任务栏显示

6. 材料选择

在完成了浇注系统的创建之后，再来选择产品的注塑原料。车门把手所采用的材料为 Kumho 公司的 ABS+PC 材料，其牌号为 HAC 8250。

【操作步骤】

(1) 选择注塑材料。选择分析→选择材料命令，如图 7-39 所示，单击搜索按钮查询，弹出如图 7-40 所示的搜索条件对话框，在搜索条件中的牌号栏的子字符串文本框中填入 HAC 8250，单击搜索按钮。

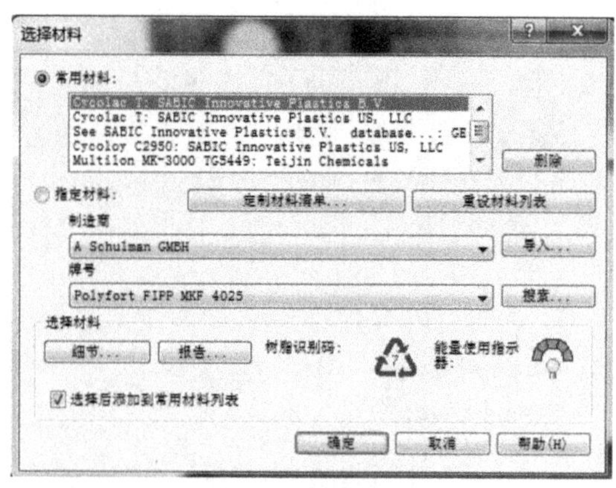

图 7-39　选择材料

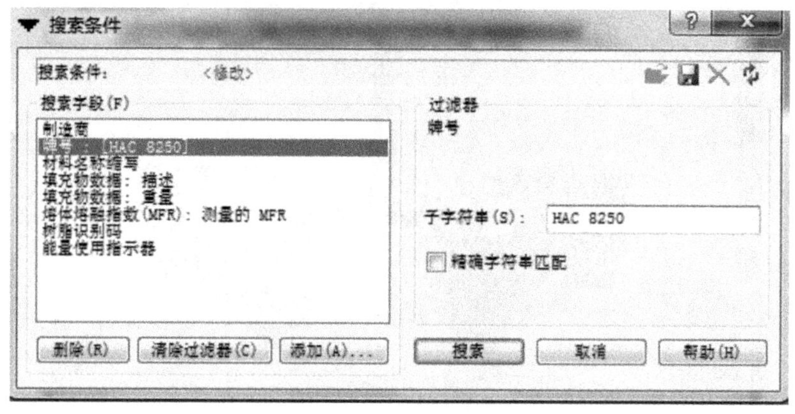

图 7-40　搜索条件对话框

（2）搜索结果如图 7-41 所示，选中所需要的材料，单击细节按钮可以查看材料属性，如图 7-42 所示的材料 PVT 特性，单击图 7-41 中的选择按钮，返回图 7-39 所示的对话框，单击确定按钮。

（3）在分析任务栏窗口中，材料栏一项正确显示出所选材料为 HAC 8250：Kumho petrochemical，如图 7-43 所示。

7. 工艺过程参数的设定

工艺过程参数选用默认设置，这里就不再赘述。

7.2.2　分析计算

在完成了分析前处理之后，即可进行分析计算，整个解算器的计算过程基本由 AMI 系统自动完成。

双击任务栏窗口中的开始分析！一项，解算器开始计算，通过分析计算日志的输出信息可以查看到计算中的相关信息。

- 警告信息（如图 7-44 所示）

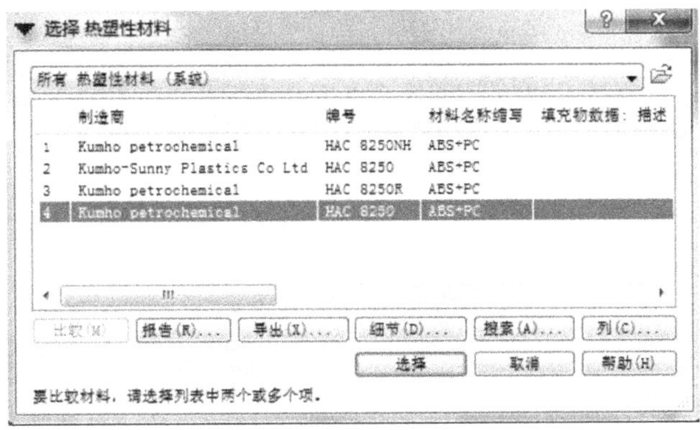

图 7-41　选择材料

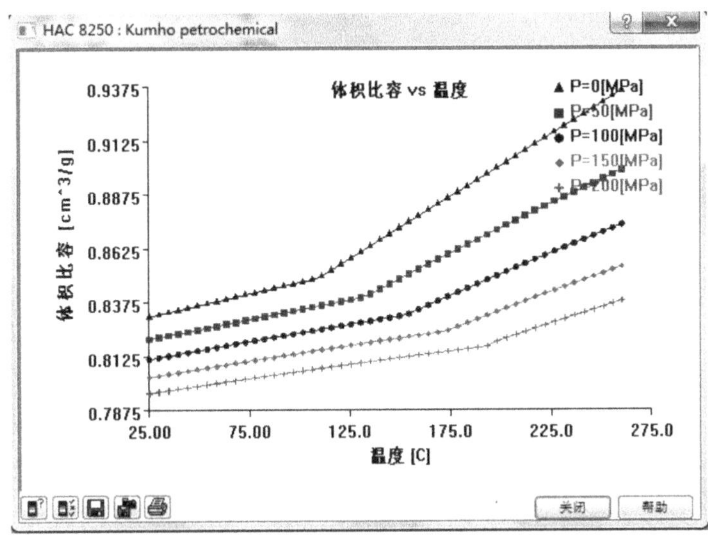

图 7-42　材料的 PVT 特性

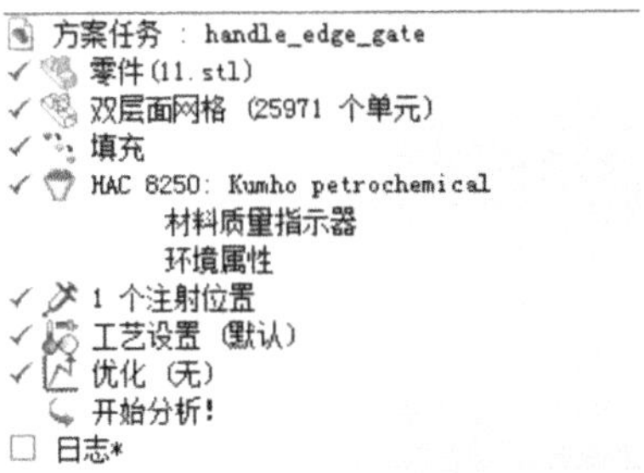

方案任务 : handle_edge_gate
✓ 零件(11.stl)
✓ 双层面网格 (25971 个单元)
✓ 填充
✓ HAC 8250: Kumho petrochemical
材料质量指示器
环境属性
✓ 1 个注射位置
✓ 工艺设置 (默认)
✓ 优化 (无)
开始分析!
☐ 日志*

图 7-43　材料选择完成

注意：

前面介绍过，对于 AMI/流动-双层面分析，网格的匹配率应该达到 85%以上，低于 50%的匹配率会导致流动分析自动中断。对于 AMI/翘曲-双层面分析，网格匹配率必须超过 85%。

```
** 警告 98988 ** 双层面网格的网格匹配百分比 (73.7%) 和相互网格匹配
                 百分比 (66.7%) 低于
                 推荐的最小值 85%。 这可能会影响
                 结果的精确性。 若要识别零件的匹配很差的区域，
                 请使用“网格”菜单中的“双层面网格匹配诊断”。
                 若要改进网格匹配，请在
                 原始 CAD 模型中使用“匹配节点”网格工具
                 重新划分零件的网格，或删除精细的详细资料，例如圆角。
```

图 7-44　警告信息

但是在本案例中，由于产品的形状确实比较复杂，而且壁厚变化比较大，因此网格的匹配率仅有 81%，读者可以通过改变网格的大小来重新划分网格模型，从而得到更好的结果。

● 填充分析过程信息(如图 7-45 所示)

充填阶段：　　状态：V　= 速度控制
　　　　　　　　　　P　= 压力控制
　　　　　　　　　　V/P= 速度/压力切换

时间 (s)	体积 (%)	压力 (MPa)	锁模力 (tonne)	流动速率 (cm^3/s)	状态
0.11	2.30	20.61	0.06	43.33	V
0.22	6.58	24.60	0.23	52.00	V
0.34	11.05	26.12	0.34	54.86	V
0.45	15.50	26.51	0.44	54.77	V
0.56	20.08	26.84	0.53	54.82	V
0.67	24.41	27.15	0.64	54.78	V
0.79	28.96	27.53	0.77	54.77	V
0.90	33.52	27.89	0.92	54.83	V
1.01	37.85	28.22	1.07	54.82	V
1.12	42.06	28.57	1.26	54.82	V
1.23	46.68	29.04	1.55	54.82	V
1.34	50.93	29.49	1.85	54.86	V
1.45	55.34	29.98	2.22	54.81	V
1.57	59.88	30.92	3.05	54.80	V
1.68	64.23	31.72	3.82	54.88	V
1.79	68.56	32.14	4.26	54.92	V
1.90	73.00	32.86	5.15	54.91	V
2.01	77.41	33.47	5.88	54.91	V
2.12	81.39	36.60	10.60	54.95	V
2.24	86.00	36.38	10.75	54.98	V
2.35	90.29	37.39	12.15	54.98	V
2.46	94.56	38.08	13.29	54.98	V
2.57	98.75	40.67	18.14	54.98	V
2.58	99.04	40.93	18.74	54.75	V/P
2.59	99.37	32.74	17.65	26.65	P
2.62	99.93	32.74	17.30	22.47	P
2.62	100.00	32.74	17.87	22.47	已充填

图 7-45　填充分析过程信息

● 计算时间(如图 7-46 所示)

7.2.3 结果分析

计算结束后,分析任务窗口如图 7-47 所示,填充分析结果列表显示。我们所关注的是与产品熔接线相关的结果信息。

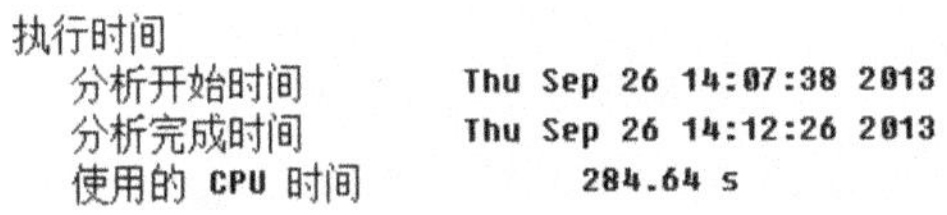

执行时间
分析开始时间 Thu Sep 26 14:07:38 2013
分析完成时间 Thu Sep 26 14:12:26 2013
使用的 CPU 时间 284.64 s

图 7-46 计算时间

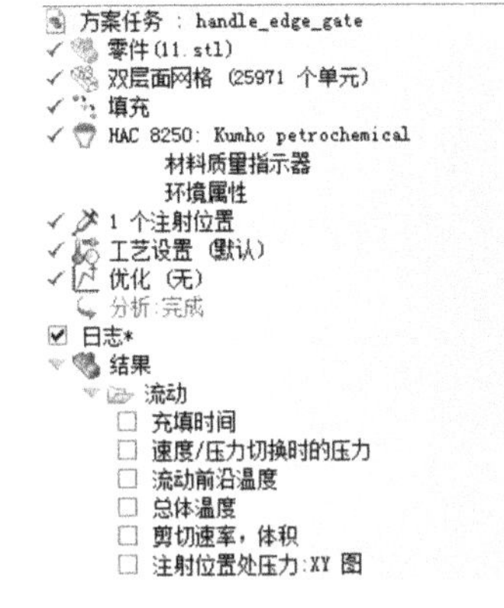

图 7-47 分析结果列表

1. 熔接线

熔接线容易使产品强度降低,特别是在产品可能受力的部位产生的熔接线会造成产品结构上的缺陷。本案例中关注的熔接线会造成产品表面质量缺陷,如图 7-48 所示。

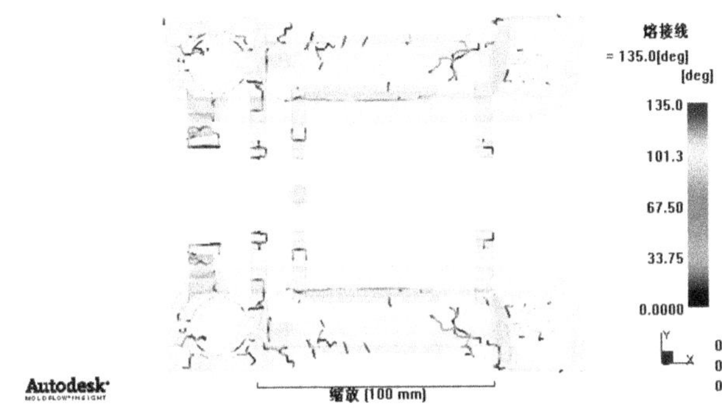

图 7-48 熔接线

单独显示产品的熔接线结果不容易观察熔接线缺陷的具体情况,将熔接线结果叠加在充填时间的结果上不仅可以可以清楚地观察熔接线,而且可以分析熔接线产生的机理,如图 7-49 所示。

从图 7-49 中可以清楚地看到,产品外观表面仅有区域 1、2 处存在熔接线现象,区域 1 处的熔接线由于处于分型面处,因此基本没有影响;区域 2 处的熔接线与实际试模生产中发现的问题是一致的。

2. 充填时间

通过对充填时间动态结果的分析,可以直观地看到熔接线产生的过程,如图 7-50 所示。

3. 表层取向

通过产品表面的表层取向结果显示,也可以观察熔接线的情况,跟熔接线结果重叠显示,如图 7-51 所示。

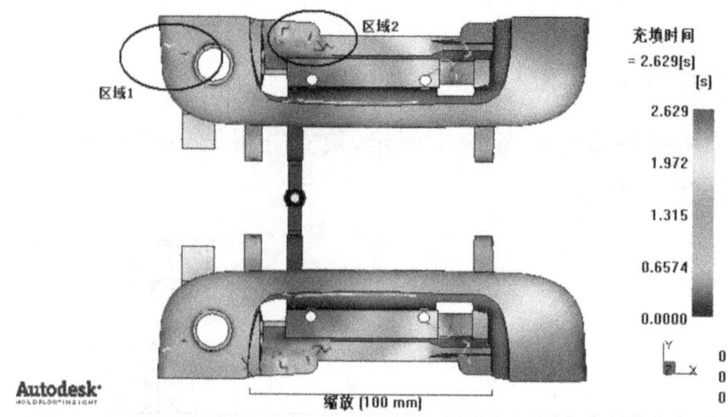

图 7-49　熔接线与充填时间的叠加结果

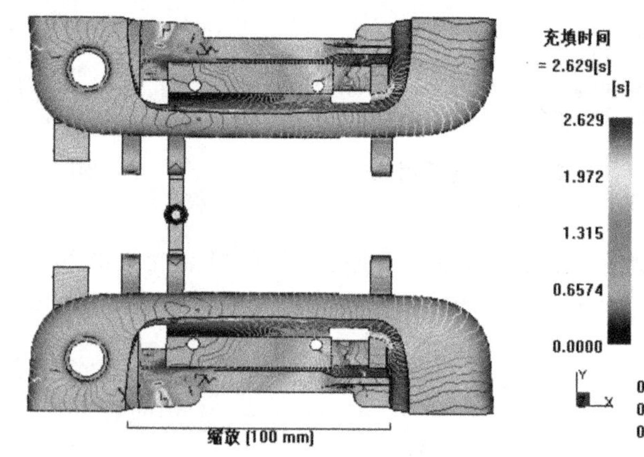

图 7-50　熔接线的生成

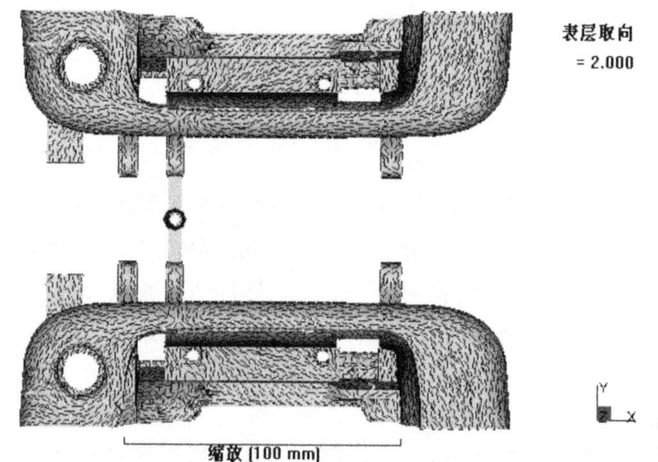

图 7-51　产品表面的分子取向

7.2.4 下一步任务

通过对原始设计方案的分析，基本上了解了熔接线产生的原因：熔体绕圆孔流动，不可避免地出现熔体前锋交汇的情况，由于在流动过程中熔体温度降低，从而产生熔接线现象。

下一步的任务就是根据分析结果，在现有设计的基础上调整和修改分析方案，从而改善缺陷情况。基本修改和调整方案有两种：

- 在熔接线出现的位置增加加热系统，保证熔体前锋汇合时保持一个较高的温度；
- 改变浇口的位置和形式，避免在产品外观面出现熔体前锋汇合的情况。

下面就分别针对这两种修改方案，利用 Moldflow 进行仿真模拟，以观察实际的效果。

7.3 增加加热系统后的分析

经过上面的计算和分析，了解了熔接线缺陷产生的原因，为改善熔接线的情况，提出了在模具设计中添加加热系统的修改方案。希望通过加热系统，保证熔体前锋在汇合部位保持一定的温度，从而消除产品外观面上的熔接线缺陷。修改方案如图 7-52 所示。

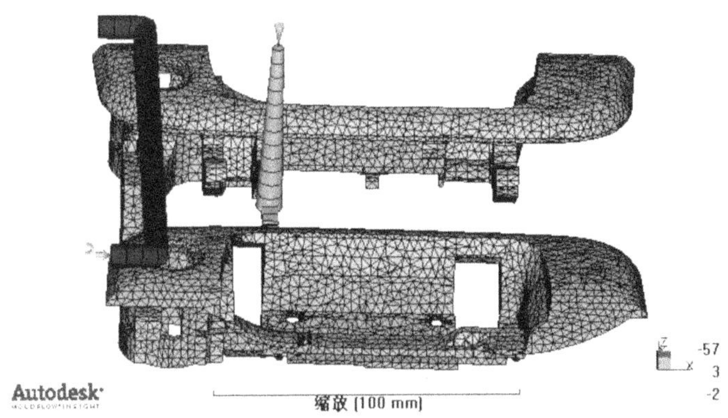

图 7-52 增加加热系统后的设计

加热管中的加热介质为高温油，温度在 100℃左右。

7.3.1 分析前处理

模具设计方案的修改和调整是以原始设计为基础的，因此，分析前处理只需要在原始设计方案的分析模型的基础上进行调整即可，主要包括以下内容：

- 从 handle_edge_gate 分析中复制基本分析模型；
- 分析类型及顺序的设定；
- 加热系统的创建；
- 工艺过程参数的设定。

1. 基本分析模型的复制

以原始设计方案的分析模型(handle_edge_gate)为原型，复制基本的分析模型。

【操作步骤】

(1) 基本分析模型的复制。在项目管理窗口中右击已经完成的原始设计方案的填充分析 handle_edge_gate,在弹出的快捷菜单中选择重复命令,如图 7-53 所示。

(2) 分析任务重命名。将新复制的分析模型重命名为 handle_heat,重命名之后的项目管理窗口和分析任务窗口如图 7-54 所示。

从分析任务窗口中可以看到,产品初步设计分析的所有模型和相关参数设置被复制,在此基础之上即可添加加热系统,并进行相应的分析计算。

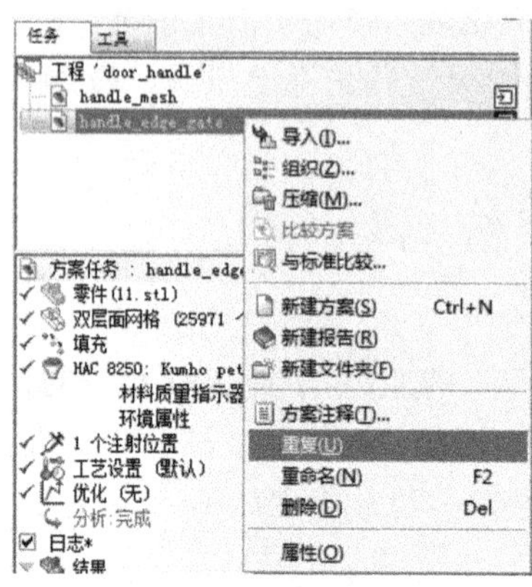

图 7-53　复制基本模型

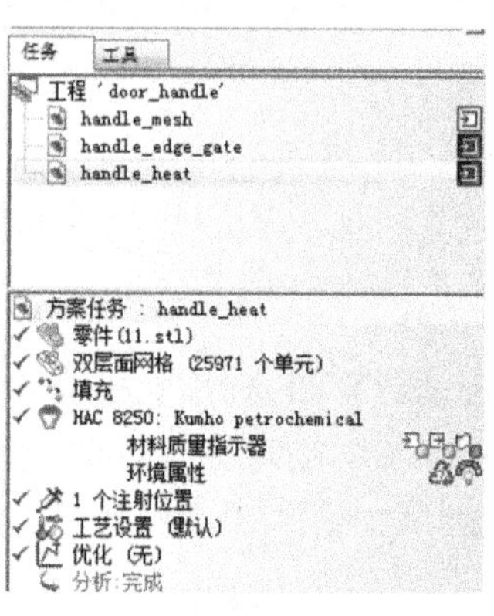

图 7-54　基本分析模型设置

2. 分析类型及顺序的设定

利用 AMI 中的冷却分析模块对添加加热系统后的设计方案进行分析。

选择分析→设置分析序列→冷却＋填充＋保压。这时,分析任务窗口中的显示发生变化,如图 7-55 所示。

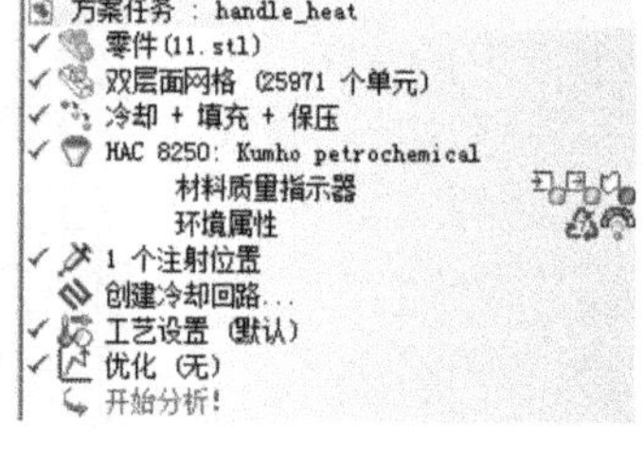

图 7-55　分析任务窗口

3. 加热系统的创建

如图 7-56 所示的加热系统的创建与普通的冷却系统创建是一样的,其基本尺寸如图 7-57 所示,大致位置为位于产品表面熔接线的上方,加热系统距离产品表面大致为 4～5mm,加热管道的直径为 8mm。

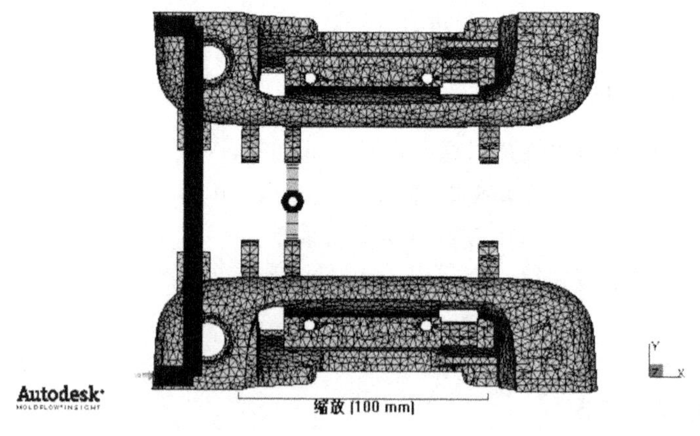

图 7-56　加热系统

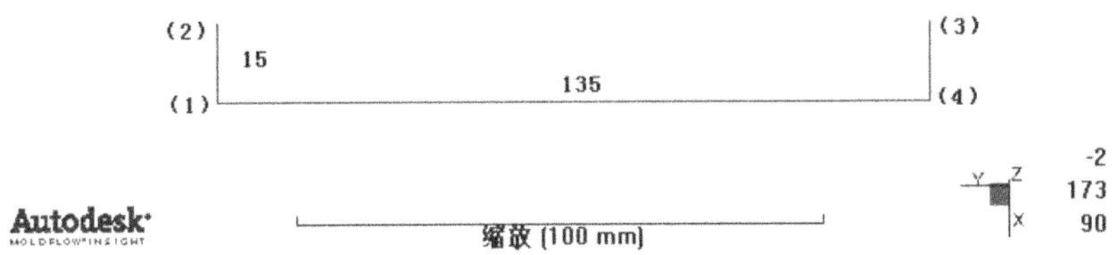

图 7-57 加热系统的尺寸

【操作步骤】

(1) 创建加热管中心线端点。选择建模→创建节点→按偏移命令，基点选择产品网格模型上的节点 N519，端点①相对基点 N519 的偏置向量为(0 0 8)，如图 7-58 和图 7-59 所示。

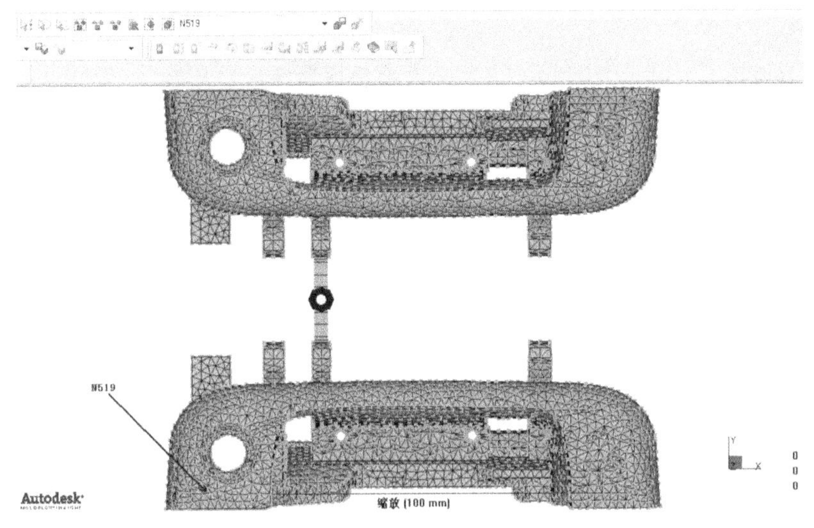

图 7-58 基点 N519

注意：

创建端点①在选择基点时，要保证其后创建的加热系统应该通过产品表面熔接线的上方。

端点②、③、④的创建方法相同，读者可以根据图 7-57 所示的尺寸自行创建。端点②相对端点①偏移量(-15，0，0)，端点④相对端点①偏移量(0，135，0)，端点③相对端点④偏移量(—15，0，0)。

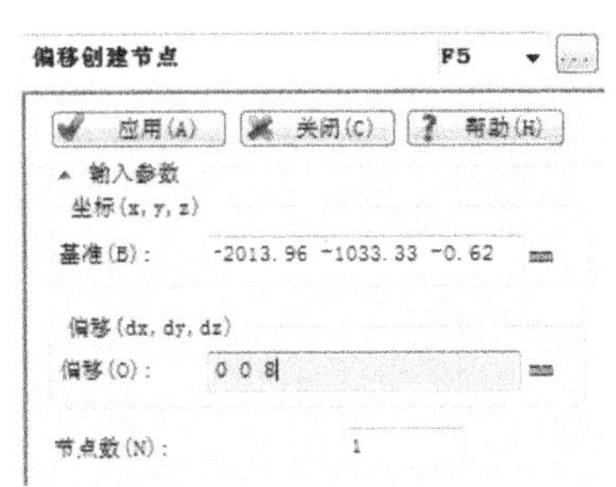

图 7-59 显示最佳浇口位置的中心节点

(2) 创建加热系统的中心线。以①～②之间的直线段为例，选择建模→创建曲线→直线命令，如图 7-60所示。

分别选择第 1 端点节点①和第 2 端点节点②，取消自动在曲线末端创建节点复选框，单击改变按钮，弹出如图 7-61 所示对话框。

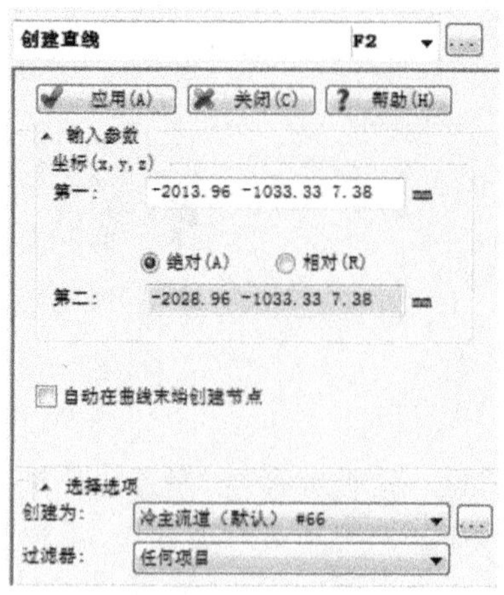

图 7-60　创建加热管中心线

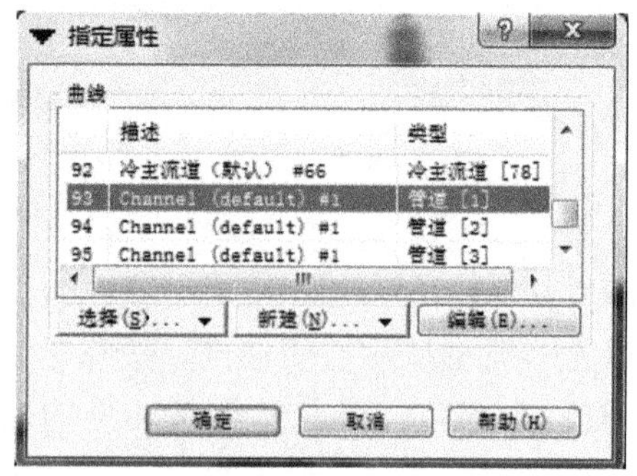

图 7-61　新建 Channel 类型

在列表中选择 Channel (default)#1 或者是选择新建→管道命令,在弹出的对话框(如图 7-62 所示)中设置加热管各项属性及参数,设置完成后返回图 7-61 所示对话框,单击确定按钮,再返回图 7-60 所示对话框,单击应用按钮。

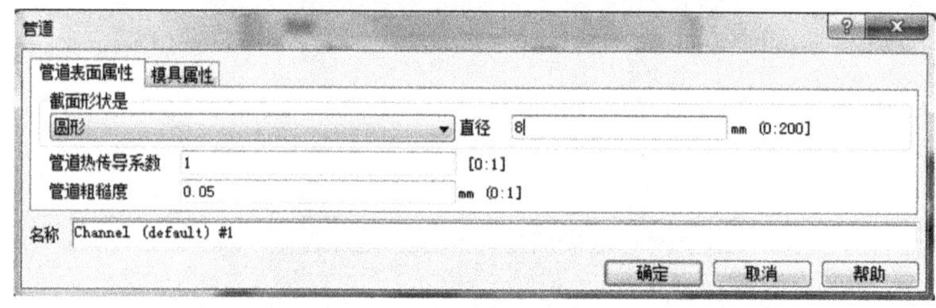

图 7-62　设置线段属性

注意:

在图 7-63 中加热管的各项参数意义如下:

- 截面形状:圆形;
- 直径:8mm;
- 管道热传导系数,默认值为 1;
- 管道粗糙度,默认值为 0.05;
- 模具属性,设置模具材料。

用同样的方法创建其余加热管的中心线,结果如图 7-63 所示。

(3) 加热管的杆单元划分。在层管理窗口中新建层 heat channels,将新建的加热管中心线归入该层,仅显示新建层 heat channels,选择网格→生成网格命令,设置杆单元大小为 5mm,如图 7-64 所示。

单击立即划分网格按钮生成杆单元,结果如图 7-65 所示。

(4) 设置加热介质的进口及相关参数。选择分析→设置冷却液入口命令,弹出的对话框如图 7-67 所示。

单击编辑按钮,弹出的对话框如图 7-67 所示,设置有关参数如下;

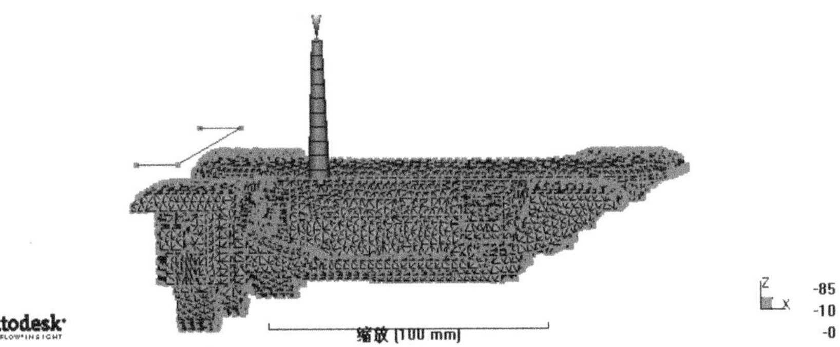

图 7-63　浇口位置设定

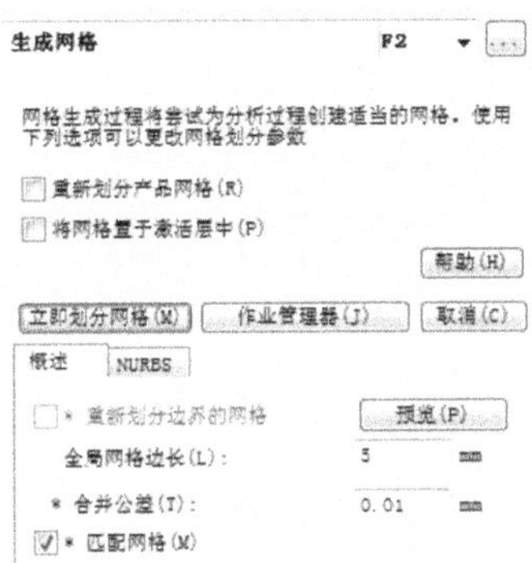

图 7-64　生成杆单元对话框

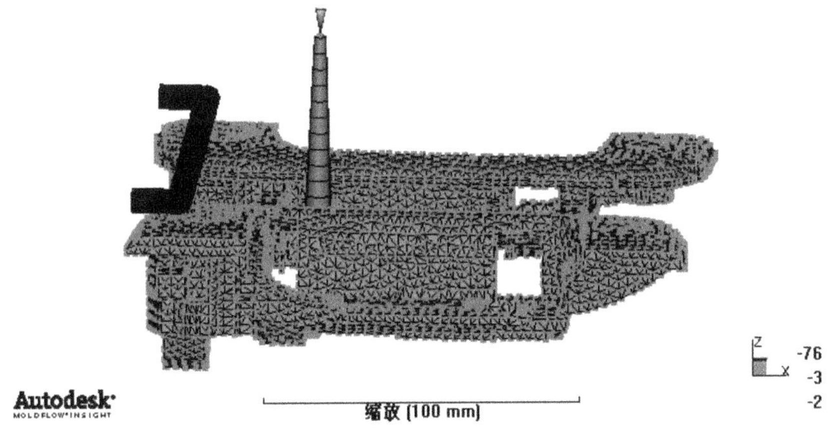

图 7-65　杆单元生成结果

- 冷却介质——OIL 油；
- 冷却介质控制——指定雷诺数；
- 冷却介质雷诺数——10000(表示湍流)；
- 冷却介质入口温度——100℃。

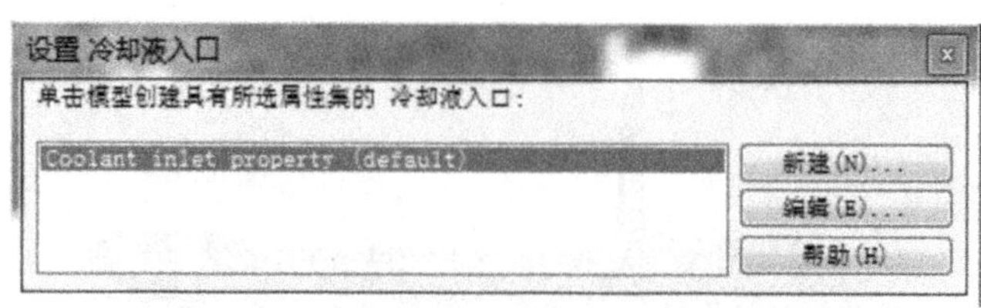

图 7-66　设置冷却液入口

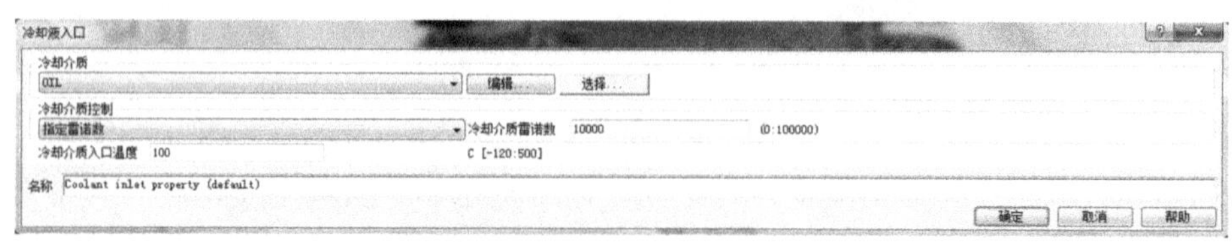

图 7-67　设置加热液参数

单击确定按钮，返回图 7-66 所示对话框，此时光标变为“大十字叉”，按照图 7-68 所示，为加热管设定进油口位置，完成后单击工具栏中的保存按钮保存，此时任务管理窗口如图 7-69 所示。

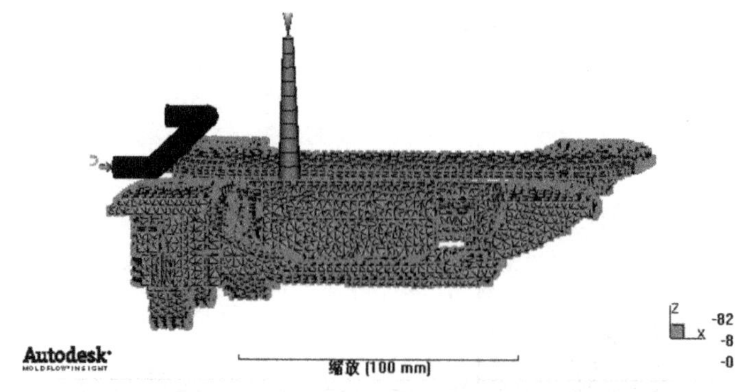

图 7-68　加热系统进油口位置

方案任务 : handle_heat
零件(11.stl)
双层面网格 (26004 个单元)
冷却 + 填充 + 保压
HAC 8250: Kumho petrochemical
材料质量指示器
环境属性
1 个注射位置
1 个冷却回路
工艺设置 (默认)
优化 (无)
开始分析!
日志*

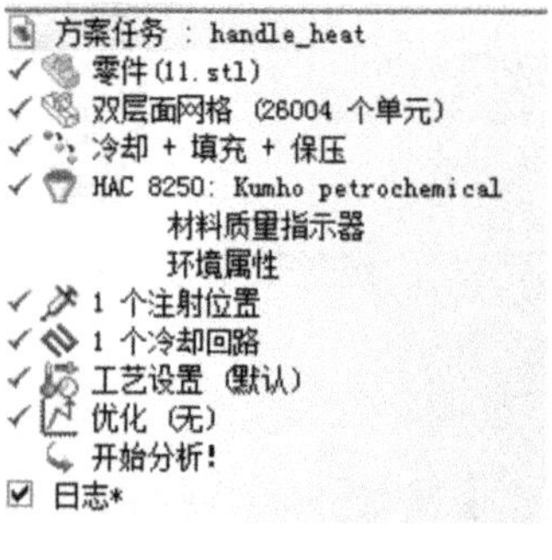

图 7-69　任务管理窗口

加热系统创建完成。

4. 工艺过程参数的设置

修改方案的工艺过程参数不完全选用默认设置，其中一些参数根据生产的实际情况有略微的调整，参数设置过程如下。

【操作步骤】

(1)　选择分析→工艺设置向导命令，或者是直接双击任务栏窗口中的工艺设置(默认)一栏，系统会弹出如图 7-70所示的对话框，过程参数设置的第 1 页为冷却分析参数设置。

- 熔体温度——对于本案例是指进料口处的熔体温度，默认值为 230℃，对于没有浇注

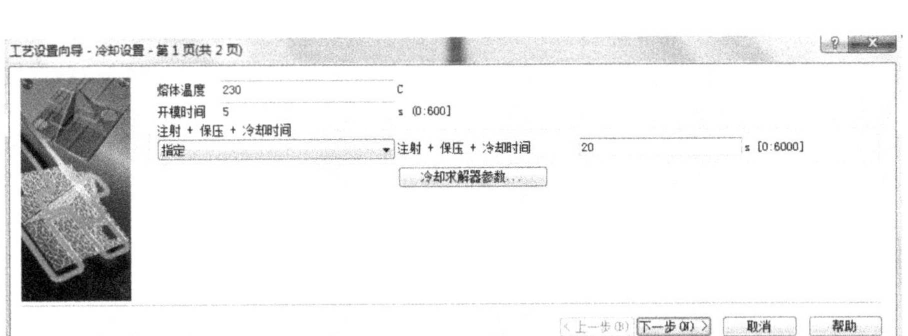

图 7-70 流动分析参数设置

系统的情况，则是指熔体进入模具型腔时的温度；

● 开模时间——是指一个产品注塑、保压、冷却结束到下一个产品注塑开始的时间间隔，默认值为 5s；

● 注射、保压、冷却时间——即注射、保压、冷却和开模时间组成一个完整的注塑周期；如图 7-70 所示，选择下拉菜单中的指定，这里设定为 20s；如果选择自动计算，则需要编辑开模时产品需要达到的标准，单击编辑目标顶出条件，其中包括三项内容，即模具表面温度，顶出温度和顶出温度最小零件百分比，如图 7-71 所示。

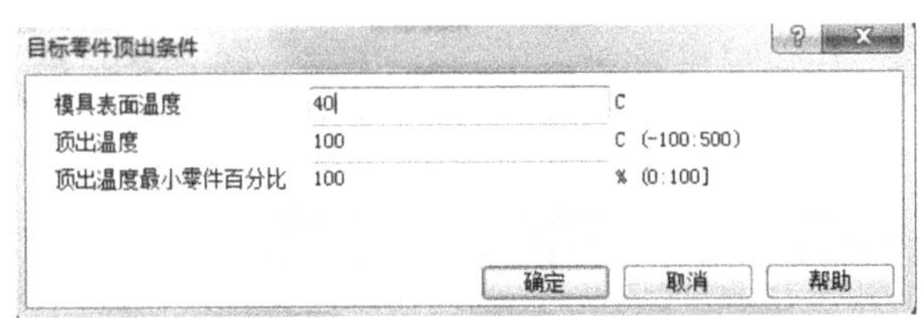

图 7-71 产品顶出要求

(2) 单击“下一步”按钮，进入第 2 页流动分析设置(填充＋保压)，如图 7-72 所示。

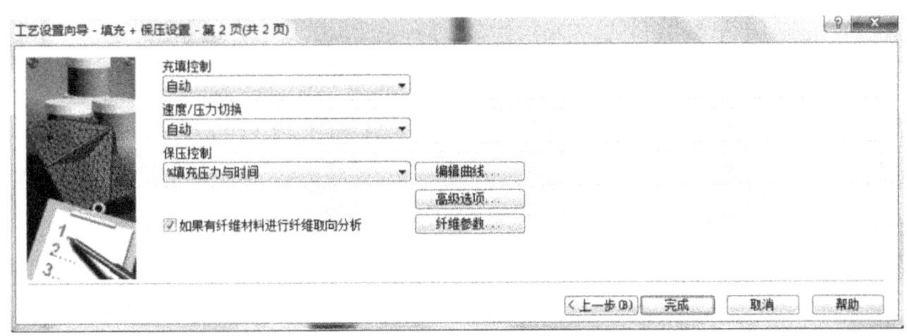

图 7-72 流动分析设置

相关参数主要包括(有关填充分析各工艺过程参数的含义详见 5.3.1 中 4 条)：

● 充填控制——这里选择默认值自动控制。

● 速度/压力切换——注塑机由速度控制向压力控制的转换点，这里选择默认值自动控制。

● 保压控制——保压及冷却过程中的压力控制，默认值采用保压压力与 V/P 转换点的填充压力相关联的曲线控制方法，%填充压力与时间控制曲线的设置如图 7-73(a)所示，转换成坐标曲线形式如图 7-73(b)所示。

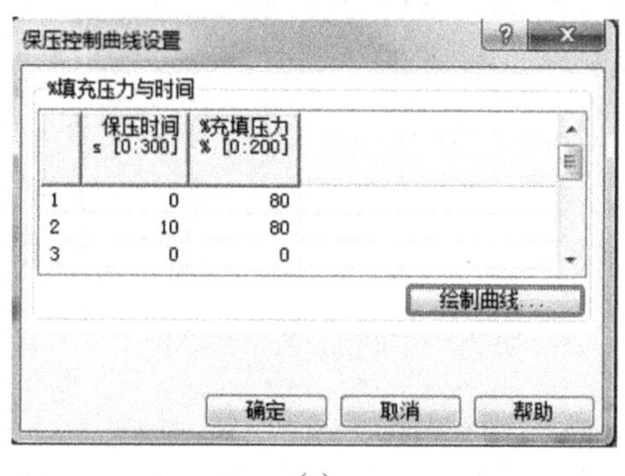

(a)

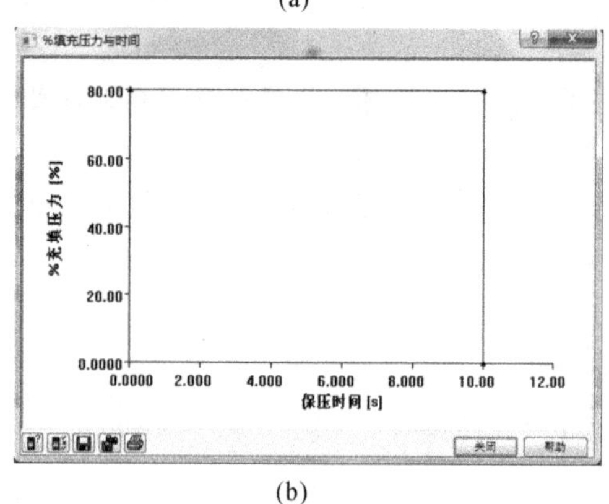

(b)

图 7-73 保压压力曲线的设定

在图 7-73 中，填充压力表示分析计算时，填充过程中 V/P 转换点的填充压力，保压压力为 80%充填压力，时间轴的 0 点表示保压过程的开始点，也是填充过程的结束点。

● 高级选项——包含一些注塑材料、注塑过程控制方法、注塑机型号、模具材料和解算模块参数的信息，这里选用默认值。

● 纤维参数——如果是纤维材料，则会在分析过程中进行纤维定向分析的计算，相关的参数选用默认值。

(3) 单击“完成”按钮，结束过程参数的设置，分析任务窗口显示如图 7-74 所示。

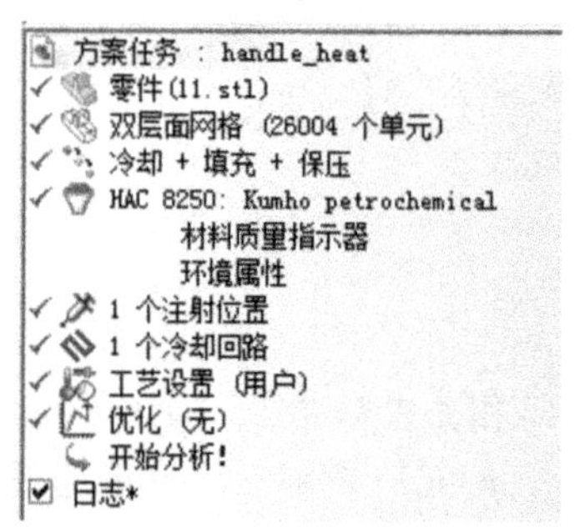

图 7-74 工艺过程参数设置完成

7.3.2 分析计算

在完成了分析前处理之后，即可进行分析计算，双击任务栏窗口中的开始分析！一项，解算器开始计算，选择分析→作业管理器可以看到任务队列，如图 7-75 所示。

通过分析计算的输出信息日志，可以掌握在整个注塑成型仿真过程中的一些重要信息。

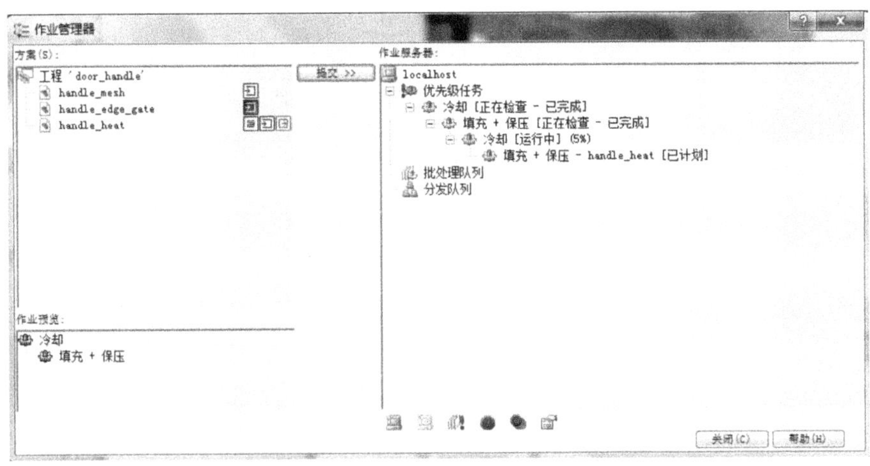

图 7-75 任务队列

● 模型检查中的警告信息

如图 7-76 所示,可以看到在分析计算进行前在产品模型检查中系统发出的警告信息,这些警告信息可以为继续优化分析模型提供帮助,以图 7-76 为例,警告信息指出在产品的网格模型中有两对三角形单元相距太近,通过单元编号,可以找到这些单元,对于确实存在的问题要进行修改,在本案例中所提到的两对三角形单元并没有问题。

注意:

警告信息在日志中极为重要,通过在日志中查找有关警告信息,可以发现产品分析模型中可能存在的问题,通过解决这些不易发现的问题,能够保证分析结果的准确性。在日志中还存在一类错误信息,通过错误信息可以找到计算分析失败的原因。

```
** 警告 700955 ** 有两个单元过于靠近
                  第一个单元: id =      6806, 位置 = Part_model。
                  第二个单元: id =      6807, 位置 = Part_model。

** 警告 700955 ** 有两个单元过于靠近
                  第一个单元: id =      6807, 位置 = Part_model。
                  第二个单元: id =      6806, 位置 = Part_model。
```

图 7-76 警告信息

● 填充分析过程信息

如图 7-77 所示,V/P 转换发生在型腔 99.01%被充满的时候,此时的填充压力在 33.99MPa左右,由此根据保压曲线的设定,保压压力为 27.19MPa(80%充填压力),2.59s 的时间型腔填充完成。

● 保压分析过程信息

如图 7-78 所示,保压阶段从时间 2.59s 开始,经过 10s 的恒定保压,保压压力线性降低,在 12.55s 时压力降为 0,保压结束。

充填阶段：　　状态：V ＝ 速度控制
P ＝ 压力控制
V/P＝ 速度/压力切换

时间 (s)	体积 (%)	压力 (MPa)	锁模力 (tonne)	流动速率 (cm^3/s)	状态
0.11	2.33	20.04	0.06	44.52	V
0.22	6.67	22.95	0.22	52.79	V
0.34	11.23	23.66	0.30	55.08	V
0.45	15.68	23.70	0.37	54.96	V
0.56	20.16	23.79	0.44	54.93	V
0.68	24.83	23.96	0.54	54.90	V
0.79	29.29	24.14	0.64	54.87	V
0.90	33.96	24.33	0.75	54.91	V
1.01	38.35	24.48	0.86	54.92	V
1.12	42.83	24.73	1.04	54.85	V
1.23	47.22	25.04	1.26	54.89	V
1.34	51.66	25.30	1.48	54.90	V
1.46	56.17	25.60	1.77	54.86	V
1.57	60.57	26.18	2.35	54.87	V
1.68	65.01	26.66	2.90	54.86	V
1.79	69.60	27.11	3.42	54.95	V
1.90	73.93	27.39	3.78	54.95	V
2.01	78.40	27.84	4.42	54.97	V
2.13	82.90	28.67	5.52	54.95	V
2.24	87.23	30.28	8.48	54.98	V
2.35	91.53	30.48	8.97	54.98	V
2.46	95.84	32.32	12.20	54.98	V
2.54	99.02	34.03	15.27	54.82	V/P
2.55	99.38	27.22	14.19	28.61	P
2.57	99.77	27.22	13.21	26.83	P
2.58	99.99	27.22	14.44	23.04	P
2.58	100.00	27.22	14.59	22.71	已充填

图 7-77　填充分析进程信息

保压阶段：

时间 (s)	保压 (%)	压力 (MPa)	锁模力 (tonne)	状态
2.58	0.24	27.22	14.63	P
2.63	0.54	27.22	24.43	P
3.74	6.88	27.22	38.15	P
4.49	11.18	27.22	38.27	P
5.49	16.91	27.22	37.68	P
6.24	21.20	27.22	37.14	P
6.99	25.50	27.22	36.69	P
7.99	31.22	27.22	36.24	P
8.74	35.52	27.22	35.52	P
9.74	41.25	27.22	34.56	P
10.49	45.54	27.22	33.92	P
11.49	51.27	27.22	32.87	P
12.24	55.57	27.22	31.97	P
12.54	57.27	0.00	31.53	P
12.54				压力已释放
14.69	69.57	0.00	21.56	P
17.44	85.32	0.00	15.09	P
20.00	100.00	0.00	10.95	P

图 7-78　保压分析过程信息

7.3.3　结果分析

分析计算结束，AMI 生成了流动和冷却的分析结果，分析任务窗口如图 7-79 所示。下面我们仍然关注与熔接线相关的分析结果。

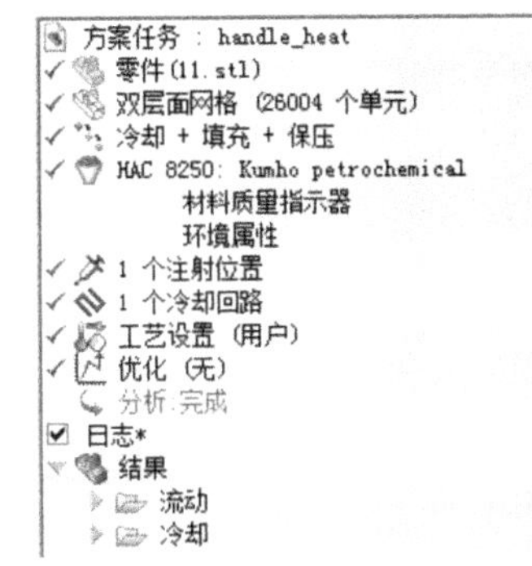

图 7-79　分析结果列表

1. 流动分析结果

(1)熔接线

如图 7-80 所示为产品熔接线与充填时间的叠加结果，与图 7-49 相比较可以清楚地看到在添加了加热管后，下侧型腔的区域 II 处的熔接线消失了，而型腔上侧区域 I 处的熔接线仍然存在，未能消除。

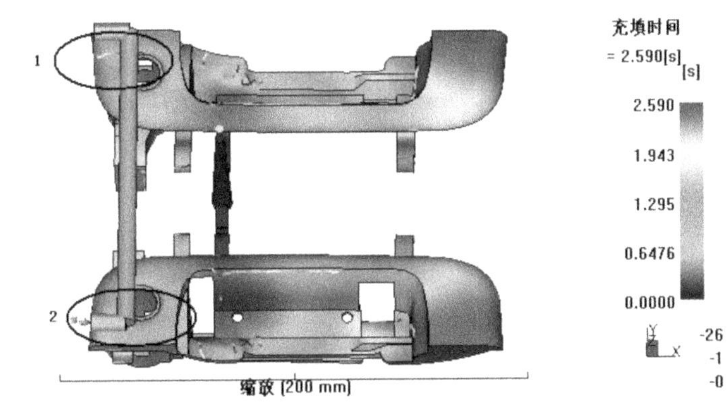

图 7-80　熔接线与填充时间的叠加结果

(2)充填时间

如图 7-81 所示，可以看到在注塑过程中区域 I、II 处的熔体流动情况。

(3)表层取向

如图 7-82 所示，产品表面的分子取向依然表明该位置容易产生熔接线现象。

2. 冷却分析结果

如图 7-83 所示，加热管通过的区域，温度相对较高，对于熔接线的消除有一定的作用。

7.3.4　分析小结

通过对上述模拟仿真结果的分析，可以看出增加加热系统对于熔接线缺陷有一定的改善作用，但是不能从根本上消除熔接线。

根据 7.2.4 节中提出的修改方案，我们希望通过修改产品浇口的位置和形式能够从根本上消除产品表面的熔接线缺陷。

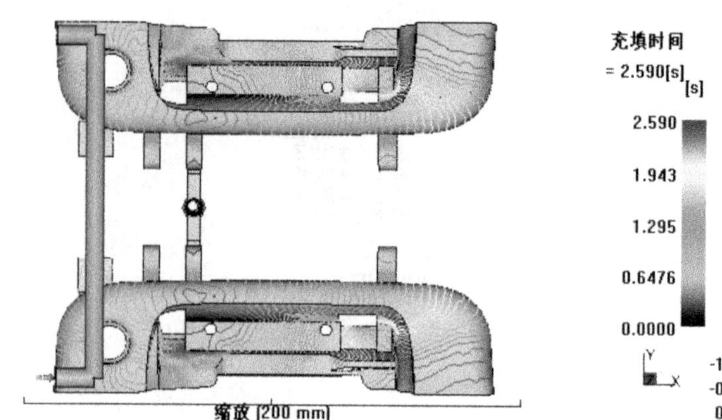

图 7-81　充填时间

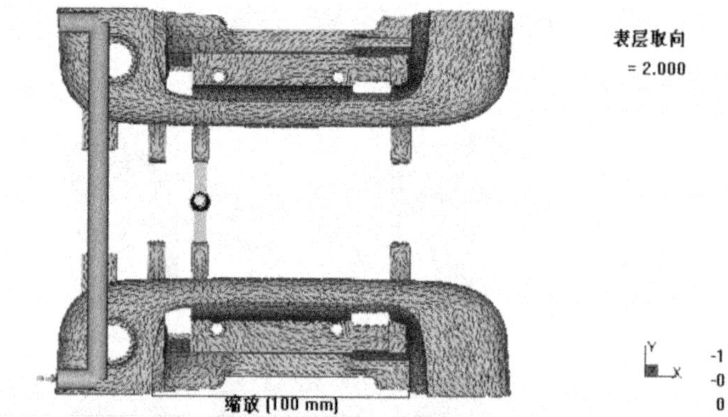

图 7-82　产品表面的分子取向

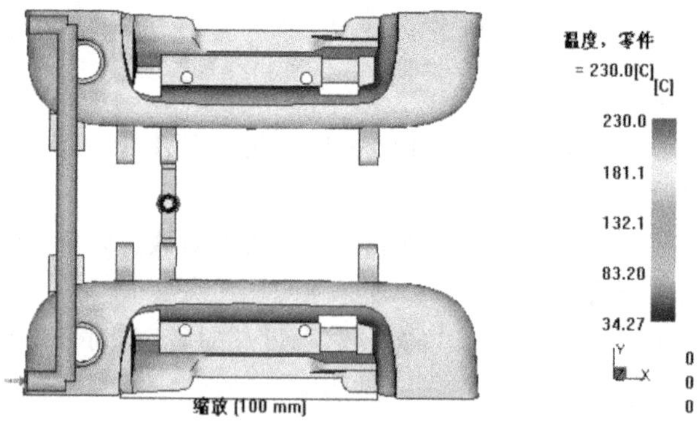

图 7-83　温度,零件

7.4 改变浇口形式后的分析

在前面提出的设计方案中，始终采用的是侧浇口的形式，对于车门把手上的圆孔形状的结构，在熔体充模的过程中必然会出现熔体前锋绕过圆孔后汇合的情况，从而不可避免地出现熔接线缺陷，如图 7-84 所示。

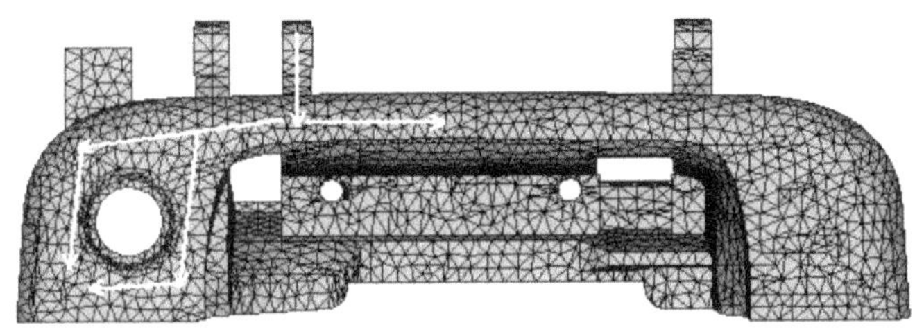

图 7-84　侧浇口方案中熔体流动方向

在分析了熔接线产生的原因之后，为了能够从根本上解决产品表面的熔接线问题，我们采用盘形浇口，从圆孔位置处进料，从而避免熔体前锋在产品表面交汇的情况，如图 7-85 所示。

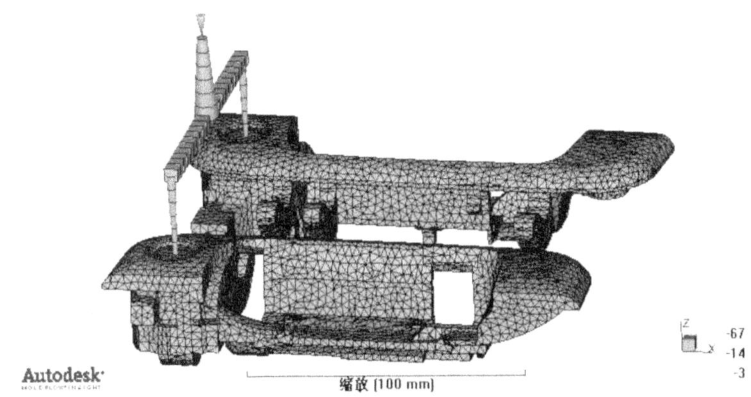

图 7-85　盘形浇口设计

盘形浇口实际上已经成为产品的一部分，在完成注塑后需要将其从车门把手上冲切掉。在建立产品的网格模型时，盘形浇口作为产品的一部分利用三角形单元创建。下面具体介绍改变浇口形式后的分析过程。

7.4.1 分析前处理

将浇口形式由侧浇口调整为盘形浇口，分析前处理主要包括以下内容：

- 复制产品的基本网格模型；
- 创建盘形浇口网格；

- 型腔的布局；
- 浇注系统的创建；
- 材料选择及工艺过程参数的设定。

1. 基本网格模型的复制

以 handle_mesh 为原型，进行产品基本网格模型的复制。

【操作步骤】

(1) 基本网格模型的复制。在项目管理窗口中右击基本网格模型 handle_mesh，在弹出的快捷菜单中选择重复命令，如图 7-86 所示。或者直接选择文件→导入命令，选择 handle_mesh. sdy 文件。

(2) 分析任务重命名。将新复制的网格模型重命名为 handle_new_gate，重命名之后的项目管理窗口和分析任务窗口如图 7-87 所示。

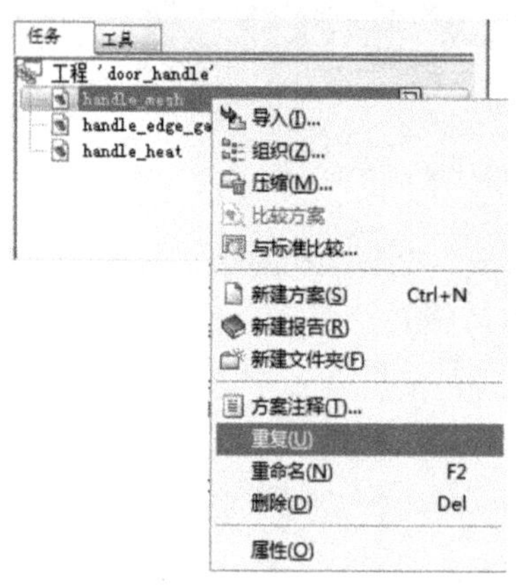

图 7-86　复制基本网格模型

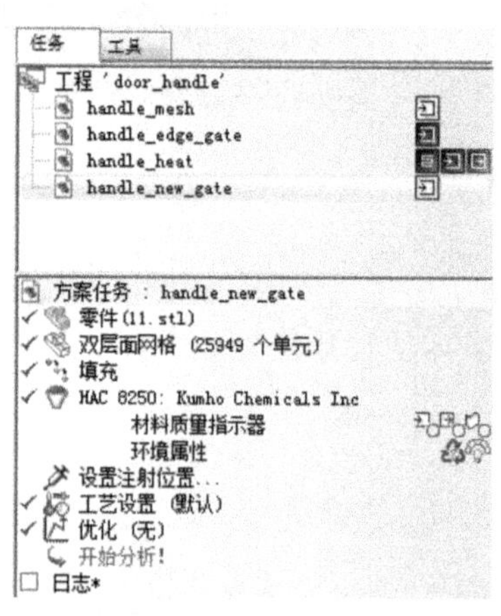

图 7-87　基本网格模型

从分析任务窗口中可以看到，基本网格模型(handle_mesh)的所有模型和相关参数设置被复制。

2. 盘形浇口的创建

盘形浇口在 AMI 中被作为产品的一部分，用三角形网格单元表示，其创建方法有两种：

一种是在建立产品 3D 造型时将盘形浇口作为产品的一部分，如图 7-88 所示，然后导出 STL 格式文件，在此基础上直接划分网格。

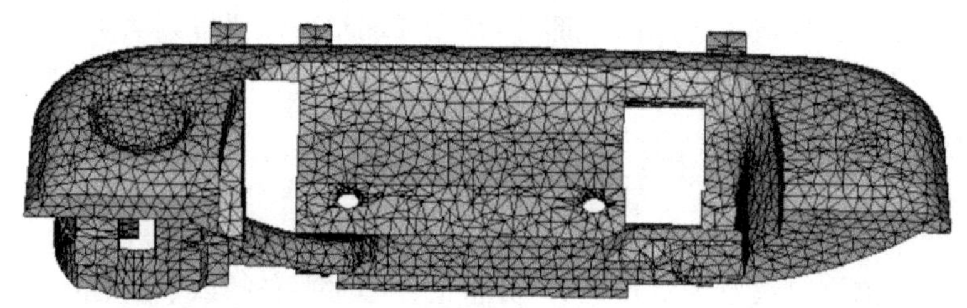

图 7-88　带有盘形浇口的 3D 模型

另一种是在 AMI 系统中，利用原始设计的基本网格模型，直接创建三角形网格单元来表示盘形浇口。

为了简便起见，这里采用第 2 种方法，创建过程如下。

【操作步骤】

(1) 删除圆孔孔壁四周的三角形网格，如图 7-89 所示，选择编辑→删除命令。

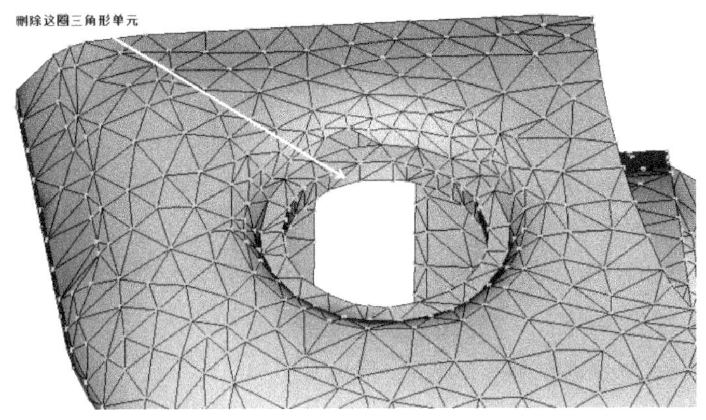

图 7-89　删除圆孔孔壁处的三角形单元

(2) 选择网格→网格诊断→自由边诊断命令，将看到删除圆形孔壁三角形单元格后显示的自由边，如图 7-90 所示。

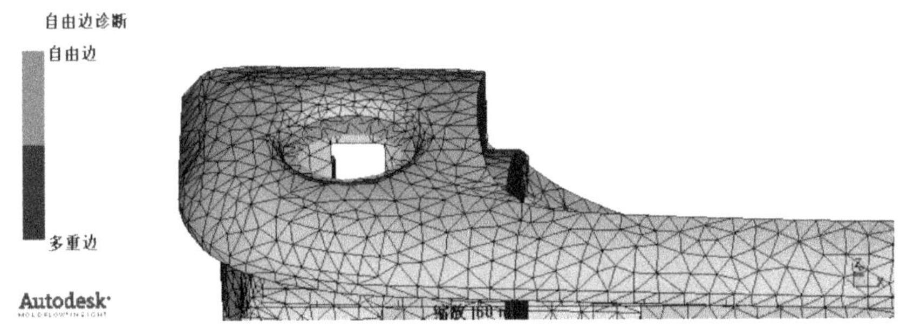

图 7-90　自由边诊断

(3) 利用三角形单元填补圆孔孔洞。选择网格→边工具→填充孔命令，系统会弹出网格工具对话框，如图 7-91 所示，选择圆孔下侧圆周上的任意一点，单击搜索按钮，系统会自动搜索圆孔圆周，如图 7-92 所示。单击应用按钮，补孔结果如图 7-93 所示。

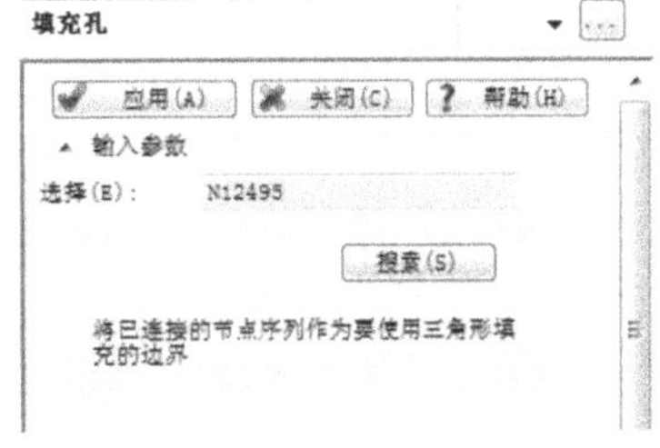

图 7-91　填充孔

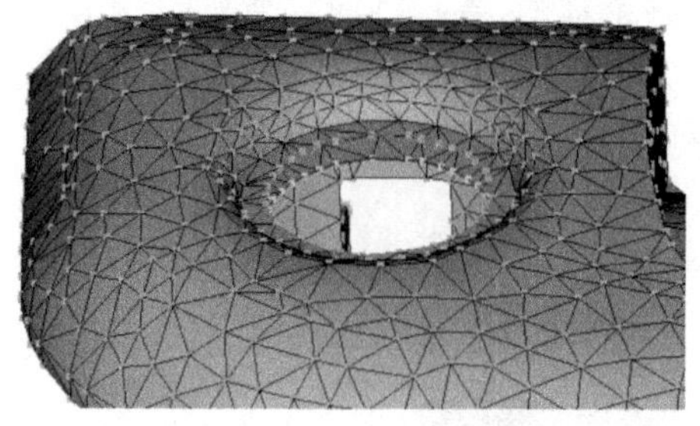

图 7-92　圆孔圆周的自动搜索

图 7-93　补孔结果

用同样的方法对圆孔上侧孔洞进行修补。

(4) 完成了盘形浇口的创建后，需要对产品网格状态进行分析选择网格→网格统计命令，网格统计结果如图 7-94 所示。

通过网格状态统计，可以发现有 48 个单元存在定向问题，选择网格→网格诊断→配向诊断命令，系统会弹出如图 7-95 所示的对话框。

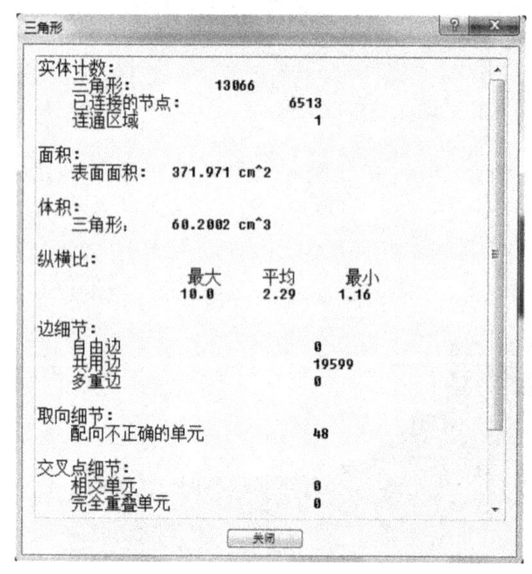

图 7-94　网格状态统计

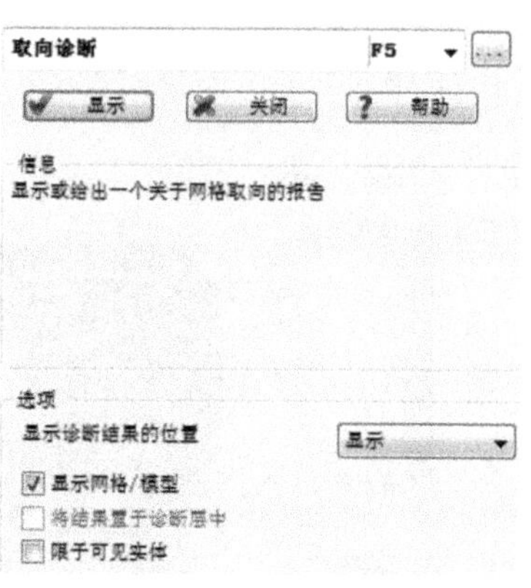

图 7-95　配向诊断工具

单击显示按钮，将会显示网格模型的单元定向情况，如图 7-96 所示。

在图 7-96 中，蓝色单元表示顶部，红色单元表示底部，修改的目标就是消除红色单元，选择网格→全部取向命令，修改结果如图 7-97 所示。

盘形浇口创建完成。

3. 型腔的复制布局

由于在设计方案中仅仅修改了浇口形式和相应的浇注系统，因此，型腔布局没有变化，镜像复制过程与 7.2.1 中 4 条中所述一致，这里不再赘述，镜像复制结果如图 7-98 所示。

4. 浇注系统的创建

浇注系统的详细情况如图 7-99 所示。其中，主流道为锥形，上、下端口分别为 4mm 和

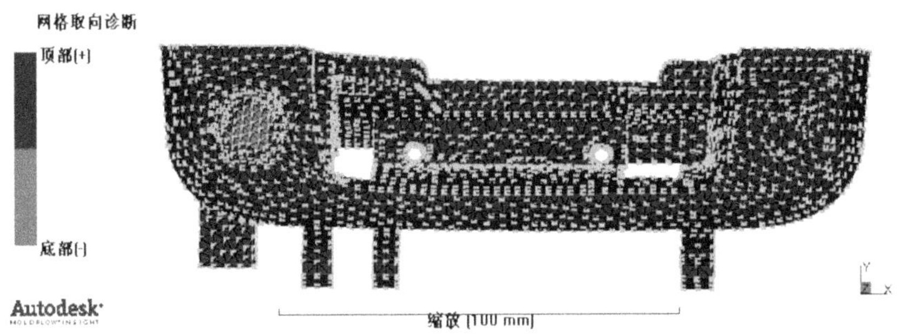

图 7-96 网格单元的定向情况

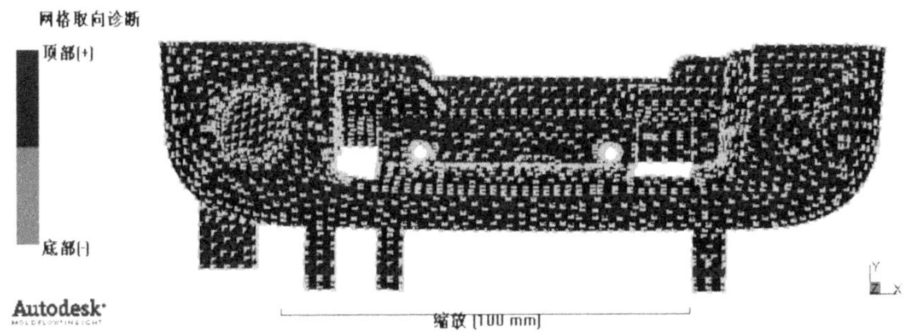

图 7-97 网格定向修改结果

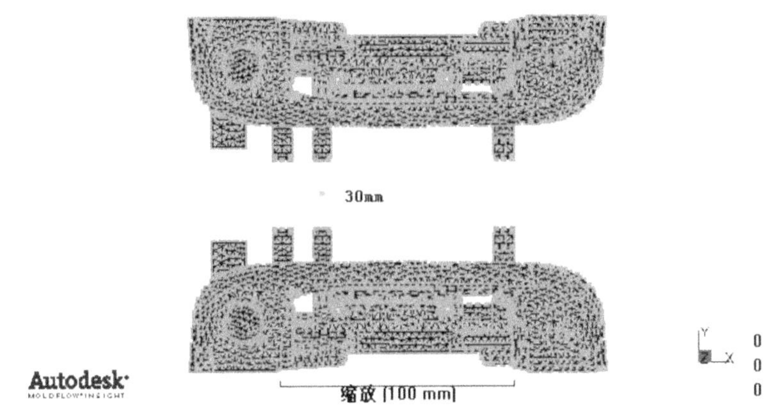

图 7-98 镜像复制结果

9mm,截面为圆形,长度为 30mm;分流道截面为方形,边长为 5mm;与盘形浇口直接相连的浇口为锥形,始端直径为 1.5mm,锥角为 4°,长度为 30mm。

浇注系统的创建过程如下。

【操作步骤】

(1) 创建流道中心线的端点①、②、③、④。选择建模→创建节点→按偏移命令,基点选

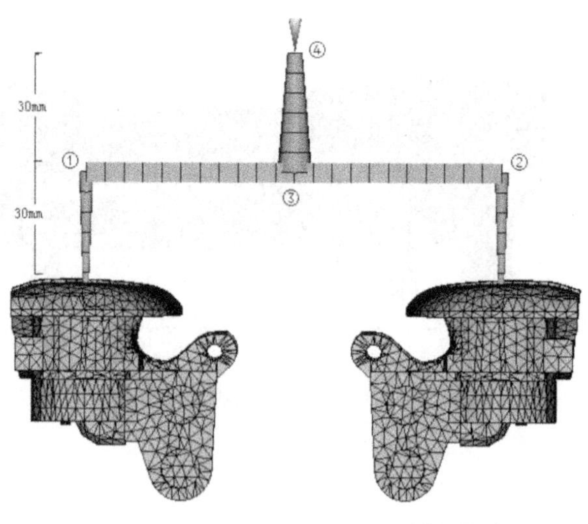

图 7-99　浇注系统

择盘形浇口的中点如图 7-100 所示 N13004 和 N19531，端点①、②相对盘形浇口中点的偏置向量为(0 0 30)。端点③为端点①、②的中点，选择建模→创建节点→在坐标之间命令创建。端点④相对端点③的偏置向量为(0 0 30)。

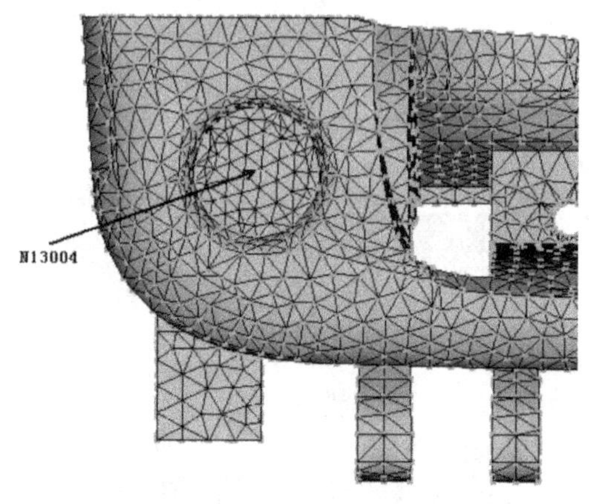

图 7-100　基点为盘形浇口中点 N13004

(2) 创建与盘形浇口相连的锥形浇口的中心线。首先创建左侧浇口中心线，其端点为 N19531 和节点①，选择建模→创建曲线→直线命令，弹出的对话框如图 7-101 所示。

中心线的端点分别选择节点 N19531 和节点①，取消自动在曲线末端创建节点复选框，单击改变[...]按钮，设置浇口形状属性，弹出的对话框如图 7-102 所示。

在列表中选择冷浇口，如果没有该属性可通过单击新建按钮新建，单击编辑按钮可以设置浇口形状属性，弹出的对话框如图 7-103 所示。

在对话框中，相关参数选择如下：

- 截面形状选择为圆形；

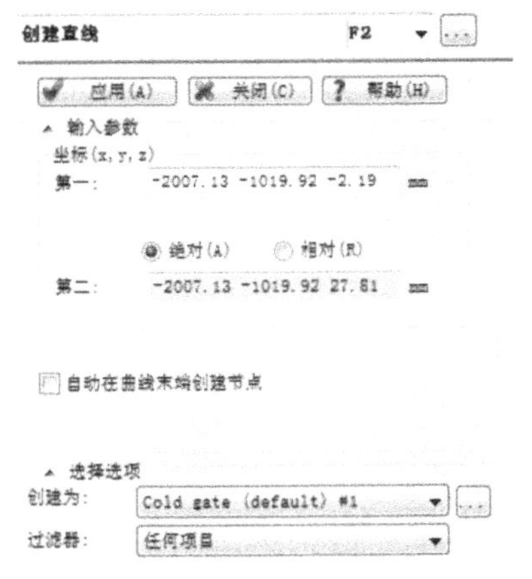

图 7-101　创建浇口中心线

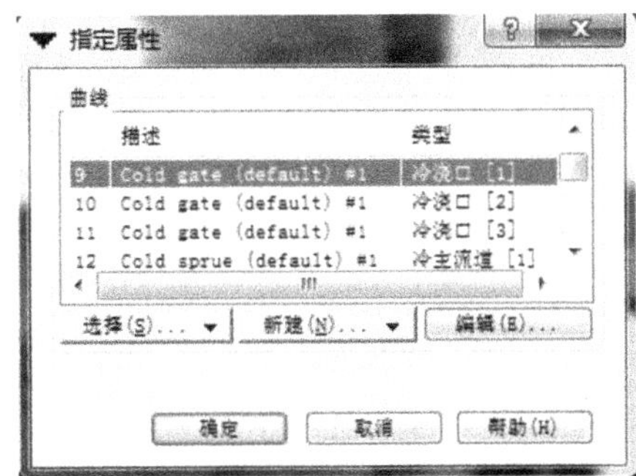

图 7-102　设置浇口属性

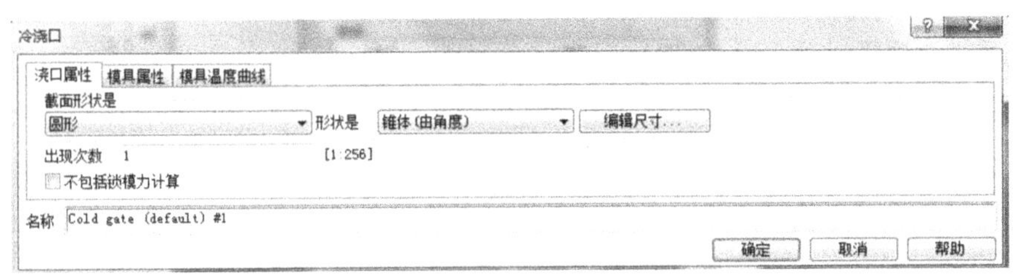

图 7-103　浇口属性

- 形状尺寸,锥体(由角度);
- 出现次数为 1。

单击编辑尺寸按钮,弹出的对话框如图 7-104 所示。

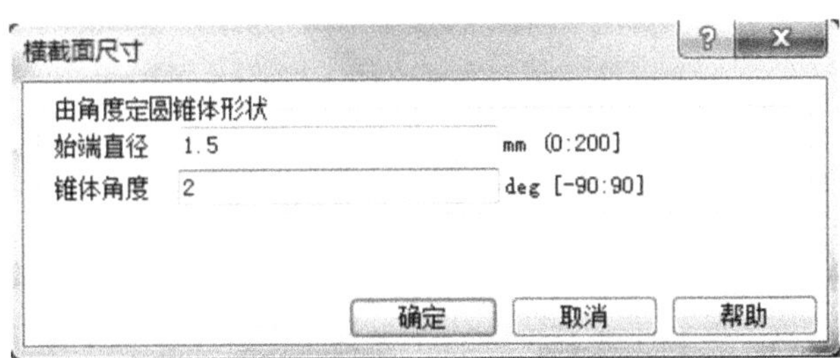

图 7-104　编辑浇口截面尺寸

始端直径为 1.5mm,锥体角度为 2°,单击确定按钮返回图 7-103 所示对话框,单击对话框中的模具属性标签,选择模具材料为 20 号钢,参数设置完成,单击确定按钮返回图 7-101 所示对话框,单击应用按钮,完成浇口中心线的创建,用同样的方法创建另一浇口的中心线,其端点为 N13004 和节点②。

注意:

图 7-104 所示的浇口尺寸设置中,椎体角度为半锥角。

(3) 创建分流道的中心线。首先创建一侧的分流道中心线,其端点为节点①和节点③,

选择建模→创建曲线→直线命令，弹出的对话框如图 7-105 所示。

中心线的端点分别选择节点①和节点③，取消自动在曲线末端创建节点复选框，单击改变按钮，设置分流道形状属性，弹出的对话框如图 7-106 所示。

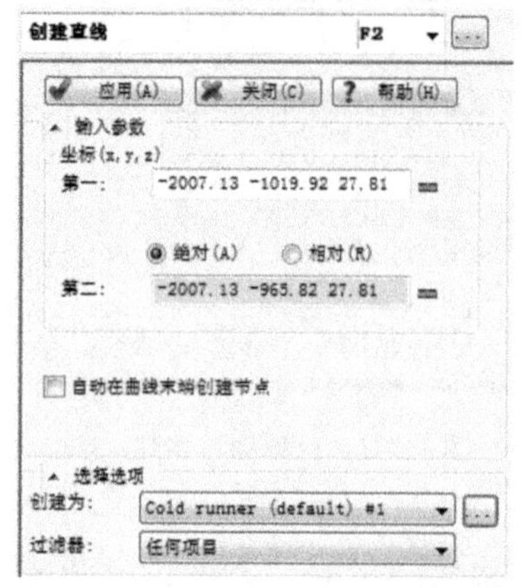

图 7-105　创建分流道中心线

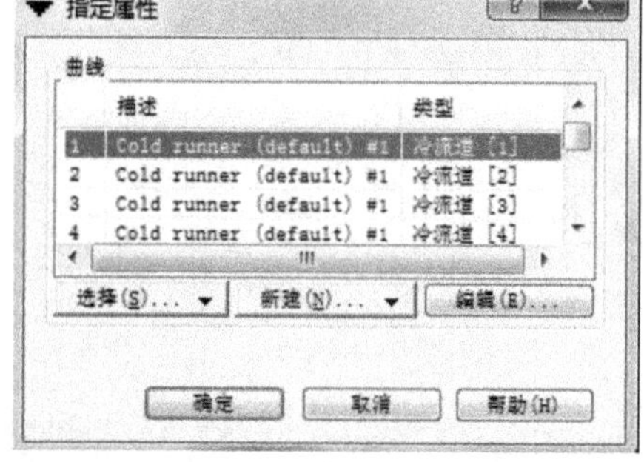

图 7-106　设置分流道属性

在列表中选择冷流道，如果没有该属性可通过单击新建按钮新建，单击编辑按钮可以设置分流道形状属性，弹出的对话框如图 7-107 所示。

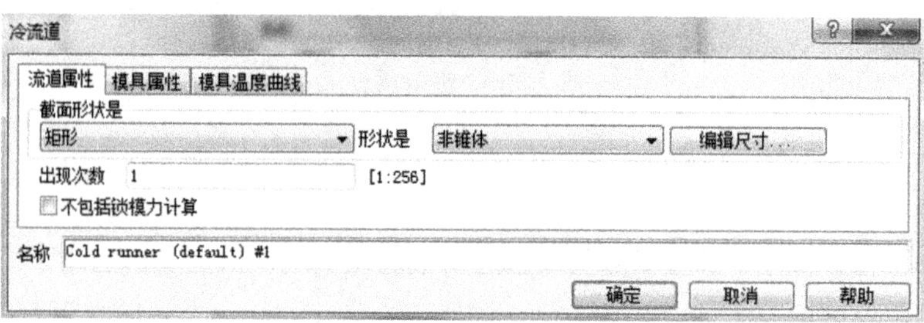

图 7-107　分流道属性

在对话框中，相关参数选择如下：

- 截面形状：矩形；
- 形状尺寸：非锥形；
- 出现次数为 1。

单击编辑尺寸按钮，弹出的对话框如图 7-108所示。

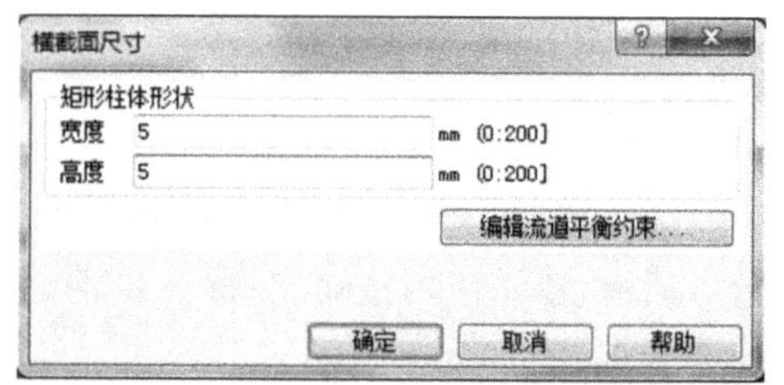

图 7-108　编辑分流道截面尺寸

矩形截面宽度为 5mm，高度也为 5mm，单击确定按钮返回图 7-107 所示对话框，选择模具属性为 20 号钢，参数设置完成，单击确定按钮返回图 7-105 所示对话框，单击应用按钮，完成一侧的分流道中心线的创建，用同样的方法创建另一侧分流道的中心线，其端点为节点②和节点③。

（4）创建主流道的中心线，其端点为节点③和节点④。选择建模→创建曲线→直线命令，弹出的对话框如图 7-109 所示。

中心线的端点分别选择节点④和节点③，取消自动在曲线末端创建节点复选框，单击改变按钮，设置主流道形状属性，弹出的对话框如图 7-110 所示。

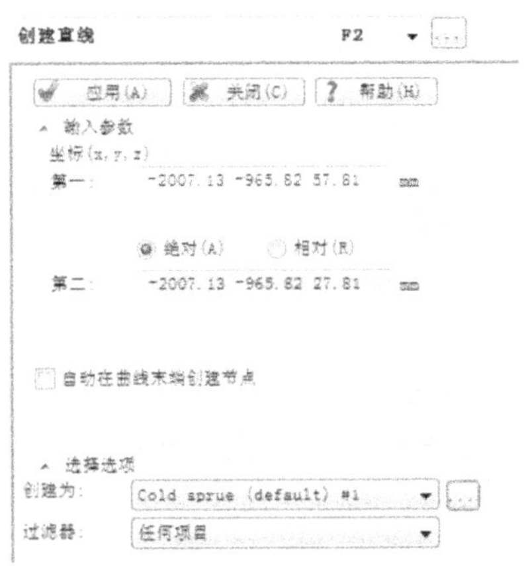

图 7-109　创建主流道中心线

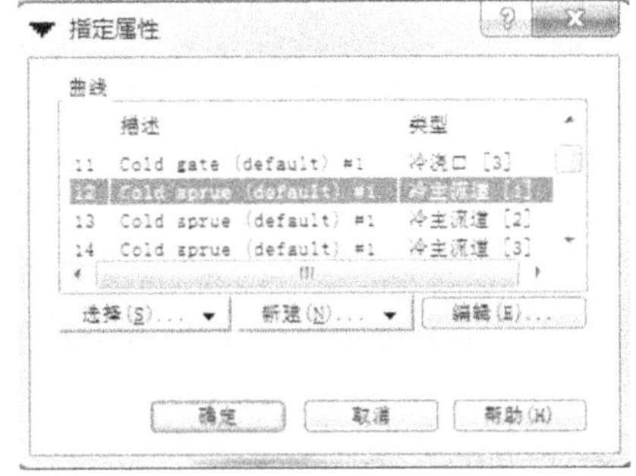

图 7-110　设置主流道属性

在列表中选择冷主流道，如果没有该属性可通过单击新建按钮新建，单击编辑按钮可以设置主流道形状属性，弹出的对话框如图 7-111 所示。

图 7-111　主流道属性

在对话框中，相关参数选择如下：

- 形状尺寸：锥形（由端部尺寸）；

单击编辑尺寸按钮，弹出的对话框如图 7-112 所示。

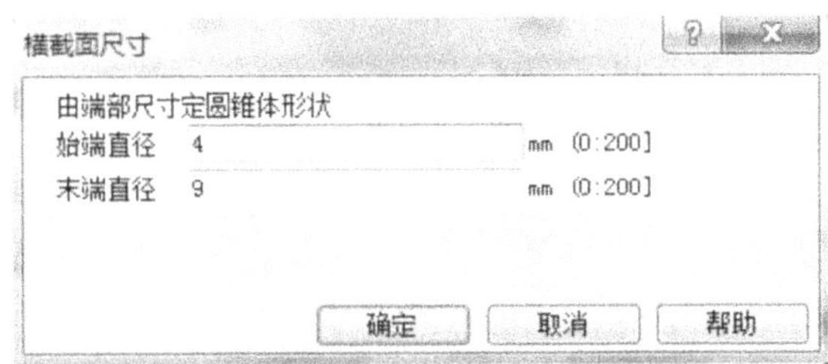

图 7-112　编辑主流道截面尺寸

始端直径为 4mm,末端直径为 9mm,单击确定按钮返回图 7-111 所示对话框,选择模具材料为 20 号钢,参数设置完成,单击确定按钮返回图 7-109 所示对话框,单击应用按钮,完成一侧的主流道中心线的创建。

(5) 浇注系统的杆单元划分。首先利用层管理工具将浇口、分流道和主流道的中心线分别归入 Gates、Runners、Sprue 3 层,然后,仅显示浇注系统这 3 层对浇注系统进行杆单元的划分,如图 7-113 所示。

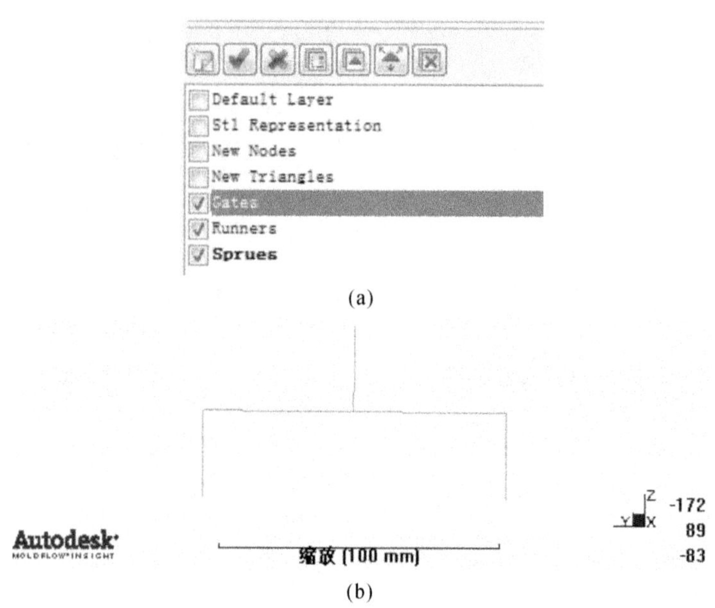

图 7-113 仅显示浇注系统

选择网格→生成网格命令,设置杆单元大小为 5mm,如图 7-114 所示,单击立即划分网格按钮,生成如图 7-115 所示杆单元。

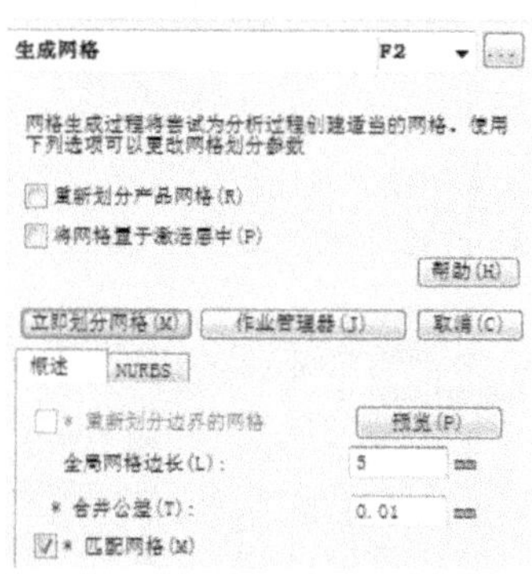

图 7-114 生成网格对话框

(6) 网格单元的连通性检验。在完成了浇注系统的创建和杆单元划分之后,要对浇注系统杆单元与产品的三角形单元的连通性进行检查,从而保证分析过程的顺利进行,显示所

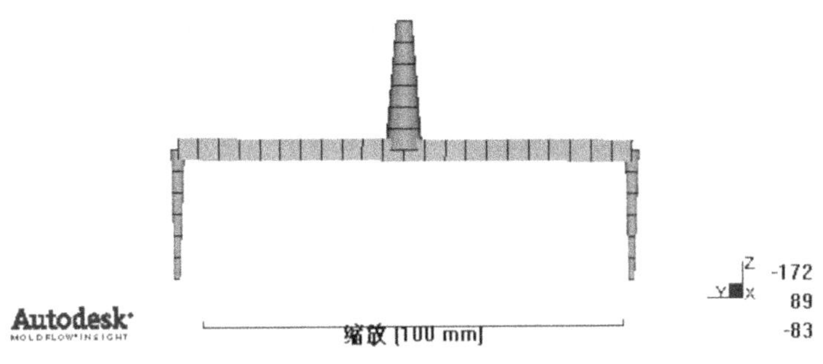

图 7-115　浇注系统杆单元

有产品的三角形单元以及浇注系统的杆单元，选择网格→网格诊断→连通性诊断命令，弹出如图 7-116 所示对话框。

图 7-116　网格连通性诊断工具

选择任一单元作为起始单元，单击显示按钮，得到网格连通性诊断结果，如图 7-117 所示，所有网格均显示为蓝色，表示相互连通。

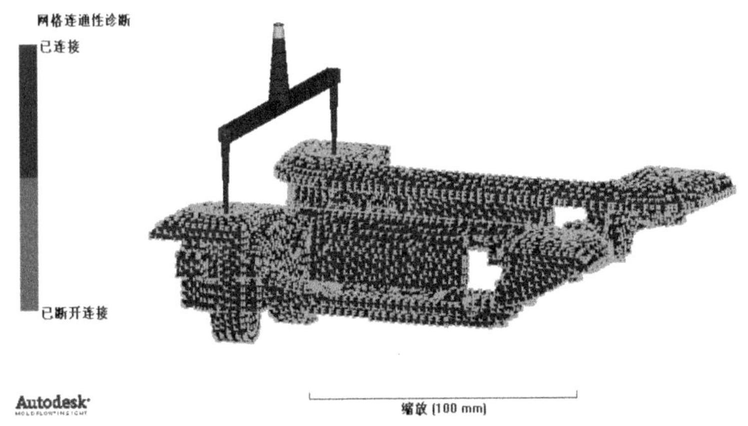

图 7-117　单元的连通性检查结果

(7) 设置进料口位置。在分析任务窗口中,双击设置注射位置,单击进料口节点,选择完成后单击工具栏中的保存按钮保存。

浇注系统创建完成。

5. 材料选择及工艺过程参数的设定

工艺过程参数的设置采用默认值,材料选择就不再赘述。

7.4.2 分析计算

在完成了分析前处理之后,即可进行分析计算,双击任务栏窗口中的开始分析!一项,解算器开始计算,整个计算过程由系统自动完成。

7.4.3 结果分析

分析计算结束,AMI生成了改变浇口形式后的车门把手填充过程分析结果,通过对计算结果的分析以及与前面不同方案分析结果的比较,可以检验采用盘形浇口后对于成型过程和产品表面质量的影响。

1. 熔接线

采用盘形浇口,熔体充模完成后的熔接线与填充时间的叠加显示结果如图 7-118 所示。

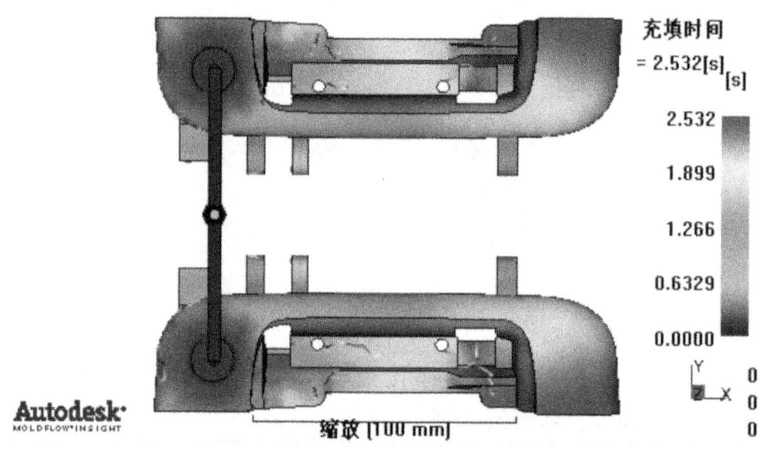

图 7-118 熔接线与充填时间的叠加结果

将该结果与原始设计方案的分析结果,即图 7-49 相比较,可以发现,采用盘形浇口之后产品表面消除了熔接线。

产品正面能够看到的熔接线全部位于车门把手的槽内,该位置在正常使用过程中被把手遮挡,因此,此处的熔接线不会影响产品外观质量。

2. 表层取向

采用盘形浇口之后,熔体从盘形浇口中心向四周发散式流动,最终充满型腔,熔体前峰在产品表面没有交汇的现象,因此从根本上消除了熔接线缺陷。

车门把手的表面分子取向如图 7-119 所示。

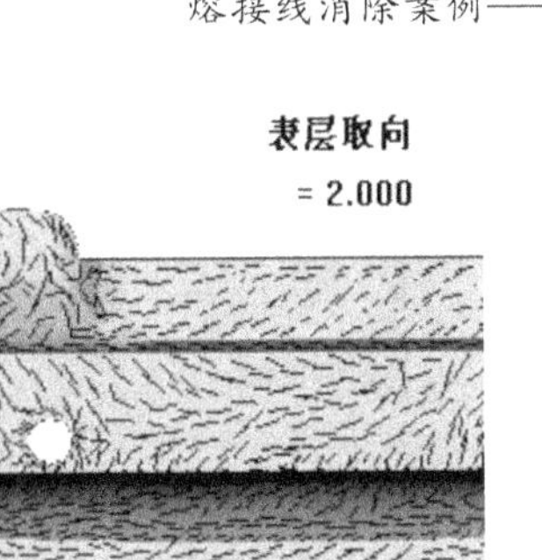

图 7-119　产品表面的分子取向

7.5　小　结

本章内容针对车门把手这一实例，从原始设计试模生产时发现的熔接线缺陷入手，经过对设计方案的调整和修改，以及 AMI 的辅助成型分析，最终在基本保持原有设计的基础上，通过改变产品的浇口形式，从根本上解决了熔接线缺陷的问题，从而避免了产品模具的报废。

希望读者通过本章的学习，能够掌握以下内容：

- 利用 AMI 的分析功能，预先发现产品模具设计中存在的问题，避免产品缺陷的产生；
- 在实际生产中出现问题时，利用 AMI 系统快速地寻找合理的解决方案；
- 分析前处理过程中产品 3D 模型简化的方法和意义；
- 产品表面熔接线的消除方法；
- 不同类型浇口的创建方法。

第 8 章　工艺参数调整案例——扫描器

8.1　概　述

在注塑成型生产中，塑料原料、注塑设备和模具是 3 个必不可少的物质条件，将这 3 者联系起来并能形成一定的生产能力的技术方法就是注塑成型工艺。注塑成型工艺的基本过程可以用图 8-1 来表示。

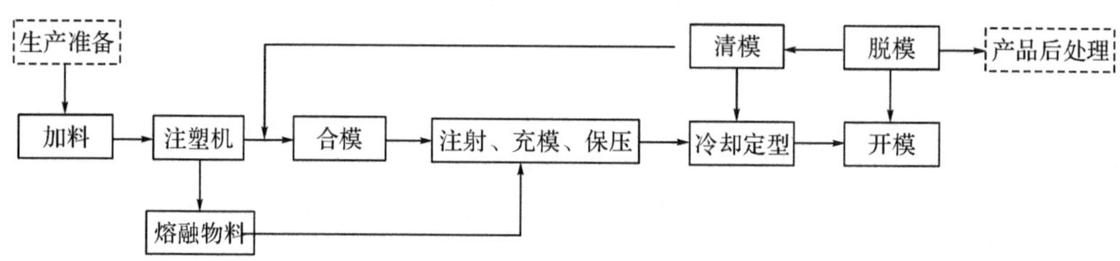

图 8-1　注塑成型生产的基本过程

通常可以认为影响注塑成型质量的因素很多，但是在塑料原料、注塑机和模具结构确定之后，注塑成型工艺条件的选择与控制，就成为决定成型质量的主要因素。一般来说，整个注塑成型周期中具有 3 大工艺条件，即温度、压力和时间。我们这里只能简单介绍各项工艺参数，具体的内容还需要读者在相关的工艺手册和实际生产过程中学习和体会。

- 温度

注塑成型的温度条件主要是指熔体温度（料温）和模具温度（模温）两方面的内容，其中料温影响熔体塑化和注射充模过程，而模温则同时影响充模与冷却定型。

- 压力

注塑成型过程需要选择和控制的压力包括注射压力、保压压力和塑化压力。其中，注射压力与注射速度相辅相成，对塑料熔体的流动和充模具有决定性作用；保压压力和保压时间密切相关，主要影响型腔压力以及最终的成型质量；塑化压力的大小影响熔体的塑化过程、塑化效果和塑化能力，并与螺杆转速相关。

- 成型周期

注塑成型周期是指完成一次注塑成型工艺过程所需要的时间，它包含注塑成型过程中的所有时间问题，直接关系到生产效率，主要包括注射时间、保压冷却时间和其他操作时间。

在 AMI 系统中，对于注塑成型工艺的 3 大影响因素，以及它们之间的相互关系都有很

好的表示和控制方法，在分析仿真过程中基本上能够真实地表达。

注塑成型工艺参数的选择与控制是十分复杂的，掌握工艺参数的控制方法，不仅需要读者具有一定的理论知识基础，同时需要读者能够具有相当的实际工作经验。因此，在应用AMI系统进行注塑成型仿真的过程中，需要软件的使用者与模具设计人员以及注塑工程人员有很好的沟通和合作，这样的分析结果才更具可靠性和真实性。

本章所要介绍的商品条码扫描器如图 8-2 所示，希望读者通过该分析实例的学习，体会工艺过程参数调整的方法和重要性。

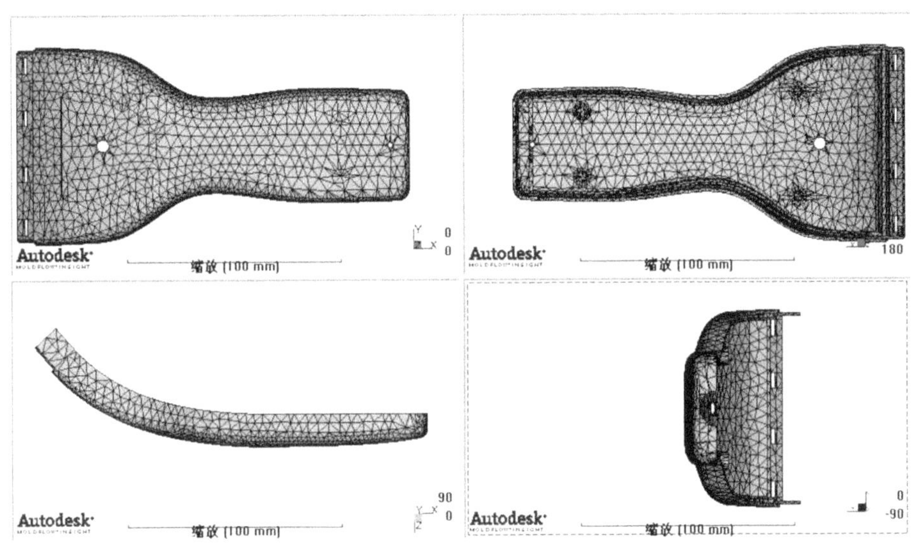

图 8-2 扫描器

本章主要包括以下一些内容：

- 对产品成型进行初步分析，寻找产品成型中存在的问题；
- 调整工艺过程参数，优化成型过程；
- 结合分析结果，介绍一些有关结果后处理的方法。

8.2 产品初步成型分析

针对给出的产品模型和模具设计，我们根据以往的生产经验，设定相关的成型工艺参数，并对产品进行初步的成型分析，并希望通过对仿真结果的分析，找到成型参数中存在的问题。

8.2.1 分析前处理

在产品的初步分析进行之前，所要完成的前处理工作主要包括以下内容：

- 项目创建和模型导入；
- 网格模型的建立；

- 分析类型的设定；
- 材料选择；
- 浇注系统的创建；
- 工艺过程参数的设定。

1. 项目创建和模型导入

本章内容的重点是希望读者体会工艺参数的调整在 AMI 分析中的重要性和相关的方法，因此为了读者学习的方便，在教程附带的光盘中给出了创建好网格模型的 sdy 文件，读者可以直接导入建立好的模型进行分析计算。当然，读者也可以在导入基本模型之后，删除有关网格的信息，而从产品的 STL 格式文件开始自己独立进行网格的划分和修改，并创建浇注系统，从而熟练地掌握网格模型以及浇注系统的创建方法。

在指定的位置创建分析项目，并导入扫描器的基本分析模型。

【操作步骤】

(1) 创建一个新的项目。选择文件→新建工程命令，此时，系统会弹出项目创建路径对话框，在 Project name 文本框中填入项目名称 scanner，单击确定按钮，默认的创建路径是 AMI 的项目管理路径，当然读者也可以自己选择创建路径，如图 8-3 所示。

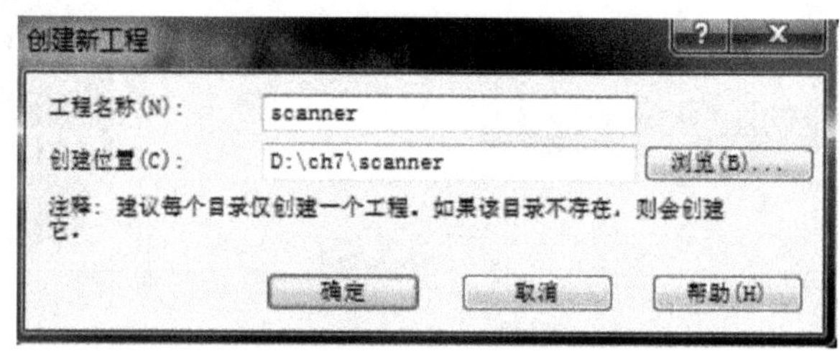

图 8-3　创建新项目

(2) 从“光盘:\scanner\”中导入创建好的扫描器基本分析模型的 sdy 文件 scanner _initial. sdy，选择文件→导入命令，在弹出的对话框中选择 scanner_initial. sdy 文件，单击“打开”按钮，如图 8-4 所示。

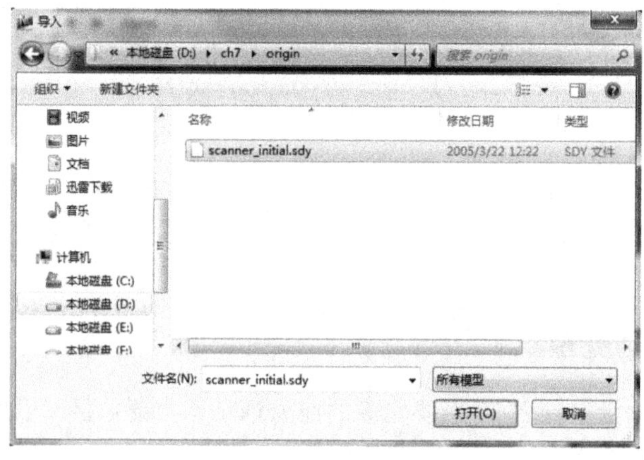

图 8-4　选择分析模型

(3) 项目管理窗口和分析任务窗口如图 8-5 所示。

扫描器的基本分析模型被导入，如图 8-6 所示。

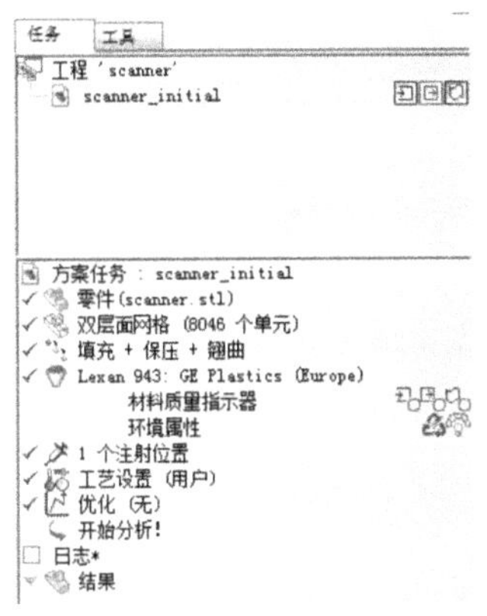

图 8-5 基本分析模型导入

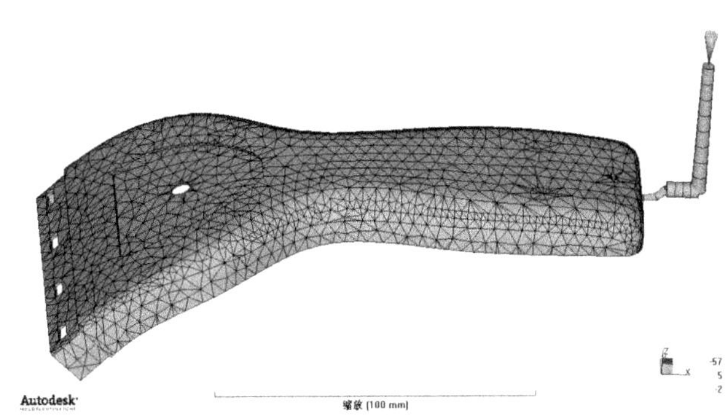

图 8-6 扫描器及其浇注系统网格模型

导入的扫描器基本分析模型中包括了产品的三角形网格模型以及浇注系统的杆单元模型。

2. 网格模型信息查看

查看网格模型信息，选择网格→网格统计命令，网格信息如图 8-7 所示。

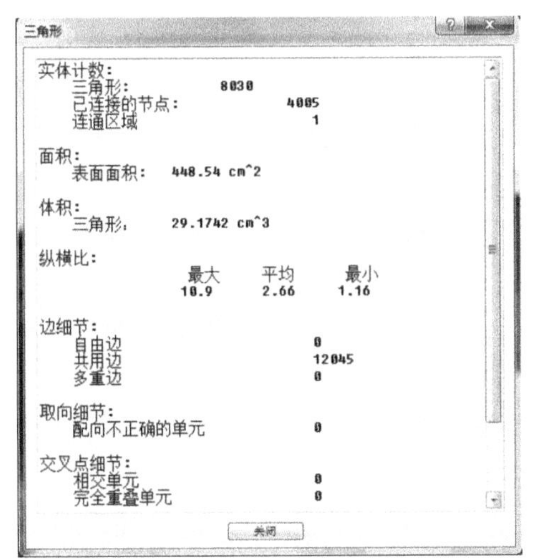

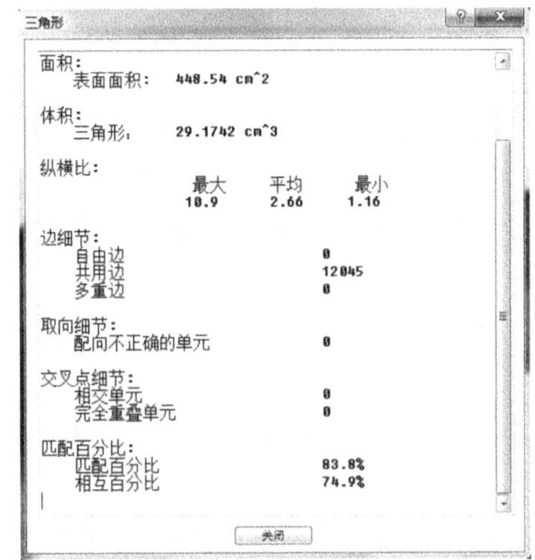

图 8-7 网格信息

这里给出的网格模型包括产品的三角形单元和浇注系统的杆单元，读者如果有兴趣，可以在给出的 STL 模型的基础上重新划分网格模型。

3. 分析类型的设定

在导入的基本分析模型中，分析类型已经设置为填充＋保压＋翘曲。

4. 材料选择及不同材料间的性质比较

扫描器产品采用的材料为 GE Plastics (Europe)公司的 PC 材料，其牌号为 Lexan 943。

在分析任务窗口中右击 Lexan 943：GE Plastics(Europe)，选择详细资料，可以查看有关材料的具体信息，如图 8-8 所示。

弹出的材料信息窗口如图 8-9 所示。

在材料信息窗口中，详细列出的信息包括：

● 描述——产品基本信息，包括材料的类型、牌号、制造商等；

● 推荐工艺——包括模温、料温、顶出温度等，可以作为用户设置工艺过程参数的参考；

● 流变属性——包括黏性模型、转变温度等，单击绘制黏度曲线按钮，材料 Lexan 943：GE Plastics(Europe)的黏性属性如图 8-10 所示；

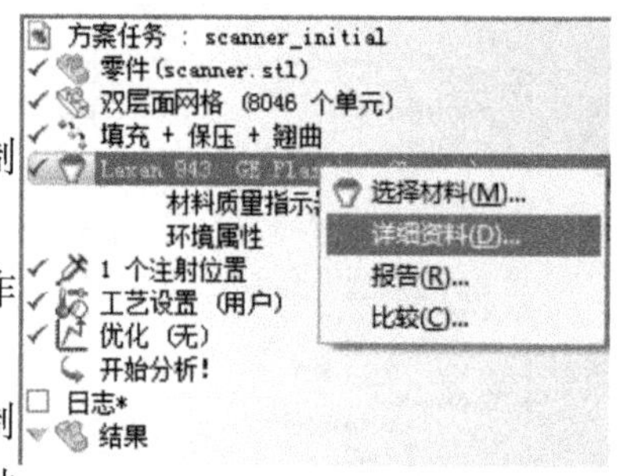

图 8-8　查看材料属性

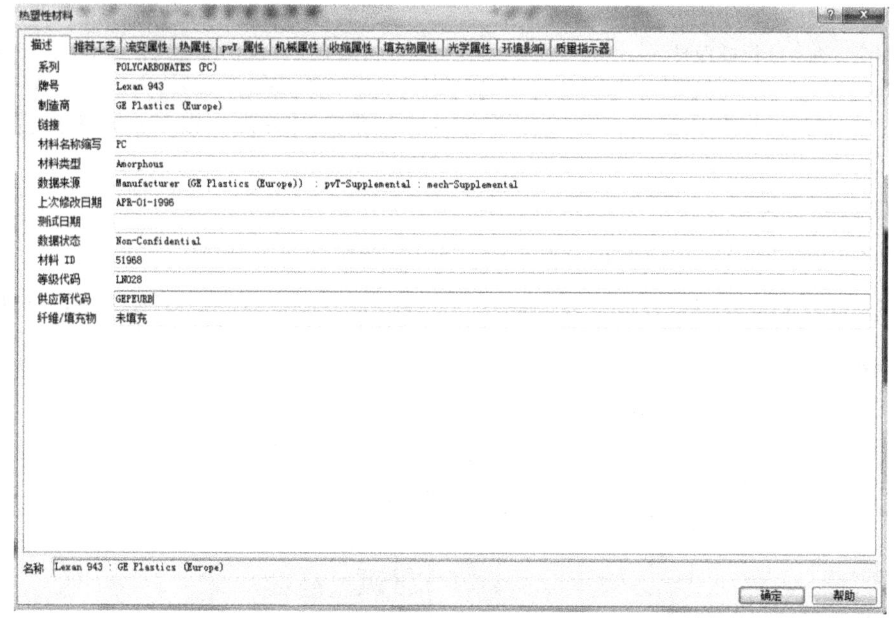

图 8-9　材料信息窗口

● 热属性——包括热传导速率等；

● PVT 属性——热塑性材料的 PVT 性质是指材料的压力-体积-温度之间的相互关系，用来说明材料在流动分析中的可压缩性，材料 Lexan 943：GE Plastics(Europe)的 PVT 属性如图 8-11 所示；

● 机械属性——材料力学性质，包括弹性模量和剪切模量等；

● 收缩属性——包括收缩模型和各方向上的收缩率；

● 填充物属性——指物料中添加的其他成分的物理属性。

AMI 系统中，不仅可以查看某种材料的性质信息，不同材料还可以进行横向的比较，在分析任务窗口中右击 Lexan 943：GE Plastics(Europe)，在弹出的快捷菜单中选择比较命令，如图 8-12 所示。

在弹出的如图 8-13 所示的选择材料对话框中，单击搜索按钮可以选择比较对象。

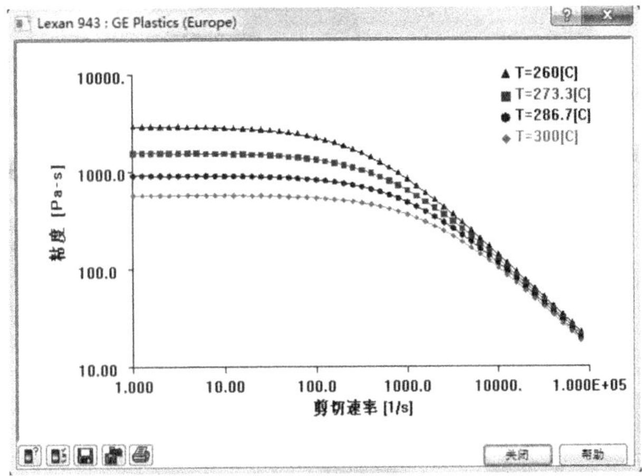

图 8-10　粘度 vs 剪切速率

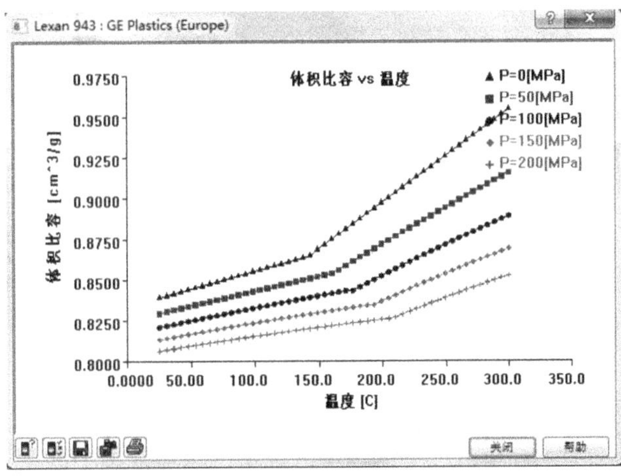

图 8-11　材料 PVT 属性

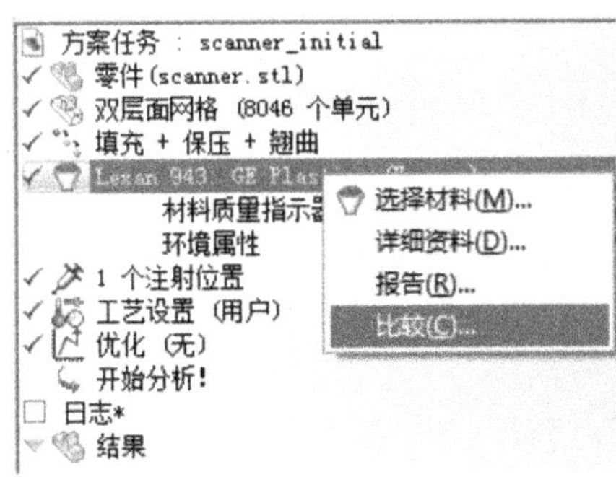

图 8-12　材料性质比较

图 8-13　选择材料对话框

比较对象选中之后，单击图 8-13 中的比较按钮，AMI 系统会给出两种材料的性质比较结果，如图 8-14 和图 8-15 所示。

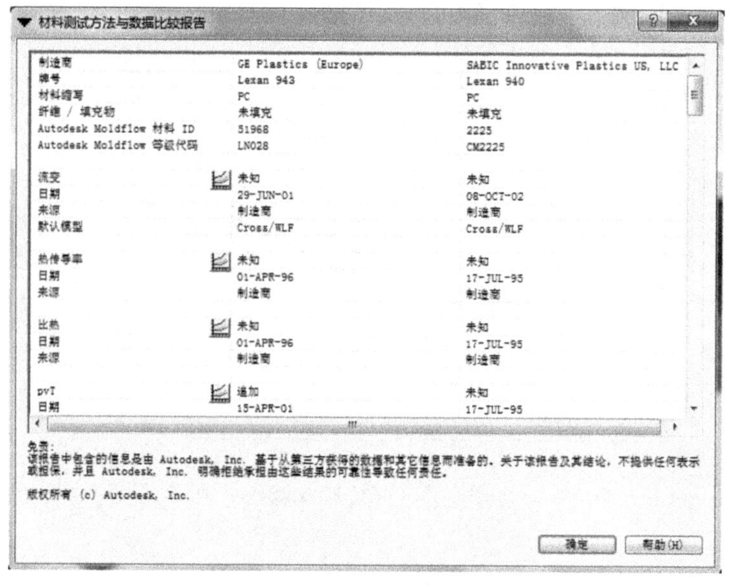

图 8-14　材料性质比较

5. 浇注系统的创建

在导入的基本分析模型中已经包含了浇注系统的网格模型，如图 8-6 所示，由于扫描器的浇注系统与前面章节中介绍的相关产品的浇注系统十分类似，这里就不再赘述具体的创建过程。

浇注系统如图 8-16 所示，读者可以根据给出的模型自行创建，进行练习。

在分析任务窗口中，双击设置注射位置，利用光标设置进料口位置，如图 8-17 所示，选择完成后单击工具栏中保存按钮保存。

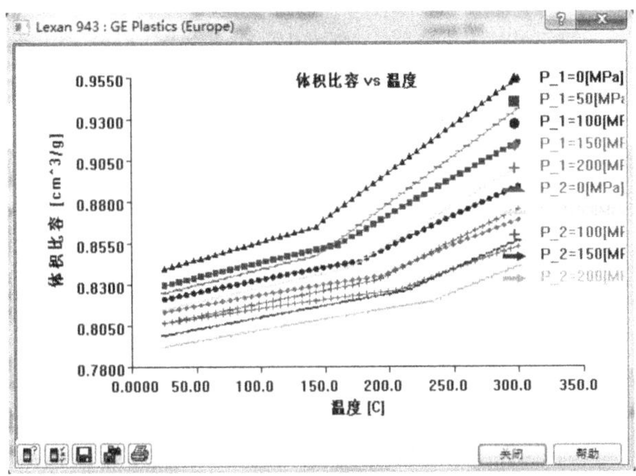

图 8-15　PVT 属性比较

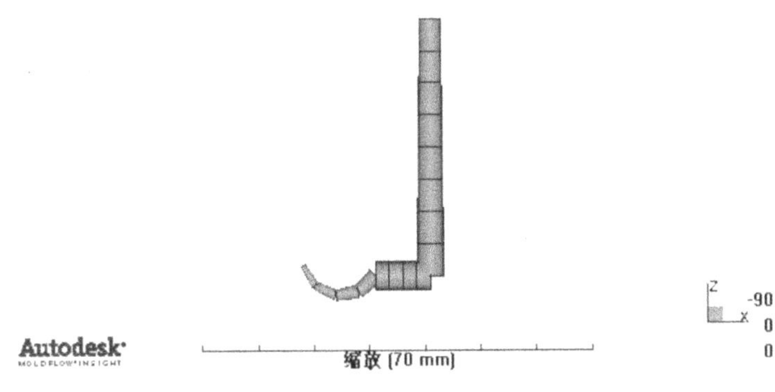

图 8-16　扫描器的浇注系统

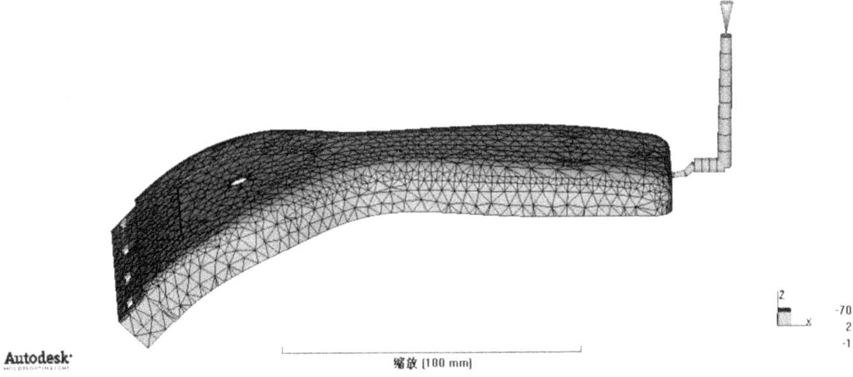

图 8-17　进料口位置设定

6. 工艺过程参数的设定

扫描器初步注塑成型分析的工艺过程参数根据经验进行设置，设置过程如下。

【操作步骤】

(1) 选择分析→工艺设置向导命令，或者是直接双击任务栏窗口中的工艺设置(用户)一栏，系统会弹出如图 8-18 所示的对话框，过程参数设置的第 1 页为流动分析设置(填充+保压)。

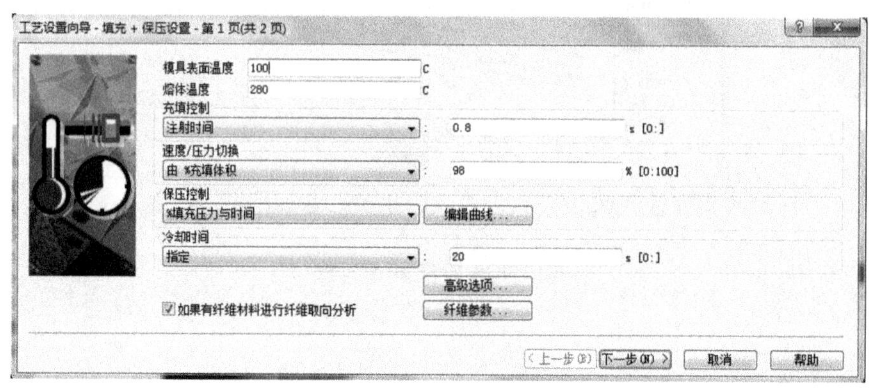

图 8-18　流动分析参数设置

● 模具表面温度——采用默认值 100℃，在设置该值时可以参考材料信息中的有关参数。

● 熔体温度——采用默认值 280℃，该温度是指熔体进入浇注系统时的温度，该数值也可以参考材料信息中的推荐值。

● 充填控制——采用注射时间的控制方法，注射时间的值为 0.8s，下面介绍如图 8-19 所示的 4 种不同控制方法：

充填控制
注射时间
自动
注射时间
流动速率
相对螺杆速度曲线
绝对螺杆速度曲线
原有螺杆速度曲线(旧版本)

图 8-19　充填控制方法

➢ 自动——由系统自动控制；

➢ 注射时间——由注射时间控制，需给出规定的注射时间；

➢ 流动速率——由熔体流动速率控制，需给出规定的注射速率；

➢ 相对螺杆速度曲线——由螺杆速度曲线控制，需给出规定的螺杆速度曲线，有 10 种不同形式的螺杆速度曲线可供用户根据注塑机的实际情况选用。

● 速度/压力切换——注塑机螺杆由速度控制向压力控制的转换点，在型腔即将被充满的时候，注塑机发生 V/P 转换，剩余的填料在 V/P 转换点的填充压力或者是保压压力作用下充入型腔，通常螺杆推进速度在 V/P 转换后会大大下降，AMI 系统一共给出了 8 种控制方法(详见 4.3.1 中 4 条)，如图 8-20 所示，本案例采用由%充填时间(由完成填充的百分比控制)，需要给出指定的填充百分比，这里数值设定为 98%。

● 保压控制——保压及冷却过程中的压力控制，AMI 系统提供 4 种保压控制方法(详见 4.3.1 中 4 条)，如图 8-21 所示，本案例采用保压压力与 V/P 转换点的填充压力相关联的

曲线控制方法(%填充压力与时间),单击编辑曲线按钮,其设置如图 8-22 所示,采用 2s 的恒定保压,单击绘制曲线按钮,转换成坐标曲线形式为图 8-23 所示。

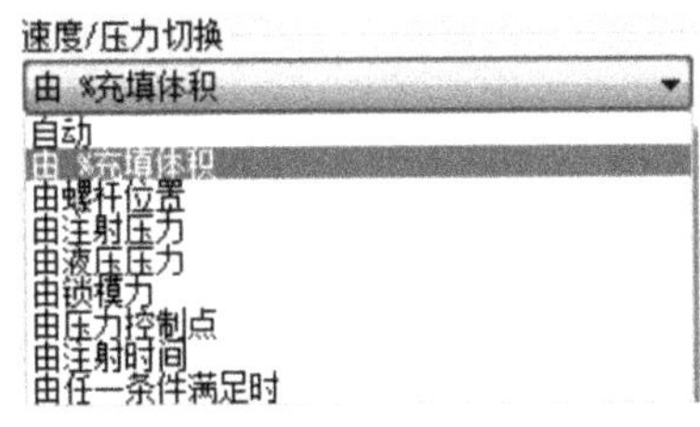

图 8-20　V/P 转换控制方法

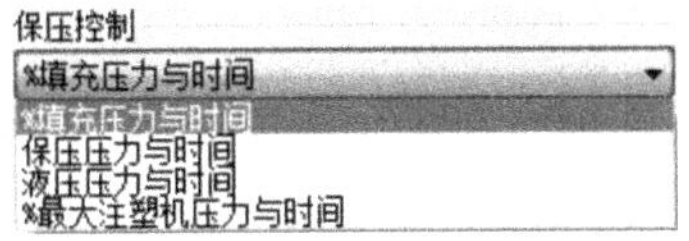

图 8-21　保压曲线类型

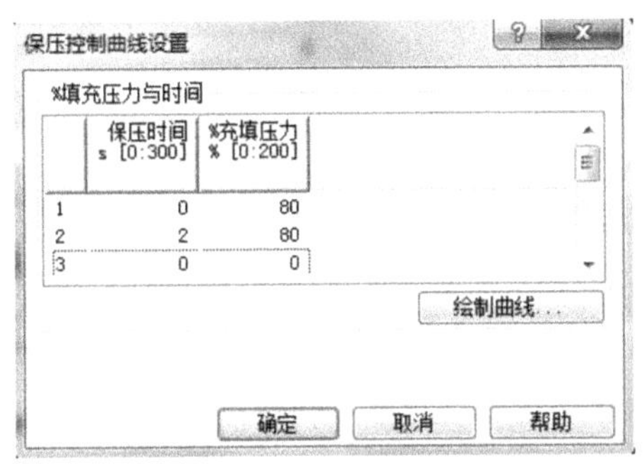

图 8-22　保压曲线的文字形式

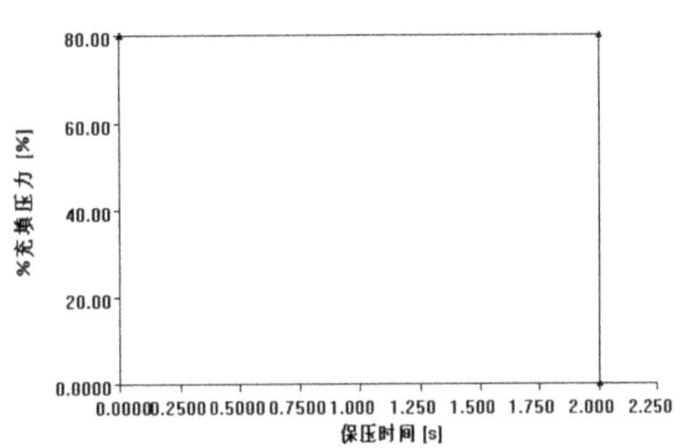

图 8-23　保压压力曲线

- 冷却时间——本案例指定冷却时间为 20s。
- 高级选项——这里包含一些注塑材料、注塑过程控制方法、注塑机型号、模具材料和解算模块参数的信息,本案例选用默认值。
- 纤维参数——如果是纤维材料,则会在分析过程中进行纤维定向分析的计算,相关的参数选用默认值,限于篇幅这里不再介绍与解算器核心算法相关的内容,有兴趣的读者可以参考 AMI 的在线帮助。

(2) 单击"下一步"按钮,进入第 2 页翘曲分析设置,如图 8-24 所示,这里默认的翘曲分析类型为小变形分析。

相关参数主要包括:

- 考虑模具热膨胀——在注塑过程中,随着模温的升高,模具本身会产生热膨胀的现象,从而导致型腔的扩大,选择该复选框表示会考虑模具的热膨胀,从而对分析结果产生影响;
- 分离翘曲原因——独立的翘曲因素分析,选择该复选框表示将会在变形分析结果中分别列出冷却、收缩率和分子取向等因素对产品变形量的影响;
- 矩阵求解器——使用迭代解算器,该复选框针对大型网格模型(单元数超过 50 000),可以提高计算效率,减少分析时间。

在本案例的翘曲分析设置中仅选择分离翘曲原因复选框。

(3) 单击"完成"按钮,结束过程参数的设置,分析任务窗口显示如图 8-25 所示。

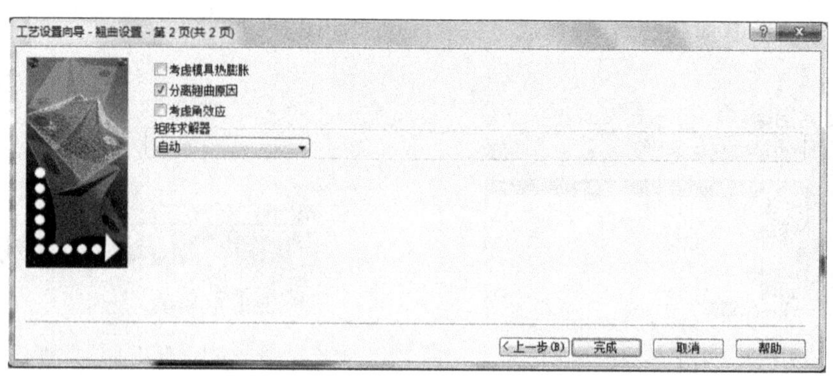

图 8-24　翘曲分析设置

8.2.2　分析计算

完成了分析前处理，即可进行分析计算，双击任务栏窗口中的开始分析！一项，解算器开始计算，任务栏窗口显示如图 8-26 所示。

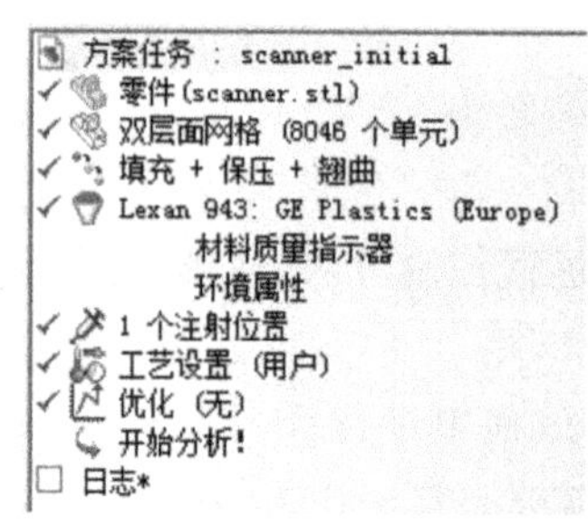

图 8-25　工艺过程参数设置完成

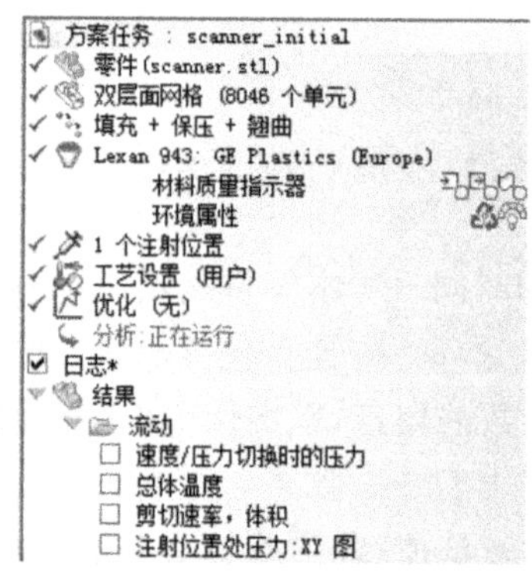

图 8-26　分析计算开始

选择分析→作业管理器看到任务队列及计算进程，如图 8-27 所示。

通过分析计算的输出信息日志，可以查看到计算中的相关信息。

- 工艺过程参数设置

在日志中，有详细的工艺过程参数设置的情况，用户可以通过该信息来检验工艺过程参数设置是否有误，如图 8-28 所示。

- 填充分析过程信息

如图 8-29 所示，V/P 转换发生在型腔充模为 98.13%的时刻，V/P 转换后，保压压力为 192.63MPa。

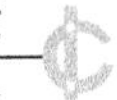

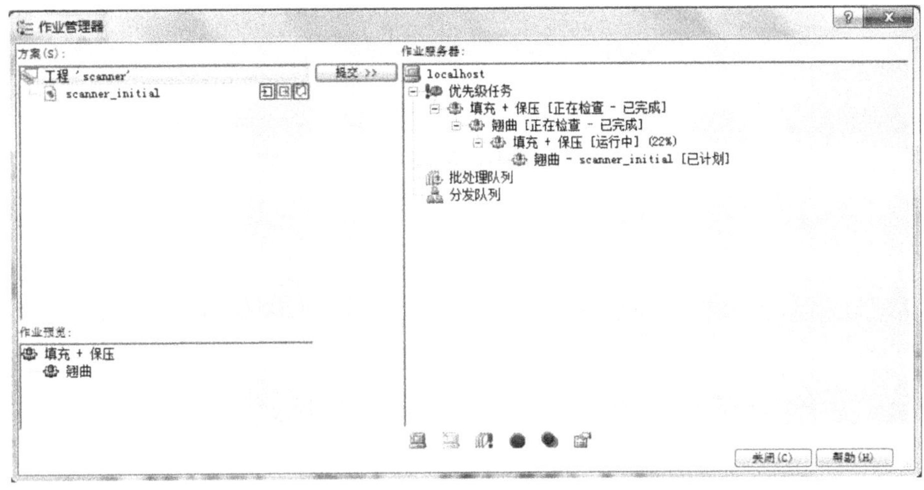

图 8-27　分析任务队列

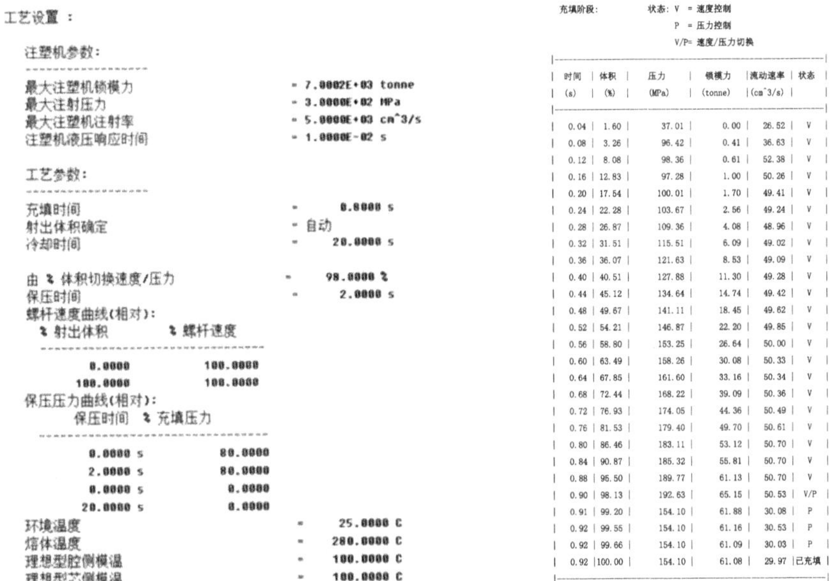

工艺设置 :

注塑机参数:

最大注塑机锁模力	= 7.0002E+03 tonne
最大注射压力	= 3.0000E+02 MPa
最大注塑机注射率	= 5.0000E+03 cm^3/s
注塑机液压响应时间	= 1.0000E-02 s

工艺参数:

充填时间	= 0.8000 s
射出体积确定	= 自动
冷却时间	= 20.0000 s
由 % 体积切换速度/压力	= 98.0000 %
保压时间	= 2.0000 s

螺杆速度曲线(相对):

% 射出体积	% 螺杆速度
0.0000	100.0000
100.0000	100.0000

保压压力曲线(相对):

保压时间	% 充填压力
0.0000 s	80.0000
2.0000 s	80.0000
0.0000 s	0.0000
20.0000 s	0.0000

环境温度	= 25.0000 C
熔体温度	= 280.0000 C
理想型腔侧模温	= 100.0000 C
理想型芯侧模温	= 100.0000 C

图 8-28　工艺过程参数设置

充填阶段:　　状态: V = 速度控制
P = 压力控制
V/P= 速度/压力切换

时间 (s)	体积 (%)	压力 (MPa)	锁模力 (tonne)	流动速率 (cm^3/s)	状态
0.04	1.60	37.01	0.00	26.52	V
0.08	3.26	96.42	0.41	36.63	V
0.12	8.08	98.36	0.61	52.38	V
0.16	12.83	97.28	1.00	50.26	V
0.20	17.54	100.01	1.70	49.41	V
0.24	22.28	103.67	2.56	49.24	V
0.28	26.87	109.36	4.08	48.96	V
0.32	31.51	115.51	6.09	49.02	V
0.36	36.07	121.63	8.53	49.09	V
0.40	40.51	127.88	11.30	49.28	V
0.44	45.12	134.64	14.74	49.42	V
0.48	49.67	141.11	18.45	49.62	V
0.52	54.21	146.87	22.20	49.85	V
0.56	58.80	153.25	26.64	50.00	V
0.60	63.49	158.26	30.08	50.33	V
0.64	67.85	161.60	33.16	50.34	V
0.68	72.44	168.22	39.09	50.36	V
0.72	76.93	174.05	44.36	50.49	V
0.76	81.53	179.40	49.70	50.61	V
0.80	86.46	183.11	53.12	50.70	V
0.84	90.87	185.32	55.81	50.70	V
0.88	96.50	189.77	61.13	50.70	V
0.90	98.13	192.63	65.15	50.53	V/P
0.91	99.20	154.10	61.88	30.08	P
0.92	99.55	154.10	61.16	30.53	P
0.92	99.66	154.10	61.09	30.03	P
0.92	100.00	154.10	61.08	29.97	已充填

图 8-29　填充分析过程信息

- 保压分析过程信息

从保压分析过程信息(如图 8-30 所示)中可以看到,保压持续时间为 2s,压力恒定为 154.10MPa,保压完成后的 20s 为自然冷却过程。

- 翘曲分析过程信息

翘曲分析输出信息中不仅给出了总体变形量信息,而且给出了不同因素影响下的变形量信息,如图 8-31 至图 8-34 所示。

保压阶段：

时间 (s)	保压 (%)	压力 (MPa)	锁模力 (tonne)	状态
0.92	0.09	154.10	61.21	P
1.13	1.02	154.10	140.06	P
1.58	3.08	154.10	137.39	P
1.83	4.22	154.10	130.28	P
2.08	5.36	154.10	123.13	P
2.33	6.49	154.10	116.23	P
2.58	7.63	154.10	109.81	P
2.83	8.77	154.10	103.58	P
2.90	9.09	0.00	100.45	P
2.90				压力已释放
4.55	16.58	0.00	56.14	P
6.80	26.80	0.00	22.24	P
8.80	35.90	0.00	10.29	P
11.05	46.12	0.00	8.46	P
13.30	56.35	0.00	7.87	P
15.55	66.58	0.00	7.57	P
17.80	76.80	0.00	7.40	P
19.80	85.90	0.00	7.32	P
22.05	96.12	0.00	7.27	P
22.90	100.00	0.00	7.26	P

图 8-30　保压分析过程信息

上一步的最小/最大位移（单位：mm）：

	节点	最小	节点	最大
Trans-X	605	-8.9594E-01	750	1.1431E-01
Trans-Y	2810	-1.1183E-02	4223	6.3833E-01
Trans-Z	4098	-3.8966E-01	3281	3.4797E-01

图 8-31　总收缩效应的最大/最小位移

载荷案例 2：收缩不均效应

2　0　0　0　605　1　0　1.0E+00　1.000E+00　-8.959E-01

上一步的最小/最大位移（单位：mm）：

	节点	最小	节点	最大
Trans-X	605	-8.9594E-01	750	1.1430E-01
Trans-Y	2810	-1.1184E-02	4223	6.3833E-01
Trans-Z	4098	-3.8965E-01	3281	3.4797E-01

图 8-32　收缩不均效应的最大/最小位移

载荷案例 3：取向不同效应

3　0　0　0　605　1　0　1.0E+00　1.000E+00　7.953E-10

上一步的最小/最大位移（单位：mm）：

	节点	最小	节点	最大
Trans-X	2445	-1.2385E-09	917	2.5468E-09
Trans-Y	3558	-1.8691E-09	2734	3.1843E-09
Trans-Z	961	-2.4879E-09	2866	1.9293E-09

图 8-33　取向不同效应的最大/最小位移

载荷案例 4：冷却不均效应

4　0　0　0　605　1　0　1.0E+00　1.000E+00　-5.779E-07

上一步的最小/最大位移（单位：mm）：

	节点	最小	节点	最大
Trans-X	2606	-1.1920E-05	393	2.1879E-05
Trans-Y	216	-1.0044E-05	2716	2.2157E-05
Trans-Z	3324	-1.2217E-05	2925	1.2508E-05

图 8-34　冷却不均效应的最大/最小位移

8.2.3　结果分析

计算结束后，AMI 生成流动＋翘曲的分析结果，分析任务窗口如图 8-35 所示。

1. 流动分析结果

（1）充填时间

如图 8-36 所示，扫描器在 0.9226s 的时间内完成熔体的充模，没有欠注的现象。通过动态显示，可以清晰地看到熔体在型腔内的流动。

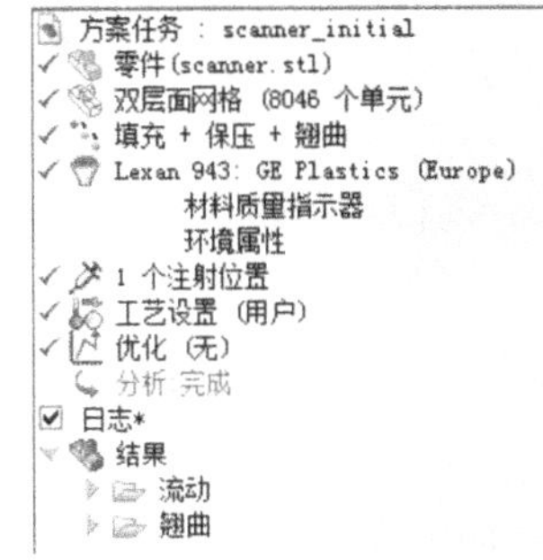

图 8-35　分析结果列表

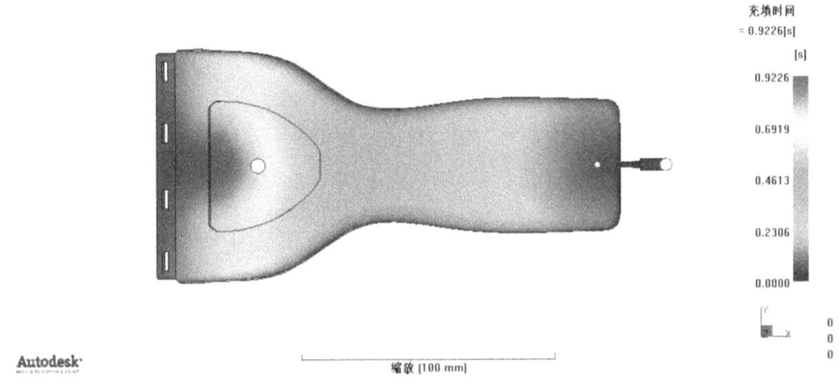

图 8-36　充填时间

(2) 速度/压力切换时的压力

如图 8-37 所示,V/P 转换点压力为 192.6MPa,根据工艺参数的设定,V/P 转换时型腔 98%的体积被充满,未充满部分在图中也有显示。

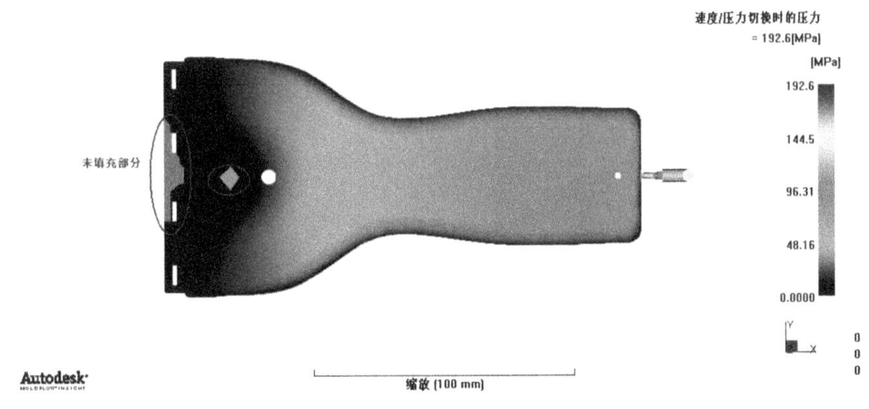

图 8-37　V/P 转换点压力

(3) 注射位置处压力:XY 图

浇口位置压力曲线表达了浇口处压力在注射、保压、冷却整个过程中的变化。

从图 8-38 中可以看出以下信息：

- 在 V/P 转换点前后的压力变化，即压力从 192.63MPa 直接降低到 80%即 154.10MPa；
- 与图 8-23 的保压曲线设定相比较，在分析计算中保压曲线的设定得到很好的执行。

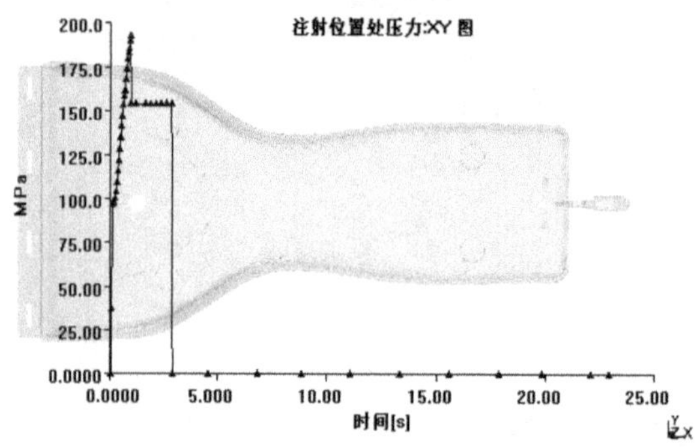

图 8-38　浇口位置压力曲线

(4)熔接线

熔接线与充填时间叠加如图 8-39 所示，熔体在充模过程中，绕过扫描器上的一个孔型结构后，两股熔体前锋汇合形成了熔接线，从熔接线与表层定向情况的叠加结果看更为直观，如图 8-40 所示。

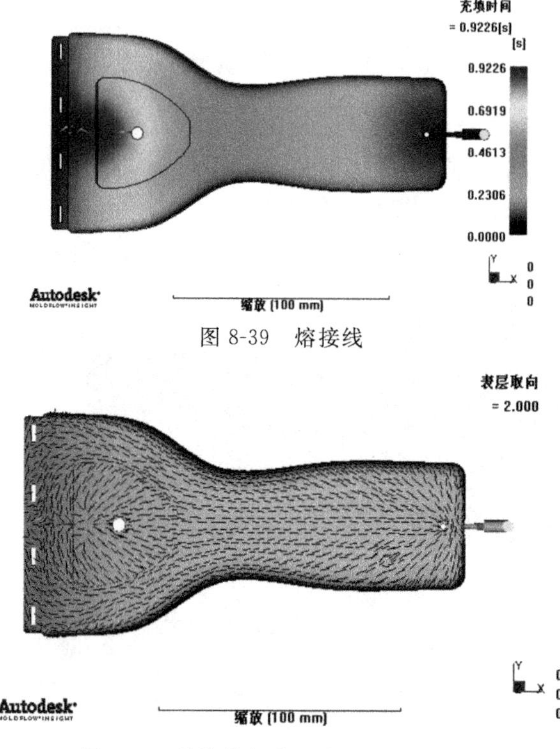

图 8-39　熔接线

图 8-40　熔接线与分子取向的叠加结果

2. 翘曲分析结果

(1) 综合因素影响下的总变形

扫描器在各种因素影响下的总变形量的图形显示结果如图 8-41 所示。

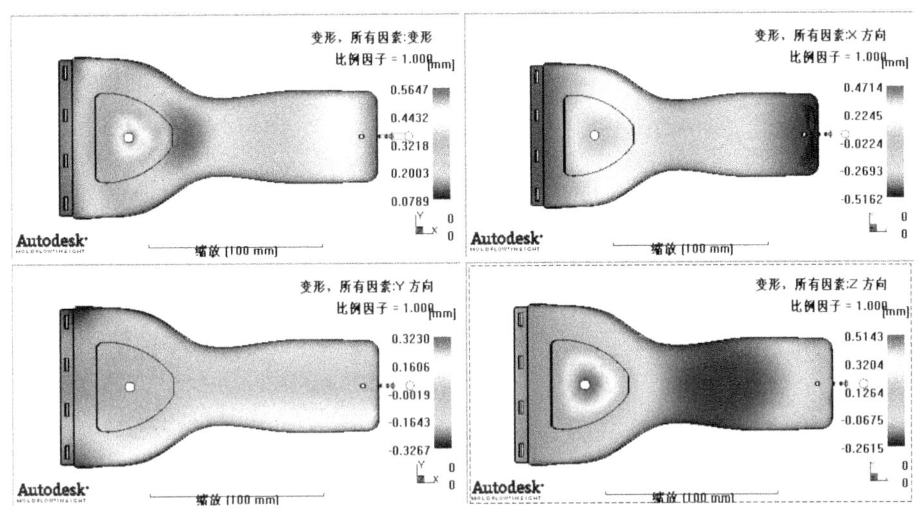

图 8-41　总翘曲变形量

从图 8-41 中可以看到，综合因素影响下的产品总体变形量为 0.5647mm，X、Y、Z 3 个方向的总变形量分别为 0.4714mm、0.3230mm、0.5143mm。

(2) 冷却因素引起的产品变形

扫描器在冷却因素影响下的变形量的图形显示结果如图 8-42 所示。

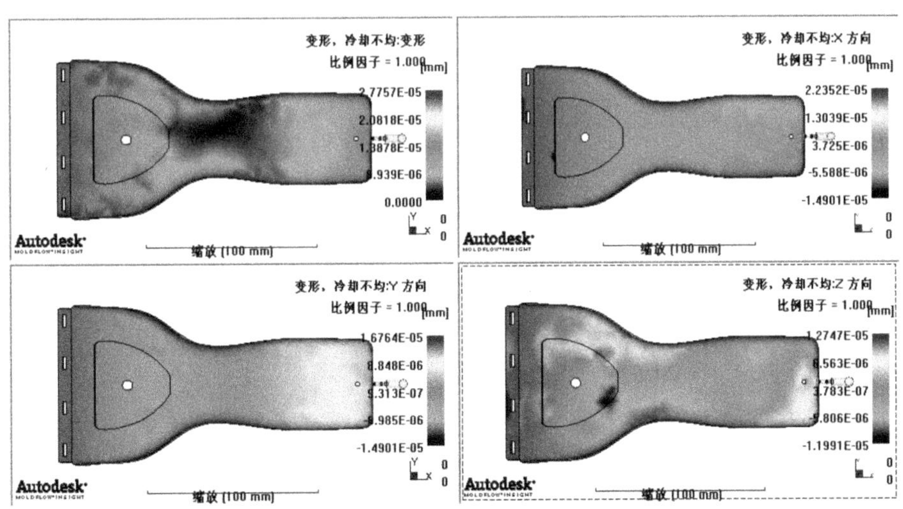

图 8-42　冷却因素影响下的产品变形

从图 8-42 中可以看到，冷却因素影响下的产品变形量为 2.7757E-05mm，这表明冷却因素不是引起变形的主要因素。

(3) 收缩因素引起的产品变形

扫描器在收缩因素影响下的变形量的图形显示结果如图 8-43 所示。

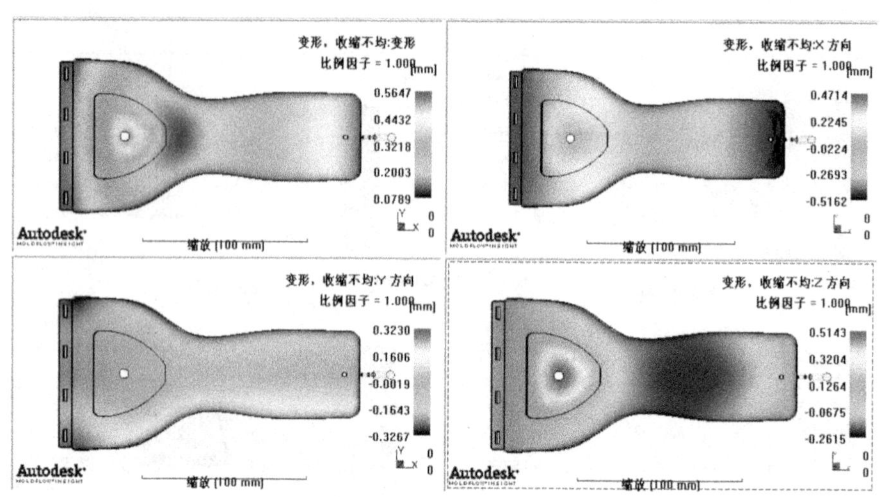

图 8-43　收缩因素影响下的产品变形

从图 8-43 中可以看到，收缩因素影响下的产品变形量为 0.5647mm，产品的变形基本上都是由于收缩引起的。

(4) 分子取向因素引起的产品变形

扫描器在分子取向因素影响下的变形量的图形显示结果如图 8-44 所示。

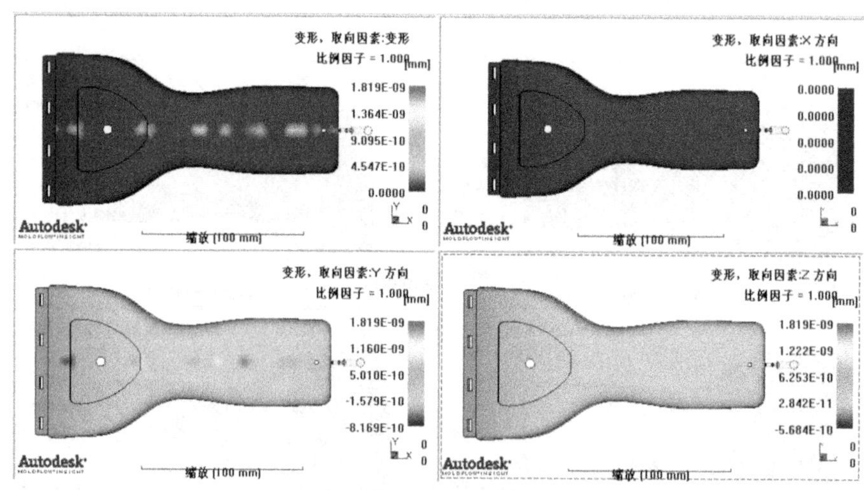

图 8-44　分子取向因素影响下的产品变形

从图 8-44 中可以看到，分子取向因素影响下的产品变形量为 1.819E-09mm，这表明分子取向因素也不是引起变形的主要因素。

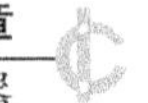

8.2.4 分析小结

经过对仿真结果的分析，扫描器的注塑成型质量主要存在的问题是由于熔体冷却收缩引起的产品翘曲变形略大。

我们希望通过调整注塑工艺参数，来改善产品的翘曲变形问题。

8.3 调整注塑工艺参数后的成型分析

在本书项目二 Moldflow 分析基础中，曾介绍过引起产品翘曲变形的原因和相关因素：

- 冷却不当；
- 分子取向不均衡；
- 模具浇注系统设计有缺陷；
- 成型条件设置不当；
- 脱模系统不合理。

经过 8.2 节的分析，冷却和分子取向的影响可以忽略，而脱模系统和浇注系统的问题也不是造成产品翘曲的主要因素。因此，注塑成型条件就成为解决该问题的关键。

我们根据经验，调整了产品注塑成型参数中的保压曲线，对调整后的方案进行了成型仿真模拟。

8.3.1 分析前处理

对于调整了注塑成型工艺参数的方案，分析前处理主要包括以下内容：

- 基本分析模型的复制；
- 工艺过程参数的调整。

1. 基本分析模型的复制

以初步成型方案的分析模型(scanner_initial)为原型，复制基本的分析模型。

【操作步骤】

(1) 基本分析模型的复制。在项目管理窗口中右击已经完成的初步成型方案的填充+保压+翘曲分析模型 scanner_initial，在弹出的快捷菜单中选择重复命令，如图 8-45 所示。

(2) 分析任务重命名。将新复制的分析模型重命名为 scanner_change pack，重命名之后的项目管理窗口和分析任务窗口如图 8-46 所示。

从分析任务窗口中可以看到，产品初步成型分析的所有模型和相关参数设置被复制，在此基础之上调整成型工艺参数，即可进行相应的分析计算。

2. 注塑工艺参数的调整

在注塑工艺参数中，我们主要调整产品成型过程后期的保压曲线，希望通过保压曲线的改变，达到补缩的目的，从而改善由于熔体收缩造成的产品翘曲变形。

在分析任务窗口中，双击工艺设置(用户)一栏，系统会弹出如图 8-47 所示的对话框。

单击保压控制选项组中的编辑曲线按钮编辑保压曲线，系统会弹出如图 8-48 所示的对话框。

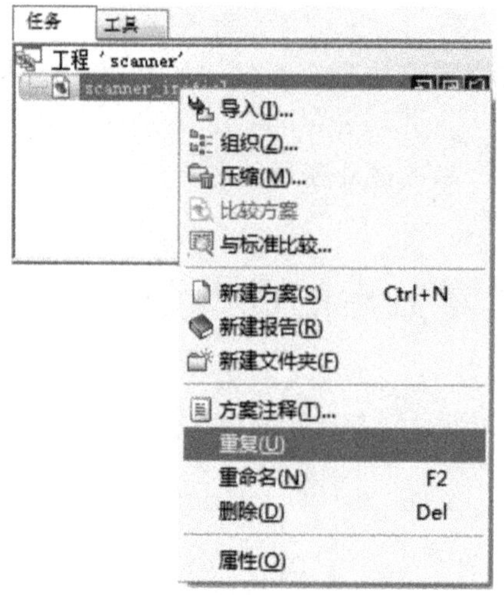

图 8-45　复制基本模型

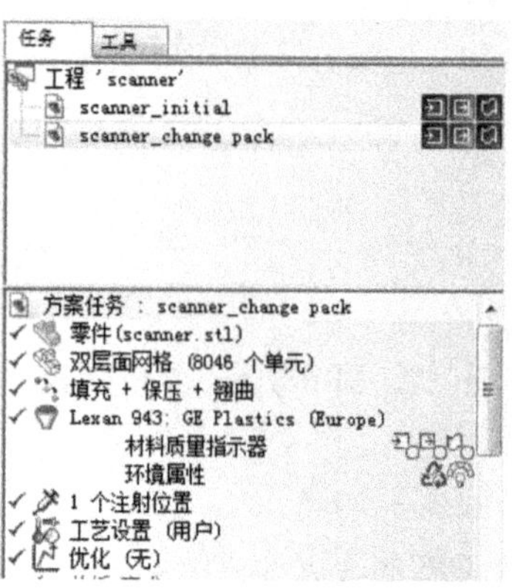

图 8-46　基本分析模型设置

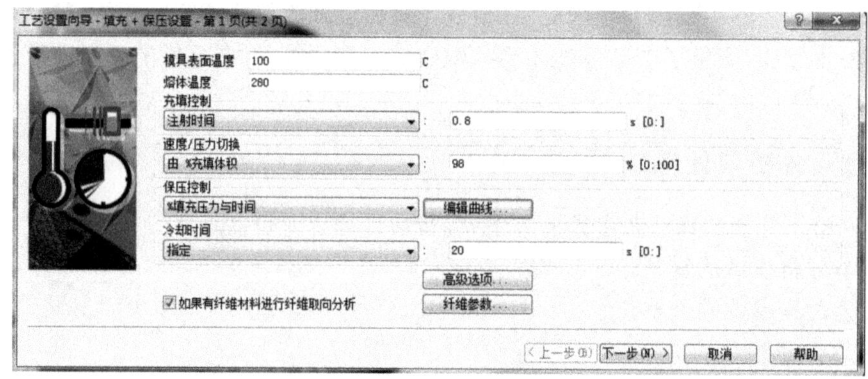

图 8-47　流动分析参数设置

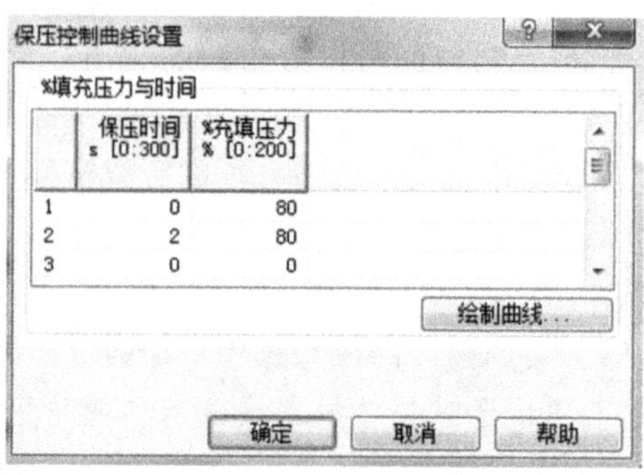

图 8-48　保压曲线的文字形式

其相应的坐标曲线形式如图 8-49 所示。

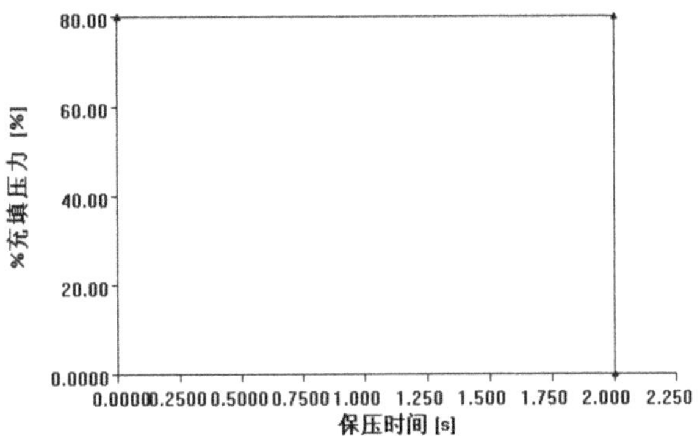

图 8-49　保压压力曲线

根据实际经验,调整之后的产品保压曲线如图 8-50 所示。

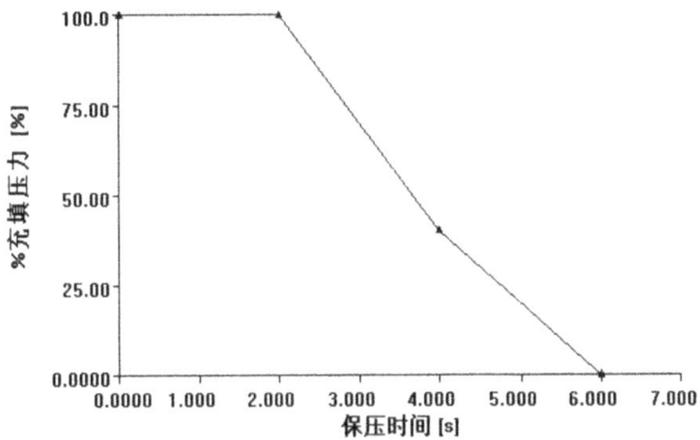

图 8-50　调整后的保压曲线

相应的文字描述如图 8-51 所示。

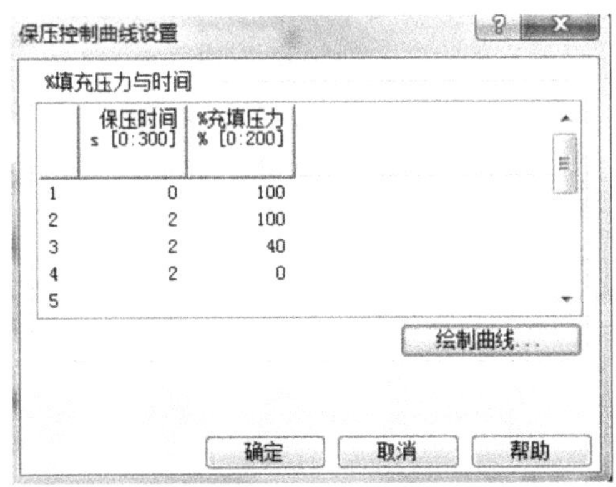

保压控制曲线设置

%填充压力与时间

	保压时间 s [0:300]	%充填压力 % [0:200]
1	0	100
2	2	100
3	2	40
4	2	0
5		

绘制曲线...

确定　取消　帮助

图 8-51　调整后保压曲线的文字形式

单击“确定”按钮完成注塑成型工艺参数的调整。

8.3.2 分析计算

完成了工艺过程参数的调整，即可进行分析计算，双击任务栏窗口中的开始分析！一项，解算器开始计算。

通过分析计算的输出信息日志，可以查看到计算中的相关信息。

● 工艺过程参数设置

在工艺过程参数设置中，保压曲线有了相应的改变，如图 8-52 所示。

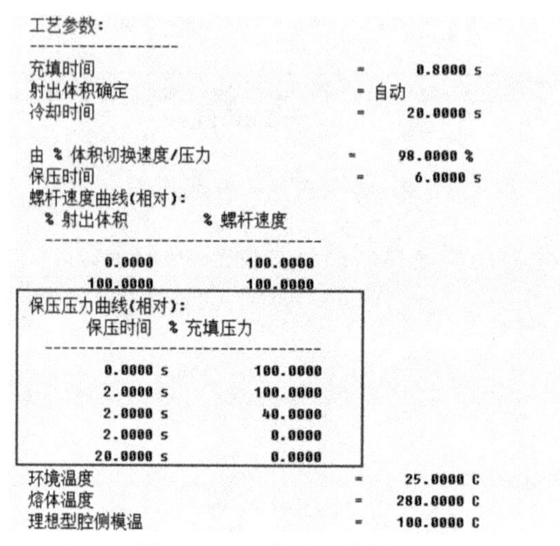

工艺参数:

充填时间 = 0.8000 s
射出体积确定 = 自动
冷却时间 = 20.0000 s

由 % 体积切换速度/压力 = 98.0000 %
保压时间 = 6.0000 s
螺杆速度曲线(相对):

% 射出体积	% 螺杆速度
0.0000	100.0000
100.0000	100.0000

保压压力曲线(相对):

保压时间	% 充填压力
0.0000 s	100.0000
2.0000 s	100.0000
2.0000 s	40.0000
2.0000 s	0.0000
20.0000 s	0.0000

环境温度 = 25.0000 C
熔体温度 = 280.0000 C
理想型腔侧模温 = 100.0000 C

图 8-52 工艺过程参数设置

● 填充分析过程信息

如图 8-53 所示，与图 8-29 所示的初步成型分析比较，V/P 转换仍然发生在型腔充模为 98.13%的时刻，V/P 转换后，保压压力保持在 192.63MPa 左右。

充填阶段: 状态: V = 速度控制
P = 压力控制
V/P= 速度/压力切换

时间 (s)	体积 (%)	压力 (MPa)	锁模力 (tonne)	流动速率 (cm^3/s)	状态
0.04	1.60	37.01	0.00	26.52	V
0.08	3.26	96.42	0.41	36.63	V
0.12	8.08	98.36	0.61	52.38	V
0.16	12.83	97.28	1.00	50.26	V
0.20	17.54	100.01	1.70	49.41	V
0.24	22.28	103.67	2.56	49.24	V
0.28	26.87	109.36	4.08	48.96	V
0.32	31.51	115.51	6.09	49.02	V
0.36	36.07	121.63	8.53	49.09	V
0.40	40.51	127.88	11.30	49.28	V
0.44	45.12	134.64	14.74	49.42	V
0.48	49.67	141.11	18.45	49.62	V
0.52	54.21	146.87	22.20	49.85	V
0.56	58.80	153.25	26.64	50.00	V
0.60	63.49	158.26	30.08	50.33	V
0.64	67.85	161.60	33.16	50.34	V
0.68	72.44	168.22	39.09	50.36	V
0.72	76.93	174.05	44.36	50.49	V
0.76	81.53	179.40	49.70	50.61	V
0.80	86.46	183.11	53.12	50.70	V
0.84	90.87	185.32	55.81	50.70	V
0.88	95.50	189.77	61.13	50.70	V
0.90	98.13	192.63	65.15	50.53	V/P
0.92	99.66	192.63	80.87	61.53	P
0.92	100.00	192.63	81.68	60.87	已充填

图 8-53 填充分析过程信息

● 保压分析过程信息

如图 8-54 所示，与图 8-30 所示的初步成型分析保压情况相比较，保压时间有明显的增加，压力变化也不同，保压完成后的 20s 仍为自然冷却过程。

保压阶段：

时间 (s)	保压 (%)	压力 (MPa)	锁模力 (tonne)	状态
0.92	0.06	192.63	81.98	P
1.58	2.60	192.63	169.10	P
2.08	4.54	192.63	163.32	P
2.83	7.43	192.63	149.54	P
3.56	10.27	154.52	131.10	P
4.31	13.17	111.18	112.99	P
4.81	15.10	82.29	102.76	P
4.90	15.45	77.04	100.73	P
5.56	17.99	51.65	90.09	P
6.31	20.89	22.75	80.37	P
6.81	22.82	3.49	75.48	P
6.90	23.17	0.00	74.59	P
6.90				压力已释放
7.90	27.03	0.00	68.04	P
10.40	36.69	0.00	57.06	P
13.15	47.31	0.00	50.50	P
15.65	56.96	0.00	47.24	P
18.15	66.61	0.00	45.14	P
20.90	77.23	0.00	43.98	P
23.40	86.89	0.00	43.31	P
25.90	96.54	0.00	42.79	P
26.80	100.00	0.00	42.63	P

图 8-54　保压分析过程信息

● 翘曲分析过程信息

调整工艺参数后的翘曲分析输出信息如图 8-55 所示，变形量与初步成型分析比较有明显的减小。

上一步的最小/最大位移（单位：mm）：

	节点	最小	节点	最大
Trans-X	3696	-3.7373E-01	722	7.7649E-02
Trans-Y	2810	-1.4002E-02	2686	3.7647E-01
Trans-Z	4098	-2.5118E-01	440	3.5215E-01

图 8-55　总收缩效应最大/最小位移

8.3.3 结果分析

1. 流动分析结果

(1)充填时间

如图 8-56 所示，扫描器在 0.9188s 的时间内完成熔体的充模，成型工艺的调整对充模时间影响不大。

(2) 速度/压力切换时的压力

如图 8-57 所示，V/P 转换点压力为 192.6MPa，工艺参数的调整对其没有影响。

(3) 注射位置处压力：XY 图

成型工艺参数中保压曲线的调整，在分析结果中得到了很好的体现，如图 8-58 所示。

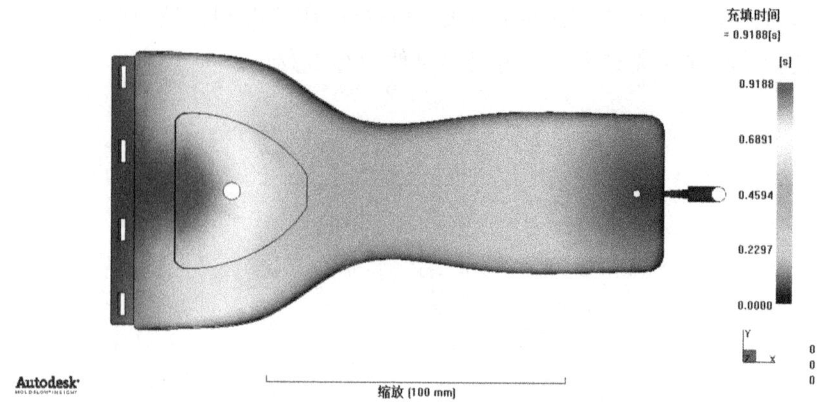

图 8-56　充填时间

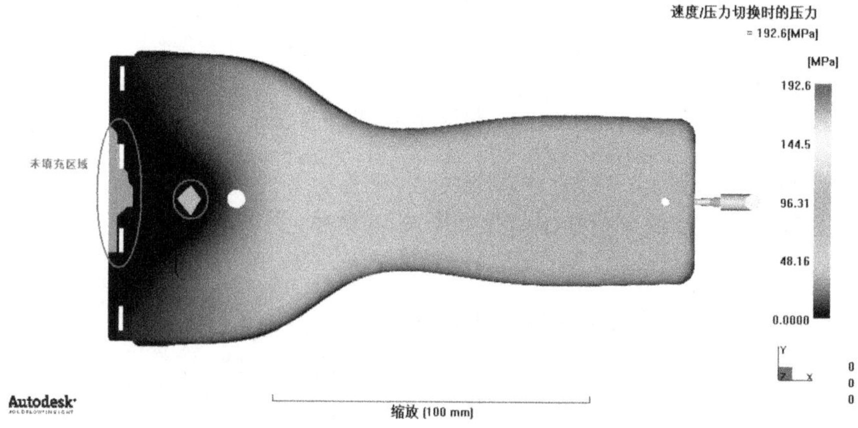

图 8-57　V/P 转换点压力

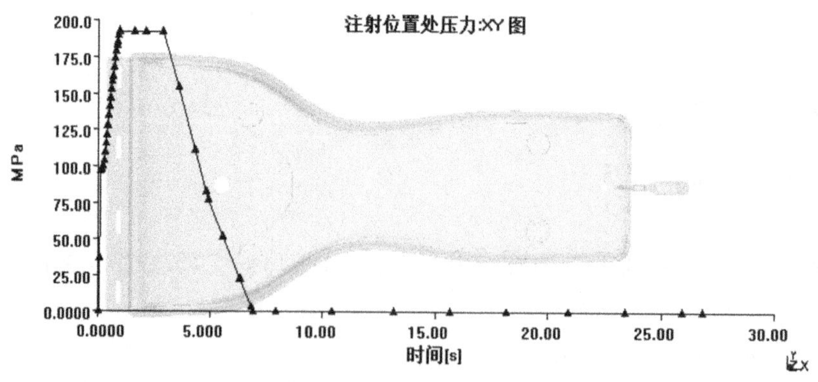

图 8-58　浇口位置压力曲线

保压开始阶段的压力为 100%的 V/P 转换点压力，恒压保持 2s，然后保压压力在 2s 时间内线性降低到初始保压压力的 40%，最后阶段保压压力在 2s 内线性降低为 0。

(4)熔接线

熔接线与产品表层取向情况的叠加结果如图 8-59 所示，从中可以看出工艺参数的调整对于熔接线的情况没有明显的影响。

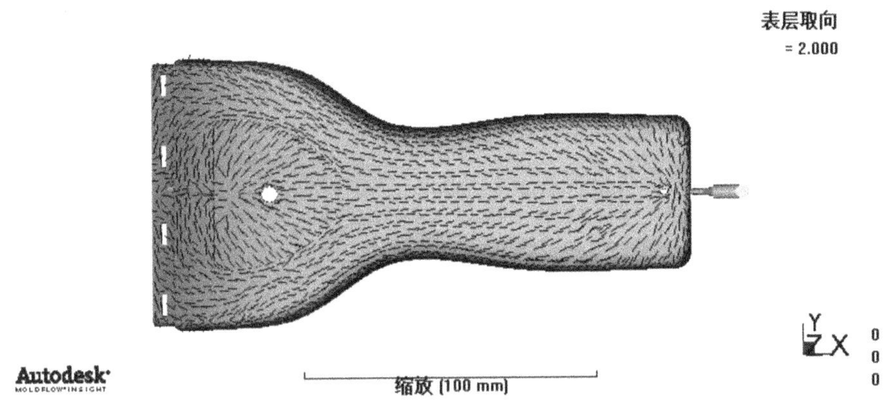

图 8-59　熔接线与表层取向的叠加结果

2. 翘曲分析结果

(1) 综合因素影响下的总变形

工艺过程参数调整后，扫描器在各种因素影响下的总变形量的图形显示结果如图 8-60 所示。

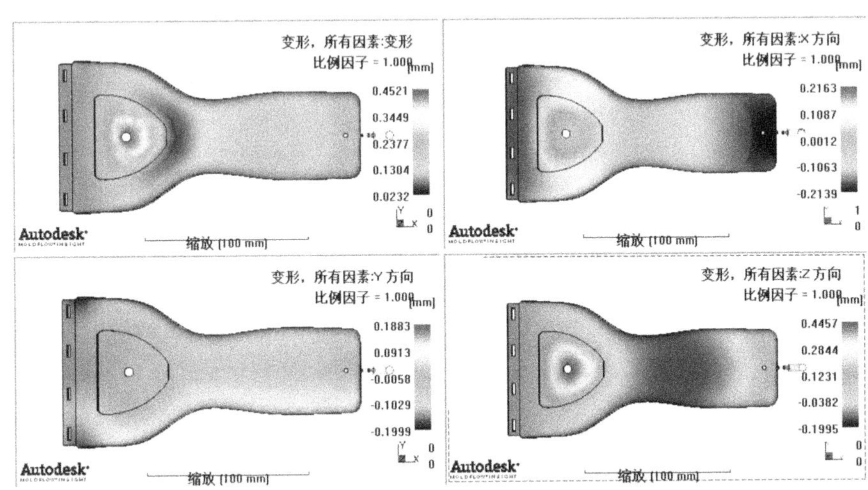

图 8-60　总翘曲变形量

与图 8-41 相比较，综合因素影响下的产品总体变形由参数调整前的 0.5647mm 下降到参数调整后的 0.4521mm，*X*、*Y*、*Z* 3 个方向的总变形量分别下降为 0.2163mm、0.1883mm、0.4457mm。

可见，工艺参数的调整，即保压曲线的变化对于产品的翘曲变形有很大的改善，较大地提高了产品成型质量。

(2) 冷却因素引起的产品变形

调整保压曲线后，扫描器在冷却因素影响下的变形量的图形显示结果如图 8-61 所示。

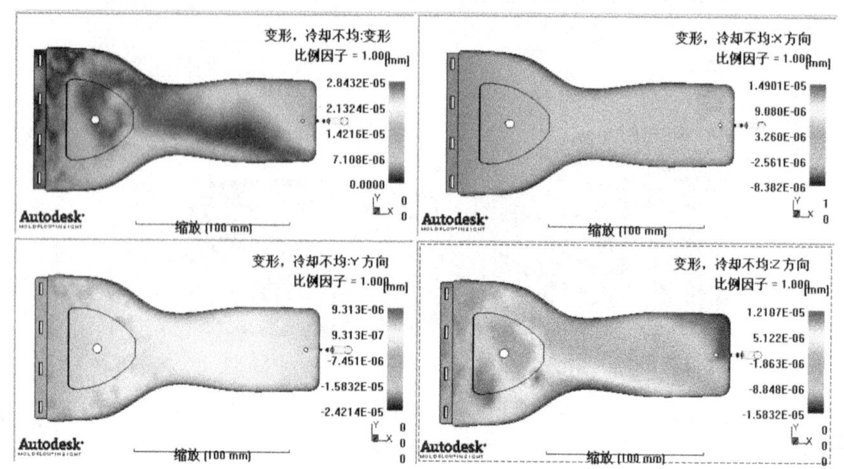

图 8-61　冷却因素影响下的产品变形

从图 8-61 中可以看到，冷却因素影响下的产品变形量为 0.00002mm，这表明冷却因素仍然不是引起变形的主要因素。

(3) 收缩因素引起的产品变形

调整保压曲线之后，扫描器在收缩因素影响下的变形量的图形显示结果如图 8-62 所示。

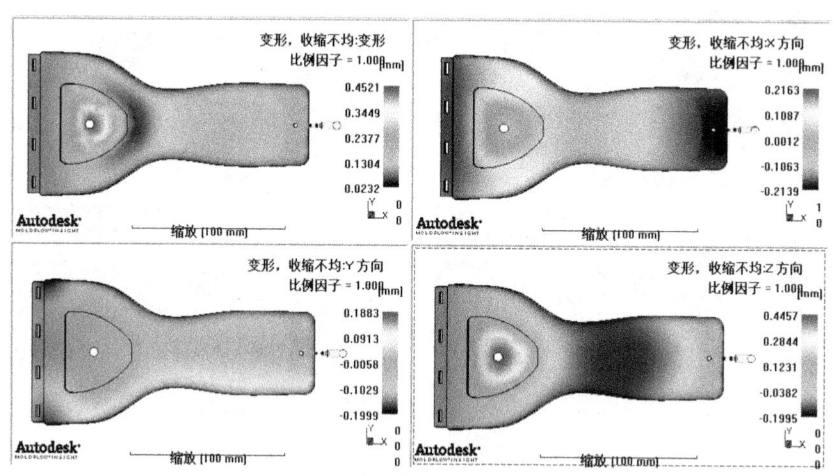

图 8-62　收缩因素影响下的产品变形

从图 8-62 中可以看到，收缩因素影响下的产品变形量为 0.4521mm，收缩是产品翘曲变形的主要因素，但是与图 8-43 相比较，收缩因素影响下的产品翘曲变形量经过保压曲线的调整已经有了很大的改善。

(4) 分子取向因素引起的产品变形

扫描器在分子取向因素影响下的变形量的图形显示结果如图 8-63 所示。

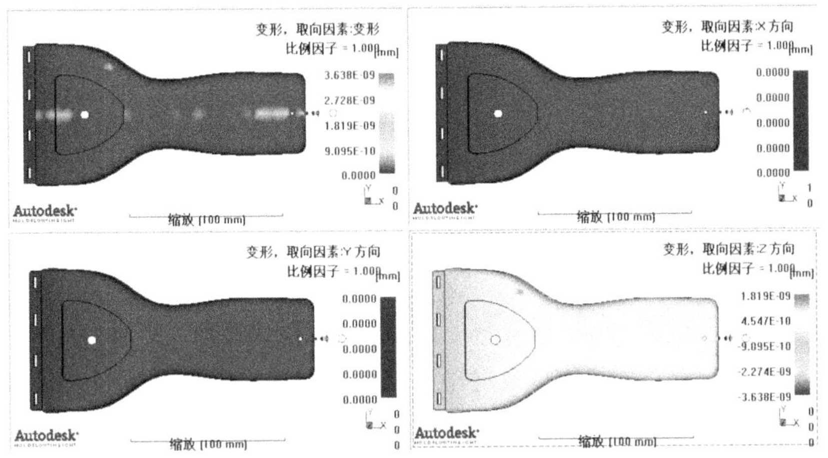

图 8-63　分子取向因素影响下的产品变形

从图 8-63 中可以看到，分子取向因素影响下的产品变形量为 3.638E-09mm，该值基本上可以忽略。

8.3.4　分析小结

经过对仿真结果的分析与对比可以看到，扫描器由于熔体冷却收缩引起的翘曲变形的成型问题得到了很好的改善，工艺参数的调整方案是正确有效的。

注塑成型工艺涉及的参数复杂多样，为了确定合理的工艺过程，往往需要对产品的注塑成型工艺进行定性的分析，利用 AMI 的成型分析模拟，可以方便快速地确定出相对合理的工艺过程参数。这不仅确保开模的一次成功率，而且可以大大缩短试模调整的时间和周期，加快产品上市时间，增强企业的核心竞争力。

希望读者通过上面有关内容的学习，掌握利用 AMI 系统进行成型工艺参数调整和优化的方法。

8.4　分析后处理

分析后处理是指在 AMI 系统分析计算完成之后，对计算结果的显示、编辑和检查等相关处理，以及分析报告的生成。

分析后处理在 AMI 应用中是非常重要的一个环节，通过分析后处理可以实现以下一些目的：

- 分析结果的合理显示；
- 分析结果有关数据的查询；
- 分析结果正确性的判断；

● 分析报告的生成。

下面结合本章案例介绍分析后处理的有关内容和技巧。

8.4.1 计算结果后处理

计算结果的后处理主要包括以下内容：

● 新结果的创建；

● 结果中参数的查询；

● 显示结果的编辑；

● 二维曲线结果的输出。

1. 新结果的创建

分析计算完成之后，在分析任务窗口中列出的是计算结果为分析计算前设定的默认结果，选择文件→选项→结果命令可以设定和查看，如图 8-64 所示。

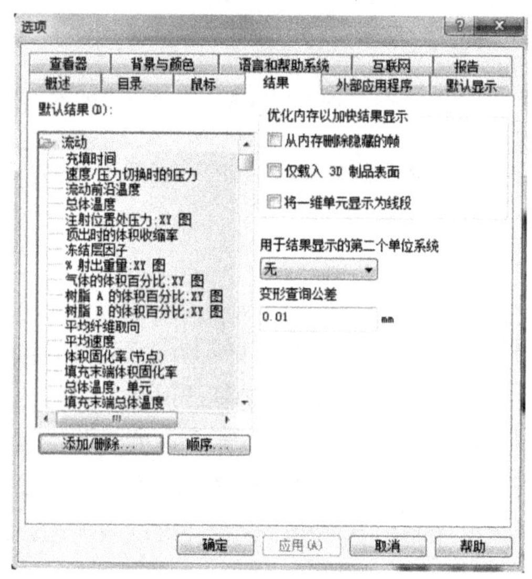

图 8-64 列出结果的设定

在图 8-64 中，左侧一栏为 AMI 系统针对不同的分析类型分类列出的所有可以得到的计算结果，右侧一栏则是在分析计算结束后，会在分析任务窗口中列出的计算结果。通过选择左侧结果，单击添加/删除按钮 添加/删除... ，可以在分析计算前设定默认的显示结果。

注意：

在分析计算过程中，AMI 系统会通过计算得到所有可以得到的分析结果，并不是按照默认结果中列出的结果进行计算。因此在分析计算结束后，用户可以根据需要直接创建希望显示的计算结果。

创建新的计算结果步骤如下。

【操作步骤】

(1) 选择结果→新建图命令或者在分析任务窗口中右击 结果 ，在弹出的快捷菜单中选择新建图命令，系统会弹出如图 8-65 所示的对话框。

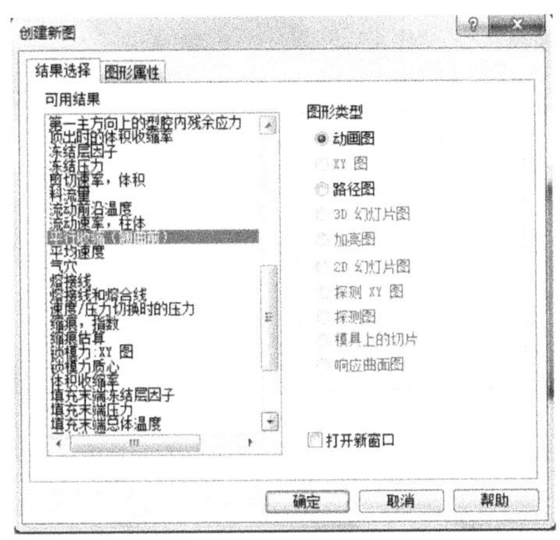

图 8-65　创建新的显示计算结果

(2) 选择需要显示的新的计算结果平行收缩(翘曲前)，单击“确定”按钮即可创建，在图 8-65 中的图形类型选项卡中可以设定相关结果有关显示参数，创建结果如图 8-66 所示。

(a) 任务窗口显示

(b) 平行收缩(翘曲前)

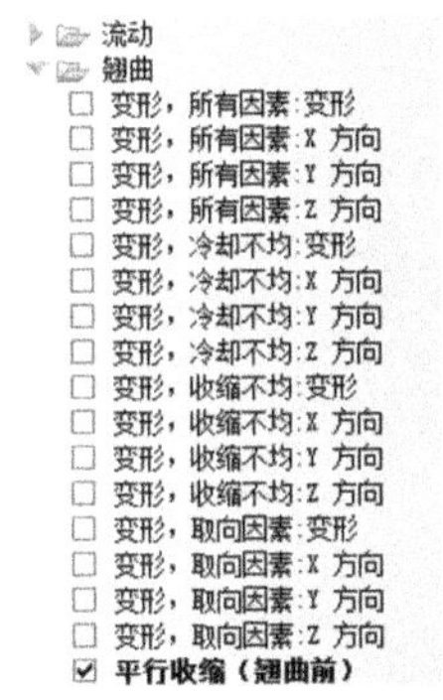

(a) 任务窗口显示

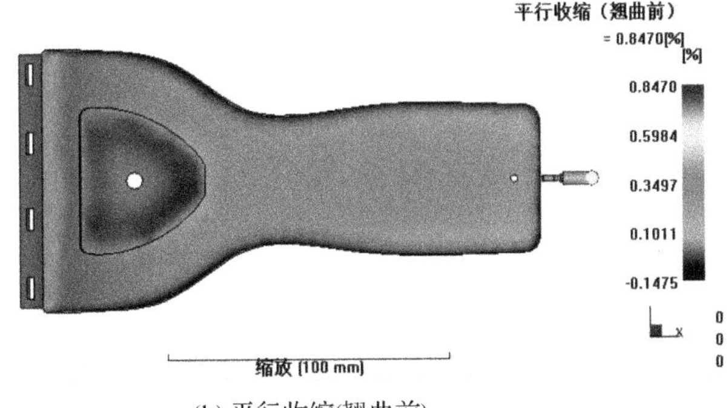

(b) 平行收缩(翘曲前)

图 8-66　新创建的显示结果

注意：

平行收缩显示的是产品在与分子取向平行和垂直两个方向上的平均收缩率，如图 8-67 所示。

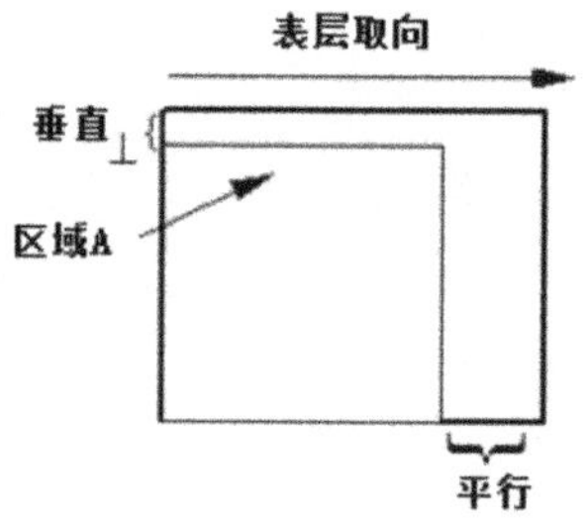

2. 计算结果中参数的查询

AMI 系统给出的分析结果绝大多数为动态或静态的图形显示结果，图形结果可以直观地显示某一参数在产品不同区域的分布，有利于用户从总体上把握产品的相关质量情况。

有时，用户希望得到分析结果中产品某位置处具体的参数值，这时就需要利用参数查询功能。

表层取向
垂直
区域A
平行

图 8-67　平行收缩示意图

下面以本章案例中的充填时间和注射位置处压力：XY 图为例，介绍参数查询方法。

(1)充填时间

在系统窗口中显示填充时间的动态结果，选择结果→检查结果命令，利用查询图标 +? 单击显示结果中需要查询的产品位置，会得到如图 8-68 所示的结果。

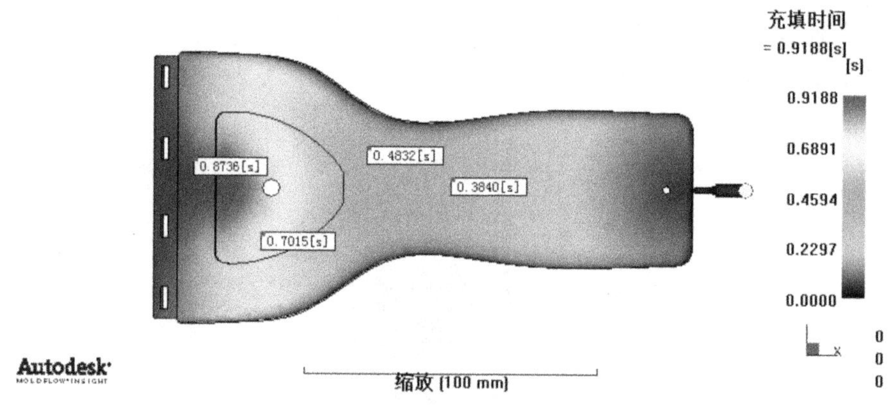

图 8-68　结果参数查询 1

注意：

在选择查询位置时，按住 Ctrl 键可以同时显示多个位置的结果参数。

(2) 注射位置处压力：XY 图

二维曲线分析结果也可以进行结果查询，在系统窗口中显示注射位置处压力：XY 图的二维曲线结果。同样选择结果→检查结果命令，利用查询图标单击二维曲线上需要查询的位置，会得到如图 8-69 所示的结果。

注意：

对于二维曲线形式的分析结果仅能够显示单个点的参数数据。

3. 显示结果的编辑

在 AMI 中，用户可以根据实际需要对显示结果进行编辑，从而得到理想、合理的结果显示方式。

(1) 不同分析结果的叠加显示

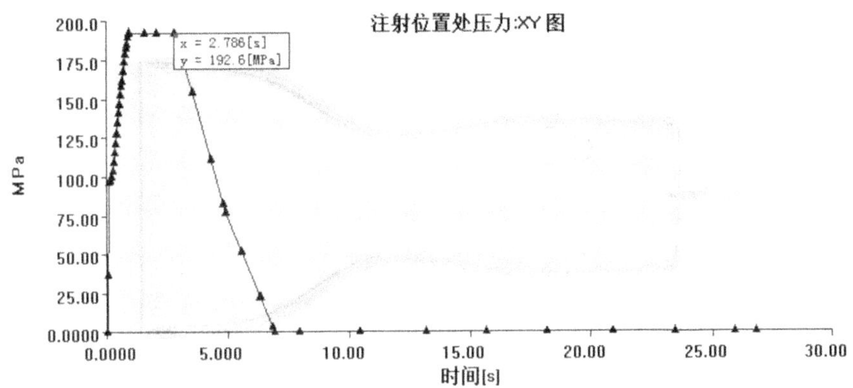

图 8-69 结果参数查询 2

结果的叠加显示方法，在前面的内容中已多次介绍，这里就不再赘述。

(2) 动态图形结果的编辑

本节以流动结果中的压力为例，介绍动态图形结果的编辑。

在系统窗口中显示压力结果，选择结果→图形属性命令或者在分析任务窗口中右击压力，在弹出的快捷菜单中选择属性命令，如图 8-70 所示，弹出的对话框如图 8-71 所示。

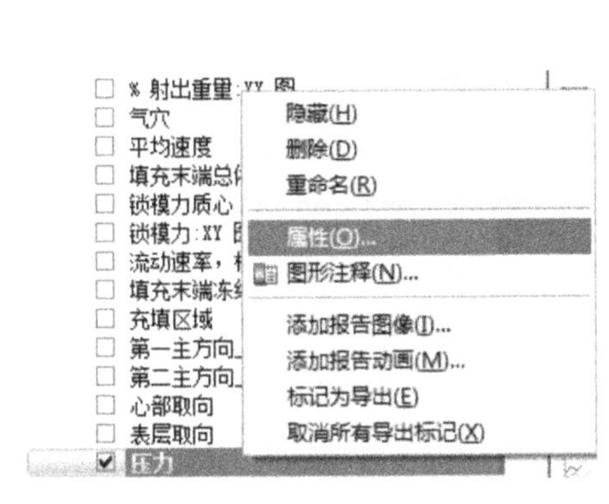

图 8-70 显示结果属性编辑

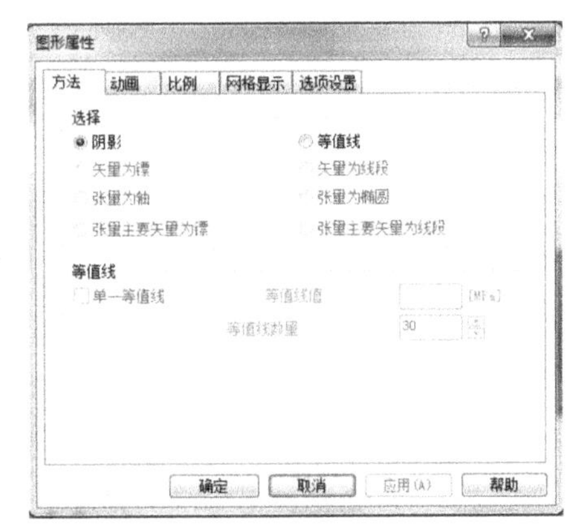

图 8-71 显示结果的属性设置

用户可以根据自己的需要，设定显示结果的参数，例如在显示方式的选择上可以采用阴影或者是等值线，如图 8-72 所示。

(3) 二维曲线结果的编辑

下面以流动结果中的锁模力：XY 图为例，介绍二维曲线结果的编辑。

在系统窗口中显示锁模力：XY 图的二维曲线结果，如图 8-73 所示，选择结果→图形属性或者在分析任务窗口中右击锁模力：XY 图，在弹出的快捷菜单中选择属性命令，弹出的对话框如图 8-74 所示。

在曲线结果的属性设置中可以分别设定 X、Y 轴对应的参数、参数的取值范围、结果标题名称等，用户可以根据实际需要进行设定，如图 8-75 所示为在 10～25s 时间段内的锁模力变化情况。

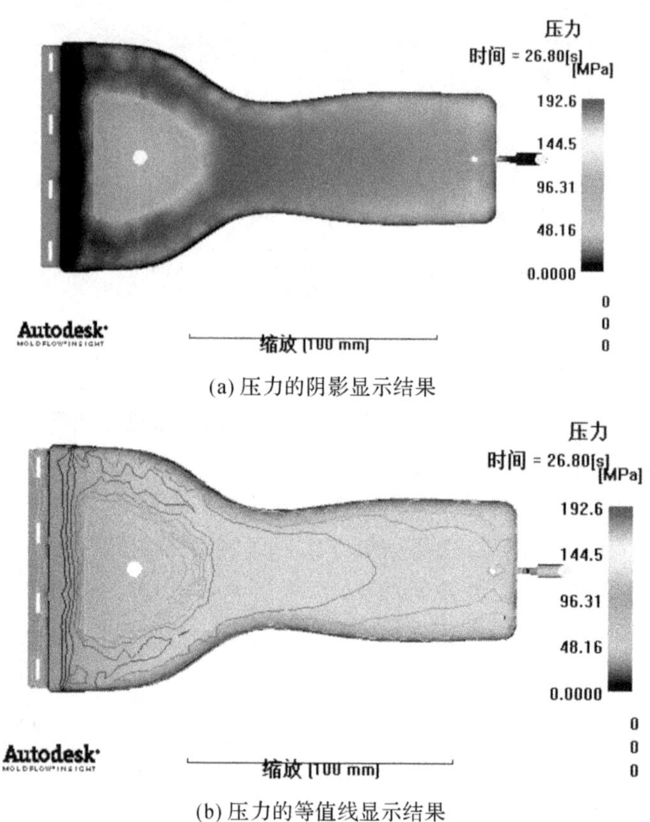

(a) 压力的阴影显示结果

(b) 压力的等值线显示结果

图 8-72　压力的不同形式显示结果

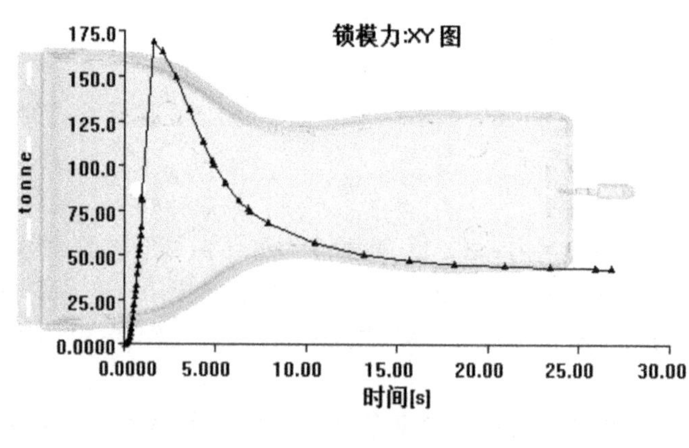

图 8-73　锁模力

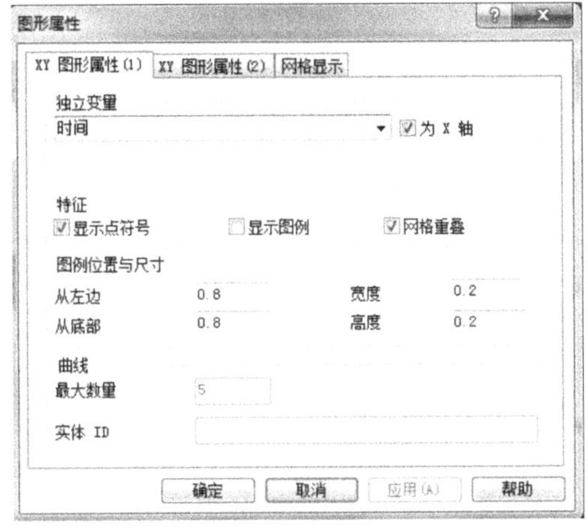

图 8-74 曲线结果的属性设置

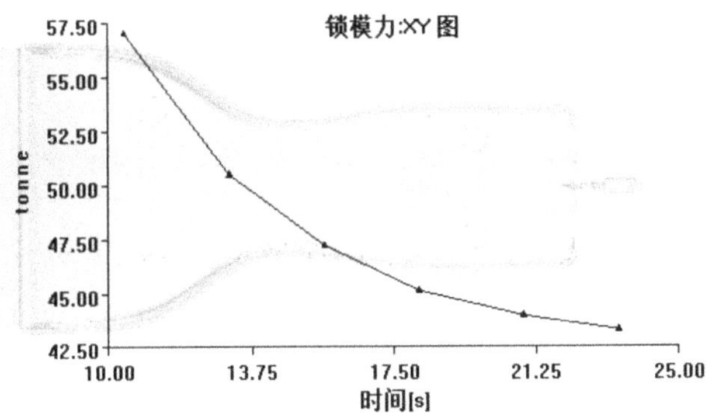

图 8-75 规定时间范围的锁模力变化

4. 二维曲线结果的输出

在 AMI 系统中，可以将二维曲线结果以文本的形式输出。

以推荐的螺杆速度：XY 图为例，在系统窗口中显示该结果，如图 8-76 所示。

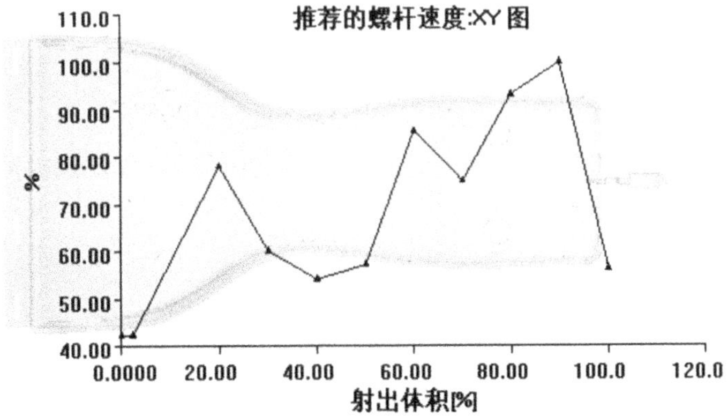

图 8-76 推荐螺杆速度曲线

选择结果→保存 XY 图曲线数据命令，在弹出的窗口中设定保存路径及文件名，如图 8-77所示，单击“保存”按钮。

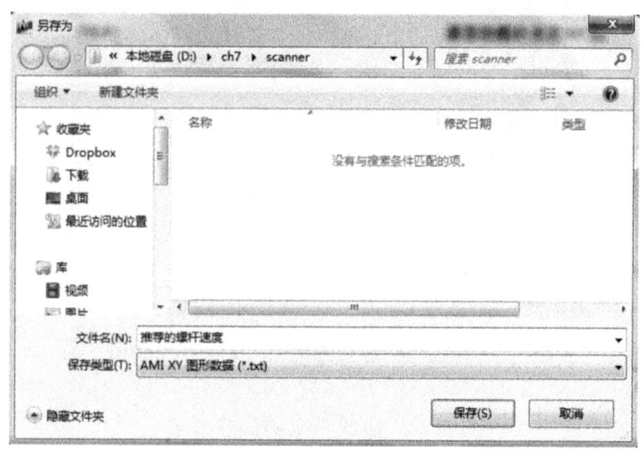

图 8-77　保存设置

该结果的文本形式如图 8-78 所示。

推荐的螺杆速度 - 记事本
文件(F) 编辑(E) 格式(O) 查看(V) 帮助(H)

推荐的螺杆速度:XY 图

射出体积[%]	推荐的螺杆速度:XY 图[%]
0	42.4458
2.33872	42.4458
20	78.0787
30	60.1027
40	54.1775
50	57.2441
60	85.613
70	74.9317
80	93.267
90	100
100	56.3724

图 8-78　文本形式结果

8.4.2　分析报告的创建

完成了所有的分析任务之后，可以利用 AMI 给出的模板，方便地生成 HTML 格式的分析报告，以进行汇报和总结。

分析报告的创建方法如下。

【操作步骤】

(1) 选择报告→报告生成向导命令，系统弹出如图 8-79 所示对话框，在可用方案选项组中，选择需要加入报告的分析内容，单击添加按钮，添加完成后单击“下一步”按钮。

(2) 进入报告生成向导第 2 页，如图 8-80 所示，从左侧的可用数据选项组中选择需要加入分析报告的计算结果，单击添加按钮，添加完成后单击“下一步”按钮。

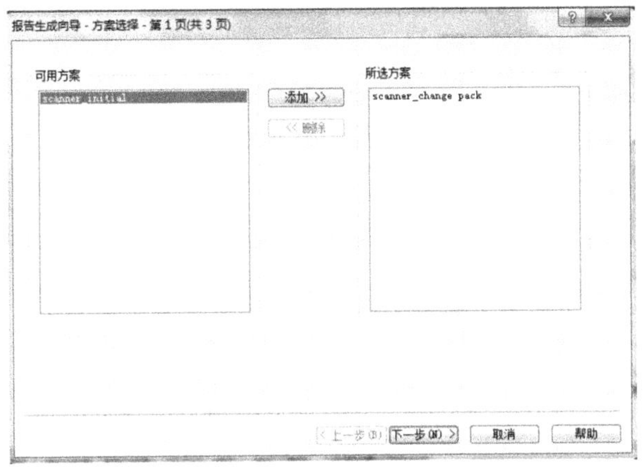

图 8-79　报告生成向导第 1 页

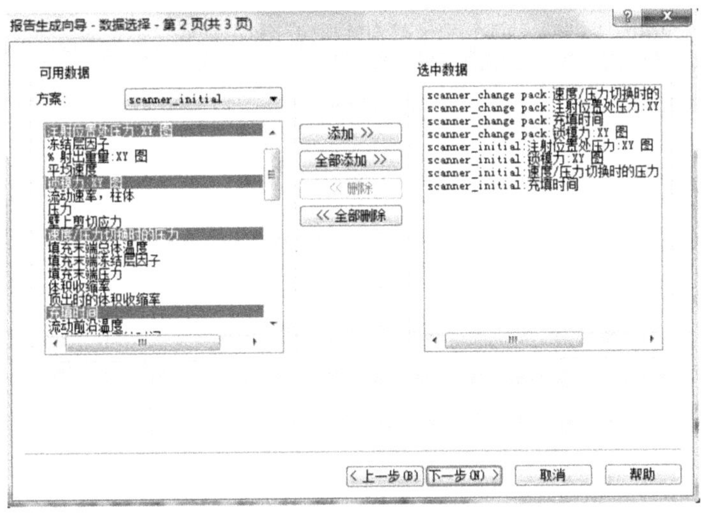

图 8-80　报告生成向导第 2 页

注意:

在选择需要加入分析报告的计算结果时，可以依照设定好的在分析报告中的顺序，也可以不按照顺序直接添加，在下一步中排序。

(3) 进入报告生成向导第 3 页，如图 8-81 所示。

对话框中的相关参数设置如下:

- 报告格式

AMI 系统提供 3 种报告格式，如图 8-82 所示，这里选择默认模板。

- 封面

选择该复选框，可以在报告中加入封面页，单击属性按钮，系统弹出封面页属性设置对话框，如图 8-83 所示，相关内容读者可以根据实际情况填写。

- 报告项目

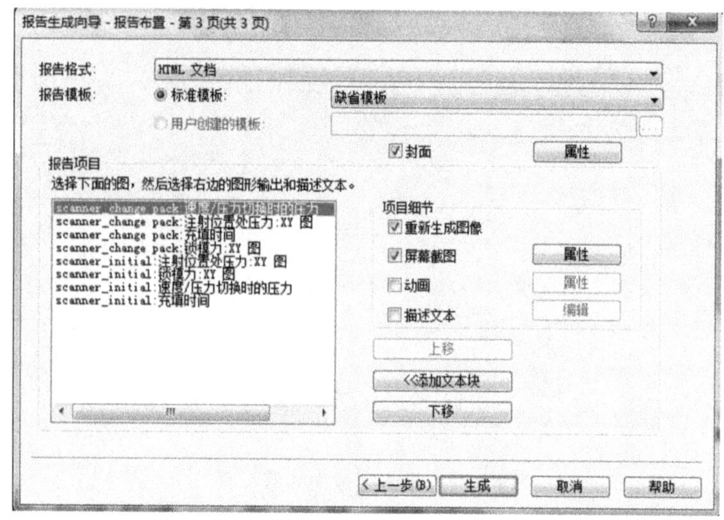

图 8-81　报告生成向导第 3 页

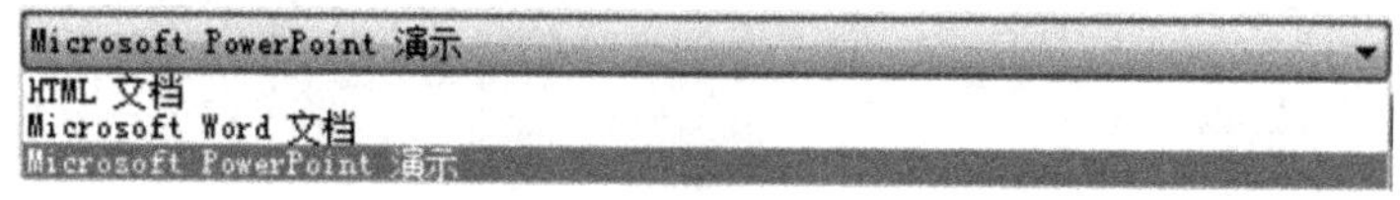

图 8-82　报告格式

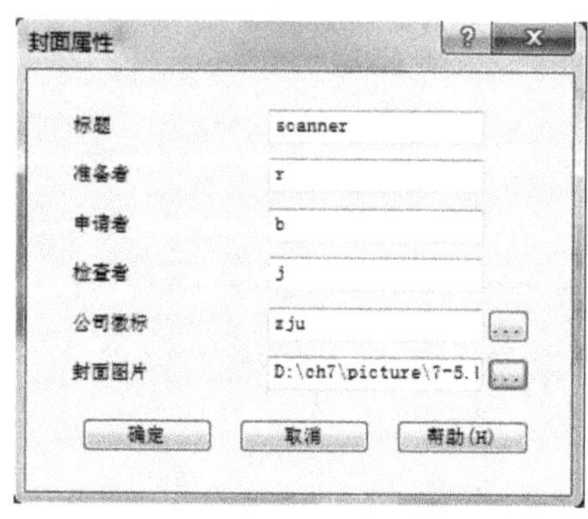

图 8-83　封面页信息

在报告项目一栏中选择相应的分析结果，可以对其在报告中的显示形式进行设置。

● 项目细节

以 scanner_initial：充填时间为例，选择该报告项目，在项目细节窗口中选择所有复选框，如图 8-84 所示。

单击屏幕截图复选框后的属性按钮，系统弹出属性设置窗口，如图 8-85 所示。

在对话框中可以利用已经截好的有关充填时间的图片，也可以采用系统自动截取的图片，相关的设置如图 8-85 所示。

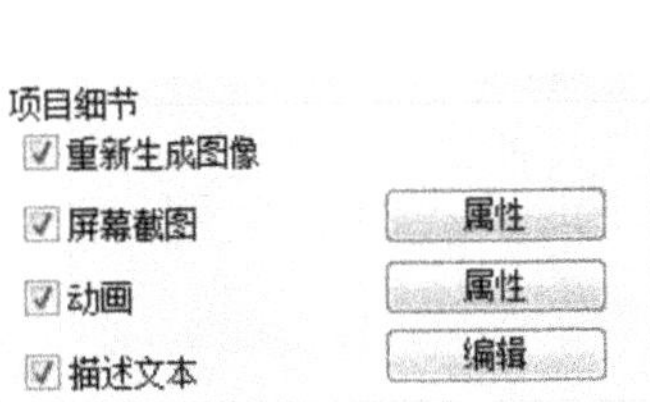

图 8-84　数据项设置

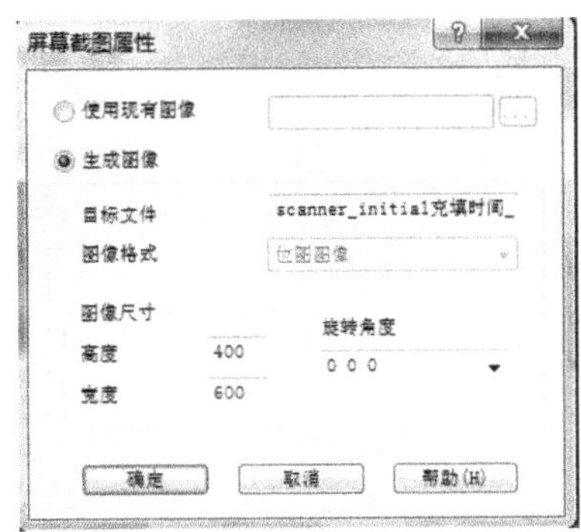

图 8-85　截图属性设置

单击动画复选框后的属性按钮，系统弹出属性设置窗口，如图 8-86 所示。

在对话框中可以利用已经截好的有关充填时间的动画，也可以采用系统自动截取的动画，相关的设置如图 8-84 所示。

单击描述文本复选框后的编辑按钮，弹出的对话框如图 8-87 所示。

图 8-86　动画属性设置

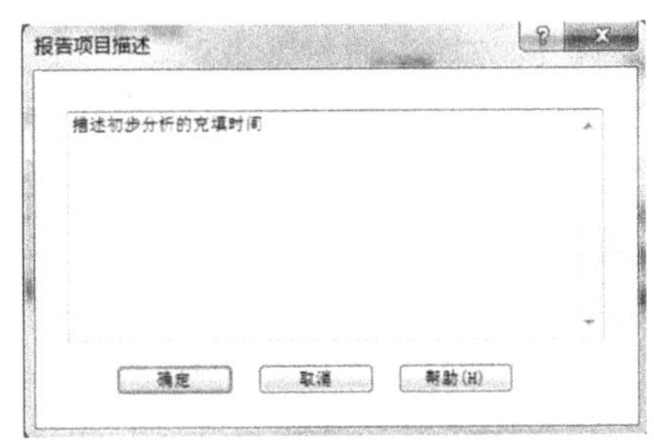

图 8-87　文字描述编辑

在对话框中可以填入相应的文字描述信息。

- 上移 & 下移

利用上移 & 下移可以对分析结果数据项在报告中的顺序进行排列。

- <<添加文本块

利用<<添加文本块可以在不同的分析结果之间加入文字段落。

(4) 单击生成按钮，系统自动生成分析报告，分析报告创建完毕。

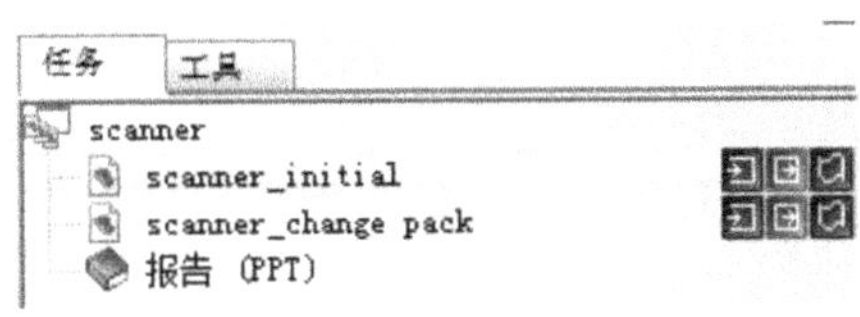

图 8-88　项目管理窗口显示

报告生成后，项目管理窗口显示如图 8-88 所示。

HTML 格式的分析报告如图 8-89 所示。

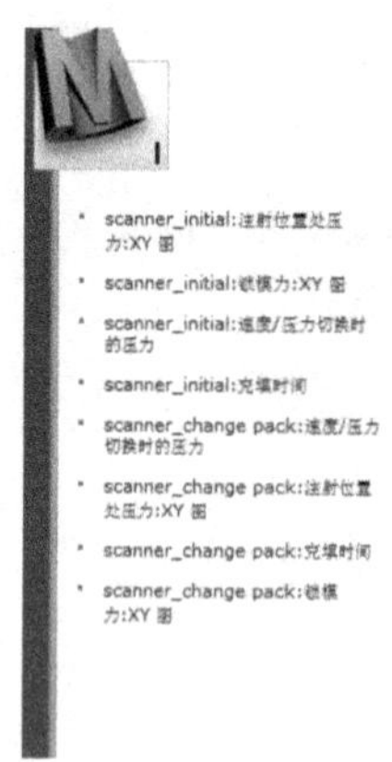

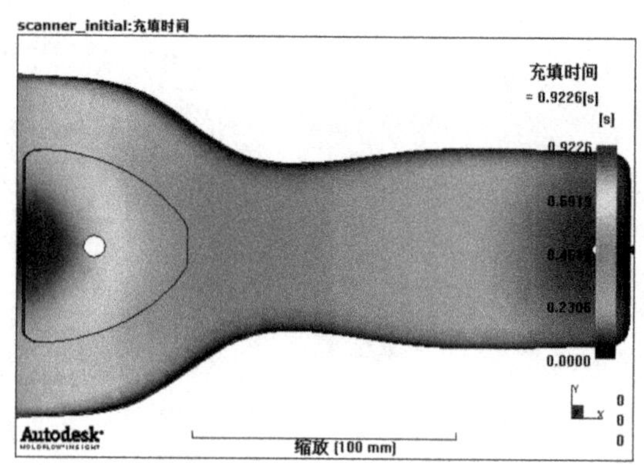

图 8-89　分析报告

8.5　小　结

本章结合商品条码扫描器的实例，介绍了利用 AMI 系统，在试模生产之前进行工艺过程参数调整的方法。通过该方法，可以快速地确定出产品生产相对合理的工艺过程参数，不仅确保开模的一次成功率，而且可以大大缩短试模调整的时间和周期。

本章还结合实例介绍了有关分析结果后处理的方法，以及分析报告的创建方法。

希望读者通过本章的学习，掌握以下内容：

- 了解注塑生产工艺参数在塑料产品生产中的重要性；
- 学习有关材料属性的信息及不同材料间的性质比较；
- 利用 AMI 系统调整工艺过程参数的方法；
- 分析结果后处理的方法；
- 创建分析报告的过程和方法。

第 9 章　综合案例:ZP1 产品分析(评估)

9.1　概　述

本案例将使用如图 9-1 所示的 ZP1 产品上盖,产品中间有 4 处破孔。

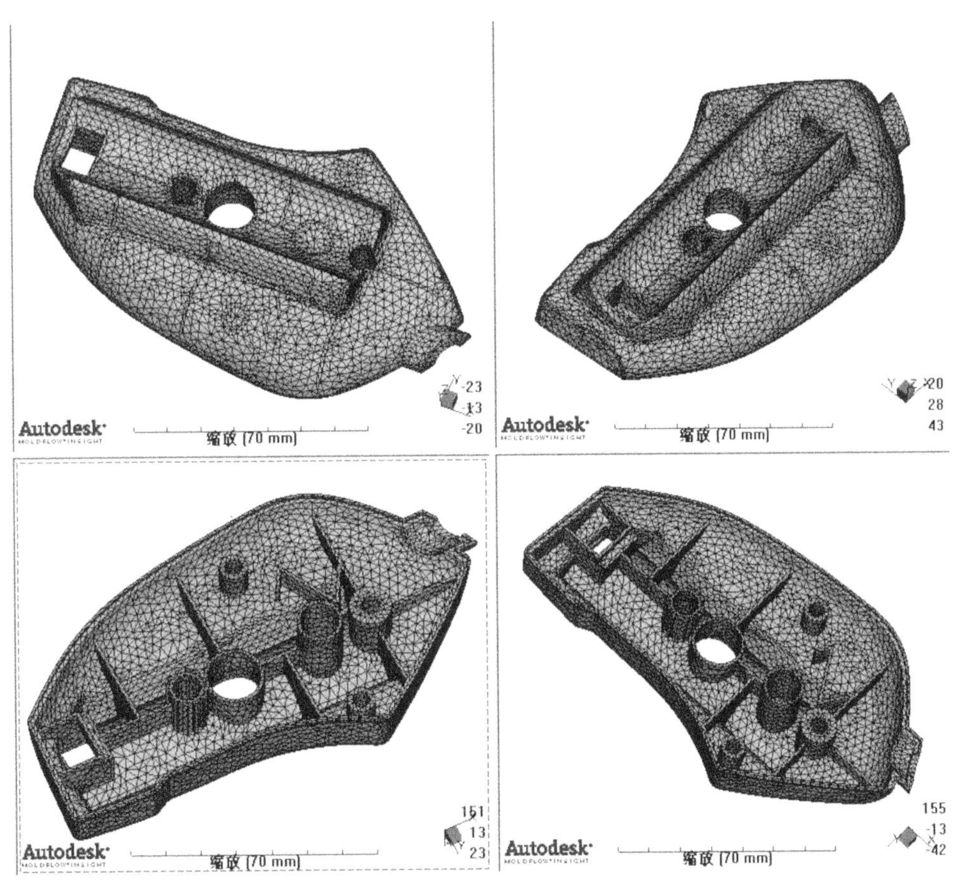

图 9-1

本产品使用 UMG ABS Ltd 公司的牌号为 UMG ABS GSM 的原料,此原料没有填充物。产品的尺寸信息为 142mm×78mm×29mm,基本壁厚为 2mm,产品不是很大。

此产品的模具设计方案已经初步确定,只要根据初步方案对产品的流动、冷却和翘曲进行分析评估。模具设计的原始方案如图 9-2 所示。

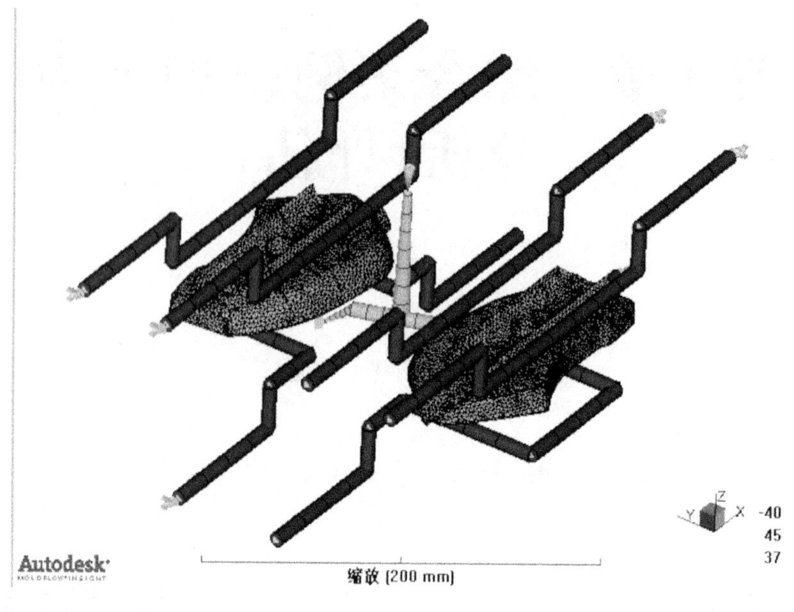

图 9-2

9.2　CAD Doctor 前处理

对于使用第三方格式的 3D 数据文件在导入到 AMI 中会出现很多自由边等缺陷问题，对于手工修复会带来很大的麻烦。使用 CAD Doctor 可以快速修复这些问题，并且可以简化模型，提高网格匹配率，为分析的准确性提供保证。

9.2.1　产品缺陷修复

从第三方软件转过来的数据通常存在自由边、重复面、面丢失以及变形等问题，因此在划分网格之前加以修复是非常有必要的。

打开 CAD Doctor 软件(为方便书写，后面都简称为 AMCAD。)，选择 File→Import(导入)命令，如图 9-3 所示。选中提供的名为 ZP1.igs 的文件，单击【打开】按钮，即可把数据导入图形区域中，如图 9-4 所示。文件导入之后，就需要检查一下产品存在的缺陷问题。单击界面左下方的 Check 图标，系统开始自动计算、分析产品的缺陷。

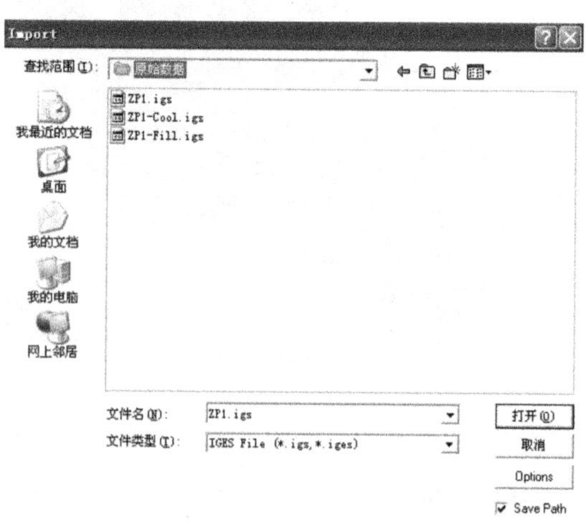

图 9-3

图 9-5 所示为产品存在的缺陷，最严重

的缺陷当属自由边问题。

由于缺陷的数量较多，因此先使用自动修复的方式进行修复。单击 Stitch(缝合)图标，弹出如图 9-6 所示的对话框。对话框中显示了当前存在的自由边数量 1628 以及将要使用的缝合公差 0.01mm。

为了确保能够更好地修复自由边以及防止产品变形，因此公差设置在 0.0254mm，比较恰当。设置 Tolerance(公差)为 0.0254，单击 Try(应用)按钮，系统会自动进行修复。计算完成后会出现如图 9-7 所示的对话框。

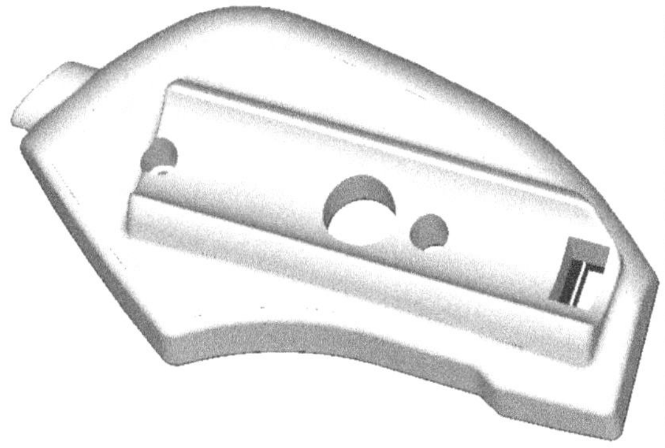

图 9-4

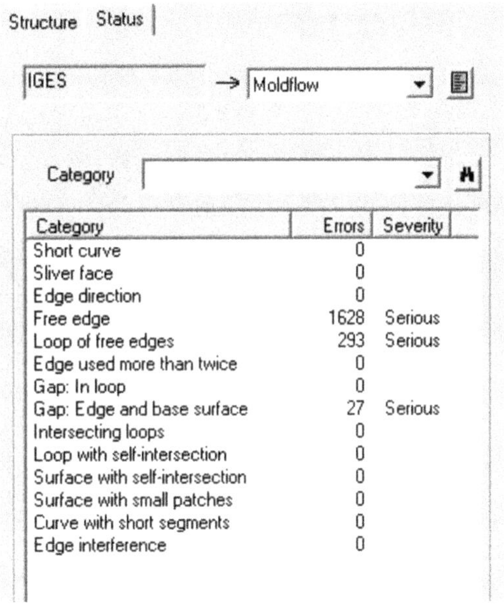

Structure Status

IGES → Moldflow

Category

Category	Errors	Severity
Short curve	0	
Sliver face	0	
Edge direction	0	
Free edge	1628	Serious
Loop of free edges	293	Serious
Edge used more than twice	0	
Gap: In loop	0	
Gap: Edge and base surface	27	Serious
Intersecting loops	0	
Loop with self-intersection	0	
Surface with self-intersection	0	
Surface with small patches	0	
Curve with short segments	0	
Edge interference	0	

图 9-5

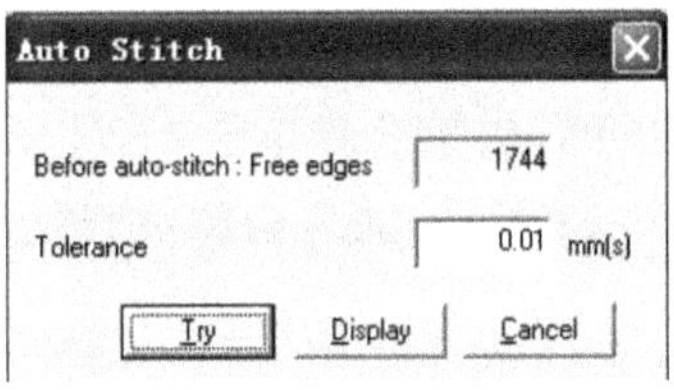

Auto Stitch
Before auto-stitch : Free edges 1744
Tolerance 0.01 mm(s)
Try Display Cancel

图 9-6

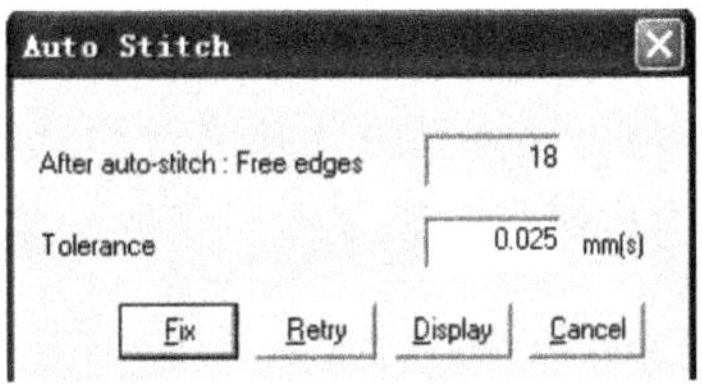

Auto Stitch
After auto-stitch : Free edges 18
Tolerance 0.025 mm(s)
Fix Retry Display Cancel

图 9-7

从提示框中可以看到，修复效果非常好，只剩 18 自由边问题了。单击 Fix(确定)按钮，即可完成自由边总体修复。图 9-8 所示为完成自由边修复后的缺陷诊断列表。除了自由边一项变为 16 了，其他几个缺陷也随着自由边的修复减少了。

如果要把修复好的模型导出供 AMI 使用，必须要进行一次内核的转换，并且在内核转换的过程中，也可以修复一些缺陷。因此接下来将进行内核转换。单击 Heal 图标，系统就开始进行内核修复。修复完成后的缺陷列表如图 9-9 所示，缺陷基本被修复，非常迅速。

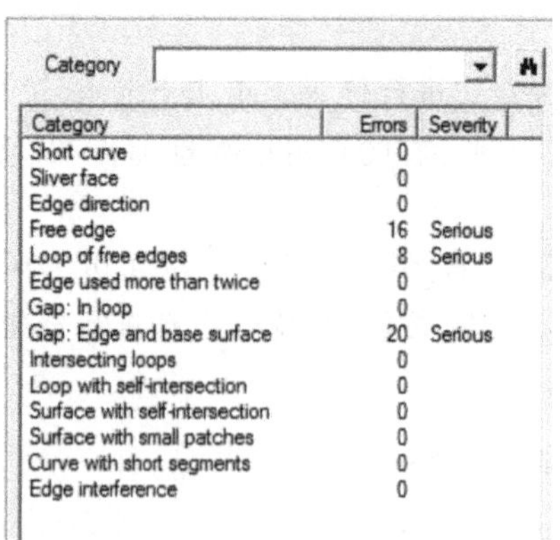

图 9-8

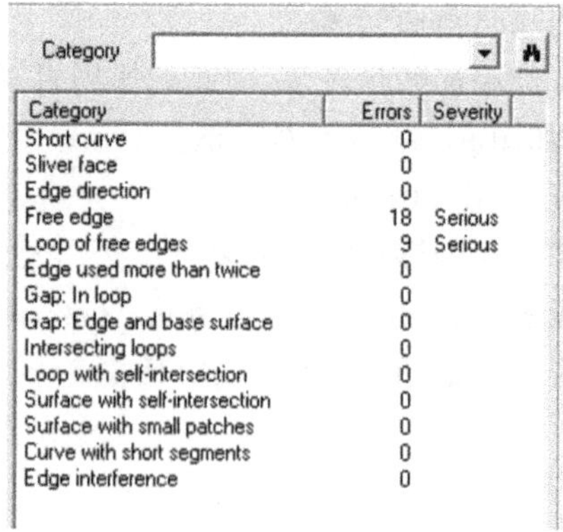

图 9-9

剩下自由边需要我们重新修补，重复单击Stitch（缝合）图标，弹出如图9-10所示的对话框。对话框中显示了当前存在的自由边数量16以及将要使用的缝合公差0.025mm。设置Tolerance（公差）为0.0254，单击Try（应用）按钮，系统会自动进行修复。计算完成后会出现如图9-11所示的对话框。从提示框中可以看到，修复效果非常好，没有自由边问题了。单击Fix（确定）按钮，即可完成自由边总体修复。

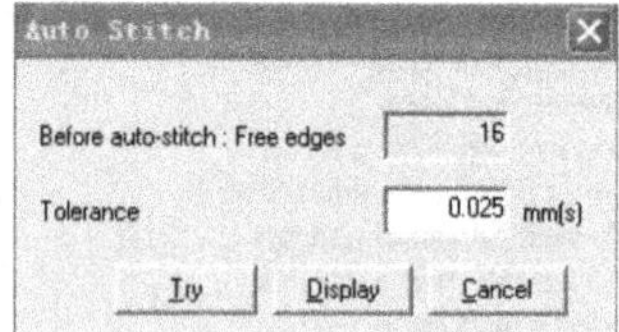

图 9-10

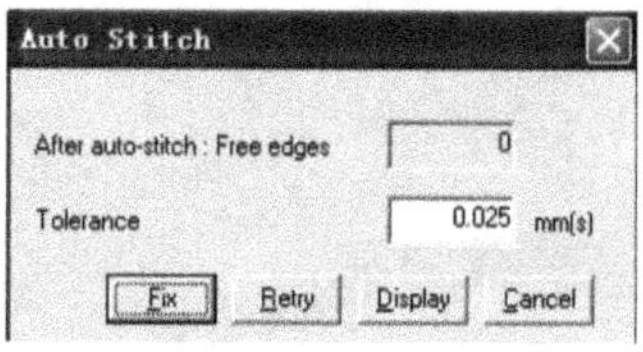

Auto Stitch
After auto-stitch : Free edges 0
Tolerance 0.025 mm(s)
Fix Retry Display Cancel

图 9-11

图9-12所示为完成自由边修复后的缺陷诊断列表。自由边一项变为0了，其他几个缺陷也随着自由边的修复没有了。

如果要把修复好的模型导出供AMI使用，必须要进行一次内核的转换，并且在内核转换的过程中，也可以修复一些缺陷。因此接下来将进行内核转换。单击Heal图标，系统就开始进行内核修复。修复完成后的缺陷列表如图9-13所示，缺陷全部被修复，非常迅速。

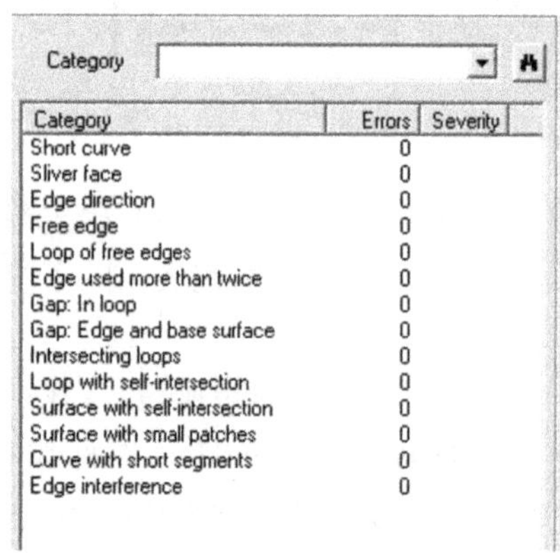

图 9-12

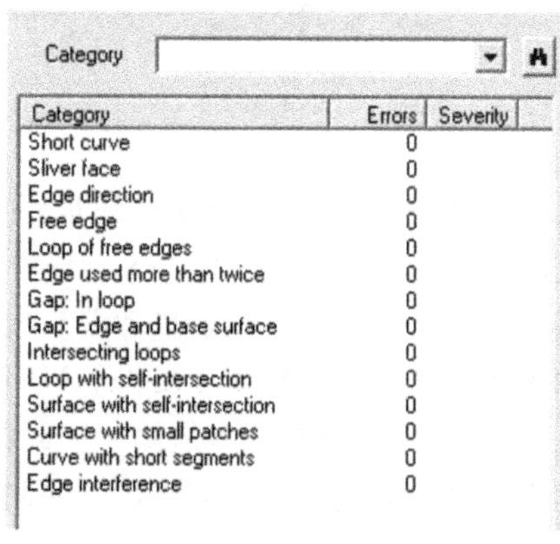

图 9-13

9.2.2 产品简化

为了提高网格的匹配率，可以把一些对分析影响不大的圆角、斜角以及孔或柱位去除。为了能够使用 AMCAD 来简化产品，因此需要切换模块。切换的工具条如图 9-14 所示。

把默认的 Translation 模块切换为 Simplification 模块，如图 9-15 所示。

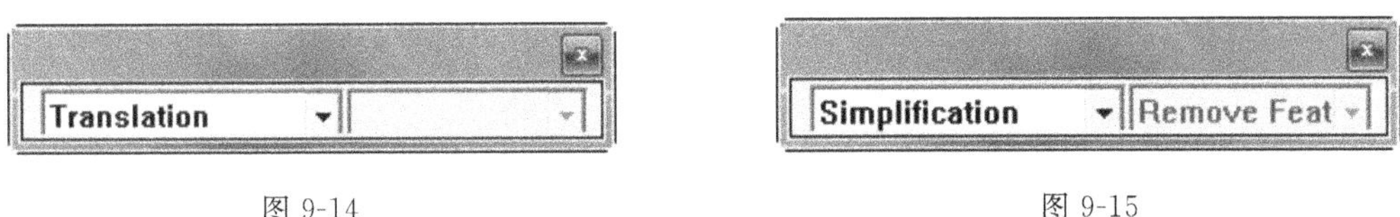

图 9-14　　　　图 9-15

软件界面左边区域的状态栏发生了变化，除了有缺陷状态统计外还有简化相关的操作命令，如图 9-16 所示。需要注意的是，在进行简化产品的同时，可能会出现新的产品缺陷，在简化过程中或之后必须重新加以修复。

先对圆角进行简化。右键 Feature(特征)中的 Fillet(圆角)，弹出图 9-16-2 所示的快捷菜单。

由于此产品的基本壁厚为 2.1mm，因此可以设置把小于 1mm 以下的圆角去除掉。选中 Modify Threshold 命令，弹出如图 9-14 所示的对话框。在最大位置处设置圆角为 1mm，如图 9-16-3 所示。单击 OK 按钮，这样圆角就被限制在 0mm 到 1mm 的范围。

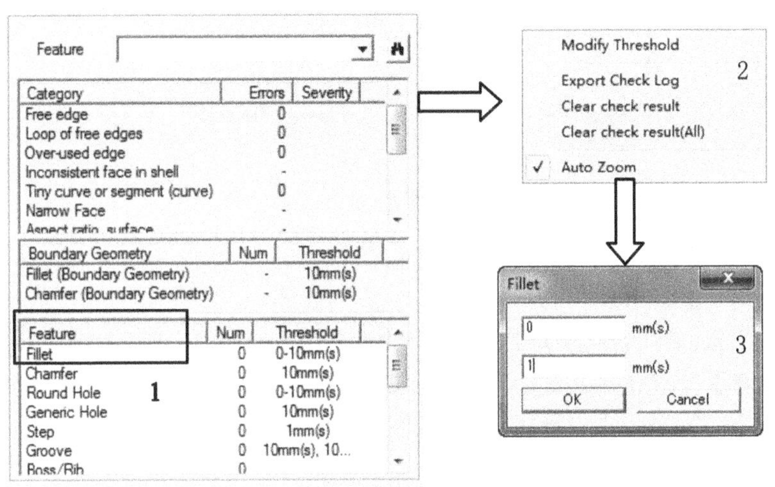

图 9-16

单击 Check All Fillet 图标，系统会自动寻找产品中小于 1mm 的圆角。在列表中出现找到的圆角个数为 18，与此同时，出现了简化圆角的对应功能，如图 9-17 所示。单击 Remove All Fillets 图标，系统会自动简化全部圆角，与此同时，在列表中小于 1mm 的圆角个数为 0。

接下来检测是否有小的斜角可以去除。在 Chamfer 上右击弹出如图 9-18 所示的快捷菜单。选择 Modify Threshold 按钮，在弹出的对话框中输入斜角最大值为 1mm，单击

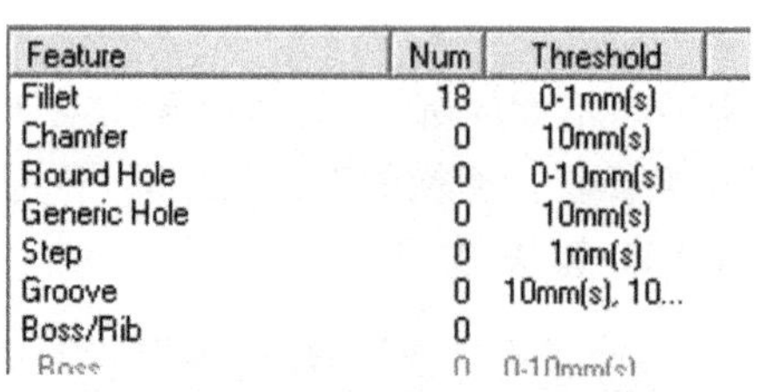

Feature	Num	Threshold
Fillet	18	0-1mm(s)
Chamfer	0	10mm(s)
Round Hole	0	0-10mm(s)
Generic Hole	0	10mm(s)
Step	0	1mm(s)
Groove	0	10mm(s), 10...
Boss/Rib	0	
Boss	0	0-10mm(s)

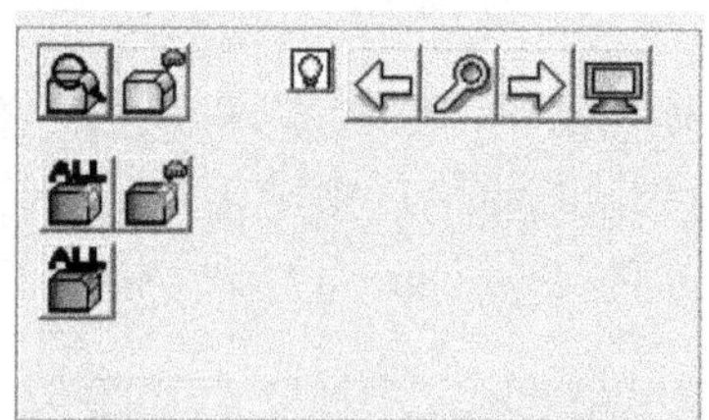

图 9-17

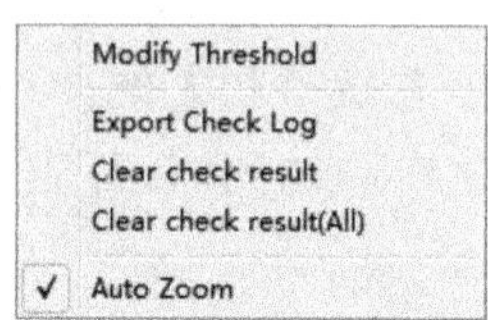

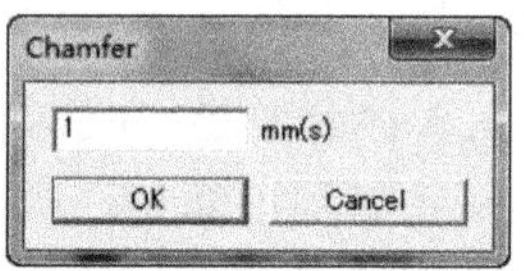

Feature	Num	Threshold
Fillet	0	0-1mm(s)
Chamfer	2	1mm(s)
Round Hole	0	0-10mm(s)
Generic Hole	0	10mm(s)
Step	0	1mm(s)
Groove	0	10mm(s), 10...
Boss/Rib	0	
Boss	0	0-10mm(s), ...
Rib	0	10mm(s), 1
Sheet Hole	0	10mm(s)
Projection	0	

图 9-18

Check All Chamfer 图标，系统自动识别到 2 个斜角。单击 Remove All Chamfers 图标，系统会自动简化全部斜角。

由于这个产品，如孔、柱位等结构比较少或没有，因此可以不需要简化了，完成圆角和斜角检测之后需要重新检查一下简化后是否出现新的产品缺陷，如果有那就要按照 9.2.1 节介绍的方式重新进行产品缺陷修复。

9.2.3 产品导出

产品上的缺陷以及细小特征去除后，就可以导出，供 AMI 使用了。选择 File→Export 命令，弹出如图 9-19 所示的对话框。

导出的格式为 UDM，名称修改为图 9-19 中所示的即可，单击【保存】按钮，完成导出操作。

图 9-19

9.3 网格操作

网格是 AMI 分析的核心，只有建立高质量的网格，才能保证 AMI 分析得到的结果的可靠性。网格相关工作包括了三个方面，如下：

- 项目创建和模型导入
- 创建网格
- 网格缺陷修复

要注意的是，本案例需要进行翘曲分析，因此对网格的匹配率提出了更高的要求。翘曲分析要求网格匹配率达到 90%以上。

9.3.1 产品导入

工程项目是用于管理方案任务的。AMI 中只能创建一个工程项目，但一个工程项目下可以有多个方案任务。

下面就具体介绍一下如何创建项目以及导入模型。

打开 AMI 软件后，选择【文件】→【新建工程】命令，弹出如 图 9-20 所示的【创建新工程】对话框。

在【创建新工程】对话框中输入工程名称为 ZP1，通过【浏览】按钮选择新工程的保存位置。单击【确定】按钮后，在工程项目管理区就出现了以 ZP1 命名的工程，如图 9-20 所示。

工程项目创建好后，选择【文件】→【导入】功能或在工程名称 ZP1 上右击，在弹出的如图 9-21 所示的快捷菜单中选择导入。

选择需要导入的文件。在本例中的模型的名称为 ZP1_out. udm，选中此文件导入后，便会出现如图 9-21 所示的【导入】对话框。

在【导入】对话框中，显示了本产品的尺寸大小。需要在此页面中选择网格类型为【双层面】。单击【确定】按钮后，在图形编辑区出现如图 9-22 所示的模型。

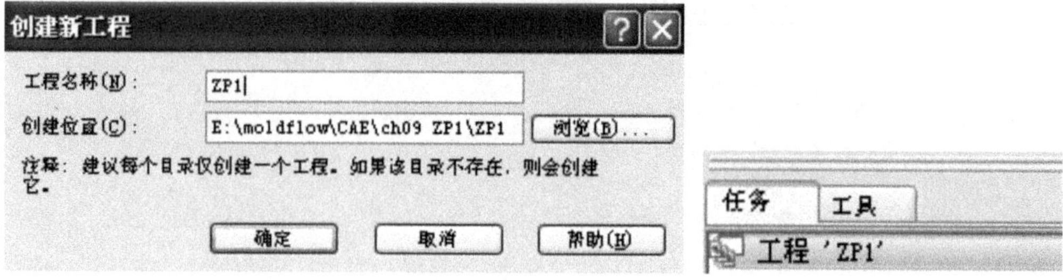

图 9-20

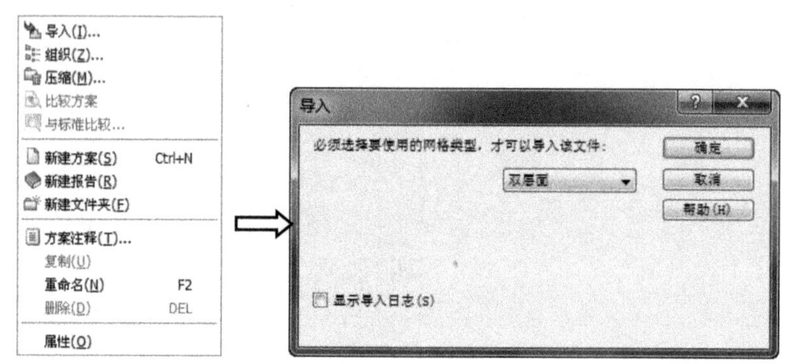

图 9-21

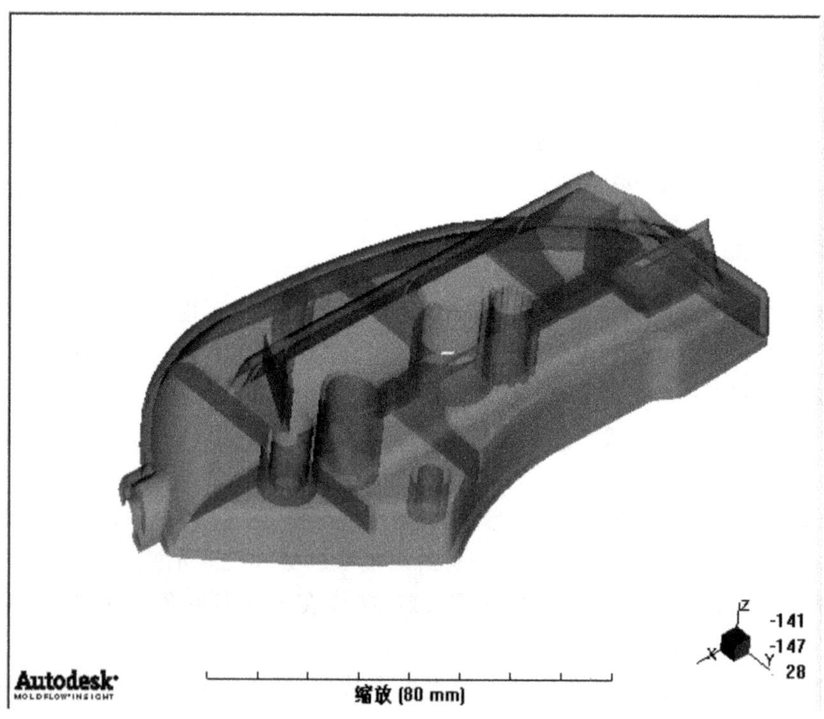

图 9-22

与此同时，在管理区也出现了变化，自动新建了一个方案模板并且在图层里面出现了内容，如图 9-23 所示。

为了很好地管理图形，先通过图层功能把模型所在的图层重命名。图形所在层的默认名称为 Layer1，在此名称上右击，在弹出的如图 9-23 所示的快捷菜单上选择【重命名】命令，修改图层名称为 ZP1。

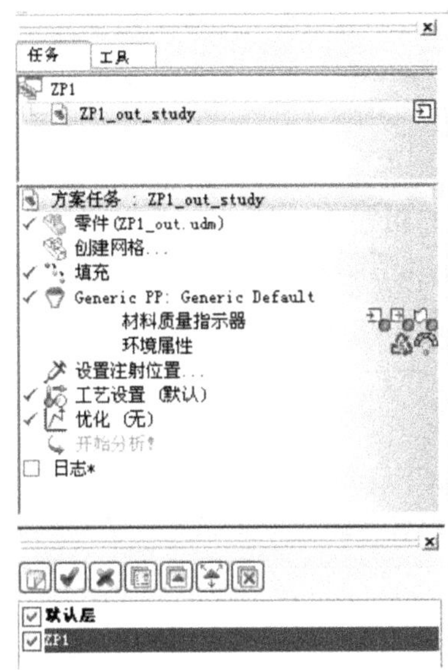

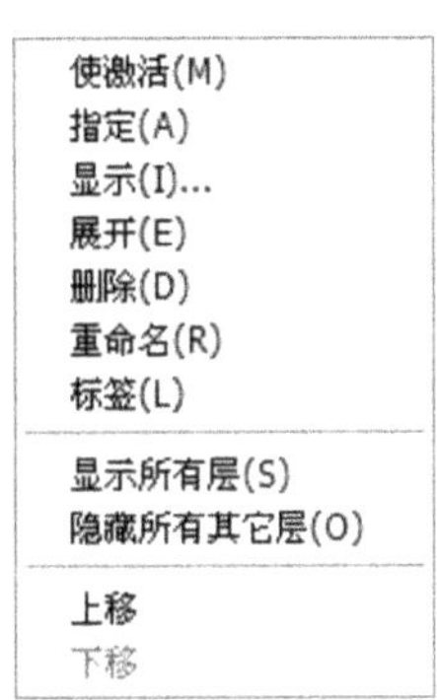

图 9-23

9.3.2 网格划分

网格划分过程中，要不断尝试不同的全局网格边长，比较哪种边长最好。刚开始的边长尽量取大点，可以以较快的速度完成划分。初始网格边长可以按照默认的先进行划分。一般情况下，全局网格边长是制件最小壁厚的 1.5～2 倍。

选择【网格】→【生成网格】命令或双击方案任务浏览区的【创建网格】命令，弹出如图 9-24所示的【生成网格】对话框。

可以看到默认的全局网格边长为 5.69mm，设置网格边长为 3mm 划分网格。单击【立即划分网格】按钮，AMI 开始计算，进行网格划分。网格划分完成以后，在图层管理区出现了“新建节点”和“新建三角形”层，分别把这两层对应修改为“ZP1 节点”和“ZP1 三角形”，如图 9-24 所示。

划分好的网格如图 9-25 所示。

划分好网格后，需要评估一下此网格的质量。选择【网格】→【网格统计】命令，弹出如图 9-26所示的网格统计信息。

网格统计信息表明了网格的匹配百分比 88.4%，未能达到翘曲分析的要求。因此我们需要重新设计网格边长，设置网格边长为 2mm 划分网格。AMI 重新计算，进行网格划分。划分好网格后，重新评估一下此网格的质量。选择【网格】→【网格统计】命令，弹出如图 9-27所示的网格统计信息。

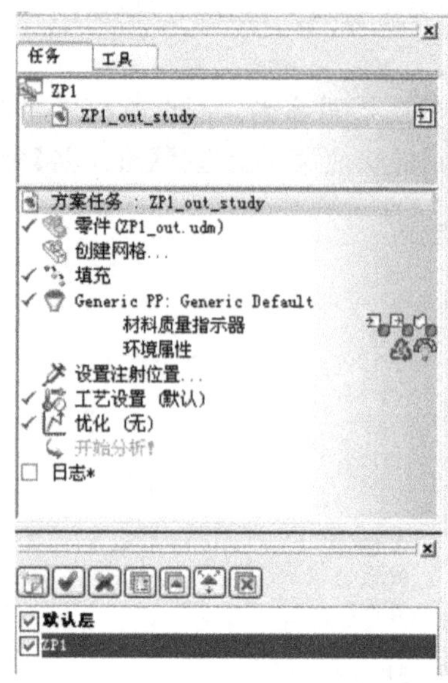

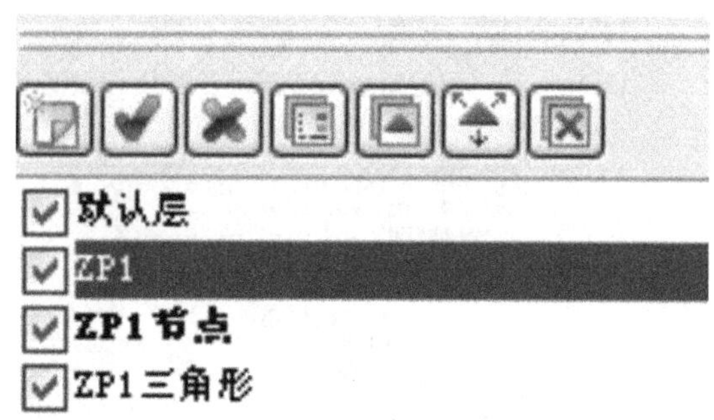

图 9-24

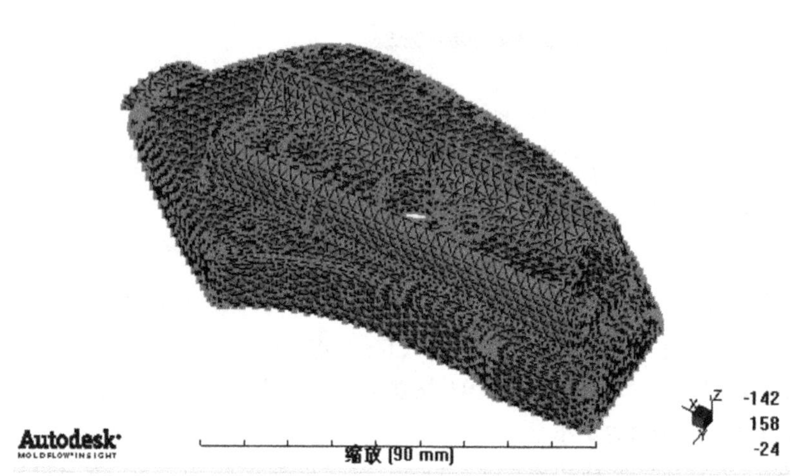

图 9-25

网格统计信息表明了网格的匹配百分比已经提高，达到了翘曲分析的要求。只是纵横比还需要进一步进行修改。

网格统计要求：

连通区域的个数为 1

自由边个数应该为 0

非交叠边个数应该为 0

未定向的单元为 0

交叉单元为 0

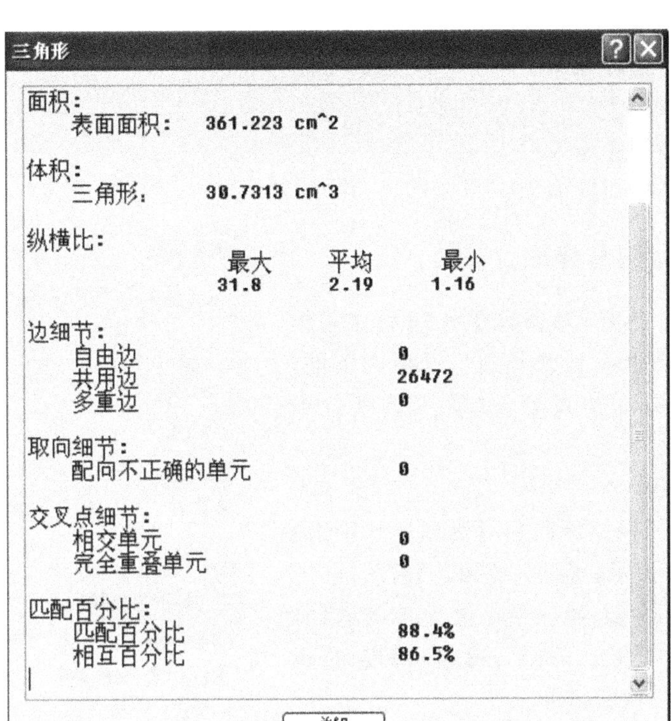
三角形
面积：
表面面积： 361.223 cm^2
体积：
三角形： 30.7313 cm^3
纵横比：
最大 平均 最小
31.8 2.19 1.16
边细节：
自由边 0
共用边 26472
多重边 0
取向细节：
配向不正确的单元 0
交叉点细节：
相交单元 0
完全重叠单元 0
匹配百分比：
匹配百分比 88.4%
相互百分比 86.5%
关闭

图 9-26

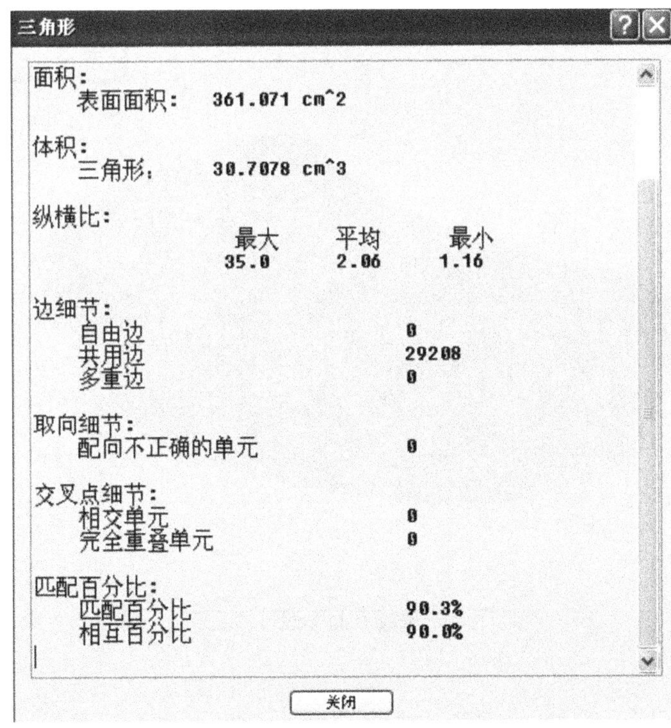
三角形
面积：
表面面积： 361.071 cm^2
体积：
三角形： 30.7078 cm^3
纵横比：
最大 平均 最小
35.0 2.06 1.16
边细节：
自由边 0
共用边 29208
多重边 0
取向细节：
配向不正确的单元 0
交叉点细节：
相交单元 0
完全重叠单元 0
匹配百分比：
匹配百分比 90.3%
相互百分比 90.0%
关闭

图 9-27

完全重叠单位为 0

最大横纵比一般控制在 10-20 之间，最好控制在 6 以内

平均纵横比小于 3

网格匹配率应大于 85%

零面积单元个数应该为 0

9.3.3 网格缺陷修改

通过网格统计信息，知道纵横比还需要进行修改。但其他缺陷也还是需要进行诊断一下的，因为网格统计只是一个概要，如厚度诊断并不在内。

1. 纵横比诊断

选择【网格】→【网格诊断】→【纵横比诊断】命令，弹出如图 9-28 所示的【纵横比诊断】对话框。

设置对话框的参数：确保最小值为 6，勾选【将结果置于诊断层中】复选框，单击【显示】按钮，得到如图 9-29 所示的诊断结果。

与此同时，得到的缺陷网格被放置于诊断结果层中，诊断导航器也被激活，如图 9-30 所示。

图 9-28

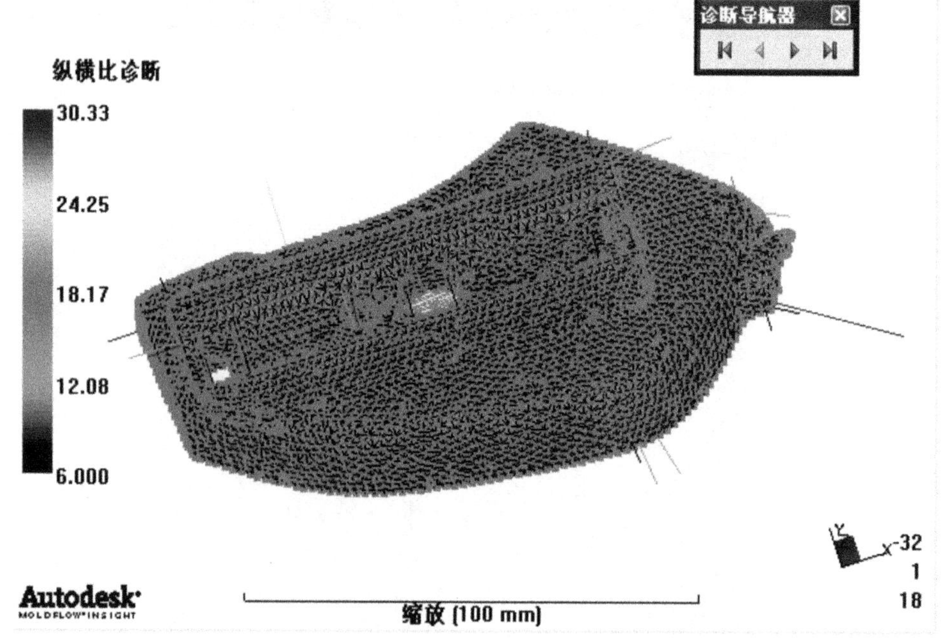

图 9-29

下面就开始对网格的纵横比缺陷进行修改。

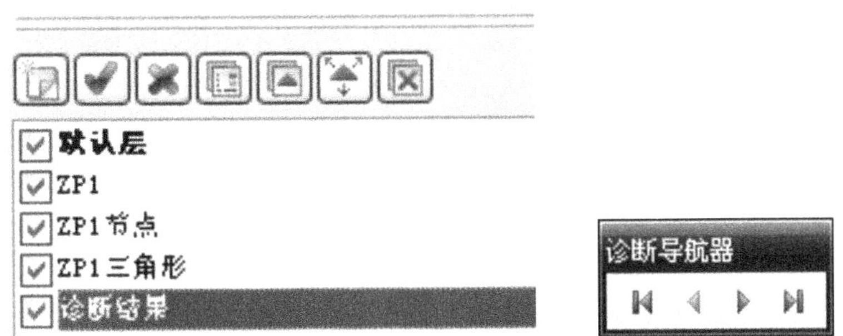

图 9-30

单击诊断导航器最左边的【转到第一个诊断】按钮，把视图定位到最大纵横比的位置，如图 9-31 所示。

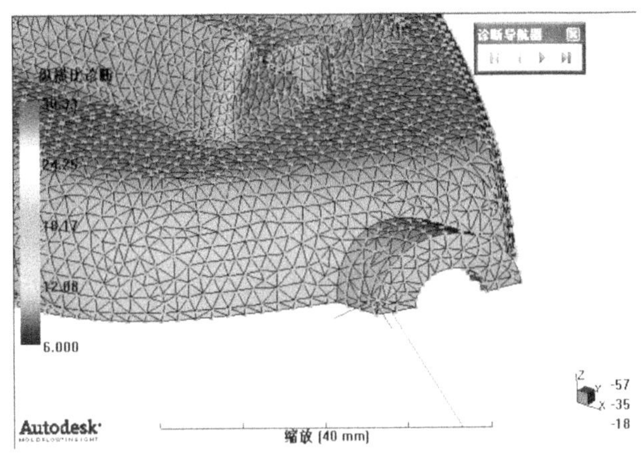

图 9-31

观察产品碰穿孔及圆角部分网格的纵横比都比较多，因此将此区域的纵横比全部进行修复。方法比较简单，只需要使用【合并节点】、【交换边】、【插入节点】命令把圆角上的纵横比调整到 6 以下，效果如图 9-32 所示。

为了得到准确的分析结果，还需要将纵横比继续降低到 6 以下。由于篇幅的限制，本文就不再继续操作了，请读者自行修改，否则后面分析时会出现警告提示。

2. 连通性诊断

选择【网格】→【网格诊断】→【连通性诊断】命令，弹出如图 9-33 所示的对话框。

选取产品上的任意一个三角形单元，得到如图 9-34 所示的诊断结果。

从诊断结果可以容易判断出网格全部连通，没有存在不连通的区域。

3. 厚度诊断

网格的厚度属性非常重要，一般要保证网格的厚度属性与制品壁厚一致，才能保证得到的分析结果的准确性。

选择【网格】→【网格诊断】→【厚度诊断】命令，弹出的对话框如图 9-35 所示。

通过对如图 9-36 所示的诊断结果的分析，选择【结果】→【检查结果】查看厚度，判断出

诊断导航器
纵横比诊断
30.33
24.25
18.17
12.08
6.000
167
-5
3
X
Y
Autodesk
缩放 (90 mm)

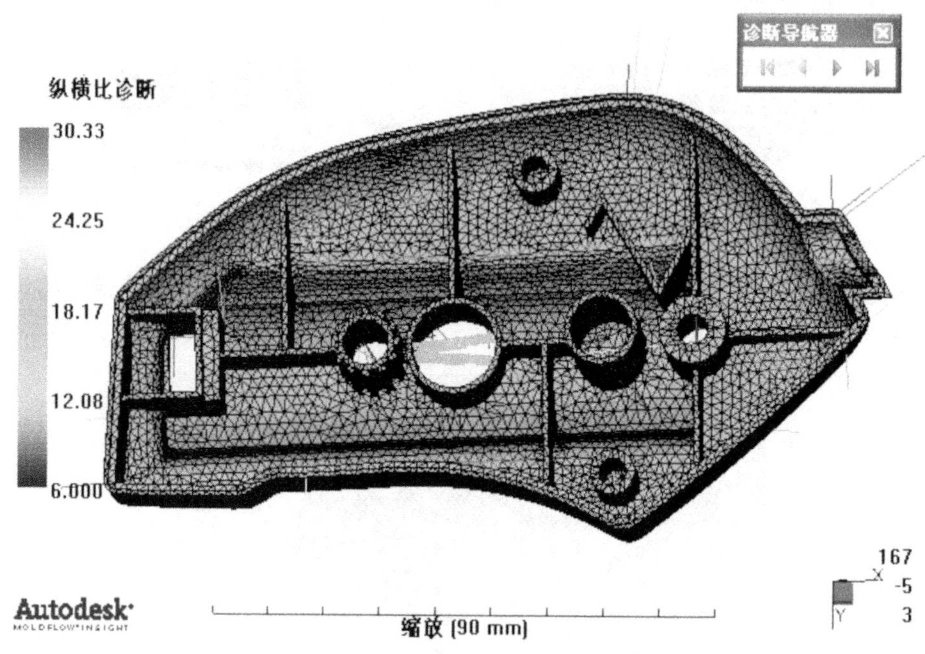

图 9-32

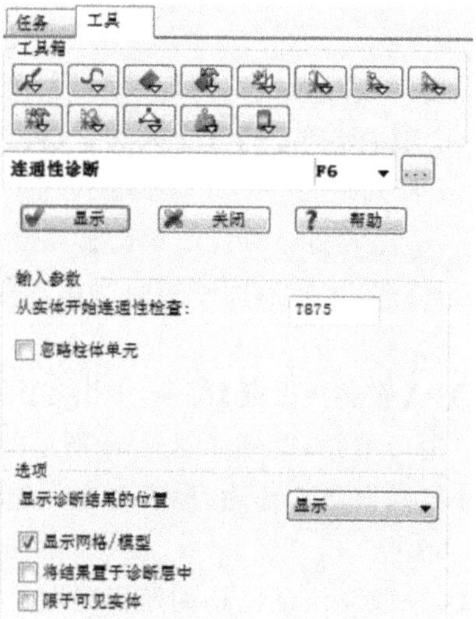

任务
工具
工具箱
连通性诊断
F6
显示
关闭
帮助
输入参数
从实体开始连通性检查:
T875
忽略柱体单元
选项
显示诊断结果的位置
显示
显示网格/模型
将结果置于诊断层中
限于可见实体

图 9-33

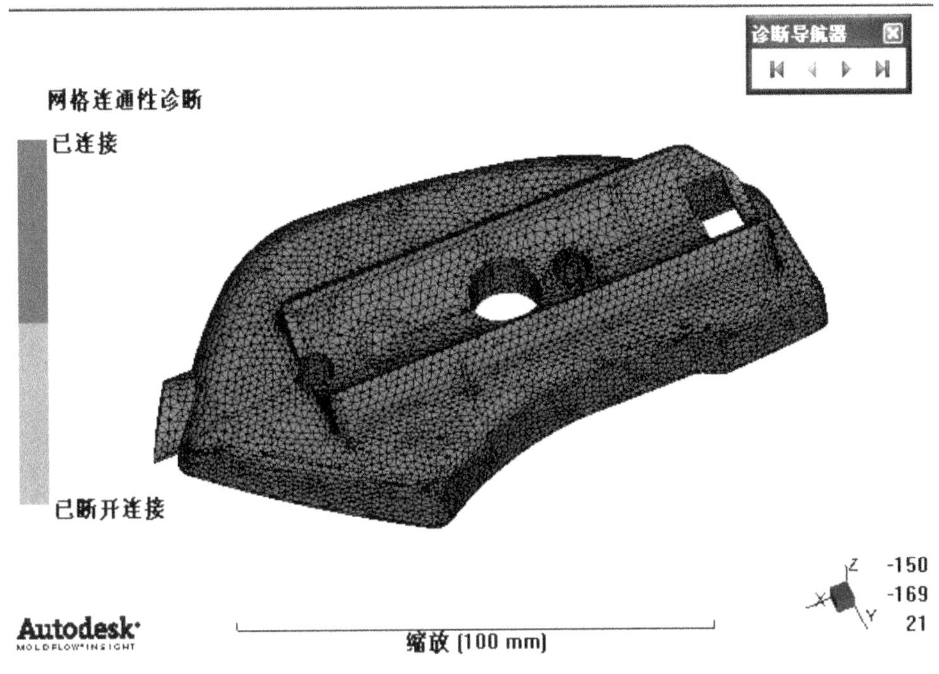
诊断导航器
网格连通性诊断
已连接
已断开连接
-150
-169
21
Autodesk
MOLDFLOW INSIGHT
缩放 (100 mm)

图 9-34

厚度诊断
F9
显示
关闭
帮助
输入参数
最小： 0
最大： 1000
信息
显示或给出一个关于厚度的报告
选项
显示诊断结果的位置
显示
显示网格/模型
将结果置于诊断层中
限于可见实体

图 9-35

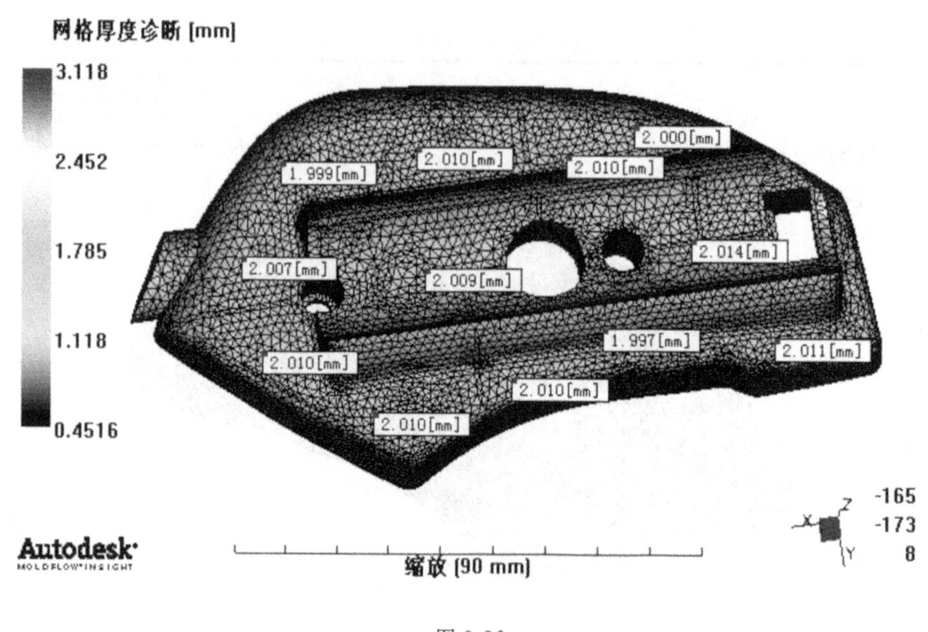

图 9-36

其厚度也不存在问题。

最后需要提醒的是，对前面的网格缺陷修改完成后，必须再进行一次网格信息统计。因为在修改的过程中，可能会产生新的网格缺陷。

9.4 分析前处理

浇口位置确定以后，接下来就要为冷却＋充填＋保压＋翘曲分析做前期准备。前期准备包括如下内容：

- 型腔布局
- 浇注系统建立
- 冷却系统建立
- 设置分析序列
- 选择成型原料
- 工艺参数设置

9.4.1 建立浇注系统

本产品采用的是潜伏式浇口，浇注系统采用手工创建。浇注系统将通过导入的浇注系统曲线用网格进行划分。

选择【文件】→【添加】命令，选中已经提供的名为“ZP1-Fill.igs”的文件，导入后的图形如图 9-37 所示。

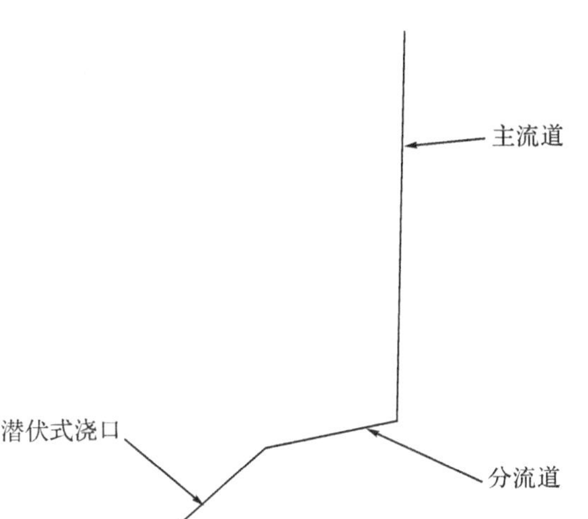

图 9-37

1. 主流道设计

主流道设计网格划分采用柱体单元。在网格划分之前，必须先对导入的主流道曲线指定属性。选中主流道曲线，选择【编辑】→【指定属性】命令，再选择【新建】→【冷主流道】命令，然后输入如图 9-38 所示的参数。

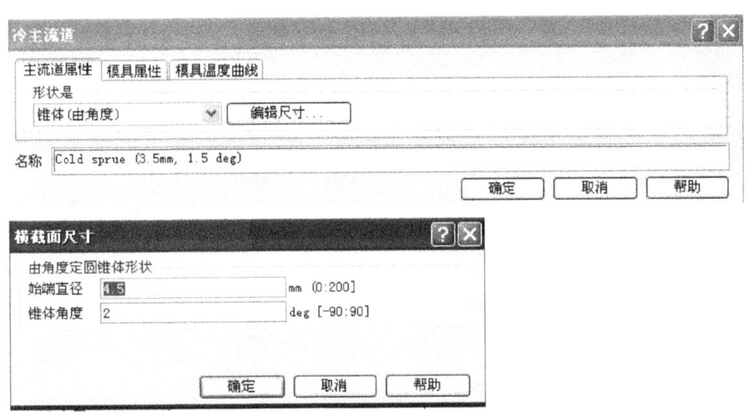

图 9-38

属性指定后，曲线由原先的红色变为绿色，创建完成的赋有属性的曲线。

为了方便划分柱体网格，需要把曲线分别放置于不同的层。在图层管理区单击【新建层】按钮，创建一个新层，并命名为“主流道曲线”。然后选中主流道曲线，单击【指定层】按钮，这样主流道曲线就被放置于“主流道曲线”图层中。如图 9-39 所示。

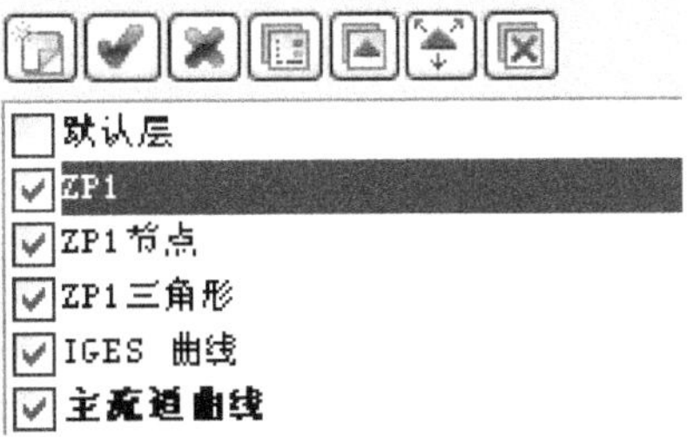

图 9-39

值得注意的是，本案例中浇注系统是用网格进行划分的，当然读者也可以通过直接使用创建柱体网格功能来创建。

首先对主流道进行网格划分。把其余层全部关闭，只显示主流道曲线层。选择【网格】→【生成网格】命令，输入全局网格边长为 8mm，单击【应用】按钮，划分得到如图 9-40 所示的主流道网格。在图层管理区会自动出现新层，应及时进行重命名，在这里命名为“主流道柱体”。

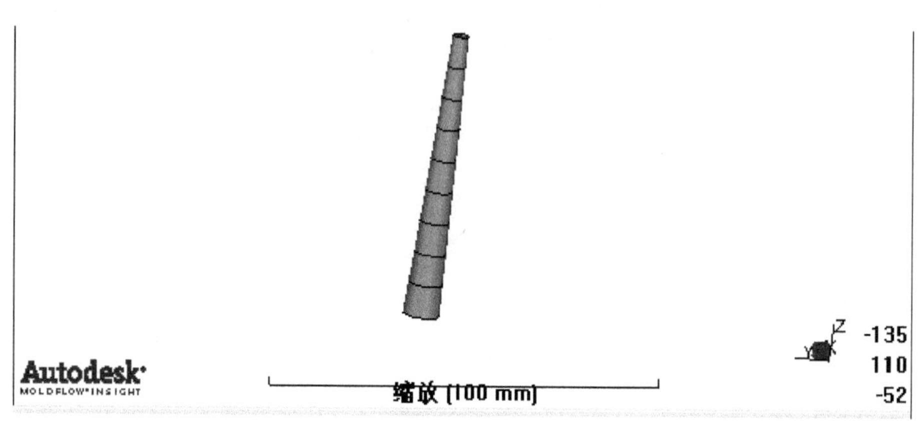

图 9-40

2. 分流道设计

分流道设计方法与主流道设计类似。

首先对分流道曲线指定属性。选中分流道曲线，选择【编辑】→【指定属性】命令，再选择【新建】→【冷流道】命令，然后输入如图 9-41 所示的参数。

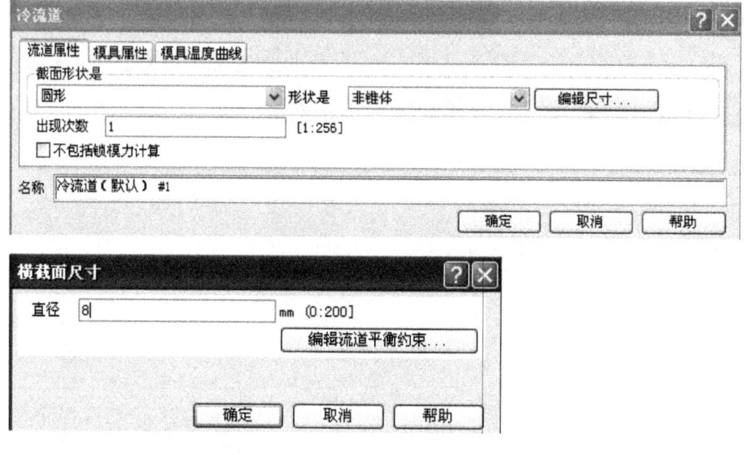

图 9-41

属性指定后，曲线由原先的红色变为绿色，创建完成的赋有属性的曲线。

为了方便划分柱体网格，需要把曲线分别放置于不同的层。在图层管理区单击【新建层】按钮，创建一个新层，并命名为“分流道曲线”。然后选中分流道曲线，单击【指定层】按钮，这样分流道曲线就被放置于“分流道曲线”图层中。如图 9-42 所示。

对分流道进行网格划分。把其余层全部关闭，只显示分流道曲线层。选择【网格】→【生成网格】命令，输入全局网格边长为 10mm，单击【应用】按钮，划分得到如图 9-40 所示的分

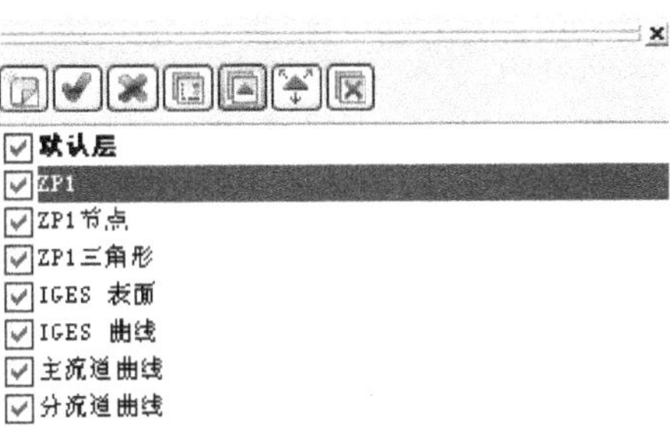

图 9-42

流道网格。在图层管理区会自动出现新层，应及时进行重命名，在这里命名为“分流道柱体”。

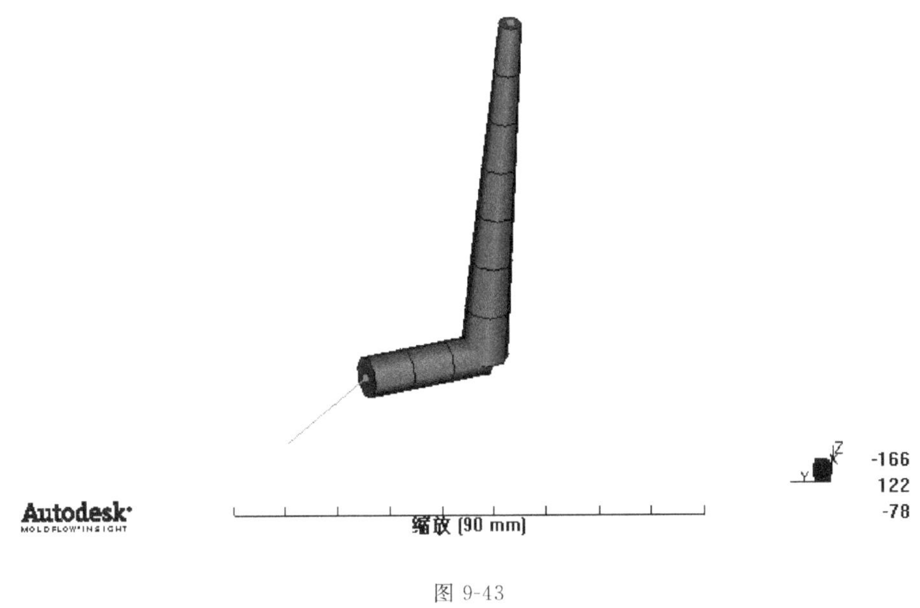

图 9-43

3. 浇口设计

浇口设计方法与主流道设计类似。

首先对浇口曲线指定属性。选中浇口曲线，选择【编辑】→【指定属性】命令，再选择【新建】→【冷浇口】命令，然后输入如图 9-44 所示的参数。

属性指定后，曲线由原先的红色变为绿色，创建完成的赋有属性的曲线。

为了方便划分柱体网格，需要把曲线分别放置于不同的层。在图层管理区单击【新建层】按钮，创建一个新层，并命名为“浇口曲线”。然后选中浇口曲线，单击【指定层】按钮，这样浇口曲线就被放置于“浇口曲线”图层中。如图 9-45 所示。

对浇口曲线进行网格划分。把其余层全部关闭，只显示浇口曲线层。选择【网格】→【生成网格】命令，输入全局网格边长为 3mm，单击【应用】按钮，划分得到如图 9-46 所示的浇口网格。在图层管理区会自动出现新层，应及时进行重命名，在这里命名为“浇口柱体”。

辅助浇口设计。

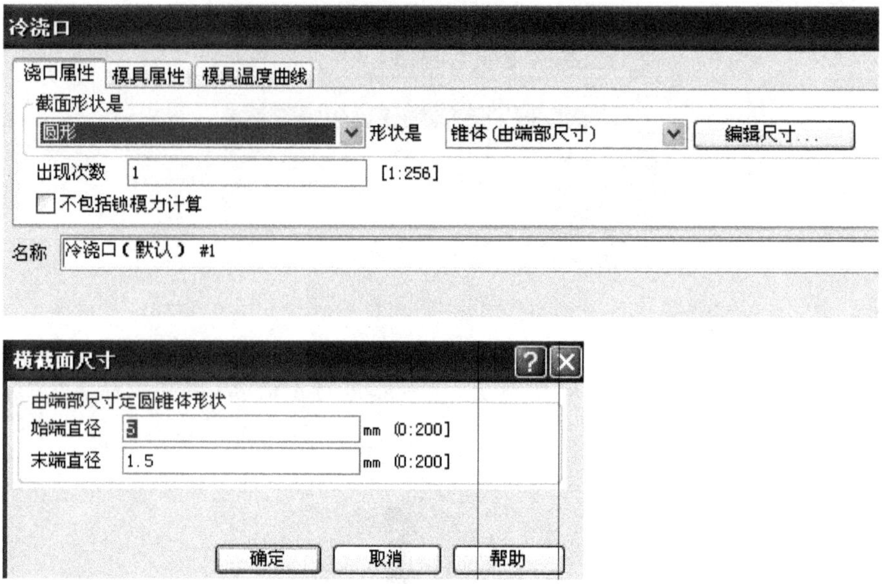

冷浇口
浇口属性
模具属性
模具温度曲线
截面形状是
圆形
形状是
锥体(由端部尺寸)
编辑尺寸...
出现次数
1
[1:256]
不包括锁模力计算
名称
冷浇口(默认) #1
横截面尺寸
由端部尺寸定圆锥体形状
始端直径
3
mm (0:200]
末端直径
1.5
mm (0:200]
确定
取消
帮助

图 9-44

选择【文件】→【添加】命令，选中已经提供的名为“ZP1-Fill-gate.igs”的文件，导入后的图形如所示。

上述添加的为模具的辅助浇口(3D)。对于主流道和分流道可以通过柱体单元进行划分。为了更好地表示辅助浇口，需要使用网格进行划分。选择【网格】→【生成网格】命令，输入全局网格边长为 1mm，注意不能勾选【重新划分产品网格】复选框。划分得到的浇口网格如图 9-48 所示。同时进行网格统计，将辅助浇口纵横比调整到 6。

默认层
ZP1
ZP1 节点
ZP1 三角形
IGES 表面
IGES 曲线
主流道曲线
分流道曲线
浇口曲线

图 9-45

Autodesk
缩放 (90 mm)
-167
120
-76

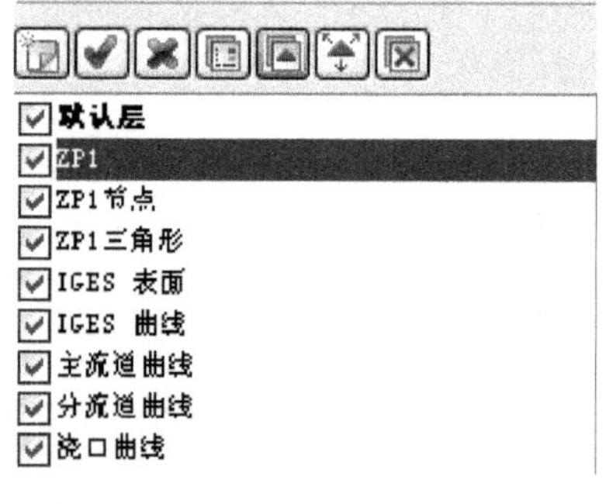

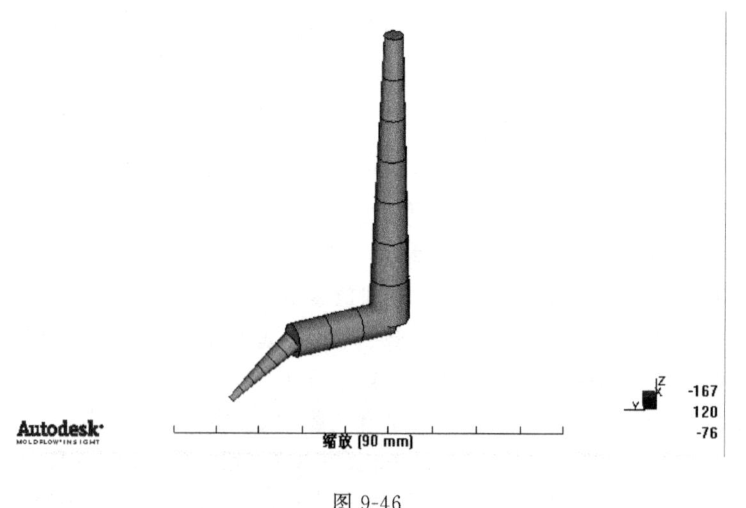

图 9-46

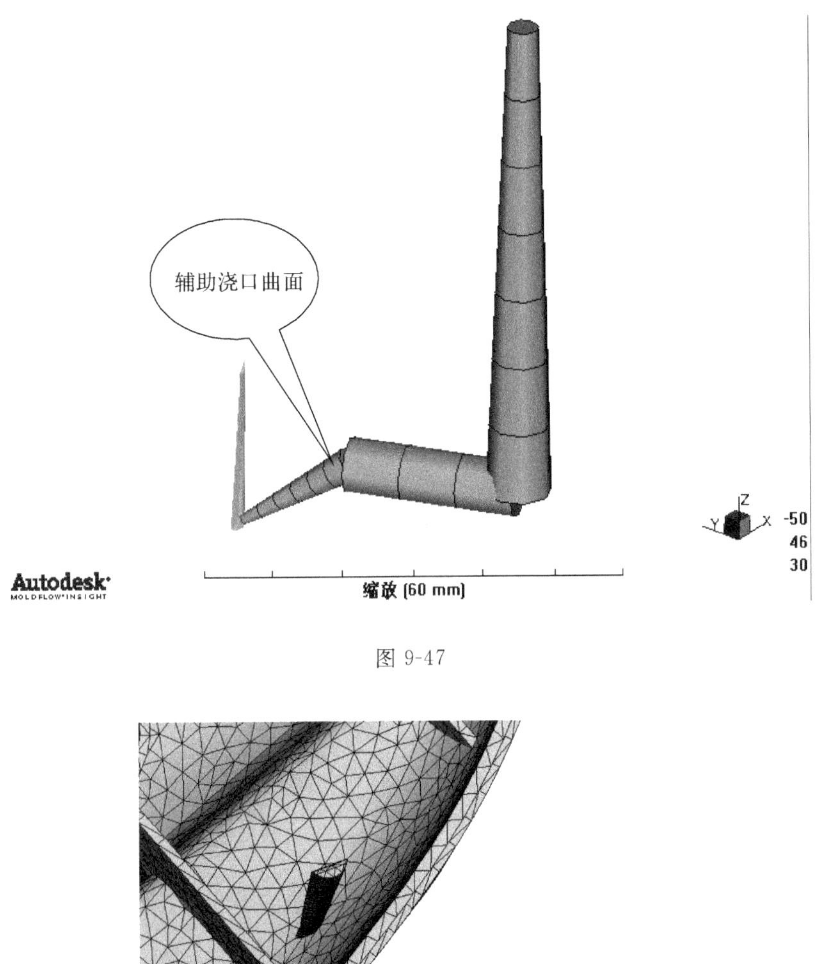

图 9-47

图 9-48

必须确保浇口与产品具有连通性。选择【网格】→【连通性诊断】命令，选取任意一个三角形网格，得到如图 9-49 所示的诊断结果。从诊断结果可以看到，浇口和产品没有连接在一起，因此需要修改使它们能够连通。

关闭产品与流道所在的图层，只显示辅助浇口的网格，修改浇口网格类型为“冷浇口面”。选中全部的浇口网格，选择【编辑】→【更改属性类型】命令，在弹出的如图 9-50 所示的对话框中选择“冷浇口面(双层面)”。

单元，如图 9-51 所示。使用同样的方法把产品上对应浇口区域的网格单元删除，如图 9-52 所示。

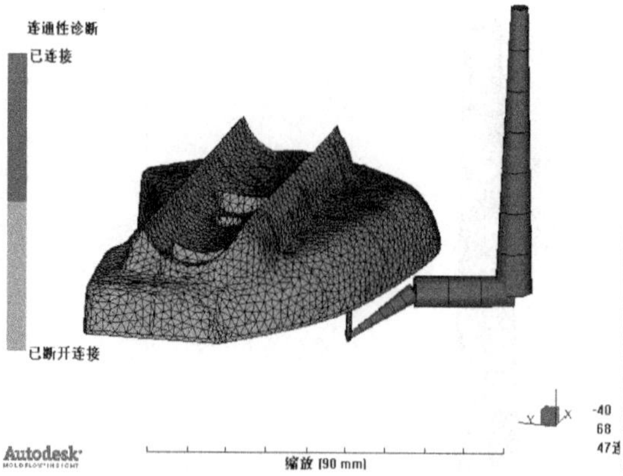

图 9-49

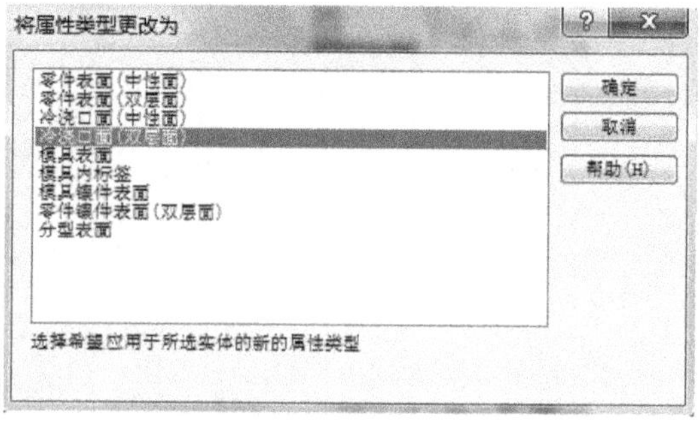

图 9-50

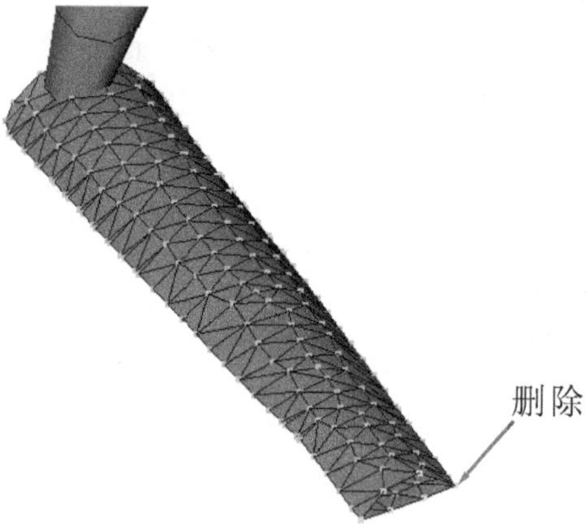

图 9-51

图 9-52

最后重新以浇口的节点为基准，使用【填充孔】命令把产品和浇口之间的网格加以修补，效果如图 9-53 所示。

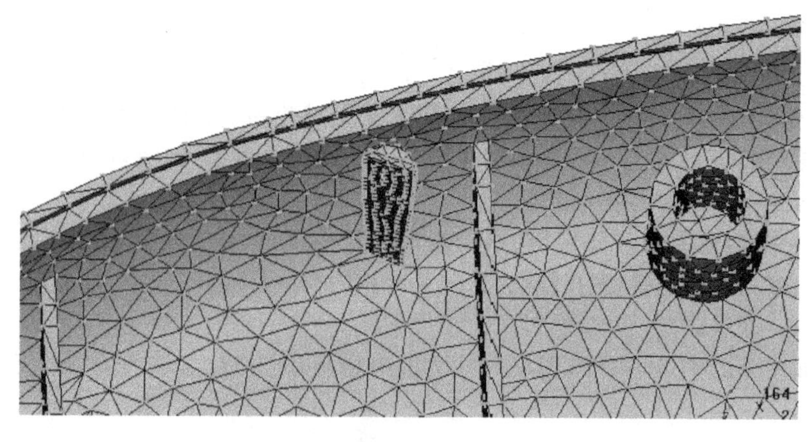

图 9-53

辅助浇口创建完成后，应该对浇注系统的连通性进行诊断。选择【网格】→【连通性诊断】命令，选取任意一个三角形网格，得到如图 9-54 所示的诊断结果。处理完成后的网格的诊断结果显示为蓝色，说明全部连通。

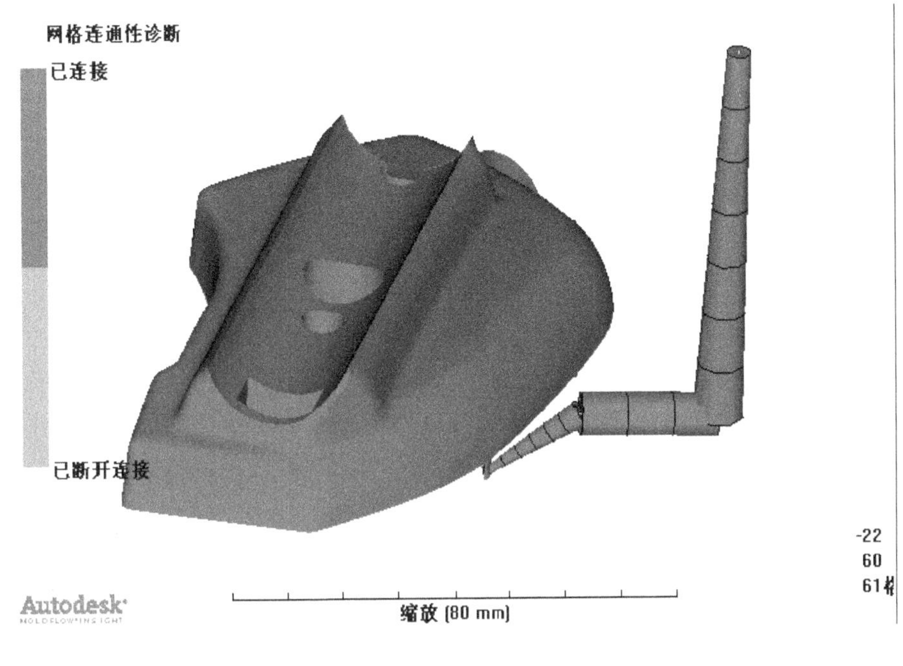

图 9-54

同时，整理好的图层如图 9-55 所示。

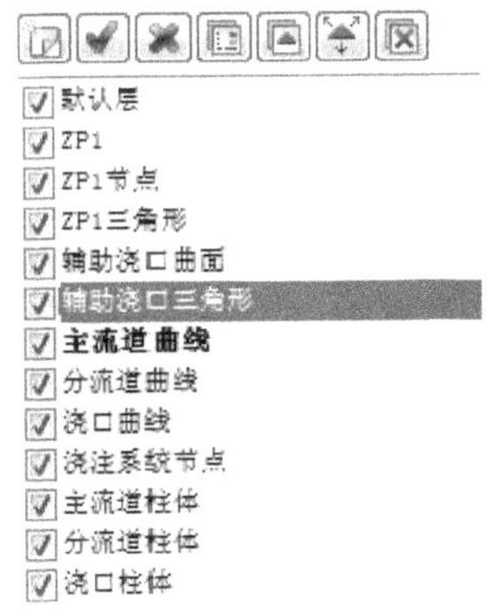

图 9-55

9.4.2 型腔布局

由于模具的设计方案已经确定，使用的产品或浇注系统等都是直接从模具的 3D 图档中导出来的，因此只需要镜像即可完成型腔的布局。

选择【建模】→【移动、复制】命令，单击【旋转】按钮，会弹出如图 9-56 所示对话框。

在旋转对话框中，选择所有节点与三角形单元，旋转轴定为Z轴，角度定位180°，旋转基准采用默认的(0,0,0)点，选择复制单选按钮，完成上述工作后，单击【应用】按钮，即可完成网格模型的型腔布局，如图9-57所示。

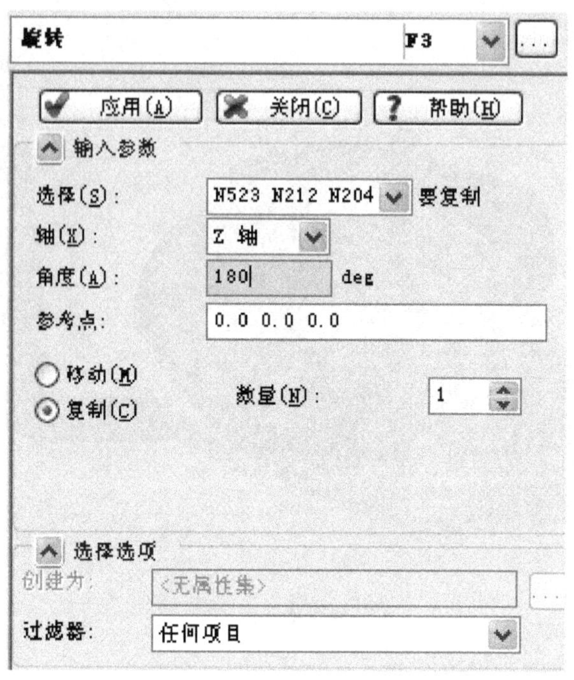

图 9-56

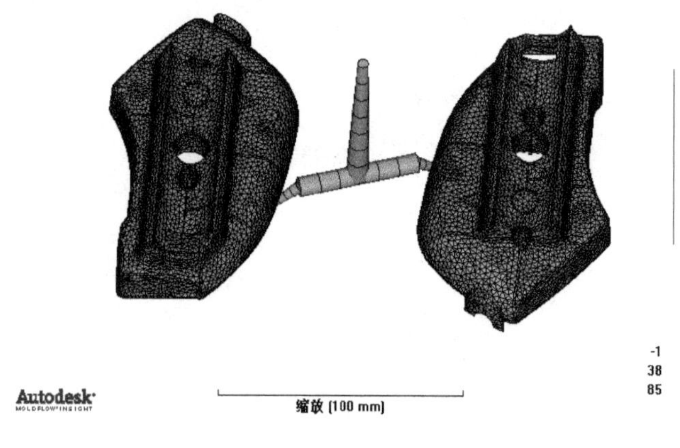

图 9-57

得到的旋转部分与原始部分没有连通，如图9-58所示。主要问题在于图9-58中被圆圈圈中的一个分流道柱体单元与相邻单元不连通。

既然已经知道了问题的原因，那么修改就有办法了。先删除图9-58中圆圈圈中的分流道柱体单元。最后选择【网格】→【创建柱体网格】命令，在刚删除的单元位置重新创建分流

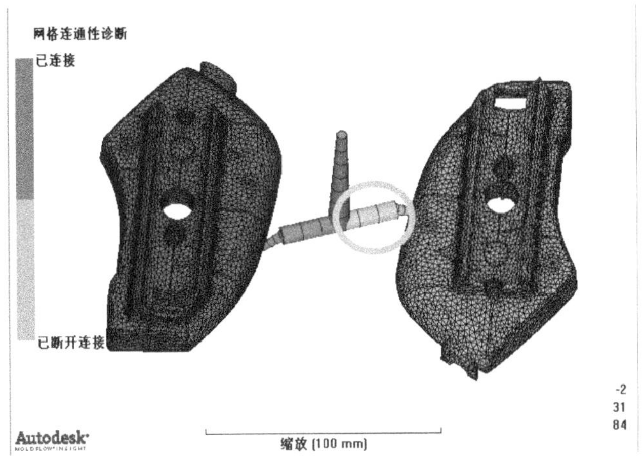

图 9-58

道柱体单元，结果如图 9-59 所示。为了确保已正确连通，可以再次使用连通性诊断，结果如图 9-60 所示。诊断结果全部显示为蓝色，说明连通性没有问题。

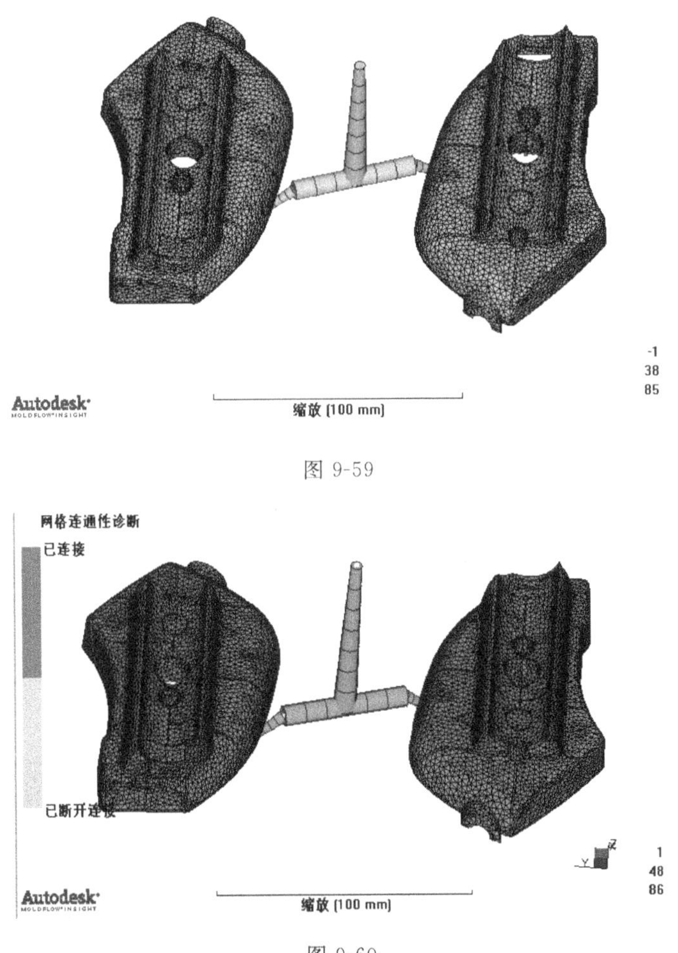

图 9-59

图 9-60

9.4.3 建立冷却系统

此模具的冷却系统采用的冷却方案为普通冷却水路。

选择【文件】→【添加】命令，选中已经提供的名为“ZP1-Cool. igs”的文件，导入后的图形如图 9-61 所示。

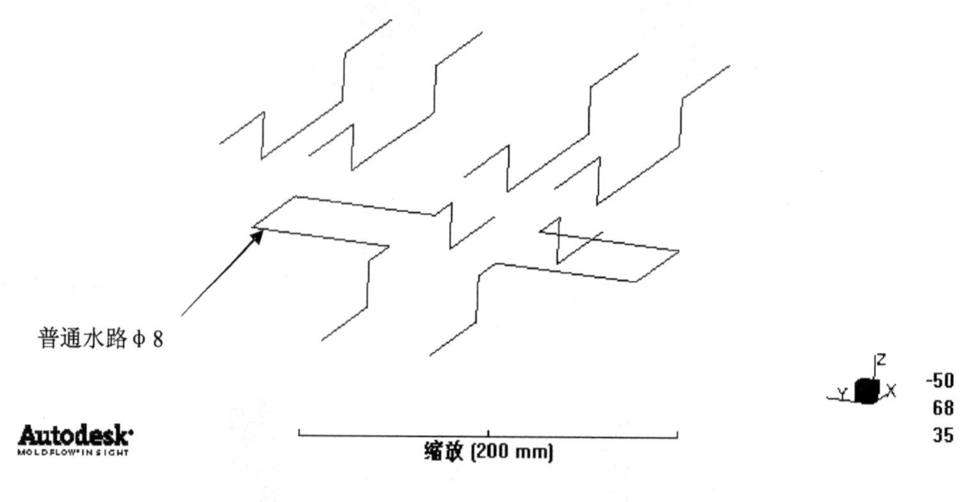

图 9-61

对冷却水路指定属性并且划分网格。选中全部的普通水路所在的曲线，选择【编辑】→【指定属性】命令，弹出的对话框如图 9-62 所示。

选择【新建】→【管道】命令，如图 9-63 所示。在弹出的如图 9-64 所示的对话框中，设置截面为圆形，设定管道直径为 8mm。

图 9-62

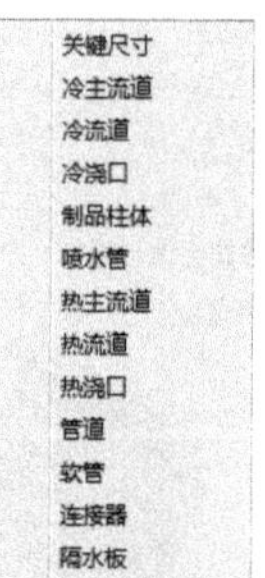

图 9-63

单击【确定】按钮后，完成普通水路属性的指定。水路曲线的颜色由红色变为蓝色，如图 9-65所示。

选择【网格】→【生成网格】命令，输入全局网格边长为 20，划分得到的柱体单元如图 9-66 所示。

冷却系统创建完成之后，还需要指定冷却液入口位置、冷却液温度以及流动状态等。选

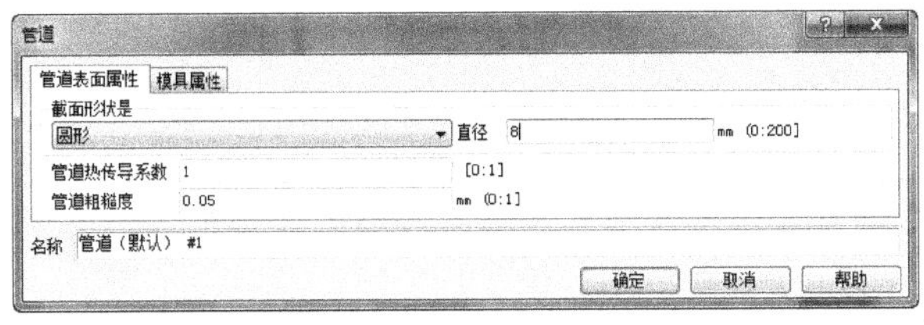

图 9-64

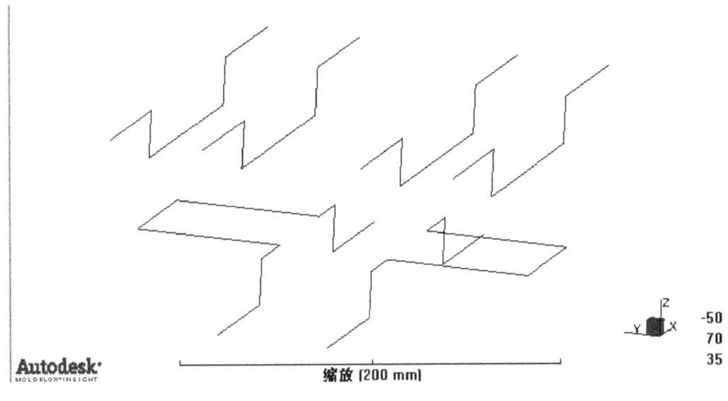

图 9-65

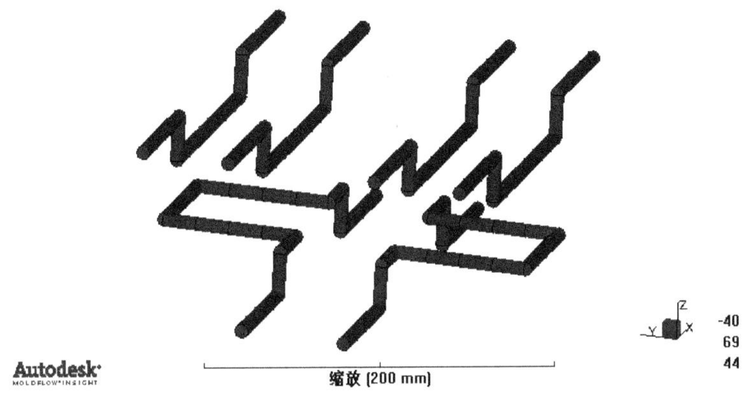

图 9-66

择【分析】→【设置冷却液入口】命令，在弹出的对话框中单击【属性】按钮，设置冷却液温度为 50℃，如图 9-67 所示。

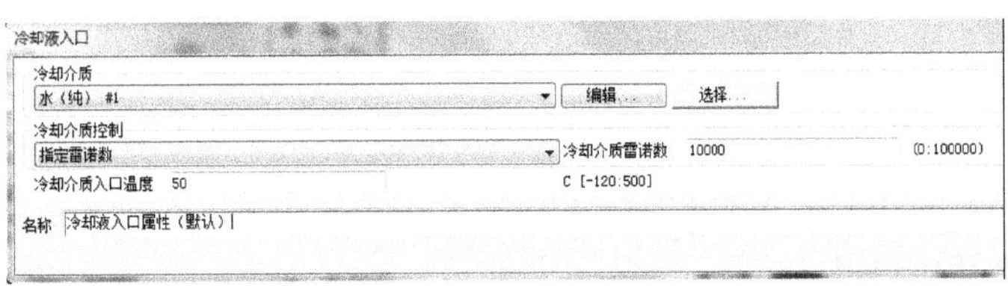

图 9-67

按照如图 9-68 所示的位置放置冷却液入口即可。

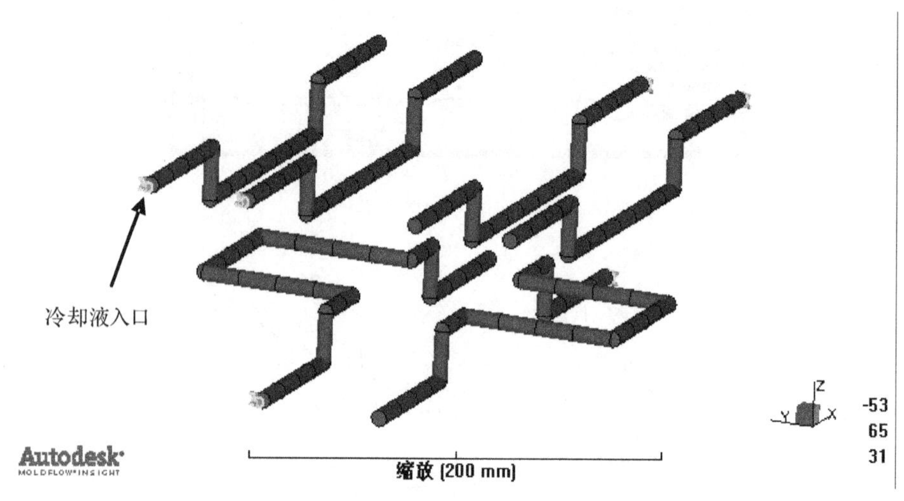

图 9-68

9.4.4 设置分析序列

分析前，一定要检查类型是不是需要的，如果不是应及时修正。由于本案例在自动复制时默认为充填，因此需要修改。双击方案任务浏览器中的“充填”，弹出如图 9-69 所示的对话框，选中【冷却＋充填＋保压＋翘曲】作为分析序列。

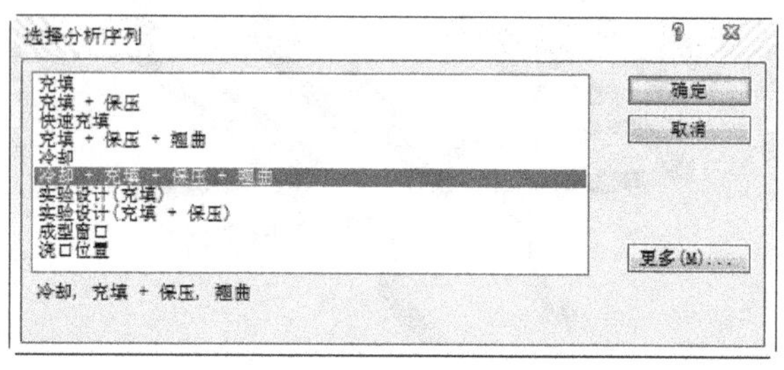

图 9-69

9.4.5 选择成型原料

前面已经讲到了，本产品使用 UMG ABS Ltd 公司的牌号为 UMG ABS GSM 的原料。因此必须从 AMI 的成型材料库中选择这个塑料作为分析的材料。默认使用的材料为 PP。

选择【分析】→【选择材料】命令，弹出如图 9-70 所示的对话框。

为了加快找到需要的速度，在这里选择直接搜索。单击【搜索】按钮，在弹出的如图 9-71所示的搜索对话框中，选择搜索字段为【牌号】，在【子字符串】文本框中输入 UMG ABS GS，单击【搜索】按钮开始搜索。

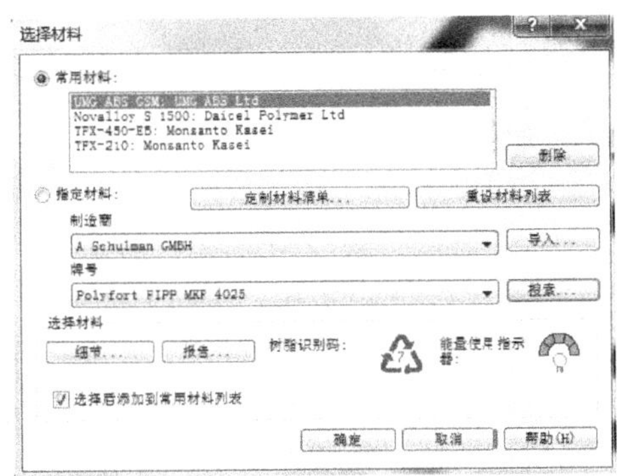

图 9-70

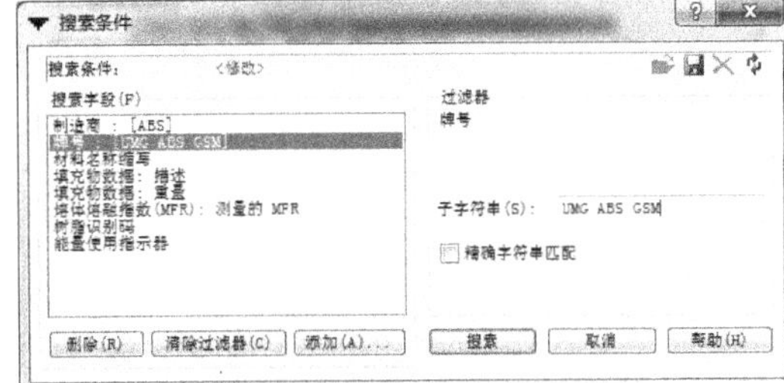

图 9-71

搜索的结果如图 9-72 所示。列表中只有一项结果，正是需要的材料。

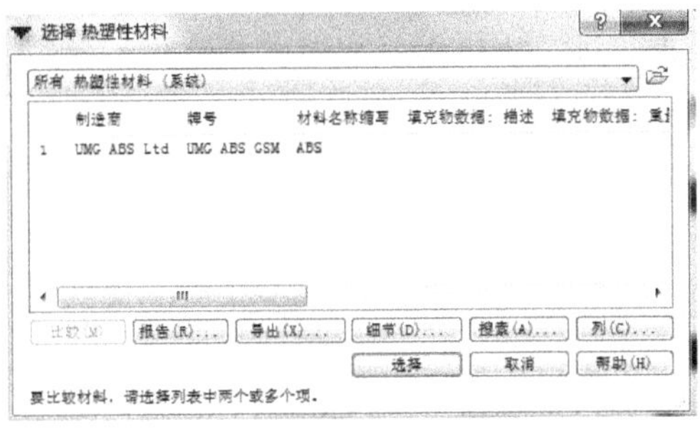

图 9-72

用户可以通过单击【细节】按钮，先了解一下此原料的材料特性。图 9-73 所示为此材料的特性信息。

选中此材料后，原先默认的 PP 被修改为 ABS，如图 9-74 所示。

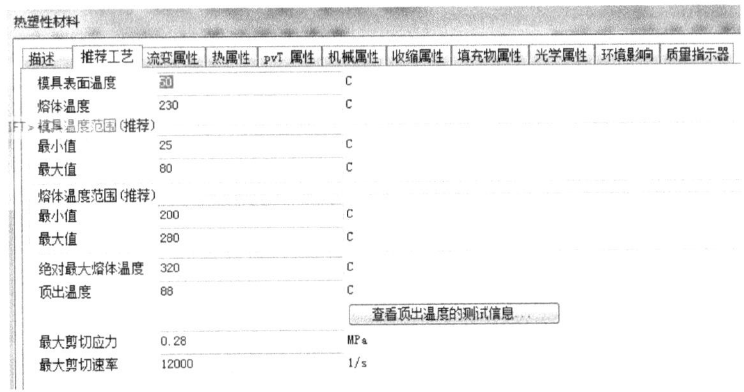

图 9-73

9.4.6 工艺参数设置

到目前为止，前处理已经基本上完成的差不多了，如图 9-74 所示。

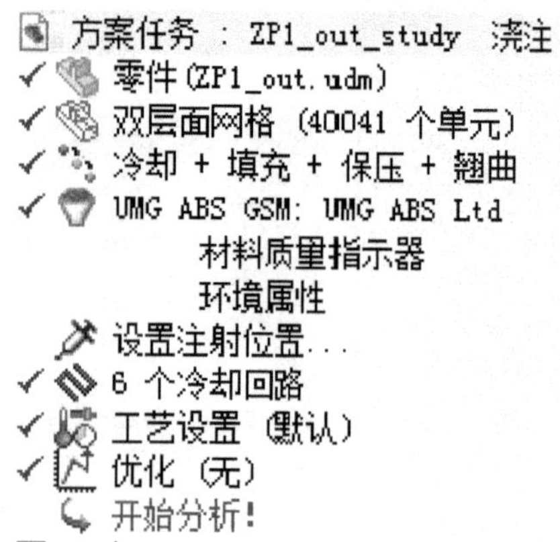

图 9-74

最后一步,对成型工艺进行设置,达到与实际成型一致。选择【分析】→【工艺设置向导】命令,弹出工艺设置第 1 个页面,如图 9-75 所示。

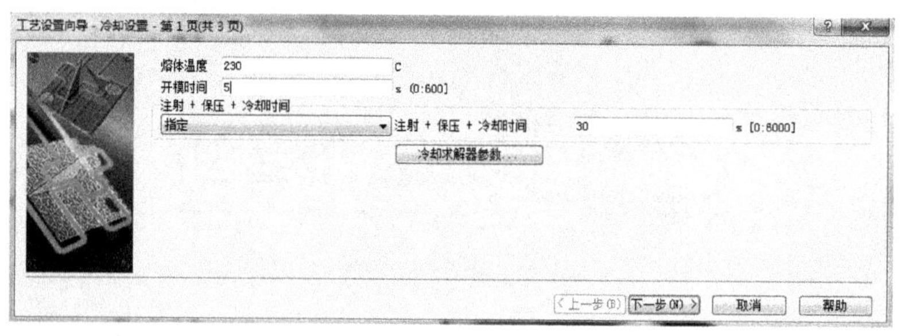

图 9-75

把注射+保压+冷却时间修改为 30,其他选项按照 AMI 默认值即可。单击【下一步】按钮,进入第 2 个设置页面,如图 9-76 所示。充填控制使用“注射时间”,把注射时间设置为“2.5 秒”。

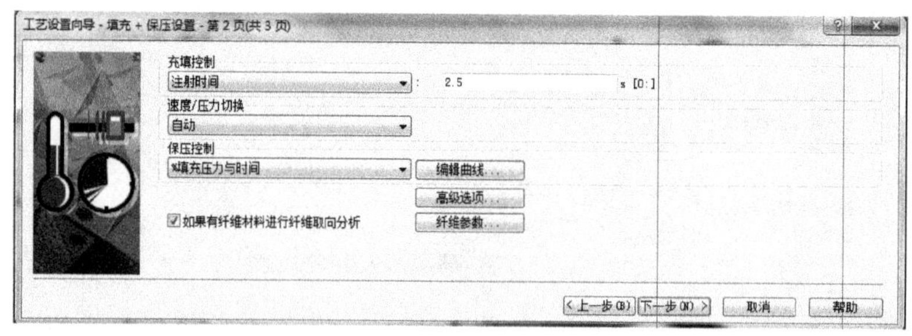

图 9-76

单击【编辑曲线】按钮,设置保压曲线,弹出如图 9-77 所示的对话框,设置保压时间为 5s。为了可以更直观地看到设置的保压曲线的形状,可以单击【绘制曲线】按钮,查看保压曲线,如图 9-78 所示。

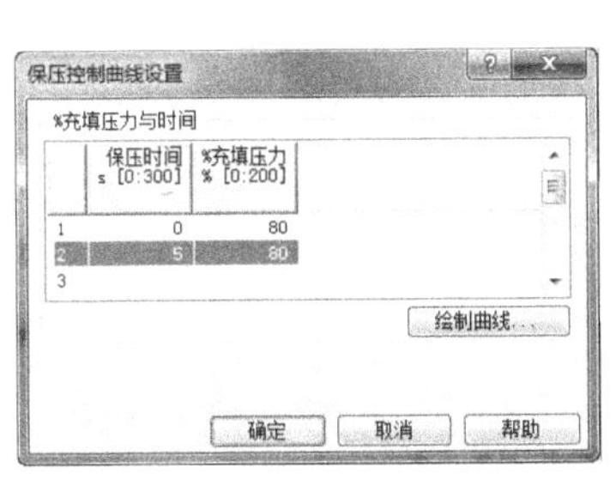

图 9-77

图 9-78

单击【下一步】按钮，进入最后一个设置页面，如图 9-79 所示。此页面中只需勾选【分离翘曲原因】复选框即可，其余选项保持默认。经过上面的步骤，工艺参数设置完成。

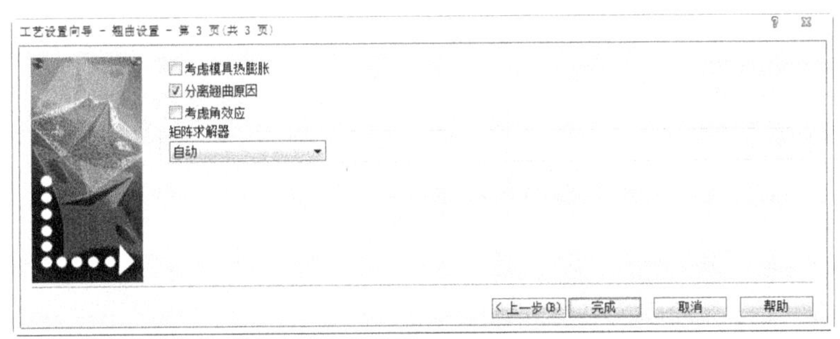

图 9-79

9.5 分析计算

双击方案任务浏览区的【开始分析】按钮后，开始执行分析。

首先，AMI 先要对进行的分析进行检查，如果有警告的话，具体看一下警告的内容，有些是可以不必理会的而有些是要引起注意的。如果出现错误的提示，则必须修正，否则得到错误的分析结果甚至终止分析。

其次显示冷却的分析日志，如图 9-80 所示。从冷却的分析日志可以看到温差非常小。

再次显示充填+保压的分析日志。图 9-81 所示为部分分析日志。从日志信息中可以知道保压后的产品重量比充填结束时的产品的重量重 0.61g。

最后显示翘曲的分析日志，如图 9-82 所示。从分析日志中看到沿着 3 个轴方向上的翘曲值还是比较大的，最大在 Z 轴上。

除上述的日志外还有机器设置的日志，如图 9-83 所示。

冷却液温度

入口 节点	冷却液温度 范围	冷却液温度升高 通过回路	热量排除 通过回路
200169	50.0 - 50.2	0.2 C	0.025 kW
200213	50.0 - 50.4	0.3 C	0.047 kW
200218	50.0 - 50.7	0.6 C	0.090 kW
200111	50.0 - 50.4	0.3 C	0.047 kW
200209	50.0 - 50.7	0.6 C	0.090 kW
200187	50.0 - 50.2	0.2 C	0.025 kW

零件表面温度 - 最大值	=	98.4190 C
零件表面温度 - 最小值	=	57.0972 C
零件表面温度 - 平均值	=	72.0735 C
型腔表面温度 - 最大值	=	95.4039 C
型腔表面温度 - 最小值	=	55.1142 C
型腔表面温度 - 平均值	=	68.3938 C
平均模具外部温度	=	43.8740 C
通过外边界的热通量	=	0.4077 kW
周期时间	=	35.0000 s
最高温度	=	230.0000 C
最低温度	=	25.0000 C

图 9-80

零件的充填阶段结束的结果摘要 :

零件总重量(不包括流道)	=	60.8097 g
总体温度 - 最大值	=	249.6419 C
总体温度 - 第 95 个百分数	=	244.8216 C
总体温度 - 第 5 个百分数	=	165.1802 C
总体温度 - 最小值	=	71.6715 C
总体温度 - 平均值	=	221.4979 C
总体温度 - 标准差	=	23.0551 C

零件的保压阶段结束的结果摘要 :

零件总重量(不包括流道)	=	61.4134 g
总体温度 - 最大值	=	90.9778 C
总体温度 - 第 95 个百分数	=	77.7472 C
总体温度 - 第 5 个百分数	=	63.3270 C
总体温度 - 最小值	=	55.8369 C
总体温度 - 平均值	=	70.7840 C
总体温度 - 标准差	=	4.4142 C

图 9-81

```
上一步的最小/最大位移 (单位: mm):

              节点      最小            节点      最大

   -------------------------------------------------------
   Trans-X   101645   -2.4654E-02        1608   1.1209E+00
   Trans-Y   102051   -3.4288E-01        2061   2.5447E-01
   Trans-Z   108707   -4.8570E-01        1850   4.2578E-01
   -------------------------------------------------------
```

图 9-82

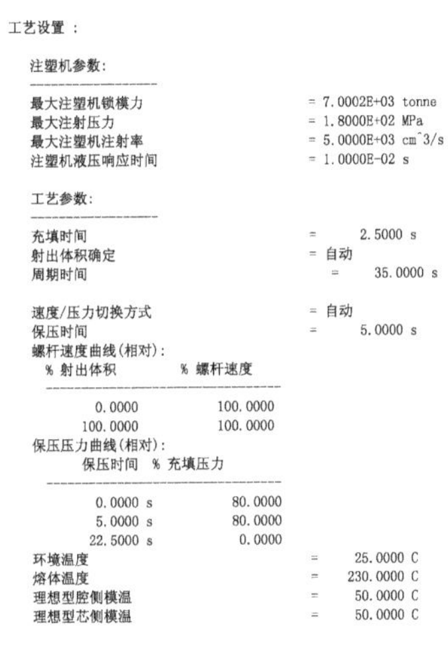

```
工艺设置 :

  注塑机参数:
  -------------------
  最大注塑机锁模力                    = 7.0002E+03 tonne
  最大注射压力                        = 1.8000E+02 MPa
  最大注塑机注射率                    = 5.0000E+03 cm^3/s
  注塑机液压响应时间                  = 1.0000E-02 s

  工艺参数:
  -------------------
  充填时间                            =        2.5000 s
  射出体积确定                        = 自动
  周期时间                               =       35.0000 s

  速度/压力切换方式                   = 自动
  保压时间                            =        5.0000 s
  螺杆速度曲线(相对):
    % 射出体积          % 螺杆速度
    ----------------------------------
           0.0000           100.0000
         100.0000           100.0000
  保压压力曲线(相对):
         保压时间   % 充填压力
    ----------------------------------
           0.0000 s          80.0000
           5.0000 s          80.0000
          22.5000 s           0.0000
  环境温度                            =       25.0000 C
  熔体温度                            =      230.0000 C
  理想型腔侧模温                      =       50.0000 C
  理想型芯侧模温                      =       50.0000 C
```

图 9-83

9.6 分析结果

从上述的分析日志中可以看出分析过程中的一些中间数据结果以及分析的一些概要等。要想更详细地分析产品的流动、冷却和翘曲，可以从方案任务浏览区下面的结果中查看。图 9-84 所示为流动、冷却和翘曲的分析结果。

9.6.1 流动分析结果

1. 充填时间

充填时间的分析结果如图 9-85 所示。

本产品完成充填需要 2.931s 的时间。流动末端的时间差异也就相差 0.23s 左右，流动平衡。为了更好地观察熔体的流动，可以通过播放动画来观察流动是否平衡，如图 9-86 所示。

当然也可以通过修改图形属性，把默认的阴影显示模式改为等值线显示模式，如图9-87 所示。从等值线图上看出，产品中间部分的充填速度较慢，产品末端充填较快。

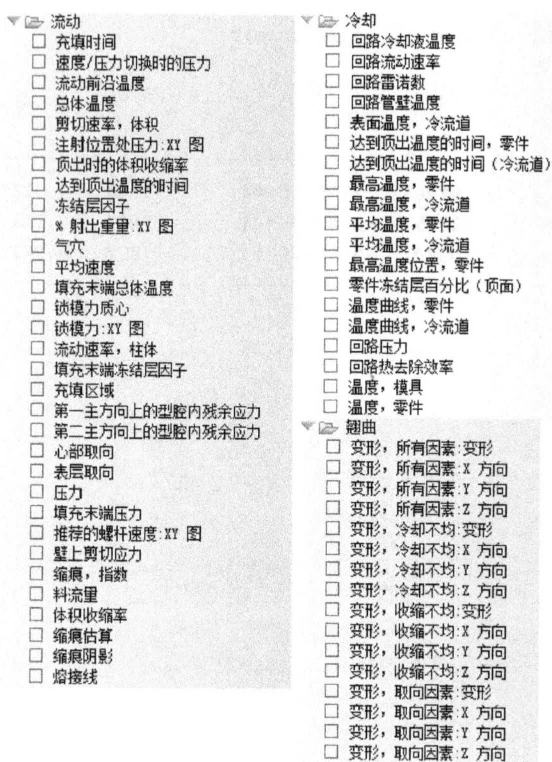

流动
充填时间
速度/压力切换时的压力
流动前沿温度
总体温度
剪切速率，体积
注射位置处压力:XY 图
顶出时的体积收缩率
达到顶出温度的时间
冻结层因子
% 射出重量:XY 图
气穴
平均速度
填充末端总体温度
锁模力质心
锁模力:XY 图
流动速率，柱体
填充末端冻结层因子
充填区域
第一主方向上的型腔内残余应力
第二主方向上的型腔内残余应力
心部取向
表层取向
压力
填充末端压力
推荐的螺杆速度:XY 图
壁上剪切应力
缩痕，指数
料流量
体积收缩率
缩痕估算
缩痕阴影
熔接线
冷却
回路冷却液温度
回路流动速率
回路雷诺数
回路管壁温度
表面温度，冷流道
达到顶出温度的时间，零件
达到顶出温度的时间（冷流道）
最高温度，零件
最高温度，冷流道
平均温度，零件
平均温度，冷流道
最高温度位置，零件
零件冻结层百分比（顶面）
温度曲线，零件
温度曲线，冷流道
回路压力
回路热去除效率
温度，模具
温度，零件
翘曲
变形，所有因素:变形
变形，所有因素:X 方向
变形，所有因素:Y 方向
变形，所有因素:Z 方向
变形，冷却不均:变形
变形，冷却不均:X 方向
变形，冷却不均:Y 方向
变形，冷却不均:Z 方向
变形，收缩不均:变形
变形，收缩不均:X 方向
变形，收缩不均:Y 方向
变形，收缩不均:Z 方向
变形，取向因素:变形
变形，取向因素:X 方向
变形，取向因素:Y 方向
变形，取向因素:Z 方向

图 9-84

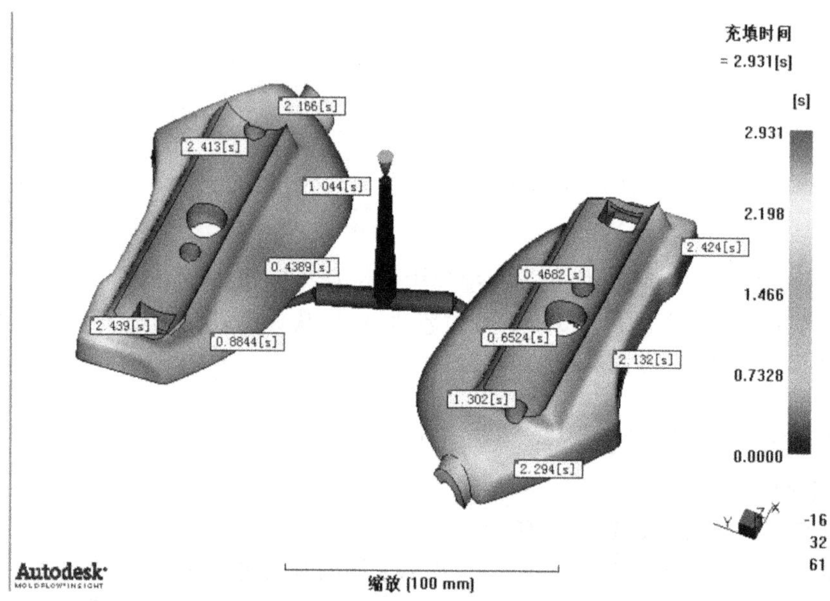

充填时间
= 2.931[s]
[s]
2.931
2.198
1.466
0.7328
0.0000
2.166[s]
2.413[s]
1.044[s]
0.4389[s]
2.439[s]
0.8844[s]
2.424[s]
0.4682[s]
0.6524[s]
2.132[s]
1.302[s]
2.294[s]
-16
32
61
Autodesk
缩放 (100 mm)

图 9-85

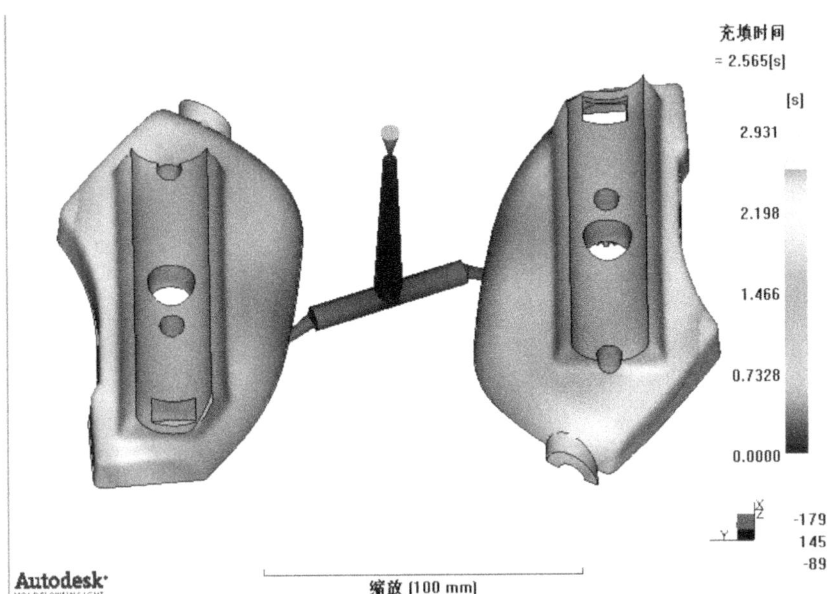

图 9-86

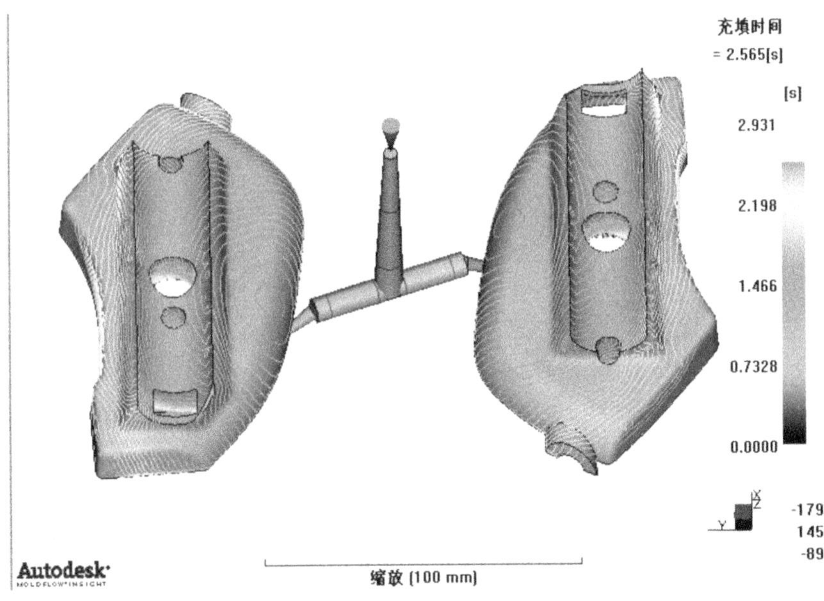

图 9-87

2. 速度/压力切换时的压力

速度/压力切换时的压力的分析结果如图 9-88 所示。

在速度和压力控制点切换时刻，注射压力达到最大值，此值应该要比注塑机的额定注射力低。速度/压力切换时，压力达到 131.6MPa，注塑压力较大。

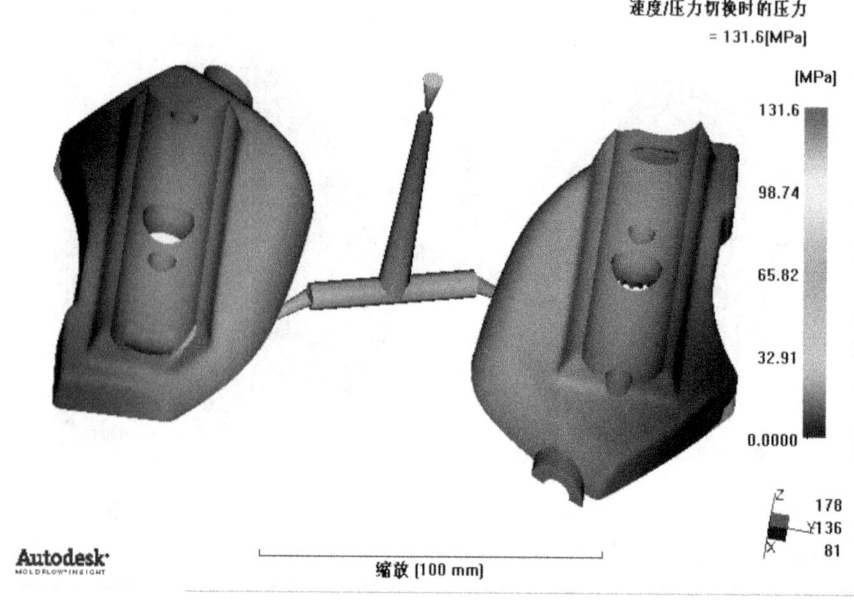

图 9-88

3. 流动前沿温度

流动前沿温度的分析结果如图 9-89 所示。

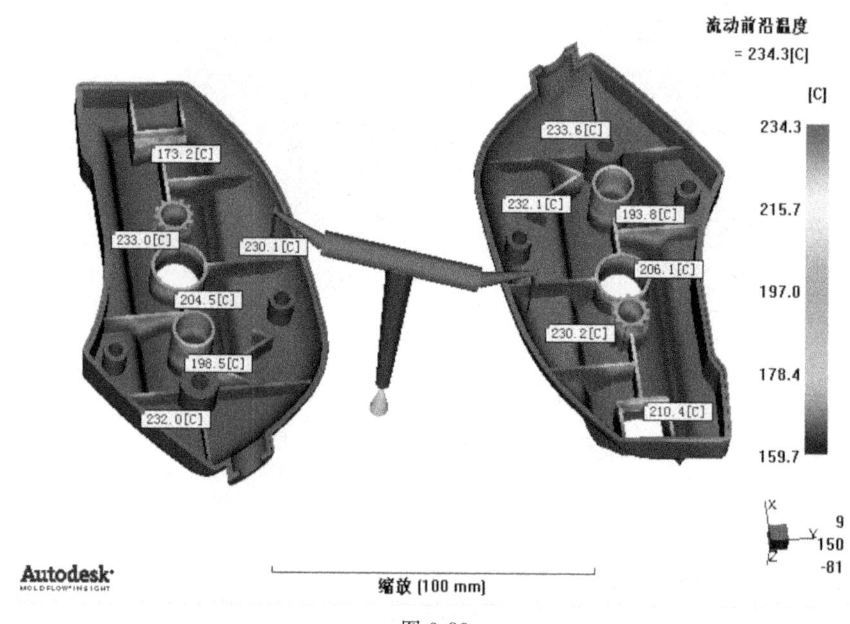

图 9-89

充填结束后，熔体的前沿温度最大相差大于 10℃，说明熔体前沿温度不均匀，产品薄壁局部位置实际成型时容易达到凝固温度产生短射。因此，建设 1、增加熔体温度，2、选择黏度较小的成型材料，3、增加区部特征壁厚。

4. 总体温度

总体温度的分析结果如图 9-90 所示。

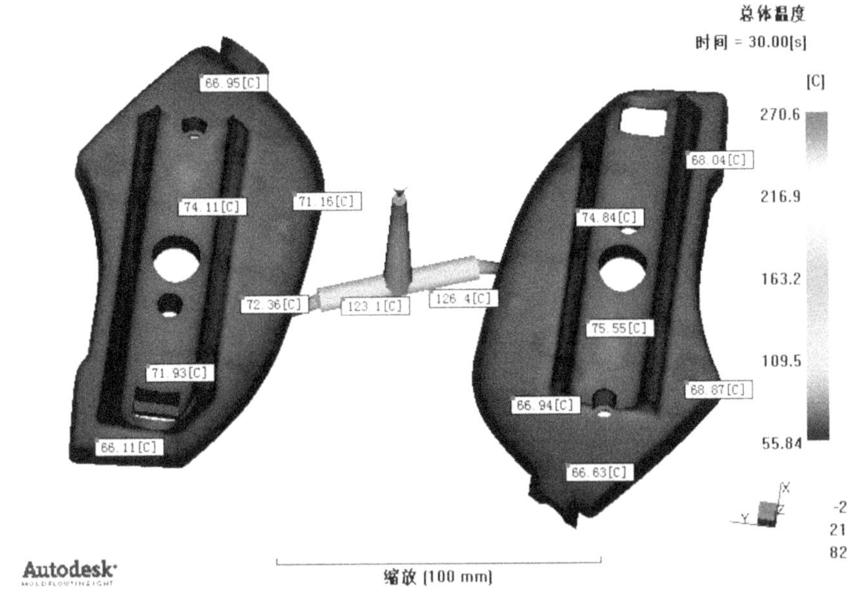

图 9-90

产品的总体温度分布均匀，温度差在 10℃以内。总体温度应该要低于推荐的顶出温度。本材料的推荐顶出温度为 88℃。

5. 剪切速率，体积

剪切速率，体积的分析结果如图 9-91 所示。

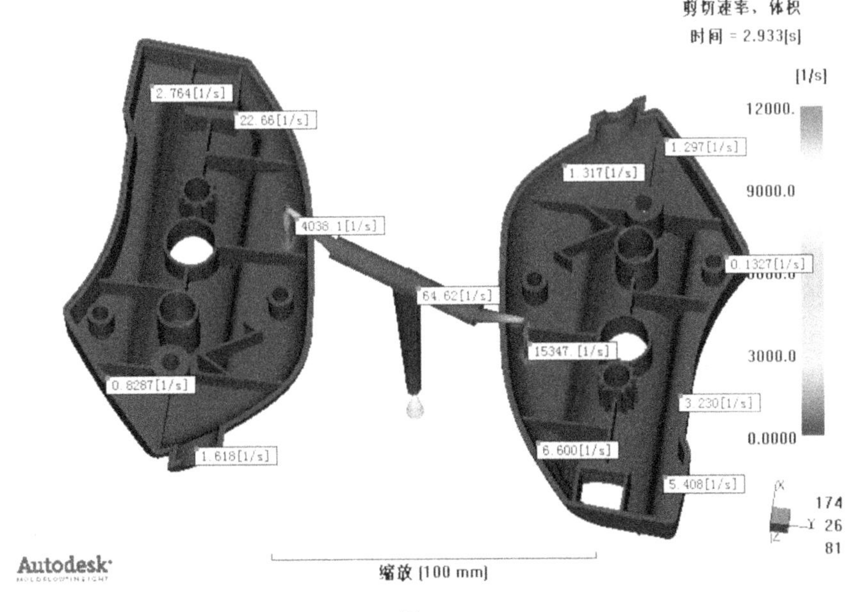

图 9-91

剪切速率,体积结果是一个中间数据结果,可以看到在注射过程中,最大的剪切速率为15347/s,此材料的最大剪切速率为12000 1/s,因此塑料可能会产生降解,建议更改辅助浇口大小。

6. 注射位置处压力:XY图

注射位置处压力:XY图的分析结果如图9-92所示。

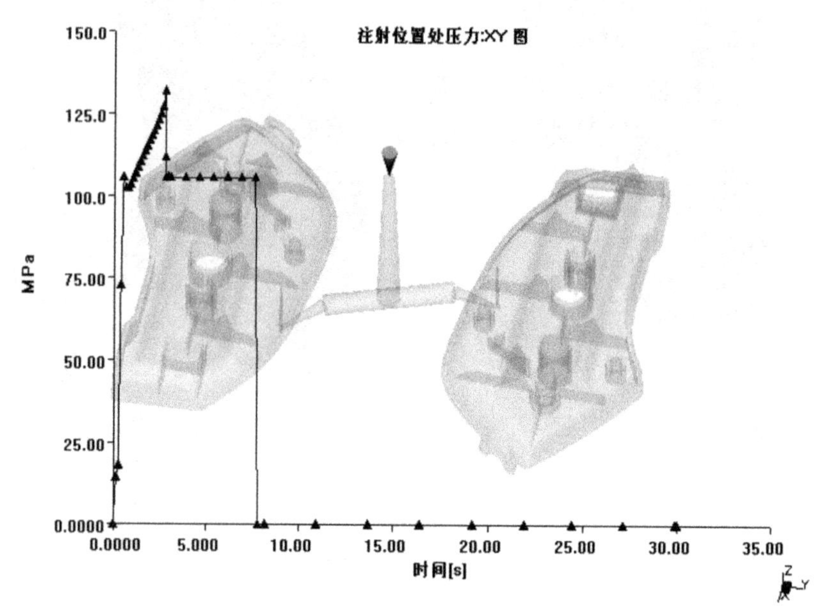

图 9-92

注射位置处的压力最大是在速度/压力的转换时刻。从图表上看出,曲线前段比较平稳后段压力变化较大,说明在熔体流动后期受阻。

7. 顶出时的体积收缩率

顶出时的体积收缩率的分析结果如图9-93所示。

在产品顶出时,体积收缩率在产品末端的值相对大点。在后续需要通过优化保压曲线来降低体积收缩。产品主流道及分流道体积收缩率相对最大,可以适当减少流道尺寸。

8. 达到顶出温度的时间

达到顶出温度的时间的分析结果如图9-94所示。

对产品本身来讲,达到顶出温度的时间基本上一致,完全满足要求。但是流道部分达到顶出温度时间比较长,需要调整流道大小,增加浇注系统部分冷却。

9. 冻结层因子

冻结层因子的分析结果如图9-95所示。

冷却结束后,产品已经全部凝固了。但需要注意的是当撤离保压压力的时刻,浇口是否已经冻结,否则会产生回流。

10. 平均速度

平均速度的分析结果如图9-96所示。

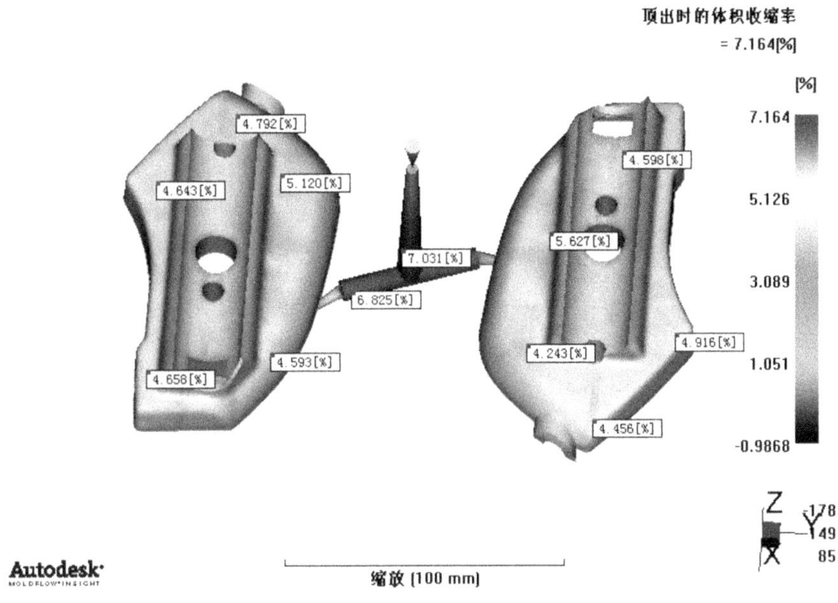
顶出时的体积收缩率
= 7.164[%]
[%]
7.164
5.126
3.089
1.051
-0.9868
4.792[%]
4.643[%]
5.120[%]
7.031[%]
6.825[%]
4.593[%]
4.658[%]
4.598[%]
5.627[%]
4.243[%]
4.916[%]
4.456[%]
Autodesk
缩放 (100 mm)

图 9-93

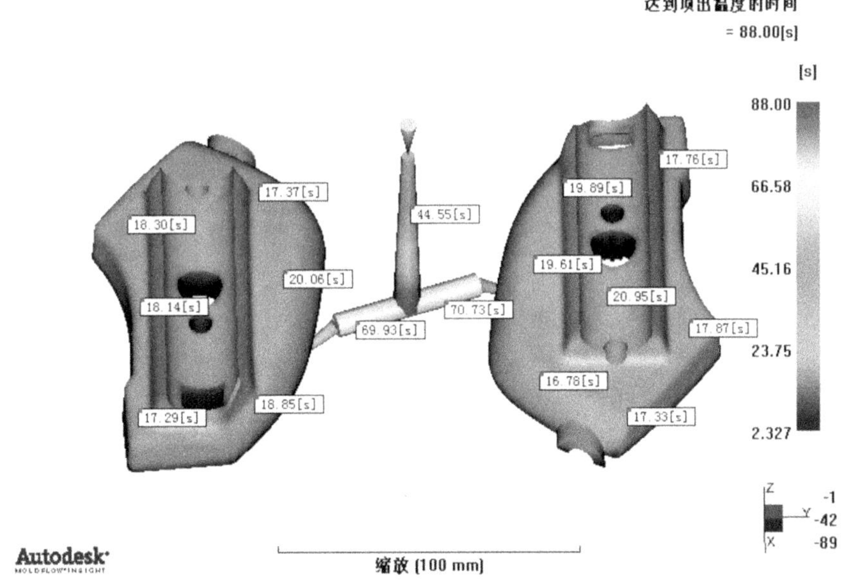
达到顶出温度的时间
= 88.00[s]
[s]
88.00
66.58
45.16
23.75
2.327
17.37[s]
18.30[s]
44.55[s]
20.06[s]
18.14[s]
69.93[s]
70.73[s]
17.29[s]
18.85[s]
17.76[s]
19.89[s]
19.61[s]
20.95[s]
17.87[s]
16.78[s]
17.33[s]
Autodesk
缩放 (100 mm)

图 9-94

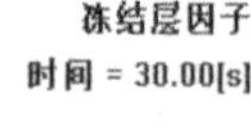

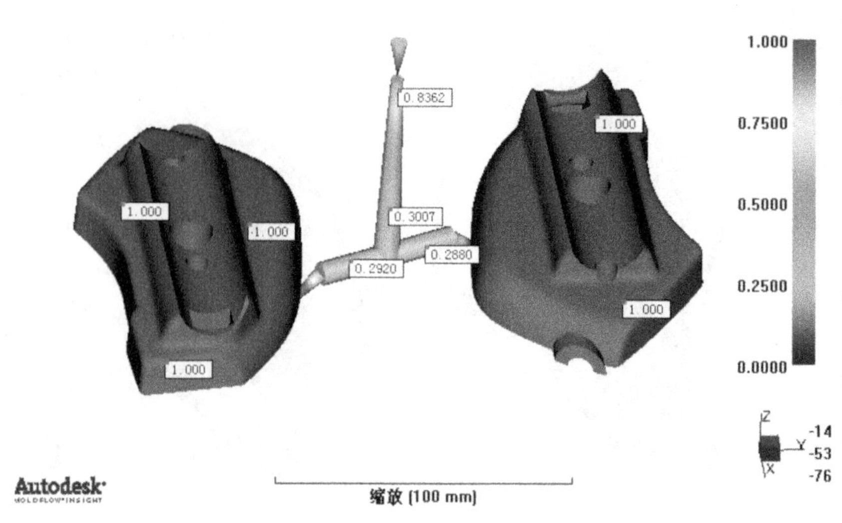

图 9-95

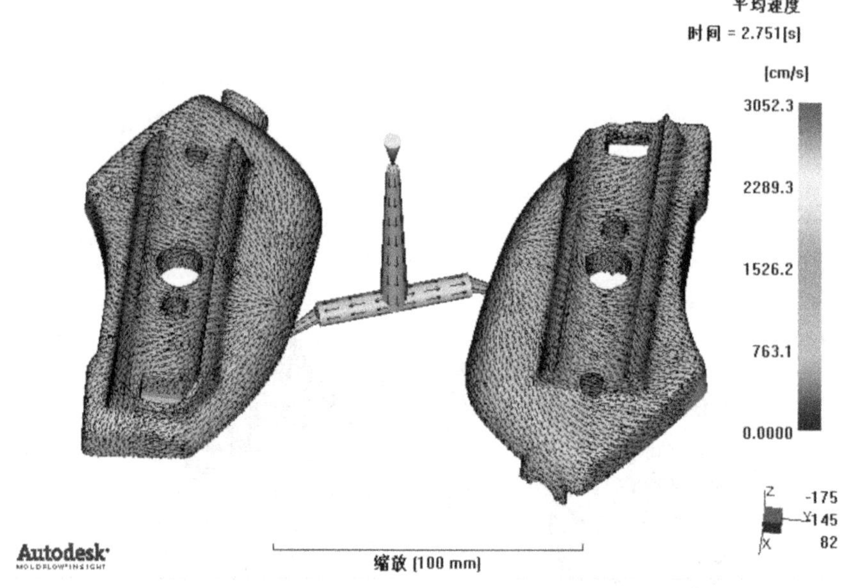

图 9-96

通过平均速度可以查看熔体的流动方向。可以通过和充填时间进行叠加。在充填时间上右击，在弹出的快捷菜单中选择【重叠】命令，叠加后的效果如图 9-97 所示。

应该确保流动方向与充填时间的等值线垂直，否则可能会出现潜流。

11. 充填结束时的冻结层因子

充填结束时的冻结层因子的分析结果如图 9-98 所示。

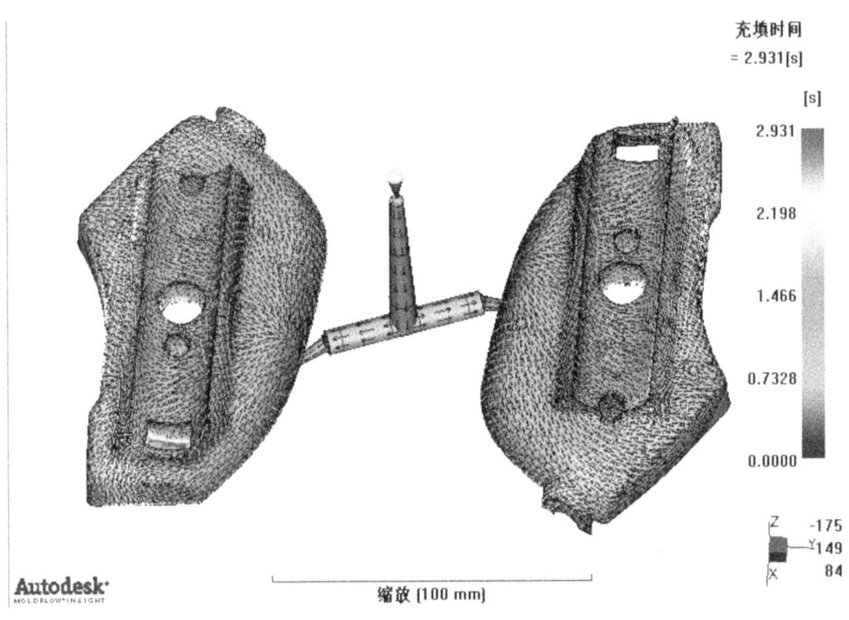

图 9-97

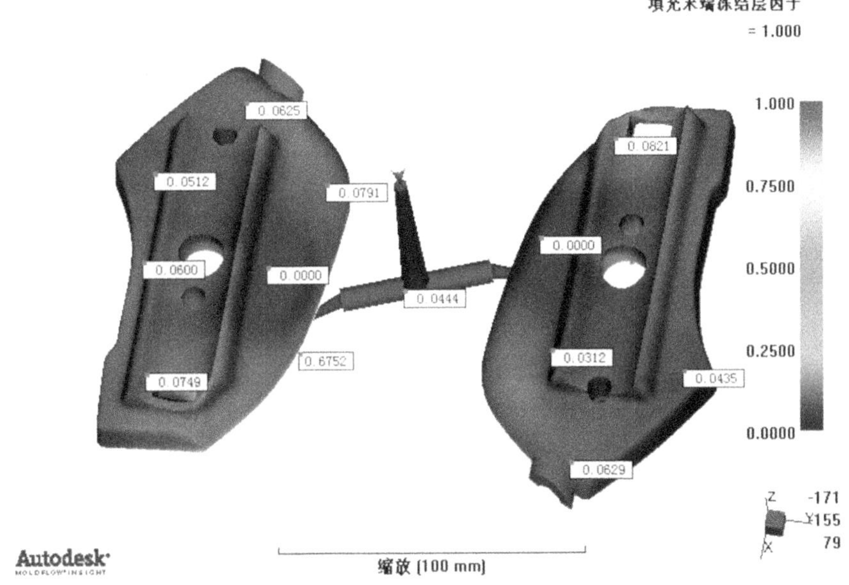

图 9-98

充填结束时的冻结层因子显示的是充填结束时，熔体在型腔中的冻结情况。一般要求此值不应该超过 0.2～0.25，否则可能会引起保压问题。

12. 锁模力：XY 图

锁模力：XY 图的分析结果如图 9-99 所示。

本产品的锁模力最大为 73.01t，出现在 3.034s 时刻。选用的注塑机的额定锁模力必须

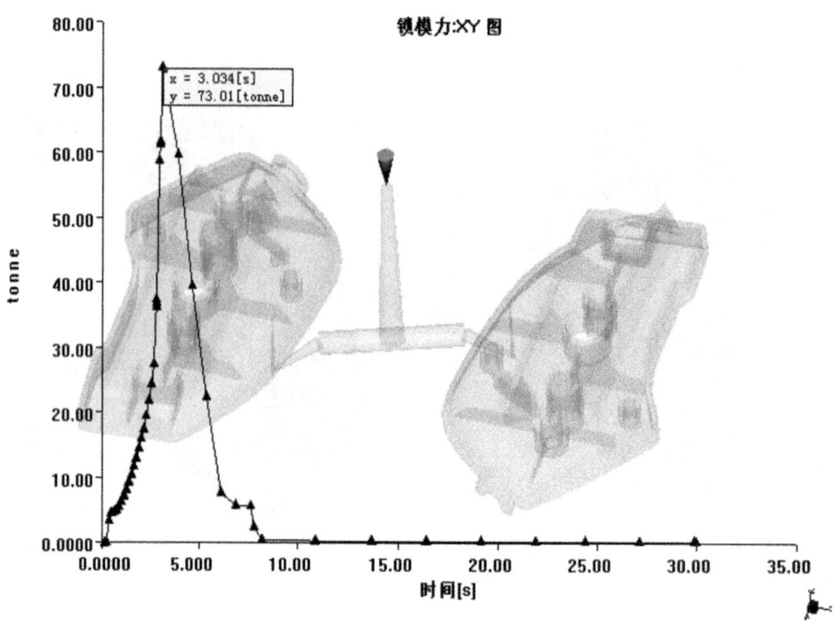

图 9-99

高于此值。

13. 壁上剪切应力

壁上剪切应力的分析结果如图 9-100 所示。

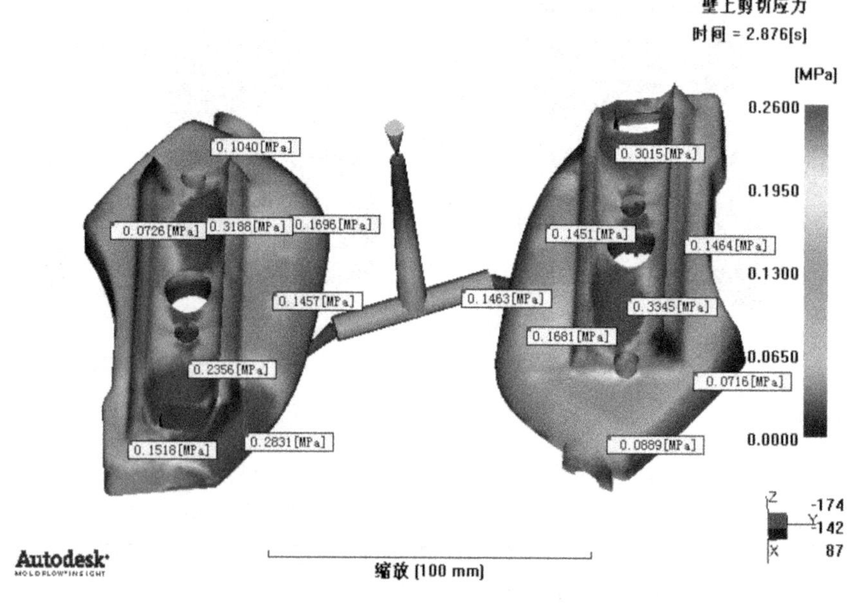

图 9-100

本案例中使用的材料最大的剪切应力为 0.28MPa，而得到的平均结果为 0.3MPa，比推荐值高。用户提高熔体温度可以减小剪切应力。

14. 推荐的螺杆速度:XY 图

推荐的螺杆速度:XY 图的分析结果如图 9-101 所示。

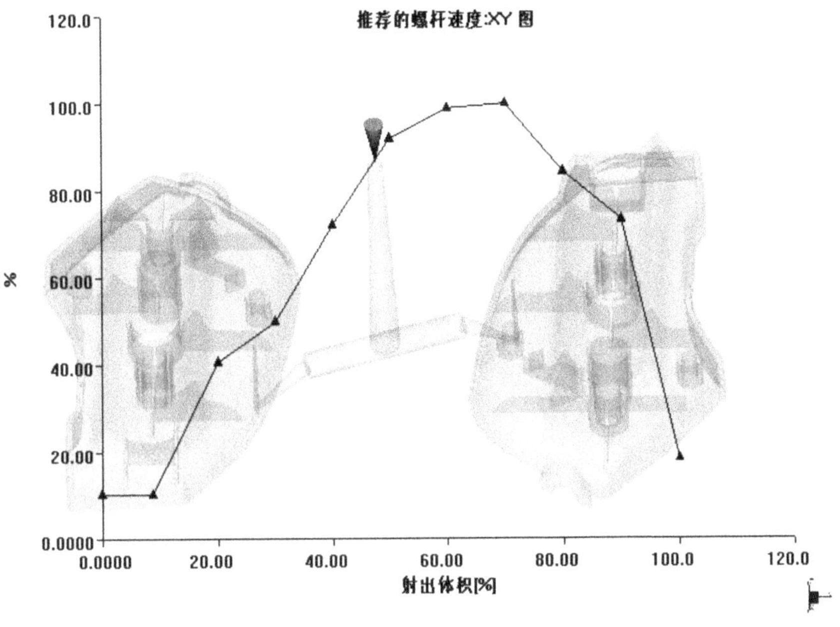

图 9-101

用户可以根据推荐的螺杆速度重新设置注射机的成型工艺来优化产品。

15. 熔接痕

熔接痕的分析结果如图 9-102 所示。

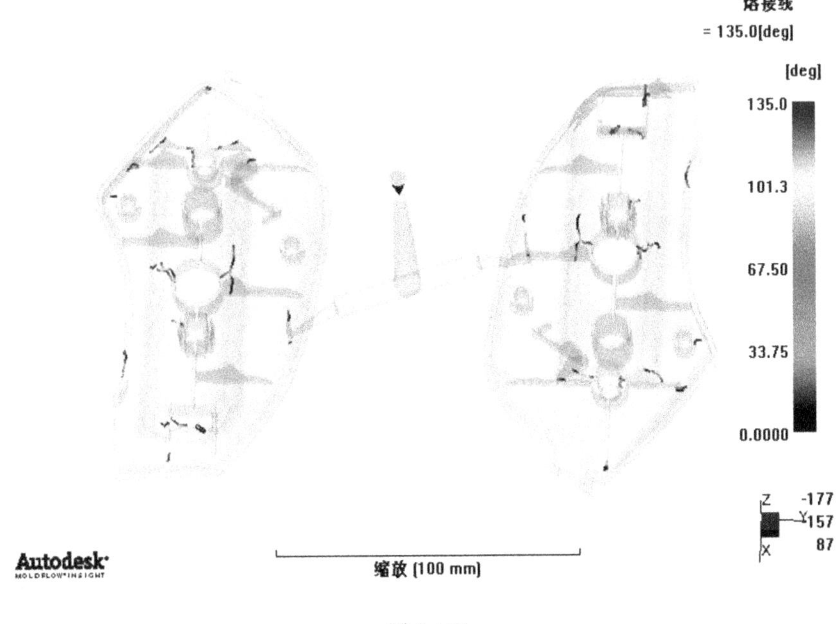

图 9-102

从分析结果看到了熔接痕的位置，主要存在于产品的孔位边缘上。如果存在低质量的熔接痕，会影响产品的强度，还必须与流动前沿温度综合观察。与流动前沿温度叠加后的分析结果如图 9-103 所示。

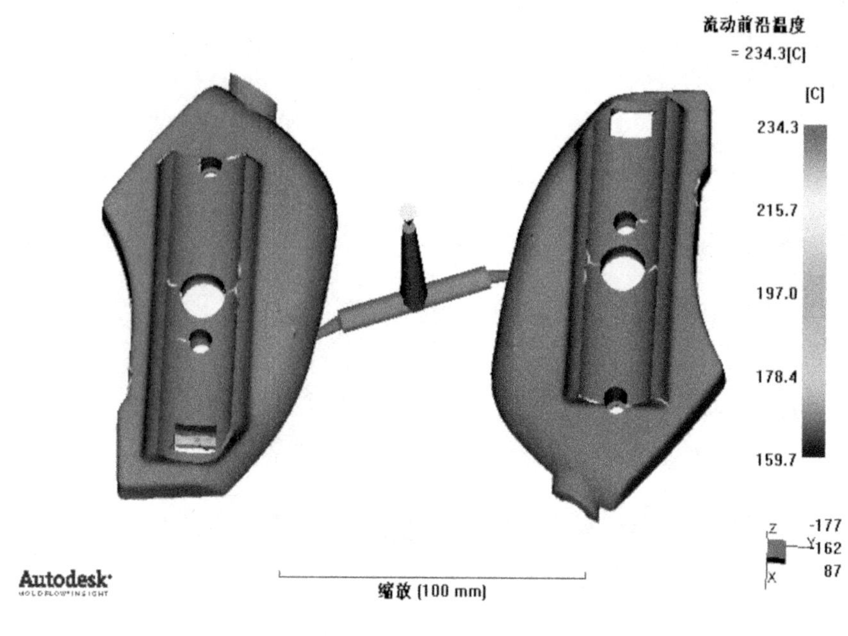

图 9-103

熔接线交界的地方如果温度差较大，会有比较明显的熔接痕。

16. 缩痕，指数

缩痕，指数的分析结果如图 9-104 所示。

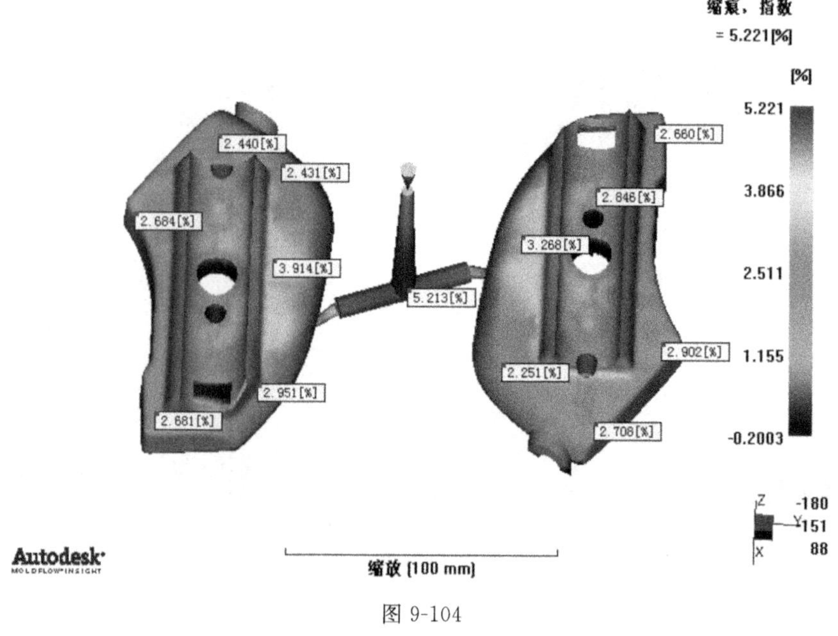

图 9-104

缩痕，指数表示在产品表面可能会产生凹陷的几率，而不是凹陷的值。如果指数过高，表示发生的可能性就比较大，应该延长保压时间。缩痕指材料在理想状态下一个收缩趋势，指导数值：4%。

17. 气穴

气穴的分析结果如图 9-105 所示。

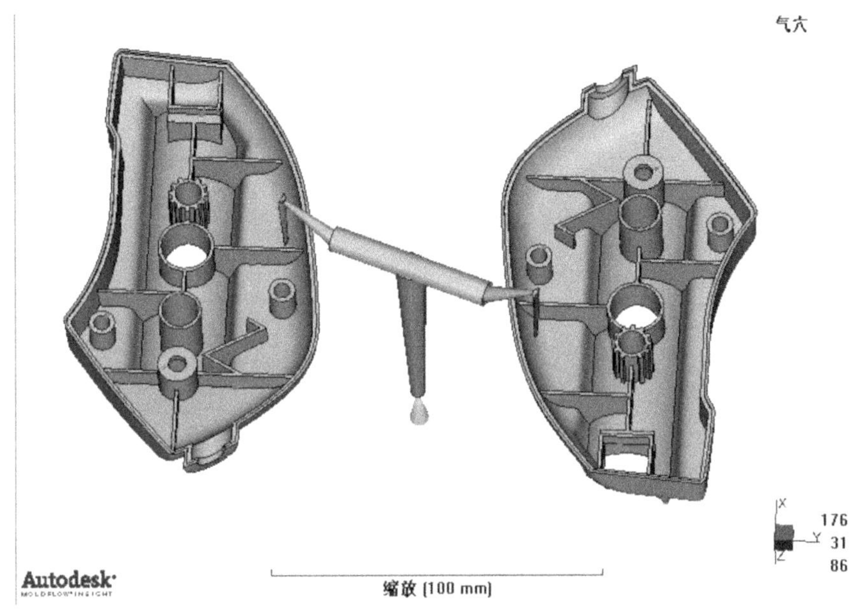

图 9-105

从气穴分析结果可以看到有些气穴存在于分型面处，这些气穴可以顺利排出去。注意在滞流区域及产品孔位部分应加强排气，消除可能出现的气纹。

9.6.2 冷却分析结果

1. 回路冷却介质温度

回路冷却介质温度的分析结果如图 9-106 所示。

从分析结果可以看出冷却回路的进水口和出口的温差为 0.71℃。进出水口的温差不应该超过 2～3℃，否则冷却效果比较差。

2. 回路流动速率

回路流动速率的分析结果如图 9-107 所示。

从分析结果看到，各个水路流动速率相对稳定。

3. 回路雷诺数

回路雷诺数的分析结果如图 9-108 所示。

在 AMI 中，设定的雷诺数值保证进水口处的雷诺数为 10 000。

4. 回路管壁温度

回路管壁温度的分析结果如图 9-109 所示。

回路管壁温差比较均匀，并且与冷却介质温度相差为 6℃。这个温度差高于 5℃，不可

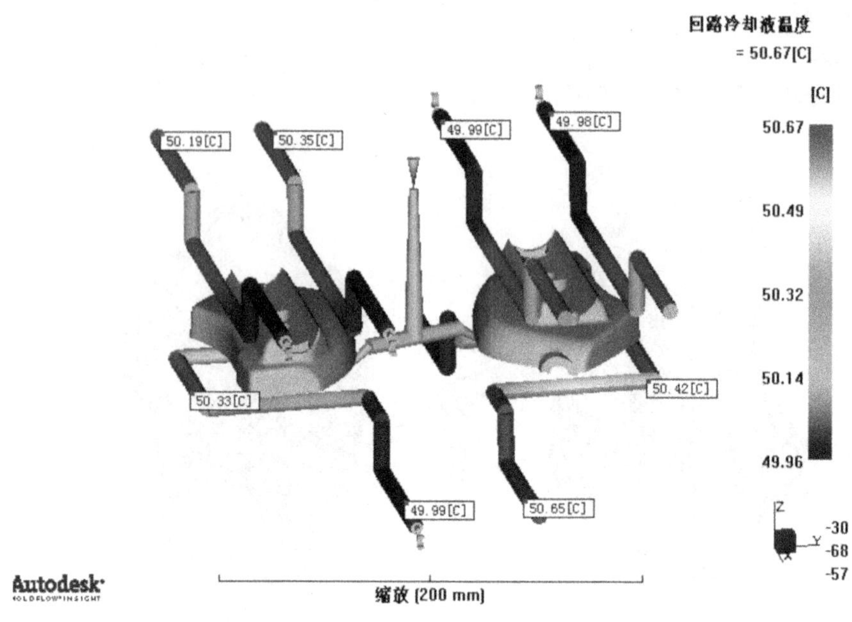
回路冷却液温度
= 50.67[C]
[C]
50.67
50.49
50.32
50.14
49.96
50.19[C]
50.35[C]
49.99[C]
49.98[C]
50.33[C]
50.42[C]
49.99[C]
50.65[C]
-30
-68
-57
Autodesk
缩放 (200 mm)

图 9-106

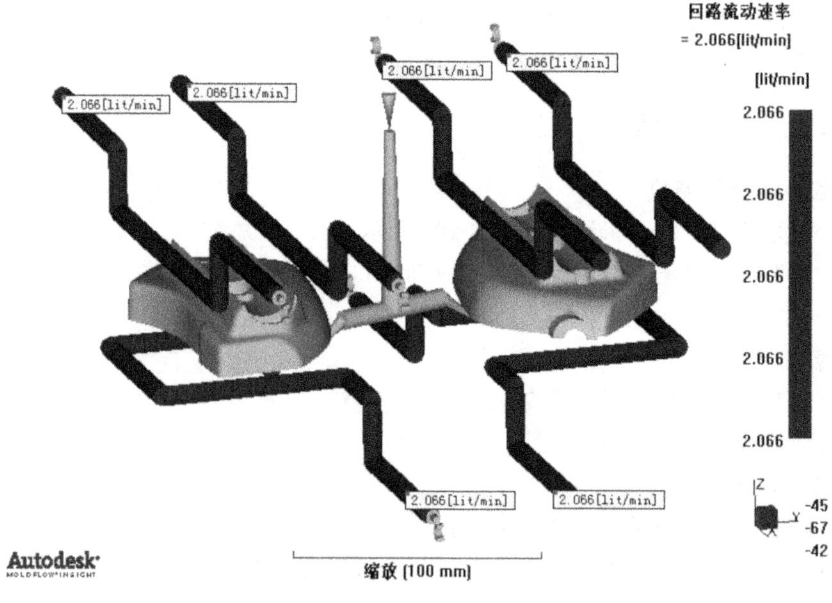
回路流动速率
= 2.066[lit/min]
[lit/min]
2.066
2.066
2.066
2.066
2.066
2.066[lit/min]
2.066[lit/min]
2.066[lit/min]
2.066[lit/min]
2.066[lit/min]
2.066[lit/min]
-45
-67
-42
Autodesk
缩放 (100 mm)

图 9-107

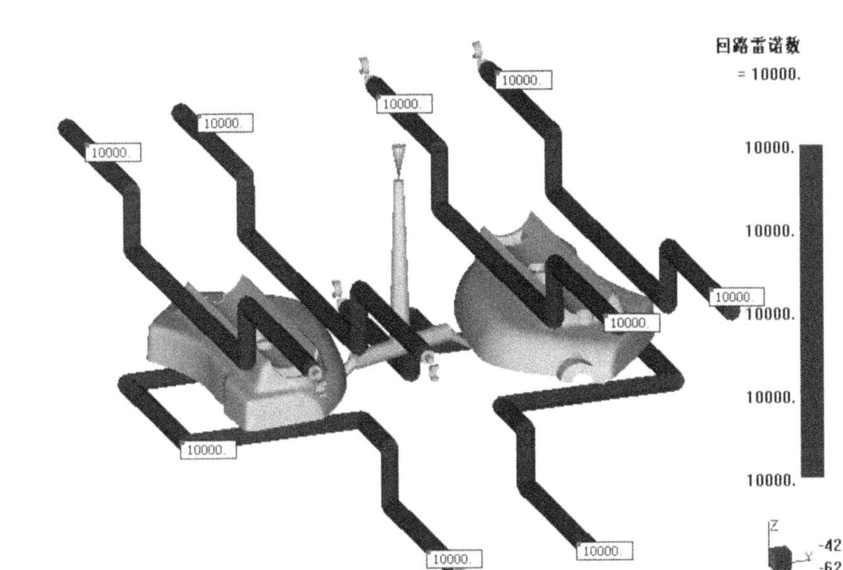

图 9-108

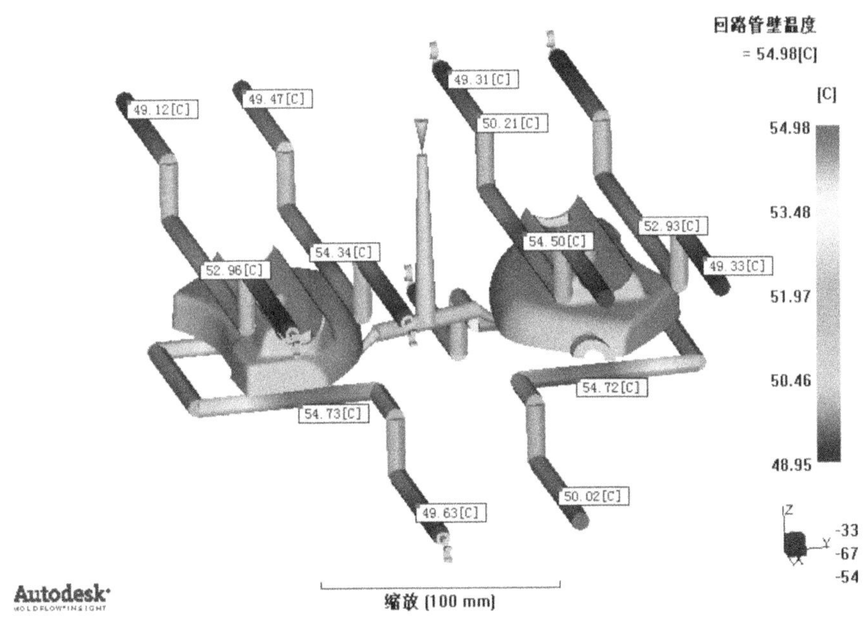

图 9-109

以接受。需要调整减小冷却液温度，加大冷却液流动速率。

5. 最高温度位置，制品

最高温度位置，制品的分析结果如图 9-110 所示。

最高温度位置，制品表示温度在制品壁厚上的分布。最合理的应该是最高温度位于壁

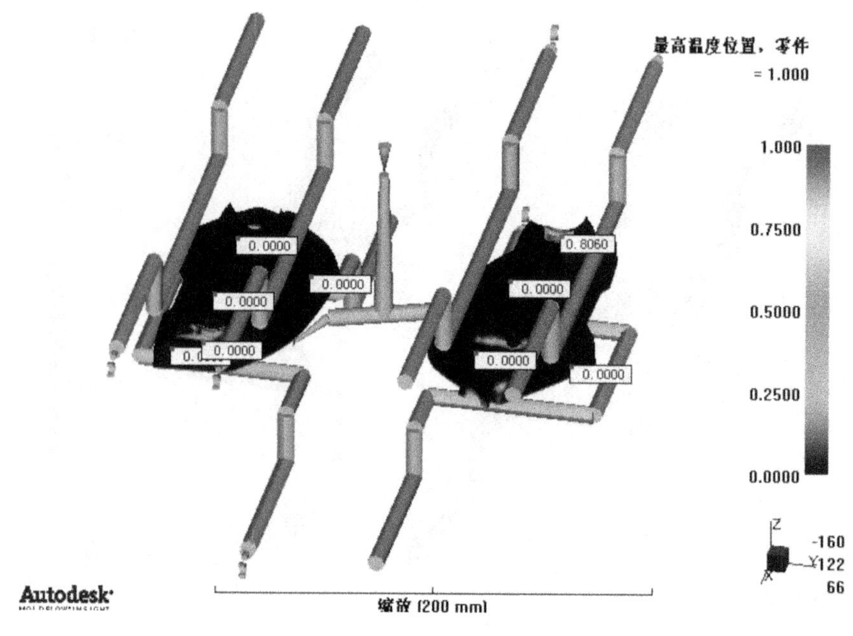

图 9-110

厚的中间。从分析得到的结果得知，最高温度主要集中在产品内侧孔位，因此产品内侧需要加强冷却。

6. 温度曲线，制品

温度曲线，制品的分析结果如图 9-111 所示。

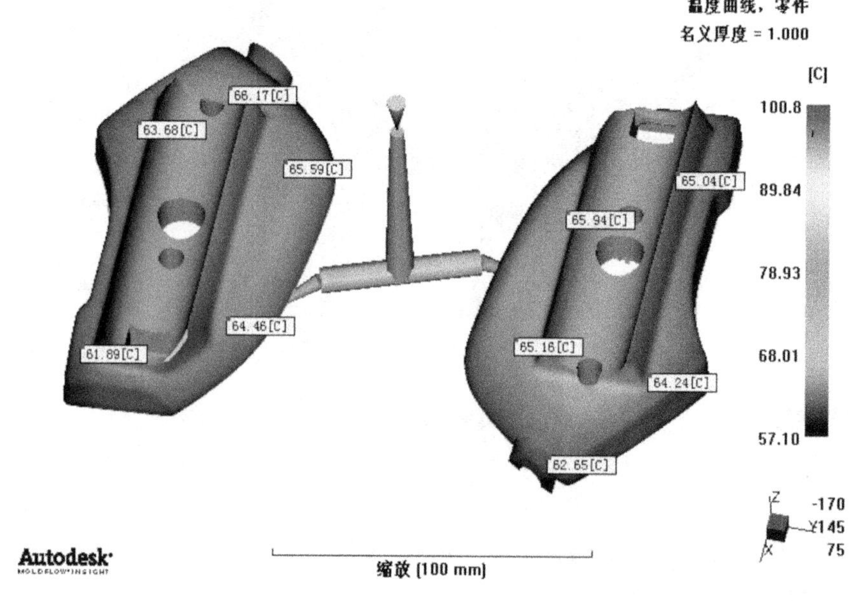

图 9-111

从这个结果可以看到产品壁厚两侧温差。通过新建图功能可以创建 XY 图，更具体地看某个位置的温差。图 9-112 所示为在选中的点的温度曲线分布。

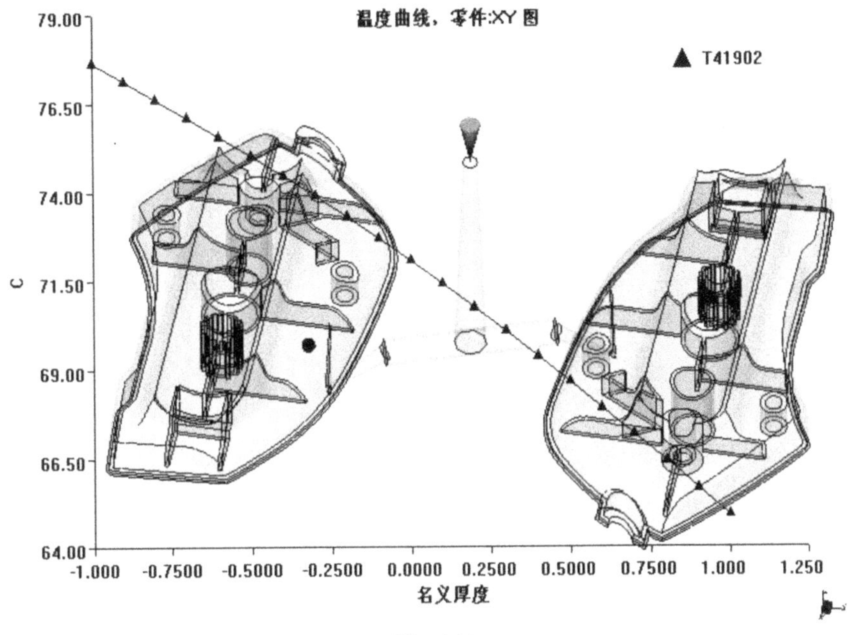

图 9-112

对于 T41902 三角形单元来讲，壁厚的两侧面温度分别为 77..65℃和 64.92℃，温差达到 12.73℃。这个温差相差比较大，内外表面冷却不均匀。需要增加产品内侧冷却效果。

9.6.3 翘曲分析结果

1. 变形，所有因数：变形

变形，所有因数：变形的分析结果如图 9-113 所示。

此分析结果可以从总体上得知制件翘曲的值，最大为 0.609mm。为了更好地进行观察，可以把产品的变形比例因子设置大些，可以到图形属性中进行设置。图 9-114 所示为放大 10 倍的翘曲值。

2. 变形，冷却不均：变形

变形，冷却不均：变形的分析结果如图 9-133 所示。

由冷却不均引起的翘曲值为 0.1102mm，导致的翘曲量非常小。那就说明冷却已经非常均匀了，冷却系统设计得比较理想。

3. 变形，收缩不均：变形

变形，收缩不均：变形的分析结果如图 9-116 所示。

由收缩不均引起的翘曲值达到了 0.6116mm，可以确定翘曲的主因是收缩不均引起的。收缩不均是由于保压相关因素所产生的，因此有效的措施是优化保压曲线。

4. 变形，取向因素：变形

变形，取向因素：变形的分析结果如图 9-117 所示。

由于取向造成的变形为 0，可以不考虑在内。

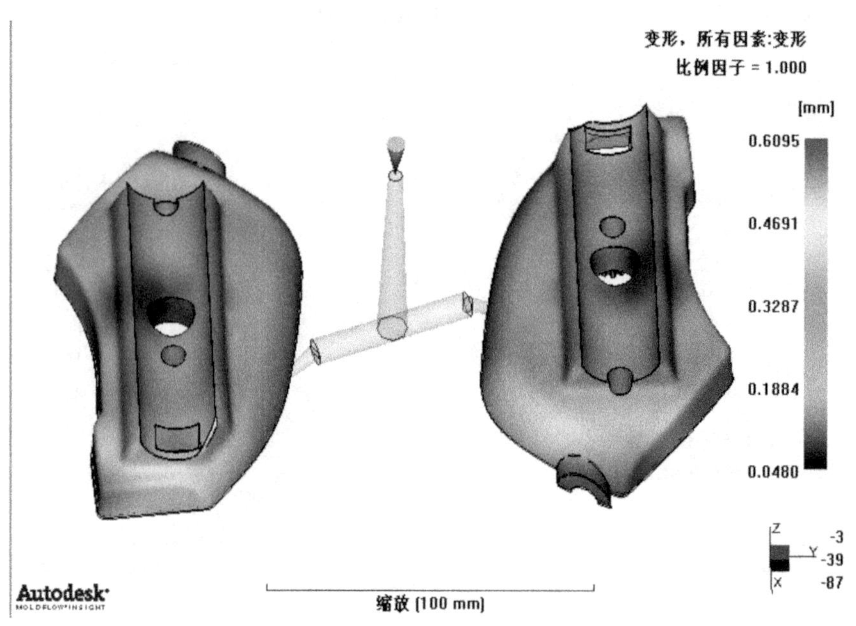
变形，所有因素:变形
比例因子 = 1.000
[mm]
0.6095
0.4691
0.3287
0.1884
0.0480
Z
Y
X
-3
-39
-87
Autodesk
MOLDFLOW INSIGHT
缩放 (100 mm)

图 9-113

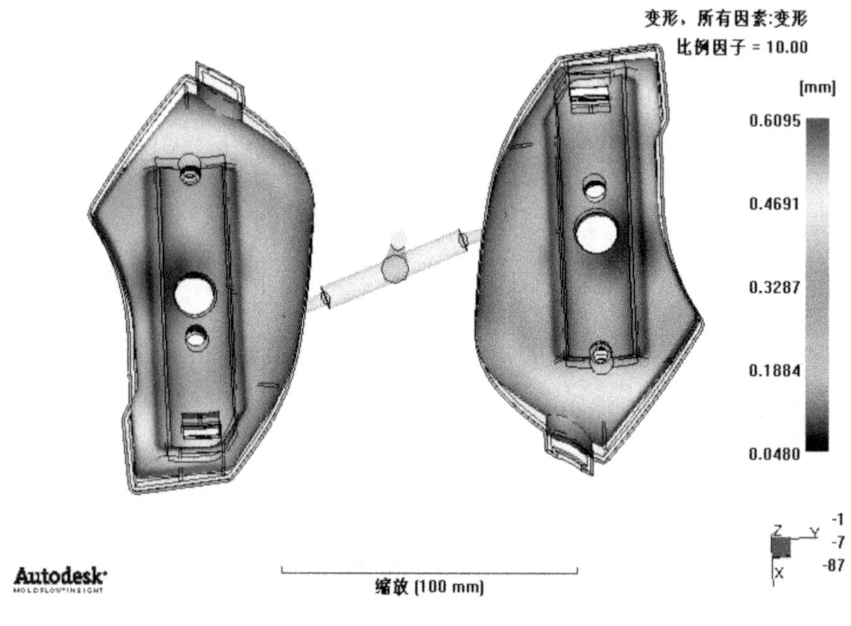
变形，所有因素:变形
比例因子 = 10.00
[mm]
0.6095
0.4691
0.3287
0.1884
0.0480
Z
Y
X
-1
-7
-87
Autodesk
MOLDFLOW INSIGHT
缩放 (100 mm)

图 9-114

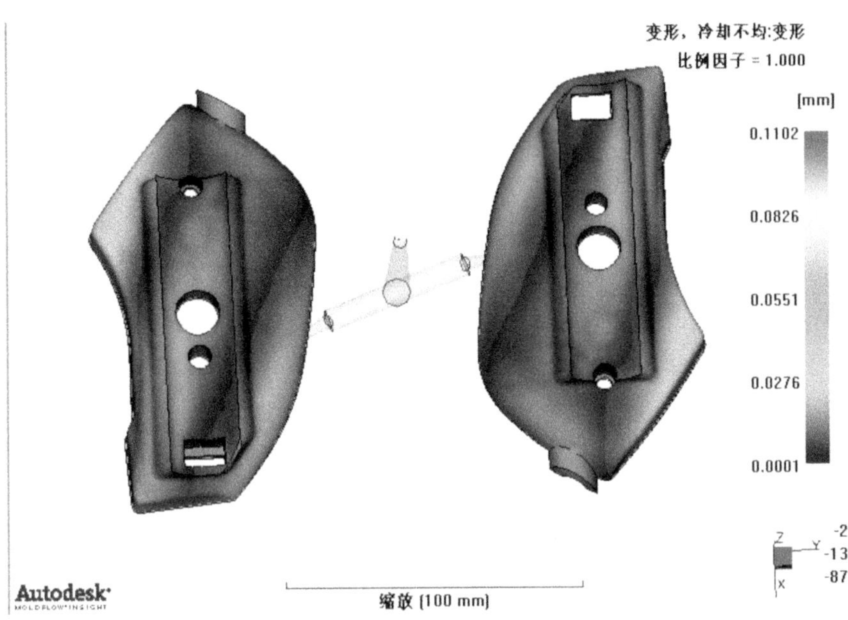
变形，冷却不均:变形
比例因子 = 1.000
[mm]
0.1102
0.0826
0.0551
0.0276
0.0001
Autodesk
缩放 (100 mm)

图 9-115

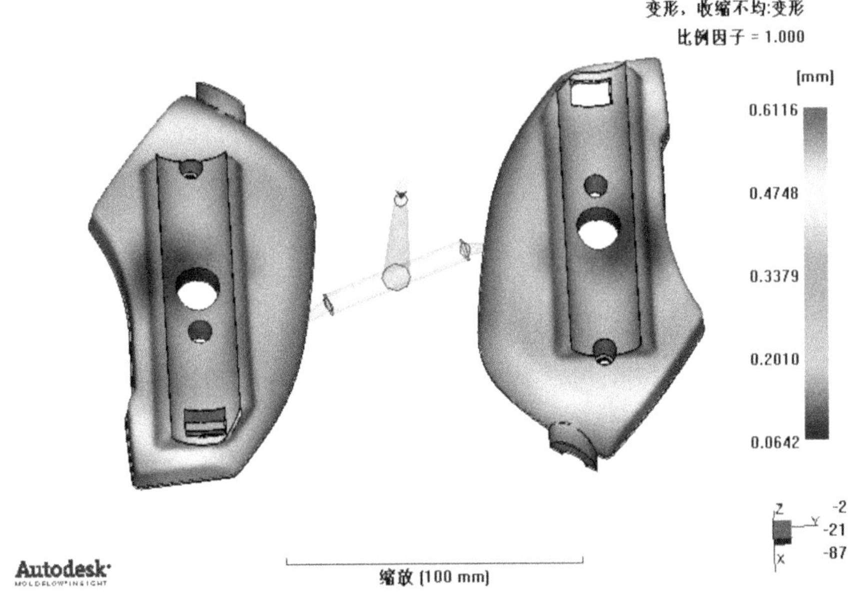
变形，收缩不均:变形
比例因子 = 1.000
[mm]
0.6116
0.4748
0.3379
0.2010
0.0642
Autodesk
缩放 (100 mm)

图 9-116

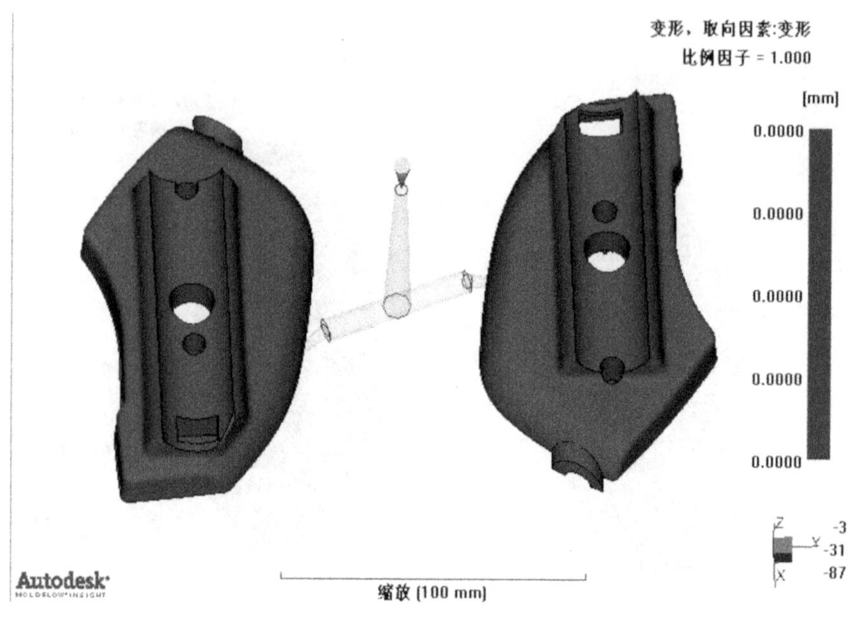

图 9-117

9.7 小　结

通过初步分析得到的分析结果,发现两个比较大的问题。第一个是注射此产品需要的注射压力较高,造成这个问题的主要原因是产品的结构复杂局部壁厚太薄。可以通过修改浇口位置及辅助浇口大小或适当增加壁厚来进行调整。第二个问题是由于产品流道设计太大引起缩痕指数过高,以及达到顶出温度的时间太长,可以通过修改流道尺寸或适当增加浇口区域冷却进行调整。

第 10 章　综合案例:ZP2 产品分析(评估)

10.1　概　述

本案例将使用如图 10-1 所示的 ZP2 产品盖子,产品侧边有一处破孔。

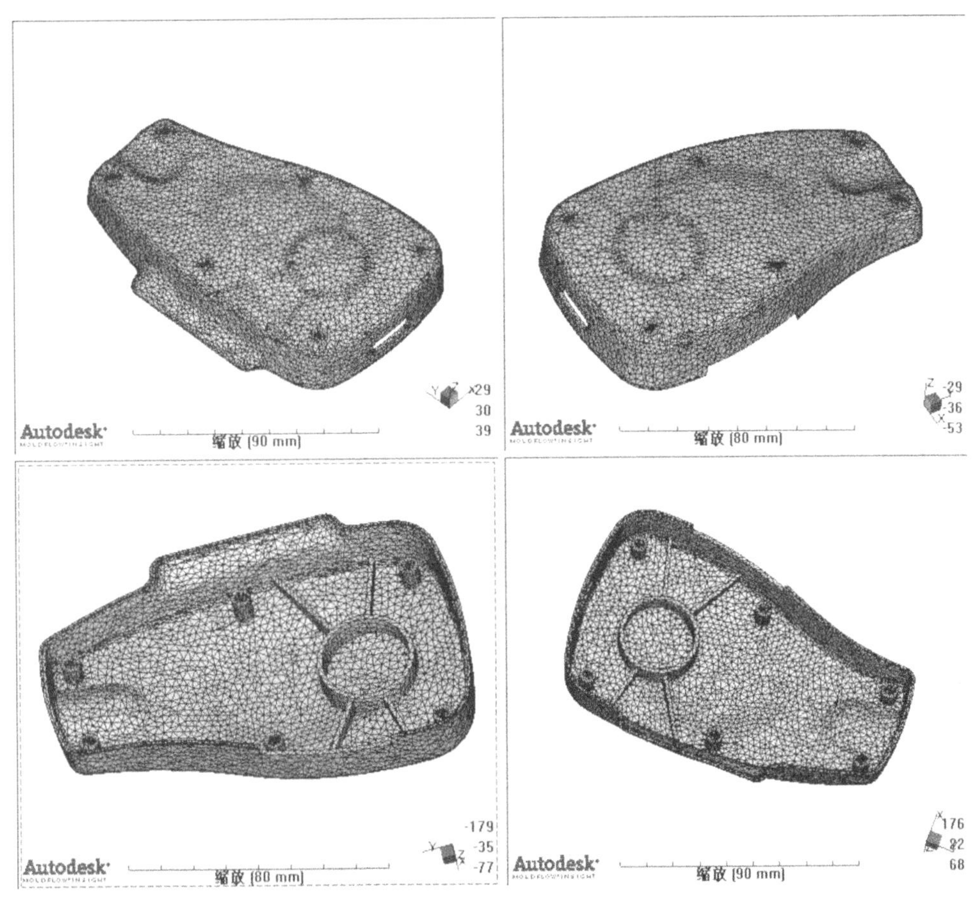

图 10-1

本产品使用 UMG ABS Ltd 公司的牌号为 UMG ABS GSM 的原料,此原料没有填充物。产品的尺寸信息为 86mm×131mm×23mm,基本壁厚为 1.5mm,产品不是很大。

此产品的模具设计方案已经初步确定，只要根据初步方案对产品的流动、冷却和翘曲进行分析评估。模具设计的原始方案如图 10-2 所示。

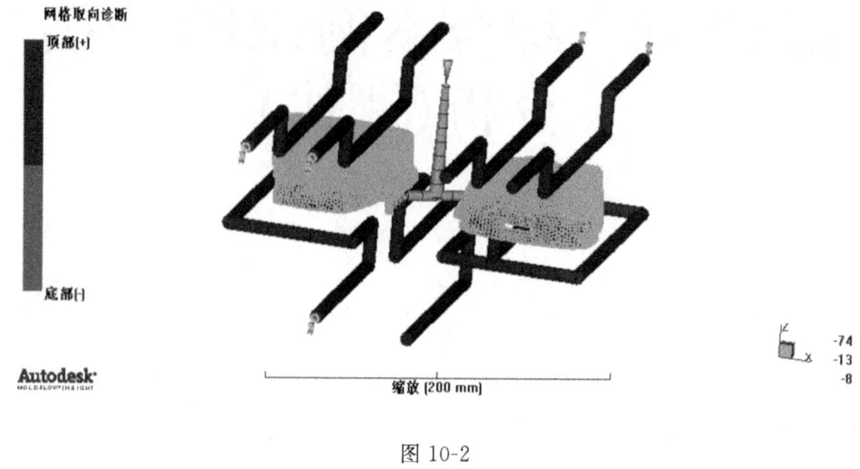

图 10-2

10.2　CAD Doctor 前处理

对于使用第三方格式的 3D 数据文件在导入到 AMI 中会出现很多自由边等缺陷问题，对于手工修复会带来很大的麻烦。使用 CAD Doctor 可以快速修复这些问题，并且可以简化模型，提高网格匹配率，为分析的准确性提供保证。

10.2.1　产品缺陷修复

从第三方软件转过来的数据通常存在自由边、重复面、面丢失以及变形等问题，因此在划分网格之前加以修复是非常有必要的。

打开 CAD Doctor 软件(为方便书写，后面都简称为 AMCAD。)，选择文件→导入命令，如图 10-3 所示。选中提供的名为 ZP2. igs 的文件，单击【打开】按钮，即可把数据导入图形区域中，如图 10-4 所示。

图 10-3

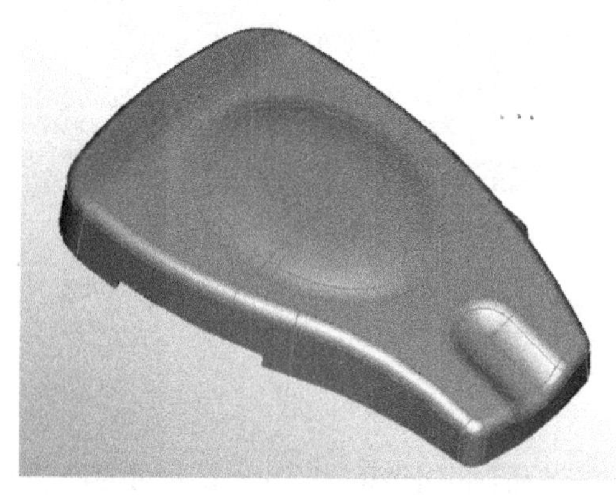

图 10-4

文件导入之后，就需要检查一下产品存在的缺陷问题。单击界面左下方的检查图标，系统开始自动计算、分析产品的缺陷。

图 10-5 所示为产品存在的缺陷，最严重的缺陷当属自由边问题。

由于缺陷的数量较多，因此先使用自动修复的方式进行修复。单击缝合图标，弹出如图 10-6 所示的对话框。对话框中显示了当前存在的自由边数量以及将要使用的缝合公差。

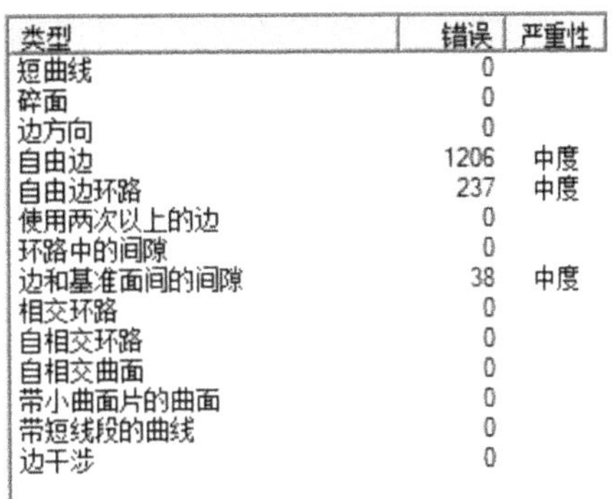

类型	错误	严重性
短曲线	0	
碎面	0	
边方向	0	
自由边	1206	中度
自由边环路	237	中度
使用两次以上的边	0	
环路中的间隙	0	
边和基准面间的间隙	38	中度
相交环路	0	
自相交环路	0	
自相交曲面	0	
带小曲面片的曲面	0	
带短线段的曲线	0	
边干涉	0	

图 10-5

为了确保能够更好地修复自由边以及防止产品变形，因此公差设置在 0.0254mm 比较恰当。设置 Tolerance(公差)为 0.0254，单击试运行按钮，系统会自动进行修复。计算完成后会出现如图 10-7 所示的对话框。

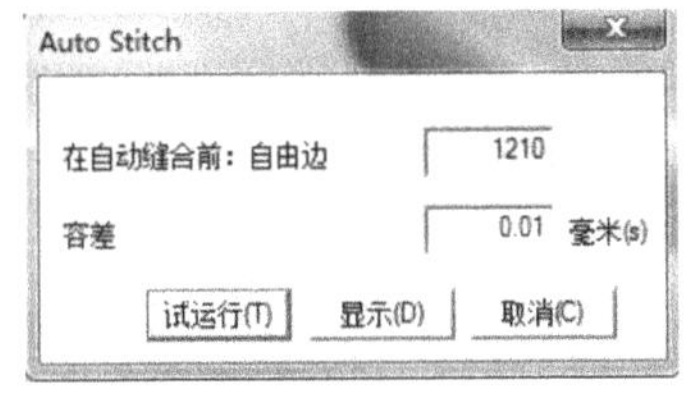

图 10-6

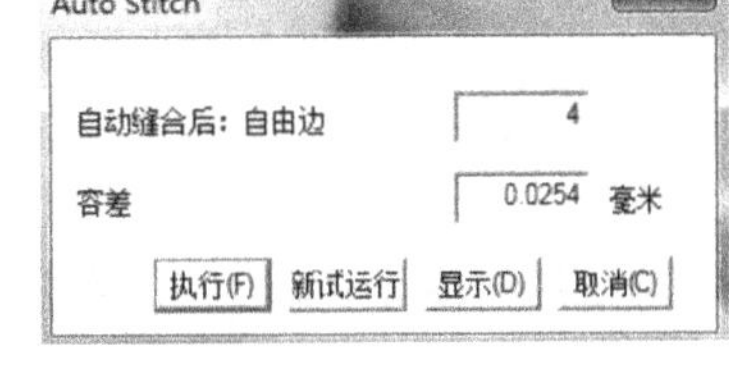

图 10-7

从提示框中可以看到，修复效果非常好，基本无自由边问题了。单击执行按钮，即可完成自由边修复。图 10-8 所示为完成自由边修复后的缺陷诊断列表。除了 4 个自由边及1 个自由边环路缺陷，其他几个缺陷也随着自由边的修复自动消失了。

单击自由边，弹出如图 10-9 所示对话框，选择单击填充孔按钮，系统弹出如图 10-10 所示提示对话框，单击是按钮，完成自由边及自由边环路修复。

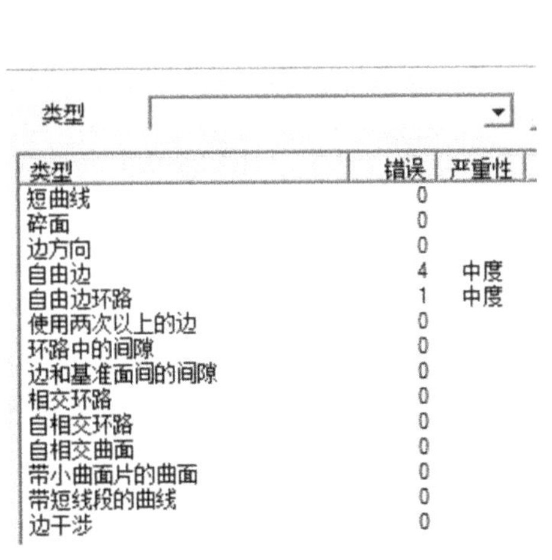

类型

类型	错误	严重性
短曲线	0	
碎面	0	
边方向	0	
自由边	4	中度
自由边环路	1	中度
使用两次以上的边	0	
环路中的间隙	0	
边和基准面间的间隙	0	
相交环路	0	
自相交环路	0	
自相交曲面	0	
带小曲面片的曲面	0	
带短线段的曲线	0	
边干涉	0	

图 10-8

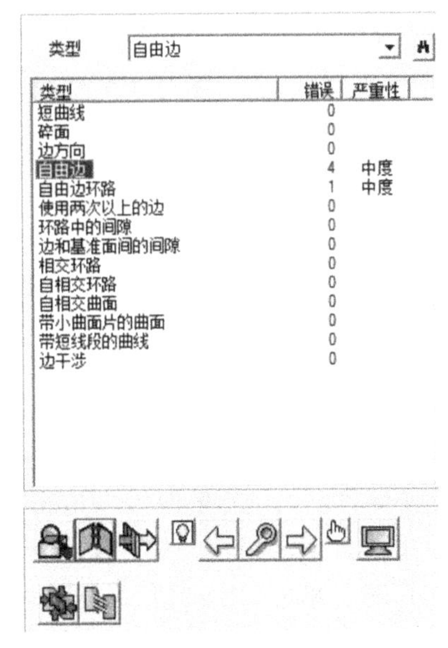

类型 自由边

类型	错误	严重性
短曲线	0	
碎面	0	
边方向	0	
自由边	4	中度
自由边环路	1	中度
使用两次以上的边	0	
环路中的间隙	0	
边和基准面间的间隙	0	
相交环路	0	
自相交环路	0	
自相交曲面	0	
带小曲面片的曲面	0	
带短线段的曲线	0	
边干涉	0	

图 10-9

如果要把修复好的模型导出供AMI使用，必须要进行一次内核的转换，并且在内核转换的过程中，也可以修复一些缺陷。因此接下来将进行内核转换。单击修复图标，系统就开始进行内核修复。修复完成后的缺陷列表如图10-11所示，缺陷全部被修复，非常迅速。

图 10-10

类型	错误	严重性
短曲线	0	
碎面	0	
边方向	0	
自由边	0	
自由边环路	0	
使用两次以上的边	0	
环路中的间隙	0	
边和基准面间的间隙	0	
相交环路	0	
自相交环路	0	
自相交曲面	0	
带小曲面片的曲面	0	
带短线段的曲线	0	
边干涉	-	

图 10-11

10.2.2 产品简化

为了提高网格的匹配率，可以把一些对分析影响不大的圆角、斜角以及孔或柱位去除。为了能够使用AMCAD来简化产品，因此需要切换模块。切换的工具条如图10-12所示。

把默认的转换模块切换为简化模块，如图10-13所示。

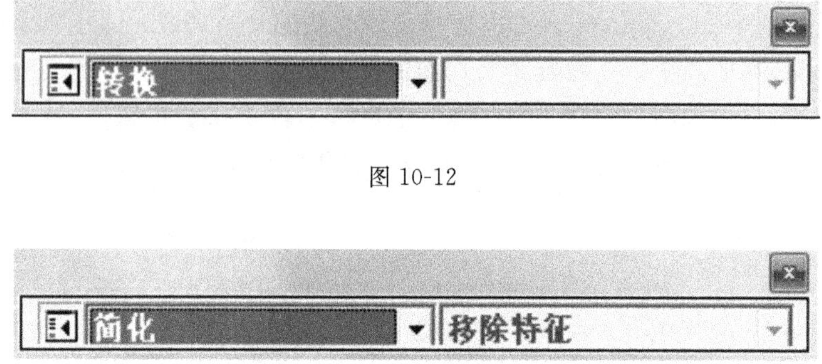

图 10-12

图 10-13

软件界面左边区域的状态栏发生了变化，除了有缺陷状态统计外还有简化相关的操作命令，如图10-14所示。需要注意的是，在进行简化产品的同时，可能会出现新的产品缺陷，在简化过程中或之后必须重新加以修复。

先对圆角进行简化。右键特征中的圆角，弹出图10-14-2所示的快捷菜单。

由于此产品的基本壁厚为1.5mm，因此可以设置把小于1mm以下的圆角去除掉。选中修改阀值命令，弹出如图9-14所示的对话框。在最大位置处设置圆角为1mm，如图10-14-3所示。单击OK按钮，这样圆角就被限制在0mm到1mm的范围。

单击检查所有圆角图标，系统会自动寻找产品中小于1mm的圆角。在列表中出现找到的圆角个数为2，与此同时，出现了简化圆角的对应功能，如图10-15所示。单击移除所有

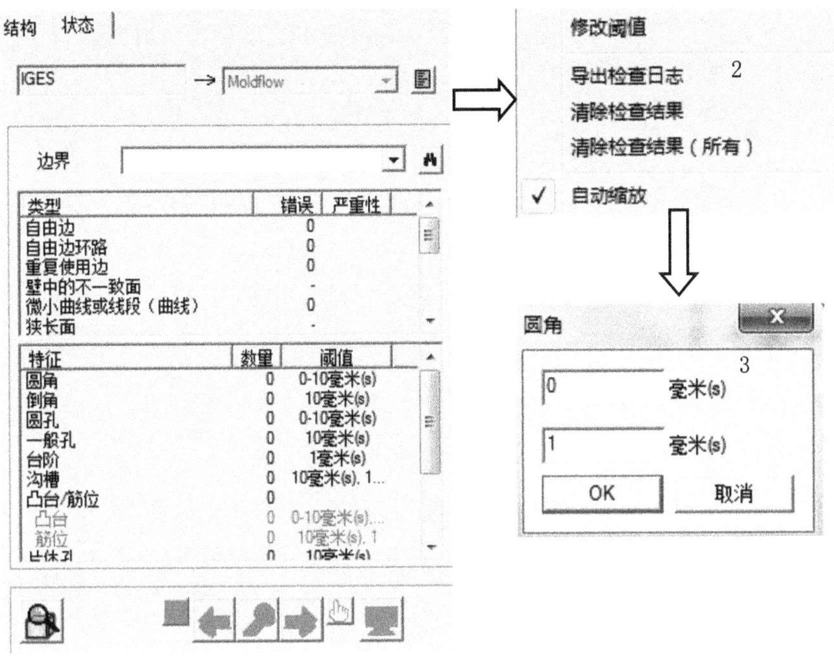

图 10-14

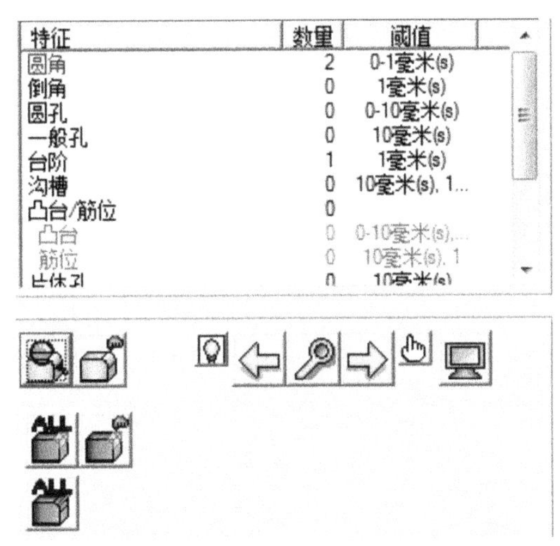

图 10-15

圆角图标，完成圆角简化。

接下来检测是否有小的斜角可以去除。在倒角上右击弹出如图 10-16 所示的快捷菜单。选择修改阀值按钮，在弹出的对话框中输入斜角最大值为 1mm，单击检查所有倒角图标，系统自动识别到 0 个斜角。

由于这个产品，如孔、柱位等结构比较少或没有，因此可以不需要简化了，完成圆角和斜角检测之后需要重新检查一下简化后是否出现新的产品缺陷，如果有那就要按照 10.2.1 节介绍的方式重新进行产品缺陷修复。

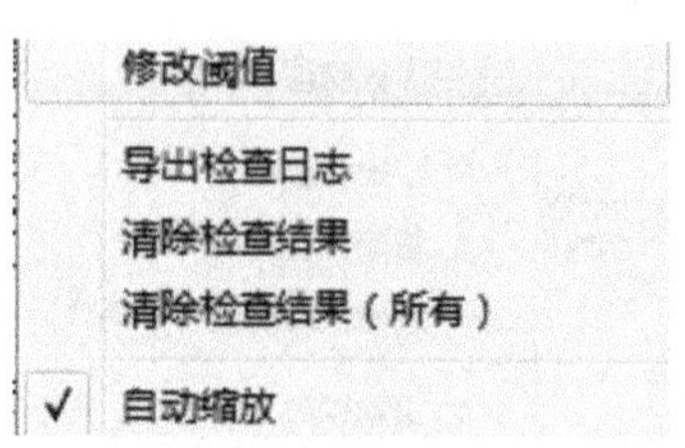

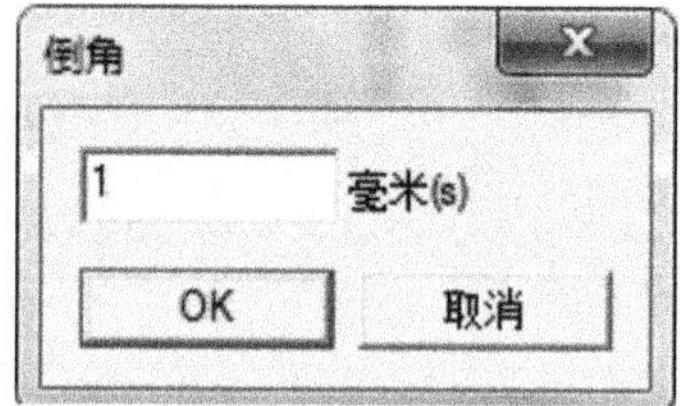

图 10-16

10.2.3 产品导出

产品上的缺陷以及细小特征去除后，就可以导出，供 AMI 使用了。选择文件→导出命令，弹出如图 10-17 所示的对话框。

图 10-17

导出的格式为 UDM，名称修改为图 10-17 中所示的即可，单击【保存】按钮，完成导出操作。

10.3 网格操作

网格是 AMI 分析的核心，只有建立高质量的网格，才能保证 AMI 分析得到的结果的可靠性。网格相关工作包括了三个方面，如下：

- 项目创建和模型导入

- 创建网格
- 网格缺陷修复

要注意的是，本案例需要进行翘曲分析，因此对网格的匹配率提出了更高的要求。翘曲分析要求网格匹配率达到90%以上。

10.3.1　产品导入

工程项目是用于管理方案任务的。AMI 中只能创建一个工程项目，但一个工程项目下可以有多个方案任务。

下面就具体介绍一下如何创建项目以及导入模型。

打开 AMI 软件后，选择【文件】→【新建工程】命令，弹出如图 10-18 所示的【创建新工程】对话框。

在【创建新工程】对话框中输入工程名称为 ZP2，通过【浏览】按钮选择新工程的保存位置。单击【确定】按钮后，在工程项目管理区就出现了以 ZP2 命名的工程，如图 10-18 所示。

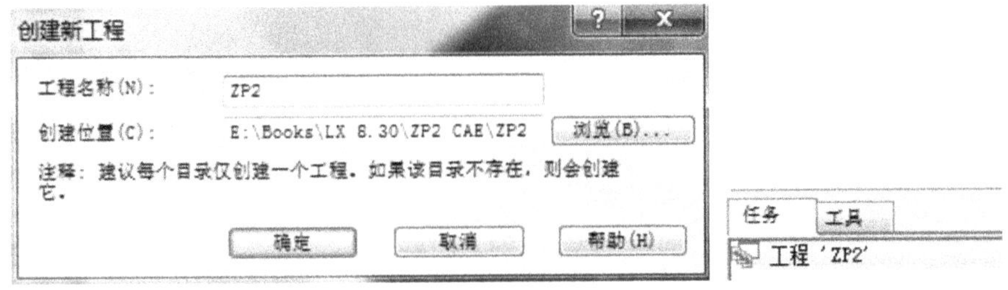

图 10-18

工程项目创建好后，选择【文件】→【导入】功能或在工程名称 ZP2 上右击，在弹出的如图 10-19 所示的快捷菜单中选择导入。

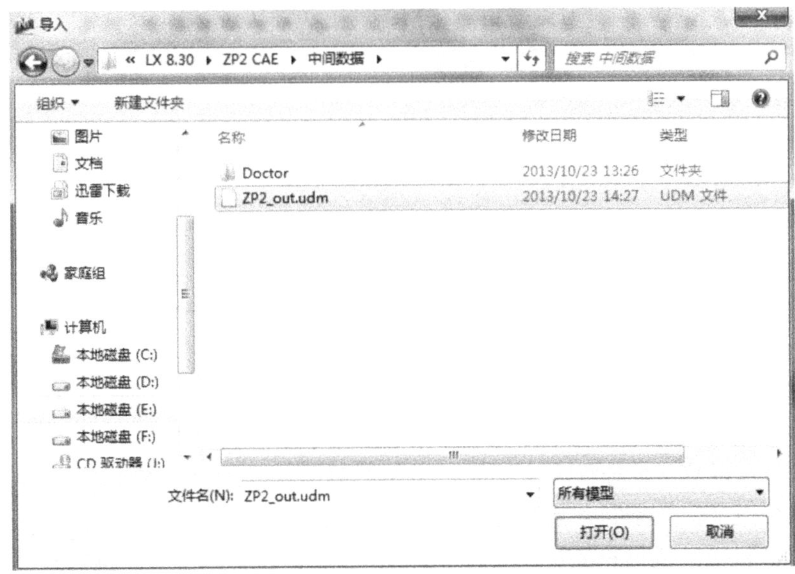

图 10-19

选择需要导入的文件。在本例中的模型的名称为 ZP2_out.udm，选中此文件导入后，便会出现如图 10-20 所示的【导入】对话框。

在【导入】对话框中，显示了本产品的尺寸大小。需要在此页面中选择网格类型为【双层面】。单击【确定】按钮后，在图形编辑区出现如图 10-21 所示的模型。

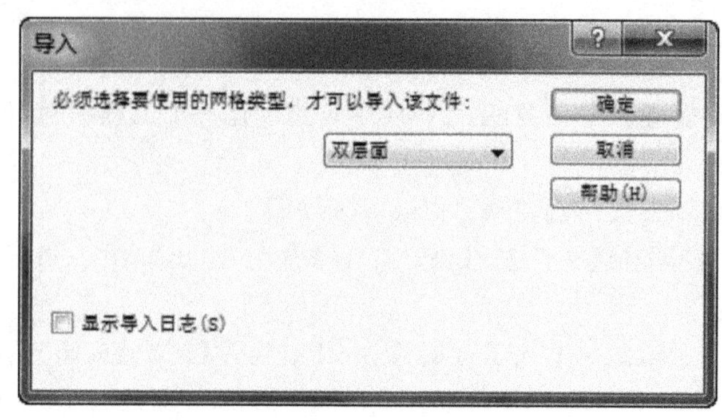

图 10-20

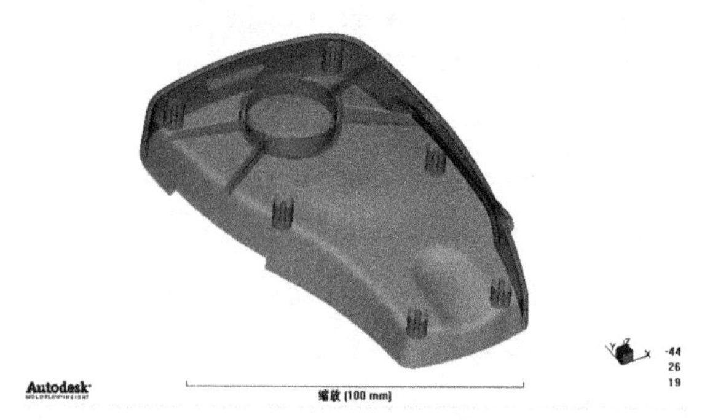

图 10-21

与此同时，在管理区也出现了变化，自动新建了一个方案模板并且在图层里面出现了内容，如图 10-22 所示。

为了很好地管理图形，先通过图层功能把模型所在的图层重命名。图形所在层的默认名称为 Layer1，在此名称上右击，在弹出的如图 10-22 所示的快捷菜单上选择【重命名】命令，修改图层名称为 ZP2。

10.3.2 网格划分

网格划分过程中，要不断尝试不同的全局网格边长，比较哪种边长最好。刚开始的边长尽量取大点，可以以较快的速度完成划分。初始网格边长可以按照默认的先进行划分。一般情况下，全局网格边长是制件最小壁厚的 1.5～2 倍。

选择【网格】→【生成网格】命令或双击方案任务浏览区的【创建网格】命令，弹出如图 10-23 所示的【生成网格】对话框。

可以看到默认的全局网格边长为 5.23mm，设置网格边长为 2.5mm 划分网格。单击

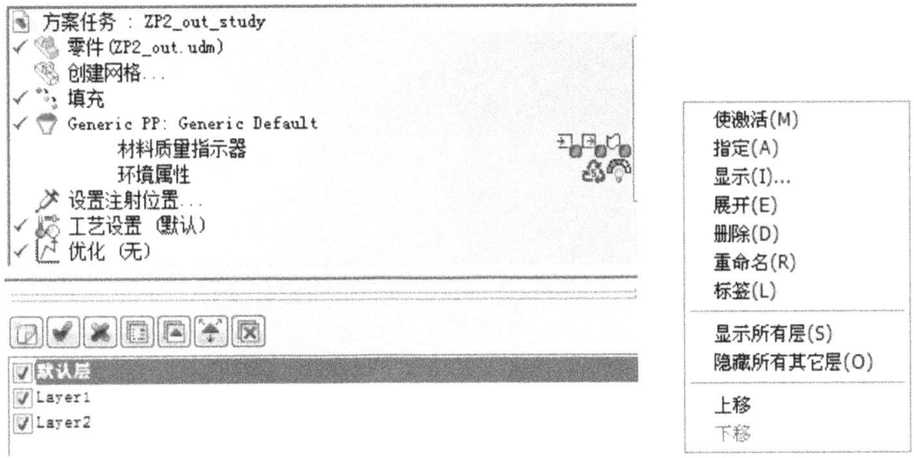

图 10-22

【立即划分网格】按钮，AMI 开始计算，进行网格划分。网格划分完成以后，在图层管理区出现了“新建节点”和“新建三角形”层，分别把这两层对应修改为“ZP2 节点”和“ZP2 三角形”，如图 10-23 所示。

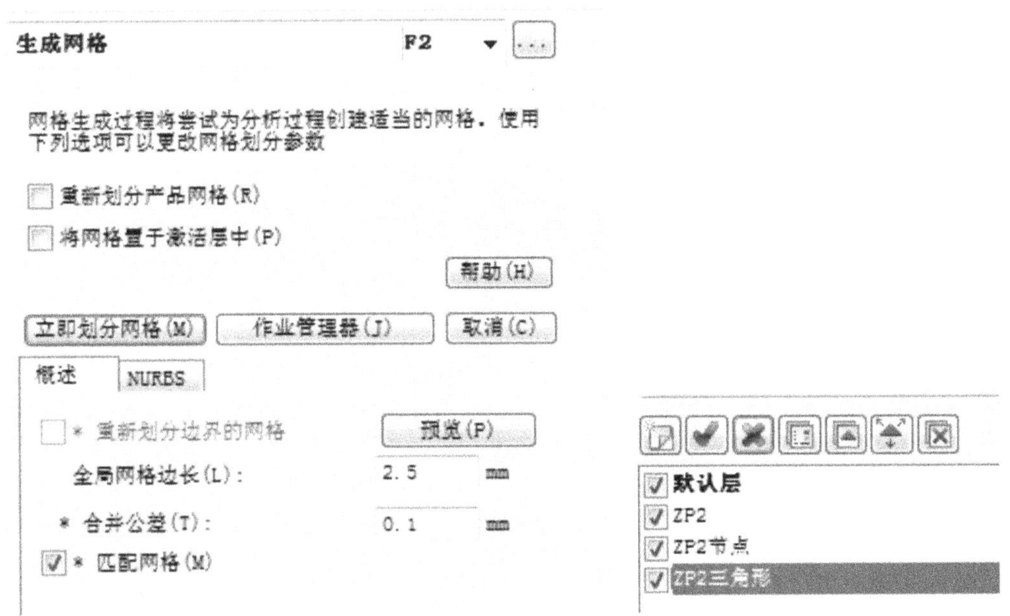

图 10-23

划分好的网格如图 10-24 所示。

划分好网格后，需要评估一下此网格的质量。选择【网格】→【网格统计】命令，弹出如图 10-25 所示的网格统计信息。

网格统计信息表明了网格的匹配百分比已经提高，达到了翘曲分析的要求。只是纵横比还需要进一步进行修改。

图 10-24

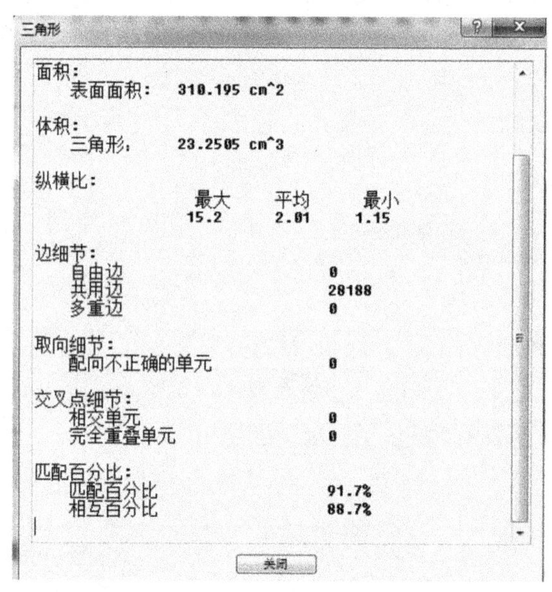

图 10-25

网格统计要求：
连通区域的个数为 1
自由边个数应该为 0
非交叠边个数应该为 0
未定向的单元为 0
交叉单元为 0
完全重叠单位为 0
最大横纵比一般控制在 10～20 之间，最好控制在 6 以内
平均纵横比小于 3

网格匹配率应大于 85%

零面积单元个数应该为 0

10.3.3 网格缺陷修改

通过网格统计信息，知道纵横比还需要进行修改。但其他缺陷也还是需要进行诊断一下的，因为网格统计只是一个概要，如厚度诊断并不在内。

1. 纵横比诊断

选择【网格】→【网格诊断】→【纵横比诊断】命令，弹出如图 10-26 所示的【纵横比诊断】对话框。

设置对话框的参数：确保最小值为 6，勾选【将结果置于诊断层中】复选框，单击【显示】按钮，得到如图 10-27 所示的诊断结果。

与此同时，得到的缺陷网格被放置于诊断结果层中，诊断导航器也被激活，如图 10-28 所示。

下面就开始对网格的纵横比缺陷进行修改。

单击诊断导航器最左边的【转到第一个诊断】按钮，

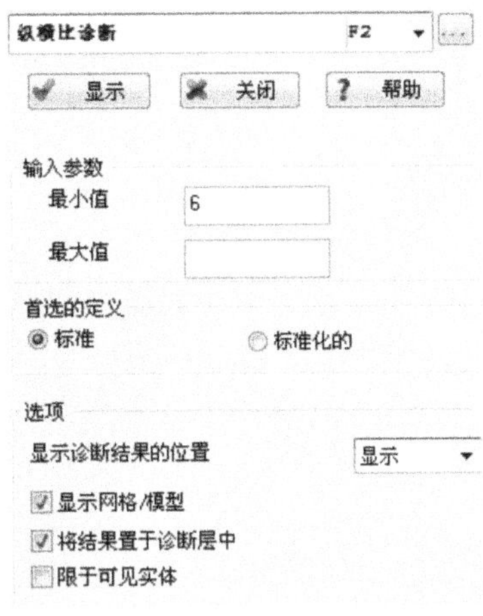

图 10-26

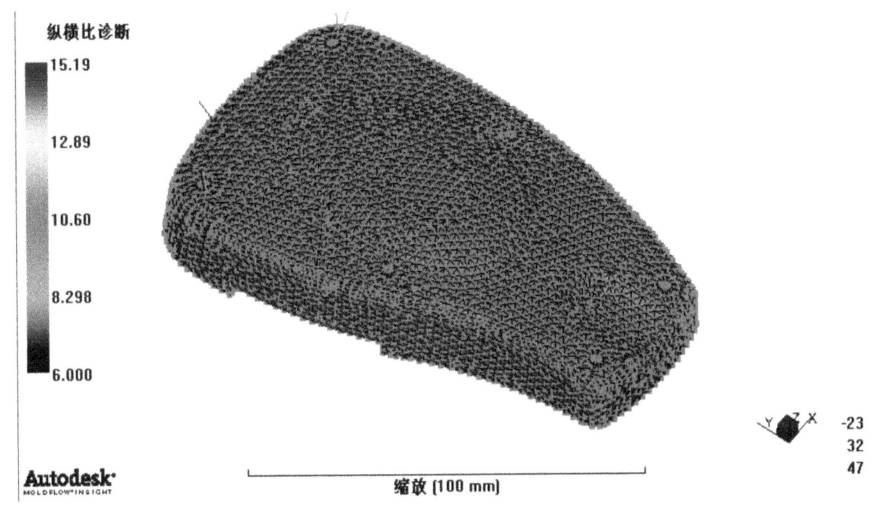

图 10-27

把视图定位到最大纵横比的位置，如图 10-29 所示。

观察产品圆角处的网格的纵横比都比较多，因此将此区域的纵横比全部进行修复。方法比较简单，只需要使用【合并节点】、【交换边】、【插入节点】命令把圆角上的纵横比调整到 6 以下，效果如图 10-30 所示。

为了得到准确的分析结果，还需要将纵横比继续降低到 6 以下。由于篇幅的限制，本文就不再继续操作了，请读者自行修改，否则后面分析时会出现警告提示。

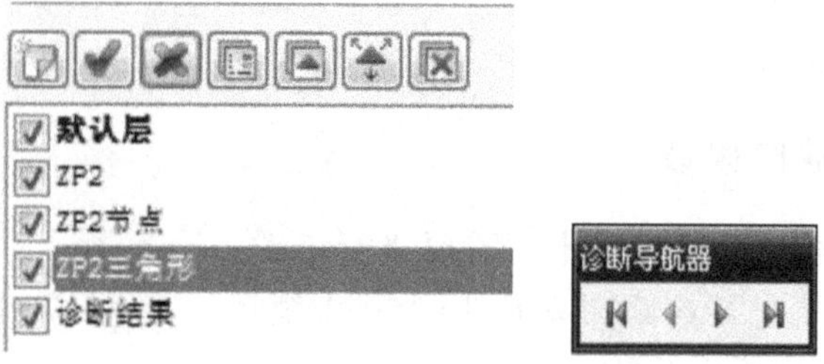

图 10-28

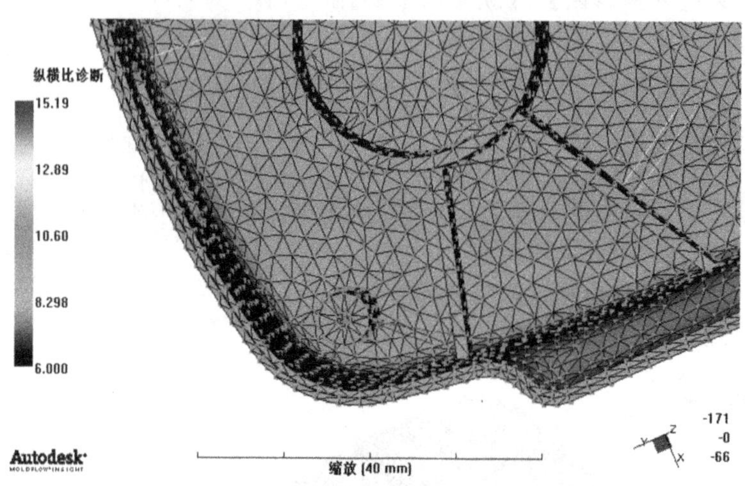

图 10-29

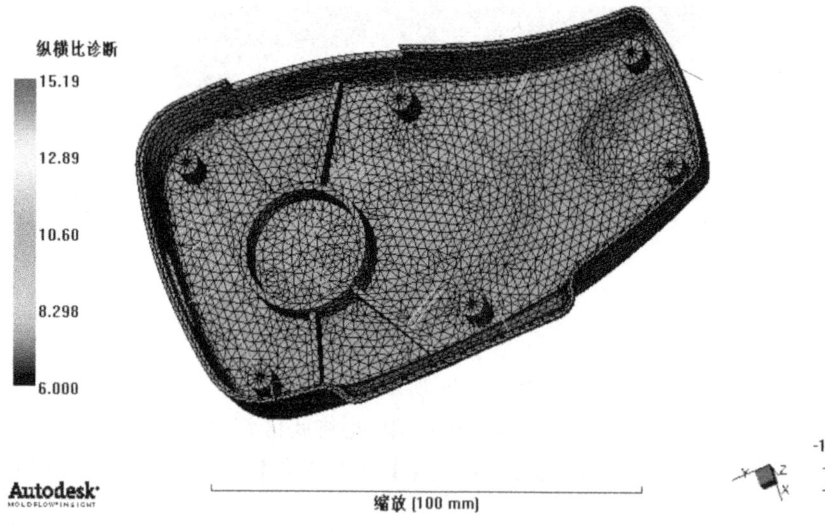

图 10-30

2. 连通性诊断

选择【网格】→【网格诊断】→【连通性诊断】命令，弹出如图 10-31 所示的对话框。

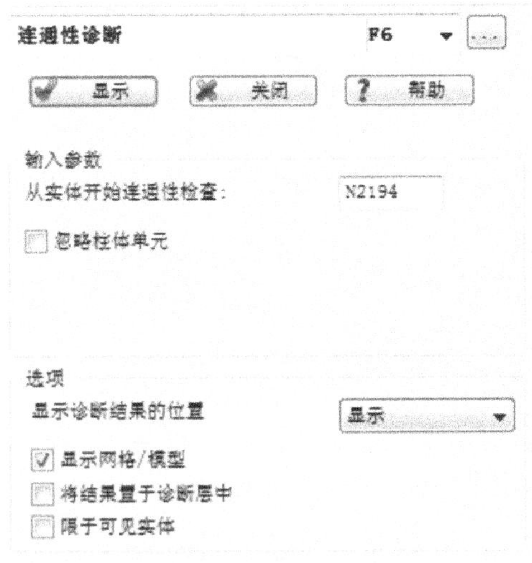

图 10-31

选取产品上的任意一个三角形单元，得到如图 10-32 所示的诊断结果。

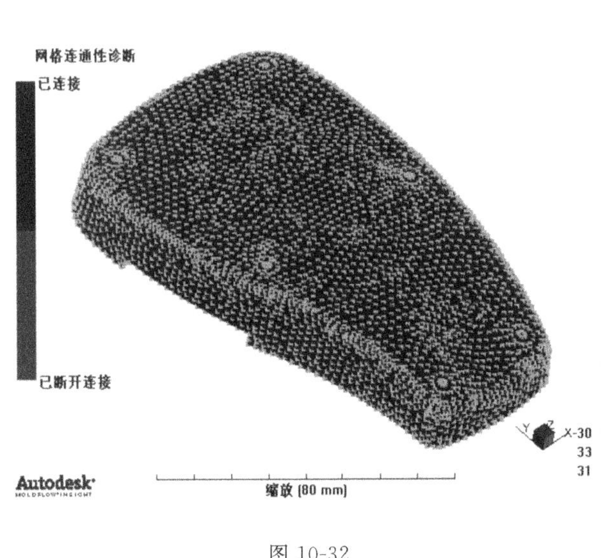

图 10-32

从诊断结果可以容易判断出网格全部连通，没有存在不连通的区域。

3. 厚度诊断

网格的厚度属性非常重要，一般要保证网格的厚度属性与制品壁厚一致，才能保证得到的分析结果的准确性。

选择【网格】→【网格诊断】→【厚度诊断】命令，弹出的对话框如图 10-33 所示。

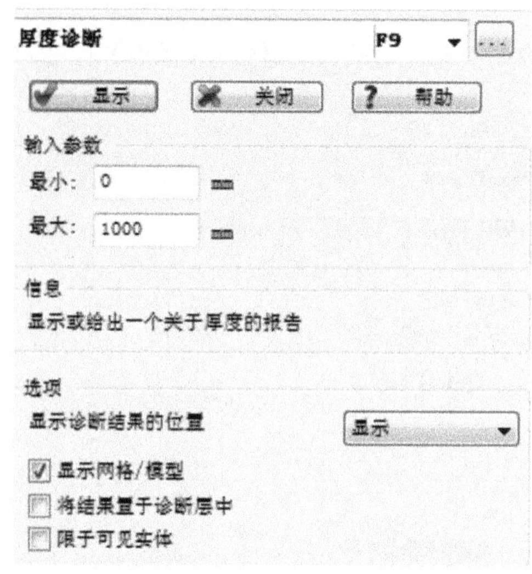

图 10-33

通过对如图 10-34 所示的诊断结果的分析，选择【结果】→【检查结果】查看厚度，判断出其厚度也不存在问题。

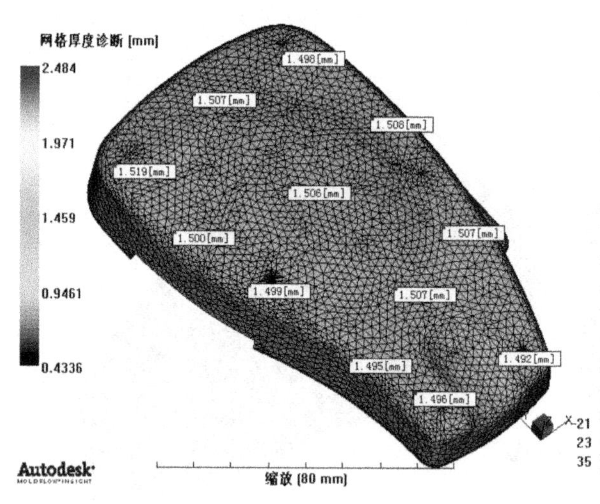

图 10-34

最后需要提醒的是，对前面的网格缺陷修改完成后，必须再进行一次网格信息统计。因为在修改的过程中，可能会产生新的网格缺陷。

10.4　分析前处理

浇口位置确定以后，接下来就要为冷却＋充填＋保压＋翘曲分析做前期准备。前期准

备包括如下内容：

- 浇注系统建立
- 型腔布局
- 冷却系统建立
- 设置分析序列
- 选择成型原料
- 工艺参数设置

10.4.1 建立浇注系统

此产品的模具设计方案已经初步确定，浇注系统采用潜伏式浇口，潜顶针形式进浇。因此这里采用手工创建。通过导入的浇注系统曲线用网格进行划分。

选择【文件】→【添加】命令，选中已经提供的名为“ZP2-Fill.igs”的文件，导入后的图形如图 10-35 所示。

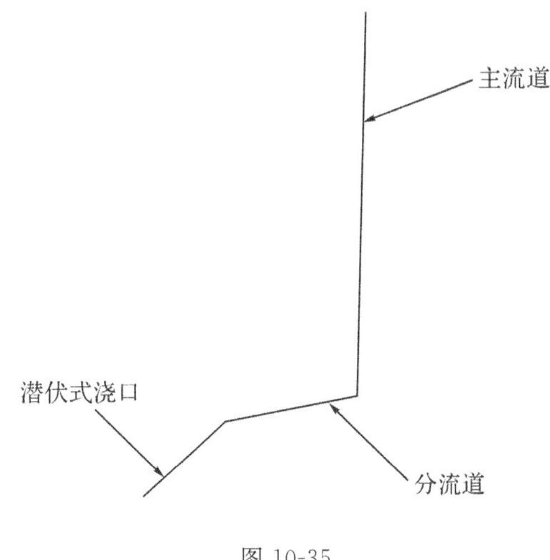

图 10-35

1. 主流道设计

主流道设计网格划分采用柱体单元。在网格划分之前，必须先对导入的主流道曲线指定属性。选中主流道曲线，选择【编辑】→【指定属性】命令，再选择【新建】→【冷主流道】命令，然后输入如图 10-36 所示的参数。

属性指定后，曲线由原先的红色变为绿色，创建完成的赋有属性的曲线。

为了方便划分柱体网格，需要把曲线分别放置于不同的层。在图层管理区单击【新建层】按钮，创建一个新层，并命名为“主流道曲线”。然后选中主流道曲线，单击【指定层】按钮，这样主流道曲线就被放置于“主流道曲线”图层中。如图 10-37 所示。

首先对主流道进行网格划分。把其余层全部关闭，只显示主流道曲线层。选择【网格】→【生成网格】命令，输入全局网格边长为 8mm，单击【应用】按钮，划分得到如图 10-38 所示的主流道网格。在图层管理区会自动出现新层，应及时进行重命名，在这里命名为“主流道柱体”。

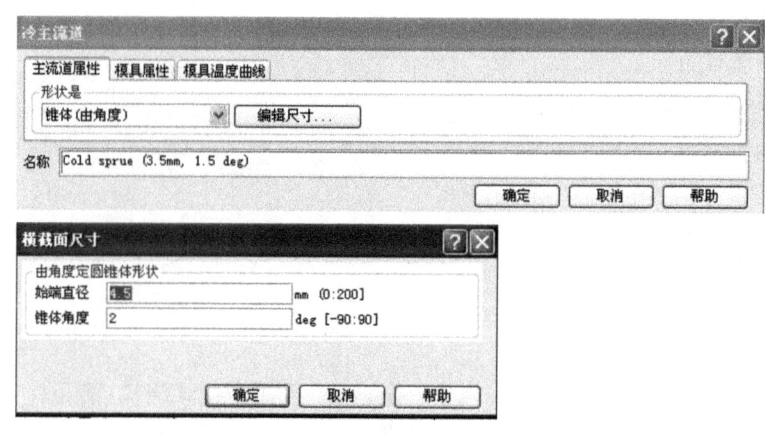

图 10-36

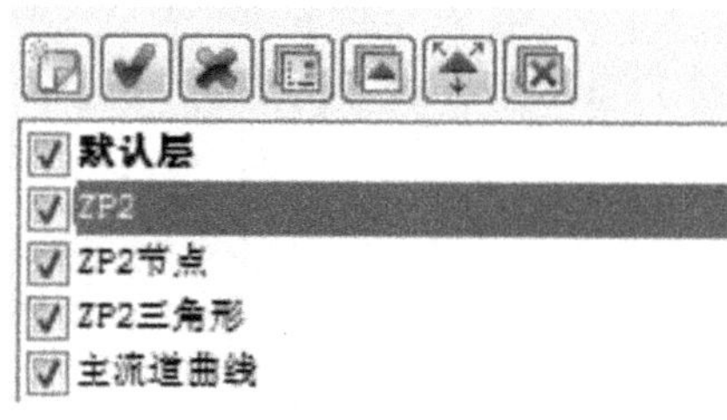

图 10-37

图 10-38

2. 分流道设计

分流道设计方法与主流道设计类似。

首先对分流道曲线指定属性。选中分流道曲线，选择【编辑】→【指定属性】命令，再选择【新建】→【冷流道】命令，然后输入如图 10-39 所示的参数。

属性指定后，曲线由原先的红色变为绿色，创建完成的赋有属性的曲线。

为了方便划分柱体网格，需要把曲线分别放置于不同的层。在图层管理区单击【新建层】按钮，创建一个新层，并命名为“分流道曲线”。然后选中分流道曲线，单击【指定层】按

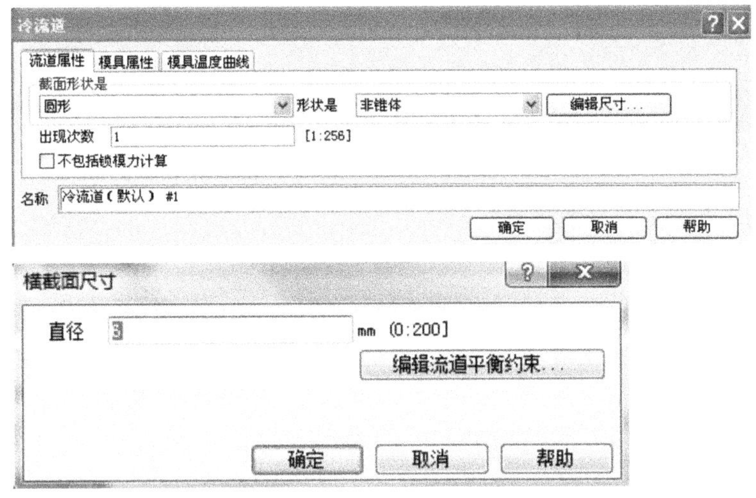

图 10-39

钮,这样分流道曲线就被放置于“分流道曲线”图层中。如图 10-40 所示。

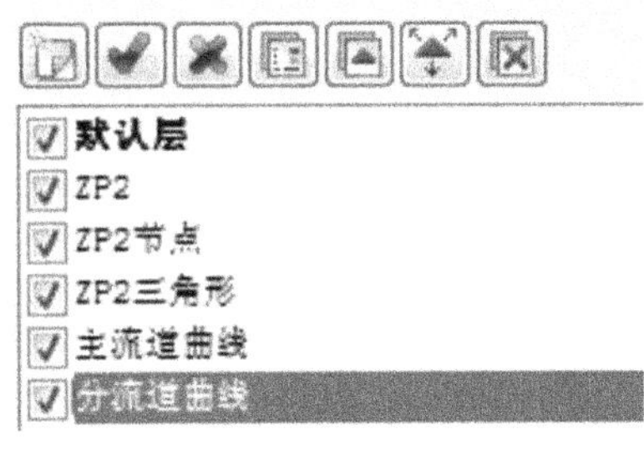

图 10-40

对分流道进行网格划分。把其余层全部关闭,只显示分流道曲线层。选择【网格】→【生成网格】命令,输入全局网格边长为 10mm,单击【应用】按钮,划分得到如图 10-38 所示的分流道网格。在图层管理区会自动出现新层,应及时进行重命名,在这里命名为“分流道柱体”。

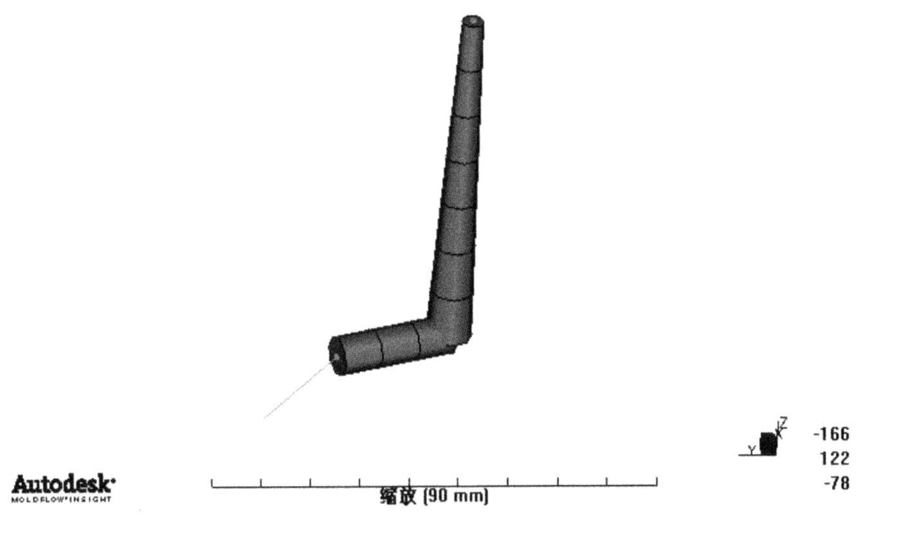

图 10-41

3. 浇口设计

浇口设计方法与主流道设计类似。

首先对浇口曲线指定属性。选中浇口曲线,选择【编辑】→【指定属性】命令,再选择【新建】→【冷浇口】命令,然后输入如图 10-42 所示的参数。

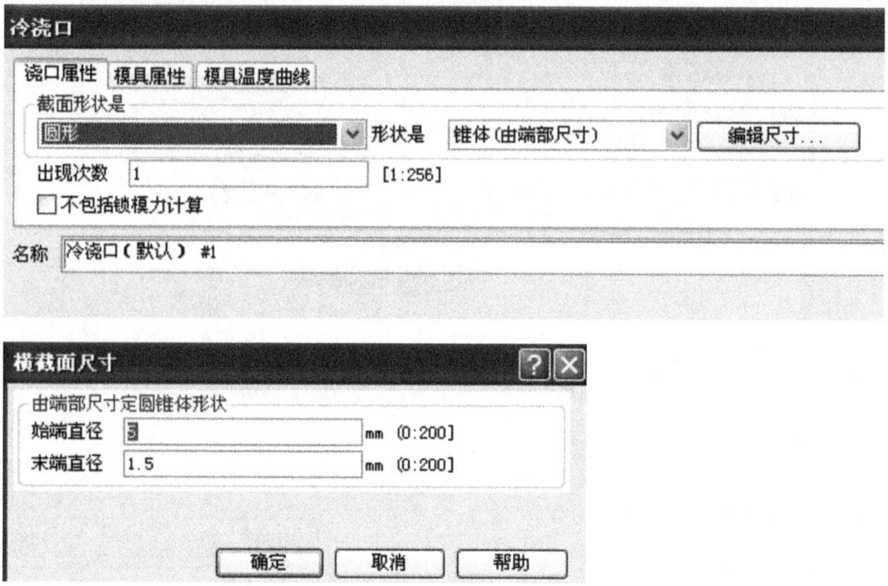

冷浇口
浇口属性
模具属性
模具温度曲线
截面形状是
圆形
形状是
锥体(由端部尺寸)
编辑尺寸...
出现次数
1
[1:256]
不包括锁模力计算
名称
冷浇口(默认) #1
横截面尺寸
由端部尺寸定圆锥体形状
始端直径
3
mm (0:200]
末端直径
1.5
mm (0:200]
确定
取消
帮助

图 10-42

属性指定后,曲线由原先的红色变为绿色,创建完成的赋有属性的曲线。

为了方便划分柱体网格,需要把曲线分别放置于不同的层。在图层管理区单击【新建层】按钮,创建一个新层,并命名为"浇口曲线"。然后选中浇口曲线,单击【指定层】按钮,这样浇口曲线就被放置于"浇口曲线"图层中。如图 10-43 所示。

默认层
ZP2
ZP2节点
ZP2三角形
主流道曲线
分流道曲线
浇口曲线

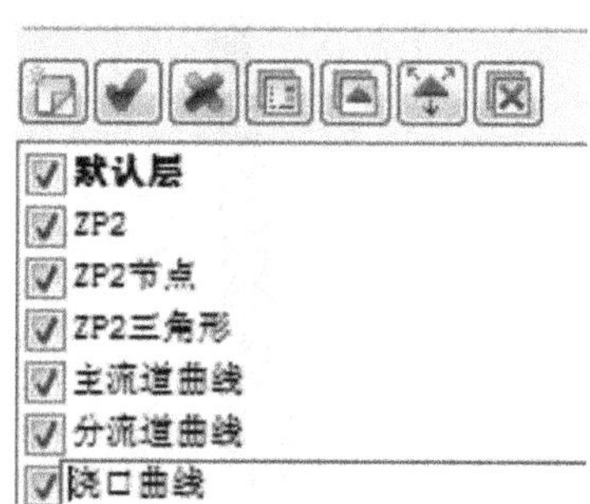

图 10-43

对浇口曲线进行网格划分。把其余层全部关闭,只显示浇口曲线层。选择【网格】→【生成网格】命令,输入全局网格边长为 3mm,单击【应用】按钮,划分得到如图 10-44 所示的浇口网格。在图层管理区会自动出现新层,应及时进行重命名,在这里命名为"浇口柱体"。

4. 辅助浇口设计

选择【文件】→【添加】命令,选中已经提供的名为"ZP2-Fill-gate. igs"的文件,导入后的图形如所示。

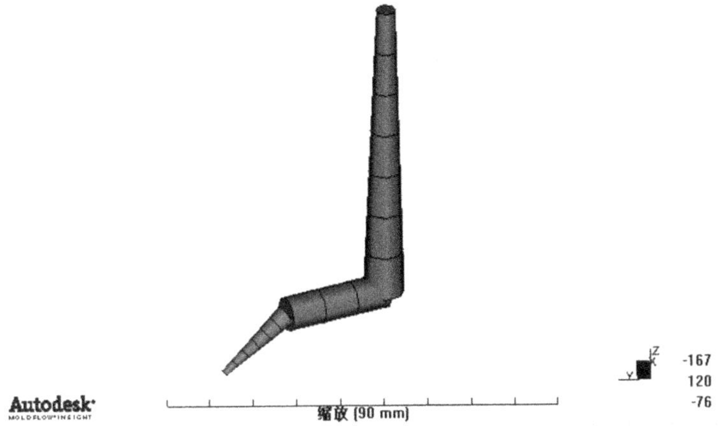

图 10-44

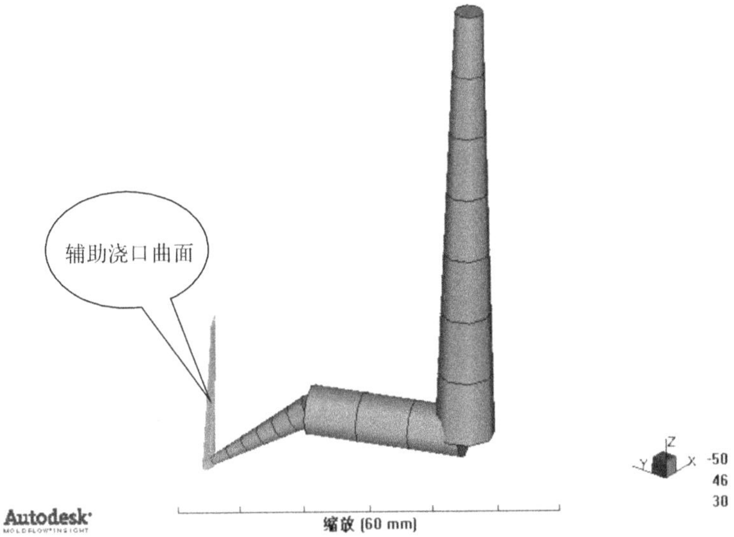

图 10-45

上述添加的为模具的辅助浇口(3D)。对于主流道和分流道可以通过柱体单元进行划分。为了更好地表示辅助浇口，需要使用网格进行划分。选择【网格】→【生成网格】命令，输入全局网格边长为 1mm，注意不能勾选【重新划分产品网格】复选框。划分得到的浇口网格如图 10-46 所示。同时进行网格统计，将辅助浇口纵横比调整到 6。

必须确保浇口与产品具有连通性。选择【网格】→【连通性诊断】命令，选取任意一个三角形网格，得到如图 10-47 所示的诊断结果。从诊断结果可以看到，浇口和产品没有连接在一起，因此需要修改使它们能够连通。

关闭产品与流道所在的图层，只显示辅助浇口的网格，修改浇口网格类型为“冷浇口面”。选中全部的浇口网格，选择【编辑】→【更改属性类型】命令，在弹出的如图 10-48 所示

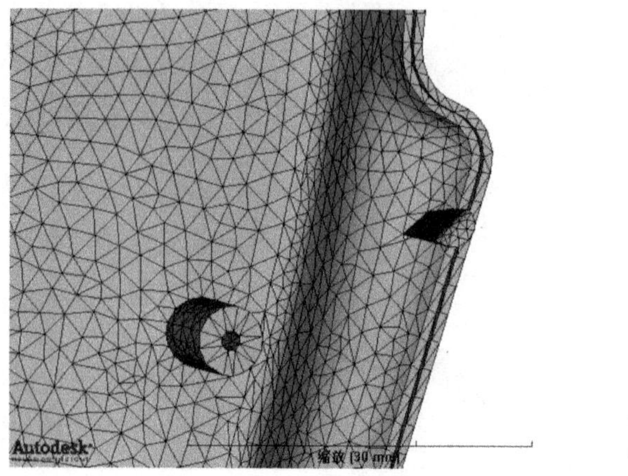

图 10-46

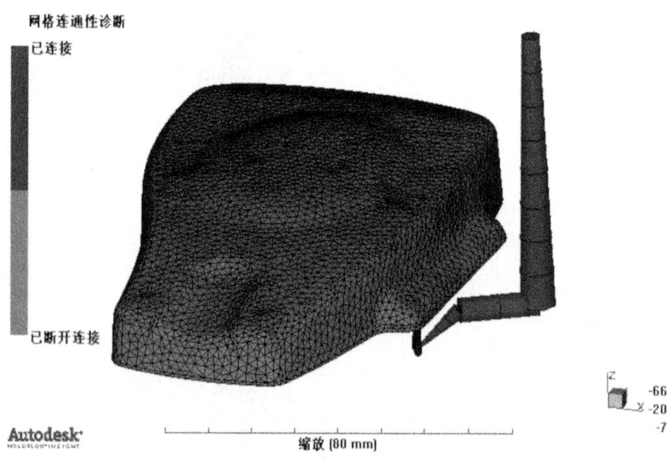

图 10-47

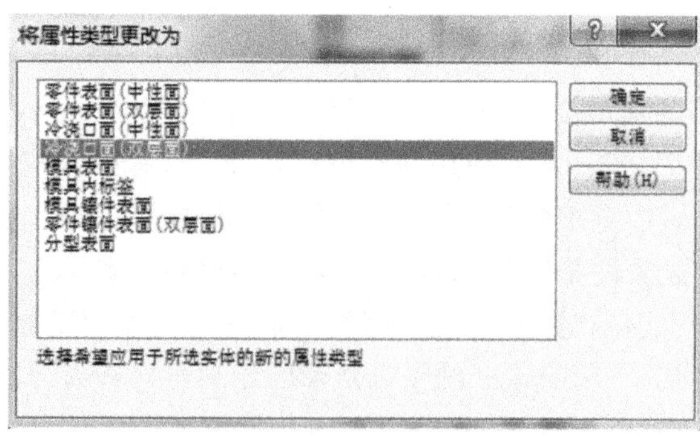

图 10-48

的对话框中选择“冷浇口面(双层面)”。

若要使产品和浇口连通，主要是产品和浇口在相交处使用公共的节点即可。删除浇口上与产品相邻的网格单元，如图 10-49 所示。使用同样的方法把产品上对应浇口区域的网格单元删除，如图 10-50 所示。

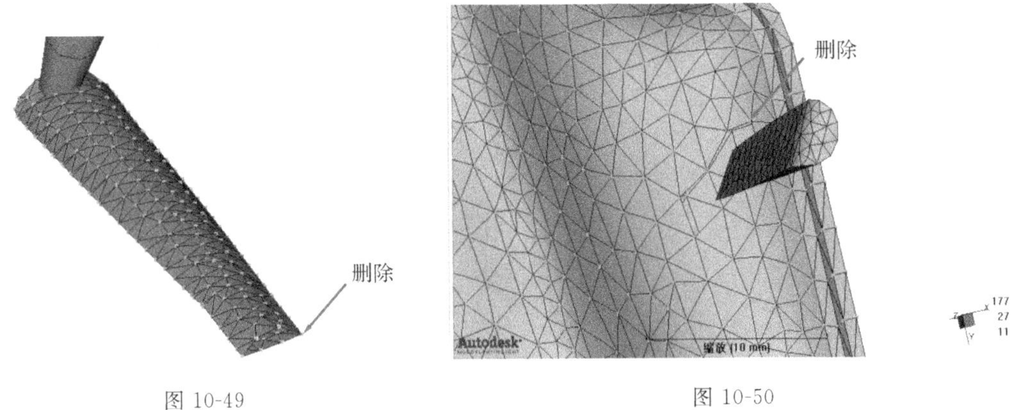

图 10-49　　图 10-50

最后重新以浇口的节点为基准，使用【填充孔】命令把产品和浇口之间的网格加以修补，效果如图 10-51 所示。

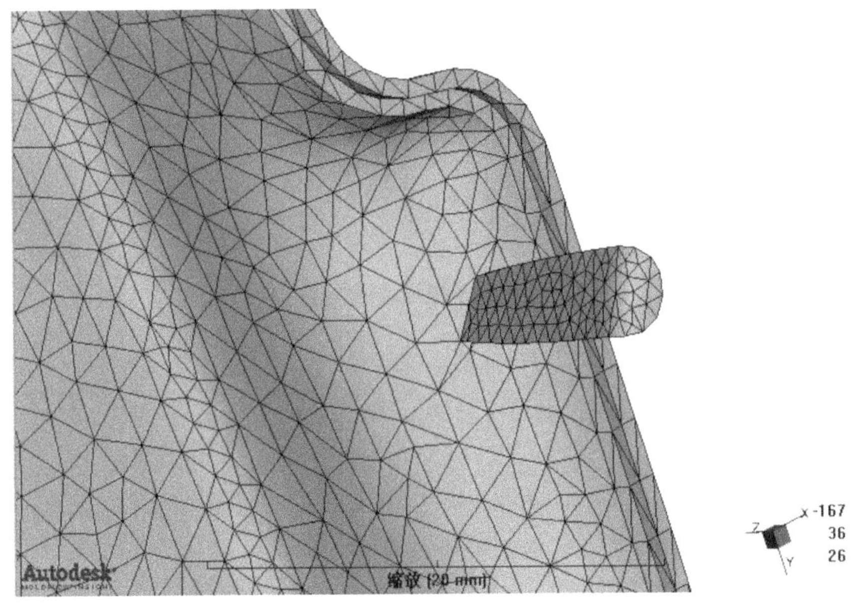

图 10-51

辅助浇口创建完成后，应该对浇注系统的连通性进行诊断。选择【网格】→【连通性诊断】命令，选取任意一个三角形网格，得到如图 10-52 所示的诊断结果。处理完成后的网格的诊断结果显示为蓝色，说明全部连通。

整理好的图层如图 10-53 所示。

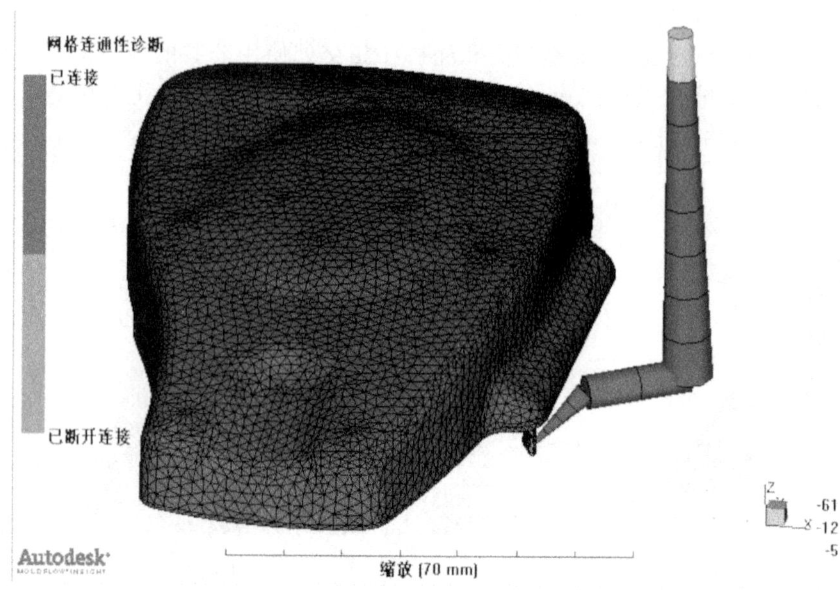

图 10-52

图 10-53

10.4.2 型腔布局

由于模具的设计方案已经确定,使用的产品或浇注系统等都是直接从模具的 3D 图档中导出来的,因此只需要镜像即可完成型腔的布局。

选择【建模】→【移动、复制】命令,单击【旋转】按钮,会弹出如图 10-54 所示对话框。

在旋转对话框中,选择所有节点与三角形单元,旋转轴定为 Z 轴,角度定位 180°,旋转基准采用默认的(0,0,0)点,选择复制单选按钮,完成上述工作后,单击【应用】按钮,即可完成网格模型的型腔布局,如图 10-55 所示。

得到的旋转部分与原始部分没有连通,如图 10-56 所示。主要问题在于图 10-56 中被圆圈圈中的一个分流道柱体单元与相邻单元不连通。

既然已经知道了问题的原因,那么修改就有办法了。先删除图 10-56 中圆圈圈中的分流道柱体单元。最后选择【网格】→【创建柱体网格】命令,在刚刚删除的单元位置重新创建

图 10-54

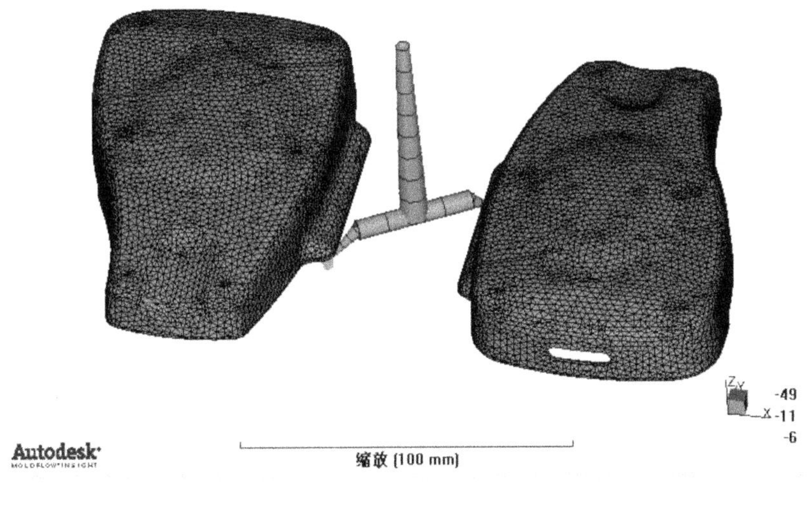

图 10-55

分流道柱体单元，结果如图 10-57 所示。为了确保已正确连通，可以再次使用连通性诊断，结果如图 10-58 所示。诊断结果全部显示为蓝色，说明连通性没有问题。

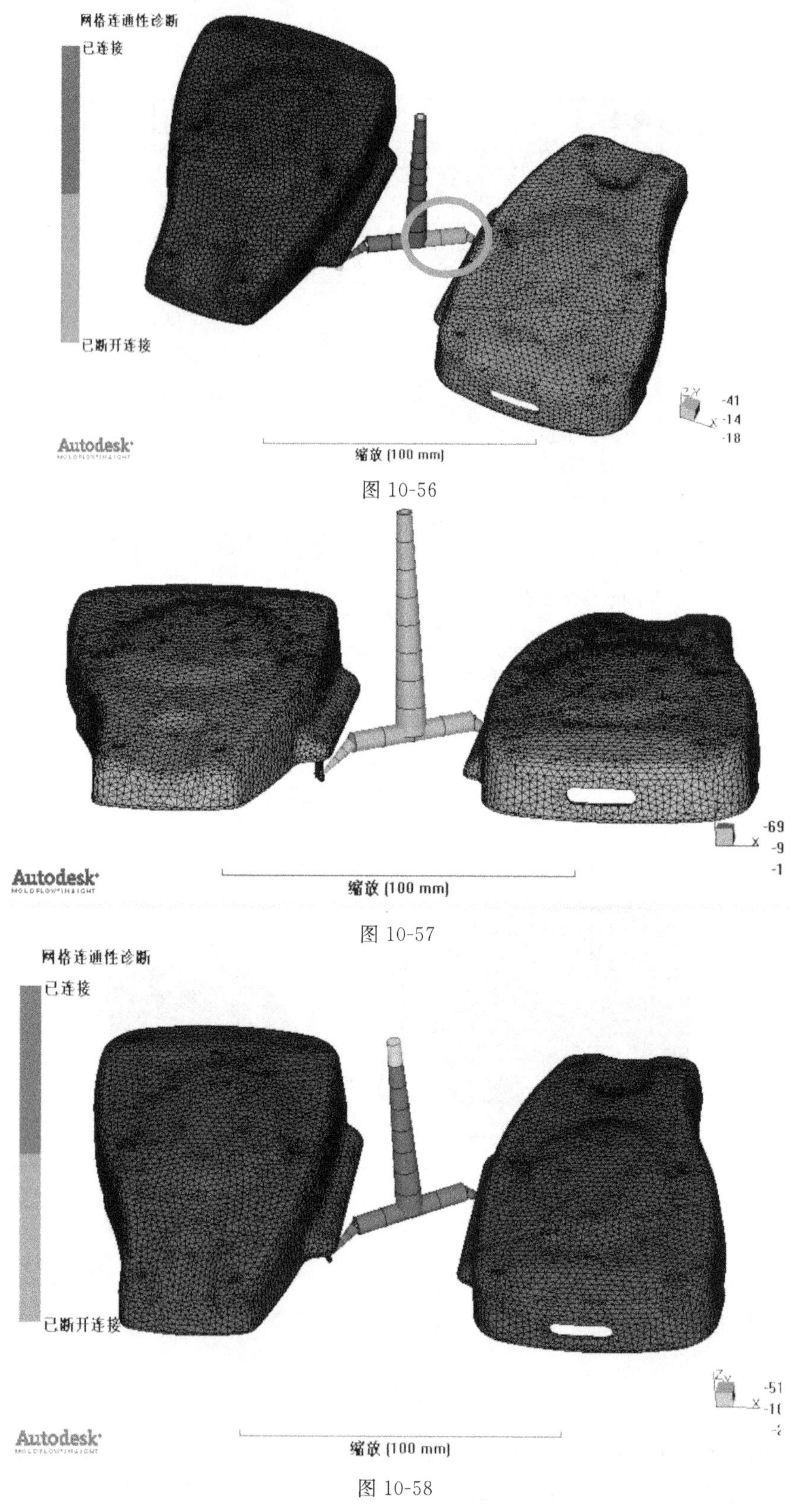

图 10-56

图 10-57

图 10-58

10.4.3 建立冷却系统

此模具的冷却系统采用的冷却方案为普通冷却水路。

选择【文件】→【添加】命令，选中已经提供的名为“ZP2-Cool.igs”的文件，导入后的图形如图 10-59 所示。

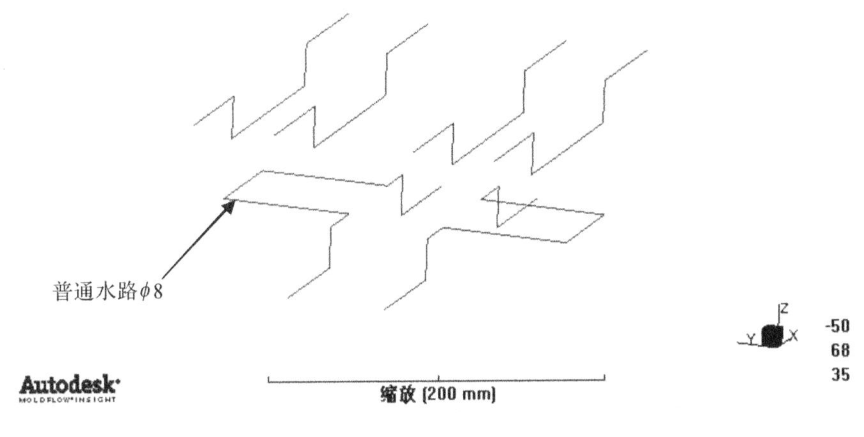

图 10-59

对冷却水路指定属性并且划分网格。选中全部的普通水路所在的曲线，选择【编辑】→【指定属性】命令，弹出的对话框如图 10-60 所示。

选择【新建】→【管道】命令，如图 10-61 所示。在弹出的如图 10-62 所示的对话框中，设置截面为圆形，设定管道直径为 8mm。

图 10-60

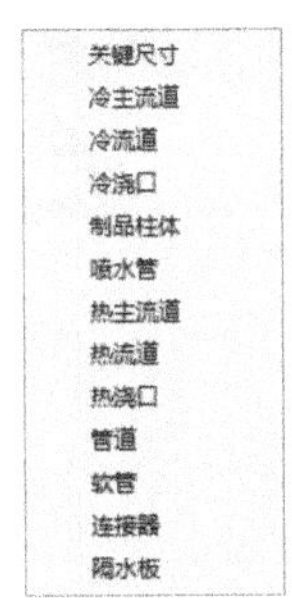

图 10-61

单击【确定】按钮后，完成普通水路属性的指定。水路曲线的颜色由红色变为蓝色，如图 10-63所示。

选择【网格】→【生成网格】命令，输入全局网格边长为 20，划分得到的柱体单元如图 10-64所示。

冷却系统创建完成之后，还需要指定冷却液入口位置、冷却液温度以及流动状态等。选择【分析】→【设置冷却液入口】命令，在弹出的对话框中单击【属性】按钮，设置冷却液温度为 50℃，如图 10-65 所示。

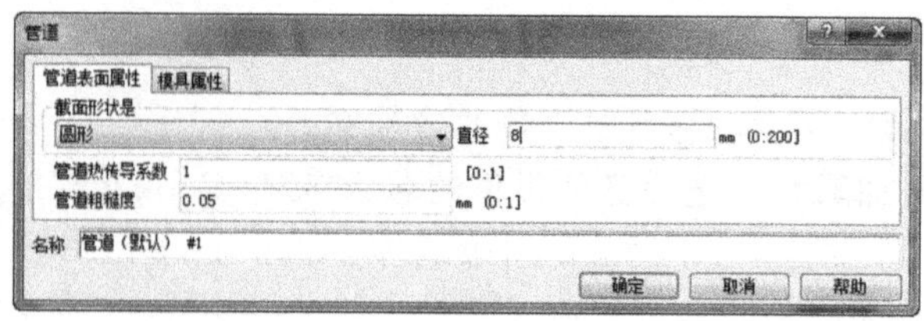

图 10-62

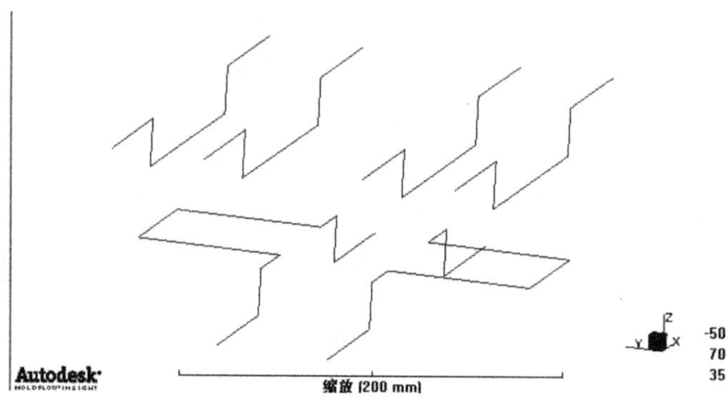

图 10-63

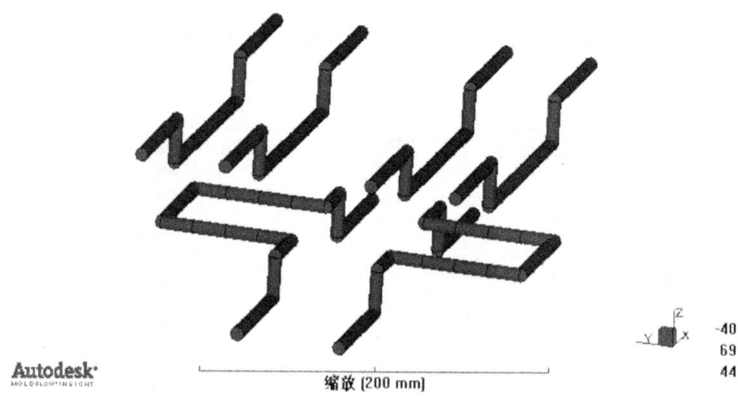

图 10-64

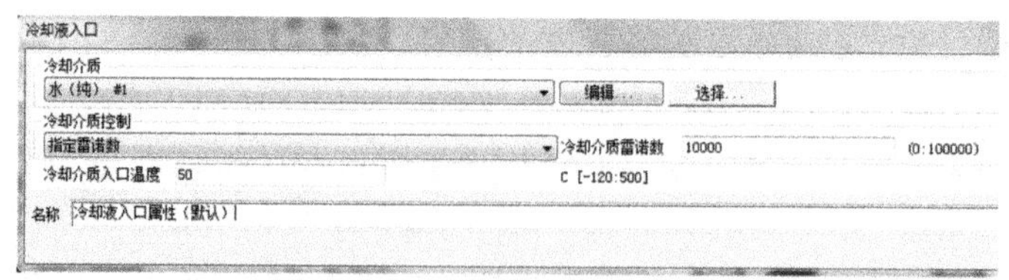

图 10-65

按照如图 10-66 所示的位置放置冷却液入口即可。

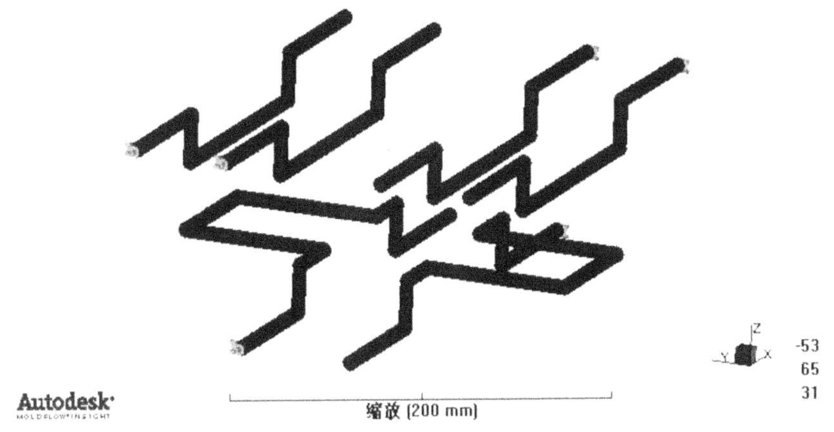

图 10-66

10.4.4 设置分析序列

分析前，一定要检查类型是不是需要的，如果不是应及时修正。由于本案例在自动复制时默认为充填，因此需要修改。双击方案任务浏览器中的"充填"，弹出如图 10-67 所示的对话框，选中【冷却＋充填＋保压＋翘曲】作为分析序列。

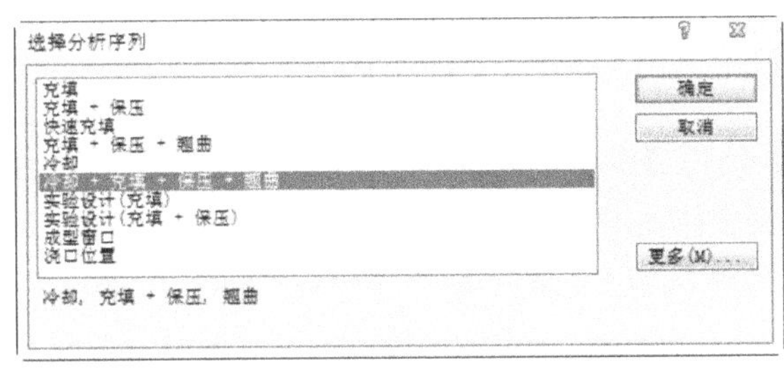

图 10-67

10.4.5 选择成型原料

前面已经讲到了，本产品使用 UMG ABS Ltd 公司的牌号为 UMG ABS GSM 的原料。因此必须从 AMI 的成型材料库中选择这个塑料作为分析的材料。默认使用的材料为 PP。

选择【分析】→【选择材料】命令，弹出如图 10-68 所示的对话框。

为了加快找到需要的速度，在这里选择直接搜索。单击【搜索】按钮，在弹出的如图 10-69所示的搜索对话框中，选择搜索字段为【牌号】，在【子字符串】文本框中输入 UMG ABS GS，单击【搜索】按钮开始搜索。

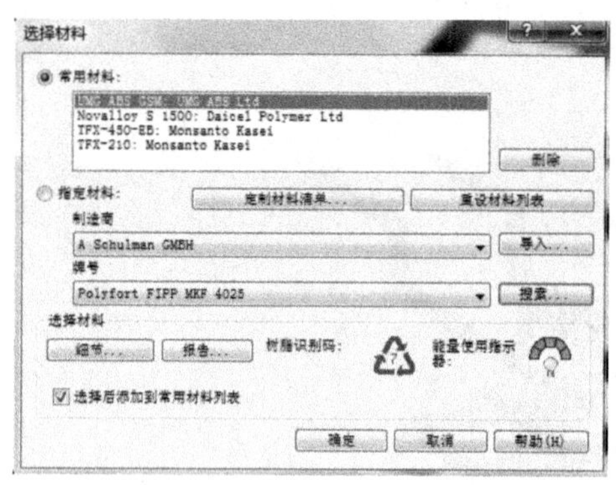

图 10-68

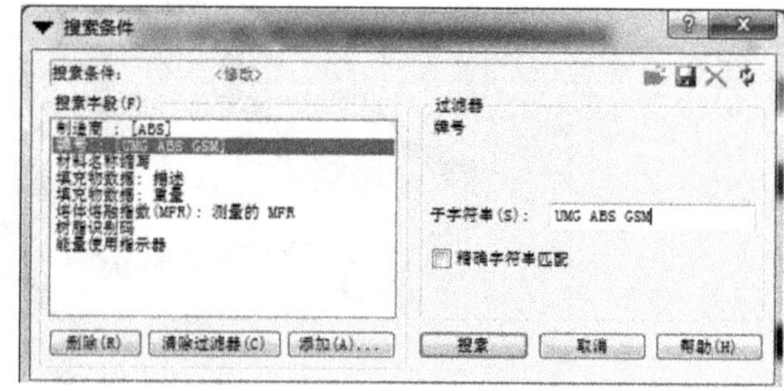

图 10-69

搜索的结果如图 10-70 所示。列表中只有一项结果,正是需要的材料。

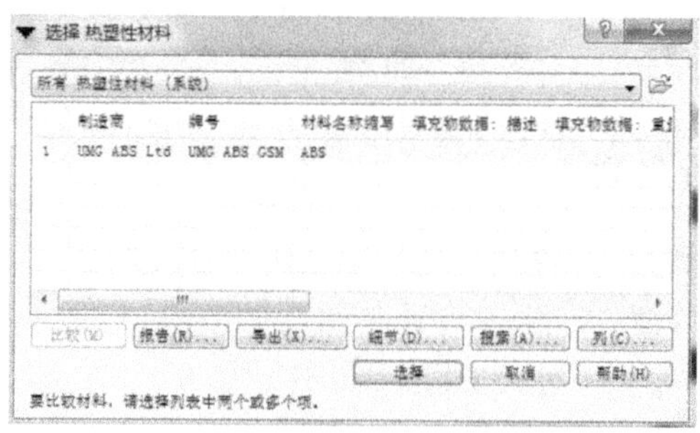

图 10-70

用户可以通过单击【细节】按钮,先了解一下此原料的材料特性。图 10-71 所示为此材料的特性信息。

选中此材料后,原先默认的 PP 被修改为 ABS,如图 10-72 所示。

热塑性材料

描述 | 推荐工艺 | 流变属性 | 热属性 | pvT 属性 | 机械属性 | 收缩属性 | 填充物属性 | 光学属性 | 环境影响 | 质量指示器

模具表面温度	50	C
熔体温度	230	C
模具温度范围(推荐)		
最小值	25	C
最大值	80	C
熔体温度范围(推荐)		
最小值	200	C
最大值	280	C
绝对最大熔体温度	320	C
顶出温度	88	C
	查看顶出温度的测试信息...	
最大剪切应力	0.28	MPa
最大剪切速率	12000	1/s

图 10-71

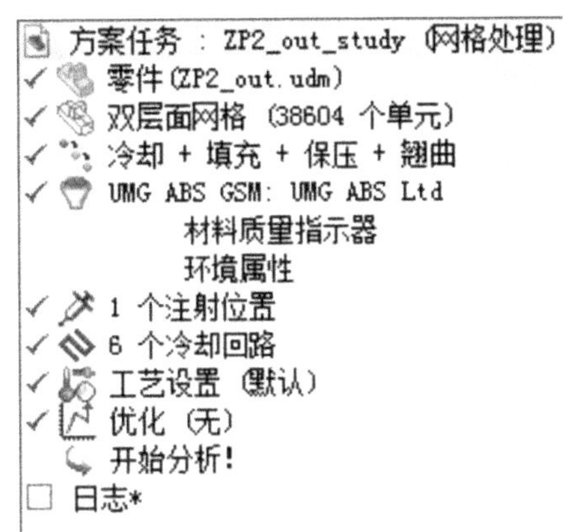

图 10-72

10.4.6 工艺参数设置

到目前为止，前处理已经基本上完成的差不多了，如图 10-72 所示。

最后一步，对成型工艺进行设置，达到与实际成型一致。选择【分析】→【工艺设置向导】命令，弹出工艺设置第 1 个页面，如图 10-73 所示。

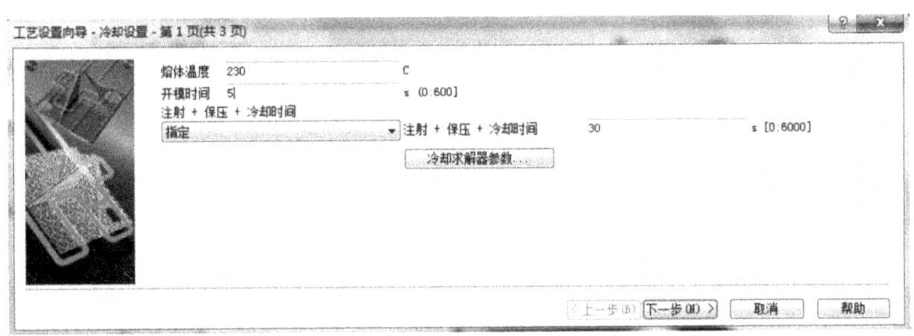

图 10-73

把注射+保压+冷却时间修改为 30，其他选项按照 AMI 默认值即可。单击【下一步】按钮，进入第 2 个设置页面，如图 10-74 所示。充填控制使用“注射时间”，把注射时间设置为“2.5 秒”。

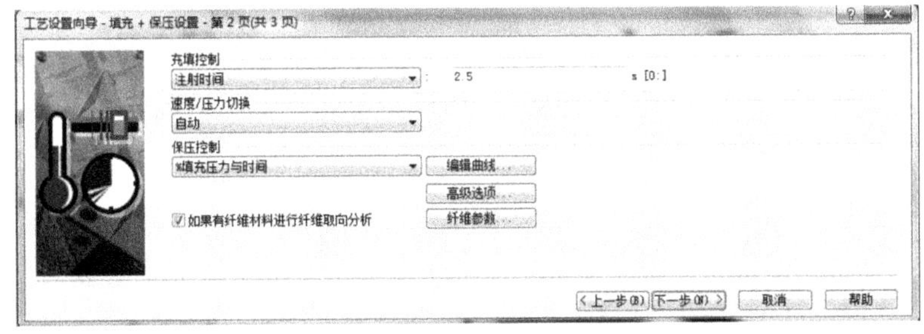

图 10-74

单击【编辑曲线】按钮，设置保压曲线，弹出如图 10-75 所示的对话框，设置保压时间为

5s。为了可以更直观地看到设置的保压曲线的形状，可以单击【绘制曲线】按钮，查看保压曲线，如图 10-76 所示。

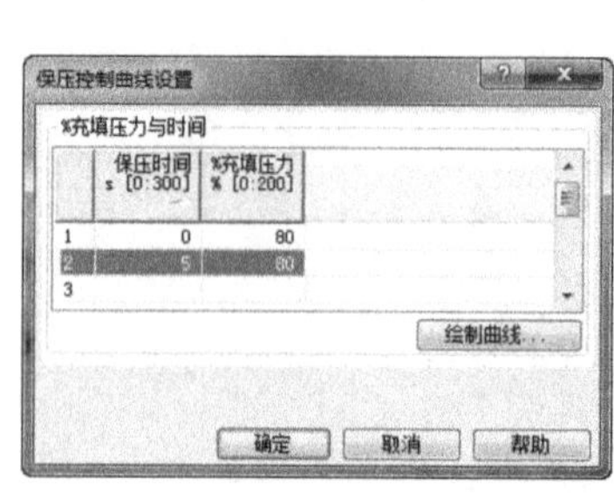

图 10-75

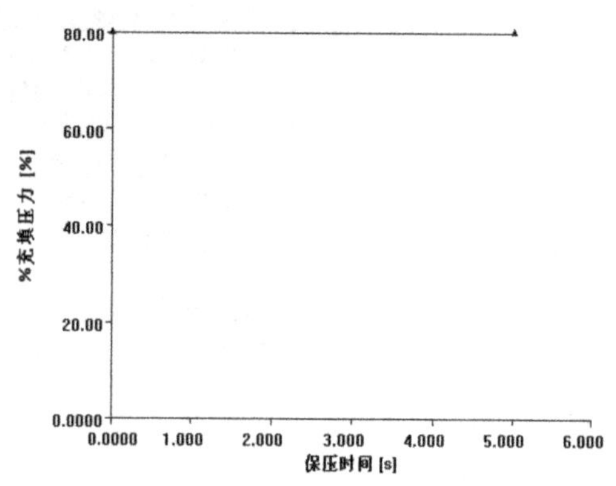

图 10-76

单击【下一步】按钮，进入最后一个设置页面，如图 10-77 所示。此页面中只需勾选【分离翘曲原因】复选框即可，其余选项保持默认。经过上面的步骤，工艺参数设置完成。

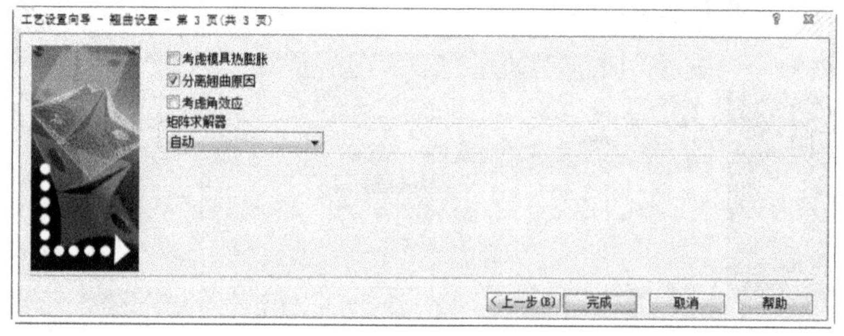

图 10-77

10.5 分析计算

双击方案任务浏览区的【开始分析】按钮后，开始执行分析。

首先，AMI 先要对进行的分析进行检查，如果有警告的话，具体看一下警告的内容，有些是可以不必理会的而有些是要引起注意的。如果出现错误的提示，则必须修正，否则得到错误的分析结果甚至终止分析。

其次显示冷却的分析日志，如图 10-78 所示。从冷却的分析日志可以看到温差非常小。

再次显示充填＋保压的分析日志。图 10-79 所示为部分分析日志。从日志信息中可以知道保压后的产品重量比充填结束时的产品的重量重 0.7g。

最后显示翘曲的分析日志，如图 10-80 所示。从分析日志中看到沿着 3 个轴方向上的翘曲值还是比较大的，最大在 Y 轴上。

冷却液温度

入口 节点	冷却液温度 范围	冷却液温度升高 通过回路	热量排除 通过回路
40230	49.9 - 50.1	0.1 C	0.009 kW
40187	50.0 - 50.2	0.2 C	0.023 kW
40183	50.0 - 50.2	0.2 C	0.023 kW
40214	49.9 - 50.1	0.1 C	0.009 kW
40194	50.0 - 50.5	0.4 C	0.058 kW
40261	50.0 - 50.5	0.4 C	0.058 kW

型腔温度结果摘要

====================================

零件表面温度 - 最大值	= 105.4494 C
零件表面温度 - 最小值	= 41.8609 C
零件表面温度 - 平均值	= 65.8130 C
型腔表面温度 - 最大值	= 102.4840 C
型腔表面温度 - 最小值	= 37.3296 C
型腔表面温度 - 平均值	= 62.4301 C
平均模具外部温度	= 43.2027 C
通过外边界的热通量	= 0.3932 kW
周期时间	= 35.0000 s
最高温度	= 230.0000 C
最低温度	= 25.0000 C

图 10-78

零件的充填阶段结束的结果摘要 ：

零件总重量(不包括流道)	= 47.4857 g
总体温度 - 最大值	= 241.9085 C
总体温度 - 第 95 个百分数	= 235.1934 C
总体温度 - 第 5 个百分数	= 183.7441 C
总体温度 - 最小值	= 63.7081 C
总体温度 - 平均值	= 211.1410 C
总体温度 - 标准差	= 17.8199 C

零件的保压阶段结束的结果摘要 ：

零件总重量(不包括流道)	= 48.1933 g
总体温度 - 最大值	= 92.8896 C
总体温度 - 第 95 个百分数	= 73.1585 C
总体温度 - 第 5 个百分数	= 59.3284 C
总体温度 - 最小值	= 54.5170 C
总体温度 - 平均值	= 63.6729 C
总体温度 - 标准差	= 4.3646 C

图 10-79

上一步的最小/最大位移 (单位: mm):

	节点	最小	节点	最大
Trans-X	20890	-4.7011E-01	817	4.3553E-01
Trans-Y	2169	-4.9816E-02	22242	7.2930E-01
Trans-Z	157	-4.1134E-01	7691	2.1786E-01

图 10-80

除上述的日志外还有机器设置的日志,如图 10-81 所示。

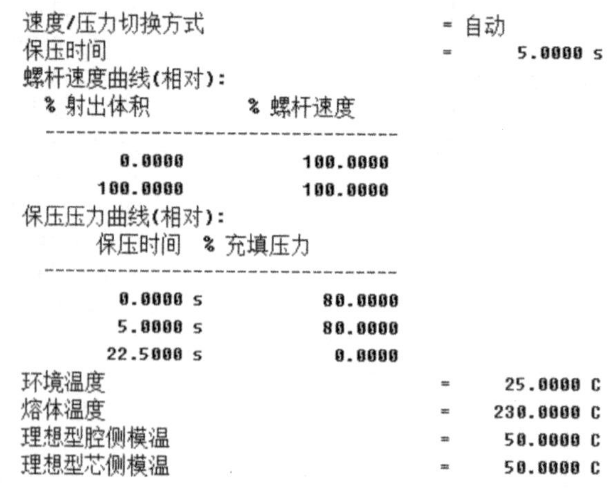

速度/压力切换方式 = 自动
保压时间 = 5.0000 s
螺杆速度曲线(相对):

% 射出体积	% 螺杆速度
0.0000	100.0000
100.0000	100.0000

保压压力曲线(相对):

保压时间	% 充填压力
0.0000 s	80.0000
5.0000 s	80.0000
22.5000 s	0.0000

环境温度 = 25.0000 C
熔体温度 = 230.0000 C
理想型腔侧模温 = 50.0000 C
理想型芯侧模温 = 50.0000 C

图 10-81

10.6 分析结果

从上述的分析日志中可以看出分析过程中的一些中间数据结果以及分析的一些概要等。要想更详细地分析产品的流动、冷却和翘曲,可以从方案任务浏览区下面的结果中查看。图 10-82 所示为流动、冷却和翘曲的分析结果。

10.6.1 流动分析结果

1. 充填时间

充填时间的分析结果如图 10-83 所示。

本产品完成充填需要 3.1s 的时间。流动末端的时间差异也就相差 0.5s 左右,流动平衡。为了更好地观察熔体的流动,可以通过播放动画来观察流动是否平衡,如图 10-84 所示。

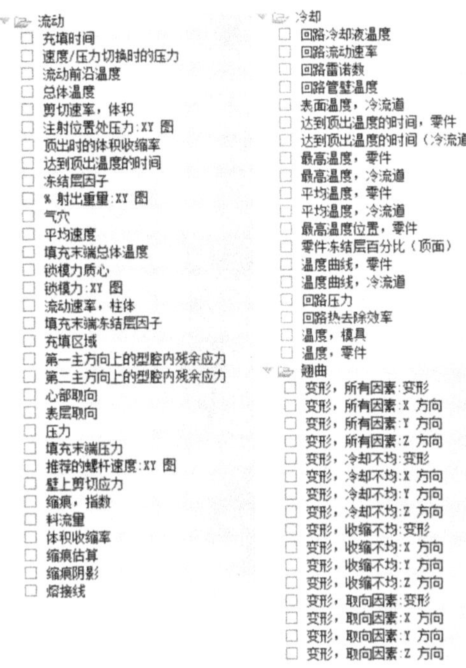
流动
充填时间
速度/压力切换时的压力
流动前沿温度
总体温度
剪切速率，体积
注射位置处压力:XY 图
顶出时的体积收缩率
达到顶出温度的时间
冻结层因子
% 射出重量:XY 图
气穴
平均速度
填充末端总体温度
锁模力质心
锁模力:XY 图
流动速率，柱体
填充末端冻结层因子
充填区域
第一主方向上的型腔内残余应力
第二主方向上的型腔内残余应力
心部取向
表层取向
压力
填充末端压力
推荐的螺杆速度:XY 图
壁上剪切应力
缩痕，指数
料流量
体积收缩率
缩痕估算
缩痕阴影
熔接线
冷却
回路冷却液温度
回路流动速率
回路雷诺数
回路管壁温度
表面温度，冷流道
达到顶出温度的时间，零件
达到顶出温度的时间（冷流道）
最高温度，零件
最高温度，冷流道
平均温度，零件
平均温度，冷流道
最高温度位置，零件
零件冻结层百分比（顶面）
温度曲线，零件
温度曲线，冷流道
回路压力
回路热去除效率
温度，模具
温度，零件
翘曲
变形，所有因素:变形
变形，所有因素:X 方向
变形，所有因素:Y 方向
变形，所有因素:Z 方向
变形，冷却不均:变形
变形，冷却不均:X 方向
变形，冷却不均:Y 方向
变形，冷却不均:Z 方向
变形，收缩不均:变形
变形，收缩不均:X 方向
变形，收缩不均:Y 方向
变形，收缩不均:Z 方向
变形，取向因素:变形
变形，取向因素:X 方向
变形，取向因素:Y 方向
变形，取向因素:Z 方向

图 10-82

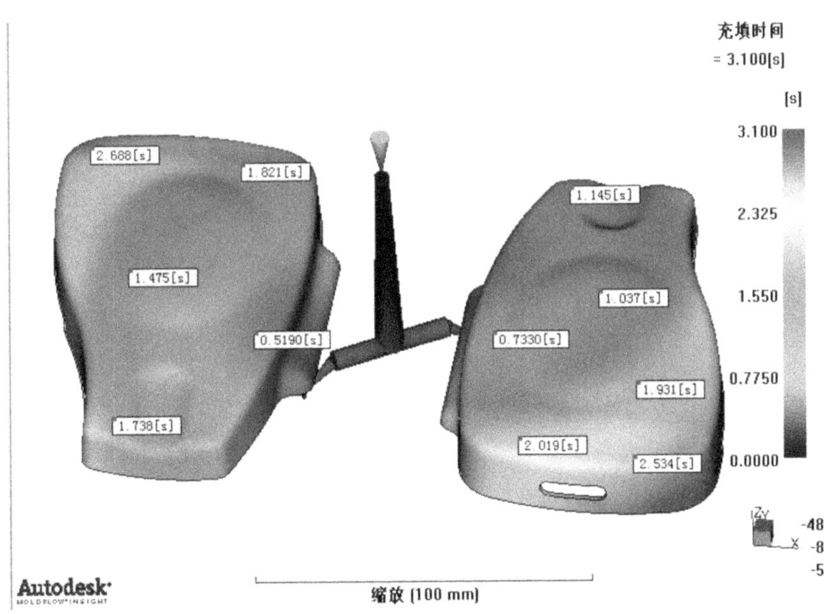
充填时间
= 3.100[s]
[s]
3.100
2.325
1.550
0.7750
0.0000
2.688[s]
1.821[s]
1.475[s]
0.5190[s]
1.738[s]
1.145[s]
1.037[s]
0.7330[s]
1.931[s]
2.019[s]
2.534[s]
-48
-8
-5
Autodesk
缩放 (100 mm)

图 10-83

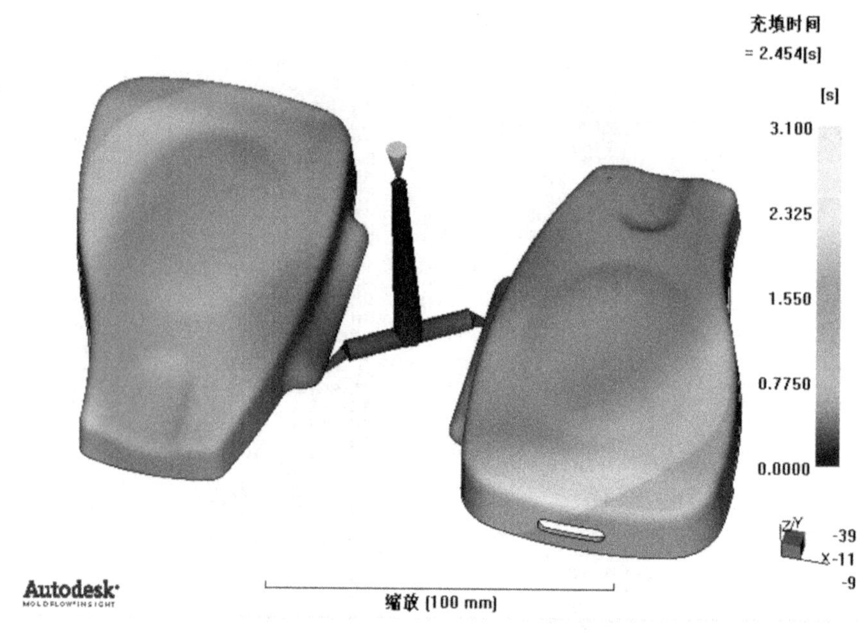

图 10-84

当然也可以通过修改图形属性，把默认的阴影显示模式改为等值线显示模式，如图 10-85所示。从等值线图上看出，产品中间部分的充填速度较慢，浇口和末端充填较快。

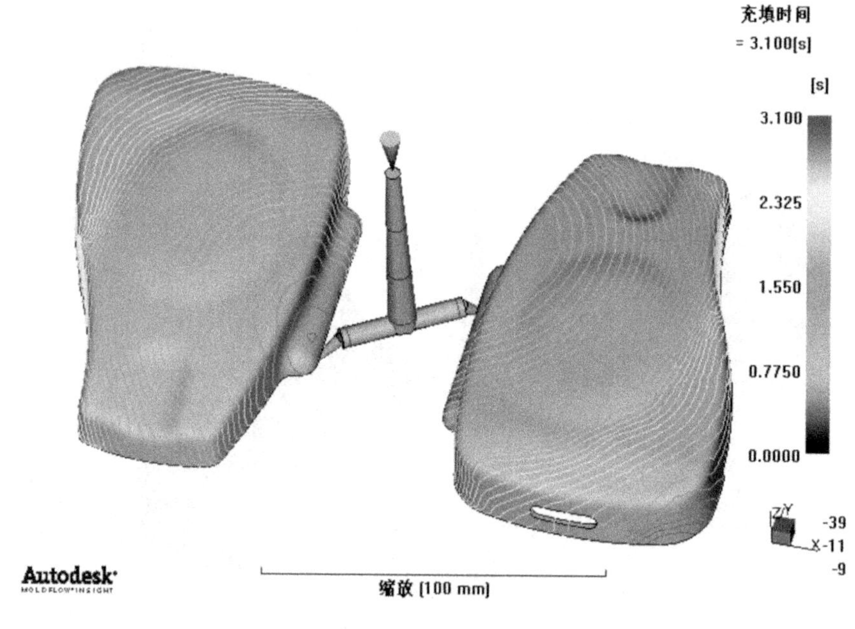

图 10-85

2. 速度/压力切换时的压力

速度/压力切换时的压力的分析结果如图 10-86 所示。

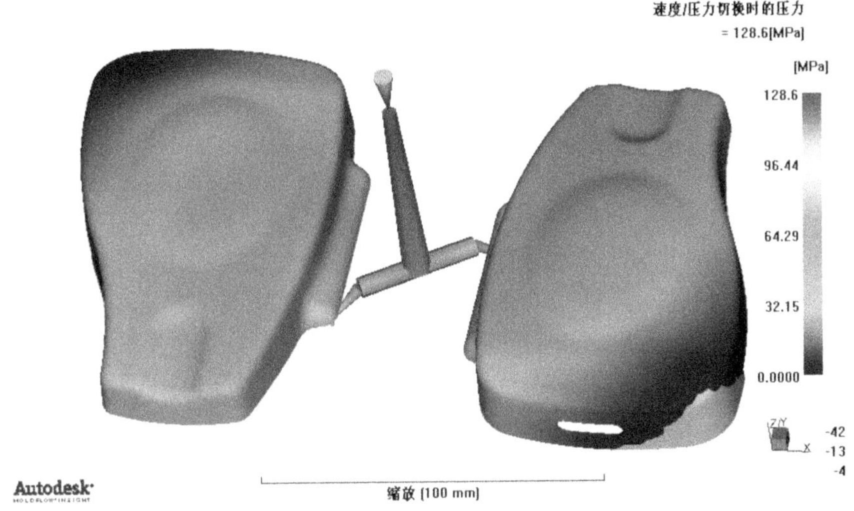

图 10-86

在速度和压力控制点切换时刻，注射压力达到最大值，此值应该要比注塑机的额定注射力低。速度/压力切换时，压力达到 128.6MPa。在进行保压曲线设置时，初始保压压力可以设置为此值的 80%。当然在这一时刻，产品还没有被完全填满。

3. 流动前沿温度

流动前沿温度的分析结果如图 10-87 所示。

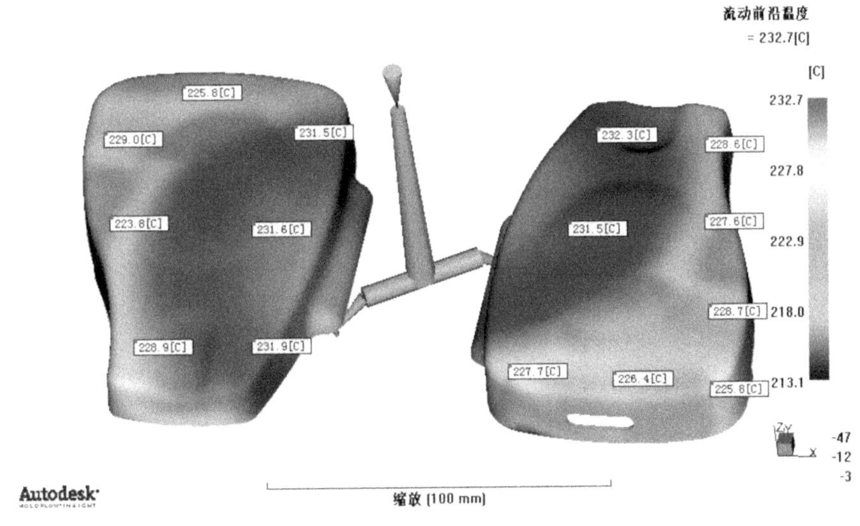

图 10-87

充填结束后，熔体的前沿温度最大相差大于 10℃，说明熔体前沿温度不均匀，建议增加熔体温度。

4. 总体温度

总体温度的分析结果如图 10-88 所示。

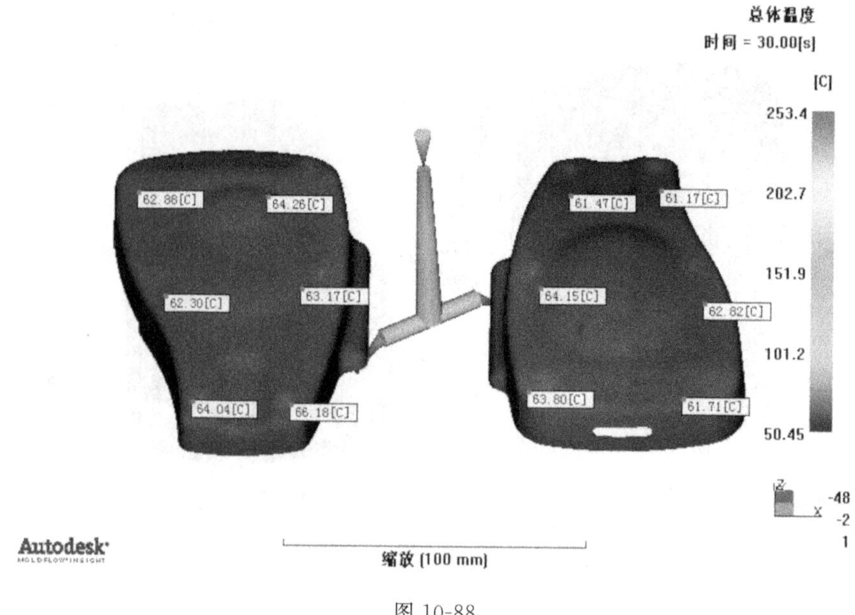

图 10-88

产品的总体温度分布均匀，温度差在 10℃以内。总体温度应该要低于推荐的顶出温度。本材料的推荐顶出温度为 88℃。

5. 剪切速率，体积

剪切速率，体积的分析结果如图 10-89 所示。

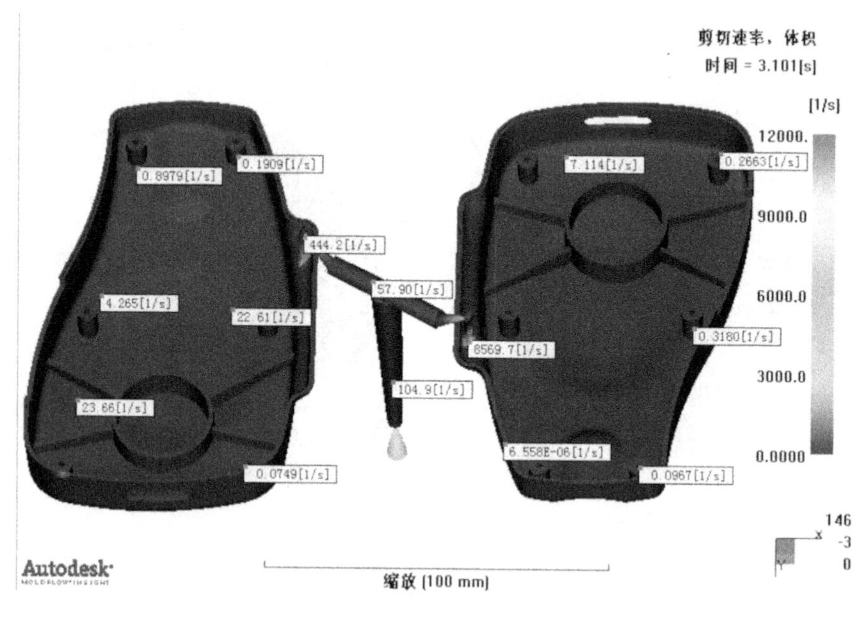

图 10-89

剪切速率，体积结果是一个中间数据结果，可以看到在注射过程中，最大的剪切速率为 8569/s，此材料的最大剪切速率为 12000 1/s，因此塑料可能会产生降解，建议更改辅助浇口大小或增加熔体温度。

6. 注射位置处压力:XY 图

注射位置处压力:XY 图的分析结果如图 10-90 所示。

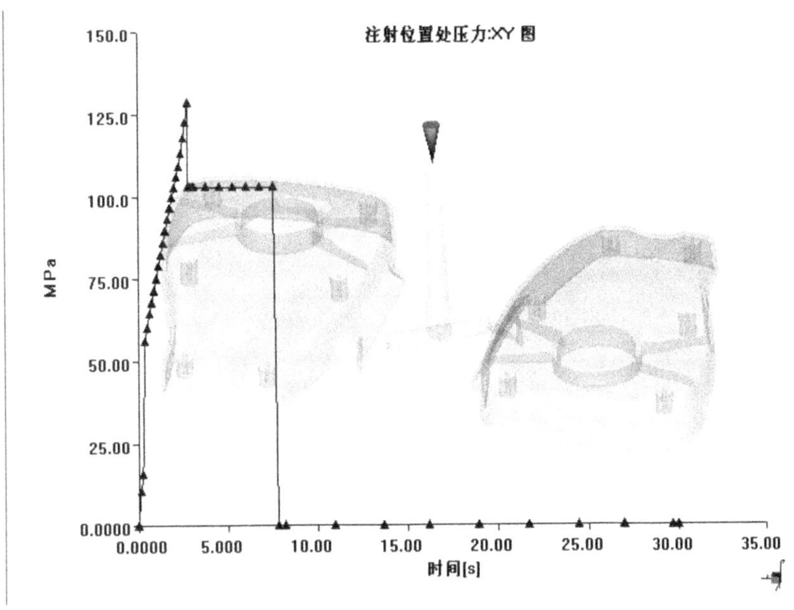

图 10-90

注射位置处的压力最大是在速度/压力的转换时刻。从图表上看出，曲线比较平稳，说明在熔体流动时没有受阻。

7. 顶出时的体积收缩率

顶出时的体积收缩率的分析结果如图 10-91 所示。

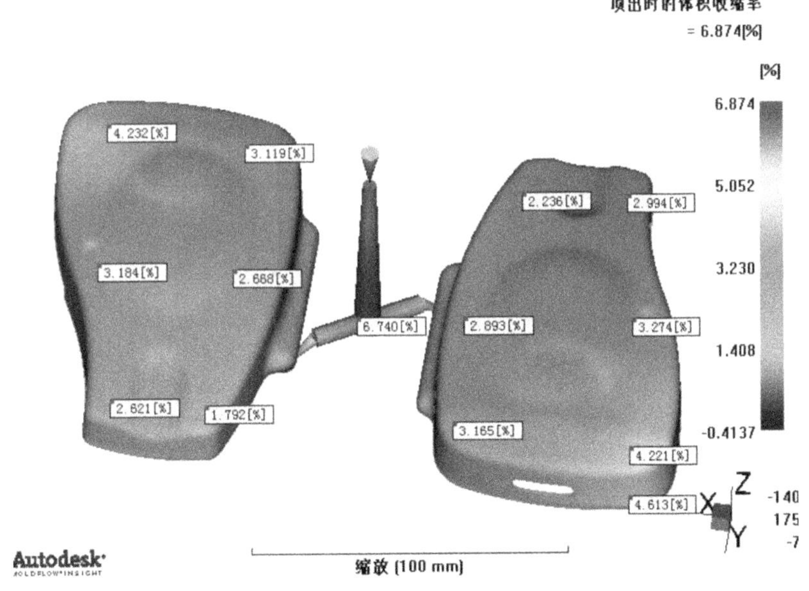

图 10-91

在产品顶出时，体积收缩率在产品末端的值相对大点。在后续需要通过优化保压曲线来降低体积收缩。产品主流道及分流道体积收缩率相对最大，可以适当减少流道尺寸。

8. 达到顶出温度的时间

达到顶出温度的时间的分析结果如图 10-92 所示。

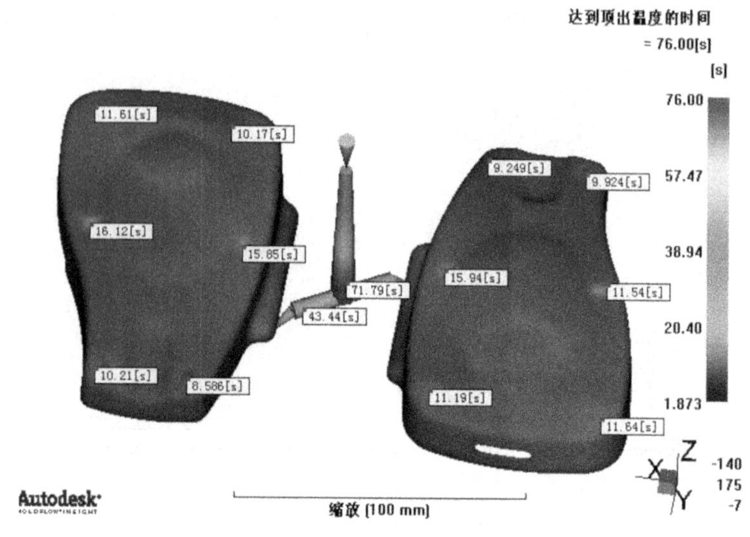

图 10-92

对产品本身来讲，达到顶出温度的时间基本上一致，完全满足要求。浇注系统主流道尺寸适当缩小一点。

9. 冻结层因子

冻结层因子的分析结果如图 10-93 所示。

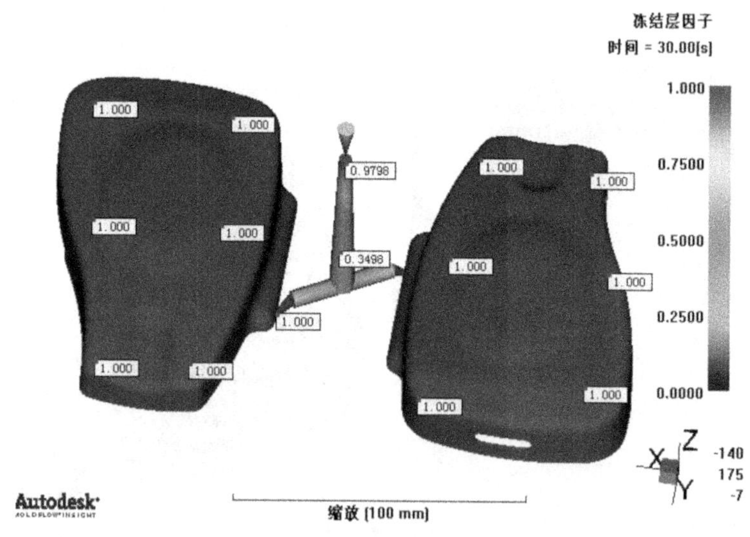

图 10-93

冷却结束后，产品已经全部凝固了。但需要注意的是当撤离保压压力的时刻，浇口是否已经冻结，否则会产生回流。

10. 平均速度

平均速度的分析结果如图 10-94 所示。

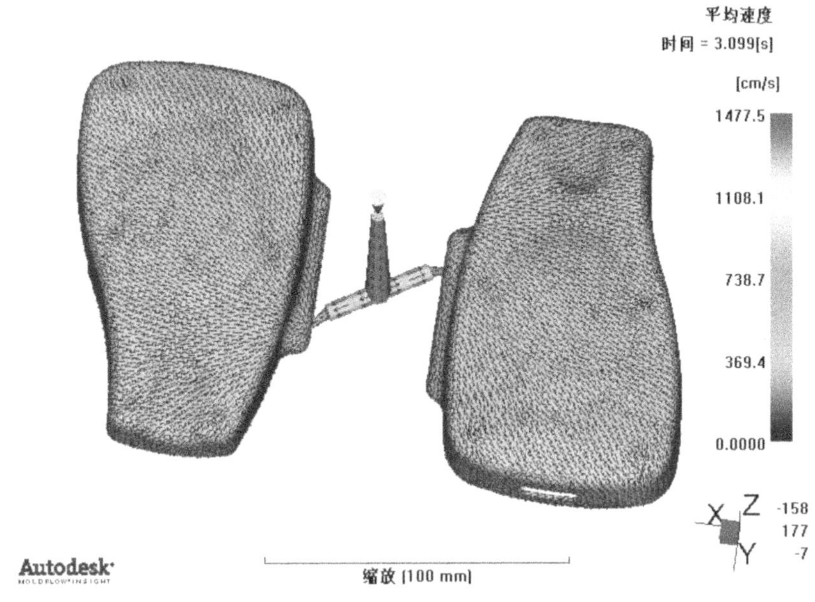

图 10-94

通过平均速度可以查看熔体的流动方向。可以通过和充填时间进行叠加。在充填时间上右击，在弹出的快捷菜单中选择【重叠】命令，叠加后的效果如图 10-95 所示。

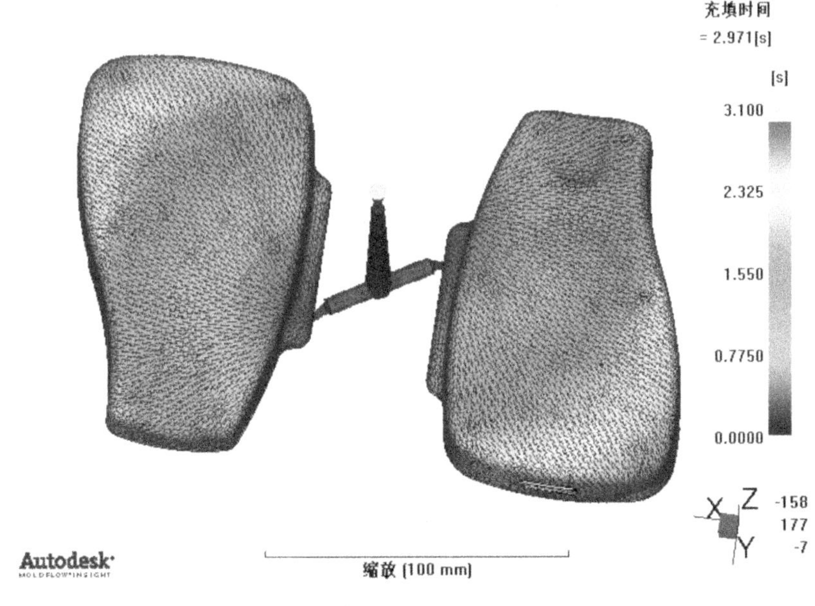

图 10-95

应该确保流动方向与充填时间的等值线垂直,否则可能会出现潜流。

11. 充填结束时的冻结层因子

充填结束时的冻结层因子的分析结果如图 10-96 所示。

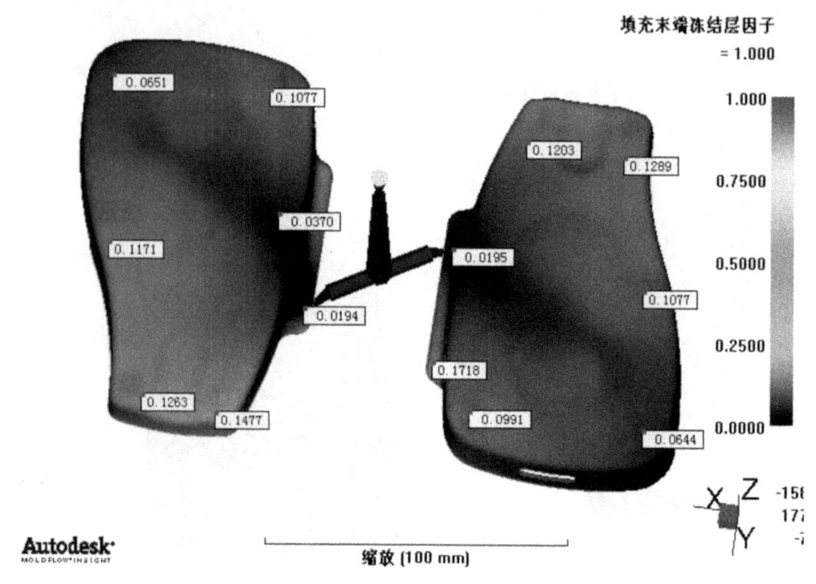

图 10-96

充填结束时的冻结层因子显示的是充填结束时,熔体在型腔中的冻结情况。一般要求此值不应该超过 0.2～0.25,否则可能会引起保压问题。

12. 锁模力:XY 图

锁模力:XY 图的分析结果如图 10-97 所示。

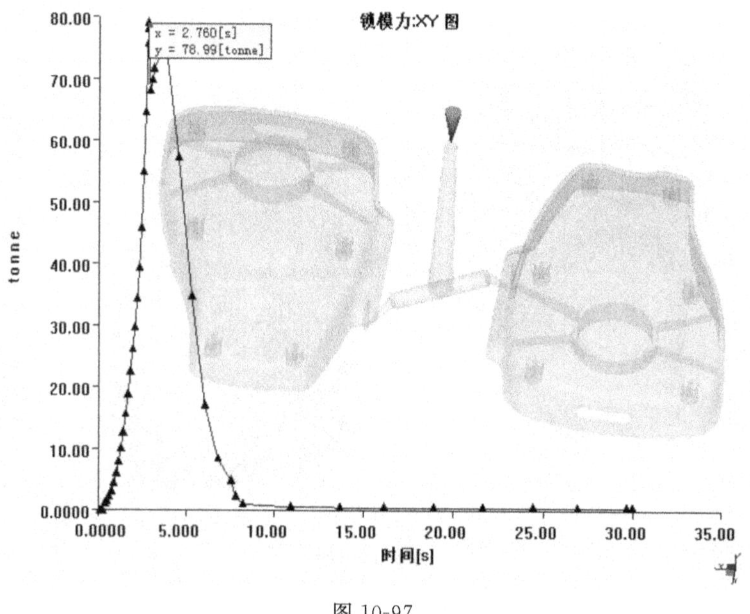

图 10-97

本产品的锁模力最大为 78.99t，出现在 2.76s 时刻。选用的注塑机的额定锁模力必须高于此值。

13. 壁上剪切应力

壁上剪切应力的分析结果如图 10-98 所示。

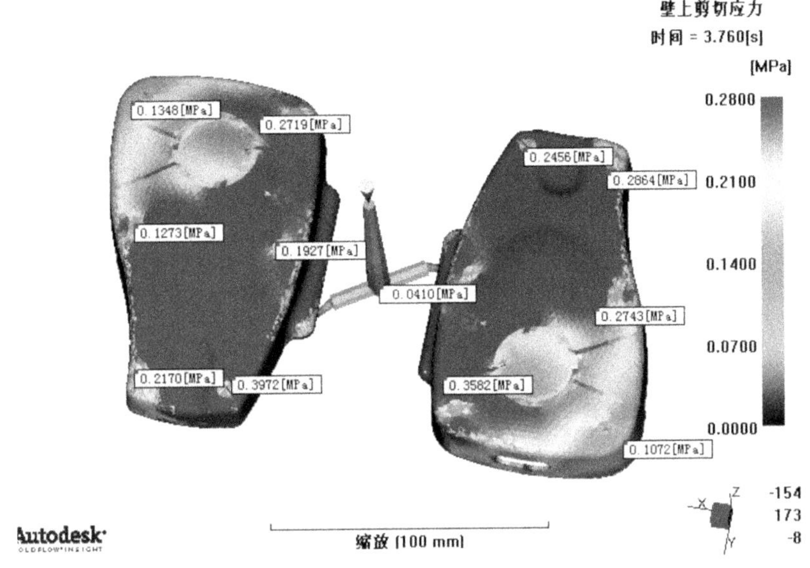

图 10-98

本案例中使用的材料最大的剪切应力为 0.28MPa，而得到的平均结果为 0.35MPa，比推荐值高。用户提高熔体温度可以减小剪切应力。

14. 推荐的螺杆速度:XY 图

推荐的螺杆速度:XY 图的分析结果如图 10-99 所示。

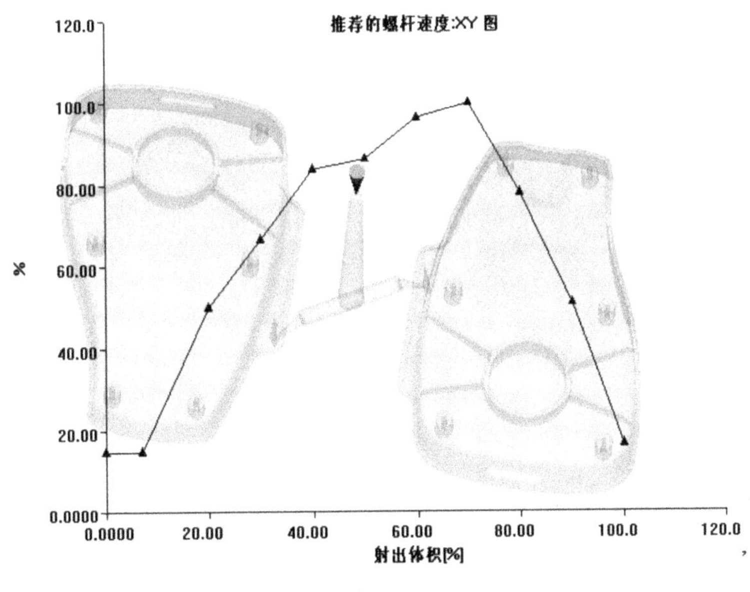

图 10-99

用户可以根据推荐的螺杆速度重新设置注射机的成型工艺来优化产品。

15. 熔接痕

熔接痕的分析结果如图 10-100 所示。

从分析结果看到了熔接痕的位置，主要存在于产品的侧向孔位上。如果存在低质量的熔接痕，会影响产品的强度，还必须与流动前沿温度综合观察。与流动前沿温度叠加后的分析结果如图 10-101 所示。

熔接线交界的地方如果温度差较大，会有比较明显的熔接痕。

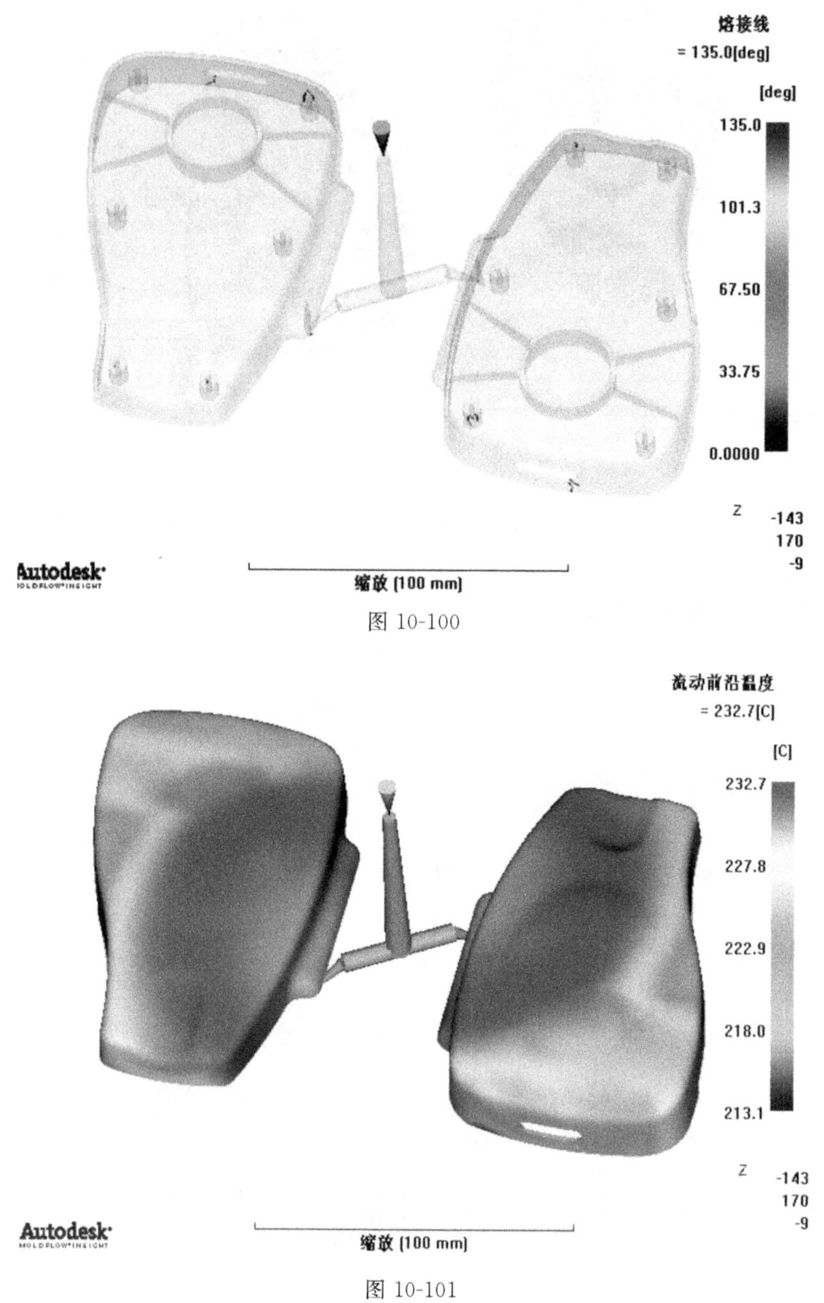

图 10-100

图 10-101

16. 缩痕,指数

缩痕,指数的分析结果如图 10-102 所示。

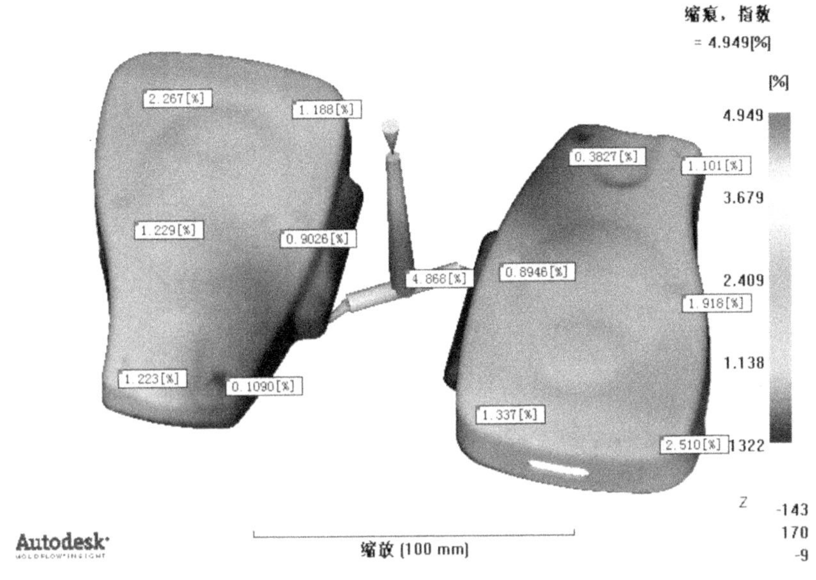

图 10-102

缩痕,指数表示在产品表面可能会产生凹陷的几率,而不是凹陷的值。如果指数过高,表示发生的可能性就比较大,应该延长保压时间。缩痕指材料在理想状态下一个收缩趋势,指导数值:4%。

17. 气穴

气穴的分析结果如图 10-103 所示。

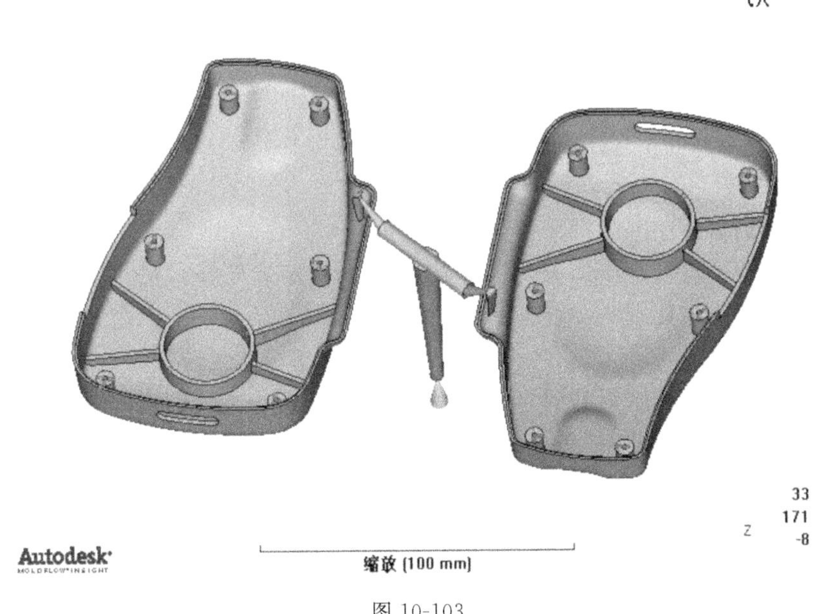

图 10-103

从气穴分析结果可以看到有些气穴存在于分型面和产品螺丝柱、加强筋的位置，这些气穴可以顺利排出去。

10.6.2 冷却分析结果

1. 回路冷却介质温度

回路冷却介质温度的分析结果如图 10-104 所示。

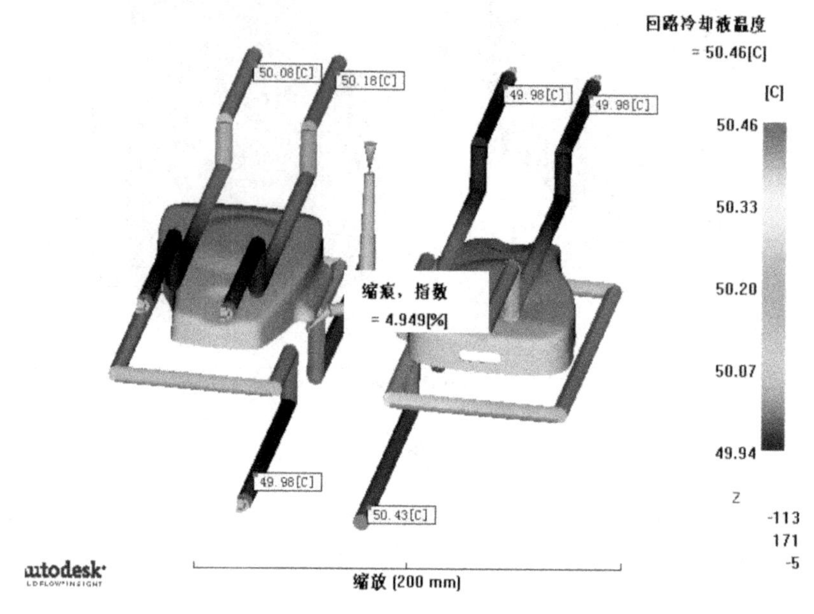

图 10-104

从分析结果可以看出冷却回路的进水口和出口的温差为 0.52℃。进出水口的温差不应该超过 2～3℃，否则冷却效果比较差。

2. 回路流动速率

回路流动速率的分析结果如图 10-105 所示。

从分析结果看到，各个水路流动速率相对稳定。

3. 回路雷诺数

回路雷诺数的分析结果如图 10-106 所示。

在冷却回路中的冷却介质的流动状态为湍流时，冷却效果好。在 AMI 中，设定的雷诺数值保证进水口处的雷诺数为 10 000。

4. 回路管壁温度

回路管壁温度的分析结果如图 10-107 所示。

回路管壁温差比较均匀，并且与冷却介质温度相差为 4.9℃。这个温度差小于 5℃，可以接受。

5. 最高温度位置，制品

最高温度位置，制品的分析结果如图 10-108 所示。

最高温度位置，制品表示温度在制品壁厚上的分布。最合理的应该是最高温度位于壁

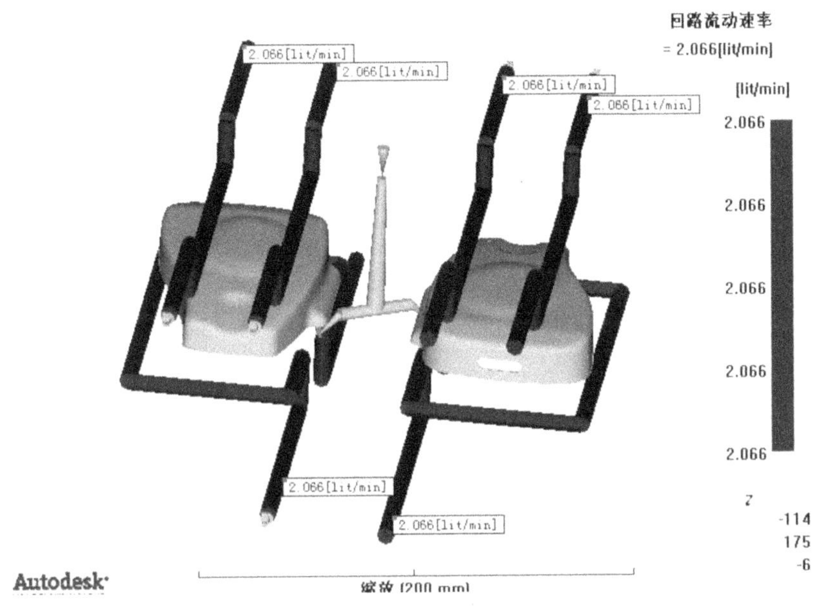

图 10-105

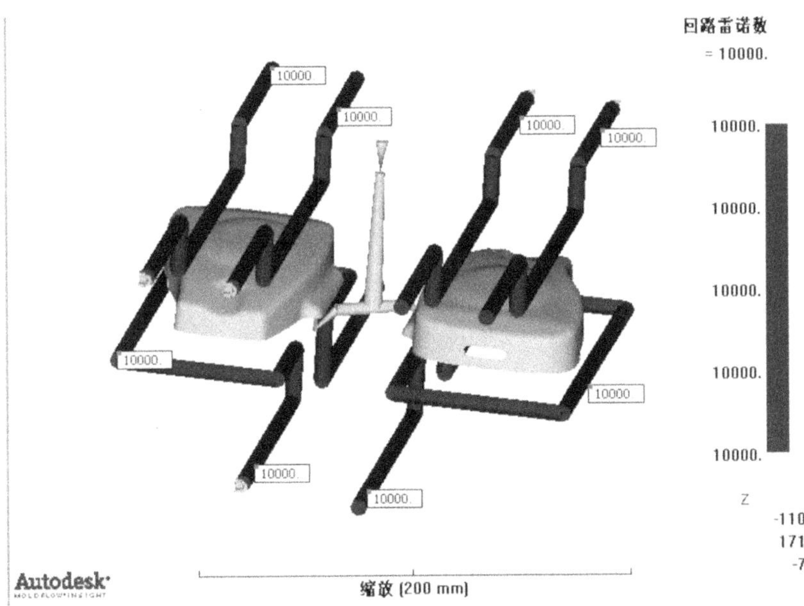

图 10-106

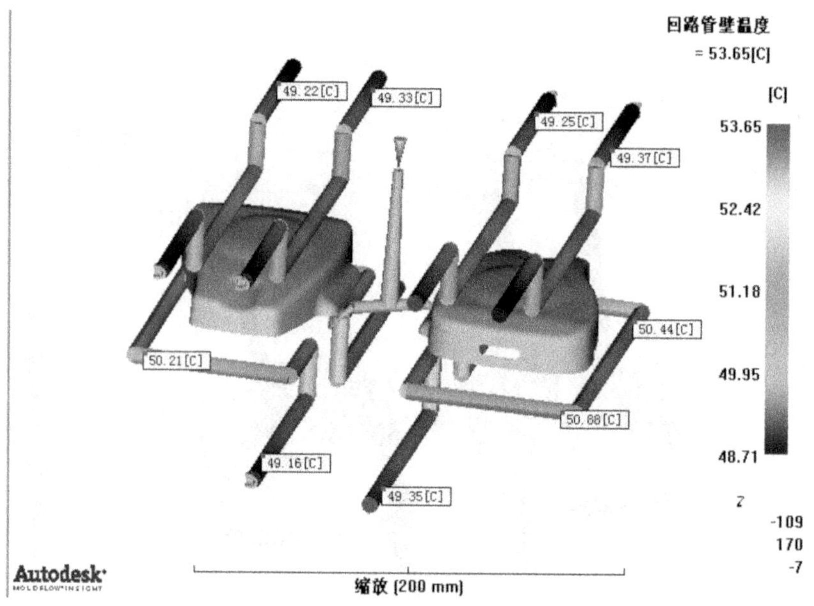

图 10-107

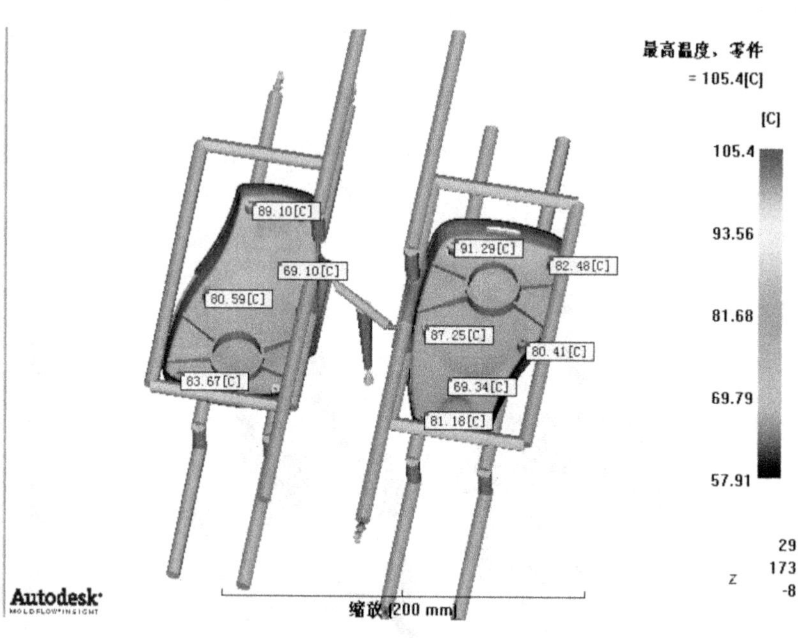

图 10-108

厚的中间。从分析得到的结果得知，最高温度主要集中在产品内侧 6 个螺丝柱上，因此产品内侧需要加强冷却。

6. 温度曲线，制品

温度曲线，制品的分析结果如图 10-109 所示。

从这个结果可以看到产品壁厚两侧温差。通过新建图功能可以创建 XY 图，更具体地

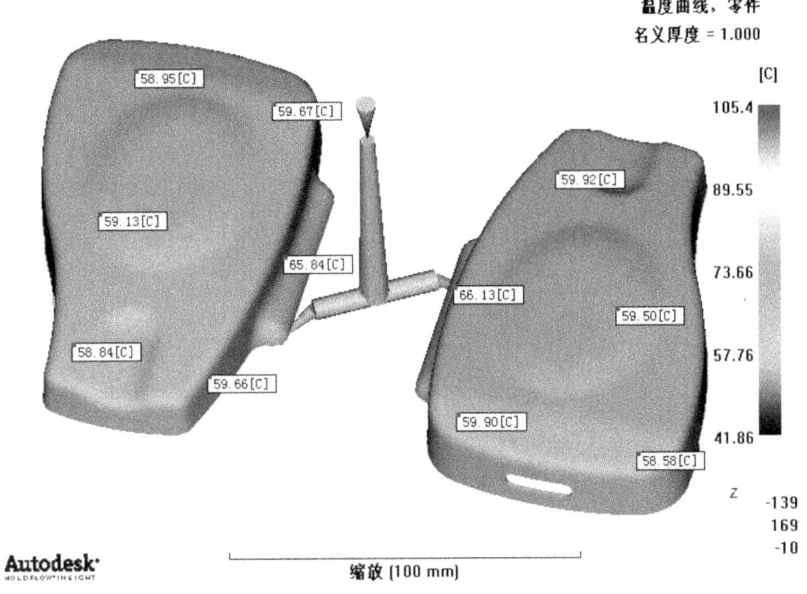

图 10-109

看某个位置的温差。图 10-110 所示为在选中的点的温度曲线分布。

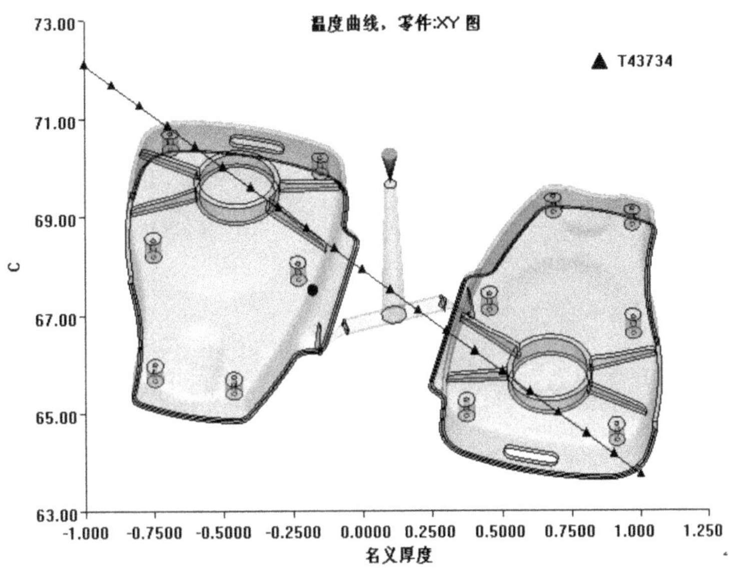

图 10-110

对于 T43734 三角形单元来讲，壁厚的两侧面温度分别为 72.09℃和 63.77℃，温差达到 8.32℃。这个温差相差小于 10℃，内外表面冷却均匀。

10.6.3 翘曲分析结果

1. 变形,所有因数:变形

变形,所有因数:变形的分析结果如图 10-111 所示。

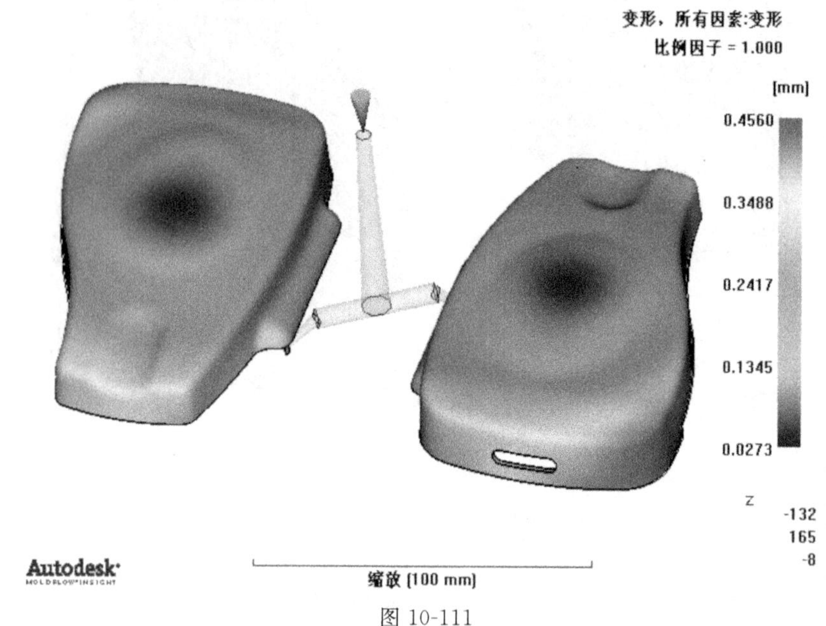

图 10-111

此分析结果可以从总体上得知制件翘曲的值,最大为 0.456mm。为了更好地进行观察,可以把产品的变形比例因子设置大些,可以到图形属性中进行设置。图 10-112 所示为放大 10 倍的翘曲值。

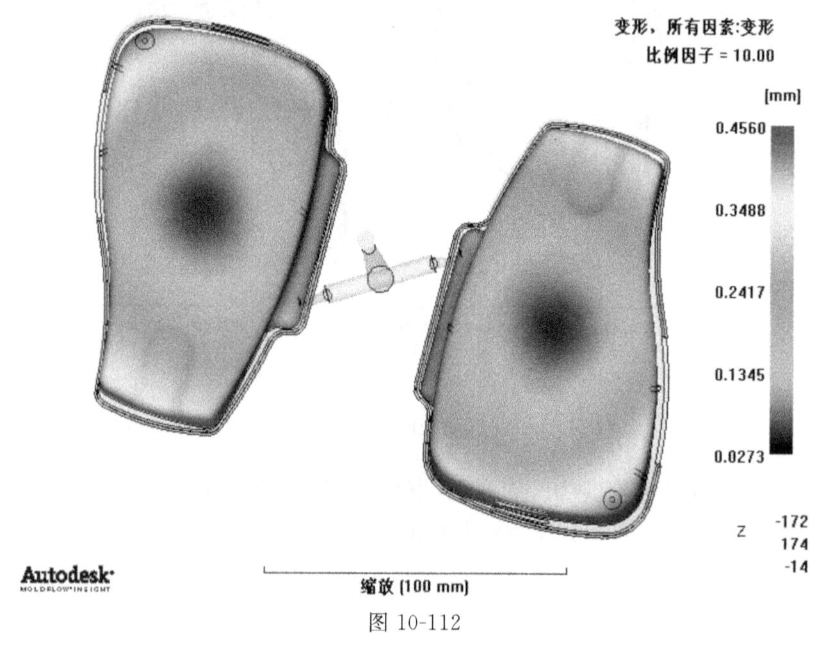

图 10-112

2. 变形,冷却不均:变形

变形,冷却不均:变形的分析结果如图 9-133 所示。

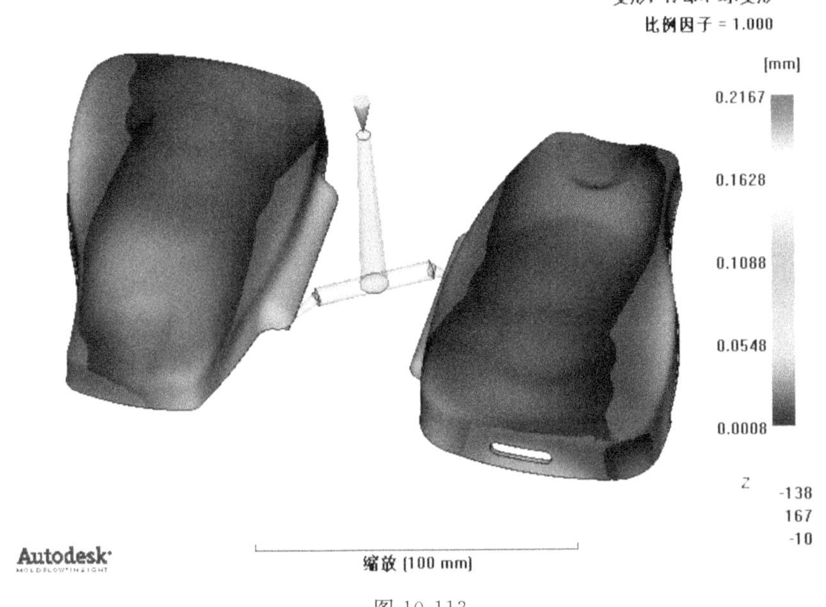

图 10-113

由冷却不均引起的翘曲值为 0.2167mm,导致的翘曲量非常小。那就说明冷却已经非常均匀了,冷却系统设计得比较理想。

3. 变形,收缩不均:变形

变形,收缩不均:变形的分析结果如图 10-114 所示。

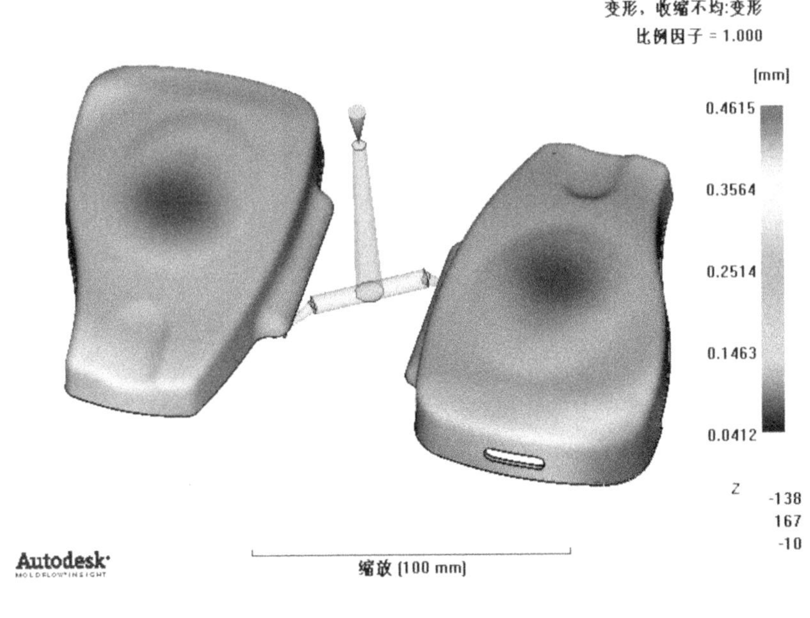

图 10-114

由收缩不均引起的翘曲值达到了 0.4615mm，可以确定翘曲的主因是收缩不均引起的。收缩不均是由于保压相关因素所产生的，因此有效的措施是优化保压曲线。

4. 变形，取向因素：变形

变形，取向因素：变形的分析结果如图 10-115 所示。

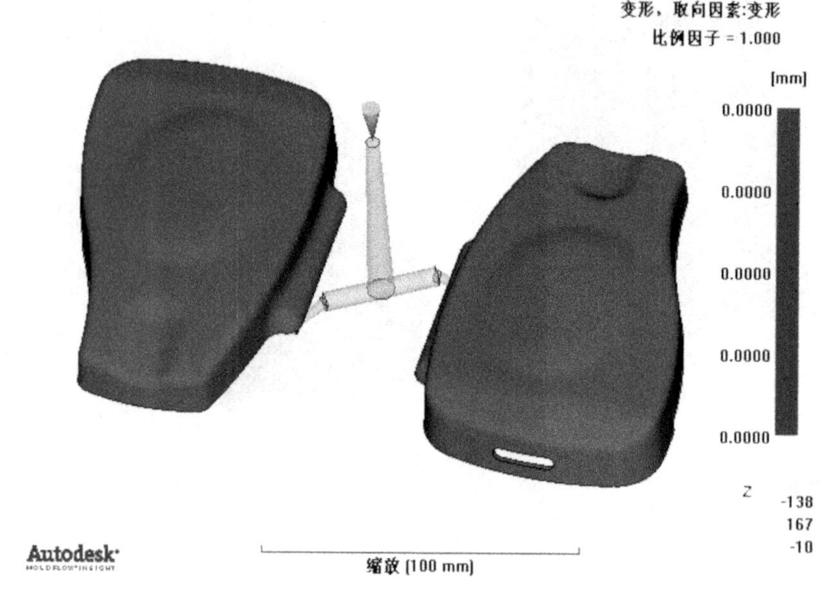

图 10-115

由于取向造成的变形为 0，可以不考虑在内。

10.7 小　结

通过初步分析得到的分析结果，得到产品整体流道平衡，冷却效果良好，翘曲变形满足实际要求，模具初步结构设计合理。

配套教学资源与服务

一、教学资源简介

本教材通过 www.51cax.com 网站配套提供两种配套教学资源：

■ 新型立体教学资源库：**立体词典。**"立体"是指资源多样性，包括视频、电子教材、PPT、练习库、试题库、教学计划、资源库管理软件等等。"词典"则是指资源管理方式，即将一个个知识点(好比词典中的单词)作为独立单元来存放教学资源，以方便教师灵活组合出各种个性化的教学资源。

■ 网上试题库及组卷系统。教师可灵活地设定题型、题量、难度、知识点等条件，由系统自动生成符合要求的试卷及配套答案，并自动排版、打包、下载，大大提升了组卷的效率、灵活性和方便性。

二、如何获得立体词典?

立体词典安装包中有：1)立体资源库。2)资源库管理软件。3)海海全能播放器。

■ 院校用户(任课教师)

请直接致电索取立体词典(教师版)、51cax 网站教师专用账号、密码。其中部分视频已加密，需要通过海海全能播放器播放，并使用教师专用账号、密码解密。

■ 普通用户(含学生)

可通过以下步骤获得立体词典(学习版)：在 www.51cax.com 网站"请输入序列号"文本框中输入教材封底提供的序列号，单击"兑换"按钮，即可进入下载页面；2)下载本教材配套的立体词典压缩包，解压缩并双击 Setup.exe 安装。

三、教师如何使用网上试题库及组卷系统?

网上试题库及组卷系统仅供采用本教材授课的教师使用，步骤如下：

1)利用教师专用账号、密码(可来电索取)登录 51CAX 网站 http://www.51cax.com；2)单击"进入组卷系统"键，即可进入"组卷系统"进行组卷。

四、我们的服务

提供优质教学资源库、教学软件及教材的开发服务，热忱欢迎院校教师、出版社前来洽谈合作。

电话：0571－28811226，28852522

邮箱：market01@sunnytech.cn，book@51cax.com

机械精品课程系列教材

序号	教材名称	第一作者	所属系列
1	AUTOCAD 2010 立体词典:机械制图(第二版)	吴立军	机械工程系列规划教材
2	UG NX 6.0 立体词典:产品建模(第二版)	单岩	机械工程系列规划教材
3	UG NX 6.0 立体词典:数控编程(第二版)	王卫兵	机械工程系列规划教材
4	立体词典:UGNX6.0 注塑模具设计	吴中林	机械工程系列规划教材
5	UG NX 8.0 产品设计基础	金杰	机械工程系列规划教材
6	CAD 技术基础与 UG NX 6.0 实践	甘树坤	机械工程系列规划教材
7	ProE Wildfire 5.0 立体词典:产品建模(第二版)	门茂琛	机械工程系列规划教材
8	机械制图	邹凤楼	机械工程系列规划教材
9	冷冲模设计与制造(第二版)	丁友生	机械工程系列规划教材
10	机械综合实训教程	陈强	机械工程系列规划教材
11	数控车加工与项目实践	王新国	机械工程系列规划教材
12	数控加工技术及工艺	纪东伟	机械工程系列规划教材
13	数控铣床综合实训教程	林峰	机械工程系列规划教材
14	机械制造基础—公差配合与工程材料	黄丽娟	机械工程系列规划教材
15	机械检测技术与实训教程	罗晓晔	机械工程系列规划教材
16	3D 打印技术及应用	吴立军	机械工程系列规划教材
17	机械 CAD(第二版)	戴乃昌	浙江省重点教材
18	机械制造基础(及金工实习)	陈长生	浙江省重点教材
19	机械制图	吴百中	浙江省重点教材
20	机械检测技术(第二版)	罗晓晔	“十二五”职业教育国家规划教材
21	逆向工程项目实践	潘常春	“十二五”职业教育国家规划教材
22	机械专业英语	陈加明	“十二五”职业教育国家规划教材
23	UGNX 产品建模项目实践	吴立军	“十二五”职业教育国家规划教材
24	模具拆装及成型实训	单岩	“十二五”职业教育国家规划教材
25	MoldFlow 塑料模具分析及项目实践	郑道友	“十二五”职业教育国家规划教材
26	冷冲模具设计与项目实践	丁友生	“十二五”职业教育国家规划教材
27	塑料模设计基础及项目实践	褚建忠	“十二五”职业教育国家规划教材
28	机械设计基础	李银海	“十二五”职业教育国家规划教材
29	过程控制及仪表	金文兵	“十二五”职业教育国家规划教材